2015

ZHONG GUO JIAN ZHU YI SHU NIAN JIAN

中国建築藝術年鑑

中国艺术研究院建筑艺术研究所　编

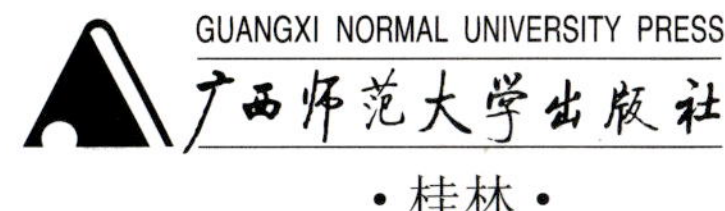

·桂林·

《中国建筑艺术年鉴》顾问 / 编辑委员会

目 录

特　载

建筑与城市共生：城市复调音乐

郑时龄

摘　要：阐释建筑与城市的关系犹如根茎，是一种生命结构；建筑与城市共生，建筑构成城市的物质环境和文化环境，城市也为建筑提供物质环境和文化环境。指出在历史环境中插入新建筑是一项挑战，同时也构成了建筑与城市多声部多调性的复调音乐。

关键词：根茎模式；共生；地标性建筑；复调音乐

建筑既是物质的，又是精神的，是有形的，更是无形的，建筑的形是外化的空间、环境、建构和体量，无形的是内在的意识、思想、文化和技术，而技术既是内在的又是外化的。建筑的意义不仅仅在于建成的实体、空间和环境，也包括建筑的理念和思想、技术的物化，建筑融合了自然科学、社会科学、人文科学和技术科学。建筑既体现其拥有者的价值和价值观，同时也体现了城市和城市公众的价值和价值观。建筑与城市存在一种共生关系，形成一个整体，构成城市的物质环境和文化环境，城市也为建筑提供物质环境和文化环境。城市是建筑的舞台，建筑既是场景，也是舞台上的演员，上演着永不落幕的剧目。建筑当然有其自身存在所决定的功能，但是与城市的融合也是建筑的主要功能之一。自古以来，人们就充分认识到建筑对一座城市的影响，建筑对城市文化和经济的贡献具有历史的意义。城市中的建筑总是在城市的历史和文脉中生成和更新，新的建筑与原有的建筑组合在一起，不断变更着城市的环境，增添新的内容，创造新的生活方式，改变空间的意义，改变一座城市，甚至可以说改变世界。历史上有无数成功的案例，当然也不乏败笔，其成功与否在很大程度上取决于决策的理念和设计的水平以及其价值取向。为此，建筑需要城市空间环境的决策者、业主和建筑师的共同合作，建立这种合作与制约的机制。

城市与建筑的共生关系，好比根与茎的关系，是一种生命结构，相互缠结在一起，不分彼此。法国后结构主义哲学家吉尔·德勒兹（Gilles Deleuze，1925—1995）和他的合作者法国精神病学家、哲学家费利克斯·瓜塔里（Felix Guattari，1930—1992）在《反俄狄浦斯》（Anti—Oedipus，1972）和《资本主义与精神分裂（卷2）：千高原》（Capitalisme eet Schizophre nie 2 M ille Plateaux，1987）中提出了根茎的模式，引证了链环、根茎和系统模式的概念。根茎模式表明多样性的差异原理，根茎是呈交织状的综合体，由许多异质体相互缠绕，既没有序列，也没有中心。根茎一直处于动态和变换中，随处生成球根，然后再相互盘绕成团。根茎模式的生态学特征是非中心、无规则、多元化和异质性，其中任意多个点都可能产生关系，表明了交集和流动，具有一种开放性的秩序，好比复调音乐，具有复杂的调性、调式与和弦结构。根茎模式表明多样性的差异，根茎是呈交织状的综合体，由许多异质体相互缠绕，没有序列，也没有中心。根茎模式存在于一切事物之中，存在于城市结构、建筑、事物的运动以及生命体之中。

建筑总是在已经存在的环境中生成，城市为建筑提供场所和环境，建筑也为城市创造场所、界面和环境，城市存在并生长在不同的时代，建筑亦然，因此才有生命，城市空间才丰富，因此空间才是异质的。只有在稀有的情况中，建筑如纪念碑或雕塑般独立于环境中，或者如世博会建筑那样几乎无需考虑环境中的相邻关系。通常情况下，优秀的建筑仿佛是从它所处的场地上生长出来的，正如美国建筑师斯蒂芬·霍尔（Steven Holl，1947—）在他的著作《锚》（Anchoring，1989）一书中所说："建筑物被束缚于所在的场所，不同于音乐、绘画、雕塑、电影与文学，建筑物（非活动房屋）同地方的历史发展背景相缠结。从概念上说，建筑物的场所不仅仅是单纯的组成部分；它还有其自身物质和形而上学的基础。"[1]

因此，建筑必须认识并分析所在场地的城市空间环境，也必须考虑与相邻建筑的关系，再度阐释原有建筑和环境的意义，与原有的建筑和环境互为因借，增添价值。如何在建筑设计上，实现与环境的和谐，实现历史与城市空间的延续是植入现存环境的建筑首先要解决的问题。冯纪忠教授（1915—2009）曾经将插入历史环境的建筑比喻为酒席的晚到者"历史延续好像：一酒席中晚到入座，感觉怎样？如果我一到，一桌避席，打断气氛，刹风景，触目。如果我一到，无人搭理，不知往哪儿坐，局面尴尬。一到就和其中一位不停私语，满席站等，可厌。一一招呼到，好些，适可而止，

图1 西班牙毕尔巴鄂的古根海姆博物馆(1993—1997)
图2 德国杜塞尔多夫市中心综合大楼(2009—2013)
图3 意大利热那亚卡罗·费利切剧院 (1981)
图4 北京国家大剧院(2008)

不然显得世故。”[2]

城市必须珍视建筑的品质及其环境。历史上，有些城市甚至倾全城和举国之力建造重要的地标性建筑，地标性建筑成为城市的象征，成为政府、企业和机构的标志。地标性建筑也成为我国几乎所有的城市，几乎每座建筑的业主都孜孜以求的目标，于是乎争相竞高、竞大，争相举办国际设计招标，引进外国建筑师，借外国建筑师的名望和建筑或为城市、或为自身增添光彩；或径自克隆，打造山寨版建筑，将创造变成制造，设计变成抄袭，目的是为了创造地标性建筑。这不仅是城市的地标，也是企业、机构，甚至个人的地标。城市有怎样的文化环境，就会出现怎样的地标性建筑。今天的建筑不再只是一处庇护所，而是具有社会内涵的意识形态，涉及社会的、政治的、经济的、文化的、哲学的领域。芬兰建筑师和建筑理论家尤哈尼·帕拉斯马 (Juhani Pallasmaa，1936—) 指出：建筑是对世界现实和人类生存的一种表达。[3]

自西班牙毕尔巴鄂的古根海姆博物馆 (Guggenheim Museum in Bilbao，1993—1997) 建成以来，地标性建筑的作用为全世界所认同。美国建筑师弗兰克·盖瑞 (Frank O. Gehry，1929—) 设计的古根海姆博物馆在毕尔巴鄂的滨水区植入了一座非凡的建筑，象征着城市的再生，使全世界都更为关注城市的重构，这座博物馆既是城市的建筑地标，也是城市的文化地标，它的建成将一个原先作为冶金工业基地的城市转变为重要的文化胜地，为这座古老的西班牙城市带来了生机，使城市得到复兴 (图 1)。建成当年仅 3 个月就有 25.9 万人来参观，第二年有 130 万人专程来参观这座博物馆，从 1997—2011 年的 15 年间，总共有大约 1395 万人次参观了这座博物馆，每年平均有 80 万旅游者在毕尔巴鄂过夜[4]，使毕尔巴鄂成为向国外参观者开放的城市，以至于博物馆展出作品的价值已经完全被建筑所掩盖。这座博物馆被美国《时代》周刊评为 1997 年世界最佳设计，是一座面向 21 世纪的博物馆。

地标性建筑可以是高层建筑，例如迪拜的哈利发塔；或是多层建筑，例如里伯斯金在杜塞尔多夫市中心设计的综合大楼 (图 2)；或是如阿尔多·罗西为热那亚历史建筑的重建设计 (图 3)；或是纪念性建筑、文化建筑，例如北京的国家大剧院 (图 4)；也可以是一组建筑或建筑群，例如上海的浦东陆家嘴中央商务区 (图 5)；历史建筑或历史建筑的改建，甚至某些商业建筑也有可能成为地标性建筑，例如东京的表参道，以一批著名建筑师的建筑作品而成就辉煌 (图 6)。

优秀的地标性建筑并非是英雄主义的建筑，而是具有创意的建筑，是超越时尚的建筑，激发并影响城市的空间体验，能够为城市树立一个成功的价值参照。地标性集中并非鹤立鸡群的建筑，而是与环境融合的建筑，地标性建筑是具有城市综合功能的关键性建筑，对城市的发展起重要作用，并具有创造性，与城市共生。对建筑标志性的探索始终是建筑表现的重要元素，当代世界城市的地标性建筑多为文化建筑，这也是城市竞争力的重要表现。由丹麦建筑师乔恩·伍重 (Jorm Utzon，1918—2008) 设计的有着 5 座剧场的悉尼歌剧院 (1957—1973) 是 20 世纪最优秀的地标性建筑之一，被誉为现代世界最早的地标性建筑，联合国教科文组织在 2007 年将悉尼歌剧院列为世界文化遗产 (图 7)。西班牙建筑师和规划师胡安·布斯盖兹 (Joan Busquets，1946—) 指出：“由于不同城市之间在地区和全球范围内的高速竞争，建造标志性建筑已经成为一座重要城市的当务之急。全球的城市中心都不断地追寻非凡的建筑作品，并与一个‘明星建筑师’的系统相关联，

图5 上海浦东陆家嘴中央商务区
图6 日本东京表参道
图7 澳大利亚悉尼歌剧院(1957—1973)

图8 奥斯陆的比约尔维卡海湾规划

由此制造出一种建筑商标。”[5]

地标性建筑不能简单地理解为形象工程，地标性建筑需要在合适的地点和合适的时间建造，具有合适的内容，具有文化内涵，为城市带来活力。另一座当代地标性建筑是挪威首都奥斯陆的歌剧院，歌剧院位于比约尔维卡海湾畔，比约尔维卡海湾正在经历综合性改造，这里原先是城市的码头和工业区，随着城市的发展，正在成为奥斯陆的文化中心。比约尔维卡海湾规划了多功能地区，除文化中心外，还包括住宅和商业设施（图 8）。歌剧院由奥斯陆的斯讷山建筑设计公司（Snahetta）主创建筑师塔拉尔德·伦德瓦尔（Tarald Lundevall）在 2004 年的国际设计竞赛中获胜并主持设计，于 2008 年 4 月建成，奥斯陆歌剧院获得 2009 年的密斯·范·德·罗奖。在设计说明中是这样描述奥斯陆歌剧院的“一座白色的平台从大海中浮现”，这不仅是一座平台，更是挪威白雪皑皑的山岭，也是优美的城市景观。歌剧院的斜坡可以让人们漫步，款款而上，仿佛地毯般覆盖屋面的精确加工的石块讴歌着大自然和城市的诗篇，将历史与现实联结，这种隐喻只能在置身于挪威的自然环境后才能领会（图 9）。

由瑞士建筑师雅克·赫尔佐格（Jaques Herzog，1950—）和皮埃尔·德默龙（Pierre de Meuron，1950—）设计的汉堡易北音乐厅（2003—2016）将是又一个地标性建筑的典范。易北音乐厅建造在一座旧仓库的顶上，以红砖墙面的仓库为基座。该仓库位于港口城海港边的一座半岛的端部，地理位置十分重要（图 10）。易北音乐厅包括 2150 座的大音乐厅，550 座的排练厅和一间 150 座的演奏厅，这座音乐厅经过十多年的策划和设计、建造，预计耗资 7—8 亿欧元，最终将于 2016 年投入使用，这座音乐厅将成为汉堡甚至中欧新的文化和社会生活的中心（图 11）。

在历史环境中插入新建筑是一项挑战，并非用协调或对比这种简单的概念可以实现（图 12、13）。首先是新建筑与历史建筑言说的是不同的语言，功能上也有很大差别。好比音乐，城市中的建筑及其环境构成多声部、多调性的复调音乐，各声部形成对比或相互补充，在音调、节奏和进行方向上跌宕起伏，可以没有主次之分，呈现对比复调或模仿复调，或者两者的综合，构成复杂的节奏组合。2004—2013 年，外滩 15—1 号外滩公共服务中心（今后是上海金融博物馆）历经 9 年终于落成，这是在城市建成环境中加入新的调性。这个项目最初称为“镶牙工程”，历史上这里一直是 1948 年建成的外滩 14 号交通银行大楼（今上海市总工会）和 15 号华俄道胜银行（今上海外汇交易中心）之间的空地，20 世纪 50

图9 奥斯陆歌剧院（2004—2008）

图10 汉堡港口城

图11 汉堡易北音乐厅

图12 马里奥·博塔为米兰斯卡拉歌剧院的扩建设计（2002—2004）
图13 瑞士日内瓦的新旧建筑共生
图14 意大利建筑师格里戈蒂的方案（2003—2004）
图15 上海外滩金融博物馆（2004—2013）

新型城镇化背景下中国建筑设计创作发展路径刍议

王建国

摘　要：梳理了1949年以来的中国城镇化发展历程以及所呈现的突出问题，在此基础上分析了当今建筑设计创作在新型城镇化国家背景下的发展机遇和挑战并提出今后中国建筑设计发展应关注6个方面的设计路径。

关键词：新型城镇化；中国；建筑设计；发展路径

2010年10月31日，上海世博会高峰论坛上发布了《上海宣言》首次倡议设立“世界城市日”。4年后的今天，2014年10月31日，由联合国大会批准的第一个“世界城市日”庆典在沪江之滨中国上海隆重举行。

2012年，中国在历史上第一次居住在城市区域的人口超过了50%，而我们的星球也先于中国进入了城市时代。应该看到，城市化和工业化在带给人类丰富现代文明成果的同时，也伴随着前所未有的挑战，人口膨胀、交通拥堵、环境污染、资源紧缺、城市贫困、文化冲突正在成为全球性的问题。

值此重要历史时刻，中国建筑学会在上海举行“中国新型城镇化发展论坛暨建筑学报创刊60周年”大会，重点就中国新型城镇化发展展开研讨。我在此重点谈3个方面的问题：新型城镇化及建筑业界最新动态；当今建筑设计创作的历史机遇和存在问题；建筑设计创作的路径选择。

1 新型城镇化及建筑业界最新动态

1.1 新型城镇化成为中央高层领导关注和热议的焦点

2013年12月，中央召开城镇工作会议。习近平总书记发表重要讲话。会议认为，新型城镇化有利于内需扩大、劳动就业保障、城乡二元结构问题缓解、社会公平和公共福祉；提出强调以人为核心的城镇化，进而提出“以人为本、优化布局、生态文明和传承文化”等4条基本原则。会议分析了中国城乡建设的种种怪象和问题，严厉批评城市建设急于求成、铺张浪费、政绩至上的错误倾向，提出城乡建设应该要注意“看得到山、望得见水、留得住乡愁”要尽量尊重和保留原有的城乡脉络，提示目前的城乡建设和建筑文化发展等

年代插建了一座3层的小办公楼。2003年进行外滩城市设计时，就把这个“镶牙工程”作为重点之一，并举行了国际设计竞赛，最终选中意大利建筑师格里戈蒂（Vittorio Gregotti，1935–）的方案，经深化修改后于2004年2月提交的方案却被否决（图14）。于是举行国内设计招标，我和王伟强教授的团队的方案中选，然后是历时一年多的方案修改，反反复复的讨论和审查。建筑于2009年动工建造，在2010年上海世博会开幕前完成沿外滩的立面，后面的主体部分在世博会后继续建造，2013年建成验收。我们在设计中遵循的原则是尊重两侧历史建筑的主调，同时也创造新建筑的调性。其次，古典章法与现代语汇的二元统一，尊重建筑语言的逻辑关系，以现代语汇加以表现和诠释。然后是开放性与连续性的二元统一，既要保持与强化外滩建筑界面的连续性，又要突出建筑的开放性与公共性，以实现这样的目标“首先自己要既谦逊，又有风度。尊古而自重。”（图15）

（原载于《建筑学报》2015年02期）

参考文献

[1] 斯蒂芬·霍尔.锚[M].符济湘，译.台北：建 筑与文化出版社，1996：7.

[2] 冯纪忠.教学杂记[M]//建筑弦柱：冯纪忠论稿[M].上海：上海科学技术出版社，2003：53.

[3] 安东尼·C·安东尼亚德斯.建筑学及相关学科[M].崔昕，汪丽君，舒平，译.北京：中国建筑工业出版，2009：vii

[4] Beatriz Plaza. The Bilbao Effect[M]// Wilfried Wang.The Akadem ie der Kunste，Berlin. Culture：City. Lars Muller Publishers，2013：63–64.

[5] 胡安·布斯盖兹.多元路线化城市[M].张悦，等译.武汉：华中科技大学出版社，2010：41.

作者简介

[郑时龄]，同济大学建筑与城市规划学院（上海，200092）。

图片来源

图1：Coosje van Bruggen，Frank O. Gehry:Guggenheim Museum Bilbao. The Solomon R.Guggenheim Foundation，1997.

图2–4、6、7、9、12、13：作者拍摄.

图5：上海城建档案馆提供.

图8：奥斯陆规划局提供.

图10、11：汉堡港口城提供.

图14：格里戈蒂建筑事务所提供.

图15：刘刊拍摄.

方面出现了方向性的错误。

1.2 “2013中国当代建筑设计发展战略国际高端论坛”在南京召开

2013 年 11 月 22—23 日，在南京召开了由中国工程院主办的“2013 中国当代建筑设计发展战略国际高端论坛”，会议期间，宋春华、程泰宁、何镜堂、张锦秋、崔愷、楚尼斯（A. Tzonis）、桑托斯（A. Santos）等 10 多位国内外著名专家做了重要报告。会议认为，“价值判断失衡、跨文化对话失语、以及体制和制度建设失范”已经成为制约中国建筑设计创作进一步发展的瓶颈。今天，中国城镇化正在升级转型，一个注重内涵、以可持续发展为导向的新型城镇化高潮正在到来，如果上述问题不加以妥善解决，必然会对中国城镇化建设和文化发展带来难以弥补的损失。会议取得了重要的共识性成果，引发了社会各界对城乡建设和建筑乱象的深刻反思[1]。

1.3 2014年政府工作报告关于中国新型城镇化路径的构想

在政府工作报告中，李克强总理提出了“三个 1 亿人”的新型城镇化设想，亦即：“要促进约 1 亿农业转移人口落户城镇，体现‘以人为本’的基本国家发展方略；改造约 1 亿人居住的棚户区和城中村，改善城市人居环境，让所有城市化的人口共享城市文明；同时要引导约 1 亿人在中西部地区就近城镇化”，逐步改变长期以来东强西弱的城镇化进程，实现区域均衡协调。

“三个 1 亿人”虽然是从政治大局的角度提出的，但是也第一次在政府顶层明确了特定国情下城镇化的意义和中国发展道路，先前大多是按照大中小城市（镇）纵向分类和区域分布提出城镇化发展要点，而这次是第一次关注到我国城镇化的深层问题：城镇化率所表征的城市人群社会结构，同时关注到了中国地区城镇化发展的高度不平衡性和不同特征，进而希望通过分类指导的实施目标和路径，实现中国跨越式发展的战略宏图。

1.4 中国新型城镇化及其相关

1949 年以来的中国城镇化进程走过了一条“先放、后收、再放”的曲折道路。1949—1978 年间，城市化进程缓慢增长，城镇化率从 1949 年的 10.6% 上升至 1978 年的 17.9%，30 年间仅增长了 7.3 个百分点。

1978 年后城镇化取得快速进展，中国城市化率到 2011 年末已达到 51.27%，增速是同时期世界平均水平的 3 倍。2013 年中国城市化水平更是超过了 53%，从根本上改变了“以农立国”的历史格局（图 1）。

事实上，新型城镇化是针对以往的城镇化的 5 大问题提出的：

1）土地城市化而非人的城市化

我国尚有 2.6 亿城市长住的流动人口因户籍问题，并未成为真正的城市居民，实际的城市化率只有 35% 左右。过去 30 年城市占用的土地空间和资源环境的消耗十分惊人，目前全国耕地保有量已经逼近 18 亿亩红线；其次，农村人口进城及得到的公共服务滞后于土地消耗和空间扩张。少数大城市凭借政策优势、区位优势和资源优势扩张成为巨人。相比之下，不少中小城镇显得落后乃至凋敝，大片的农村地区更是成为被遗忘的角落，地区发展极不均衡。

2）城镇化变成各级城市政府圈地扩张的指挥棒

由于劳动力成本较低带来的“人口红利”和由于侵占大量农业用地带来的“土地红利”的要素作用，加上政府任期制绩效考核的影响，要素驱动城镇化的作用在一个时期被过度放大；其次是在城市建设发展圈地“以城逼乡”的运动中，农民失去了基本的生活资料——土地，他们被集中居住到“迁村并点”后的居民聚落。这种“被城市化”对于大多数农民

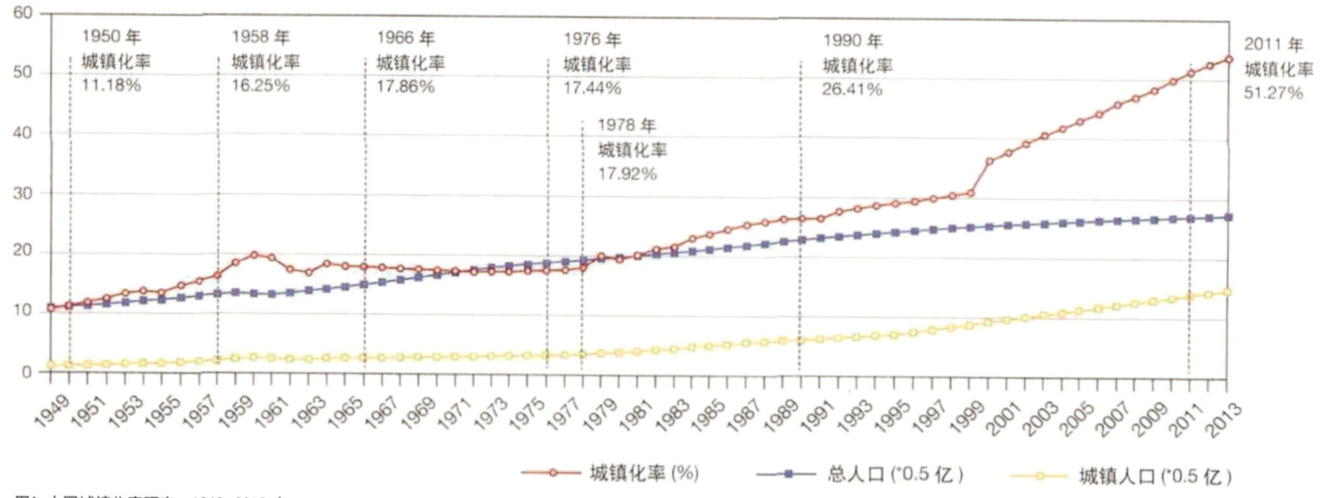

图1 中国城镇化率研究，1949—2013 年

来说却是一场背井离乡、乡愁破灭、思想和身体同时被格式化的梦魇。

3）城市越来越不宜居

快速城市化进程反映在城市建设中，出现了伴随着价值评价标准崩溃的城市多重尺度上的形态、建筑肌理和环境尺度的破碎和异质化，城市资源分配忽视对弱势群体和历史遗留问题的关注。

在快速的发展中，普遍存在粗制滥造和城市人居环境异化，包括：新区建设的规模和尺度失控、旧区建设的格式化操作、棚户区的自生自灭、“城中村”的一城二治等；政绩冲动的权力霸气、开发商的豪气及建筑师缺乏话语权给我们城市建设带来了灭顶之灾。

4）“城不城、乡不乡”

由于开发速度过快，那些一时拆迁不了的村庄及部分农村土地蜕变成城市“飞地”，也即“城中村”。很多城市存在这样的“一城二治”，涉及数十万农民。“城中村”已成为今天很多城市更新改造的棘手难题，并被列入本届政府的“三个1亿人”的新型城镇化计划中。

5）“回不去的是故乡”

当今乡村问题同样非常严重。传统的由世代因袭相传和实效性（Pragmatic）带来的建筑建造方式、以特定地域生活圈为基础的生活和审美习性而造成的“五里不同俗，十里不同风”的地域差异，在今天如同生物多样性一样正在急速消逝。

长期以来，各级政府习惯用建设城市的思路来建设农村，用发展工业的思路发展农村，其结果是村落变成小区、耕地变成厂房，河流变成下水道，农耕文明及其赖以生存的生态环境严重失控。从整体上讲，我国新型城镇化的内涵体现在5个方面，即：人的城镇化、城乡统筹；“四化”互动（新型工业化、信息化、城镇化、农业现代化）；生态文明的城镇化；空间布局合理的城镇化；保护和弘扬中华民族优秀的传统文化。

新型城镇化既是针对中国国情提出的，同时也是针对国际城镇化进程中目前一些国家存在的缺失而提出的，如拉美巴西、哥伦比亚、墨西哥等国家的过度城镇化和非洲一些国家的低水平城镇化等。

因此，新型城镇化不再是简单武断的“自上而下”的单向管控，关注“高、大、上”的城市发展和建设内容，而是要同时：1）关注如何实现真正意义上、货真价实、不含水分的城镇化，其中关键是人的城镇化（城中村、城市非户籍人口）；2）关注于自下而上的市场经济、草根民众、社会不同阶层诉求的双向互动协调，和谐社会的实质是实现社会公平（棚户区等）；3）不仅关注大中城市，更要关注小城市、县级市、小城镇的城市化；关注由于地区差异而引发的城镇化不同特点和推进路径（乡镇和乡村）；4）关注内涵和品质提升以及城乡协调统筹，摒弃单纯的“自上而下”的城镇化规模扩张（文化、环境品质、可持续性）[2]。

2 建筑设计创作的历史机遇和存在问题

30多年来的经济持续快速增长，使得中国已经成为全球城镇化速率最快、土木建设工程量最大、城市“变新”“变大”“变高”最明显、建筑设计市场最为繁荣的国度。

建筑业中的房屋建筑共竣工313亿m^2，约占现在存量房屋建筑面积的70%以上。建筑业显著拉动了GDP的增长、增加了大量就业岗位、改善了群众的居住条件，2012年城镇人均住房面积已达32.9m^2。与此相关，我们的建筑设计人员长期工作在“利好”的市场环境中，建筑学专业也因此成为高考录取分数最高、就业率最高和起薪全行业最高的专业之一。我们告别了紧衣缩食的计划经济时代的建筑方针，而步入了一个可以大胆追求建筑“美观”和个性的历史新阶段。

同时，中国活跃着一批心存社会理想、恪守专业水准、矢志追求建筑创新的建筑师群体。他们没有简单地将订单应接不暇的机会化为经济效益的载体，而是勇于接受当今时代变迁对建筑内涵提升的挑战。

他们在设计创作理念的多元化、特定场地环境的构思激发、空间形态概念的传承创新等方面做出了卓越的探索和努力。他们中不仅产生了一批建筑大师、院士和“梁思成奖”获得者，有的还逐渐走出国门，得到了国际建筑界的广泛认同，包括获得普利兹克建筑奖、联合国人居奖、阿卡汗奖等在内的一系列国际重大奖项。但同时，当今中国城乡建设所存在的问题是十分严重的。

在过去的30多年间，我们用前所未有的“大手笔”和发展力度建起了大量的现代化城区：高楼林立、通衢大道、车水马龙。但我们同时也切断了很多城乡聚落环境历史演进的有序轨迹，肢解了多层次的历史空间肌理和宜人尺度。由于城乡格局“二元化”的长期存在，同时也因为经济发展至上的发展观引导，很多城市武断蛮横地重新组建起全新的、表征着所谓现代化的城市物质空间结构，使得我们今天在很多地区再也看不到与自然唇齿相依、和谐共生的城乡环境场景，再也感知不到历史发展的年轮梯度和人文积淀。这一情形基本与地区城镇化进程的速率和地区经济发达程度呈反比的关系。

我们曾经坚信，城镇化和工业化就是现代化，现代化本质是一种文明。但是，文明虽然以人类基本需求和全面发展的满足程度为共同尺度，在今天还伴随着全球化、信息化、经济一体化等特征。然而文明却并不能取代文化，同一种文明在不同的文化圈的集体认知、外在表征和体现一定是多元共生共存的，古今中外无不如此。如同生物多样性一样，文化是以不同民族、不同地域、不同时代的不同条件为依据的。

以上种种同样呈现在当今中国错综复杂、扑朔迷离的建筑场景中。

一方面，作为建筑师群体，我们曾经多年执行“适用、经济、在可能的情况下注意美观”的建筑方针，为在社会主义初级阶段发展中逐步解决温饱问题做出了贡献。今天，在快速城市化进程中，在社会经济发展整体“利好”的情况下，我们目睹了建筑师长年累月夜以继日的加班，从中我们既看到了他们为创作好的建筑作品而付出的种种努力，另一方面，我们也看到了国家建筑方针和行业的自律失范行为屡屡发生。为了适应快速发展和“逐利”的市场需求，一批建筑师同道没有把握好市场利好、权力资本和职业操守的关系，价值底线失控，做出了种种不应该的专业和质量上的妥协，包括设计理念的缺失、基于形式和风格拷贝的“快餐”建筑、贪大求奢和盲目崇洋等。事实上，以“三俗”（恶俗、媚俗、低俗）为代表的“奇奇怪怪的建筑”正在混淆并挑战着公众的审美底线。“千城一面”“城乡趋同”等人们普遍垢病的现象出现，尤其是城乡环境品质的恶化和价值观念上的文化失范，中国建筑师负有相当的、也是不可推卸的责任。

3 建筑设计创作的路径选择

新型城镇化已经为我们提供了一个难得的建筑设计重走原创之路的国家背景。回顾 2013 年 11 月中国工程院主办的南京论坛取得的成果，我曾在《建筑学报》上撰文将其概括为“地域为基、文化为魂、创新为舵、设计为径、环境为果”的会议共识。

而其核心就是要重建对中华传统历史文化的科学认知和民族自信，传承和发展本土的优秀建筑文化，提振建筑师的地域文化集体认知和人文精神，用创造性的设计重构中国本土和世界多元建筑文化的相互依存联系。

今天，中国建筑师群体又一次走到关键的历史转折点上。我们需要反思：中国建筑学发展的核心价值观究竟是什么，它应该建立在什么基础上？新型城镇化背景下中国建筑设计的途径应如何选择？建筑师究竟应该做什么？可以做什么？能够做什么？为此，我尝试提出 6 条设计路径供讨论：

3.1 提倡关注本土地域和文化集体意识诉求的“自下而上”适宜性的设计路径

坚守建筑师服务社会之基本职业操守和良知，不因社会不良习气和职业自由而放弃应有的文化追求和设计伦理。要考虑建筑的社会、人文和场所营造的意义和内涵；关注特定地域的建筑文化挖掘、环境营造特点和适宜技术；通过建筑师的工作，营造具有合理时空梯度和文化脉络的城乡建筑环境，留存乡愁记忆。如此才可能去创造中华文明背景下的多样化和差异化的建筑世界，从根本上破解“千城一面”和城乡风貌雷同的难题。

目前已有一些成功的建筑设计创作探索，如阙里宾舍（图2）、武夷山庄、菊儿胡同、泰州民俗文化中心、浙江美术馆、中国美术学院象山校区、水井坊博物馆、夏侯文艺术馆（图3）等。但对于幅员辽阔、地域气候和文化差异多样化的中国，这个群体还需要发展壮大，目前远远不够。

3.2 重拾合情合理的“平凡建筑”价值观，关注面广量大、一般标准的建筑产品品质提升的设计路径

普通住宅（含安置房和解困房建设、棚户区和城中村改造等）、普通写字楼以及大量的既有建筑改造等是城市空间环境基底性支撑，也是形成城市整体特征的基本载体。建筑师的实践对象并不总是“高、大、上”的建筑，应关注草根阶层和社会弱势群体的诉求，努力创作出具有平均水准以上、一定文化意蕴的大量性“平凡建筑”，我们的城乡环境才有基本的人居生活品质。如万科新土楼、南京大华锦绣华城安置房（图4）等。

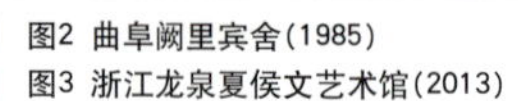
图2 曲阜阙里宾舍(1985)
图3 浙江龙泉夏侯文艺术馆(2013)

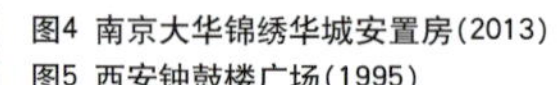
图4 南京大华锦绣华城安置房(2013)
图5 西安钟鼓楼广场(1995)

图6 深圳建科院生态楼(2009)
图7 北京凤凰中心(2014)

目前在建筑市场持续利好的情况下，对于量产建筑及其品质提升的关注严重缺失，少数案例也常是开发商本身对品质的诉求所致，建筑师往往是被动的。

3.3 关注城乡地域发展均衡、探索乡镇和乡村建设创新、回应新型城镇化推进策略的设计路径

不仅要关注城市，更要关注中小城镇和乡村的建设、发展，不仅要关注经济发达地区，更要关注经济欠发达地区和广大乡村的建设发展。通过类型学的深入研究，探讨特定城乡环境中人、社会和环境适配的可持续性，进而探讨地域性人居问题的建筑解决之道。建筑师可以为缩小城乡二元分立的差距和回应“三个1亿人”的新型城镇化要求做出贡献。例如：西河粮油博物馆及村民活动中心、高黎贡手工造纸博物馆等。乡镇（村）的产业特点、土地权属、生活方式、文化习俗等方面与城市有显著不同，可是作为建筑师群体，学校的专业训练和日常的实践并不能很好应对这些设计需要面对的特殊问题。

3.4 强调建筑与城乡环境共生自明性、合理性和融合性的设计路径

建筑师不仅要关注建筑本体技术层面的设计问题，而且要拓展城市设计思维，放大设计视野和空间尺度，建筑是局部，环境才是整体。建筑师的工作不应总是以主角或占据者姿态出现，唯我独尊。有时也应有搭台、补台和甘当配角的环境友好意识。如西安钟鼓楼广场（图5）、北京德胜尚城、南京7316厂建筑改造和环境设计等。

3.5 基于建筑技术、建筑材料、建筑设备和建筑施工技术进步，回应可持续发展全球共识的设计路径

建筑技术显著推进了建筑业的发展，也极大地拓展了建筑师的设计潜力。如数字技术就提高了人们对城市空间的理解能力和科学判断水平，加深并拓展了空间研究的深度和广度，今天人们运用数字技术已经创造出先前难以想象的建筑空间和形式。可持续发展的全球共识要求建筑师必须积极响应国家“四节一环保”的设计要求，通过低碳绿色的创新设计，实现建筑的低碳环保、节能减排。同时，设计要反映科技进步的内涵，体现我国建筑设计的基本方针，但必须杜绝不合理的、奢靡浪费、代价高昂的建筑设计，诚如建筑结构专业的沈祖炎院士所说，“我们不要这样的‘世界第一’”。

中国建筑师在这方面已取得一定成就，高、中、低技术以及适宜技术运用均有成功作品问世，但应避免“贪大求奢”、争创“第一”的倾向。比较好的作品有深圳建科院大楼（图6）、上海普天科技生态办公楼等。

3.6 创新思想和前卫概念主导的设计路径

从世界范围看，建筑设计特定领域存在的先锋性和前卫性对于探索中国建筑发展未来走向是必要而更富有价值的。中国建筑设计创作的繁荣发展需要主流的整体推进，也同样需要差异性和边缘性的领域展拓和理念创新。例如凤凰中心（图7）、上海西岸双年展的垂直住宅等。

建筑师与其他城市建设相关的专业工作者群体相比而言，对社会发展和需求往往具有更深的洞察、剖析、辨识和批判性意识。错综复杂的社会问题正在挑战建筑师的专业智慧、伦理操守和原创能力。应该指出，创新思想和前卫概念主导的建筑设计绝不是那些恶俗、媚俗和低俗以及严重摒弃建筑基本原则、贪大求奢的“奇奇怪怪的建筑”。

4 结语

在国家倡导新型城镇化发展道路的大背景和举国上下重新关注、热议和探讨建筑文化价值的今天，我们建筑师群体面临着前所未有的历史机遇和挑战。宋春华在南京论坛上曾经说，“要用激情和热情去设计，改变‘依葫芦画瓢’和附庸权贵的创作惰性，杜绝对于国际建筑师那种文化寄生和路径依赖的慵懒想法。”

归根结底，原创才是中国建筑师跻身世界的最重要、也是最核心的竞争要素。

（原载于《建筑学报》2015年02期）

参考文献

[1] 王建国.从反思评析到路径抉择—“2013 中国当代建筑设计发展国际高端论坛”综述[J].建筑学报，2014(1):1—3.

[2] 诸大建.如何走向更好的城镇化[J].城市中国，2013(6): 30—33.

作者简介

[王建国]，东南大学建筑学院（南京，210096）。

图片来源

图1：陈海宁绘制；
图3：马进提供；
图6、7：《建筑学报》杂志社提供；
其余图片为作者拍摄。

2015 建筑艺术年度发展报告

刘托　王明贤　辛塞波　孙江宁

经过数年的大拆大建和超常规发展，我国的城市建设规模与速度逐渐趋于稳定和常态，2015 年的建筑创作在"一带一路""新常态""协同发展""文化自觉"以及"匠人精神"等为主题的引领下进行新的探索和转型，呈现出继往开来的局面，但也仍存在着困惑和新的挑战。如何把中央精神落实到实处，如何将理论与创作实践紧密联系起来，如何将传统文化与时代创新有机结合，需要我们认真总结 2015 年我国城市建设与建筑创作实践的成果，审视制度、机制、管理、实践等方面的缺失，我们需要转换思路，抓住新常态的契机，反思建筑创作的本质、规律，重新思考如何更好地建造宜居城市，如何设计更有文化内涵和艺术品位的建筑，从而使中国建筑向更加符合时代发展趋向、更能满足社会多样性需求的方向健康发展。本文选取 2015 年中国建筑界具有代表性的成就与事件，总括年度建筑艺术创作的发展脉络与趋向，并加以评述。

一、城市设计

2015 年，我国的社会经济发展已呈"新常态"态势，城乡发展方式及其趋势呈现出新的特征。"新常态"要求把生态文明建设融入经济建设各方面和全过程，协同推进新型工业化、城镇化、信息化、农业现代化和低碳化，牢固树立"绿水青山就是金山银山"的理念。与之相关对城中村进行空间、经济与社会功能的结构性乃至系统性再造是特大城市面对的历史性挑战，中国特大城市建立包容性城中村改造模式势在必行。

1．城市设计"问题导向"

当前随着中国城市发展的转型，城市设计面临着新的发展机遇，但也存在技术路线跑偏、内容泛化、管理失度与落实失范等问题。提出"问题导向型"的总体城市设计思路与技术方法，是针对城市空间总体层面出现的主要问题，以可操作性为目标，筛选关键要素，强化空间特色等针对性的专项研究。从行政法角度对《城市规划法》和《城乡规划法》中规划许可的特征进行比较分析，规划许可制度已经从《城市规划法》的详细规划为导向的"自由裁量"许可体系，转向《城乡规划法》中的控制性详细规划作为"严格规则"的许可体系，从循序渐进的多次决策转向了以规划条件为核心的一次决策体系。规划许可制度转型影响了控制性详细规划、规划许可程序及规划许可作用等一系列问题，而受到业内广泛关注和讨论。

面对北京等大都市无序膨胀问题，如何调整与疏解非首都核心功能，优化产业结构，突出高端化、服务化、集聚化、融合化、低碳化，有效控制人口规模，增强区域人口均衡分布，促进区域均衡发展，成为今年北京及大都市城市发展的重头戏。年内，在推进区域发展的宏观策略上，推动京津冀协同发展成为重大国家战略，核心是有序疏解北京非首都功能，要在京津冀交通一体化、生态环境保护、产业升级转移等重点领域率先取得突破。为跟进社会转型与学术创新，2015 年的城市规划年会进行了改革，专门设置了主题论坛，围绕年会的主题——"城乡治理与规划改革"进行讨论，可以帮助我们更为集中地探讨本次年会的主题。"治理"是关于整个社会的管理，是社会组成者共同参与社会发展的管理，因此，治理强调的是构成社会的成员之间不断地相互协调，协同行动。年中，中国城市规划学会城市总体规划学术委员会在广东东莞市召开了城市总体规划改革与创新主题会议，以东莞市城市总体规划的纲要阶段成果创新经验研讨了新时期城市规划与城市设计的新愿景与新思路。

2．宜居之都与新型城镇化

民生是当下社会发展主旋律，也是城市转型的风向标。宜居之都要求提升城市建设特别是基础设施建设质量，形成适度超前、相互衔接、满足未来需求的功能体系，遏制城市"摊大饼"式发展，以创造历史、追求艺术的高度负责精神，打造都市建设的精品力作。同时，健全城市管理体制，提高城市管理水平，改进城市管理目标、方法和模式，加大大气污染治理力度，改善空气质量。

在城市转型的语境下召开的"宜居之都与新型城镇化发展"学术论坛，着重探讨了如何在现有快速建设的背景下进行设计，如何明确城市的战略定位，特别是如何在坚持和强化首都全国政治中心、文化中心、国际交流中心、科技创新中心的核心功能的同时，进一步深入实施人文北京、科技北京、绿色北京的各项战略的有关问题。新型城镇化进程中的城乡建设用地可持续利用与管理是社会各界关注的热点问题。《建筑学报》发表署名文章《新型城镇化的城市规划建设策略》，聚焦城市规划建设的策略应对，在分析比较城镇化的国际趋势和中国问题的基础上，针对中国特色的新型城镇化，从“紧凑城市”“生态城市”“有历史记忆的城市”和“有文化特色的城市”的角度提出了城市规划建设的应对策略，以促进中国城镇化品质的提高。

3．大数据与智慧城市

大数据与智慧城市是全球背景下的热门话题，在城市规划及相关领域，城市规划、地理学、计算机学等相关学科领域开展了一系列基于大数据的城市研究，并迅速对城市规划产生了冲击。通过对大数据及相关物联网、云计算等概念的解读，提出关于城市规划领域大数据技术应用的设想，包括规划方案预测与评估、公众参与、城市生态、公众健康等，新技术的应用产生了新思维，进而促生了新样态。推广案例有张北云计算基地二期工程，服务京津冀云计算产业。基地内数据中心将百分百基于绿色能源运转，建筑外表覆盖太阳能电板，同时采用自然风冷和自然水冷系统。国务院批复设立河北省张家口可再生能源示范区，明确提出在张家口建设国际领先的“低碳奥运专区”。奥林匹克中心和其他赛场用电100%采用可再生能源，实现奥运场馆所有建筑采用可再生能源供热。

2015年北京国际设计周中的智慧城市版块以“汇集城市能量，开创智慧未来”为主题，分为设计广场、主题展览、高峰论坛三部分内容。聚焦中国近十年城市发展历程中最具代表性的城市设计项目，以虚拟互动、体验生活等丰富多彩的展示手段，吸引各界人士共同参与探索可持续、高品质的未来城市生活模式。此外，江西省围绕城市管理、公共服务等重点领域提出了智慧城市建设内容指标体系，内容涵盖信息化基础设施、产业发展、城市管理、公共服务等重点领域。由上海城市设计联盟启动的“上海城市设计联盟”以“提升城市品质、聚焦城市设计”为核心，以“设计点亮城市”为启动标志，以“互联互通、共享共治、众筹众包、合作共生”为理念搭建跨行业交流平台。与此同时，住房城乡建设部出台了《海绵城市建设绩效评价与考核办法》，提出海绵城市建设是实现修复城市水生态、改善城市水环境、提高城市水安全等多重目标的有效手段，为城市的科学发展提出了前瞻指引。

二、建筑创作

1．多元共存的建筑创作

生态化　2015年的建筑创作呈现出多元共存的局面，生态化是不可回避的重要议题之一。生态建筑设计理念在于追求降低环境负荷，减少对环境的破坏，通过减少污染、减少耗能，达到节约能源、保护生态环境的目的。济南小清河湿地国际工作坊以融合创新精神、树立生态典范、弘扬环保理念为原则，邀请了10余位国内外知名建筑师，分别主持小清河湿地南部体验区10处岛屿的功能、环境、建筑一体化概念性方案设计，引起业内和社会广泛关注。此外，由建筑师朱锫设计的“绿色山园”融入了传统生态文化的理念，将“无用之用、顺势而为”的老庄哲学思想转换为设计手法，在一座普通的两层建筑的表面布设绿植，营造出富有传统中国园林意象的景观。无用之用是把看似平常无用之物赋予新的内容与意义，设计构思是借助一个被遗弃的混凝土框架，顺势而为，对其进行利用、转化、扩展和延伸，从而塑造独特的空间艺术体验场所。

在生态化理论建设层面，有学者对“生态地域化”命题进行了持续的探讨。首先，在气候条件下，从历史和空间的角度考察建筑的气候特征，提出作为生态设计的原点，适应气候的建筑设计需要建立起自然梯度。其次，针对建筑材料的生态选择探讨地理因素的作用，对传统的材料及现代材料进行剖析，挖掘某些类型建筑在特定地理环境中具有的高效生态性能。《建筑学报》杂志以《梅溪湖绿建展示中心绿色设计研究》为题，介绍了梅溪湖绿建展示中心的可持续发展理念、因地制宜的被动式设计策略和先进适用的主动式技术，其绿色设计集形象、采光、通风、遮阳、景观、灯光、能源等多方面于一体，为推进绿色建筑的科学发展提供可行参考和借鉴。

地域性　随着建筑师设计水平的不断提升，建筑地域性成为近年来建筑师思考的重要议题。建筑作为一种文化载体，它是经济、技术、哲学、艺术等要素的有机综合体，具有时空性和地域性。建筑的地域性不应该仅停留在形式层面，更应该在当地的建筑技术、居民的生活方式及文化传承上去实现。青海玉树的“康巴艺术中心”是灾后重建项目，建筑群的总体布局采用聚落形态，自由松散，强调与塔尔寺、唐蕃古道商业街、格萨尔广场等周边城市元素的对位呼应。建筑的密度与传统城市肌理相吻合，步行街道的尺度也尽力与唐蕃古道商业街相协调。院落空间的组合力图再现传统藏式建筑的空间精神，并尝试在建筑布局上体现台地特征。建筑在体量上也逐层递减，形成丰富的空间层次。“玉树州行政中心”

项目设计的过程也同样是对重温藏文化的过程，为了追寻和体验藏式院落的意蕴，设计团队在总结藏区院子特点的基础上进行建筑创作。格萨尔广场以格萨尔王雕像为中心，平面为喇嘛塔图案，广场除去供教徒日常转经、纪念活动及居民商品交易外，也举办大型集会及宗教活动，成为当地最重要的精神与文化中心。

在地域性理论研究层面，梅洪元教授以共生理论为基础，试图构建寒地建筑与环境的共生设计研究框架与方法体系，他从寒地建筑与自然环境、人工环境以及人文环境的共生设计等几个方面展开研究，其论文《寒地建筑群体形态自组织适寒设计研究》，探讨了寒地建筑群体形态自组织适寒的作用机制，从结构单元分形衍生、群构网络拓扑形变及群落肌理地景演化的角度建构了寒地建筑群体形态适寒的基本模式。

关注民生 “设计为民生”“做人民的建筑师”近年又重新回到建筑师的设计语汇中，作为设计师中一个群体，如何树立正确的价值观和责任意识，从某种角度讲体现着包括建筑师的职业道德。设计作为人类发展的调适和助推因素，成为人类追求美好境界、营造优雅空间的途径。“民生”不仅关系到百姓的生息，更关系到城市公众的衣食住行，关注民众的生存状态，面对大众的真实需求，是建筑设计的应有之义，朱锫事务所设计的北京民生现代美术馆可以视为上述理念的一次践行。该美术馆基于一个 20 世纪 80 年代的旧工业厂房改造而成，以开放性、多元性、灵活性，挑战以往美术馆的封闭性、单一性及固定性，它尊重原有工业建筑朴素、真实的特质，颠覆传统美术馆的冠冕堂皇的审美定势。建筑空间不只是为呈现作品而作，也是为艺术创作而生。同时强调艺术作品展现出的最有意义的瞬间，不是作品完成之时，而是公众参与并与其互动的时刻。一些灵活可变，功能可塑，似用非用的空间，却有意无意间激发艺术家和公众的创作激情，让艺术品公众和美术馆融为一体。

建筑设计 “以人为本”不但是当下设计的主旨，也与新时期城镇化目标不谋而合，是推动新型城镇化建设的重要方法和手段。建筑设计应展开基于公众立场的设计评估，获取精准可靠的公众需求与取向。另一方面，我国城市设计正从数量与规模扩张转向质量提升，小规模项目逐渐成为设计的主要类型，公众参与将成为左右项目推进与实施的重要内容与环节。目前“民生设计”在我国尚没有政策法规层面的支撑，主体环境的情况也不容乐观。以人为本设计理念的践行将是一个漫长的过程，例如社区如何为老年人同时提供生活支援和医疗护理，以满足老年人日益增长的物质与精神需求，已是摆在养老产业发展面前的重大课题。为此，《建筑学报》2015 年第 6 期以“适老设计研究与实践”为题进行了专题介绍。刘东卫、贾丽撰写的《居家养老模式下住宅适老化通用设计研究》一文分析了国内外适老化研究成果，提出了住宅适老化体系建设和通用设计的方法，对适老化设计进行分级，提出了符合我国国情现状的分级标准及相应的设计要点。

2. 乡村建筑

伴随着中国高速的城镇化，乡村建设重又回到人们视野。但是，今日的乡村不同于彼时的乡村，城乡关系也非同传统的城乡关系，“乡土”也因此有了特别的含义，故而今天的乡建被理解为“乡村重建”，并成为 20115 年建筑师们竞相奔赴的前沿。需要指出的是，乡村建设并不能简单等同于建筑师、规划师的在地实践，乡村建设关乎农业建设、农耕文明的延续、经济发展、社会组织和社会秩序的建设、乡村环境的改造、城乡关系的再造等。建筑师李兴钢把自己的乡建理念归结于“房”与“山”的营建，并戏称为“胜景几何 2.0”版。他的团队在南京市秦淮区花露岗一处空地上进行了一次实验性的实践，称之为“瞬时桃花源”——由树亭、墙廊、山塔和台阁共同构成的装置景观。在浙江松阳大木山茶园景区的核心地带，建筑师徐甜甜主持建造了一个茶室。茶室建在湖边五棵梧桐树旁，由一个公共茶空间和两个独立庭院茶室组成。徐甜甜将建筑看做一个容器，这个容器不是为了表现自我，而是吸纳周围环境里的各种自然元素，进而加以展现。人们在移步换景之中看到了空间的张弛收放，看到了光线的照入方式、明暗变化。何崴、陈龙设计的“西河粮油博物馆及村民活动中心”项目表现了作者对当下中国乡建中建筑师身份、工作方法等一系列思考，特别强调了设计对当地人与地域文化的尊重，以及村民参与的重要性。

在乡建理论层面，南京大学周凌教授通过南京桦墅乡村改造，探索大城市近郊乡村活化的城乡互动模式，并从建筑更新的角度介绍乡村村中老建筑的改造方法。建筑师王竹以浙江安吉景坞村为例，分析了乡村人居环境“活化”的时代机遇、途径和建设思路；通过保护乡村人居环境几个层面的有机秩序，提升公共服务设施、景观节点与界面亲和力等，实现乡村对城市的消费引力。他的同事窦平平副教授通过解析无锡长泾蚕种场的环境调和策略，探讨了乡土工业建筑的功能转换和环境改造，也带给我们新的启示。福建屏南北村作为中国南方山区一个具有代表性的乡村案例，南京大学乡建团队在对其自然、人文背景持续的研究基础上，同村民共同确定乡村复兴的基本目标，制定了总体复兴的空间范围和时间表，并在复兴项目的运行与实施策略上提出由浅入深地展开各项工作，包括社会学意义上的“村民自主体系”、空间规划意义上的“整体性规划”及建筑设计意义上的“闽东北传统建造体系”，使乡建从单一的专业规划转向综合的整体设计。作为乡建设计成果的展示活动，中央美术学院乡土研究展《墟释——情景乡村·土筑木造》在天津北宁公园乐观堂开幕，此次展览是周宇舫、何崴近年来对于中国乡土研究的一次呈现。两位教师放下所谓媒体时代影像化的虚拟教育，回归自在的土地，坚持从田野调查出发，进行中国传统乡土空间和文化的研究。在呈现方式上又不拘泥于传统的建筑学的方式、方法，强调社会学的视角，艺术的表达。本次展览用十数件作品传达了参展设计师对于中国乡村、乡土、乡情的一种解读和艺术呈现。

今日的乡建话题已经远远超过了建筑学的范畴，美丽乡村建设似乎成为唤醒文化乡愁的重要方式。在国内美丽乡村建设如火如荼地进行的今天，有令人欣喜的地方，也有发展中暴露的深层问题。乡建已然成为一项运动，吸引了包括从事村镇经济研究、乡村治理和乡村文创教育，建筑实践的建筑师、工程师、艺术家，以及投身乡村建设工作的政府领导、基层工作人员等共同参与。

3. 建筑遗产保护

“建筑遗产保护”已然成为社会共识，并成为建筑界普遍关注的课题。在新型城镇化建设背景下，保护和传承好城乡建筑文化遗产，对弘扬优秀中华传统文化和实现城乡可持续发展具有重要意义。随着文化遗产保护实践的有效开展，我国的文化遗产保护理论在价值认识、保护原则、合理利用等多个方面都有了新的发展。在这一背景下，建筑遗产保护所面临的突出问题已经不是“重视不重视”，而是“重视之后应保护什么、如何保护”的问题。相关专家学者从历史建筑、工业建筑、亚太遗产、非遗与文物等不同方面进行了卓有成效的探索。朱文一教授带领的团队通过清华大礼堂改造项目设计及实施过程，在对建筑现状进行细致勘察和评估、鉴定的基础上，深入挖掘并全面提升其文物价值，在完整保持建筑室内外原有风貌前提下，采用适当的技术手段，以满足现代校园观演建筑多功能需求。同时还要回应当代观演需求、改善声学效果、实现文物整旧如旧的挑战。福建马尾船政与北洋水师大沽船坞改造利用项目是另一项具有典型意义的保护案例，设计师季宏通过对世界工业遗产普遍价值统计、对比分析、价值要点、价值载体等方面研究，对福建马尾船政与北洋水师大沽船坞的突出价值做出较为全面的阐释，为我国近代工业遗产的申遗工作提供了样本。上海昆剧团所处的上海市绍兴路9号大楼的保护利用工程探讨的主题是非遗与文物建筑的对话，设计人从风貌保护、功能优化、流线梳理以及重点保护部位的价值把握和特色再现等多个层面，探索了建筑遗产的年代价值与技术实现的路径。

2015年相继举行了有关建筑文化遗产保护及建筑历史研究的学术会议，在湖南大学召开了“2015 建筑历史研究与城乡建筑遗产保护研讨会”，就“建筑历史研究新理论和新方法”“建筑历史教学体系与方法探讨”“物质文化遗产（历史城镇、历史村落、历史建筑、古遗址等）的保护理论与方法”等议题展开了讨论。广东工业大学承办了中国建筑史学年会暨学术研讨会，会议主题是：“新常态背景下城乡文化遗产的保护与利用”。作为传统木构建筑营造技艺研究国家文物局重点科研基地与明清官式建筑保护研究国家文物局重点科研基地，东南大学举办了“明清木构建筑屋顶保护研究学术研讨会”。会议就官式与民间、北方与南方建筑传统技艺互动与差异进行了广泛讨论。会议还就将来持续的学术与应用实践的交流与合作进行了展望。此外，与文化遗产保护相关的一项重要事项，是住建部、文化部、文物局等七部门联合下发通知，就做好2015年中国传统村落保护工作做出具体部署，强调要抓紧建立传统村落挂牌保护制度，严格执行乡村建设规划许可。

4. 展览、论坛、评奖

创作论坛 2015年的创作论坛多彩纷呈，主要以“一带一路”“新常态”“文化自觉”以及“匠人精神”为主题。“一带一路·城乡复兴”春季高峰论坛就“一带一路”背景下的城乡复兴之路进行深入探讨与交流。以基础设施建设为重点的“一带一路”建设为我国的建筑行业全面振兴带来了新的机遇与挑战。在此背景下，中国建筑业如何以丰富的经验与卓越的质量让中国建筑师走向海外；面临城市的存量土地盘活及城市活力复兴、乡村的振兴发展等重大课题，如何进行富于前瞻性的科学决策，推进“一带一路”建设的可持续发展，值得我们认真研究和思考。

“2015 当代中国建筑创作论坛”在吉林建筑大学举行，论坛以新常态下中国建筑的创作为主题，围绕寒地建筑设计与建构技术、建筑教育中的职业指向、当代建筑评论与设计方向、新常态下建筑创作环境与设计取向、当代中国建筑设计实践的新动向等问题展开。程泰宁院士与梅洪元教授分别所作的报告《文化自觉引领建筑创新》与《地域建筑设计的原真与平凡》，就建筑创作的文化导向和地域性建筑设计原则发表了富有价值的论述。

中国建筑学会与中央美院主办的“文化建筑在中国”国际学术研讨会，其主题为“文化的实践——1980年以来的中国文化建筑”，议题涵盖：塑造国家文化形象的建筑实践、建构公众文化活动的集体空间、作为文化研究的建筑教育，著名建筑师王澍结合自身的建筑创作灵感和创作实践发表了“与水絮语”的主题演讲。基于对中国当前建筑设计领域的现状的关注，东南大学召开了“传承·创新·责任——文化自信引领建筑创新”学术研讨会，会上程泰宁院士就其主持的中国工程院咨询研究课题“当代中国建筑设计现状与发展”进行了发言，会上还举行了《当代中国建筑设计现状与发展》《中国当代建筑设计发展战略》的新书发布。

中国建筑设计院有限公司和《建筑技艺》杂志社共同举办的“技艺成就建筑之美”高峰论坛是一次有关建造技艺的专业论坛，会议探讨了建筑材料、构造方面的实践以及传统技艺改良和创新。专家们不约而同聚焦于当前乡建实践，探讨中国建筑传统与现代创作的结合，对于新常态下建筑创作道路的走向提供了积极而理性的建议。“中国建筑科普讲堂系列活动”则以“匠人精神”为主旨，以为未来建筑师、在职青年建筑师解决从业困惑、培养其作为一名中国建筑师的职业素养和态度、帮助其更好的了解多元产业下各行业的前沿发展为主要目的，通过丰富、多样的内容设计，帮助青年建筑师更好的胜任城镇建设者的角色。此外，第十七届海峡两岸建筑学术交流会上，谢英俊、刘克成、刘艺等围绕“乡土建筑”做了学术报告。会议期间，还举行了两岸建筑师项目合作研讨会，针对如何发展“乡土建筑”、如何加强两岸建筑师的合作交流以及如何解决建筑师在实践过程中遇到的问题，两岸建筑师代表进行了深层次的探讨和交流。

评奖　2015 年的建筑奖项总体上反映了中国年度建筑创作的水平和成就，同时兼顾了社会价值和审美趋向。“2015 年全国人居经典建筑规划设计方案竞赛”获奖方案颁奖大会呈现出新的特点：首先是参赛选手实力强，最强的设计团队竞相参赛。其次是参赛项目范围广，项目种类上除住宅、公建外，今年一些旧城改造提升和新农村建设项目，如中国建筑标准设计研究院有限公司报送的贵阳市花溪区孟关乡集镇提升规划项目，北京京粮置业有限公司报送的田村中心城区棚改定向安置房项目等深受专家好评。第三是获奖项目水平高，以万达集团选送的万达广场系列，恒大集团的北京恒大翡翠华庭、恒大华府，首开集团的首开·琅樾、分钟寺桥西北侧地区回迁安置房，正荣集团的虹桥正荣府、正荣虹桥中心等项目为代表，体现了我国目前建筑、规划、环境、科技的最新水平。第四是示范效应强，获奖项目引领了全国各地规划设计、开发建设的发展方向，也反映了我国当前各地的建设水准。

2015 年评出的“2014 年中国建筑设计奖”获奖作品 100 余项，本次评选的 6 个奖项分别具有不同的核心价值。建筑成就奖的核心价值是建成空间环境的长久价值，奖励那些经历了相当的时间考验、展现了建筑的长久性价值的典范性成果。设计实验奖延续了 WA 奖的原有取向，并进一步将核心价值定义为设计的自主探索，奖励那些在理念或建筑本体层面上卓有成效的实验性成果。社会公平奖的核心价值是以建筑推进社会公平，奖励那些服务于社会弱势群体的、通过建筑手段推进社会公平、践行人文关怀的成果。技术进步奖的核心价值是技术的切实进步，奖励那些创造性地使用技术手段解决现实问题的成果。城市贡献奖的核心价值是大型公共项目对城市生活的积极作用，奖励那些以积极有力的介入为城市环境与城市生活所作出的突出贡献。居住贡献奖的核心价值是居住品质和居住环境的提升，奖励那些对居住模式与居住环境问题的卓越解决方案。另一项值得关注的年度设计奖项是东南大学建筑学院郑炘教授的作品“空中庭院——常州青果巷历史文化街区城市设计”，该项目荣获了 14 届法国戛纳“2015 年度 AR MIPIM 未来建筑奖”及“旧与新”类别单项优胜奖。

展览、活动　年内的建筑活动呈现出开放、多元的局面，包括艺术与技术、理论与实践、国内与国外的各项展览，这些活动与展览分布在北京、上海、西安、广州等主要城市。为纪念我国著名建筑学家冯纪忠先生百年诞辰，中国建筑工业出版社举办了第三届冯纪忠学术思想研讨会暨《冯纪忠研究系列》丛书北京发布会。研讨会上，邹德慈、陈为邦、李兴钢、赖德霖、周榕等建筑界及各界学者发言，围绕冯纪忠先生学术思想进行研讨，并表达了对冯纪忠先生的怀念和崇敬之情。为表彰著名建筑师张锦秋对中国建筑事业做出的卓越贡献，经何梁何利基金评选委员会推荐、中国科学院紫金山天文台申请，国际小行星中心命名委员会批准国际编号为 210232 号的小行星正式命名为“张锦秋星”，并在西安大明宫丹凤门遗址博物馆举行“张锦秋星”命名仪式暨学术报告会。

2015 年北京有两项专业活动受到业内人士的关注，一为“结构建筑学 Archi-Neering Design（A.N.D）展中国巡展”，以期深入展现并探讨结构与建筑的关系，及其在未来的发展与可能性，希望不仅可以加深当代中国建筑界对结构形态多样性的理性认识，而且也能为我们重新思考建筑形态与结构技术提供富有意义的借鉴。本次研讨会邀请中日双方在建筑和结构两个领域有成就、有影响的专家学者，以“结构建筑学”概念的提出为基础，通过跨学科的交流方式，探讨建筑和结构设计更加深入合作的途径和方法，以及在新的技术时代背景下建筑学的未来可能性，以期促进建筑和结构设计的新思维，推动当代中国建筑整体水平的进一步发展。另一项展览是“北京国际设计周白塔寺再生计划”，以开发投资、规划设计、大数据研究、旧城保护的不同视角对这一北京仅存的极具历史价值的胡同区域进行系统的多维度的研究。

第十四届住博会“公共艺术大展”于新国展隆重举行。其中“桃花源轴测图当代艺术展”是本届住博会的一大亮点，成为住博会展场中唯一一处以“人居环境体验＋艺术生活美学”为主题的全开放式的体验互动区。展览集中展示了中国建筑界、当代艺术界在公共艺术领域进行探索的领军人物的代表作品。其中既包括由中国国家画院公共艺术中心、中央美术学院公共艺术研究中心、中国建筑设计研究院景观工作室、北京建筑设计研究院艺术中心、中国建筑设计研究院李兴钢工作室、中国美术学院建筑艺术学院等建筑、艺术机构组成的“公共艺术国家队”，也包括朱锫建筑设计事务所、MAD 建筑事务所等在国内外具有一定影响力的独立建筑设计机构。作为此次展览的交流探讨环节，还同时举办了“寻找中国空间的诗意”论坛。论坛分为“未来城市：自然创造建筑”“公共艺术是中国当代城市的文化座标”以及“大众生活如何成为艺术”三个主题专场，来自相关领域的著名建筑师、艺术家和评论家齐聚一堂，共同探讨未来城市中建筑、当代艺术与生活相互交融的多种可能。

此外，上海当代艺术博物馆举办的日本建筑师、建筑教育家坂本一成的建筑个展也颇引人关注，展览名为“反高潮的诗学”。从篠原一男到伊东丰雄、坂本一成、妹岛和世，以及更新锐的一代，以住宅设计实践出发来思考建筑的可能性已成为日本当代建筑探索的重要途径，个体性住宅所积聚的建筑魅力正受到越来越广泛的关注。另一项在上海举办的展览是在题为“渐渐件件——伦佐·皮亚诺建筑工作室”展览，展览分为 5 个板块，以建筑模型、原版设计手稿、展板、影像等形式直观展现建筑大师伦佐·皮亚诺从业至今的代表名作。每一件模型、手稿、展板都仿佛一片拼图，拼凑出这位建筑大师成长与蜕变的历程。

三、理论研究

1. 建筑历史与理论研究

2015 年，建筑理论研究成果颇丰。建筑历史与理论著作包括学术专著、文集等类型。在对传统村镇的理论研究中，赵之枫编著的《传统村镇聚落空间解析》从空间视角切入，运用大量线图和照片对我国传统村镇聚落进行了系统论述与深入剖析，涉及传统村镇聚落的起源、文化背景、选址布局、空间组织，以及因此所形成的村镇聚落的空间形态。内容全面，结构完整，拓展了村镇聚落研究的深度和广度，对弘扬传统村镇文化、保护传统聚落具有一定的参考价值。朱雪梅所著的《粤北传统村落形态和建筑文化特色》主要采取案头与现场并重的态度与方法，综合多学科领域知识和研究成果，针对粤北历史文化特点，以古道为切入点，为调研选点和现场素材采集等方面提供指引，并通过古村落普查和传统民居调研，较为系统地分析归纳了粤北传统村落形态及建筑文化特色。对粤北周边地区研究状况及区域地理文化特色进行分析比较，从军事防御、迁徙移民等社会历史变迁出发，重新认识粤北传统村落的演变历程和动因。

“亚洲视野下的建筑历史与理论前沿”国际研讨会上，学者们结合各自研究课题，围绕“亚洲视野”“建筑历史与理论”“前沿”等命题作主旨发言。讨论涉及了中国当代的城市现象、政治与建筑、中国近代建筑研究、东南亚地区的建筑文化遗产、亚洲建筑的“现代性”“亚洲视野”的历史流变、技术史、建筑“现代性”考察中的知识构成等主题，揭示了亚洲经验在建筑历史与理论探索中呈现出的独特性，并通过对前沿问题的思考，从思想、观念、历史、知识、技术等不同角度拓展了建筑学研究的视野，同时也为更广泛的文化、社会议题提供了新的契机。代表性的论文有陈薇教授的《视野的胸襟与历史观》，李华、葛明教授的《知识构成——一种现代性的考察方法：以 1992—2001 中国建筑为例》、赖德霖《亚洲视野下的中国建筑研究》、朱剑飞《建筑历史与理论的“前沿问题”：中国、东亚、文化多元和社会政治理论》等。

建筑工业出版社出版了由国家出版基金资助的《西方建筑理论经典文库》，其中包括《维奥莱－勒－迪克建筑学讲义（套装上下册）》《塞利奥建筑五书》《洛吉耶论建筑》《帕拉第奥建筑四书》《菲拉雷特建筑学论集》等经典原著。文库对我国建筑理论的发展具有非常重要的启迪借鉴价值和指导作用，为我国建筑史和相关专业在校学生提供顶级指导，成为研究建筑史的必修图书。由汤风龙编著的《“有机”的秩序与“材料的本性”——弗兰克·劳埃德·赖特》对现代主义建筑大师赖特的建构体系进行了研究。书中按草原式住宅、混凝土块系列住宅、美国风住宅及赖特公共建筑的顺序对赖特毕生的建造秩序演绎进行全景式扫描，将赖特丰富而独特的建筑创造精髓呈现出来，使人们对这位现代主义大师有了更深入的了解。

2. 建筑设计方法理论研究

建筑设计方法理论方面呈现出多元共存的局面，专家学者和建筑师们在方法论、实践论等等方面提出不同的见解。清华大学庄惟敏教授是坚持采用全体论方法的本土建筑师代表，他把目光聚焦到鲜为创作型建筑师所关注的实证主义问题——建筑提供有效空间服务的寿命——即建筑策划问题上。庄惟敏教授的长期坚持也使建筑策划逐步从无人问津的“非建筑”问题，变成了受到当今中国建筑学界关注的重要问题之一，他发表的《多学科融合的当代建筑策划方法研究——模糊决策理论的引入》一文，将建筑策划过程抽象为一个完整的决策过程，为了解决决策过程中涉及的决策要素带有模糊性的问题尝试引入模糊决策方法。从认识论和方法论的层面，阐述了模糊数学否定排中律、建立隶属函数对模糊对象进行描述的理论基础，在决策流程的不同环节，分别梳理了模糊决策工具在建筑策划中具体的操作方法。

李久林等编著的《智慧建造理论与实践》为近几年我国在智慧建造方面的理论研究和应用成果，系统阐述了智慧建造理论，描绘了智慧建造发展蓝图，力求推动智慧建造事业的健康快速发展。毕芳、朱兵司主编的《建筑的发展与设计方法》以中国建筑的发展与各种建筑设计方法的介绍为线索，结合中国社会发展的时代背景，力图构建时代变迁大潮中中国建筑图景。聚落文化中的空间分析如何与现代建筑产生关联的问题也是当下建筑师关注的问题知名建筑师王昀在《跨界设计（建筑与聚落）》一书中，以聚落的总体平面图作为基本的分析要素，从图式语言的视角，依据宏观、中观和微观的三种不同尺度，对聚落中的空间组成关系进行了重新诠释和转换，为寻求新的空间语言提供了观念性指向。

四、热点与焦点

1．为城市而设计论坛

当代中国城市化迅速发展的步伐给中国乃至全世界的建筑师们提供了前所未有的舞台，在这个舞台上，国际与本土并存，创意与争议同行。城市设计在我国是一门正处于发展之中的学科，也是一个讨论最多的热门话题，尽管已有定义甚多，然而对于其定义内涵、设计要素、文本内容、实施范围等都还存在一些争议，而且有时这些争议导致在实践中产生困惑。在此背景下，由北京设计周组委会、中国建筑中心、《城市·环境·设计》杂志社联合主办的“为城市而设计”国际建筑高峰论坛，建筑师们围绕城市的可持续、气候与地域、文化基因等方面，并聚焦中国首都北京展开了讨论，就城市化进程中遇到的机遇与挑战做出思考与回应，崔凯院士为此做了主题报告。由中国建筑设计研究院主办的“拿什么与城市分享——第二期中间思库暑期学坊”活动也是有关“城市”设计的选题。两期学坊的议题分别是“隆福寺传统商业街区复兴改造”和“动物园批发市场的迁移和改建”，选题既具有学术性，有具有实践性，引其学界共鸣。我国新型城镇化已进入了新的时期，城市不应再是粗放的、快速的发展，而是需要对其开始修补，使城市环境质量得以真正的提高。城市空间转型、城市资源再利用、城市环境再研究、城市历史再发掘等成为需要关注的新课题。

2．年度重要建筑项目

2015 年有两项建筑设计作品备受职业建筑师和社会公众关注，一项是由董功设计的三联图书馆，另一项是由陆轶辰设计的 2015 米兰世博会中国馆。三联图书馆建在河北北戴河，像一块存在已久慢慢风化的石头，静静地依卧在海滩上，单纯而坚硬的外形下却蕴含着丰富的体验。当人走进去，能够明确感知到它就属于这片海，通过光线、风和声音，感知到由空间建立起来的人和海之间的一种精神上的联系。建筑的东侧朝向大海，一层是一道完全由玻璃旋转门组成的活动的“墙”，“墙”完全转开时形成内部空间与大海直接的开放关系。“墙”的上方是一条横贯建筑的水平海景视窗，成为整个空间看海的动线。2015 米兰世博会中国馆是中国首次以独立自建馆的形式赴海外参展的世博会场馆，其设计理念来源于对本次米兰世博会主题“滋养地球，生命的能源”及中国馆主题“希望的田野，生命的源泉”的理解和思考。建筑师面对场地南侧主入口和北侧景观河的两个主立面分别拓扑了“山水天际线”和“城市天际线”的抽象形态，并以“Loft”的方式生成了展览空间。在南向主立面上，设计师推出 3 个进深不同的立面，形成了群山的效果，并以此隐喻向中国传统的木构架建筑的形态与意蕴。

建筑畅言网举办的“中国十大丑陋建筑”评选活动已进入第六个年头，评选不断完善和改进，引导大众透过建筑审美关注形式背后的问题，推进全民性的建筑文化的普及。“建筑审丑”是一种社会监督和文化引导，通过“审丑”遏制丑陋建筑的出现，抨击创造丑陋建筑的行为。今年征集到的丑陋建筑名单中，浙江长兴县政府办公楼、海南三亚美丽之冠大树公馆、山东济南省会文化中心大剧院、南昌万达城展示中心、杭州国际会议中心、新疆大剧院、深圳智慧广场、河北美术学院灰姑娘城堡、山东聊城市民文化中心、江苏涟水县环保局办公楼榜上有名，拙劣的山寨模仿、简单粗暴的象形、膨胀的权力欲望以及拜金媚洋的心态都在建筑中暴露出来。评选的最丑作品不是建筑丑陋的表象和形式，而是根植于创造丑陋建筑的劣质土壤，该项评选活动旨在鼓励更多社会大众关注和参与，一起培养健康的土壤。

注释与参考文献：

[1] 王明贤。《超越的可能性：21世纪中国新建筑记录》中国建筑工业出版社，2015。
[2] 《新建筑》（2015 1—11）
[3] 《建筑师》（2015 1—11）
[4] 《小城镇建设》（2015 1—11）
[5] 《城市规划学刊》（2015 1—11）
[6] 《城市规划》（2015 1—11）
[7] 《世界建筑》（2015 1—11）
[8] 《城市建筑》（2015 1—11）
[9] 《建筑学报》（2015 1—11）
[10]《时代建筑》（2015 1—11）

优秀建筑作品

优秀建筑作品目录

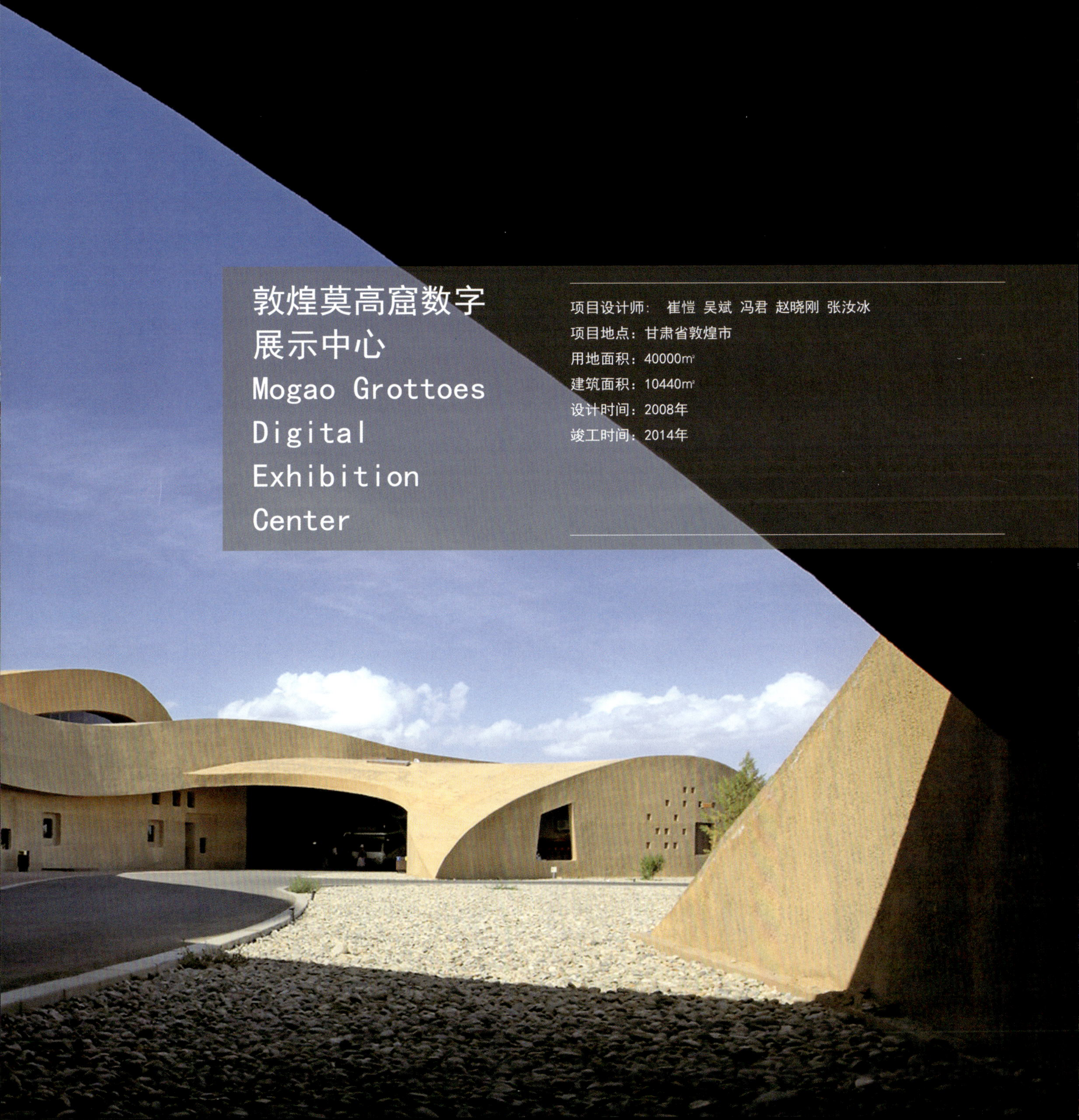

敦煌莫高窟数字展示中心
Mogao Grottoes Digital Exhibition Center

项目设计师： 崔愷 吴斌 冯君 赵晓刚 张汝冰

项目地点：甘肃省敦煌市

用地面积：40000㎡

建筑面积：10440㎡

设计时间：2008年

竣工时间：2014年

鸟瞰

莫高窟被誉为“东方艺术宝库”，但庞大的游客数量也对遗产的保护和管理造成很大困扰。这座建于绿洲和戈壁之间的莫高窟数字展示中心，即为缓解景区的保护压力而建，集合了游客接待、数字影院、球幕影院、多媒体展示、餐饮等功能。

设计伊始，我们最初的感动来自对大自然的敬畏和对古代工匠精美艺术的敬佩。这座建筑，应该是大漠戈壁中的一座小沙丘，造型既如同流沙，如同雅丹地貌中巨舰般的岩体，又类似矗立在沙漠中的汉长城，莫高窟壁画中飞天飘逸的彩带，充满着强烈的流动感。若干条自由曲面的形体相互交错，婉转起伏，巨大的尺度和体量将沙漠地景建筑的特征表达得淋漓尽致。

充满动感的语言特征从室外延续到室内，所有的公共功能均为开放空间，顺应外部形态的变化，室内空间的高度也随之变化。结构支撑体的形态用“墙”的概念，将不同功能、不同高度的空间进行划分，界面清晰明确。

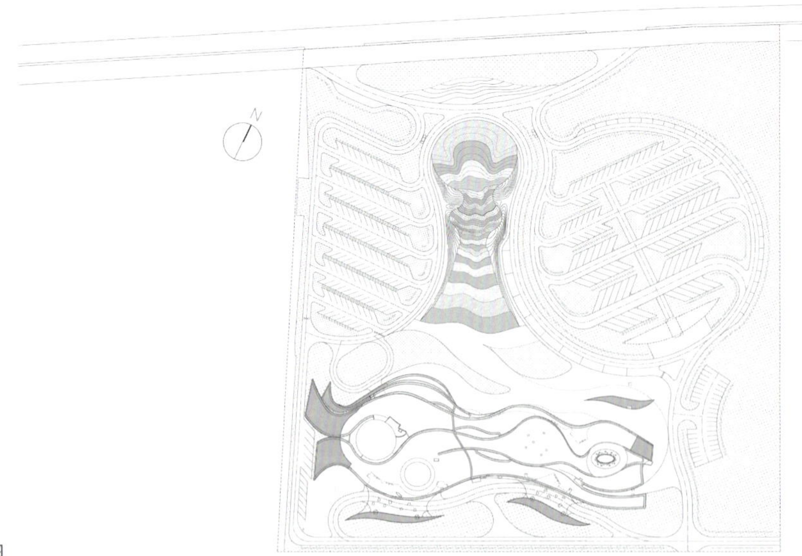

总平面图

标高平面图

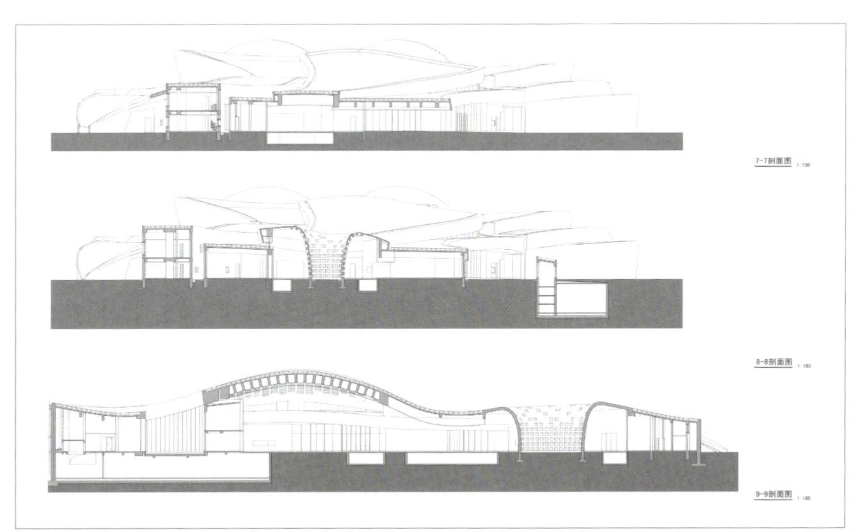
剖面图

模型照片

北京奥林匹克塔
Beijing Olympic Tower

项目设计师：崔愷 康凯 叶水清 吴健 邢野 冯君

项目地点：北京朝阳区

用地面积：81437㎡

建筑面积：18687㎡

建筑高度：248米

设计时间：2005年

竣工时间：2015年

分区示意图

位于奥林匹克公园中心区的北京奥林匹克塔，其灵感来自于自然界植物生长的形态，也寓意奥运精神的生生不息。塔座部分覆土而建，缓缓升起的绿坡覆盖整个大厅，既与周边景观自然衔接，也可为游客提供仰望塔顶的座席。从基座破土而出的塔身，底部采用实体围护，随着向上生长的态势，逐渐如枝叶般分叉，露出内部树枝肌理的银白色金属幕墙，与银灰色的镀膜玻璃幕墙虚实交织，让整个建筑显得轻巧起来。五个位于不同高度的塔顶如水平伸展的树冠，在空中似分似合。站在观景平台上，既可远眺北京周边的奥运景观，也能感受到超尺度的建筑和结构本身带来的震撼。

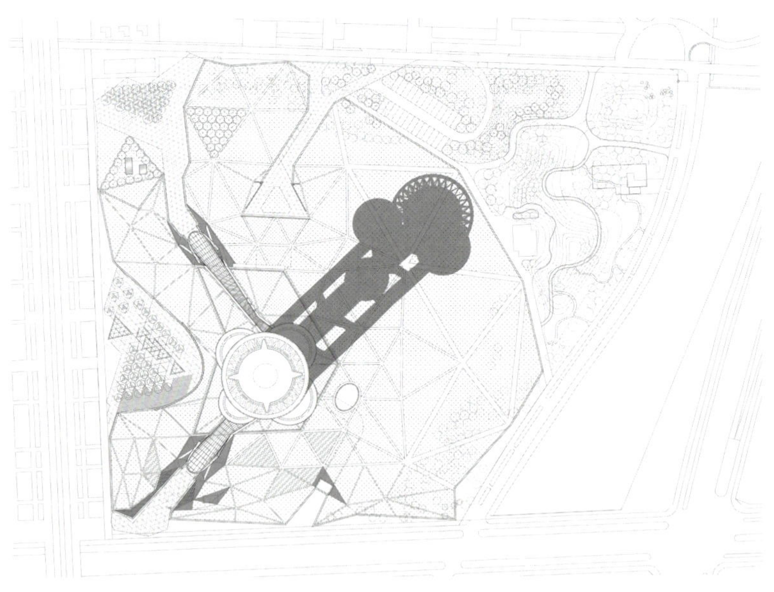

总平面图

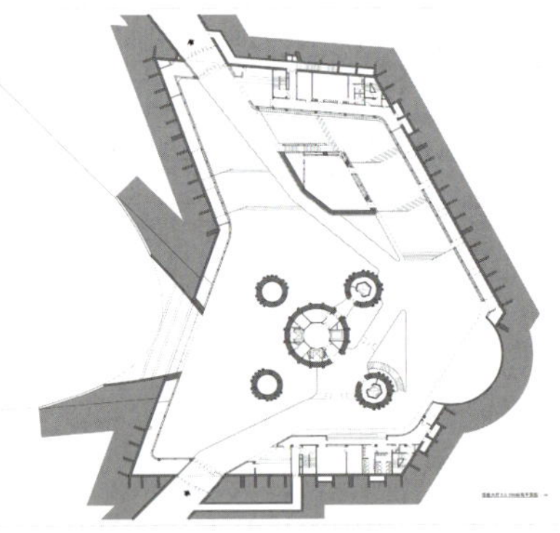

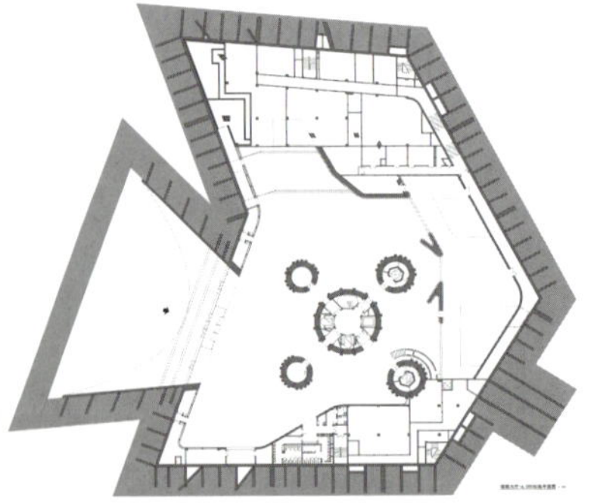

塔座大厅标高示意图

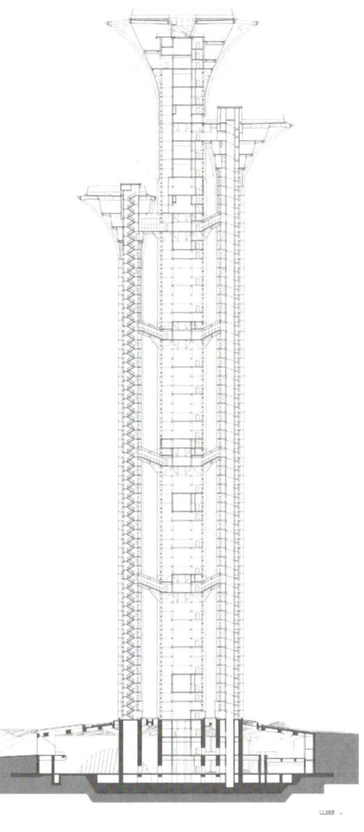

剖面图

兰州市城市规划展览馆

项目设计师：崔愷 康凯 吴健 冯君 时红

建筑地点：甘肃省兰州市

建筑用地面积：11428㎡

总建筑面积：16270㎡

外观

兰州市城市规划展览馆选址位于兰州市城关区中心滩片区北滨河东路与人民路交口位置，黄河北岸。建设用地呈不规则形，东西向沿黄河展开，北邻北滨河东路，东邻人民路，南邻黄河，西侧为滨河景观带，建设用地面积约11428.0平方米，建筑高度23.5米。

兰州市城市规划展览馆是展示兰州市城市规划与建设成果的重要场所，主要功能包括城市总体模型展厅、各专题展厅、临时展厅、报告厅，以及部分会议办公功能。其中城市总体模型比例为1:750，展览面积9000—10000平方米。总建筑面积控制在16270平方米。

兰州市作西部重要的中心城市，中华民族的母亲河黄河奔流而过，建筑取“黄河石”为设计意向，整体建筑表现为被黄河水冲刷的石头，同时，通过体块的切削则更像一块被石头包裹的钻石或黄河璞玉，呈现出历史和文化的沉淀。

兰州市城市规划展览馆基地周边已经形成较完整的建筑格局，区域发展成熟，景观条件得天独厚。基地南侧紧邻黄河河道，与兰州水车博览园、兰州体育公园以及兰州市图书馆隔河相望，基地东侧沿河依次为已建成的甘肃省科院太阳能研究所、甘肃国际会展中心以及甘肃大剧院。基地西侧滨河绿带在基地内的延伸。建筑的南侧临水部分的设计作为一个重点，以自然的坡地形态，使滨河道路延伸至黄河河面，创造更加亲水的城市空间，使建筑与环境浑然一体，创造出与城市共享的公共开发空间。

建筑细节和装饰语言注意挖掘兰州地域文化中的宝贵财富，如文物纹样、历史事件场景、历史人物等，通过引用、抽象等手段将其与建筑视觉语言结合起来，加强建筑的地域文化内涵。

立面材料采用横向肌理的清水混凝土，产生比较粗犷的肌理，以此表达自然化的建筑形态。为化解混凝土材料带来的大面积的单调感，在表面平整基础上产生多处横向的凹缝，加强建筑的层次感，同时在凹缝内隐含大型浮雕图案，使建筑的文化意味更加浓厚。此外，在建筑立面上根据功能需要，设计多处横向的玻璃嵌缝，如璞玉被冲刷之后显现出自身完美的效果。同时，这种玻璃嵌缝更成为从建筑内部欣赏黄河美景的窗口。

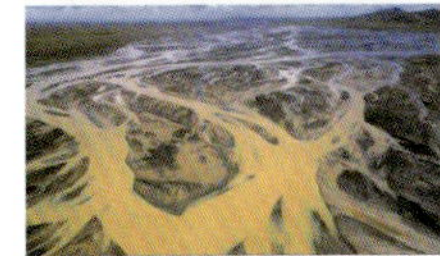

分析3

崔总草图

兰州规划展览馆

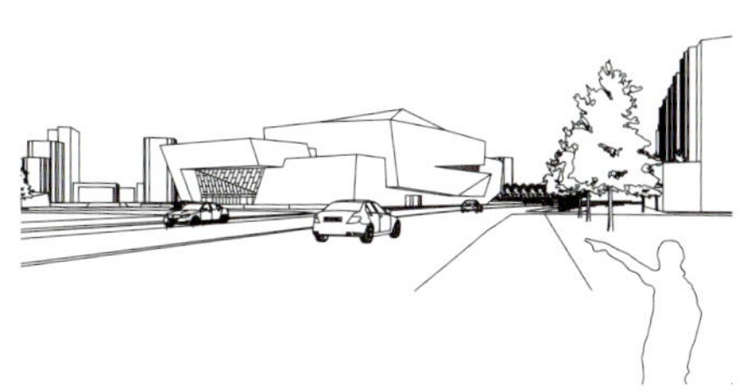

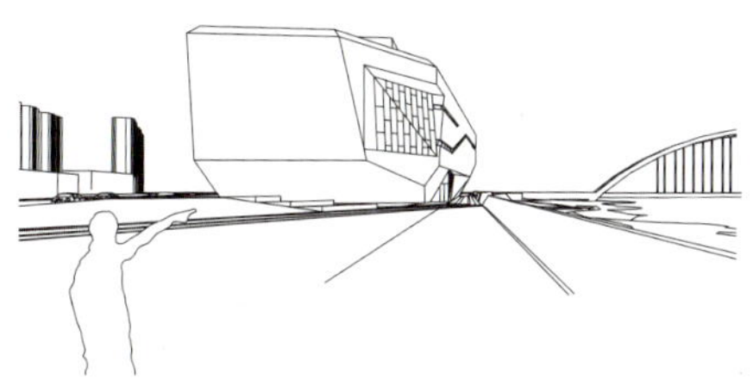

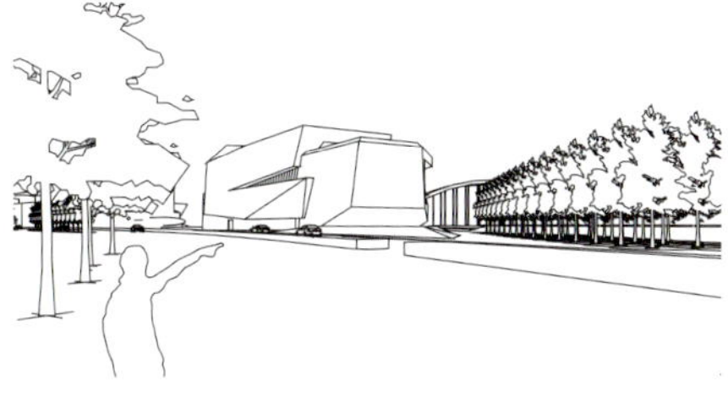

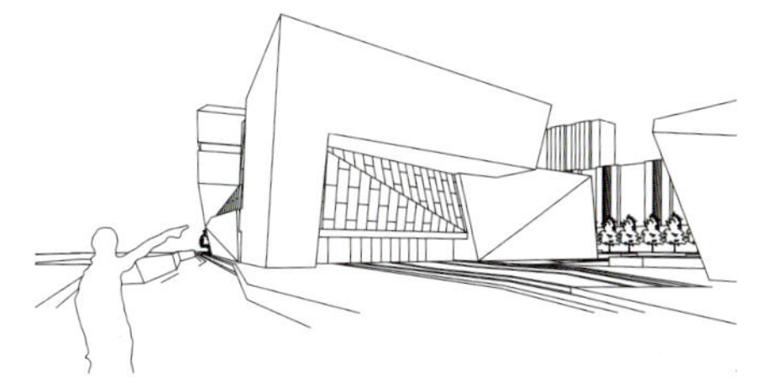

简化小图

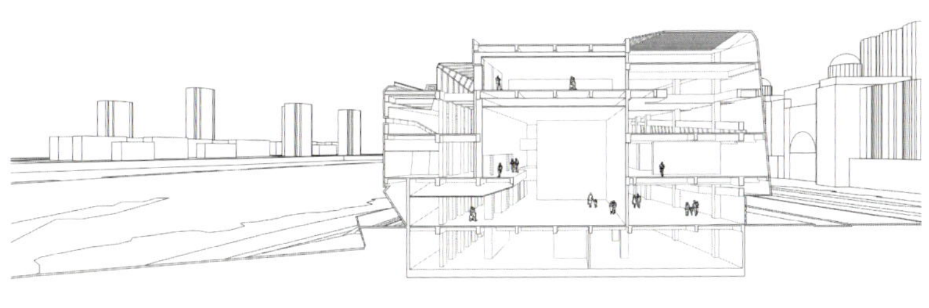

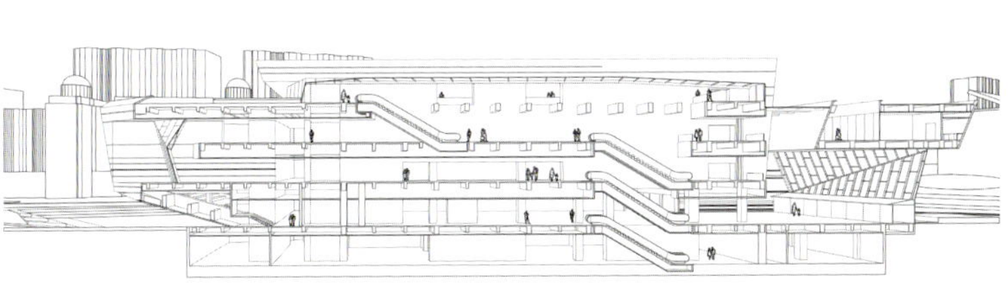

剖透

西安大华 1935

项目设计师：崔愷 王可尧 张汝冰 Aurelien Chen（法国） 刘洋
高凡 曹洋 冯君

施工图配合：西北建筑设计研究院 西部建筑抗震设计研究院
西安建筑科技大学土木工程学院

项目地点：陕西省西安市

用地面积：84734m²

建筑面积：89050m²

设计时间：2011年

竣工时间：2014年

创建于20世纪30年代的大华纱厂，地处西安中心地段，在建厂之初代表着当时纺织生产的最高水平，此后的80年间，经历了不断的改造和加建，容纳了各个时期的厂房建筑，也记录了西安这座古都近现代发展的历史段落。同时，工业建筑各时期建造物的高密度共存也有别于民用建筑，如何重新利用这种直白的“密度”成为改造策略的关键。

早期建成的砖木建筑，主要由院落空间组织在一起，尺度宜人，我们采取“谨慎的加法”，对原有建筑进行清理修缮，尽可能保持原有材料、空间和细部的本来面目。同时适当增加采用当代建筑语汇的连廊、小品、构筑物，满足餐饮、休闲、文化等新的使用功能，也提示历史记忆和现代生活的共时性。

建国后历年建成的厂房多为整齐开敞的车间，屋顶为纺织工业建筑典型的锯齿状天窗，周边设有辅助房间。针对这一区域主要采用“积极的减法”策略，结合城市街区所需空间和尺度，形成新的街道和步行系统，并打开部分结构，产生内部街道和公共空间节点，为产生丰富的城市生活提供了机会。

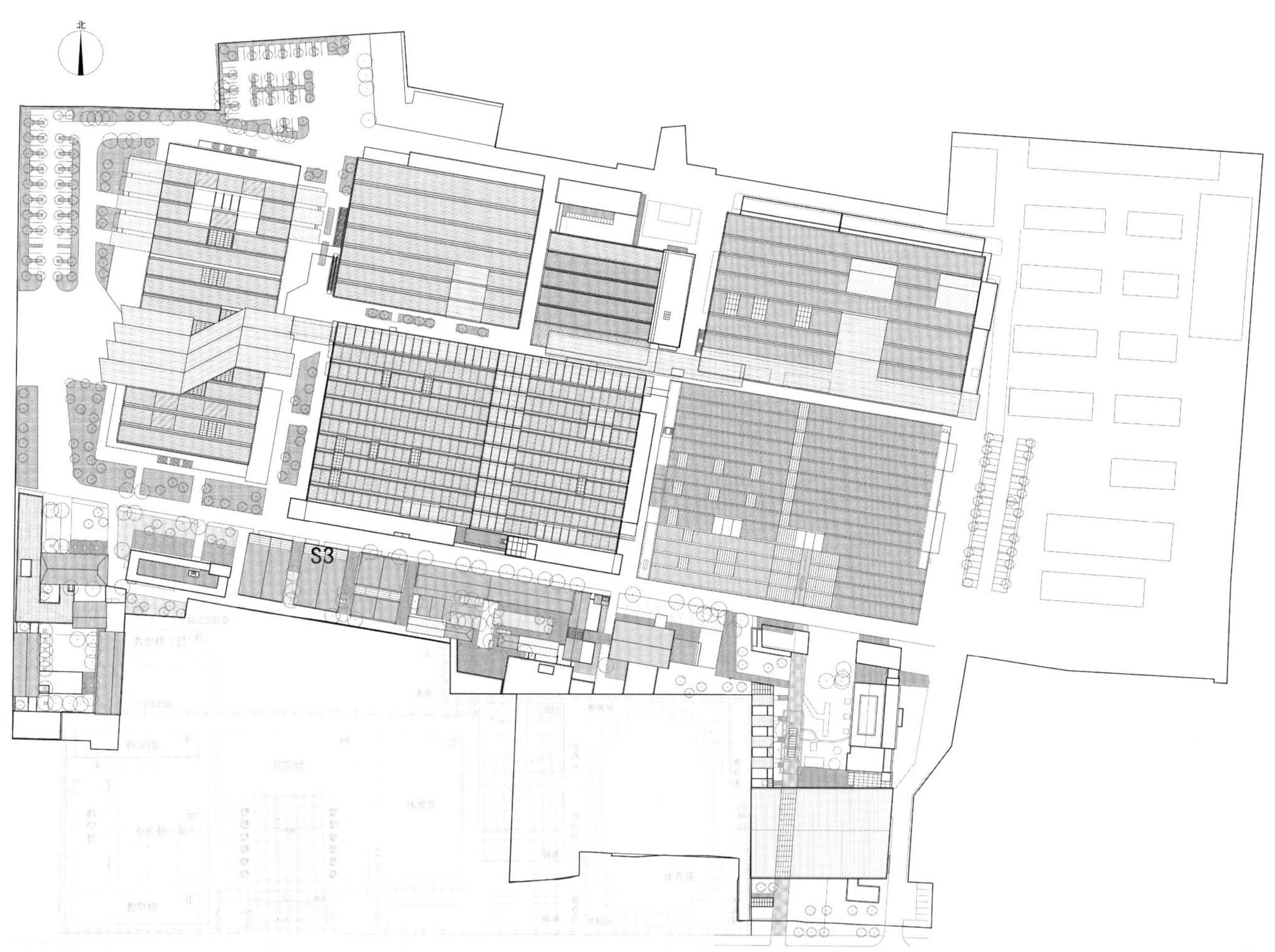

分区示意图

外观

外观

又见敦煌剧场
项目设计师：朱小地 回炜炜 贾琦 房宇巍 黄古开
建设地点：甘肃省敦煌市
设计时间：2015年06月
建造时间：施工中
项目面积：6.5公顷

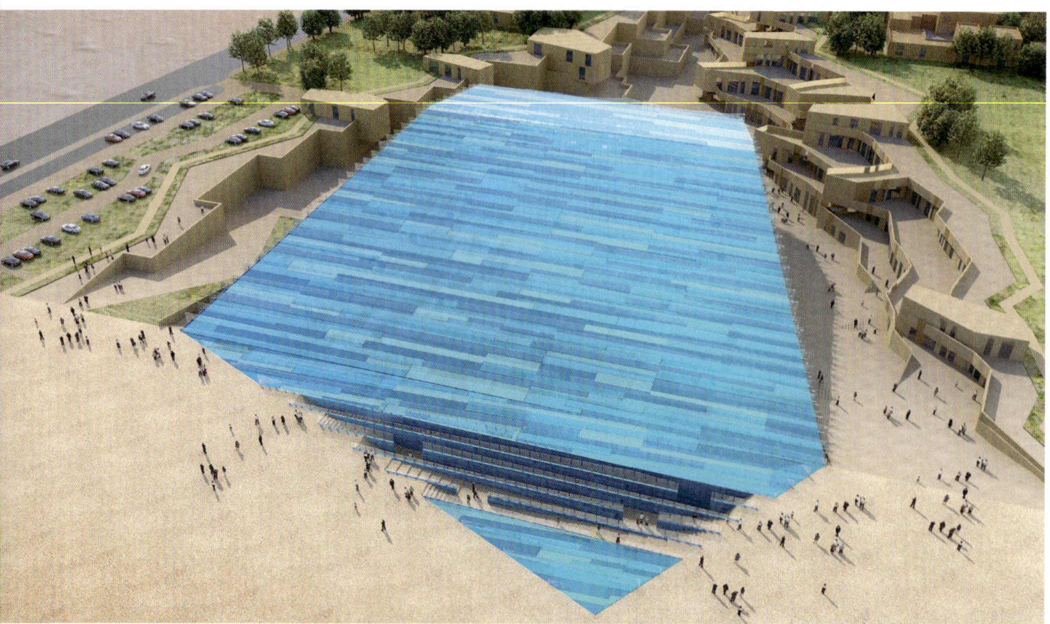

鸟瞰效果图

夜景图

位置图

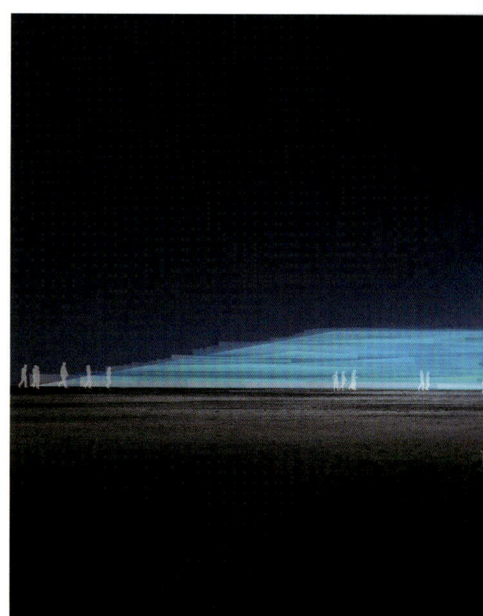

夜景人视图

建筑最终要自然地发展成为场地的一部分，并与当地文脉产生有意义的对话。又见敦煌剧场通体湛蓝，坐落于无尽的戈壁荒原之中。它恰如沙漠中的一滴水，以其珍贵无比的含义，隐喻敦煌对于世界文明的意义。我们试图以大尺度的思维，回应了大天地的气势。建筑与场地之间对比所产生的强烈反差，甚至会使观者产生时间停滞的感觉。这种体验超越了过去与未来，引发自然、建筑、人这三者的时空共鸣。

商业街效果图

哈尔滨大剧院

项目设计师：马岩松 党群 早野洋介
设计机构：MAD建筑事务所 北京土人景观与规划设计研究院
项目地址：哈尔滨
业　　主：哈尔滨松北投资发展集团有限公司
设计时间：2010年
施工时间：2015年
项目面积：79,000m^2
完成时间：2015年

Night view of the main entrance to the grand lobbyfeaturing the crystalline skylight

Sunset view of the opera house from the pond with the small theatre in the foreground

Rooftop terrace

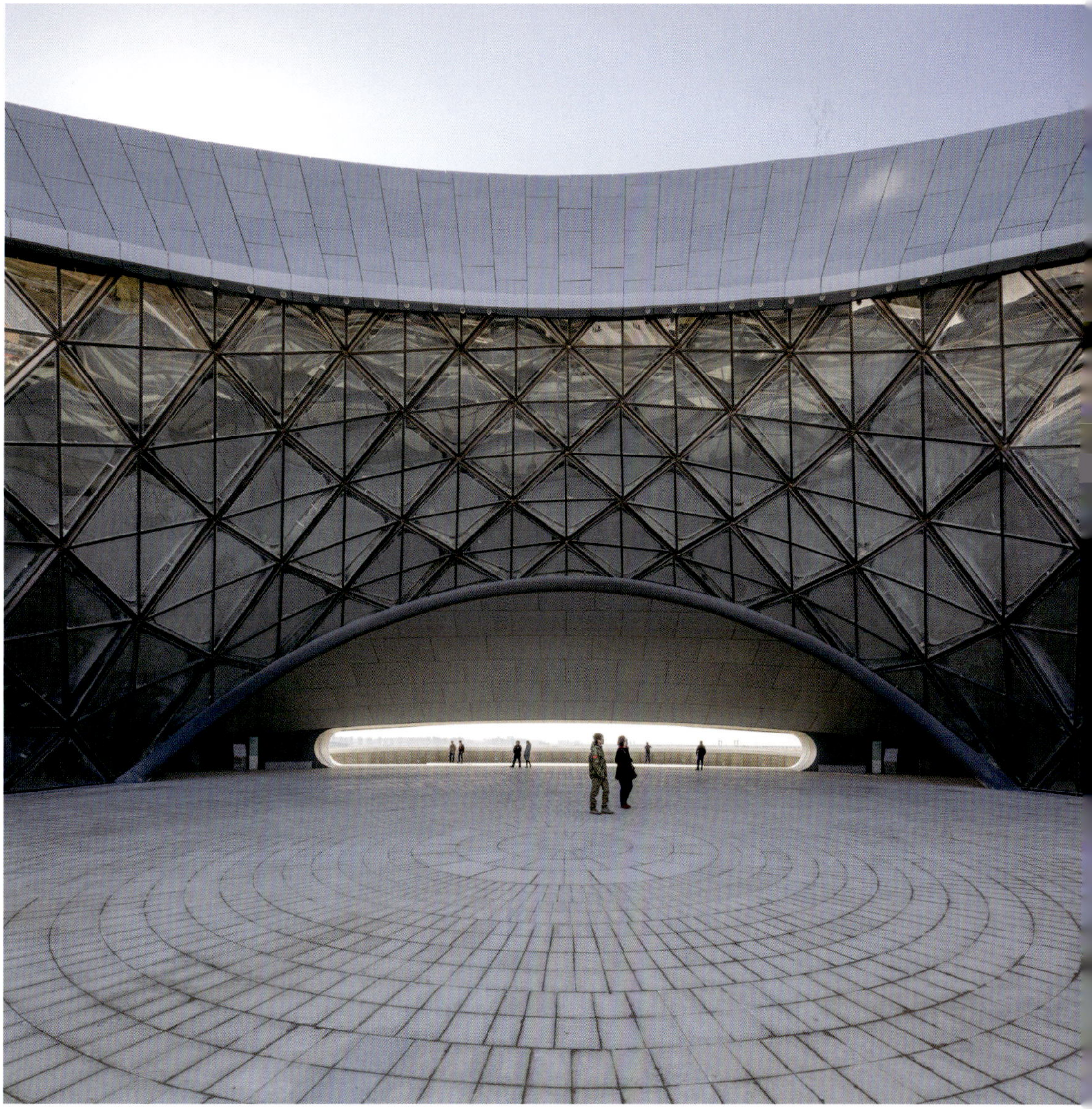

Rooftop terrace with observation deck that provides panoramic views of Harbin and the Songhua River

View from side of the grand theater' s staircase

哈尔滨大剧院

由马岩松带领MAD建筑事务所设计的哈尔滨大剧院近日正式竣工。自2010年赢得“哈尔滨文化岛”设计国际竞赛，MAD历时6年从概念设计到建成竣工，完成了涵盖哈尔滨大剧院、市民文化中心和剧院周围景观湿地的整体规划设计。哈尔滨大剧院规划用地1.8平方公里，总建筑面积7.9万平方米，由包含1600座的大剧场及400座的小剧场组成，是一座出落于北国自然风貌的公共文化建筑。此外，剧场内部声学经实际检测被中国和欧美声学专家评为“声学表现国际一流的大剧院”。

哈尔滨大剧院坐落在松花江北岸江畔，以环绕周围的湿地自然风光与北国冰封的特征为设计灵感，从湿地中破冰而出，建筑宛如飘动的绸带，从自然中生长而立，成为北国延绵的白色地平线的一部分。对比松花江江南的城市天际线，自然之美与独特存在于此，使哈尔滨大剧院在具备功能性的同时成为一处人文、艺术、自然相互融合的大地景观。

建筑的白色表皮仿佛是会呼吸的细胞，在北国阳光的照耀下发生“光合作用”。大剧院顶部的玻璃天窗最大限度地将室外的自然光纳入室内。自然光洒落在剧场中庭的水曲柳墙面上，凸显了墙体结合当地材料纯手工打造的匠心独运，也使人们无论走到哪里，都能感受到日光倾泻的通透与空灵。小剧场的后台也设计为透明的隔音玻璃，使得室外的自然

环境成为了舞台的延伸和背景，为小剧场的舞台创作提供了新的可能性。大剧场的室内主要以当地常见木材水曲柳手工打造，柔和温暖的氛围自然的纹理和多变的有机形态让人感受到空间的生命感。建筑空间好似一个放大的乐器内部，置身其中，仿佛可以看到声音在空间中的流动。简单纯粹的材料和多变的空间组合为最佳的声学效果提供了条件。逆光中的尘埃仿佛也在提醒这里是一个超敏感的空间，置身其中观众也成为了被观察者与表演者，在剧目上演之前，人们的意识已开始进入了某种抽象的、剥离现实的空间。

与一般地标性建筑孤立地伫立在城市中不同，哈尔滨大剧院是一座从四面八方都可以进入的“亲切”建筑。哈尔滨大剧院的设计强调市民的互动与参与。建筑顶部的露天剧场和观景平台向市民开放，成为公园的垂直延伸，可以看到松花江江南、江北的城市天际线以及周边自然景观。即使不进剧场观看演出，市民也可以通过建筑外部环绕的坡道从周围的公园和广场一直走到屋顶，用身体近距离接触建筑的戏剧化的体验和意境。

音乐家孔巴略曾说：“音乐是思维着的声音。”哈尔滨大剧院为产生这样的声音提供合适的氛围场所，并成为了一座从物理上到精神上与人和自然互动的建筑，让我们重新思考人与自然的关系。

Night view of the grand lobby and grand theater

South side view into the grand lobby

The lobby of the grand theater

主持建筑师：马岩松，党群，早野洋介

设计团队：Jordan Kanter，Daniel Gillen，Bas van Wylick，刘会英，傅昌瑞，赵伟，李健，郑芳，Julian Sattler，Jackob Beer，J Travis Russett，Sohith Perera，Colby Thomas Suter，于魁，Philippe Brysse，黄伟，Flora Lee，王伟，谢怡邦，Lyo Hengliu，Alexander Cornelius，Alex Gornelius，毛蓓宏，Gianantonio Bongiorno，Jei Kim，陈元宇，于浩臣，覃立超，Pil-Sun Ham，Mingyu Seol，林国敏，张海峡，李广崇，Wilson Wu，马宁，Davide Signorato，Nick Tran，向玲，Gustavo Alfred Van Staveren，杨杰

业主：哈尔滨松北投资发展集团有限公司

合作建筑师：北京市建筑设计研究院

幕墙顾问：英海特幕墙顾问公司，中国京冶工程技术有限公司

BIM：铿利科技有限公司

景观设计：北京土人景观与规划设计研究院

室内设计：MAD建筑事务所，深圳市科源建设集团有限公司

室内装饰顾问：哈尔滨唯美源装饰设计有限公司

建筑声学顾问：华东建筑设计研究院有限公司声学及剧院专项设计研究所

建筑照明设计：中外建工程设计与顾问有限公司

舞台灯光和舞台音响设计：华东建筑设计研究院有限公司声学及剧院专项设计研究所

舞台机械设计：北京新纪元建筑工程设计有限公司

标识设计：深圳市自由美标识有限公司

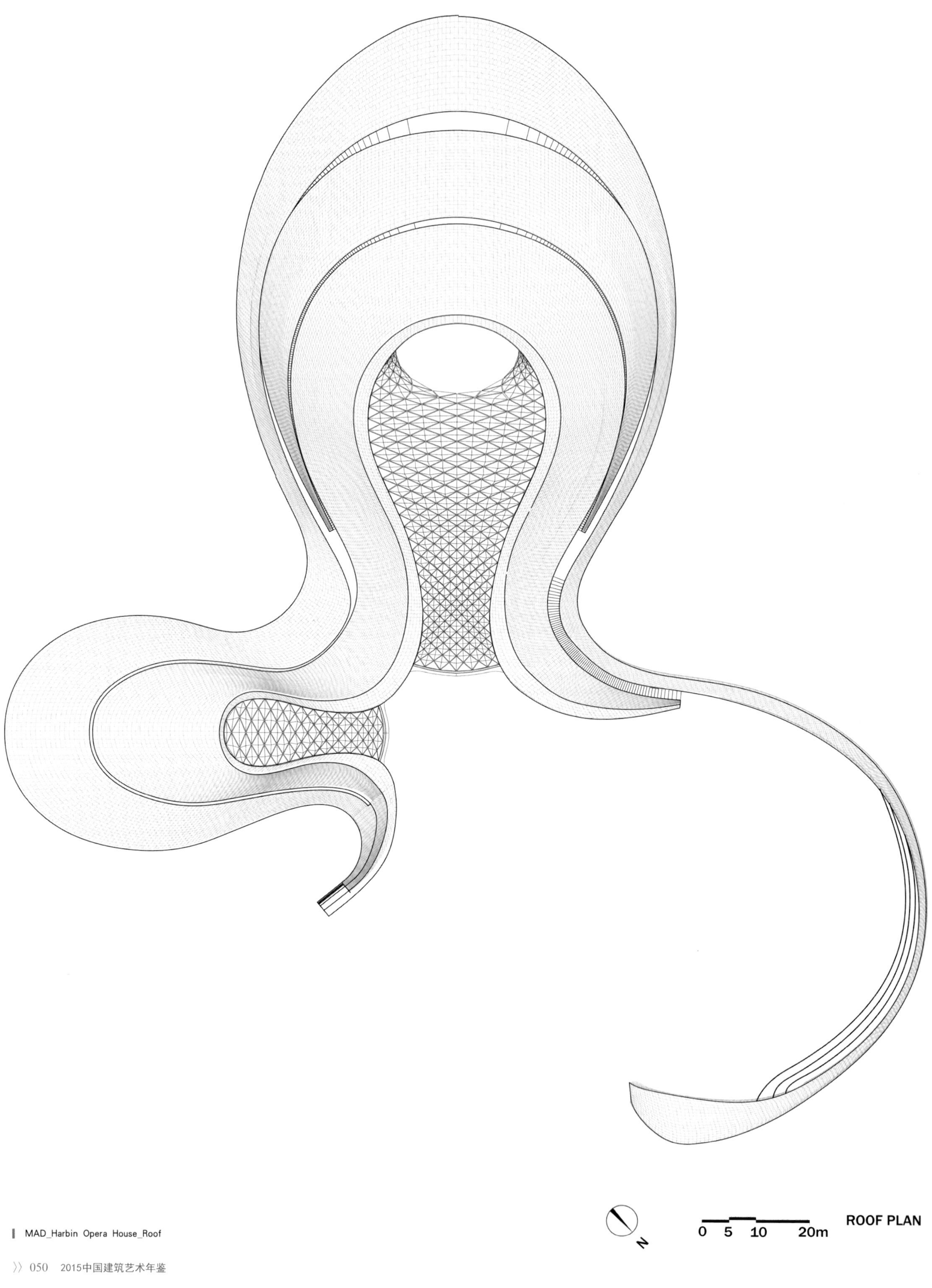

MAD_Harbin Opera House_Roof

MAD_Harbin Opera House

Lobby of the small theater

View of the grand theater's main stage and the proscenium

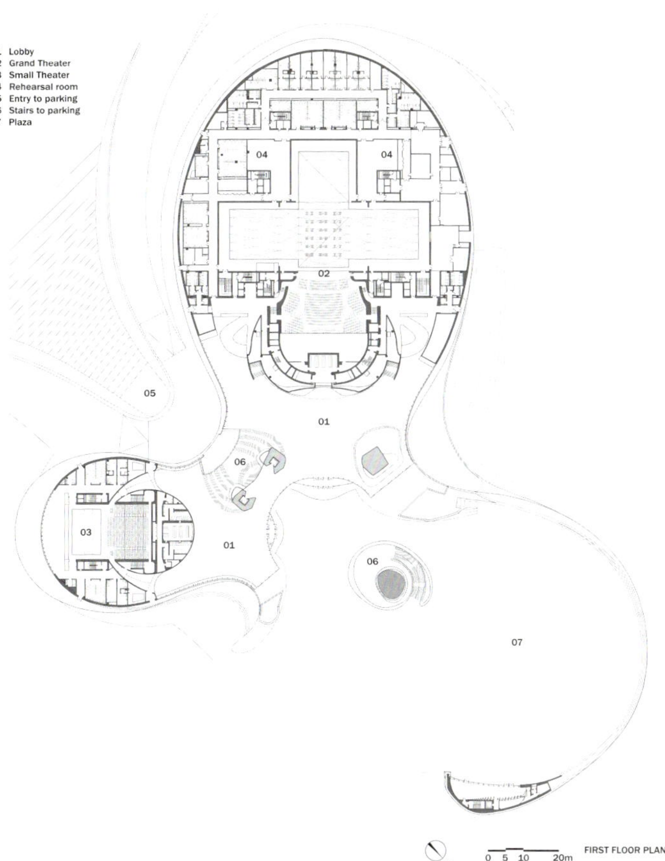

Harbin Opera House floor plan, 1st floor

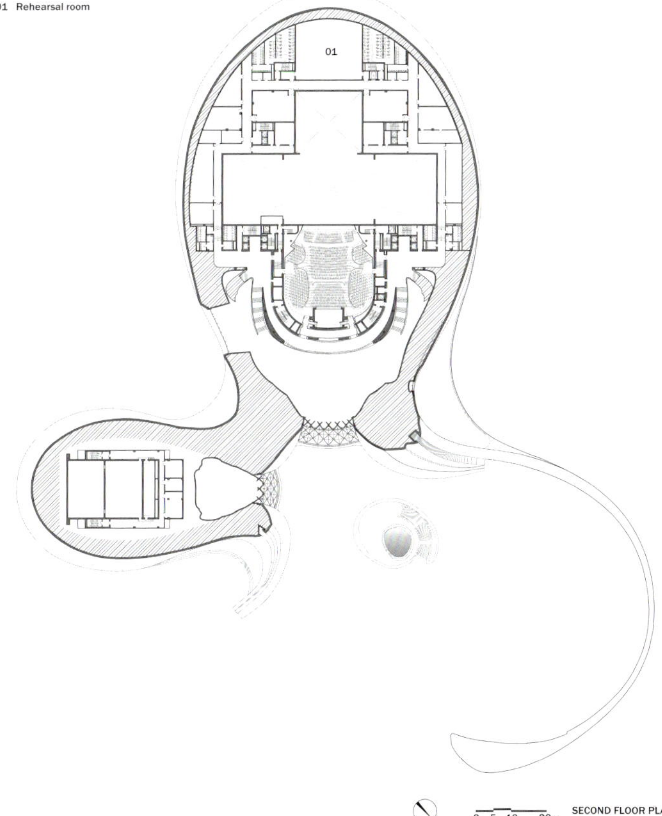

Harbin Opera House floor plan, 2nd floor

Detail of the sculpted wood staircase

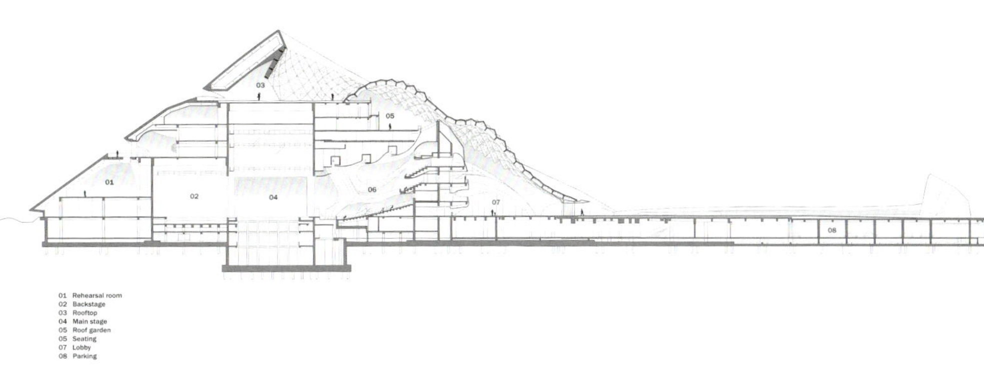

01 Rehearsal room
02 Backstage
03 Rooftop
04 Main stage
05 Roof garden
05 Seating
07 Lobby
08 Parking

0 5 10 20m GRAND THEATER LONGITUDINAL SECTION

Longitudinal Section of the grand theater

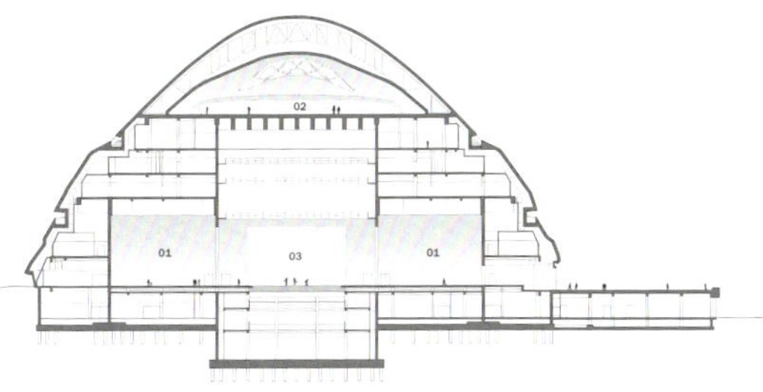

01 Backstage
02 Rooftop
03 Stage

0 5 10 20m GRAND THEATER TRANSVERSAL SECTION

Transversal Section of the grand theater

Mezzanine and balcony seating

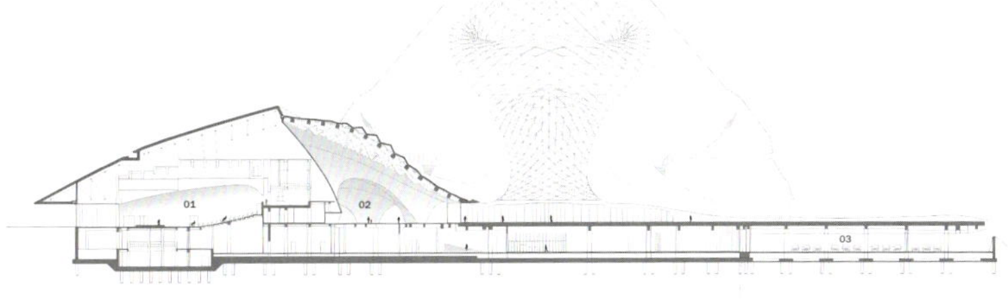

01 Small theater
02 Lobby
03 Parking

0 5 10 20m SMALL THEATER LONGITUDINAL SECTION

Longitudinal Section of the small section

Stairway entrance to the small theater

Office Lobby

The sculpted wood staircase leading to the grandtheater

Rehearsal Room

Lobby of the small theater

四叶草之家
The Clover House

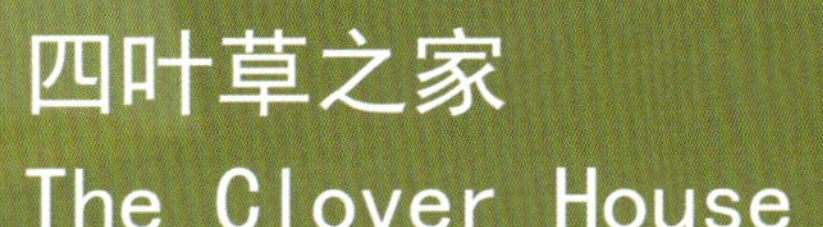

主持建筑师：马岩松　早野洋介　党群

设计团队：米津孝祐 李悠焕 藤野大树 Julian Sattler, Davide Signorato

设计机构：MAD建筑事务所

项目地址：日本爱知县冈崎市

建造商：Kira Construction INC

结构工程师：永井拓生

项目面积：299.63m^2

完成时间：2015年

一座像家一样的幼儿园

MAD在日本的第一个作品，四叶草之家，5月13日在爱知县冈崎市破土动工。

四叶草之家是一座像家一样的幼儿园。由于用地紧张，幼儿园的经营者决心把自己的自用住宅改建，将原有的家庭私立保育所扩建为儿童教育机构。区别于传统的幼儿园，这是一个介于公共幼儿教育机构和住宅之间的庇护所，它采取全开放的授课方式，白天，孩子们和教师如同在家里一样，吃饭、学习、讨论、午休、游戏。晚上，这里又是经营者家庭和教师们居住的地方，在一个大家庭的环境中，建立起孩子们之间的情感和信任。

改造从如何处理这幢105平方米的二层小住宅开始。与周围的房屋一样，原建筑本是从房屋建设公司购买来的装配式成品，为全木结构。在勘察了实际情况以后，MAD决定保留并利用这座住宅的主体木结构，使它成为新建筑结构的一部分。被保留的坡屋顶木框架不但造就了有趣的室内空间，对房屋的主人，幼儿园的经营者来说，也是对家的一种纪念。

新的房子则像一块布一样，包裹着房屋老的木结构，并形成一种全新的混沌的空间。对孩子们来说，原本的木结构好像记录了四叶草之家的传统和故事，而对日常使用来说，这个木结构也是孩子们主要的学习空间，它既通透又有围合感，灵活地适应着不同的教学内容。从四周的窗户射进来的阳光，给它带来不断变幻的光影，追逐着孩子们好奇、天真的想象力。

坐落在一片稻田边，四叶草之家既像一个神奇的山洞，又像一个临时的帐篷。和原来的工业化标准住宅体系相比，这个新的三维木结构有机而精巧，外墙和屋顶采用当地屋顶最常用的一种柔性防水材料，经过数控分块切片，像一张张白纸一样包裹着整个建筑体，建成之后，每一张白纸都成了孩子们创作的空间，让关于四叶草的记忆延续。

四叶草之家将于2015年12月份竣工。

Interior Diagram

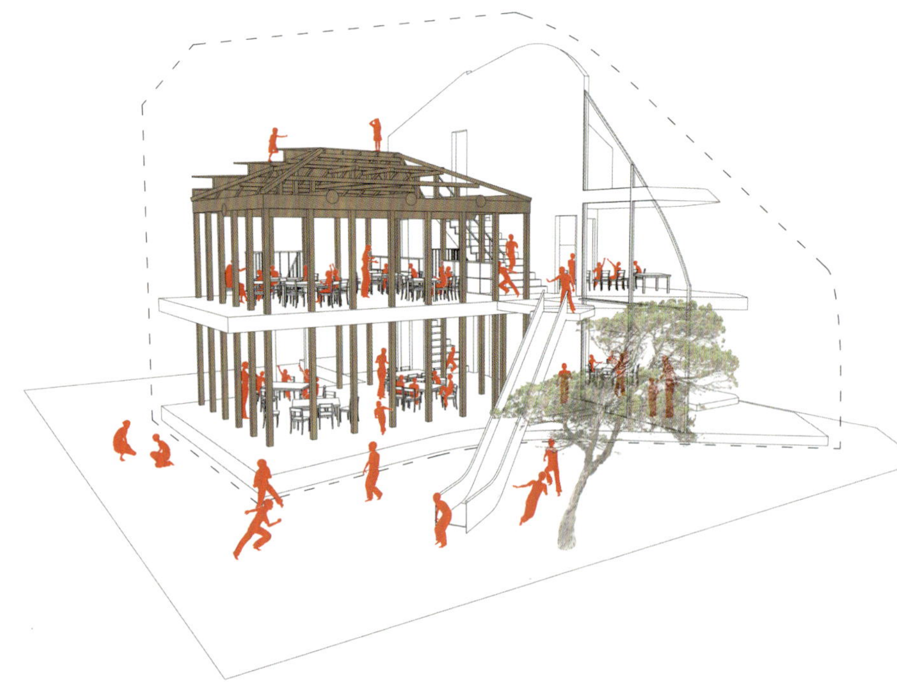

破土动工仪式

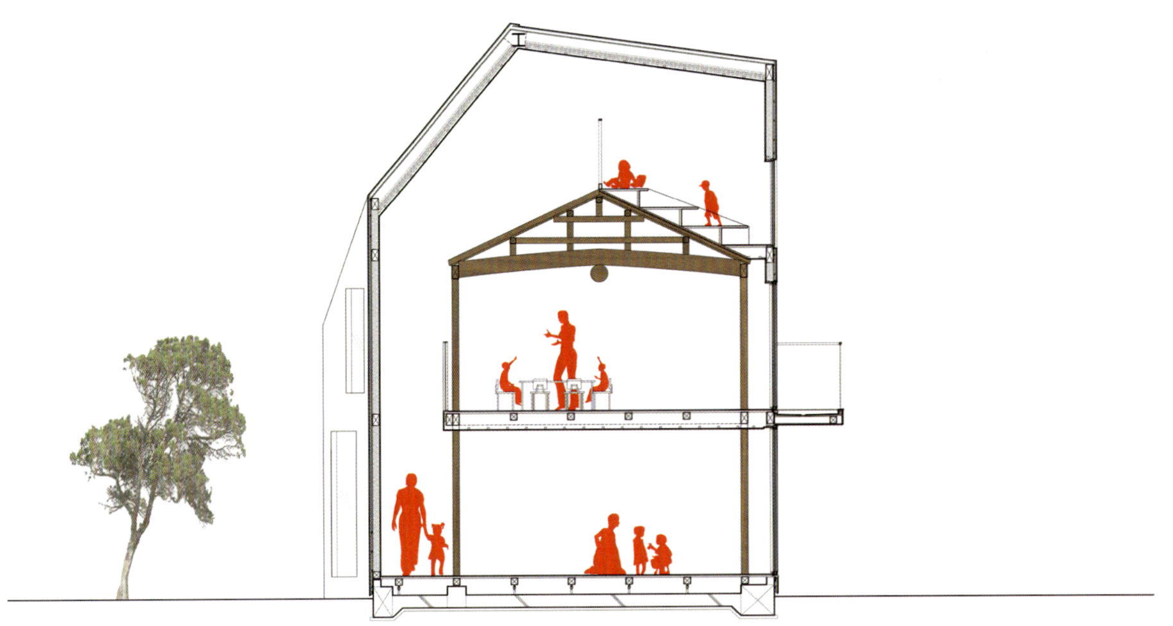

Section Detail

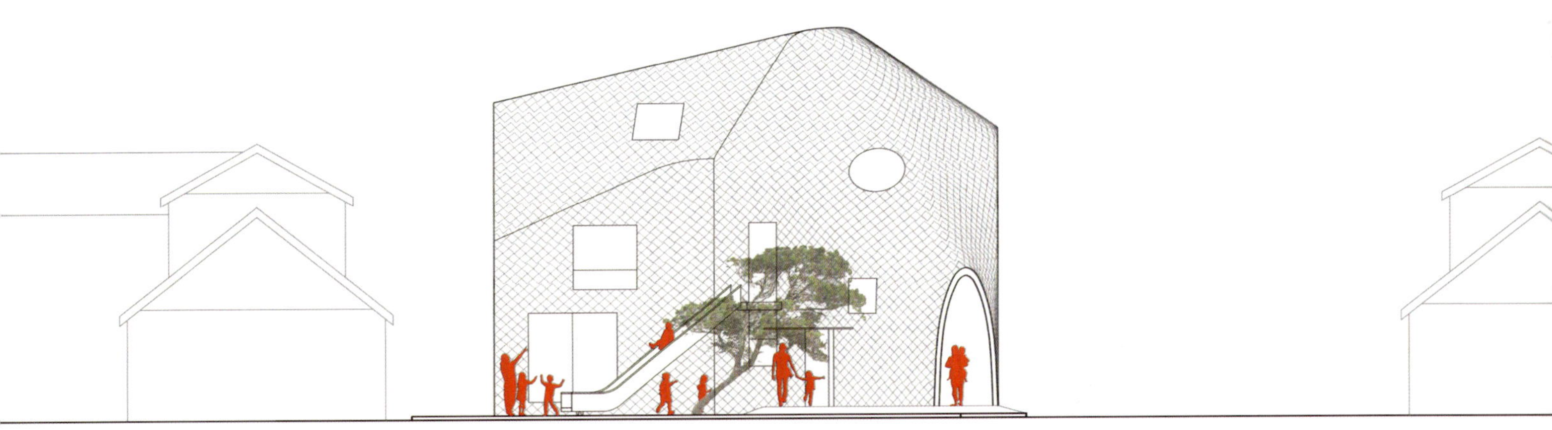

Elevation

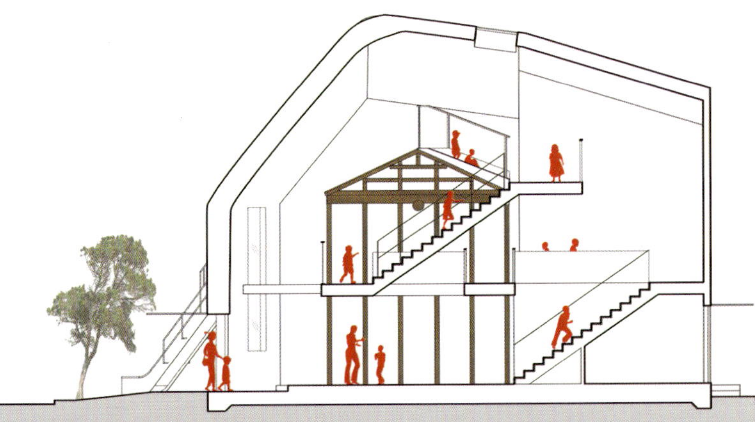

Section

Model

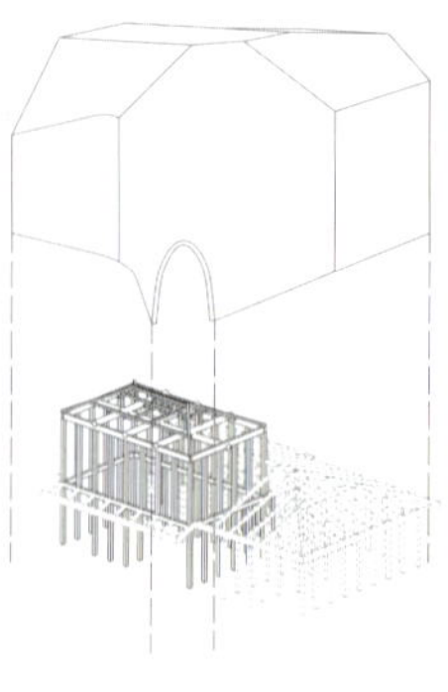

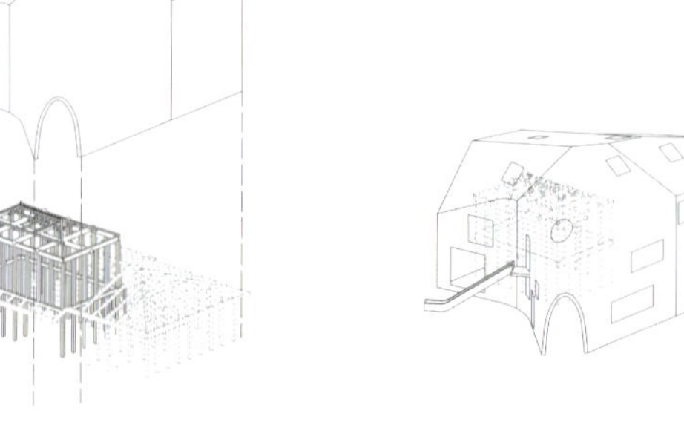

Diagram

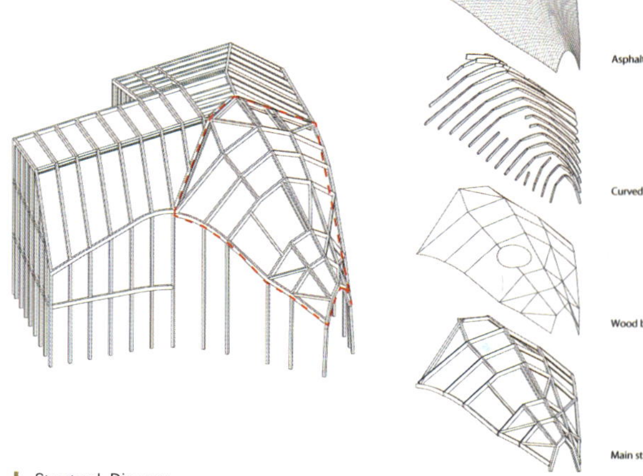

Structural Diagram

Rendering

1F floor plan

Clover house

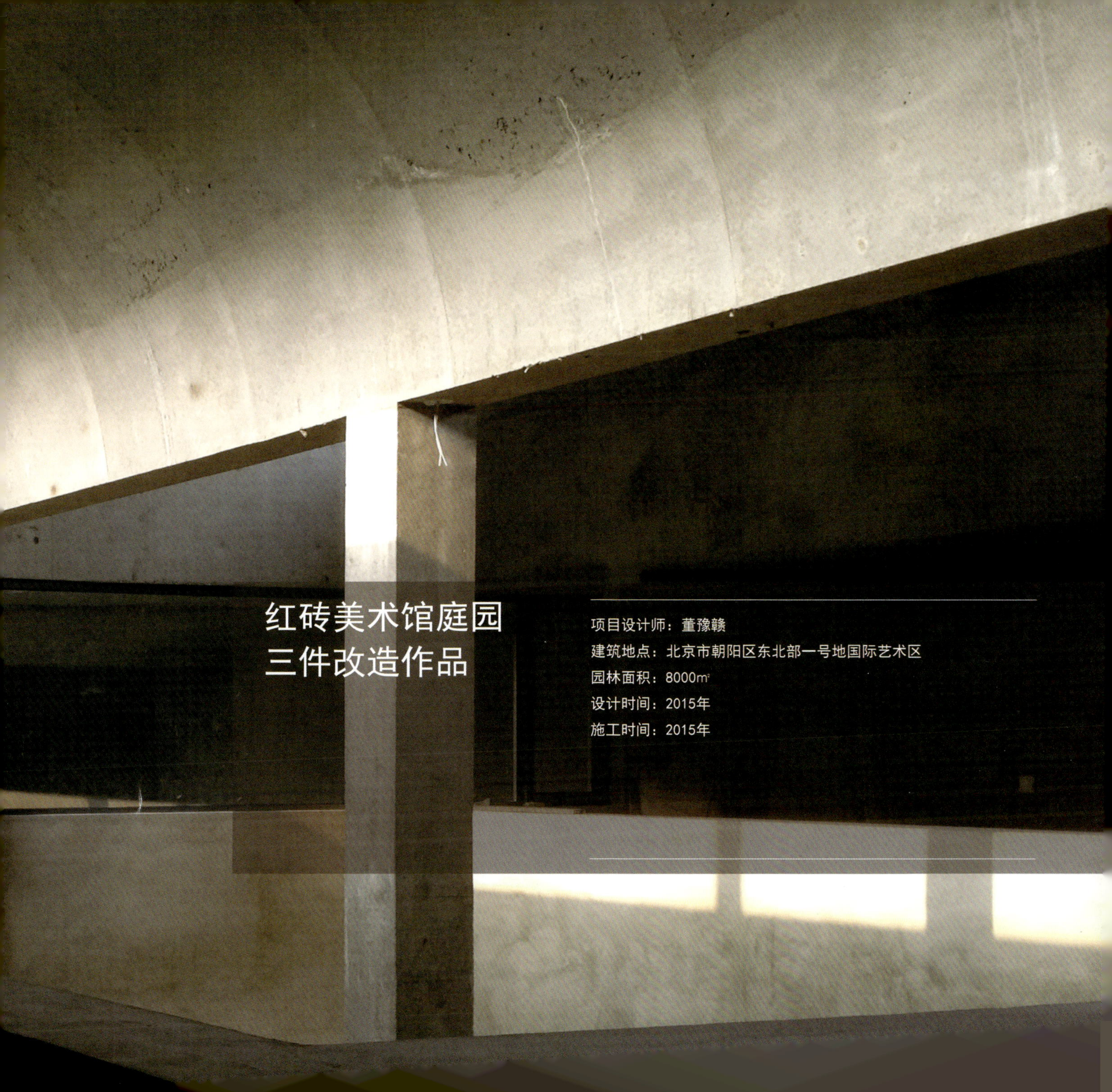

红砖美术馆庭园三件改造作品

项目设计师：董豫赣
建筑地点：北京市朝阳区东北部一号地国际艺术区
园林面积：8000m²
设计时间：2015年
施工时间：2015年

改造作品之一：将山间庭院改造为小展厅内景

改造作品之二：红砖美术馆庭园池南水榭侧面结构

改造作品之三：红砖美术馆庭园加建水阁外观

改造作品之一：将山间庭院改造为小展厅侧景凹龛

改造作品之三：红砖美术馆庭园加建水阁内观

西村·贝森大院

项目设计师：刘家琨

设计团队：杨磊 靳洪铎 刘速 杨鹰 蔡克非 华益 毛炜希 李静 林宜萱 王凯玲 罗明 温锋

设计单位：家琨建筑设计事务所 四川思博建筑设计有限公司

施工单位：中国华西企业股份有限公司

项目地点：中国四川成都市青羊区贝森北路1号

建筑面积：135,552m^2 基地面积：41,863m^2

设计及施工时间：2010年01月-2015年01月

项目摄影：存在建筑

西村·贝森大院设计说明

基地概述

西村·贝森大院用地位于贝森北路1号，为东西长237米、南北长178米的完整街廓，四面临街，住宅环绕，社区成熟。用地性质为社区体育服务用地，原地块内为高尔夫练习场及游泳馆（后期保留）。规划允许建筑容积率2.0，覆盖率40%，限高24米。

设计理念

西村·贝森大院意图跨界整合各类社会资源，创造一种将运动休闲、文化艺术、时尚创意有机融合的本土生活集群空间，满足多元化的现实需求，成为持续激发社区活力的城市起搏器。

秉承“当代手法、历史记忆”的建筑理念，借鉴计划经济时代单位集体居住大院的空间原型，并尝试将这种带有集体主义理想色彩的社区空间模式转化到贝森大院当下的建筑模式与设计语言中，融集体记忆、地域特色与现代生活方式于一体，为现代城市的多样化生活提供一种更具当代性的社会容器。

建造“骨架筋络”，以功能的实用、结构的经济、构造的合理和材料的质朴等基本元素为出发点，超越表面设计，形成“本质赋形”的美学特征。

建筑布局

面对街廓完整、周边高楼林立、基地自身建筑限高的现实条件，因势利导，顺势而为，以低矮吸引周边注目、以横长取得尺度优势，设计户用了建筑沿周边围合布局的方式，从而在规划限制条件下实现了运动休闲场地最大化和沿街人流效益最大化。由此围合出的东西长182米、南北长137米的大院，成为容纳多元化公共生活的绿色“盆地”，通过迥异于常见中心集合式城市综合体的空间模式来继承成都自足开放的生活方式，在建筑学层面探讨现代城市建设、新型商业模式与城市本土文化之间的关系。

建筑处理

建筑地下满铺两层，地上五至六层。建筑东、南、西三边连续极限围合，楼板和屋檐的水平线条强调水平走势，以大尺度的水平体量取得对周边的影响力，以抱合姿态将自己的土地资源从周围的城市环境中界定出来，形成独特场域。而底层的四个过街楼式入口和北面跑道的架空柱廊连通内外，使贝森大院形成了一种既围合又开放的姿态。

建筑临街外立面为开敞悬挑公共外廊街，使每家用户都有独立面街门面；水平延伸的外廊强化建筑横向走势，形成明确的公共领域；而室内外分界面则退后于秩序井然的柱列，且采用注重功能、

鸟瞰夜景

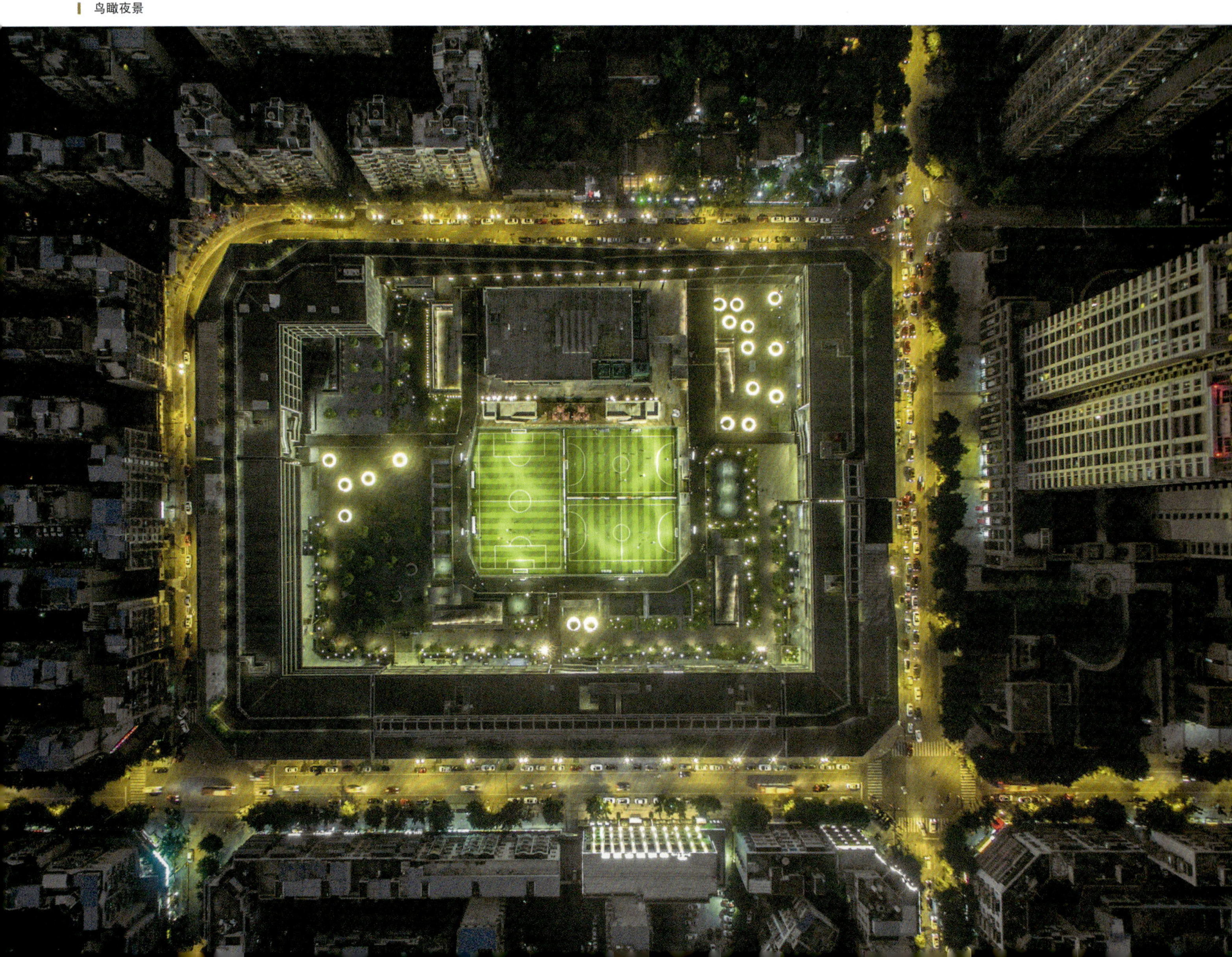

简明通用的铝框高透玻璃，不做特殊设计，以利容纳未来业主群体的个体表达，形成更为丰富多样的立面呈现。

建筑临院内立面为连续的阳台，每家用户都可共享大院景观。视线关系为从周边到中心，使建筑呈现"运动场"的结构。宽阔的吧桌式阳台扶手采用高耐重竹，亲切自然，可供业主面对大院景观办公阅读。每个开间都预留有垂直隔断骨架，可根据业态变化灵活调整。而业主个体表现的繁乱杂陈被巨大院落的秩序所包容，最终形成丰富而均质化的"市井立面"。

摒弃标准层的设置，根据功能需要，楼层层高各不相同。采用"蜂巢芯空腹密肋楼盖体系"争取更大层高，营造开敞流动的空间氛围，满足灵活多样的使用需求。

蜂巢芯空腹密肋楼盖体系在入口处取消内模，露出井字形的密肋梁底面，以构造做法本身形成类似于传统"藻井"的效果，用以烘托出入口的重要性。

采用以当地常见的手工竹胶板作为模板，赋予清水混凝土独特的质感，使建筑与本土自然元素建立抽象的联系。竹胶模板水平栏板肌理细腻，八角柱典雅亲和，半剖竹模板强调了深远的檐口，使地域意蕴得以强化。

排水系统采用黑色铸铁落水管，以最短距离连接两处雨水口，非常规的Y形布置节约且高效，并使日常必须却常被刻意遮蔽的功能构件成为独特的表现元素。

将结构断缝进行夸张表现，在建筑中形成"一线天"式的人造景观，同时解决设备用房需隐匿安置和送风换气的问题，呈现建筑建造过程中的"生理断层"。而利用外廊混凝土栏板内抽出的钢筋作为栏杆，是相同理念的细节表达。

随着再生砖在城市公共建筑中的推广，贝森大院中也有深化设计和大量应用：建筑山墙、局部实墙、景观铺地、院墙等。断砖加工方式使再生砖的内部骨料得以暴露，成为独特的材料表现。除再生砖外，将大孔砖孔朝上用于屋面种植、孔朝外用于机房通风和通透围墙；将小孔砖孔朝侧面，利于垂直绿化；将多孔砖孔朝侧面用于展廊墙面，利于展品固定；以及将常用于基本填充的煤矸砖作为清水外墙等，均是对基础性材料非常规应用的发掘和表现。以上材料应用在满足环保低价的同时，又使贝森大院具有强烈的本真化的材料特征。而水刷石和水磨石的大量使用，则承接了中国近现代建筑技术中成熟但行将失传的工法。

用地北边的原有建筑保留作为多功能艺术空间，围合建筑体在此中断，由架空跑道柱廊完成围合，透而不漏。跑道系统超越手法式的建筑表

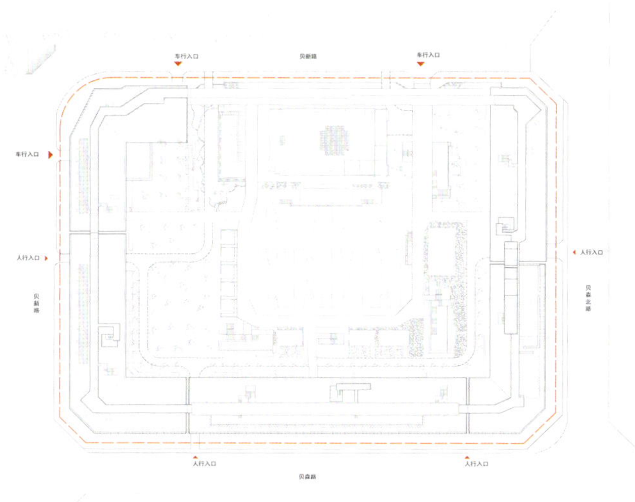

总平面图

鸟瞰

竹空间

交叉跑道

竹胶模板肌理

底层入口及藻井

多功能艺术空间（改造后）

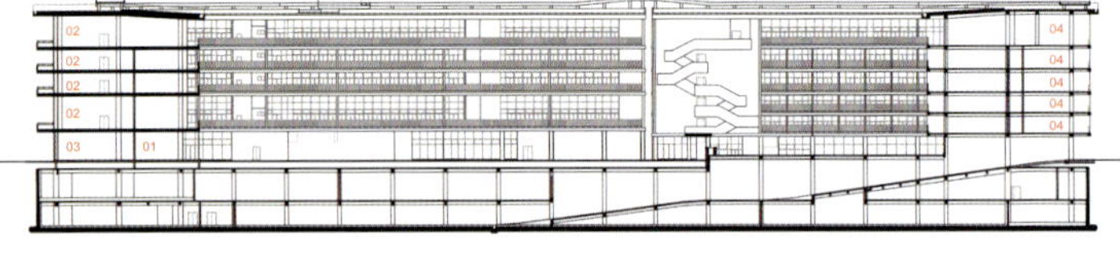

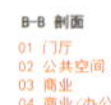

剖面图

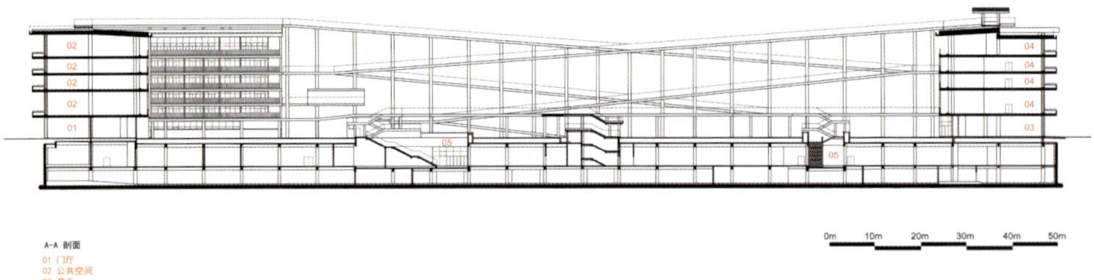

剖面图

面造型，以具有社会功能的公共运动设施形成建筑主要特征。跑道总长1.6公里，上行下达，转折起伏，缠绕整个建筑，由交叉坡道、屋顶步道、环形跑道、廊桥、长廊、屋顶天井以及外挂楼梯组成。外挂楼梯分布在东、南、西内立面的中部，作为形象强悍的连接系统，连接起内院、屋顶和地下一层天井。跑道系统既是引人注目的建筑形象和社区休闲运动设施，更是新兴健康办公生活的依托。

景观设计

内院总面积约26000平方米（39亩），是城市中心难得一见的大型院落式社区绿地。景观设计以功能规划为出发点，选取了代表成都本土文化的“竹空间”和“茶馆”为关键概念，旨在创造一个具有成都生活特色的公共场所。景观采用“满院竹”，以竹子这种成都平原农耕文化和市井生活的代表性本土植物，充分呈现大院闲适安逸的成都气质。以墙造园，细分空间，分别以沙土地、鹅卵石、红砂石为基底、配以不同的竹种，形成情态各异的“院中院”。

景观结构从大院中部的运动空间向外层层展开，向建筑内立面推进连接。环形跑道环绕

多功能艺术空间（改造后）

出一个兼具运动、演出和展示的多功能露天空间。露天空间外围为环形展廊，以孔洞朝外的多孔砖墙作为展墙，便于展品安挂。展墙为夹壁墙，夹壁内设置服务设施，服务于其外的竹下小型空间环绕带。竹下小型空间中设置有满足现代办公会议要求的设施，室内功能室外化，成为建筑使用功能的延展和补充，形成竹伞覆盖的竹林茶馆、竹林办公与竹林教室。环绕带四角设置通往地下层的天井和通往跑道的室外楼梯，使内环中心带不仅有平面系统上的层层展开，也有空间的上下连接。环绕于内环中心带之外的是大小各异，竹种不同的五个竹林广场，竹林广场外缘为沿建筑内周边的环绕水渠，水渠之外是建筑挑廊下的休闲平台，作为建筑底层与内院空间的连接过渡。

跑道贯穿环形屋顶，屋顶以"四坡水"方式向内聚合倾斜，整个屋面铺设再生大孔砖，孔内填土，可作绿化或城市农业，同时也是传统瓦屋面肌理的抽象表达。环形屋顶与大院共同组成了西村的超大绿地。屋顶跑道布置有由当代材料"转译"设计的亭阁、观景台、长廊、廊桥、观景塔等传统园林景观元素。跑道两侧以水泥管作为树池、以公路隔网作为栏杆、以碎瓷砖作为排水沟贴面，这些常被一般建筑审美所排斥的道桥工程现成品和民间工法，除造价低廉、性能完善外，也给跑道带来一种"郊野感"。跑道两侧种竹形成林荫；露天酒吧以竹竿和竹架板搭建；景观长廊供人休憩；廊桥起拱；屋顶剧场自由开放；观景塔作为制高点可俯瞰大院，并成为显著标识。

竹胶模板八角柱

灯光设计避免装饰性的"光彩工程"，整个园区及多功能艺术空间均采用常用于基础照明的日光灯管进行变幻组合，实现功能与艺术表现的统一。

DISSONA 迪桑娜厂房建筑及室内改造

项目客户：德津实业
设计公司：汉诺森设计机构
项目地址：深圳
设计类型：建筑改造、室内改造
建筑面积：4600㎡
完成时间：2008
获奖情况：2009 德国IF设计大赛“金奖”

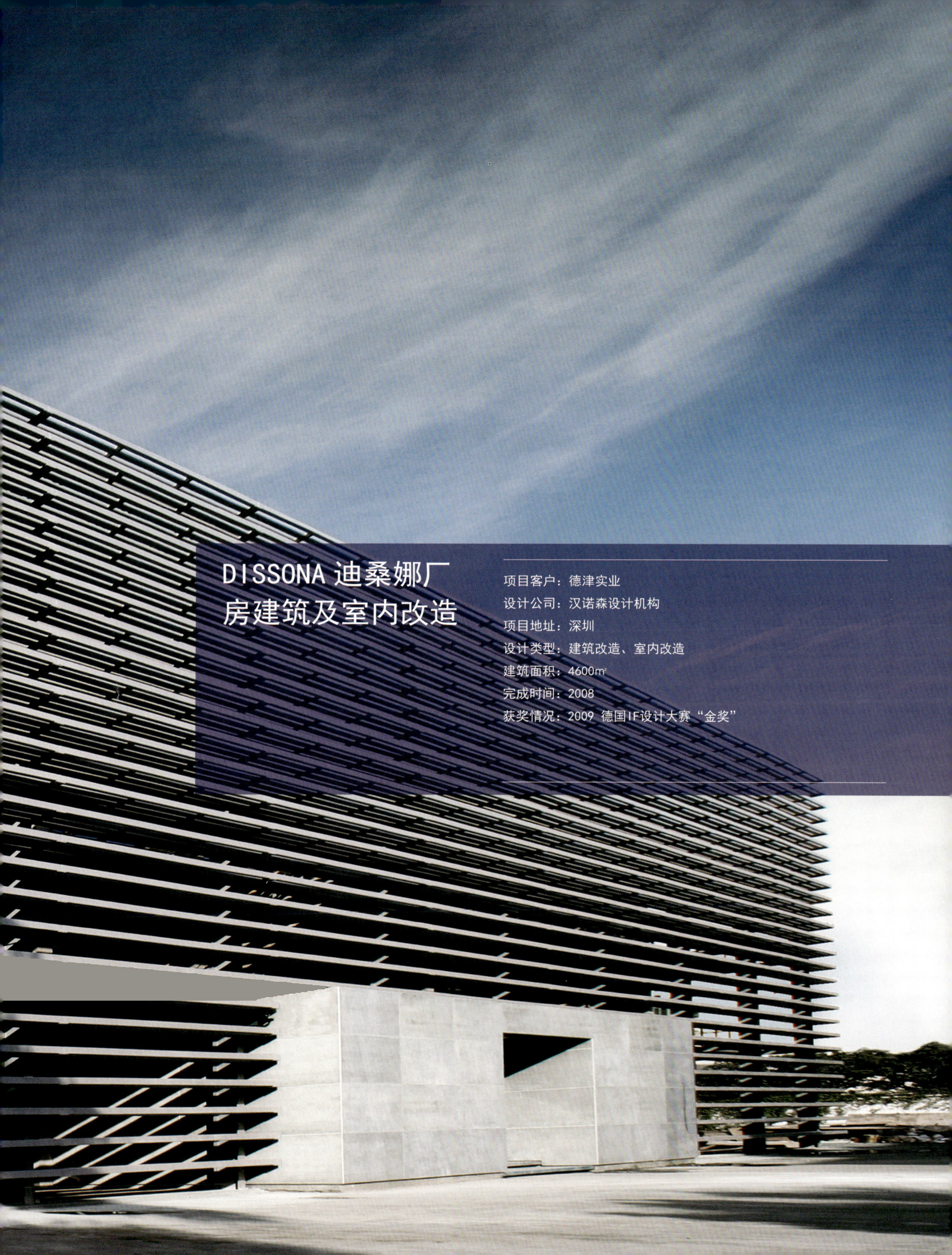

Dissona迪桑娜品牌西丽厂区及总部办公楼兴建于20世纪80年代。随着品牌的发展和快速增长的影响力，把工业建筑改建为集产品设计研发、样品陈列、日常办公等功能于一体的现代化总部办公楼，以全新型现代化建筑的身份来接待国内外重要客户。汉诺森团队的设计哲学及对建筑空间的理解：这是一个典型的现代主义的设计，但不能单纯理解为简约。事实上，这种严格意义上的形式和手段的简约，包含了人对知觉、力量的追求，是一种策略，是对建筑赋予视觉效果和感情诉求的诠释。

建筑外立面采用全钢架结构，唯一的中灰色钢构横向元素，带来完整体量的宏大外观。在钢架与原外立面形成的中空空间，汉诺森大胆地用作延展式活动空间，楼层之间的踏步楼梯的设置，提供了人们意外获得户外活动的乐趣。更重要的是，人性化的外立面设计弱化了原建筑物呆板陈旧的形式，并在中国南部酷热气候下起到了一定的阳光阻隔作用，从而降低耗能。在建筑右侧，汉诺森为总部办公楼增建了附楼，丰富了平层的使用面积，破除了大面积墙面的沉闷，引入了光线。

在内部设计上，我们秉承的原则是：

1．合理的空间使用反对矫饰，带来积极的空间乐趣；

2．环保低耗材质呈现完整的高品质空间；

3．将自然光线引入室内，节能的同时带来迷人的空间表情。空间内部接待区域的不规则主题墙面，巧妙的天花设计，环保再造型木丝水泥板铺设的立面，完美的将建筑美学融入空间内。

项目于2009年德国IF设计大奖中荣获室内设计类唯一金奖。国际评委会对此设计给予了高度评价：“我们很喜欢这款作品，它表现出空间纯净的美感。我们被以线条元素贯穿整个环境的设计，以及选用木材、水泥、钢铁和玻璃所打造出令人振奋而热情的陈设所深深吸引——这个简单而高雅的设计展现其巧妙且成熟的材质运用与加工，传达了建筑本身的功能性，同时保留其独特的精致美学。”

汉诺森_DISSONA迪桑娜厂房建筑及室内改造

汉诺森_DISSONA迪桑娜厂房建筑及室内改造

汉诺森_DISSONA迪桑娜厂房建筑及室内改造

汉诺森_DISSONA迪桑娜厂房建筑及室内改造

汉诺森_DISSONA迪桑娜厂房建筑及室内改造

中西部陆港金融小镇

项目客户：西安迈科金属集团

设计机构：汉诺森设计机构

项目地址：西安国际港务区

项目面积：326,200m²

完成时间：2016年01月

项目摄影：Javier Callejas Sevilla （西班牙）

汉诺森_中西部陆港金融小镇

迈科集团是国内有色金属产品供应与交易的巨头之一，其电解铜的交易量位居全国第一。作为行业的领导者，迈科投资30亿元在西安建设目前亚洲最大的金属贸易交易平台：中西部陆港金融小镇。该项目位于西安国际港务区，融合运输业、仓储业、货代业和信息业等为一体的复合型现代交易物流商务平台。

汉诺森设计机构通过国际项目设计竞标赢得迈科集团在西部第一个大宗商品交易中心的设计权。汉诺森认为西安这座具有浓厚历史印迹的现代化城市，应该有强大的包容力接纳更为新的视野，不因循既有的地域特征来推衍室内方案，并尝试在开放的视角与历史符号之间寻求可发展因素。

一反常规，结合项目特征，极力营造开放和冷静的室内设计，目的在于强调中西部作为现货连续交易空白的重要性和新贸易精神。材质及功能逻辑等因素里，尽力保持克制来达成最持久的视觉张力，保证项目完成度。

落成方案中发光云顶与大型隔栅数据墙体，相互辉映，模糊了显示科技与建筑实体，现实与虚拟的自然边界，予以到访者未来畅想与科技启示的超现实感受，同时也藉此表明了迈科集团立意高远面向未来的企业精神和高层次追求的项目核心诉求。

大堂内部通过竖立的三个高度不一的黑色金属柱体，以建筑户外灯光方案形式射向顶部，用球面弧形的天顶形成漫射光，给整体空间提供均匀的照度与柔和的环境照明。采用定向生产的特殊规格尺寸铝型材与LED P60显示数字单元，进行合媒，并以半透明树脂片密闭阻隔以形成低照度，柔和的数字信息推送显示效果。将信息

TOILET
C BUILDING

屏转化为整体建筑皮肤，完整覆盖原建筑立面形成新的结构和立面印象。繁复线性的管材肌理，既使显示单元变为隐性，又大大降低现场大空间的噪音反射，同时给人强烈的科技未来视觉印象。

通常大厦的核心筒设计都是建筑立面、顶面和地面的关系置于单独而明确的位置。汉诺森有意将这种惯常约定俗成的理解和处理方式放弃了。反向而行，把弱化立面与顶面及建筑物地面的边界和相互关系作为设计诉求，使人们的视线不被立面所阻断，可以顺畅的自地面、立面浏览至顶面。通过线性的内置光将不同方向性结构贯通融为一体。在视觉印象上消解了核心筒千篇一律的呆板印象。采用美国杜邦可丽耐人造石为基材，做到完整无缝衔接，形成产品般的浑然一体，予人精致而深刻印象。

科学报告厅天花板和设备集成带采用折纸的形态处理，既很好的解决了声反射问题，又避免射灯光线衍射至播放主屏。座位以非对称倾斜方式排列，可方便人员进出与交流，并与顶部不规则形态设计做一对等呼应。

27m挑高空间，40m中庭进深，和依附原建筑空间关系进行材质、灯光、家具等的设计表现，与使之呈现一个现代简约大型写字楼的正统印象相比，我们更希望呈现传统形态无法传达的空间气质。在这个空间中，我们弱化材质带来的装饰痕迹，通过改变空间形态构造，使之脱离人们对当下大型写字楼的刻板印象；通过强化“层”的概念，将每一层楼作为独立的船屋单元；我们说服业主在这个大型舱体中置入二个黑色重体量的交叉楼梯，丰富两侧独立船屋的交通动线，并制造了视觉冲突的存在；我们在统计了西安本地的正午日照角度后，改变原天花玻璃幕墙的结构，在保证舱体形态统一的前提下，增加菱形结构本身的厚度和密度，减少舱体光线直射；楼梯的黑色哑光钢板材质和地面的自然木色接待台弱化了整个舱体纯物料带来的过于肃穆的情绪。

汉诺森_中西部陆港金融小镇

猎豹移动全球总部大楼（室内设计）

项目设计师：罗劲 张晓亮 杨振洲
设计机构：北京艾迪尔建筑装饰工程股份有限公司
项目地点：北京市朝阳区
设计时间：2015年03月
竣工时间：2015年12月
建筑面积：40000 ㎡
占地面积：8000 ㎡
项目摄影：高寒

外观

东半球最具硅谷范儿的总部基地——猎豹移动

近期，艾迪尔完成了全球知名移动工具开发商、移动互联网安全公司——猎豹移动全球总部办公大楼的设计和施工。本案位于北京市朝阳区姚家园南路1号惠通时代广场8号楼，楼体共分4层，建筑面积4万平米左右。

原建筑为一栋内含三个长方形院落的条式多层办公楼，艾迪尔的设计师们大胆地将原有东西两个院落进行了室内化整合处理，将其打造成贯通三层充满阳光的室内中庭共享空间。猎豹总部大楼集多种商务功能与主题形式于一体，设计充分彰显了当代互联网企业的创意活力和性格特质，诠释探索了新型互联网企业面向未来发展的空间创意模式。

改造后的大楼主入口设置在建筑南侧中间部位，这里与园区大门隔着宽敞开阔的草坪遥遥相对。进入公司前厅空间横向延展开来，对面的背景墙右侧设置了巨大的电子屏幕，屏幕旁边规划了一间开放的小型特色企业形象商店；入口左侧空间尽端设计了与外部景观在视觉上连在一起的开放式咖啡厅，这里员工可以一边惬意地享受着窗外风景一边小憩休息和读书思考，也可以一边享受着咖啡饮品一边和朋友轻松会面和尽情畅谈。

咖啡厅北侧是一排通透的会议接待组合空间，一组木制折板将各个房间联系在一起并构成了这些会议室的内置隔断；透过会议室南北双侧的通透玻璃，人们即可以感受到咖啡厅的浪漫休闲氛围，又可眺望到阳光中庭里的立体生态环境。

西侧中庭下面设置了大面积的人工水面，水面上加建了两组大型开放休闲区以供员工在自然放松的环境中临时洽谈或移动办公；中庭东侧加建了一座木制箱体建筑作为公司的大型会议厅，会议厅西侧墙面是整面带纵向木格栅的通高玻璃幕墙，这里透过一组悬挂植物的绿色廊道与中庭水面相连，廊道外设计了一面水泥砌块构成的大型错落墙体，水泥块体的缝隙中偶尔长出一些攀藤植物垂挂而下；中庭中最为显著的当属链接二层平台和三层办公区的橘红色造型楼梯，这个雕塑般的楼梯跨过水面蜿蜒而上，在水面上形成曲折婆娑的倒影。

中庭东北侧一组造型流畅的不锈钢滑梯从二层休息平台盘旋而下，直接插入绿色的下沉式大脑风暴讨论区；箱体会议厅上方一道钢制连桥斜跨到二层西侧的休闲茶歇区，连桥完全沐浴在中庭的阳光中，它在有效增进了楼层横向联络的同时也大大丰富了室内空间层次，另外这里也成为欣赏西庭共享空间的绝佳眺望场所。

西部中庭北侧的通道将大部分的移动开放办公区和录音室、演播厅、儿童活动厅等功能串联在一起；大庭周边围绕着三组由橘、蓝、绿等色块儿围合组成的办公空间，这里将坐凳台面和柜体进行了统一整合，构成了形式变换又相互关联的特色主题移动办公区。

大庭的水面绕过大会议室形成一条细小的溪流，通过南侧的主通道曲曲折折将视觉引向中部的内院空间和东侧的共享中庭。

东侧中庭的打造围绕着体育与健康主题。东庭东北角矗立着作为竖向主要交通枢纽的造型塔梯，橘红色的外表和虚实的空间构成使其在大厅中格外显著，为了鼓励员工上下步行，设计上特意在楼层间设置了可停留眺望中庭风光的大块歇息平台；东庭原有大厦剪力墙的西墙整面被改造为一座员工健身活动的大型攀岩墙，依据爬道的起伏，在攀岩墙上设计的橘白相间的三角造型色块形成了鲜明

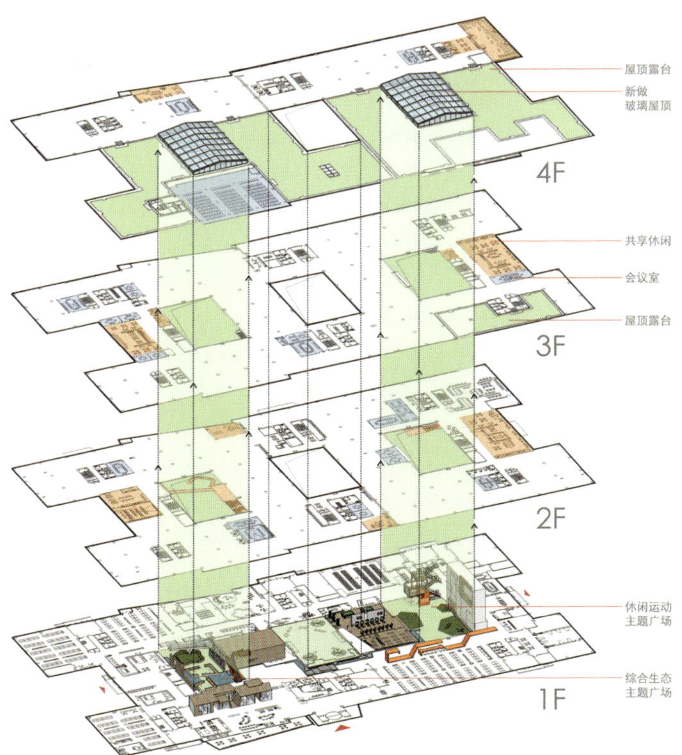

猎豹分析图

的立体图案构成。

大庭周边布置是尽量通透开放的，首层西侧布置了面向中庭全部是由通高玻璃组成的健身房和瑜伽房，这里健身或做瑜伽的人们得以享有中庭的阳光和广阔的视野，东侧除了一组由通透玻璃组成的会议室外还设有邮件中心、医疗室和按摩室，而南侧的开放办公区和西庭之间还设计了一道橘红色的曲折飘带形状构筑物，橘红色上下相连的飘带整体将吧台台面、座椅、地板及天花串联在一起，使空间融入即时性和娱乐性的立体体验。

公司楼层的设计突显了功能效率和人文关怀的有机结合。这里开放办公区的家具配饰根据不同形状符号和色彩构成进行了分区，在主通道边的休闲区主要部位配置了轻便的赛格威电动平衡车，员工可以轻松地在开阔的办公环境下相互移动交流，办公区便捷的各式座椅沙发随处可见，这样的设计充分考虑了猎豹员工在办公室具有高度的移动性特点；灵活机动的空间满足各种功能需求，高饱和靓丽的色彩和丰富的图形元素以及有趣的墙面涂鸦，打造出一个充满青春创意、有趣又好玩的工作场所；办公楼内即设计了供员工休闲聚会的大型KTV房间，也设计了舒适的医疗室、理发室和按摩室，这里营造出的温馨、轻松的氛围，让员工感到舒适惬意。

在各层不同区域的茶水休闲区是分别按照美式、日式、法式等几个主要国家风格主题而设计的，而大大小小二十几个会议室则按照纽约、洛杉矶、芝加哥、伦敦等主要欧美城市的地域特征进行了配饰处理。猎豹移动公司主要业务来源于这些国家地区，公司员工也颇具国际化背景和经常需要在这些城市和区域穿梭往来，因而这里的办公环境充满了全球化氛围和丰富的地域气质，员工在这里工

KTV

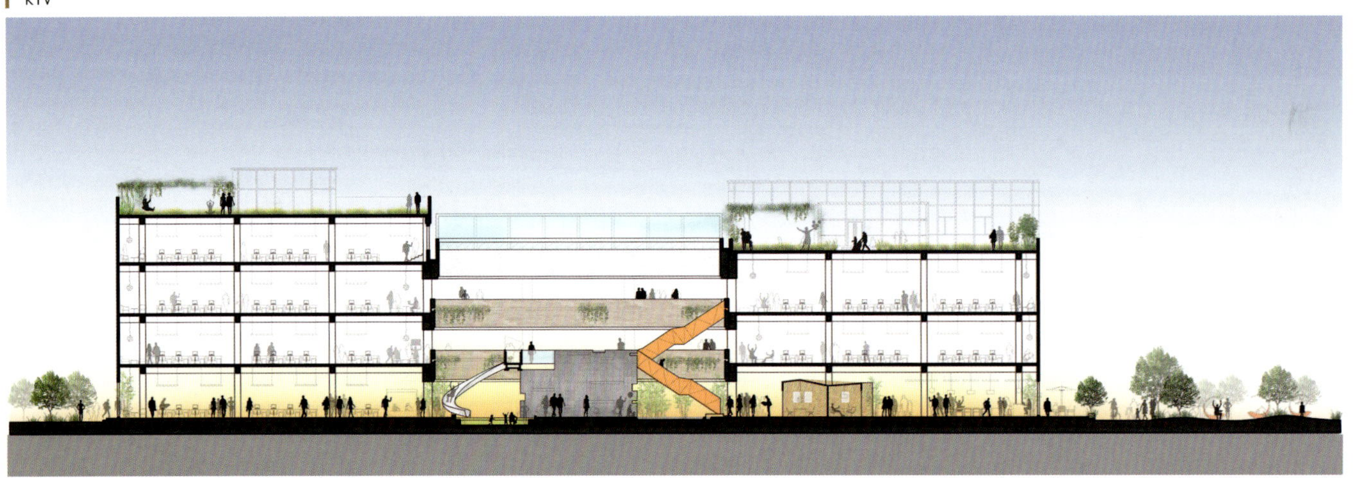

猎豹立剖面

猎豹总平面图

作随时感受到时代的脉动和世界不同文化间的互动融合。

改造后的整体办公空间既是创意的工作场所又是疯狂的交往乐园，既融入了时下创业年轻人需求的移动办公和协作空间，又展现了花园式办公带来的绿色生态景观和地域文化风貌，促进了公司内部的沟通融合也同时增强了员工的凝聚力和归属感。

健身房

儿童活动室

中庭休闲区

办公区走廊

前厅砸机

中庭休闲区鸟瞰

非洲主题会议室

南极主题会议

一层咖啡区

中庭楼梯

小会议室

商务洽谈室

中庭体育休闲区

咖啡区

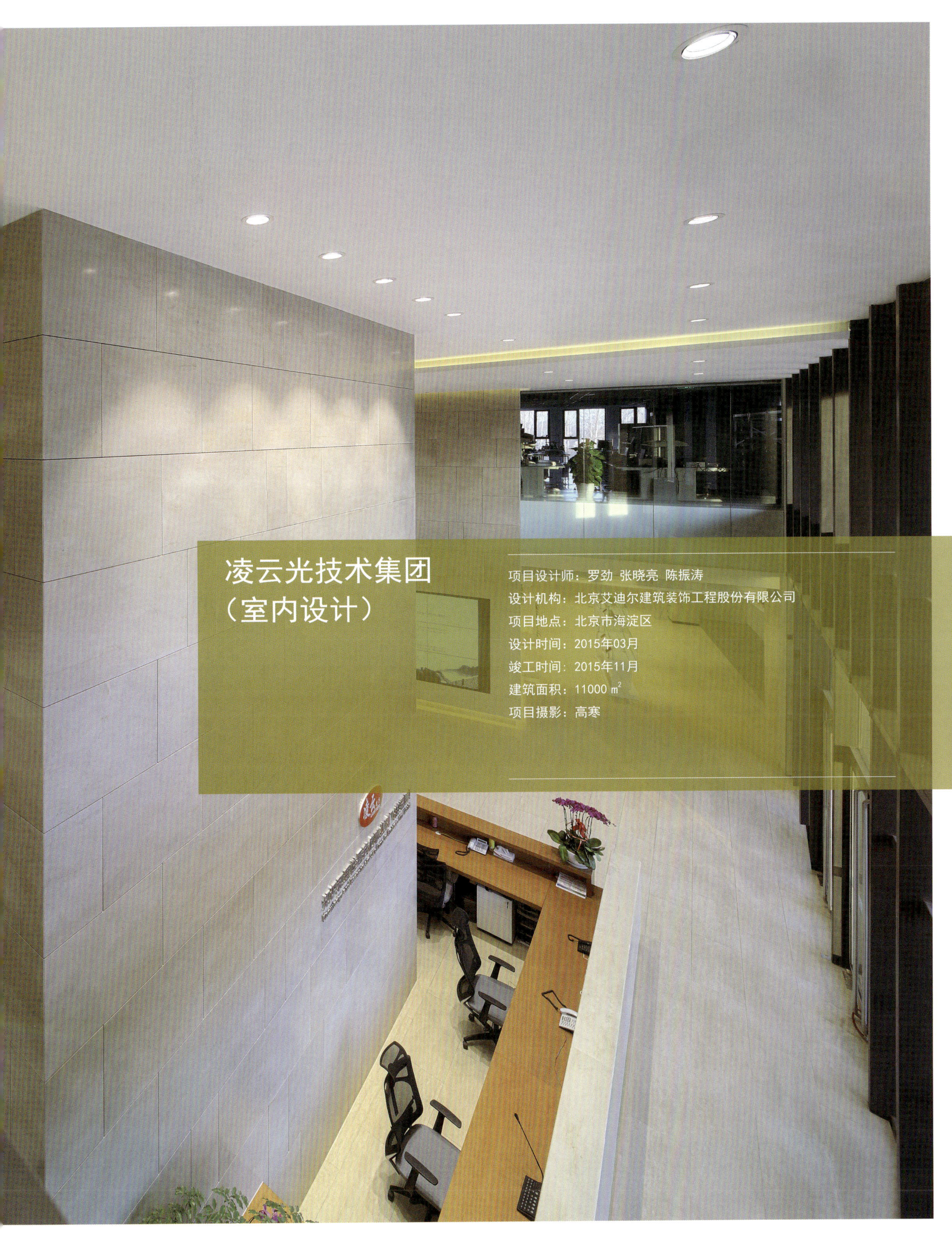

凌云光技术集团（室内设计）

项目设计师：罗劲 张晓亮 陈振涛

设计机构：北京艾迪尔建筑装饰工程股份有限公司

项目地点：北京市海淀区

设计时间：2015年03月

竣工时间：2015年11月

建筑面积：11000 ㎡

项目摄影：高寒

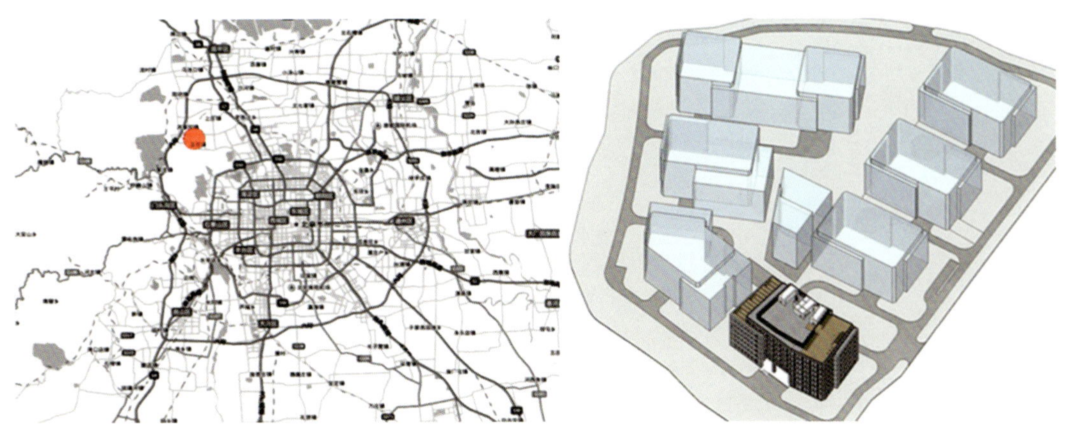

位置图

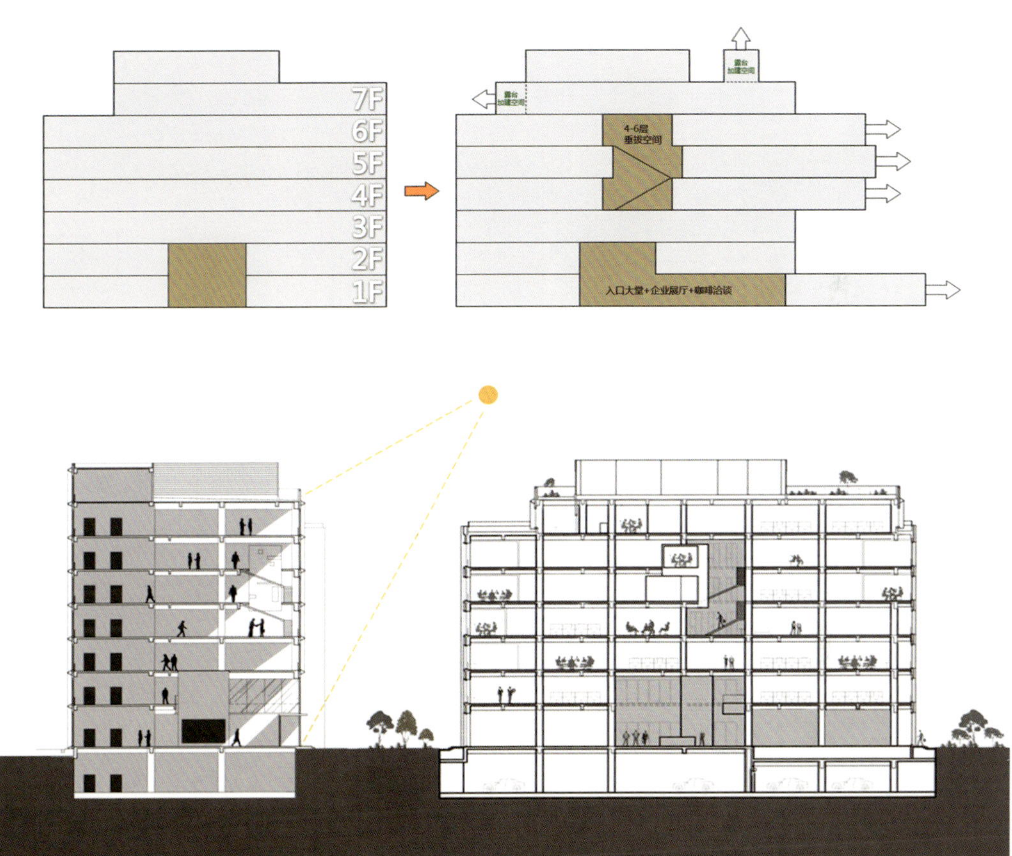

立剖面

“凌云之巅” 凌云光技术集团总部办公设计欣赏

IDEAL为凌云光技术集团设计的总部大厦不久前举办了竣工剪裁和乔迁入驻典礼。位于海淀区玉津东路智谷中心的该项目是一个完整的建筑、景观及室内一体化的工程改造案例。

凌云光技术集团是致力于光通信与传感、视觉与图像等诸多领域的专业技术公司，也是国内最早涉入光通信与视觉图像领域的知名企业。凌云集团所在的2号楼为一长约50米宽约30米，中部稍带转折的七层高条形建筑，该建筑外立面恪守着理性的韵律和秩序，高大的玻璃窗深灰色框架与浅米色石材幕墙相互组合，在彰显虚实对比的同时构建着立体层次。

为了让改造后的办公空间既能体现凌云光高新技术集团的企业形象又能增进积极活力的员工交流，我们运用了拆分、剥离、抽拉和叠构的设计手法对原有空间楼层进行了整体重构和加建，设计在坚守着原有理性与秩序的同时，在多角度不同层面引入光线增加流动，改造后的空间格局增添了办公环境的创意风格和带来了光与技术交相辉映的灵动

苏家屯_全景图

大堂

3层茶水休闲区

开放洽谈区

七层客人等候处

气质。

在入口处，我们首先将大堂原有凹退式幕墙向外拉出，同时打开前厅右侧空间使展厅与前厅共生连接，这里我们将接待、洽谈、咖啡、展示等功能设置其中，形成完整的巡回路由并延展了前厅的双向纵深；大堂的空间处理采取同建筑整体改造一致的设计手法，两层高的电梯厅左侧箱体在视觉上被整体拉出，箱体端头的实体厚墙在形成logo背景墙的同时隐藏住了大堂中心原有的结构柱体，二层连桥贯穿其中并形成了丰富的穿插组合；东侧展厅旁边的咖啡空间与二层实墙形成的另一通高箱体空间咬合镶嵌在大堂东层，这里面向入口的高墙内嵌了一面高清LED，它在宣传展示集团资讯的同时也具有强烈的流线指示作用。围绕咖啡岛的环形开放空间作为企业的主展厅，这里提供了开放轻松的互动体验和科技氛围，传达出凌云集团对知识与理性追求的理想愿景。

改造的精华所在是设计师创造性地沿大厦南侧打开了4—6层的部分楼板并加建了开放通透的造型钢梯将各楼层连接，打开的挑空空间形成了大厦主体的竖向“光廊”，这里不仅为员工提供了广阔的景观视野，贯通三层的充足光照也减少了整体各楼层的人工照明；折体造型楼梯围绕一处悬挑的立方体“阁楼”盘旋而上，“阁楼”空间作为凌云光开放区域的主要会议洽谈中心，员工透过横竖组合的条形窗口可以从不同角度俯视共享空间全景，这里的人们与楼梯上往来的人流在不同层次上得以体验丰富多维的视线交流。

沿中心挑空周边设立的茶水、休闲及会议等特色空间如同是放大的露台，相互组合共同构建了一系列大厦内部的互动主轴和共享平台。

大厦7层和屋顶露台部位是员工主要的户外活动场所，我们在这里分别采用与建筑框架幕墙相同的构造形式抽出加建了小型箱体建筑，这些加建体块与屋顶景观充分融合且相得益彰，这样既提高了露台的使用效率也丰富了户外景观层次。

其中采用木格栅廊架形式在七层构建的两处“虚岛”作为等候区、书吧及茶水空间功能，这两处“虚岛”以建筑转折线为界分开设置，并以此为中心向外延伸出了大会议室、单间办公室以及开放办公区，营造了空间微妙的层次对比关系。这里偏重的木质肌理在丰富的空间组合下营造出明快而不失稳重的商务性格。

本项目的设计从使用者需求及企业特性入手，通过对建筑的局部合理改造实现了企业同建筑的互融与互动，诠释了创意办公建筑所呈现出的多样化、复杂化特征与开放性、包容性的精髓实质，为凌云集团站在新的巅峰高度继续展翅腾飞奠定了良好的环境基础。

4层挑空区

前门东区草场片区民生提升项目——草场四条8号、19号院改造

项目设计师：胡越 邰方晴 姜然
设计机构：北京市建筑设计研究院有限公司 胡越工作室
项目地点：北京市东城区西兴隆街草场四条
设计时间：2015年06月
竣工时间：2015年12月
建筑面积：8号院84 m² 19号346 m²
项目摄影：陈溯

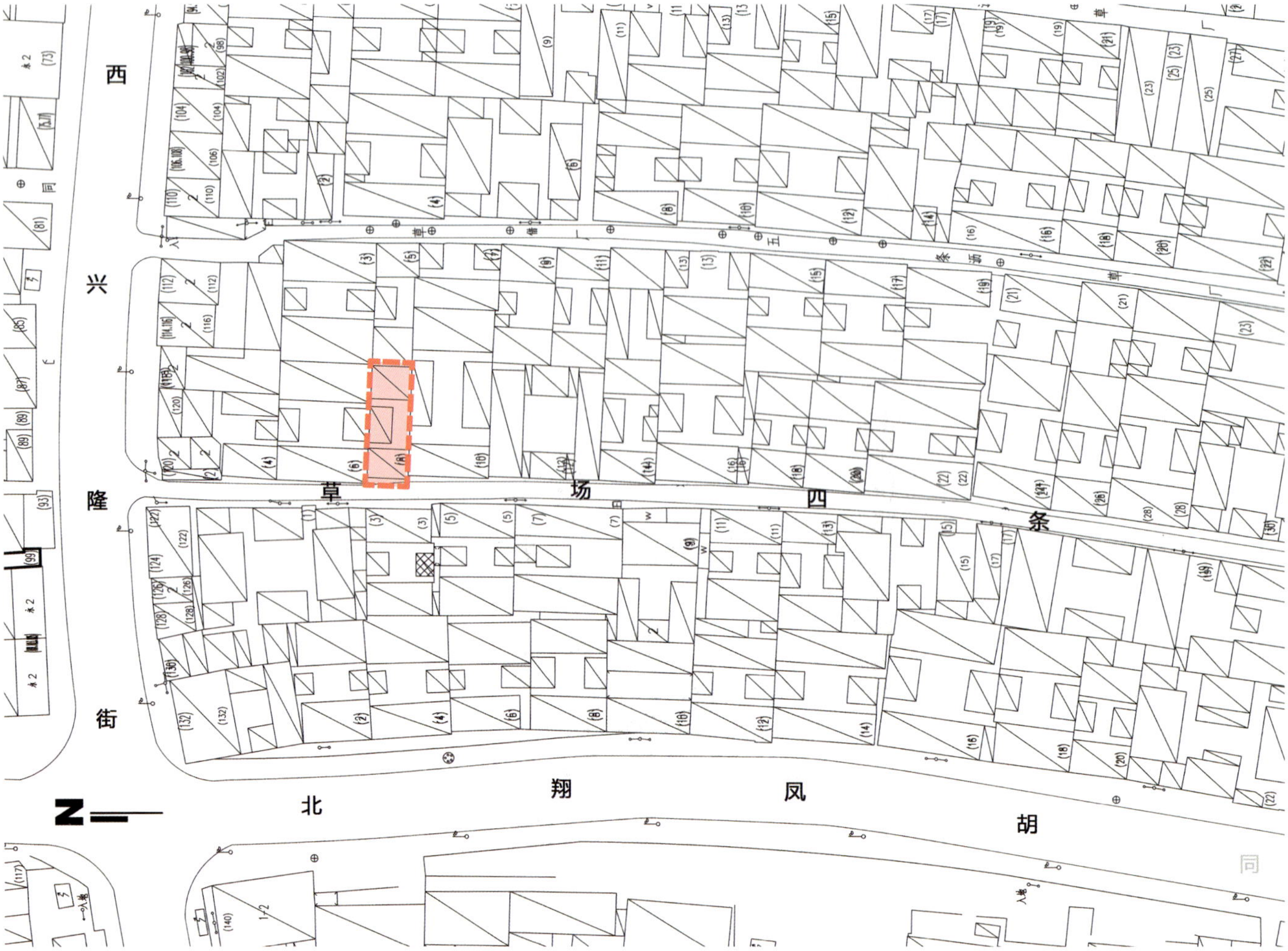

8#楼总平面图位置示意图

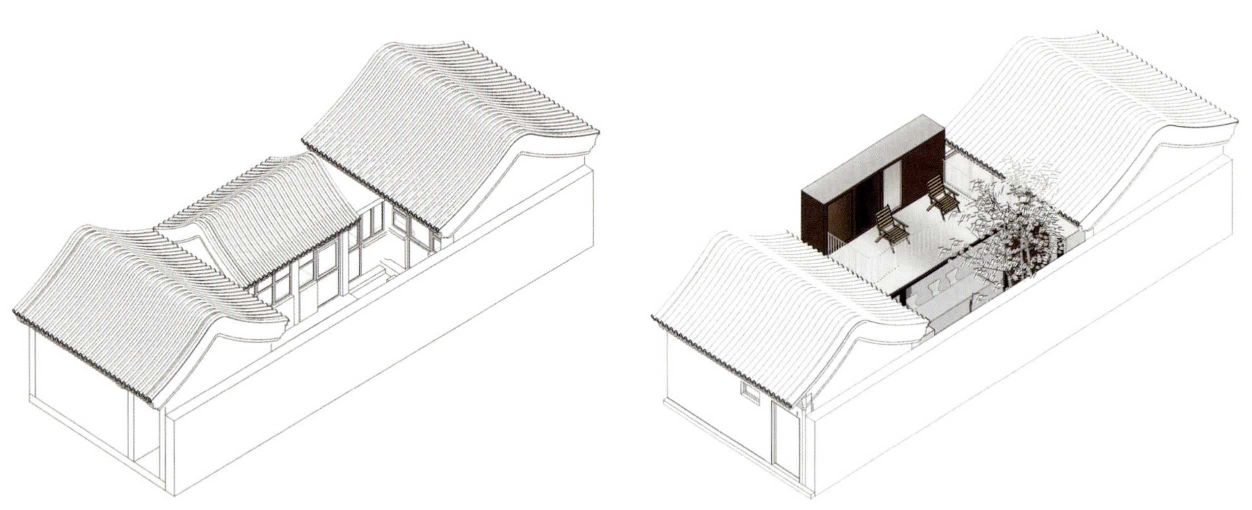

8号院改造前后示意轴测图

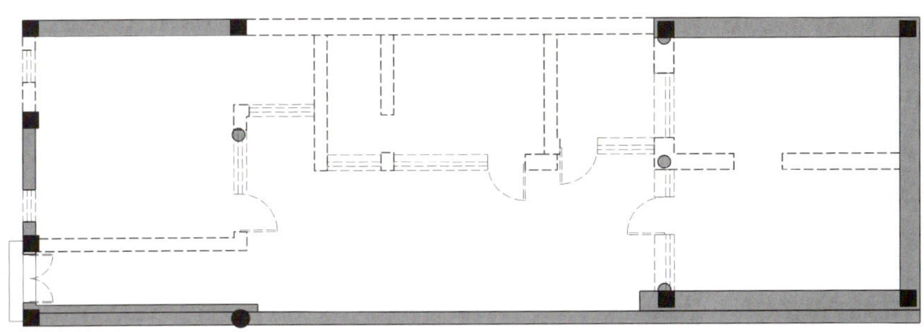

4条8号院拆除示意平面图

东向西俯视2G

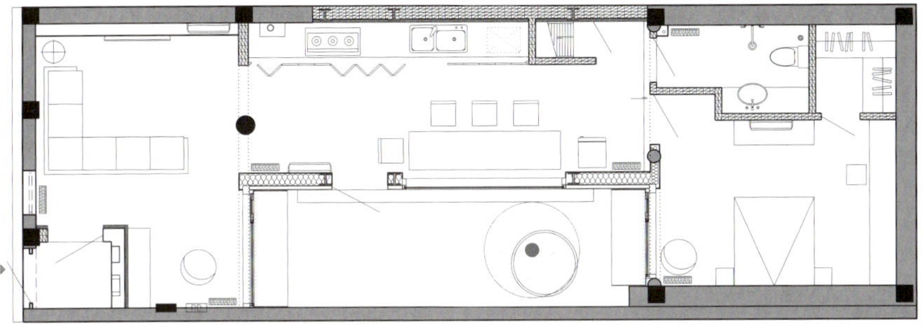

4条8号院一层平面图

沿胡同立面G

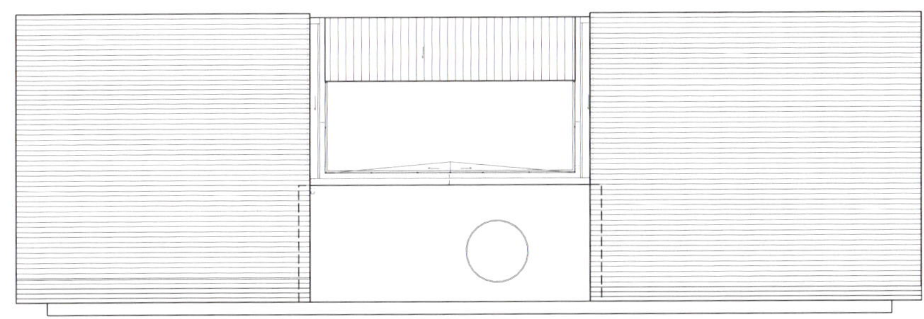

8#楼总平面图位置示意图

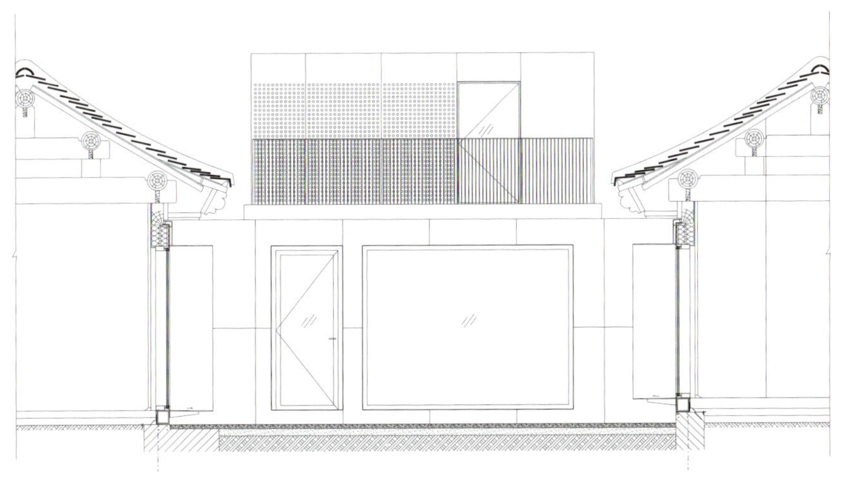

8#_立剖面

重现 · 一

传统的北京合院住宅有着静谧的内院和采光通风良好的房间，然而这些属于合院独有的空间特质由于人口的极度膨胀和长期的私搭乱建已基本消失殆尽。

本案以满足住户基本生活需求为前提，力图在极端拥挤的环境中重现传统合院建筑的空间格局。我们通过部分的拆改和加建，使得每个住户都能分享内院空间，都能获得充足的阳光，都能获得良好的通风条件，亦使每个住户重新体验到传统合院的静谧安逸，重新获得生活的乐趣和尊严。

8号院将原有面向小院直接开门的多个小屋拆除，再设计、整合为一个多功能空间，并使它和东西两个原有房间紧密相连。新建部分为一个与传统合院建筑不同的“方盒子”，它的植入既扩大了庭院面积，使其更完整；又创造了一个空中庭院，住户提供一个可站在高处欣赏传统胡同街坊的场所。

从客厅看庭院

东向西看庭院

庭院1

庭院3

西侧看庭院

19号院原为两进院，为创造更为舒适的居住环境，将19号院分成了两个院，其中南侧小院为一个独院，北侧大院为一个杂院。南侧独院：在东西侧原有建筑之间加建一个多功能空间。新建部分的植入为一个现代"方盒子"，其既将南院的建筑连接成一个整体，便于住户使用，也由此形成了一个南向庭院，提高居住舒适度。北侧杂院基本保持原有空间格局及传统建筑样式，采用少量加建的手法，填补必要空间，拟合功能；通过落地玻璃窗、光井等细节处理，为其注入新的活力。

19号局部新旧对比图

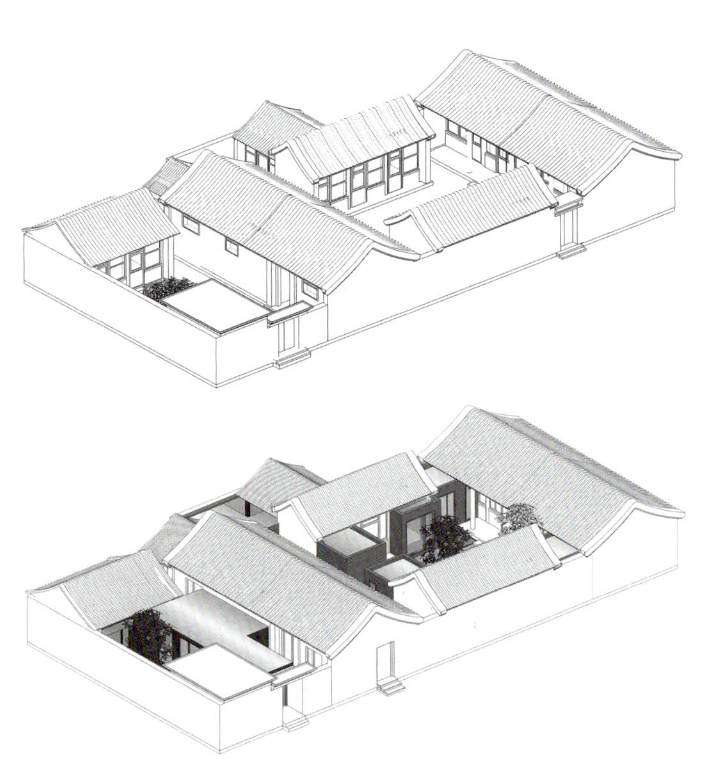

19号改造前后轴侧示意图

改造前后对比示意平面图

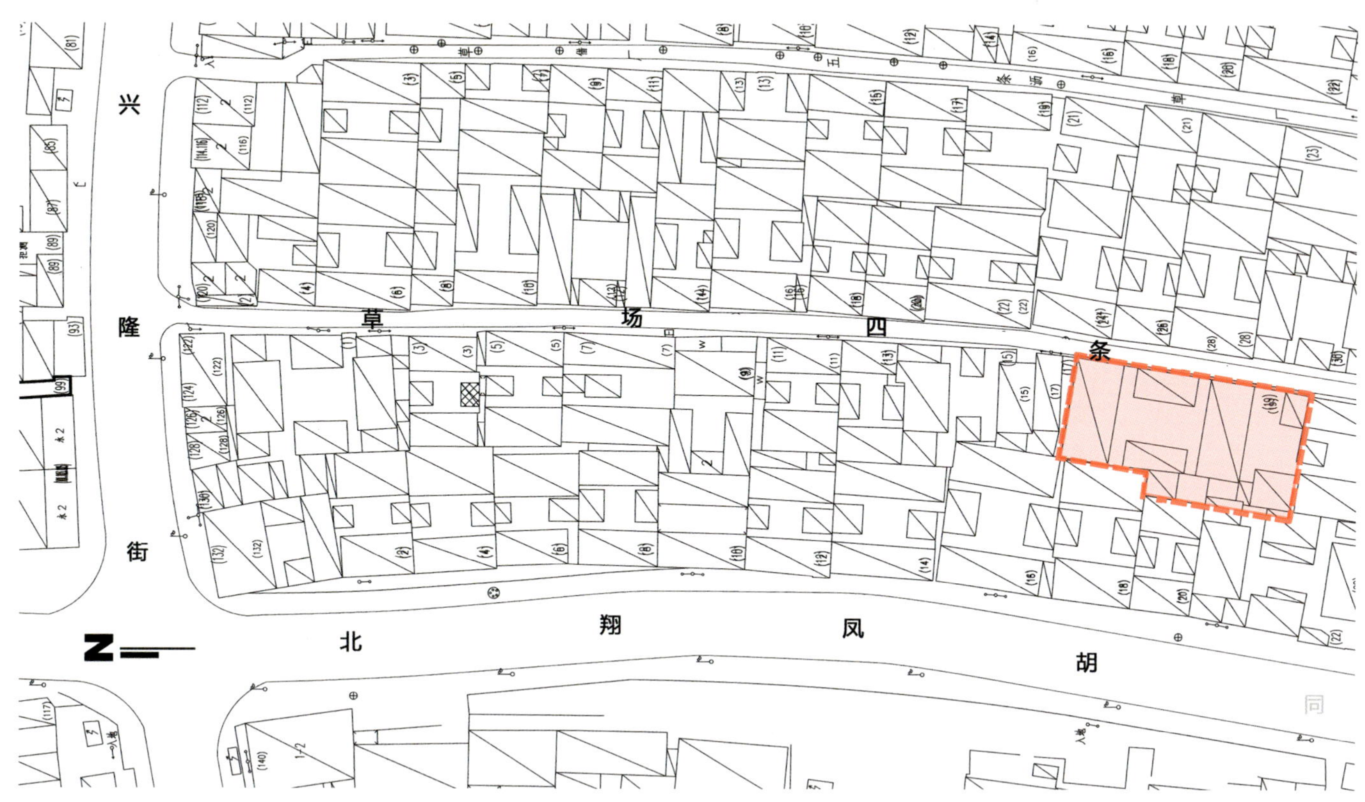

四条十九号总平面图位置示意图

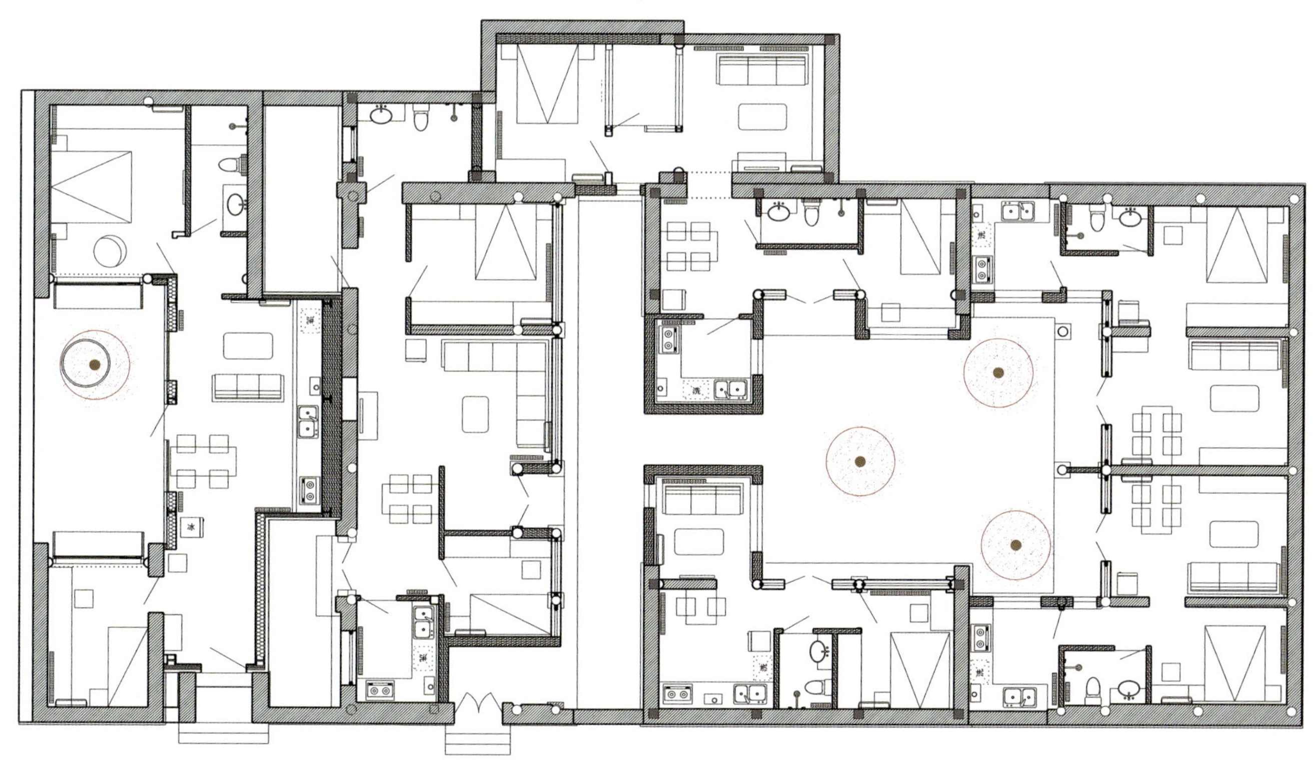

四条十九号首层平面图

四条十九号北侧院落

四条十九号沿胡同立面

四条十九号耳房采光井

四条十九号北侧院落入口

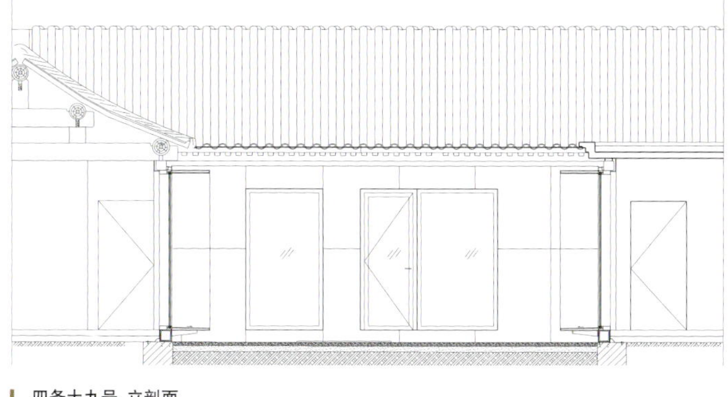
四条十九号_立剖面

四条十九号北院长廊

四条十九号北侧院落

四条十九号北侧院落

长城森林大剧场

Great Wall Forest Amphitheatre

项目设计师：张永和 Simon Lee 郭照炜 汪子菲 常诚 郭庆民 陈瑶

设计机构：非常建筑

项目地址：北京市延庆县

设计时间：2013年-2014年

建筑面积：2020m²

占地面积：7000m²

完成时间：2015

项目摄影：刘扬

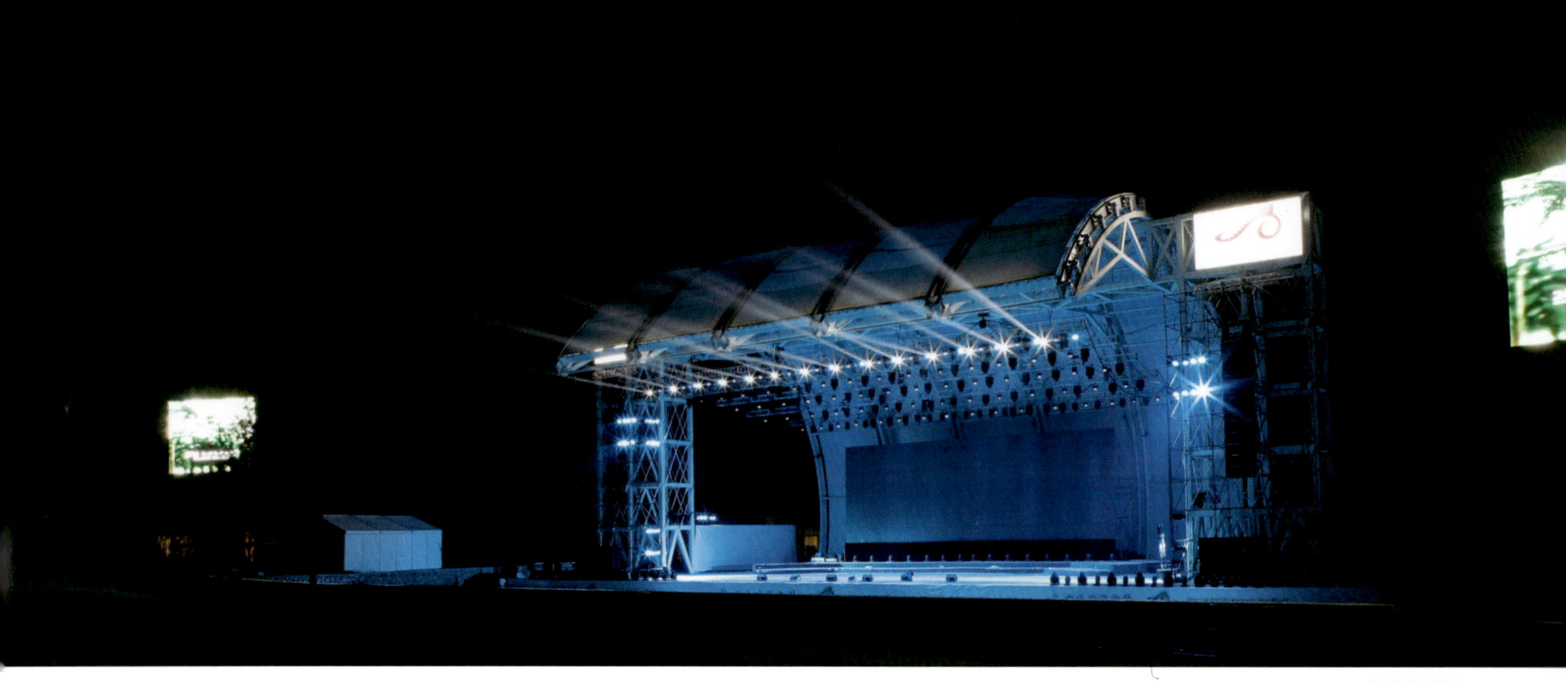

舞台夜景

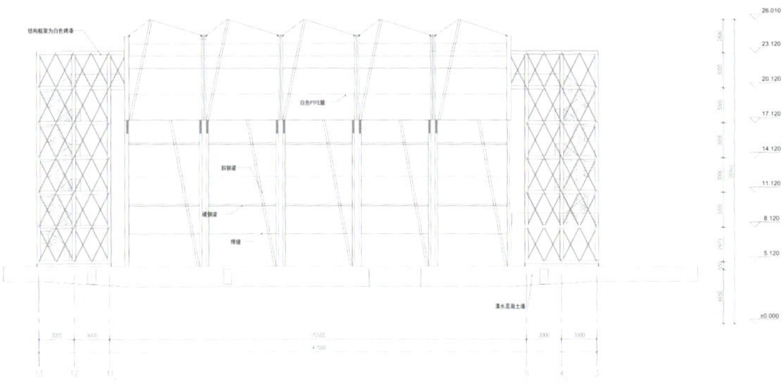

正立面图

剖面

室外的大剧场坐落于长城旁边的山丘中，四面环山，自然景观处处可见。剧场靠着山谷的西边，场地面积为 20,000 平米，音乐谷结构占地 7,000 平米。

剧场配有一个多功能音乐表演台，适合古典乐、流行乐等各类型音乐表演。舞台空间足以容纳一队80至100人的管弦乐队，而后台空间一应俱全，包括等候室、更衣间、储存间、彩排室、淋浴及卫生间等等。

舞台设有可伸缩屋顶，由五组可各自伸缩的遮盖组件组成。曲型屋顶不单加强音响效果，同时可用作为舞台幕或投影幕。在设计过程中，我们强调表演者与舞台的关系，并通过设计推使舞台建筑成为表演中的积极元素。

在结构上，设计选用了钢材。轻型结构的外观富有强烈的建造感。结构跨度达60米，提供充足的无柱表演空间。钢索层层交叉，固定竖向结构。屋顶以薄膜构成，自由度大、强韧、透光。

大化妆间

小化妆间–外

舞台大雨棚及钢格构柱局部

舞台大雨棚钢格构柱局部

舞台正方中景

大草坪从观众席看舞台（2015演出场景）

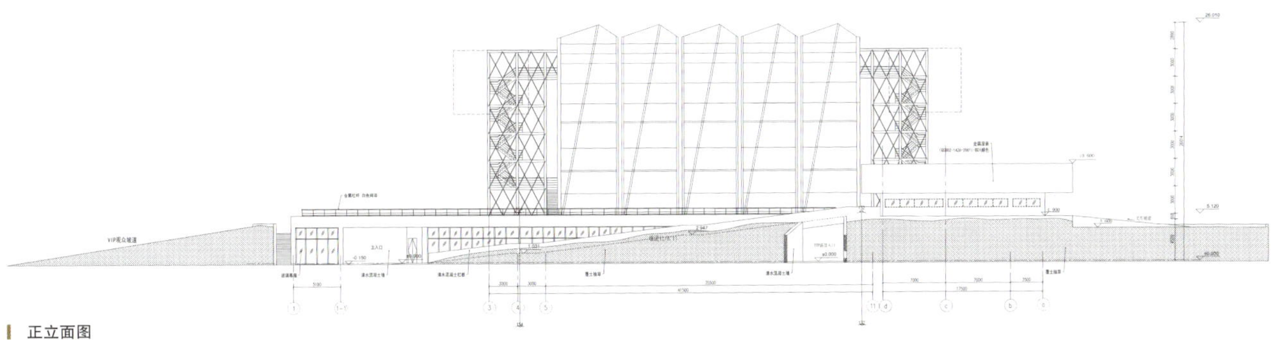

正立面图

舞台大雨棚背面局部

舞台侧中夜景

全景图拼图

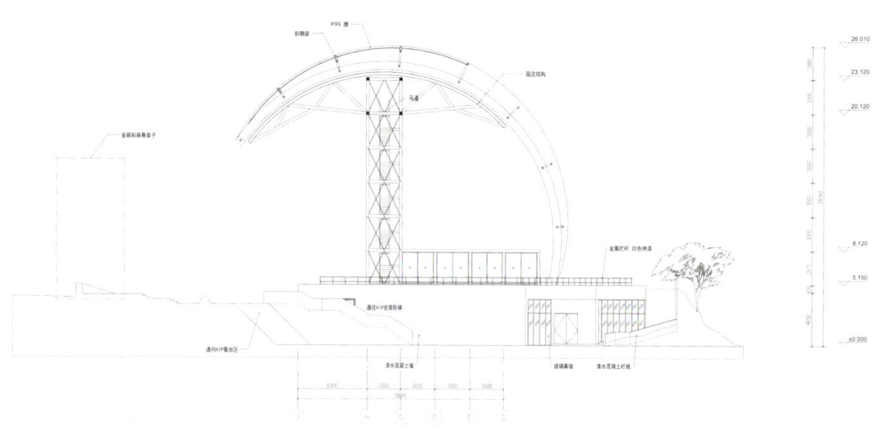

侧立面图

舞台近景

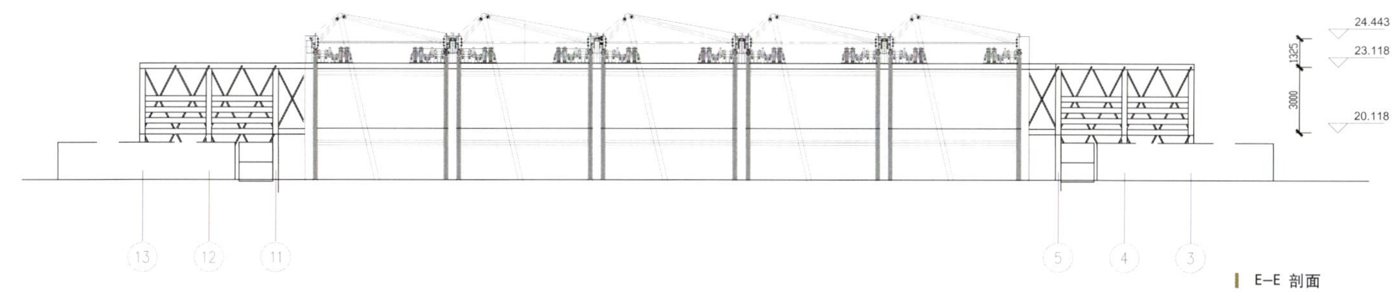

E–E 剖面

舞台大雨棚及钢格构柱局部

深圳北理莫斯科大学校园整体规划及建筑设计

项目设计师：龚维敏 艾志刚 卢暘

设计机构：深圳大学建筑设计研究院有限公司+皮尔帕克（北京）建筑设计咨询有限公司上海分公司 联合体

项目地点：广东省深圳市龙岗区

设计时间：2015年04月

竣工时间：2018年 在建中

建筑面积：291800 m^2

占地面积：333694m^2

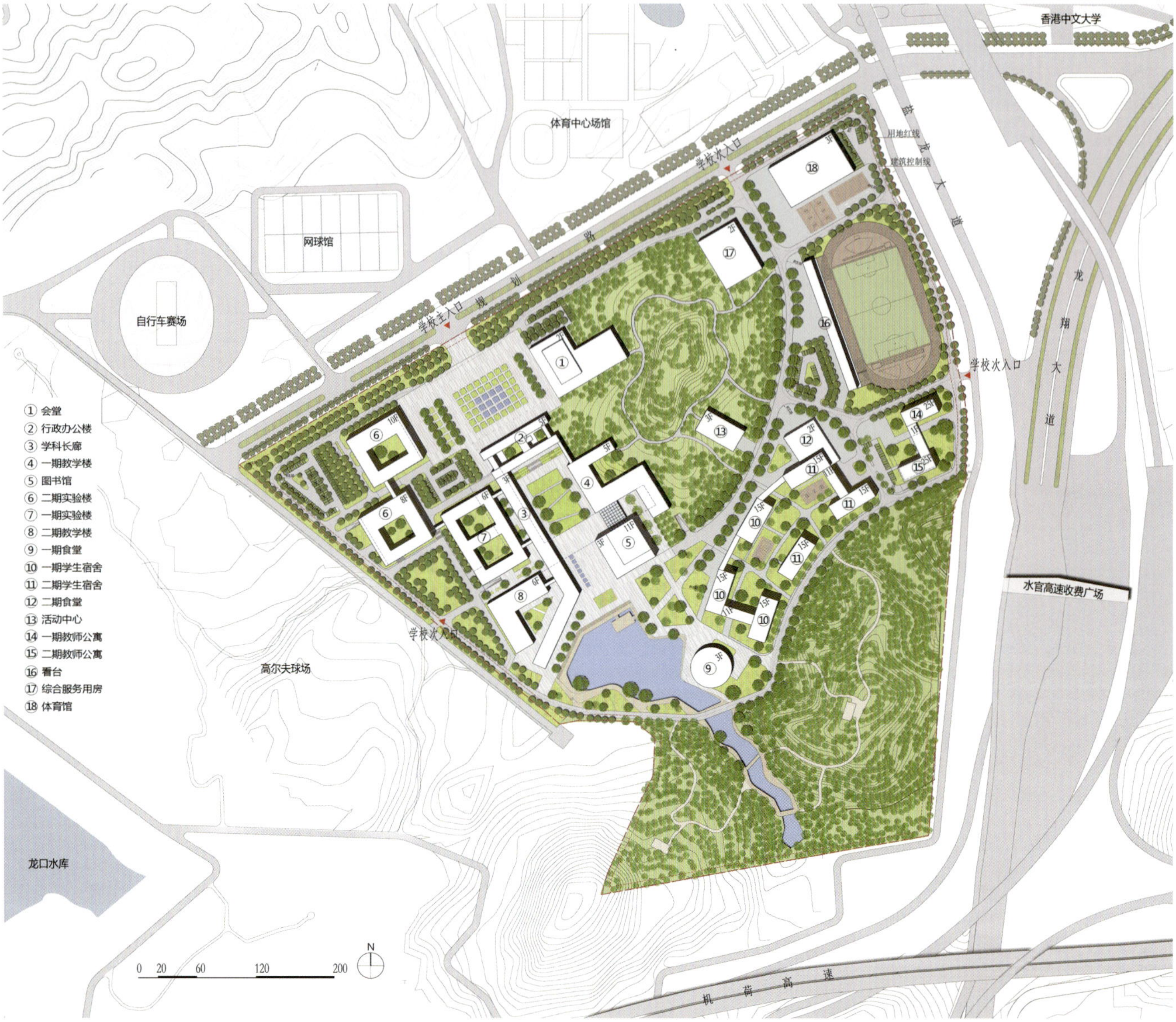

香港中文大学
体育中心场馆
网球馆
自行车赛场
学校次入口
学校主入口
学校次入口
用地红线
建筑控制线
学校次入口
龙翔大道
水官高速收费广场
高尔夫球场
龙口水库
机荷高速
①会堂
②行政办公楼
③学科长廊
④一期教学楼
⑤图书馆
⑥二期实验楼
⑦一期实验楼
⑧二期教学楼
⑨一期食堂
⑩一期学生宿舍
⑪二期学生宿舍
⑫二期食堂
⑬活动中心
⑭一期教师公寓
⑮二期教师公寓
⑯看台
⑰综合服务用房
⑱体育馆
0 20 60 120 200
N

总平面图

秩序与自由

运动区
绿地景观区
教学区
生活区
绿地景观区

规划结构图

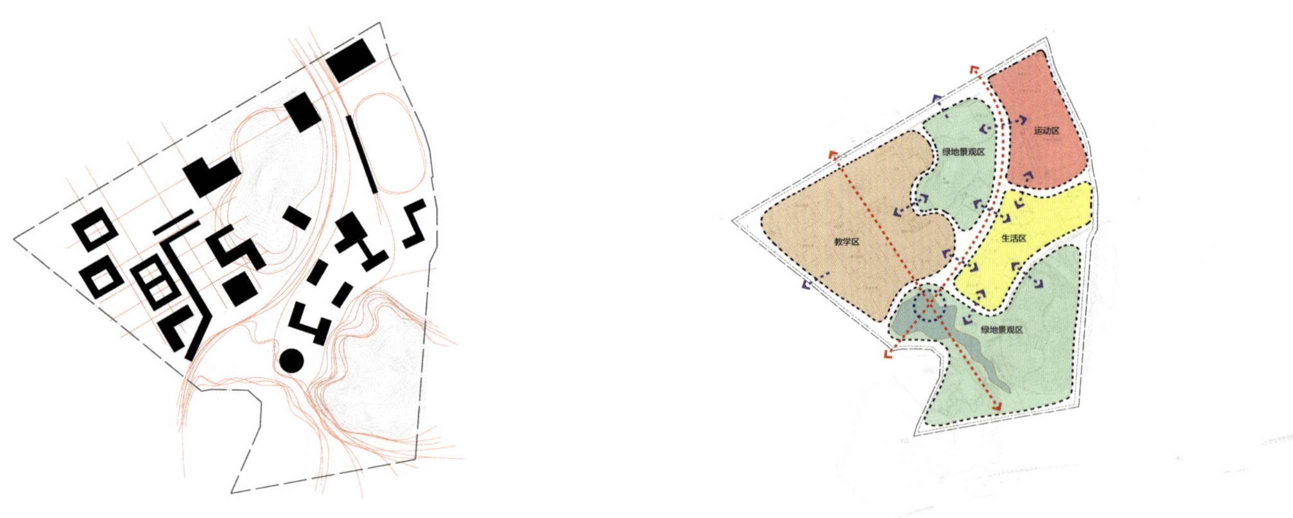

深圳北理莫斯科大学由北京理工大学、莫斯科罗曼诺夫国立大学及深圳市联合组建。校园位于深圳龙岗区。学校规模为5000学生，其中研究生2500人，本科生2500人。校园用地33.37公顷。总建筑面积23万平方米（投标时）。

基地位于龙岗国际大学城西端，周边山丘环绕，西侧为生态保护区，其中有龙口水库、桔子岭水库；北面有神仙岭水库、大运自然山体公园，东有求水岭山景。基地西南部有两处小山丘，基地内地形起伏，植被丰富，中部有山丘，与平坦区域高差约为30米。外围及基地景观条件十分优越。

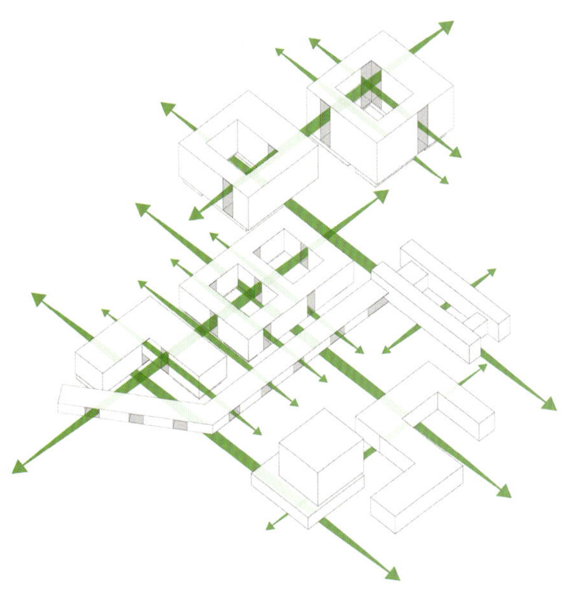

渗透、轴侧分析

设计概念

顺“势”造园

将项目基地及周边自然环境一体化考虑，顺应地形之势、环境景观之“势”形成基本规划布局。充分利用景观资源，结合近处山体及场地低洼处造人工湖，形成“山—湖”校园景区，保留大部分内部山丘地形，在校园中部形成中心绿地公园。在重要的公共建筑（图书馆）的上部楼层及屋顶层设景观平台、景观大厅，远借西、北连续山脉及水库之风景。

疏密有致的建筑布局

校园用地较紧凑，现状山体、自然保护区已占据了相当的用地面积。设计注重把控合适的建筑密度，采用低、多、中高、高层等各种建筑体量，创造出多种尺度的校园空间，流出适量的弹性用地，作为长远发展。

几何秩序契入自然形态

各组建筑群落，以轴线、网格组织构建各场域的秩序，同时又将其契入山丘、水面、树林的自然形态之中，形成有机的整体。

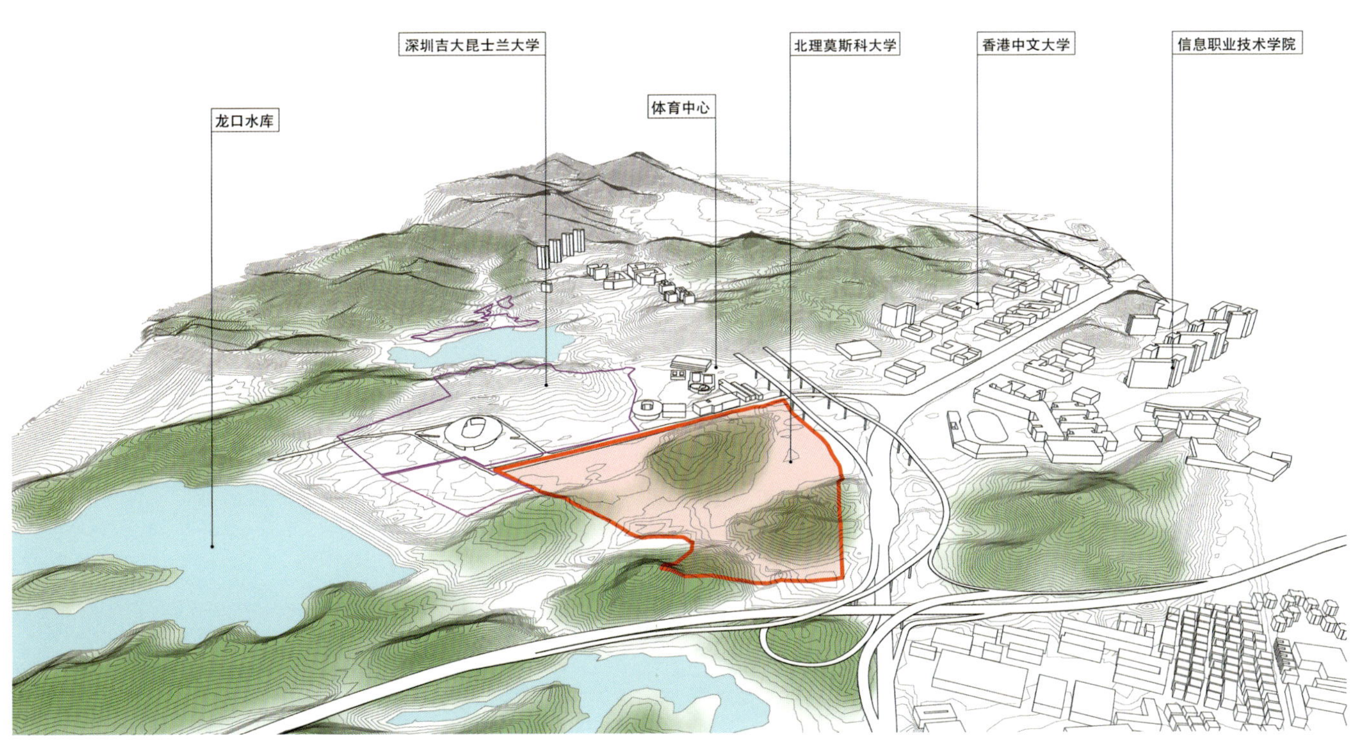

周边环境分析

效果图

营造树木、建筑的一体化环境

树木被当成定义校园空间，塑造环境的主角，与建筑的布局同时考虑。在多数情况下，环境体验第一层次是树木，建筑是第二层次；从树阴进入架空层，再进入建筑空间是设计所要营造的空间体验序列。设计中也有多种以树为主题环境构想，如：凤凰木广场、樟树林阴大道、竹园、榕树广场、荔枝山林等。

空间渗透

建筑群体、单体留有适度的“渗透口”。空间在建筑底层的局部架空空间、上部的“洞口”、群体的间隙中伸展，使得建筑与建筑、建筑与外部环境互为联系，形成具有亚热带地域特征的、层次丰富的空间特色。

营造校园活力

校园是学习、生活的多样活动的发生场，需要互为关联的开放空间系统与之相配合。在这个设计中，沿中心广场至湖岸边，设置了一个“廊式”的建筑——“学科长廊”，其首层为校级公共空间，设置各学科的展厅和交流厅、咖啡厅，二层为各学科的公共办公空间及交流空间，三层为各学院的教师办公室。如此，将师生交

图书馆室内

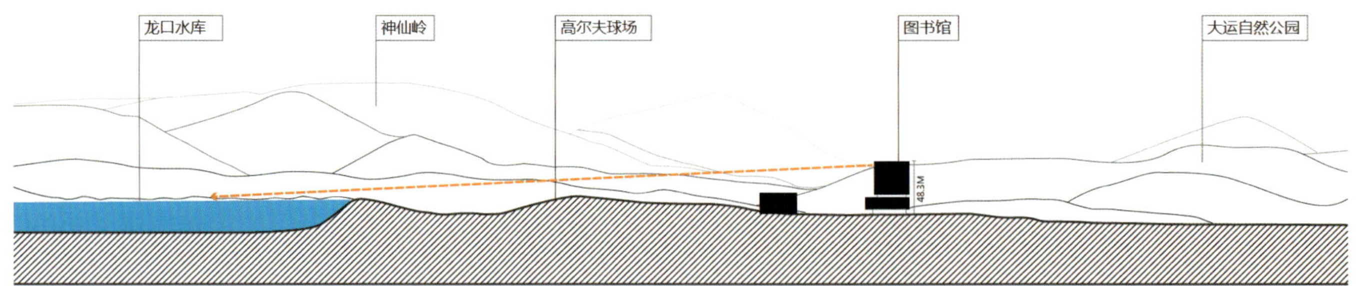

视线分析

流、学科展示，学术交往以开放、互联的状态融入到整体公共空间系统中。图书馆布置在校园中心部位，是全校的信息与精神中心。其四层、顶层为公共观景平台，底层透明大厅及架空空间与相邻的主教学楼架空层，咖啡厅等组成了又一处交流、互动开放空间。生活区、湖岸区、山丘步道小径，各建筑的内庭院，中心广场、会堂前广场等均注重其活动性并营造出各具特色的场所品质。

构建校园建筑的文化气质

以通透、现代、纯粹的几何体量和图形语汇，体现国际大学及亚热带地域的基本精神气质。

在现代风格基调中，加入俄罗斯的典型图案及色彩。所选的俄罗斯图案有俄罗斯国花向日葵、俄国传统编织纹、俄国传统木瓦纹等。白、金色彩搭配有俄罗斯的传统意味，校园中心区的主要公共空间的顶棚均采用金色图案金属板，与白色的建筑立面相配，形成自身的风格特色。

艺之卉创意厂区

项目设计师：龚维敏 卢暘 盛照鑫 姚潮锋 曾艳 黎秋雷 梁茵 赵影 肖晓腾

设计机构：深圳大学建筑设计研究院有限公司

项目地点：广东省深圳市宝安县

设计时间：2007年01月

竣工时间：2013年10月

建筑面积：47958 m^2

占地面积：15475 m^2

剖面模型

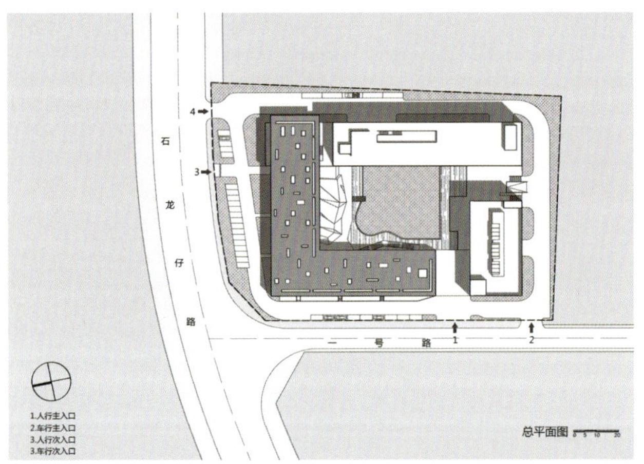
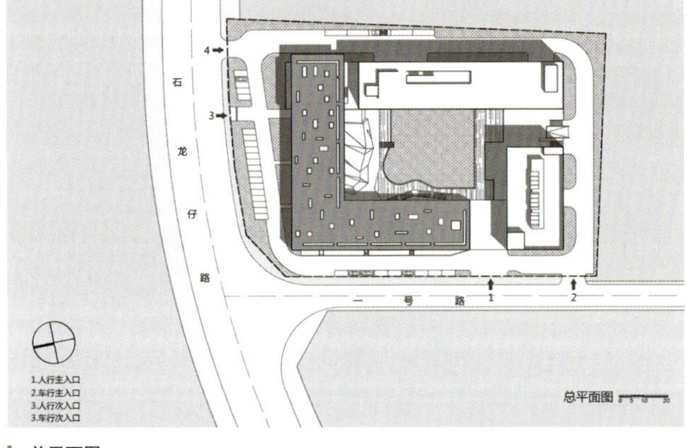

总平面图

A-A 剖面图

B-B 剖面图

剖面图

1.展销大厅
2.仓库
3.厨房
4.门厅
5.主入口
6.卸货平台

首层平面图

一层平面图

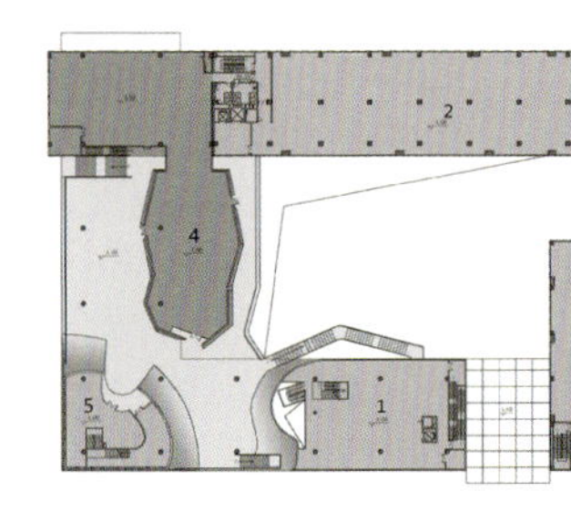

1.创意工作室
2.通用厂房
3.办公
4.多功能厅
5.休息间

二层平面图

二层平面图

"山包"空间内部

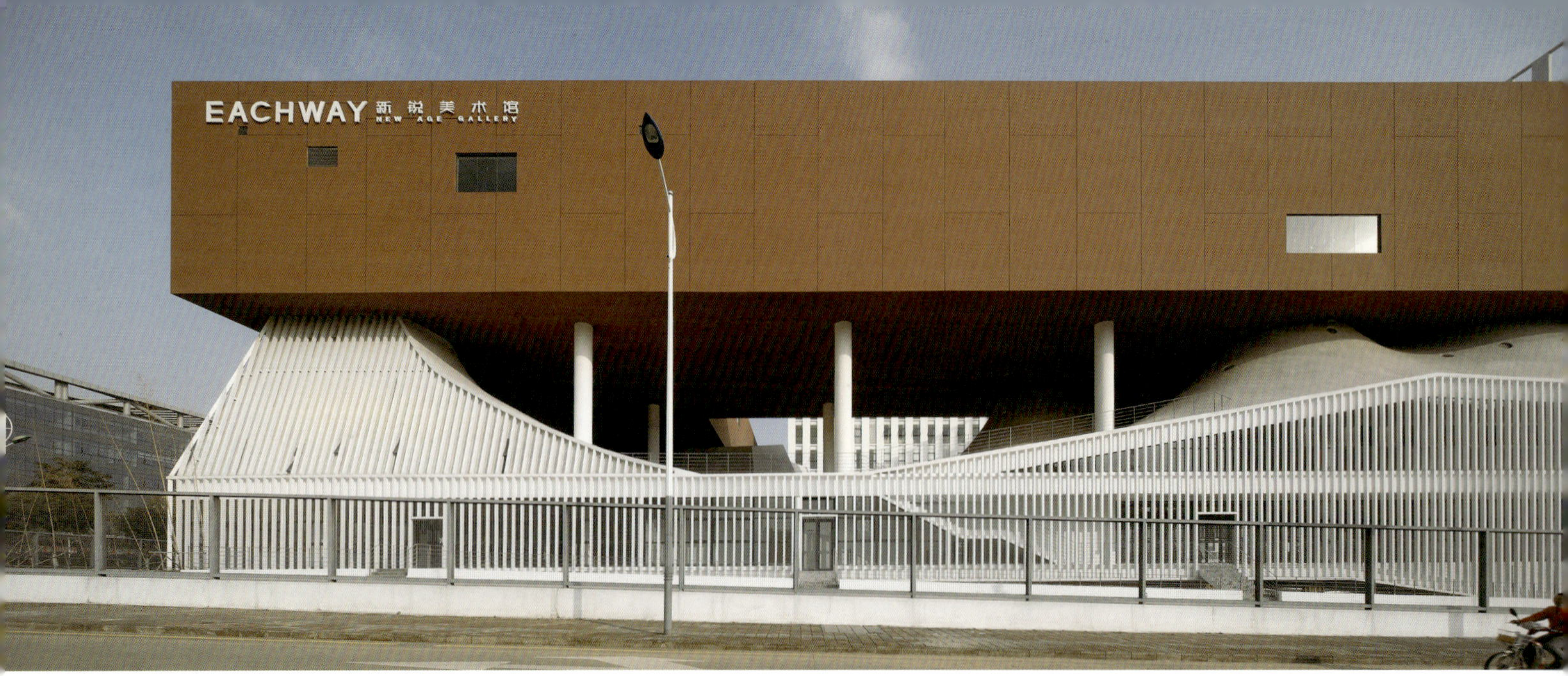
EACHWAY 新锐美术馆
NEW AGE GALLERY

外观

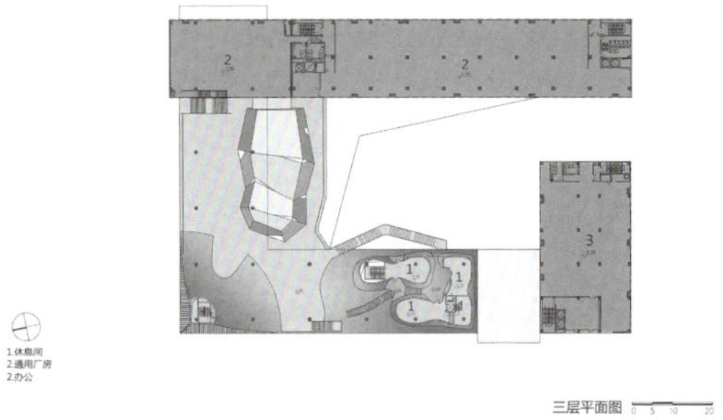
1.休息间
2.通用厂房
2.办公
三层平面图 0 5 10 20

三层平面图

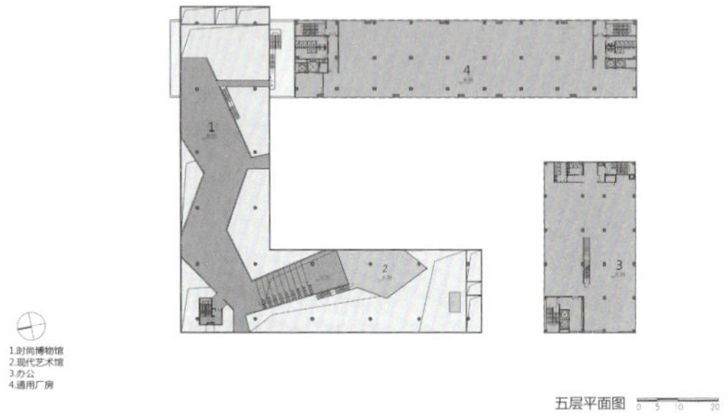
1.时尚博物馆
2.现代艺术馆
3.办公
4.通用厂房
五层平面图 0 5 10 20

五层平面图

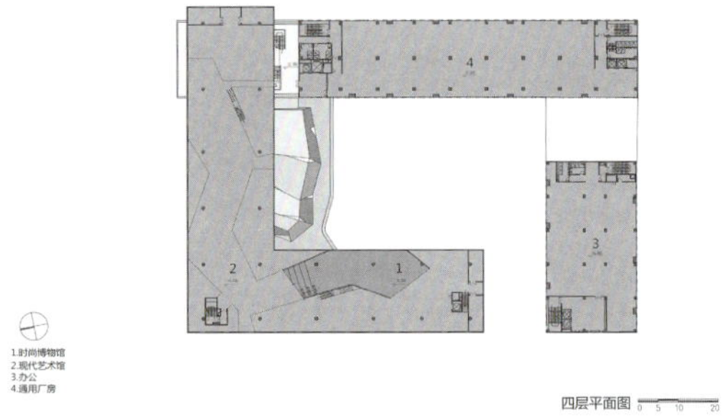
1.时尚博物馆
2.现代艺术馆
3.办公
4.通用厂房
四层平面图 0 5 10 20

四层平面图

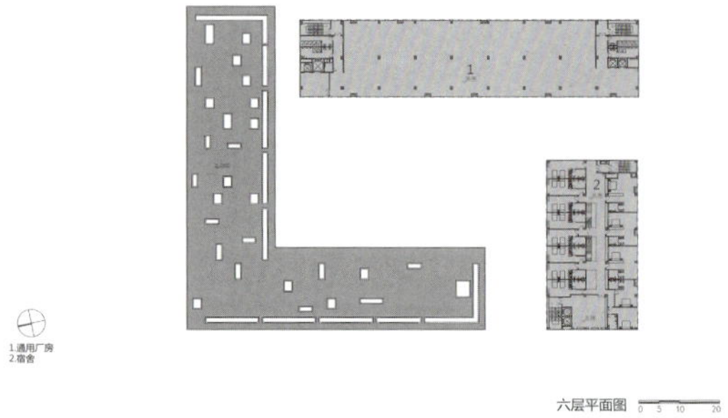
1.通用厂房
2.宿舍
六层平面图 0 5 10 20

六层平面图

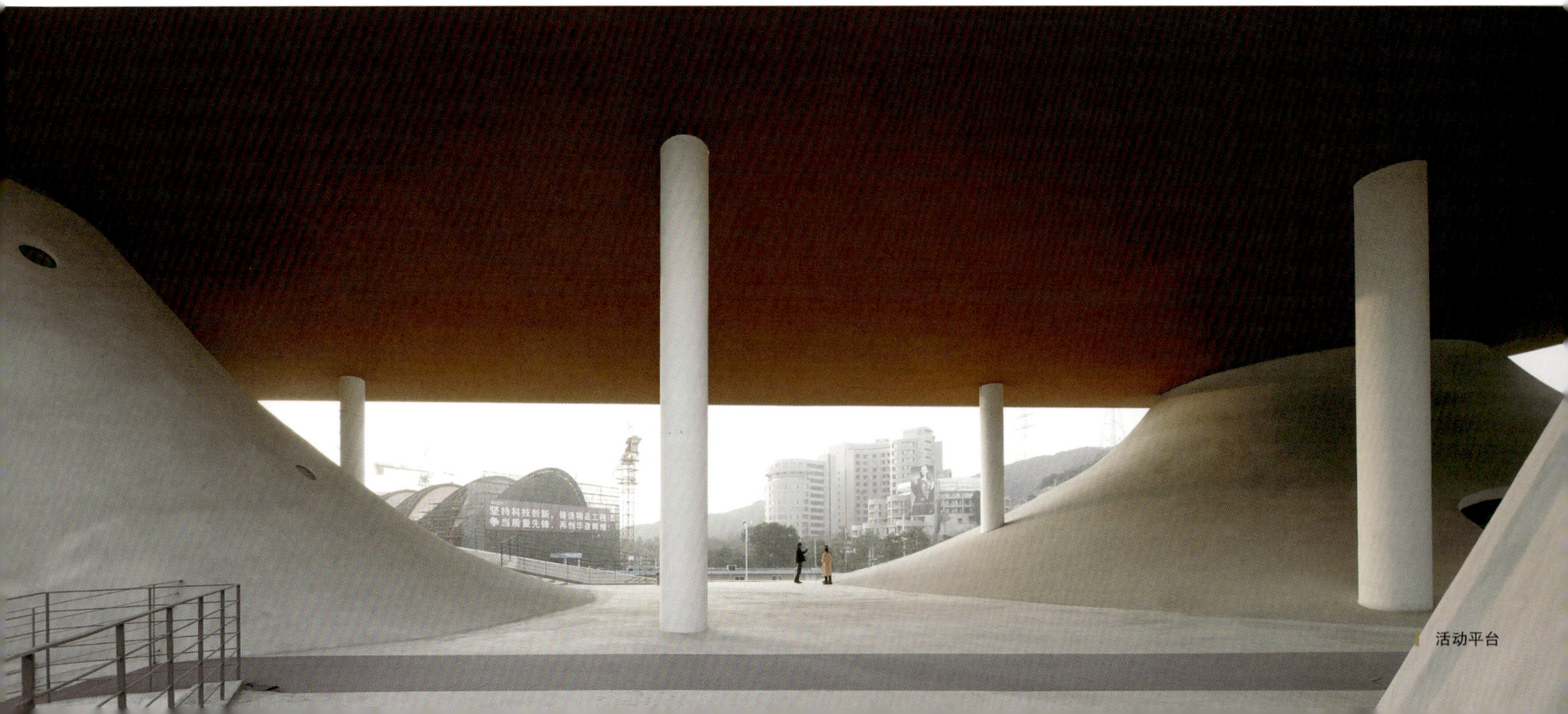

活动平台

艺之卉创意产业园方案设计曾在《中国建筑艺术年鉴》2009年刊登。在实施过程中建筑规模有较大变化（增加了二万平方米，建筑由多层改为高层），设计也有了较大的调整，结构体系及材料均有变化（局部钢桁架结构改为钢筋砼框架）。但是主要的设计想法仍然在实施过程中得到了体现。

艺术气质及经济性是甲方对这个项目的基本诉求。设计追求具有艺术性和时尚感的场所精神，将静谧冥想与自由浪漫，围合内省与开放敞亮，经典品味与时尚情趣等品质加以融合，营造富有艺术与创意感的场所氛围。建筑中包含有多处室外、半室外空间：有带水池的内院，与多功能厅、咖啡厅相呼应的二层开敞架空平台、综合楼的空中架空平台、屋顶花园等。室内外空间互为对应配置，以容纳多样的活动，包括时装走秀、户外展览等。设计注重营造多样的场所氛围，强调了空间漫步（Space Promenade）的想法，创造出连续、变化的空间序列：从入口处，上至平台层（二层），再沿着起伏的"山形"屋面，"攀升"至空中的展览空间是一个连续上升的过程，伴随着这个过程，多重空间画面交织呈现，时尚与艺术获到了仪式性的表达。

设计者利用手工模型与三维数字技术相结合方式来研究、设计建筑中的"异形"体量，用普通技术（钢筋混凝土格构梁板）建造了不规则的建筑形态，有效地控制了工程造价（每平米1800元）。

长廊

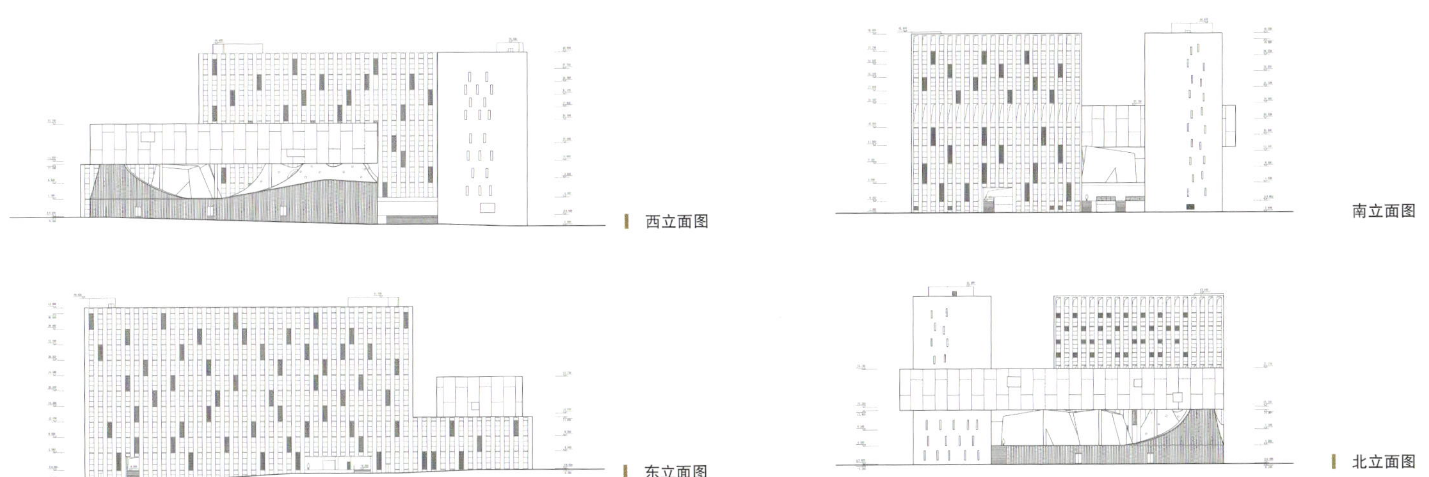

西立面图

南立面图

东立面图

北立面图

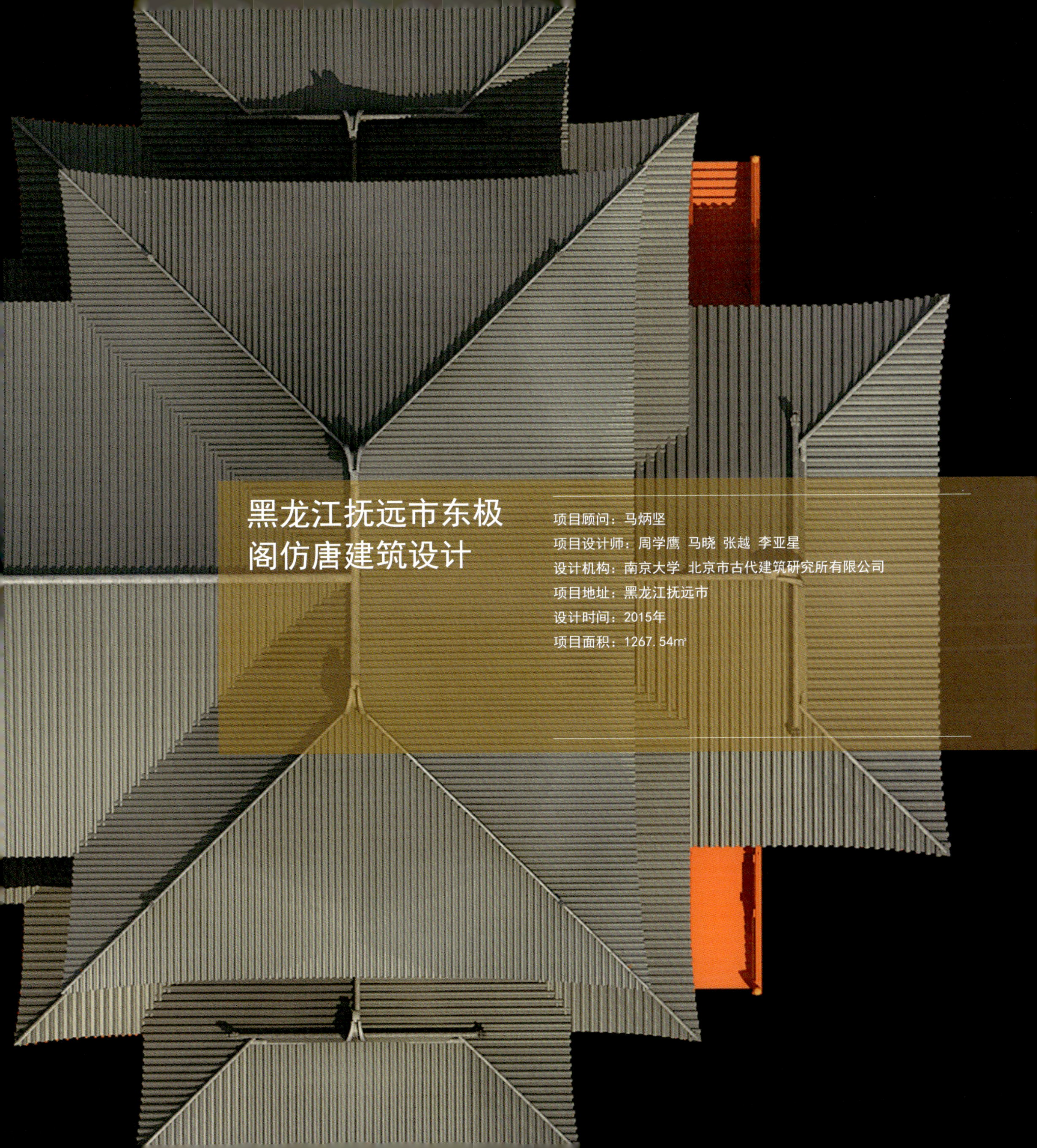

黑龙江抚远市东极阁仿唐建筑设计

项目顾问：马炳坚

项目设计师：周学鹰 马晓 张越 李亚星

设计机构：南京大学 北京市古代建筑研究所有限公司

项目地址：黑龙江抚远市

设计时间：2015年

项目面积：1267.54m²

抚远，旧称绥远，黑龙江与乌苏里江交汇之地，华夏第一缕阳光升起的地方。唐代时，属我国地方政权渤海国辖境。

东极阁仿唐建筑，既有时代性，更有地域性。依据考古资料、历史典籍与现存我国境内、朝鲜半岛、日本境内等唐代建筑实物、遗址等，深入探究而得，由南京大学历史学院、北京市古代建筑研究所有限公司合作完成。

目前，东极阁已开始施工。建成后的东极阁，位于抚远市的背山——南山公园之巅，总体设计构思就是东极阁犹如高昂的龙头（盘山路似龙身），伫立在伟大祖国的最东方，祈愿中华巨龙腾飞，体现国之东、运之极——国运东极，中华国运昌明的愿景。

南山是缓坡的丘陵，海拔最高处262.9米，黑龙江岸线最低海拔约39.1米，两者相对高差约223.8米。因此，作为背景的南山，相对于抚远市的高度并非十分巨大。但是，南山是坡度相当平缓的"金山"，其西南-东北走向的山体，形胜尤其舒缓、壮美（图1）。由此，拟建仿唐东极阁建筑就不能够竖向发展，而必须横向展开，因地制宜，如此人工建筑与自然环境方可相得益彰。

我国古典建筑理论研究表明，自然环境与古代建筑高度两者之间以十分之一左右之关系为切合。从现场山顶电视塔高度、管理用房的体量、规模大小，探究拟建仿古建筑的可能体量，探讨山形与拟建楼阁建筑配合的最佳效果而言，拟建仿古建筑的面阔应控制在50米、高度应在20米左右为宜。此为拟建仿唐楼阁建筑形体构思、控制的坚实依据。

与此同时，为保证楼阁建筑的四面观瞻，均有丰满的形体效果；东北向面朝黑龙江、乌苏里江交汇处的龙头，未来必然是众多游人每天迎接第一缕阳光的朝圣之处，也需要一定的观赏面积。因此，设计仿唐楼阁建筑平面为"T"字形。

总建筑面积：不包括平坐暗层，1267.54平方米，其中，一层811.9平方米；二层455.64平方米。计入平坐暗层的325.97平方米，总面积为1593.51平方米。楼阁通高17.878米（含台基，至屋顶正脊），台基正中间高1.20米、楼阁边沿为2.20米。

东极阁鸟瞰图（常景）

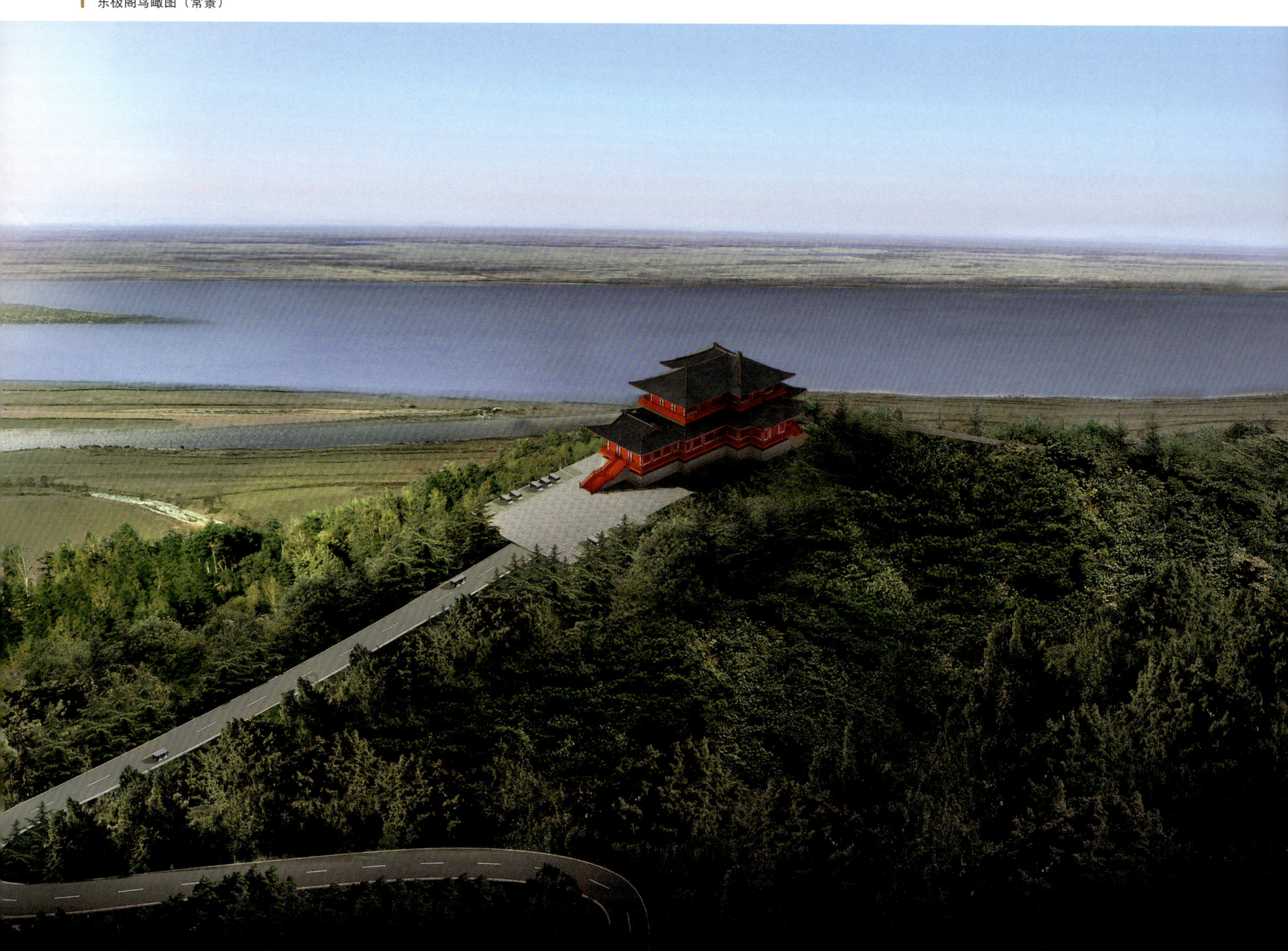

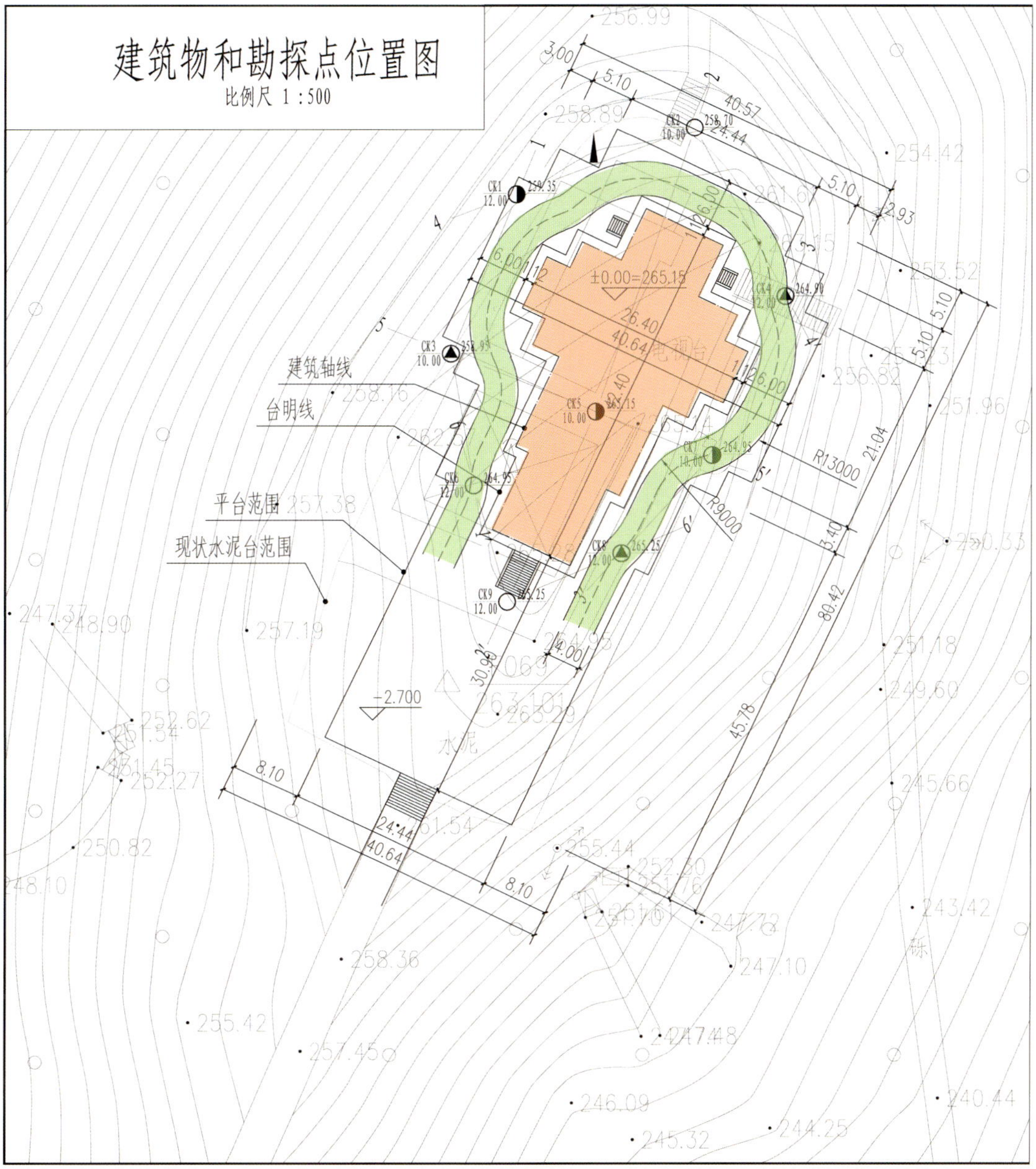

建筑物和勘探点位置图

比例尺 1:500

建筑轴线

台明线

平台范围

现状水泥台范围

±0.00=265.15

东极阁总平面图（放线图、消防车道与楼阁关系）

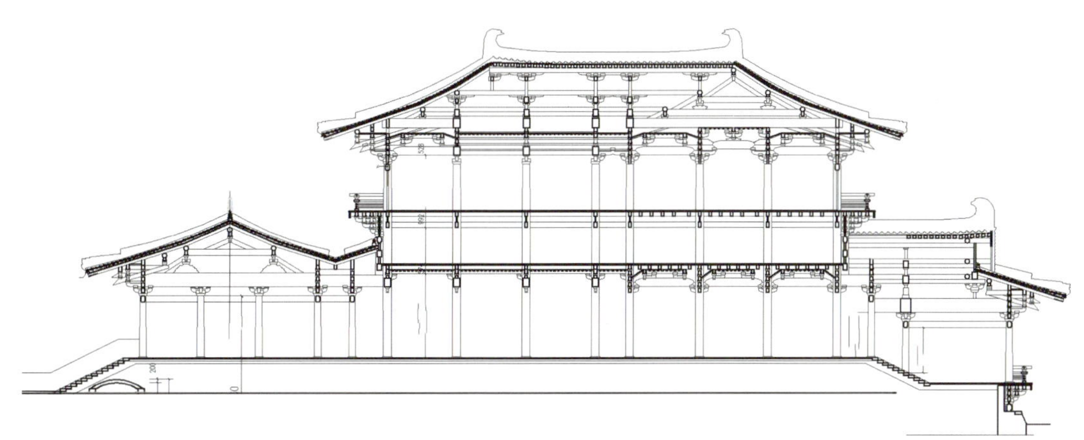

东极阁纵剖面图

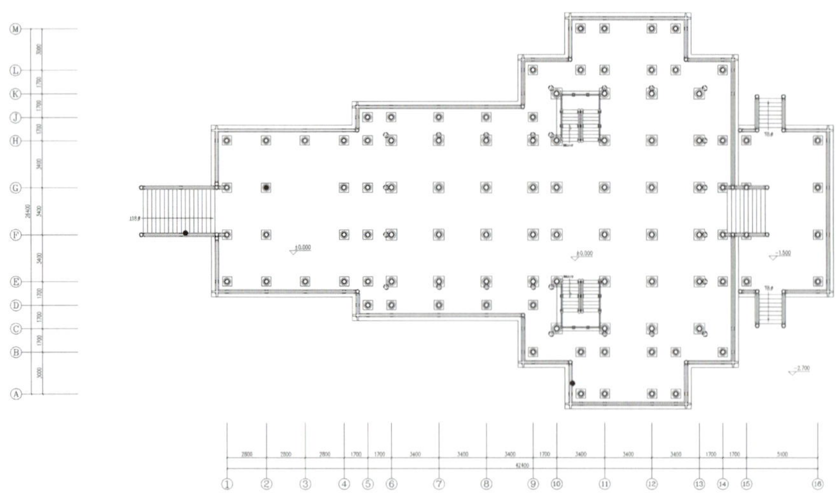

东极阁一层平面图

从黑龙江上看抚远市南山，山顶为原电视塔及其配套三层办公用房

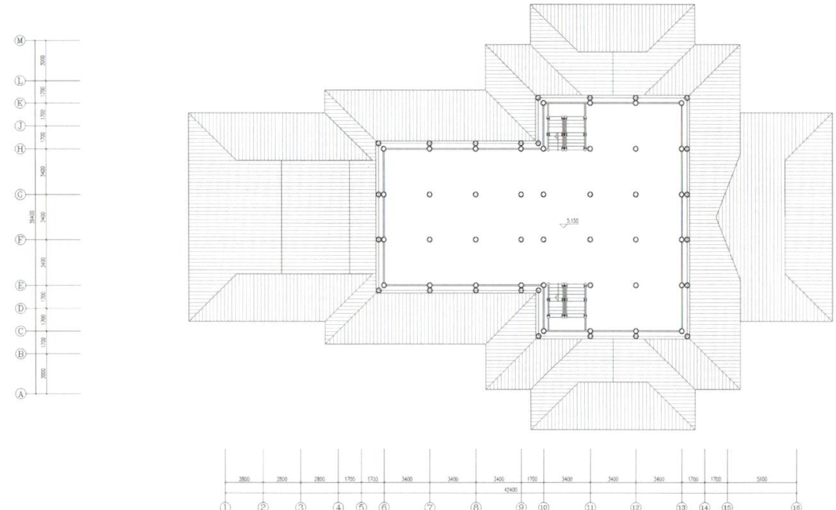

东极阁平坐暗层平面图

东极阁入口立面图（西南）

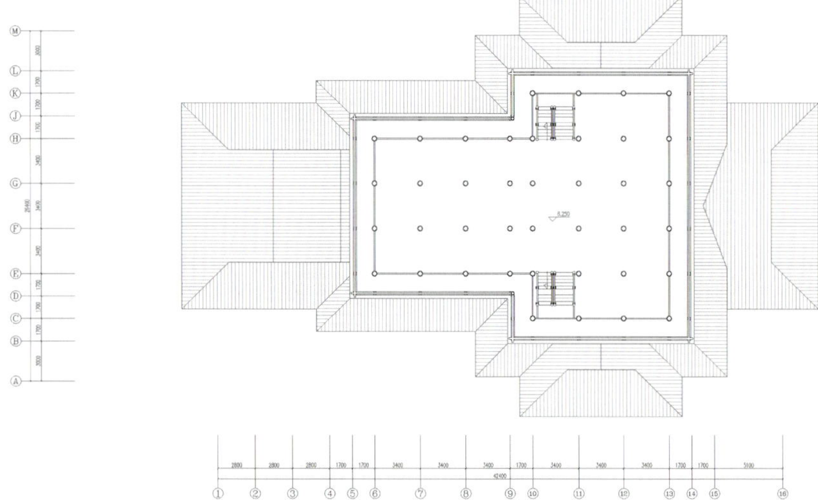

东极阁二层平面图

东极阁入口效果图

东极阁鸟瞰图局部（雪景）

东极阁侧立面图（东南）

东极阁龙头部位立面图（东北）

山东省美术馆

项目设计师：李立 王文胜 周峻 马溪茵 汪一宁 高山 王腾

设计机构：同济大学建筑设计研究院（集团）有限公司

项目地址：山东省济南市

设计时间：2011年11月

建筑面积：52138m^2

占地面积：20700m^2

完成时间：2015年

项目摄影：姚力

建筑外景

多向的空间视廊

中央大厅仰视

主入口局部

总体设计立足于城市空间整合的理念，对周边城市环境做出积极响应。建筑设计植根于特定的场地条件和山东深厚的历史人文内涵，建筑布局合理回应功能要求，依据大型美术馆的复杂功能要求完善功能配置，尤其是代表大型美术馆特点的货运设施、流线安排、备展空间以及照明设施的设计周详。建筑形体呈现为正在渐变中的形态——具有山型特征的建筑形体逐渐过渡到方整规则的状态。室内设计是建筑概念的延续，以“山”为主题的中央大厅和以“城”为主题的二层大厅相互交融、对比统一。内部空间设计以视线分析为基础，空间界面层叠错落展开。自然采光与空间布局紧密结合，打造出理想的现、当代艺术展示空间。

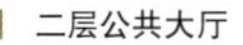
二层公共大厅

二层大厅天窗

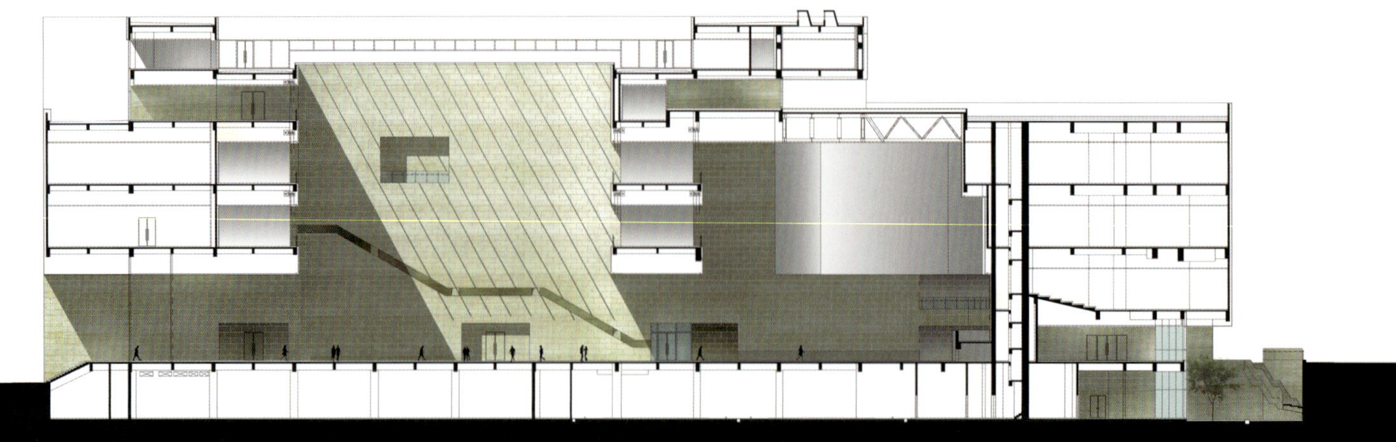

山美剖面

山东省美术馆规模宏大，属于特大型博览建筑，也是我国新建的规模最大的现代美术馆。建筑设计先后荣获“2015年全国优秀工程勘察设计行业奖一等奖”“2015年教育部优秀工程设计一等奖”“第五届上海市建筑学会建筑创作奖”优秀奖。

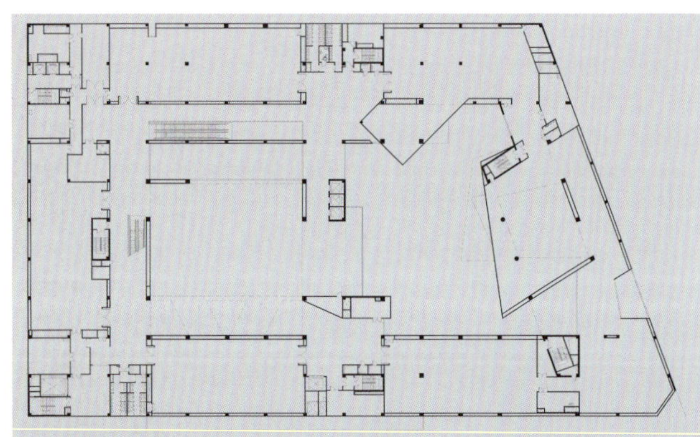

中央大厅仰视

阶梯教室

南立面外观

通道

东立面局部

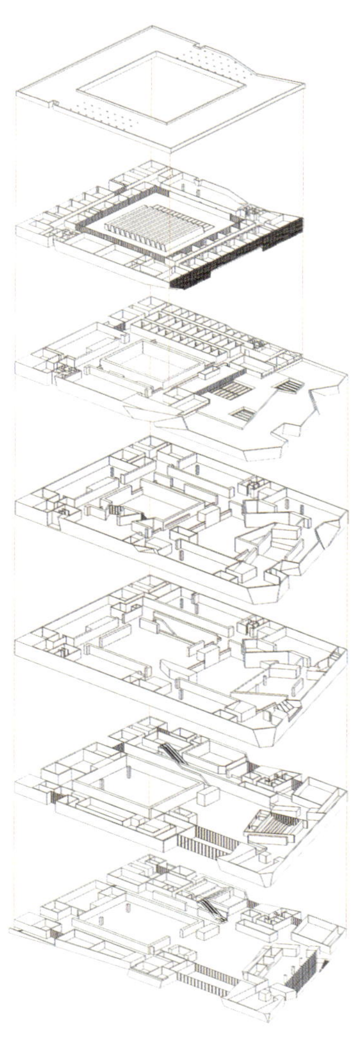

平面轴测

主入口

鸟巢文化中心

项目设计师：李兴钢 张玉婷 谭泽阳 唐勇

设计机构：同济大学建筑设计研究院（集团）有限公司

项目地址：北京市朝阳区

设计时间：2012年11月-2014年05月

竣工时间：2015年04月

项目面积：27,123㎡

项目摄影：孙海霆

总平面整理

鸟巢文化中心是一个在保护奥运遗产的前提下，对原有体育场局部空间的的改造项目。由外部的下沉庭院及入口引道和内部的零层及地下一层多功能空间组成，可举办展览、会议、讲坛、表演、产品发布、大型宴饮等多种不同规模和主题的公共或商业活动，可根据不同功能需求划分大小空间。

新的设计引入了一个黄金分割比矩形格网体系，叠加在原有“鸟巢”的结构主导轴网之上，并将此格网进一步扩展为黄金分割分形模数控制下的矩形板块系统，同时作用于平面和立面，从而以此为基础，建立起一套新的语汇系统，将室内外空间元素（墙、地、顶）一体化处理，并保留和强化原建筑极具表现力的结构构件，生成与“鸟巢”形象空间相协调又并置和凸显自身特征的室内、空间和景观环境。

在下沉庭院起造抽象的山景水景，竖向层叠的“片岩”假山和水平拼合的水面、池岸、浮桥、平台、亭榭均由模数控制的清水混凝土单元板块堆叠成形，与爬藤、花草、树木相结合，营造出兼具古意和当代感的山水园林。在同样的模数控制下，水平片状单元再继续向零层大厅室内蔓延，形成连接零层及地下一层标高的叠落状混凝土台地，大厅兼具展示和观演功能。

室内外材料选择力求与“鸟巢”原有建筑空间气质相呼应，以本色为主。

空间的视廊

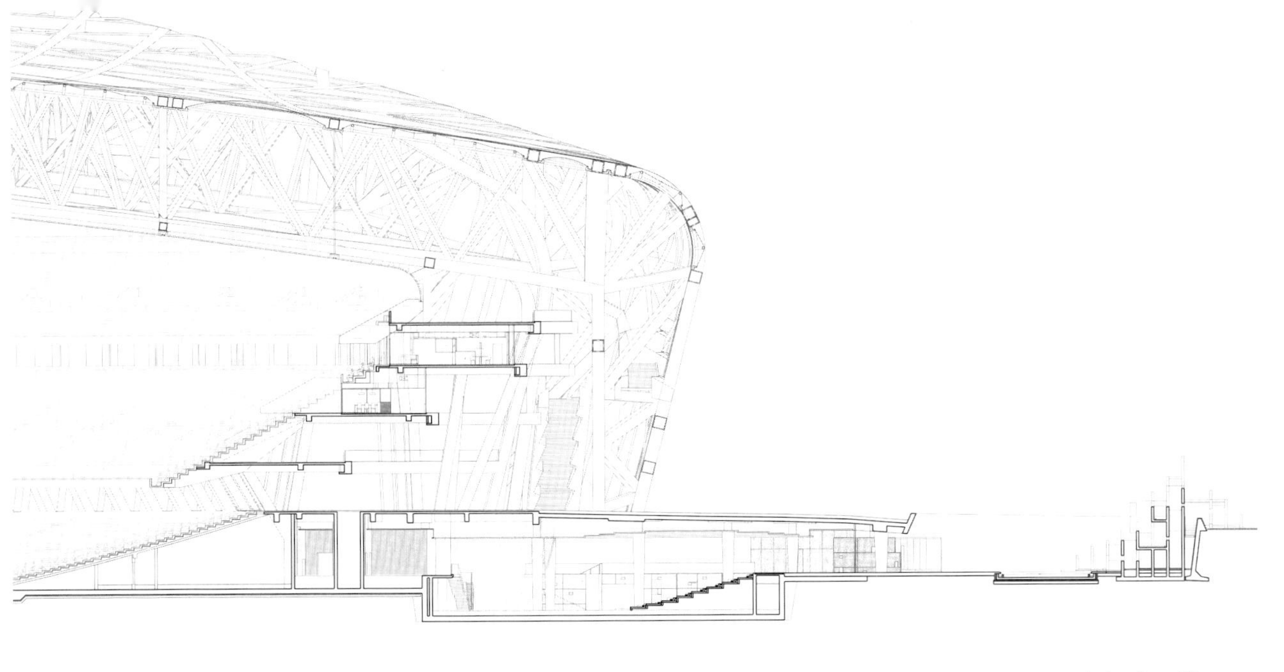

空间的视廊

-00层平面图

-00层平面图

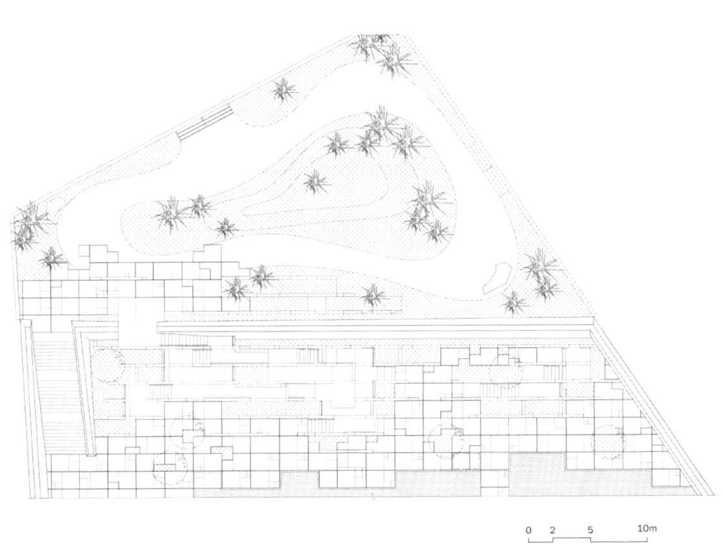

空间的视廊

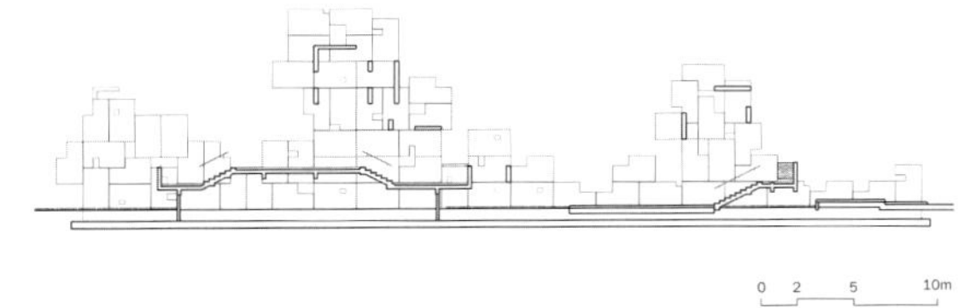

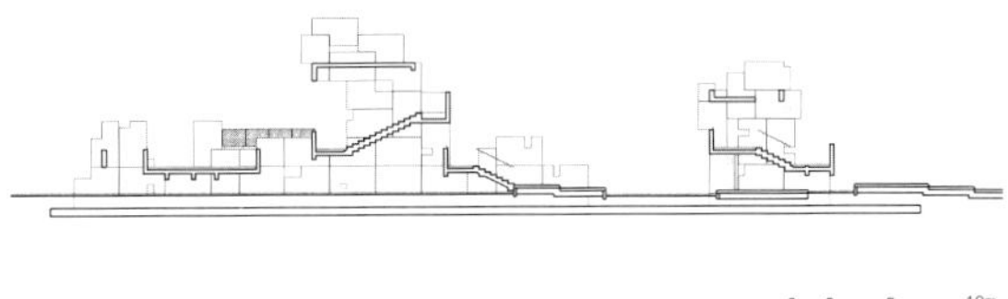

景观庭院剖面图

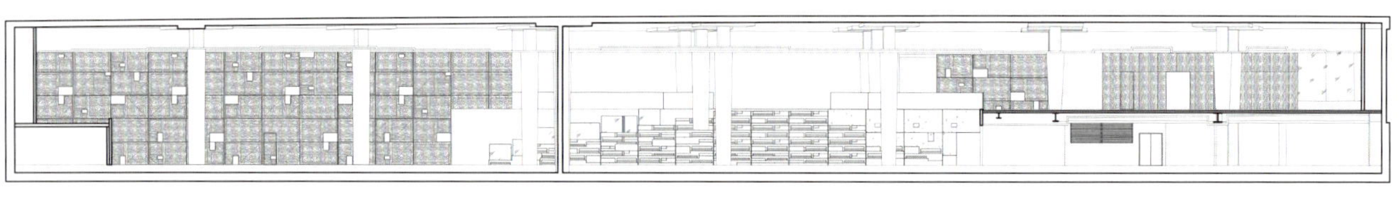

0 2 5 10m

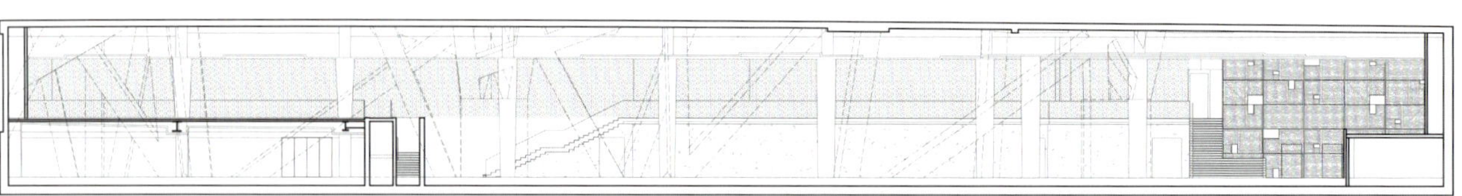

中航国际

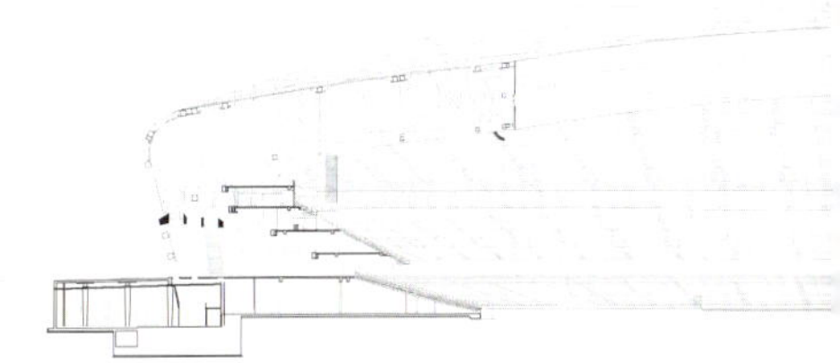

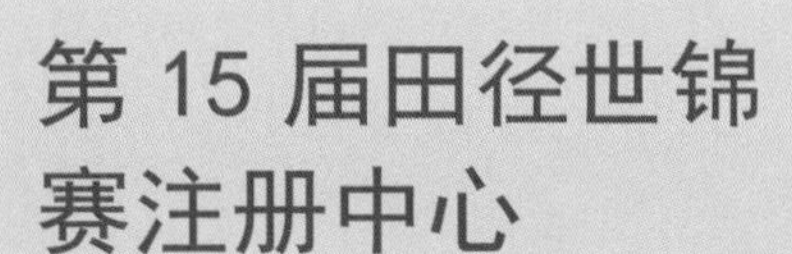

第 15 届田径世锦赛注册中心

项目设计师：李兴钢 谭泽阳 张司腾

设计机构：中国建筑设计院有限公司李兴钢建筑工作室

项目地址：北京市朝阳区

施工单位：中国建筑第七工程局有限公司

设计时间：2015年03月

项目面积：1, 417m²

完成时间：2015年08月

项目摄影：孙海霆

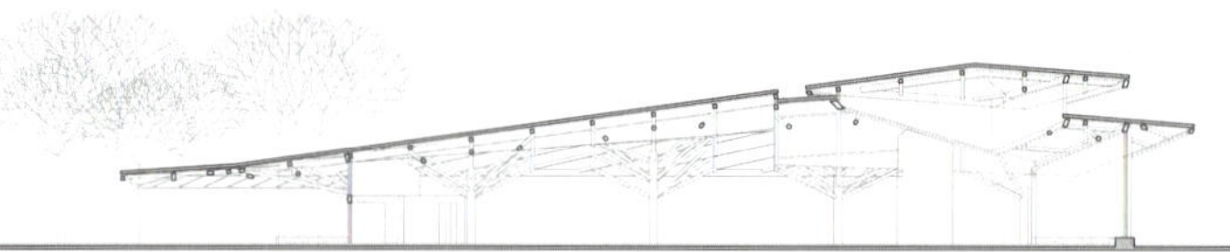

剖面图1-1-1

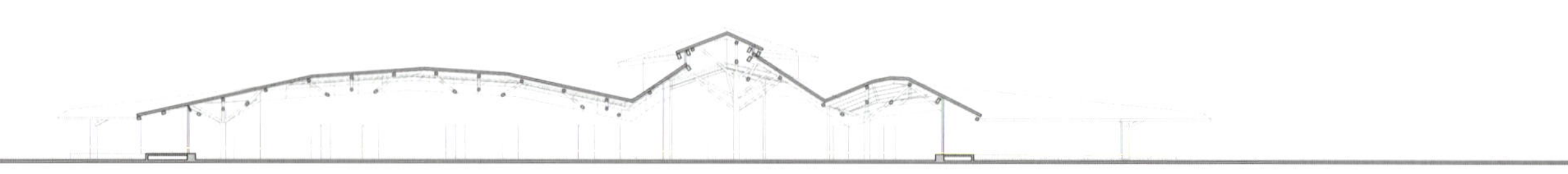

剖面图2-2-1

西南鸟瞰图

一层平面图

室内

檐廊

东立面图

南立面图

西立面图

北立面图

项目为2015年世界田径锦标赛的主注册中心，承担包括组委会人员、志愿者、媒体及转播商等人员的世锦赛50%以上的注册制证任务，并设置部分世锦赛配套办公用房，赛后按商业办公功能预留。共一层，位于国际体育场既“鸟巢”室外热身场北侧。

从设计到项目建成使用仅有三个月的时间，因此确定主体为钢结构来满足快速施工的要求。为满足面积要求及高度限制，在基地内道路及停车区域之外，建筑尽量平展占满基地。为保留原有的从主路望向国家体育场的视野，建筑整体北低南高，东西两面的檐口压低形成接近人尺度的檐廊，整个建筑低调地匍匐在国家体育场北部。为了能同时适应赛时的大量人流以及赛后的商业运营，室内为大空间，设置高窗满足中间部分的采光要求，南部屋面突起的亭子形成朝向国家体育场的景观视野，并为将来设置局部夹层预留了条件。构以8m的柱网为基本尺度，局部变化迎合建筑轮廓的变化，屋顶采用2.6m的正交网格体系减小屋面的跨度，下部结构柱并不直接接触屋面，而是通过斜向支撑承担屋面的重量。斜撑链接屋面的网格体系的交点与柱子，由于斜撑在柱子处的交点需保证一定的构造尺寸，因此每根柱子上的斜撑分布在两个不同标高处。玻璃幕墙以外室外部分的屋面改变了结构构件的方向，形成连续的檐下空间。

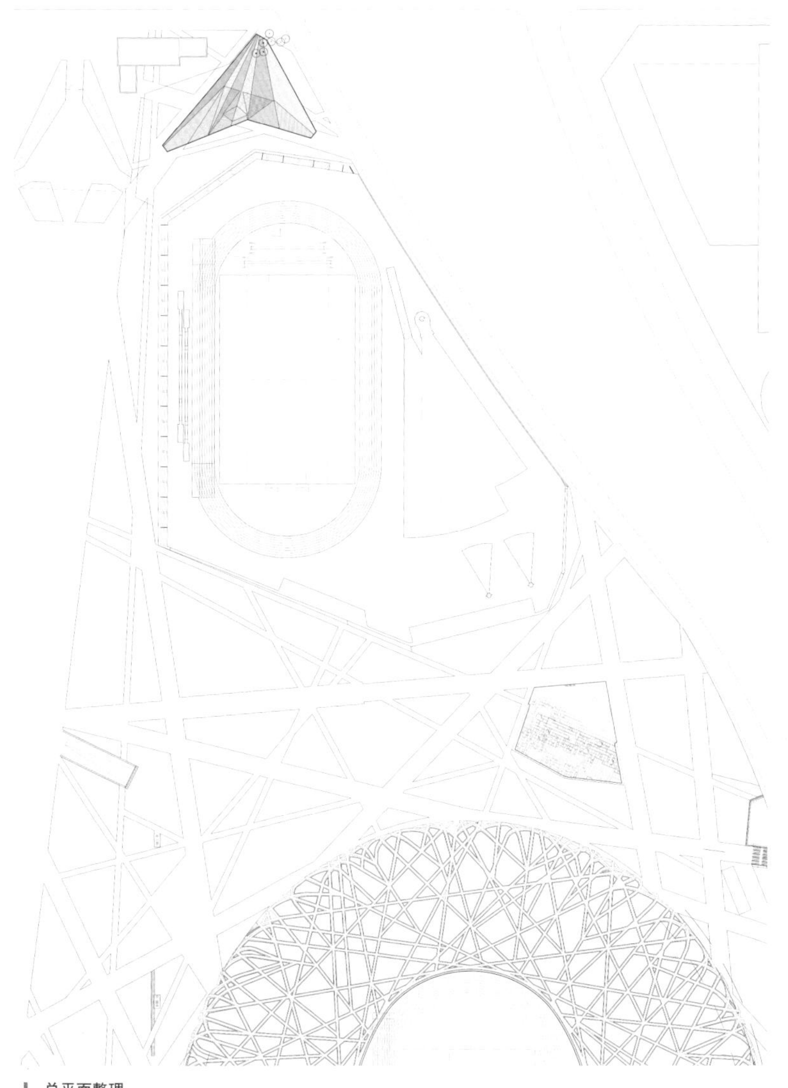

总平面整理

瞬时桃花源

项目设计师：李兴钢 张玉婷 姜汶林 杨悦 潘幼建 王斌鹏 崔傲寒
设计机构：中国建筑设计院有限公司 李兴钢建筑工作室
项目地址：南京
施工单位：中国建筑第七工程局有限公司
设计时间：2015年07月
施工时间：2015年07月
项目面积：50000m²
完成时间：2015年

总体轴测

南京，变迁中的老城南一隅。经由喧闹的集庆路，转至鸣羊街，依次经过胡家花园、古瓦官寺和一片未经使用的仿古建筑，周围越来越多城南民宅的残垣断壁，脚下的羊肠小路也开始变得杂草丛生。伴随着犬吠虫鸣，城市的喧嚣渐渐滤绝于耳，曲折尽致中，一个转身——人们来到一片“桃花源”。

四组建筑——“台阁”“树亭”“墙廊”和“山塔”结合场地中的台地、孤树、水池、废弃厂房、城墙以及大片的荒草麦田而建，依次呈现于眼前，使人们达到一种静谧之境——与纷乱的城市现状对话，与场地尘封的历史对话。

基于脚手架快速施工及拆除的可能性，通过不同的连接方式形成阁、亭、廊、塔等传统建筑“类型”的结构和空间骨架；而市井常见的遮阳网布又赋予必要的覆盖和围护，形成与坡屋顶形式的似是而非的对话。脚手架与人的尺度关联以及遮阳网布特有的半透明视觉特性，则赋予这组建筑与体验者之间密切生动而微妙的身体关联。

建筑师希望借由这两种人们最为不屑一顾的粗鄙而临时性的建造材料，超越其材料物性和通常市井“美”的限制， 营造出一种场地的、内在的诗意。

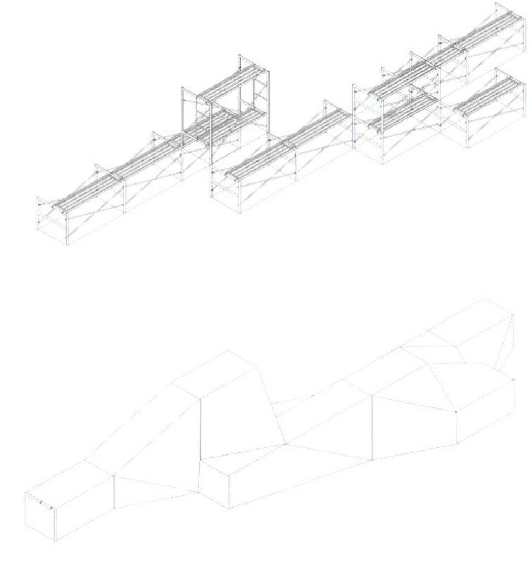

石

墙廊与城墙

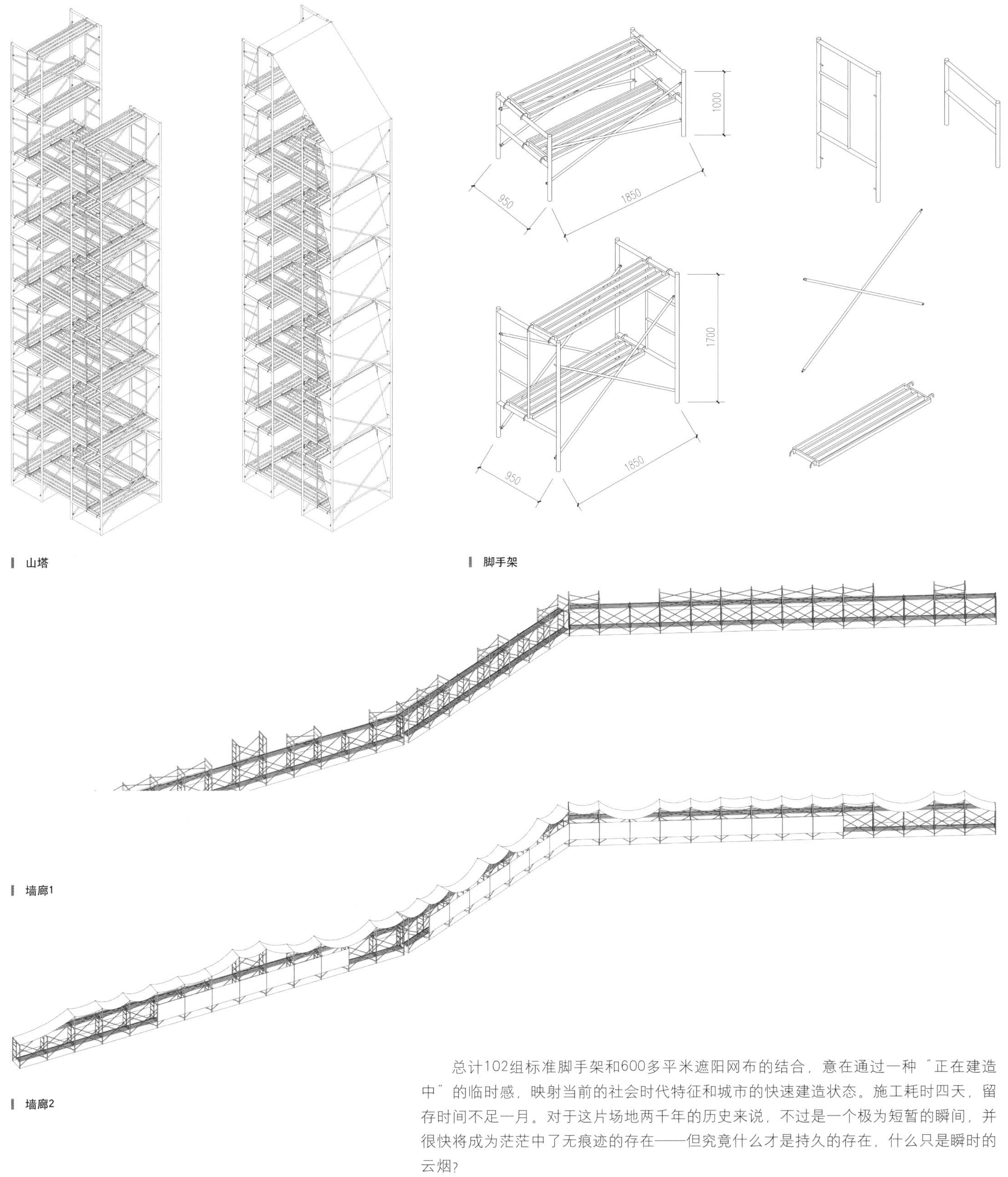

山塔

脚手架

墙廊1

墙廊2

总计102组标准脚手架和600多平米遮阳网布的结合，意在通过一种“正在建造中”的临时感，映射当前的社会时代特征和城市的快速建造状态。施工耗时四天，留存时间不足一月。对于这片场地两千年的历史来说，不过是一个极为短暂的瞬间，并很快将成为茫茫中了无痕迹的存在——但究竟什么才是持久的存在，什么只是瞬时的云烟？

“瞬时桃花源”这一项目作为李兴钢工作室此前“胜景几何”之延续性思考的一个在地实验，是一种对“空间诗意”的探寻，一种对“房-山”这一山水画式的设计语言的尝试，以及一种基于身体尺度的“新模度”系统之可能性的思考。

在南京古老城墙的见证下，这既是一个瞬时存在的桃花源，也是一种时代和生活的再建、再现和再见。

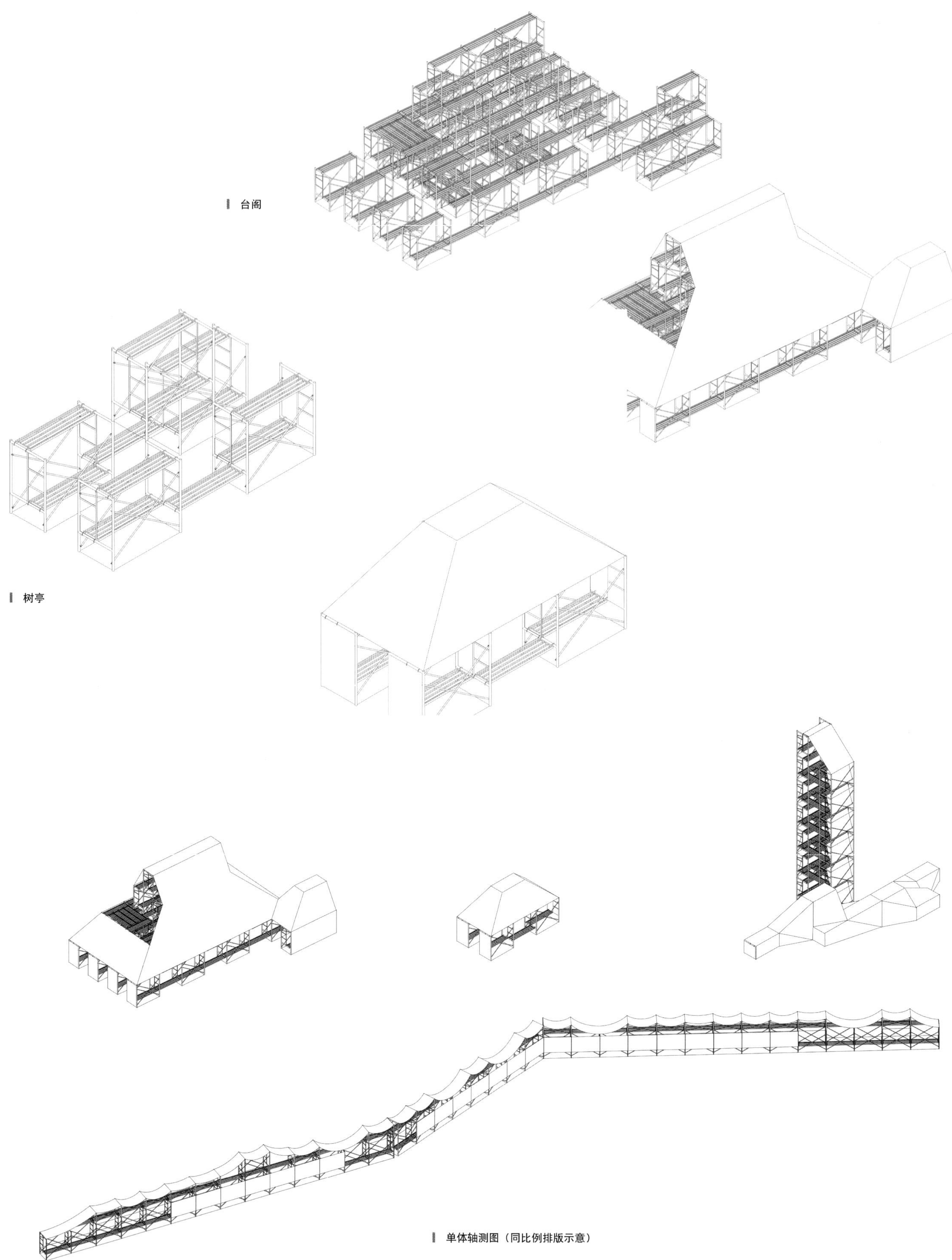

单体轴测图（同比例排版示意）

树亭观景

穿过台阁望向远处城墙

吴淞口国际邮轮客运中心

项目设计师：王富臣

设计机构：中外建建筑设计有限公司（上海）

项目地址：上海市宝山区

设计时间：2012年

建筑面积：21582m^2

占地面积：9402m^2

完成时间：2015年

项目概述

吴淞国际邮轮客运中心的建设适应了上海建成国际航运中心的战略规划需要。作为上海未来水上门户之一的吴淞国际邮轮客运中心，其形态的标志性，功能的适应性，建造的经济性，及其要表达的城市文化现代性都是设计中所要表现的主要因素。

艺术特色，设计构思

邮轮客运中心的建造反映着一个城市的价值追求，其形态传达出的信息体现一个城市的精神内涵。作为城市水上门户，代表城市的形象，是城市的标志，体现现代城市文明。吴淞国际邮轮客运中心建筑形态的标志性通过其形态构成的象征性和空间组织独特性来体现。

象征性

邮轮客运中心选址于水中人工建造的平台码头上，面向大海，四周为水环抱。独特的环境要求设计与之关联，表现出与水的交融，与海的互动。"纳涛涵贝云水间"成为设计主题"贝"因"水"而生，"水"因"贝"而美。海之贝经抽象简化成建筑的整体形态。整体、简洁、大气体现建筑形态特征，与水共生、与人互动赋予建筑生命之美。

独特性

特定的地理位置要求建筑表现出独特的场所特征，形成具有特定意义的建筑表现。国际邮轮中心的意义在于与世界交往中，提升城市自身价值。它是城市之"眼"，海洋之"睛"在瞭望世界的同时也吸引世界的瞩目，相互"对望"中实现人类共同进步。这种"瞭望世界"

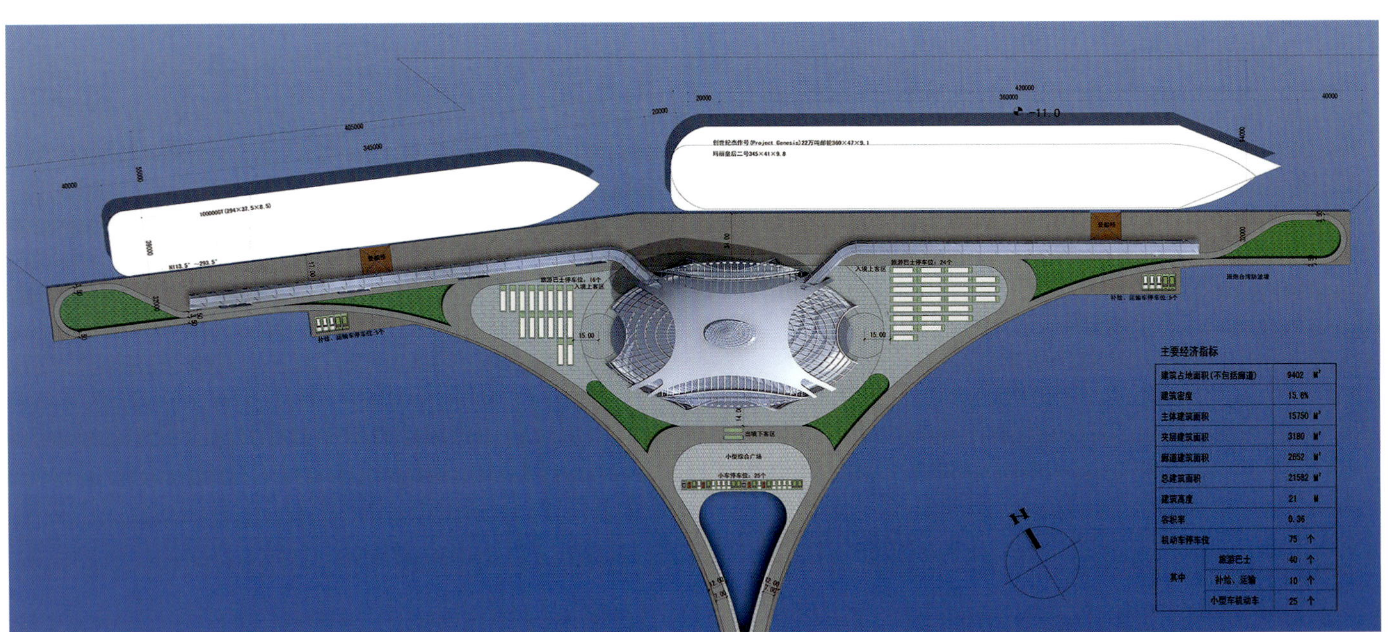

主要经济指标

建筑占地面积(不包括廊道)		9402 M²
建筑密度		15.6%
主体建筑面积		15750 M²
夹层建筑面积		3180 M²
廊道建筑面积		2652 M²
总建筑面积		21582 M²
建筑高度		21 M
容积率		0.36
机动车停车位		75 个
其中	旅游巴士	40 个
	补给、运输	10 个
	小型车机动车	25 个

东极阁二层平面图

东立面图

西立面图

东西立面

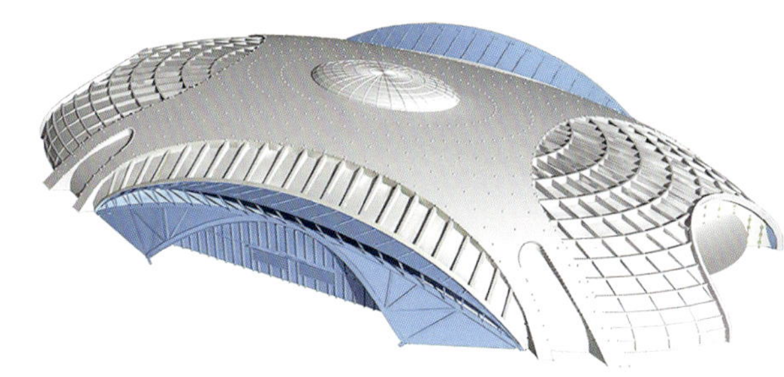

建筑构思分析--独特性

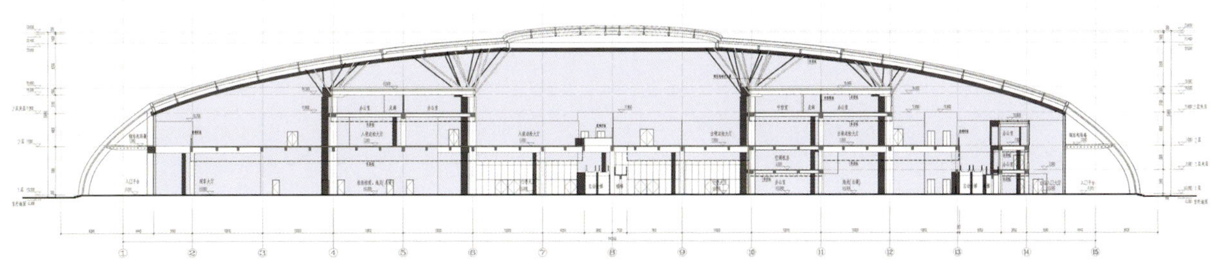

1-1剖面图

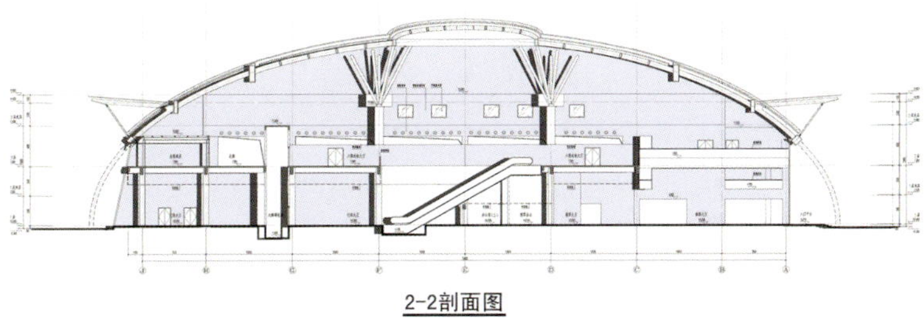

2-2剖面图

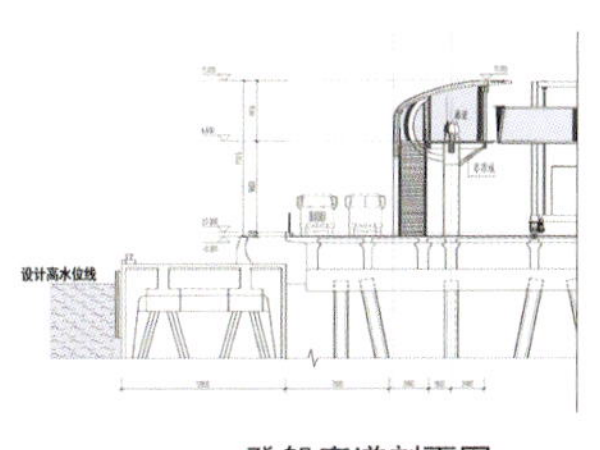

登船廊道剖面图

剖面图

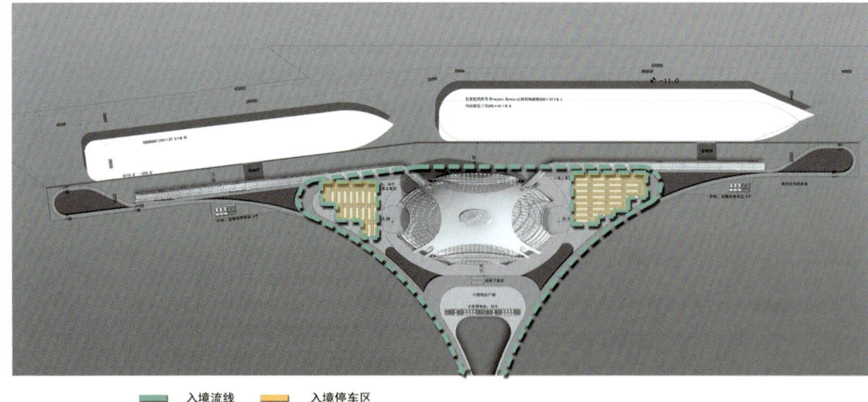

入境流线　入境停车区

入境流线

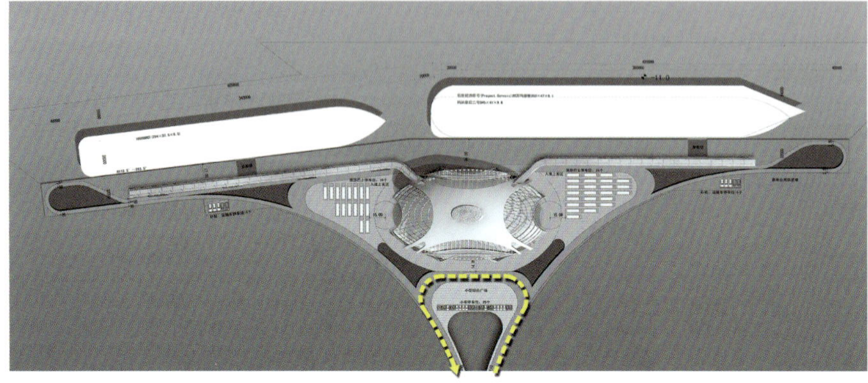

出境流线

出境流线

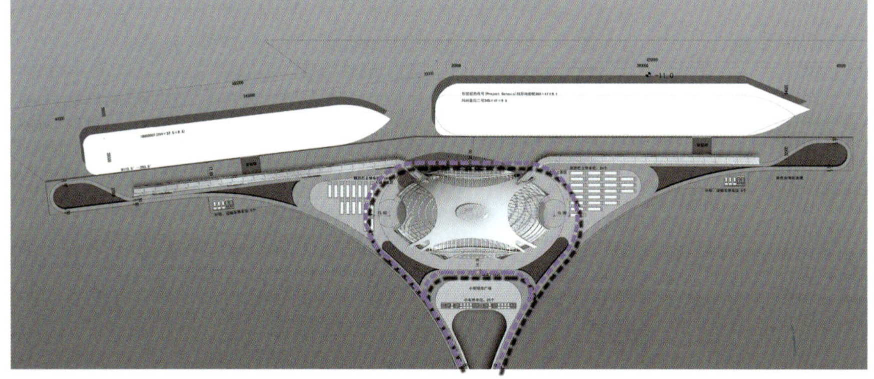

消防流线

消防流线

的目光被作为一种设计策略，转化为建筑形态，赋予建筑以意义，表现出特定形态特征。

功能的适应性

满足基本功能是设计的基本目标，以人为本，便捷、舒适是处理各空间功能的基本原则。

舒适性

客运中心的舒适性依赖于合理的流线设置进行的功能空间配置及容量大小。在设计中各功能空间以满足相应的功能要求为基本设计前提，为旅客顺利通检、通关出入境提供保证。合理的空间容量和辅助功能空间，使旅客空间体验和感受获得最大满足。

便捷性

客运中心的基本功能是为旅客通行提供最大便利。合理组织各流线是空间组织设计的基本核心。设计中结合码头交通规划的整体安排，合理组织四种流线：出境人流流线、出境货流流线、入境人流流线、入境货流流线。对工作人员及后勤补给流线进行合理布置，各流线间互不干扰，功能相互衔接，保证最大的通行便捷性。

建造的经济性

在满足功能要求前提下，体现建造的经济性是设计的重要基础。经济性的实现立足于合理高效的空间组织、符合建造逻辑的结构选型、及经过优化整合的设备配置。

在设计中，主体建筑采用框架结构，椭圆形屋顶采用钢网架结构，最大限度地发挥各结构体系的力学特征，以满足大空间建筑建造的技术要求，实现经济效益最大化。

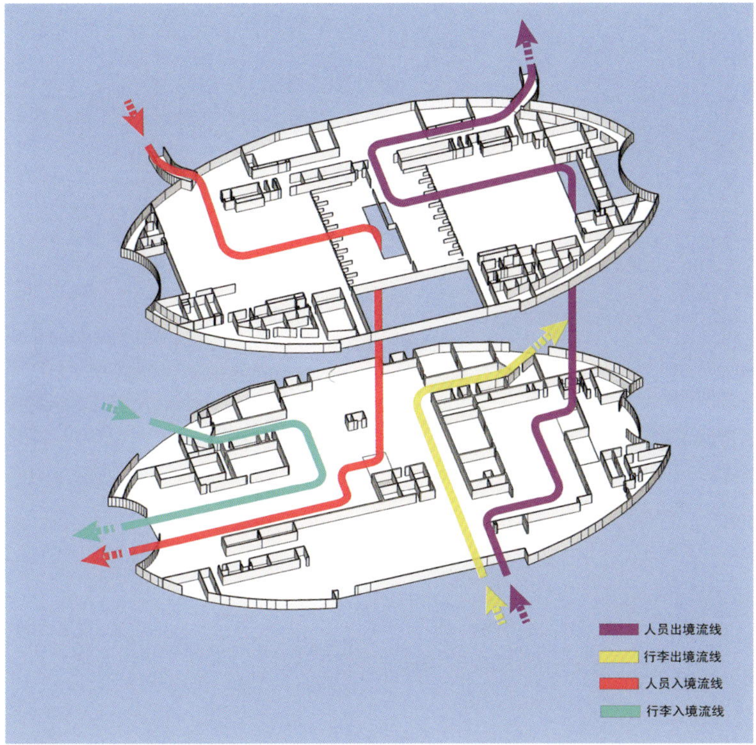

流线1

可开启屋顶

金属薄壳

表皮结构及玻璃

最终形成的表皮结构

表皮分析分析图

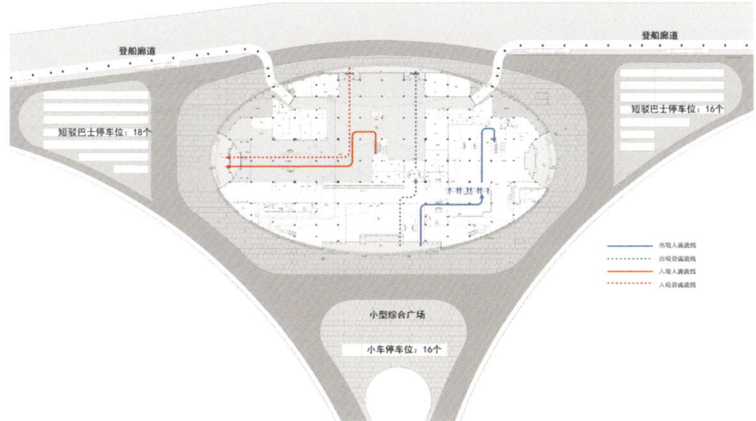

一层平面流线图

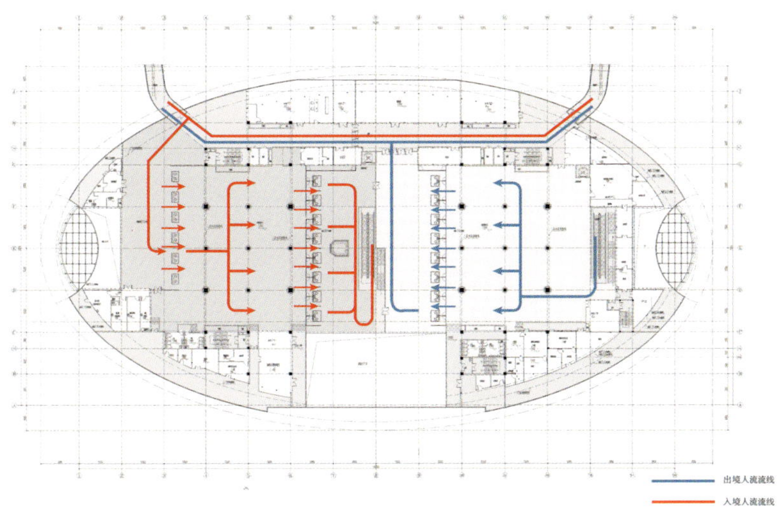

二层平面流线图

殿

杭州净慈寺复建工程——济公殿

项目设计师：刘杰 黄开昌 曹晨 李泳

设计机构：上海交通大学规划建筑设计有限公司

项目地址：浙江省杭州市西湖（区）南山路56号净慈寺

设计时间：2015年01月

项目面积：320m^2

完成时间：2015年12月

项目摄影：戒清（净慈寺大和尚）

济公殿院门（北视点）

净慈寺济公殿复原设计及景观园林营造

净慈寺位于杭州西湖南岸，面临夕照山，背负南屏山，南山路横贯寺前，周围峰峦耸秀，怪石玲珑，松柏翠绿，山色空濛，湖光山色，古刹名山相互映辉，“湿红映地，飞翠侵霄”，《净慈寺志》描绘为“凭山为基，雷峰隐其寺，南屏拥其后，据全湖之胜”。净慈寺与灵隐寺并称西湖南北两山之最，同时也是宋明以来杭州四大丛林(灵隐寺、净慈寺、大昭庆寺、圣因寺)之一。

净慈寺在西湖风景名胜区地位重要，历史文化底蕴深厚，旅游资源优势得天独厚。既是西湖文化史迹之一，又是西湖十景之“南屏晚钟”和“雷峰夕照”双景所在地。1983年，净慈寺被国务院确定为汉族地区佛教全国重点寺院。

一、寺院沿革

杭州净慈寺肇建于后周显德元年（公元954年），为五代吴越忠懿王钱弘俶创建，初名“慧日永明院”，由衢州道潜禅师入寺成为开山祖师。道潜于北宋建隆二年（公元961年）圆寂后，吴越王复请灵隐寺住持延寿入主“慧日永明院”，是为第一代住持。净慈寺自道潜开山，至清末九百余年中，计一百三十九代住持，均是当时的高僧大德。历代高僧辈出，代不乏人，法系清楚，传宗阐教，延绵不绝。对后世影响较大的，当推永明延寿大师、道济禅师（济公）和如净禅师。

二、项目概况

杭州净慈寺复建工程立足于重现西湖名刹繁盛风貌，发掘净慈寺深厚的历史文化底蕴，充分利用现有的环境、生态优势，打造西湖文化名片，建设优质精品工程。

三、建筑现状

净慈寺复建工程一期项目——济公殿，始建年代不详，原址也不可考。最近一次重建是在民国时期，位于大雄宝殿西侧建济祖殿，但限于当时特殊的社会状况，大殿未能落成，后大殿应用的石柱也散落他处，近年来收集15根，遗失1根。现有运木古井一座，单檐六角亭，为协调风格，本次改建设计。

四、复原探讨

新时期，济公殿重建定位于恢复南宋繁盛时期风貌，其复原设计也以江南地区宋元木构建筑风格为基础，结合民国遗留的15根石柱来展开。大殿的复原分析主要依据两点：第一，江南地区的宋元遗构，这些建筑尚保存完好，一定程度上能够反映五代—北宋—南宋—元，这一历史阶段中的江南地区木构建筑的发展情况与建筑形态与构造特征。第二，《营造法式》，该书是当时的将作监李诫于宋熙宁二年（1103年）奉敕修编并颁布实施的一部相当于现在的建筑设计与施工规范的典籍，该书是在北宋初年两浙名匠喻皓编纂的《木经》的基础上成书，所以与江南地区尤其浙东的建筑技术的渊源极深。

济公殿复原设计中采用五代以来江南地区厅堂构架体系，鸱尾采用南方典型的鱼尾吻形象，窗选用欢门式样等，均能从上述宋元遗构中找到原型。

济公殿院墙、门楼等均参考宋式建筑风格，鉴于实物遗存极其缺乏，我们只能从宋元画作中攫取设计素材。园林景观的营造也充分汲取传统文化营养，如李格非（北宋）作《洛阳名园记》曰：“宏大、人力、深邃、苍古、瞭望、水泉”等，打造隐藏于闹市之隅的一处寂静的禅意园林。

运木古井亭

济公殿内景

总平面图

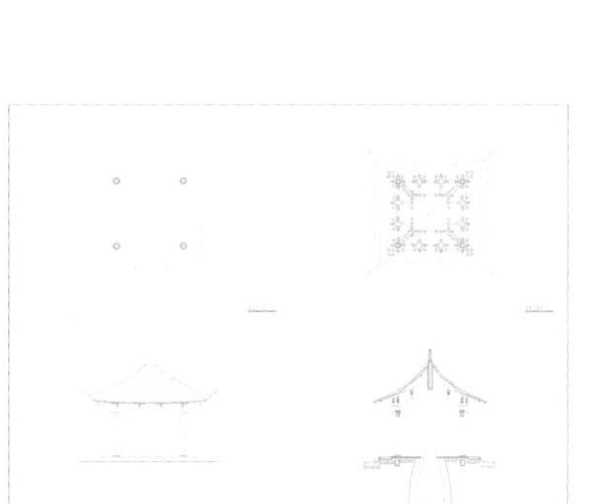

运木古井亭

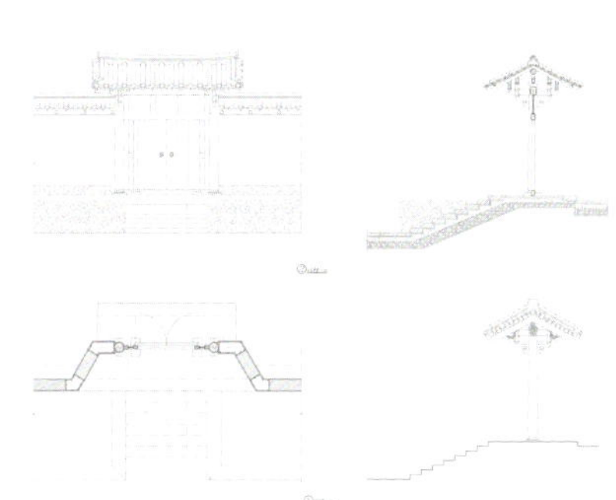

门楼

园林水景假山

故宫博
The Palace

北京故宫博物馆
北院区

主要设计人员：邢立华 徐昀超 周富 招国健 谢利民 符永贤
叶青懋 侯雅静 王玮琦

设计机构：深圳市建筑设计研究总院有限公司
孟建民建筑设计团队

项目地址：北京市

设计时间：2015年03月

项目面积：129870㎡

时空画卷——北京故宫博物院北院概念设计

中国传统建筑与中国绘画艺术内在精神的联系源远流长，这启发我们从中国传统文化的精髓进行思考，将故宫博物院北院绘成一幅壮美的时空画卷。

向大地延展的城

中国绘画和建筑常以水平连续的方式展开时空布局，向大地延展的"城"犹如立体画卷缓缓展开。

"城"分上下。"下城"因地制宜，从东向西沿大地延伸；"上城"因形借势，自北向南悬于天地之间。"城"南北取正，其格局、色彩、尺度均抽象提取自故宫的建筑意匠，在旧肌理与新建筑之间建立起基因传承。

"城"经过精心的布局："下城"中央为游客服务大厅和数字故宫，东侧布置临时展厅，独立运营，西侧设置基本展厅和文物修复研究中心，三者可与地下一层的库房便捷联系。连续的公共空间体系将上下城紧密相连。"上城"北侧布置大空间的专题展厅，南侧行政办公空间独立成区，中间共享学术交流中心。

"上城"与"下城"的水平连续布局可弹性调整，未来具有很强的灵活性。

公园里的新故宫

中国传统文化强调"天人合一"的哲学思想。故宫北院采用虚实并济、阴阳合抱的风水格局，形成一个建筑与自然和谐共生的文化公园。公众可以选择两种方式到达博物馆：北广场为团队观众的集散出入口，其他参观者可从各方向游园而入。研究流线、藏品流线、贵宾流线、工作人员流线独立设置，互不干扰。

主体建筑藏于树影之间，融于自然之中，营造出中国山水画境的空间体验。园中有宫，宫中有园，建筑与环境相互交融。

时空画卷

"时空一体，互为转化"是中国卷轴画的精神所在。

我们的空间设计亦是如此。水平延伸的展厅层层展开，人们在其中或踱步观赏或沉思静品……随步移而景易，不知不觉流连于历史画卷之中。

"珍宝漆盒"的主题式展陈设计，将各类艺术珍品还原到历史语境之中……展厅的留白是自成天地的园林，随季节更迭，与建筑共同描绘出浓淡相宜的多彩画卷。

建筑表皮的设计灵感源自故宫"格扇通花"的独特肌理，结合现代技术，以舒展的长轴画面展现出故宫的东方韵味。

联结过去与未来的艺术殿堂

故宫是中国古代艺术的最高殿堂，如今，传承故宫基因的北院区将迎来中国最伟大的艺术藏品。连续大平层的设计概念为这个新建筑提供了最佳的展藏策略。四通八达的博物馆街形成贯穿建筑的主体脉络，将收藏，展览，研究，教育，服务五大系统整合一体。庭、廊、园形成各具特色的公共空间，可供人们参观游览，驻足思考，感受艺术。

故宫博物院北院以尊重传统、创新进取的姿态联结过去与未来。我们相信她必将成为一个卓越的文化中心、一座优雅的艺术殿堂、一幅向世界展现中华文明的时空画卷！

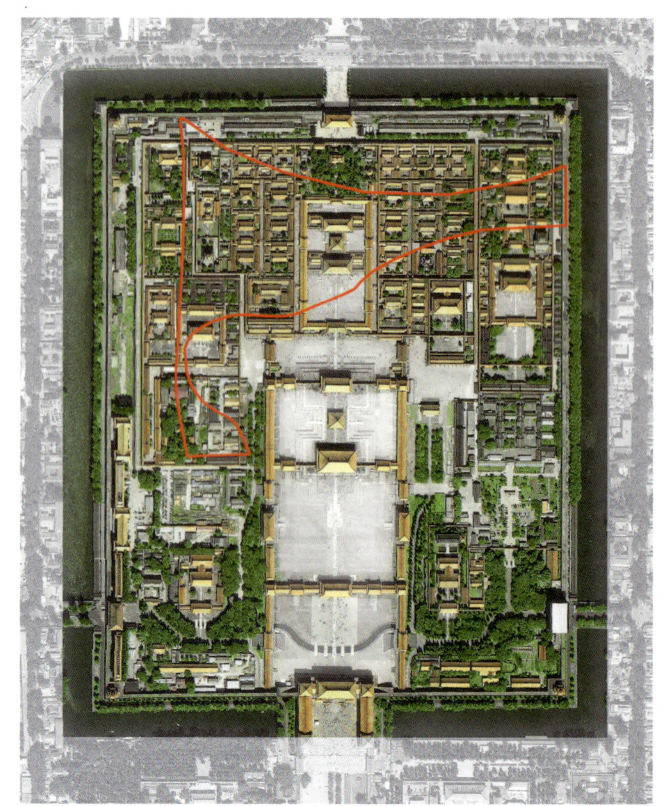

故宫机理1

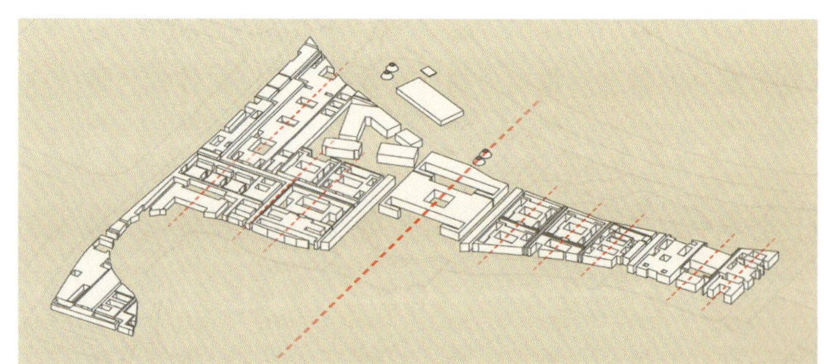

故宫基因

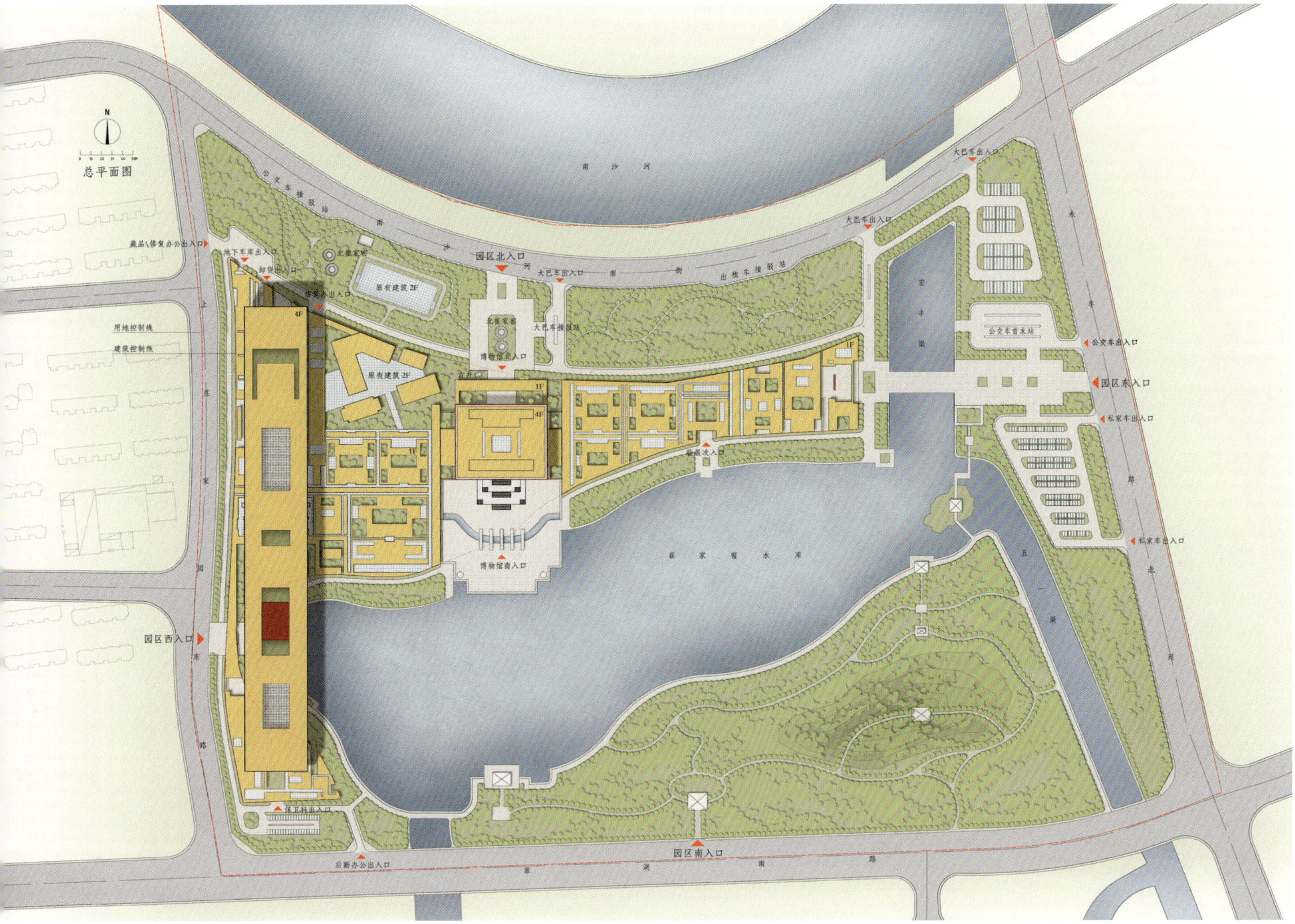
总平面图
南沙河
公交车接驳站
南沙河南街
园区北入口
藏品\修复办公出入口
地下车库出入口
卸货出入口
修复办公出入口
北崔家窑
原有建筑 2F
大巴车出入口
大巴车接驳站
出租车接驳站
博物馆北入口
用地控制线
建筑控制线
原有建筑 2F
古井
4F
1F
临展次入口
博物馆南入口
崔家窑水库
宏丰渠
公交车首末站
公交车出入口
园区东入口
私家车出入口
五一渠
园区西入口
上庄东家园东路
来广营北路
保卫科出入口
后勤办公出入口
园区南入口
翠湖南路

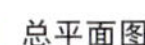

总平面图

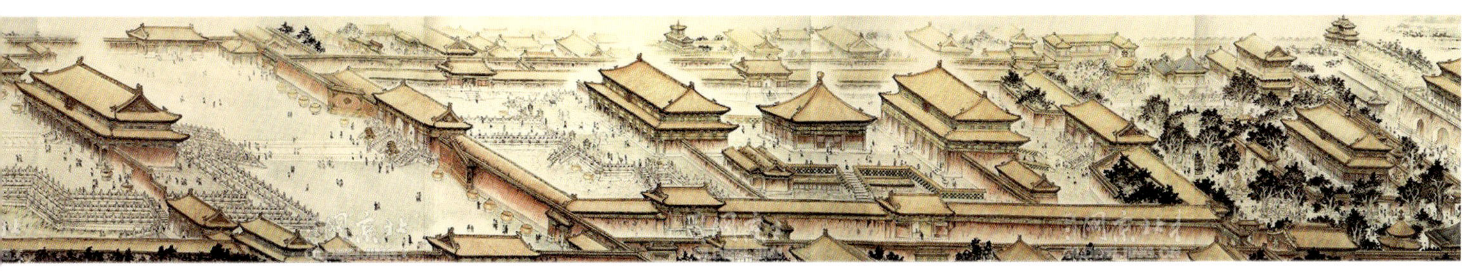

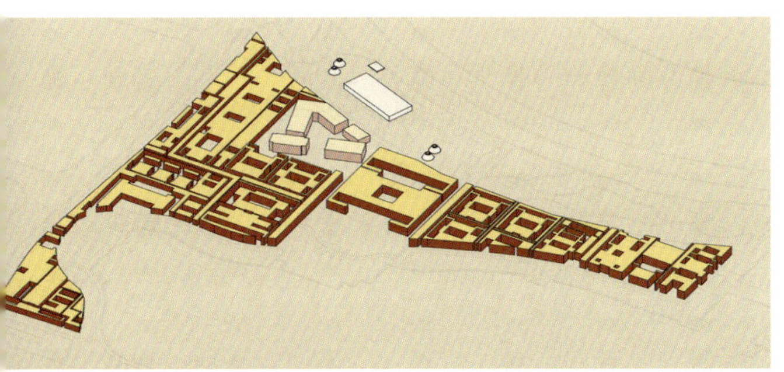

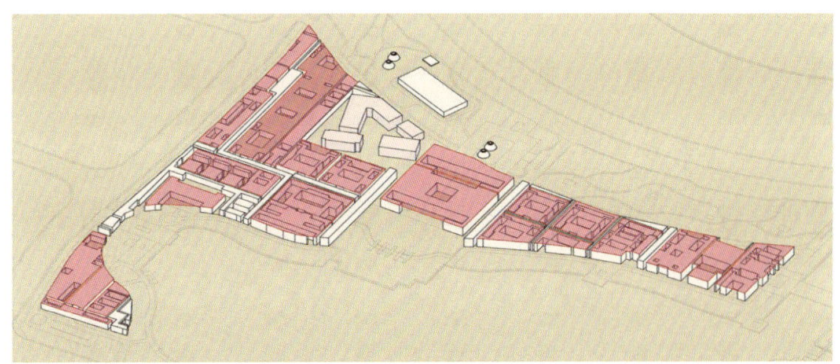

效果图

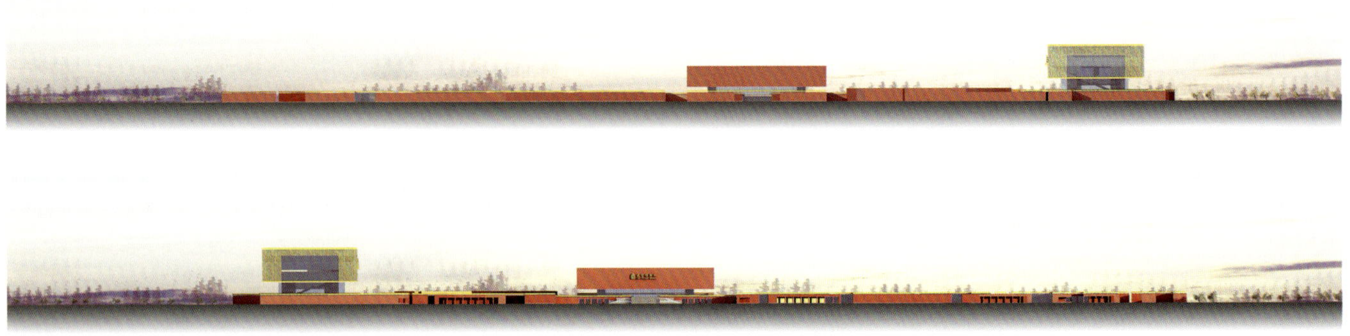

立面1

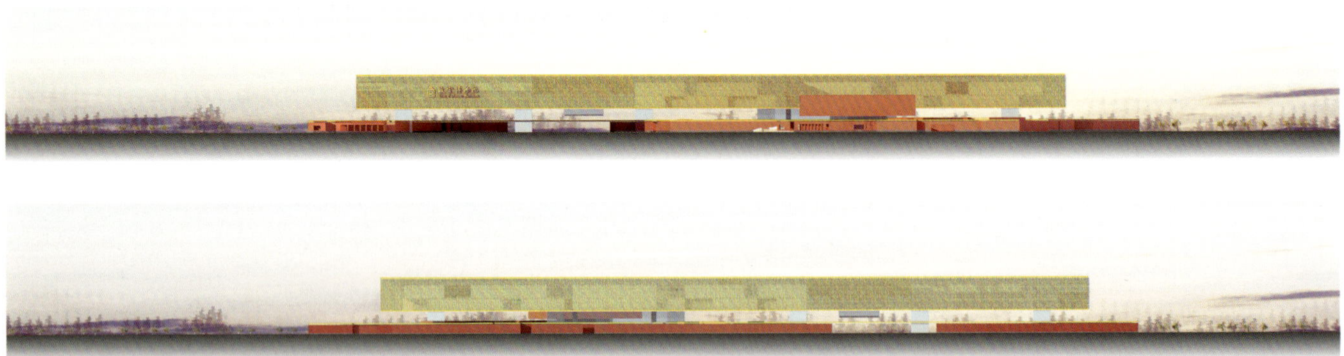

立面2

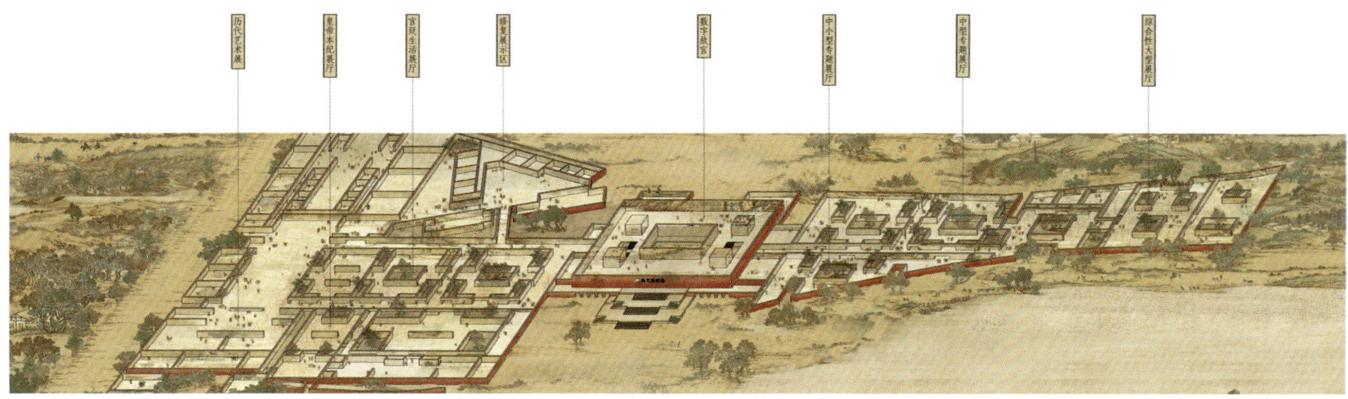

时空画卷-01

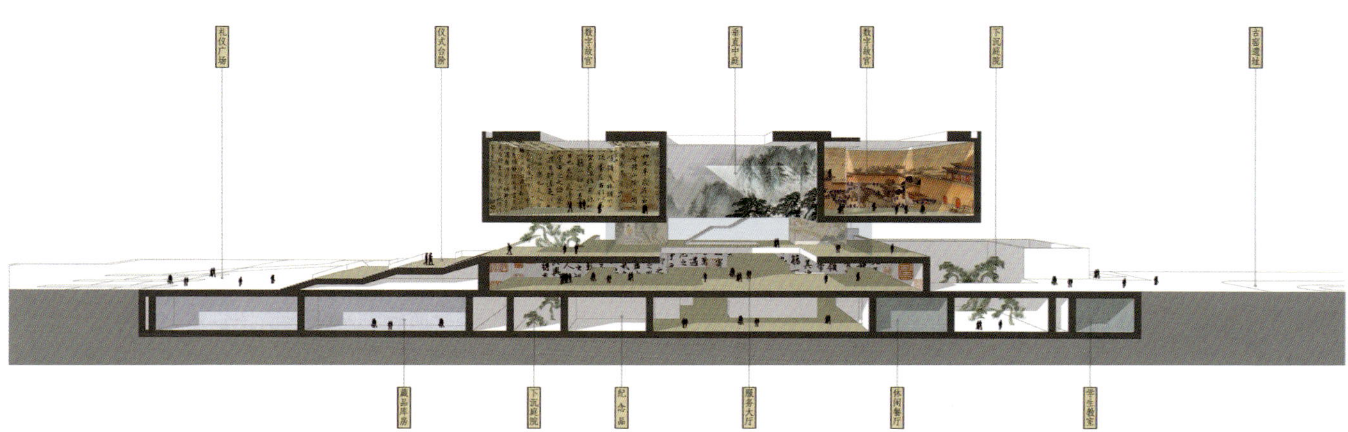

时空画卷-02

效果图

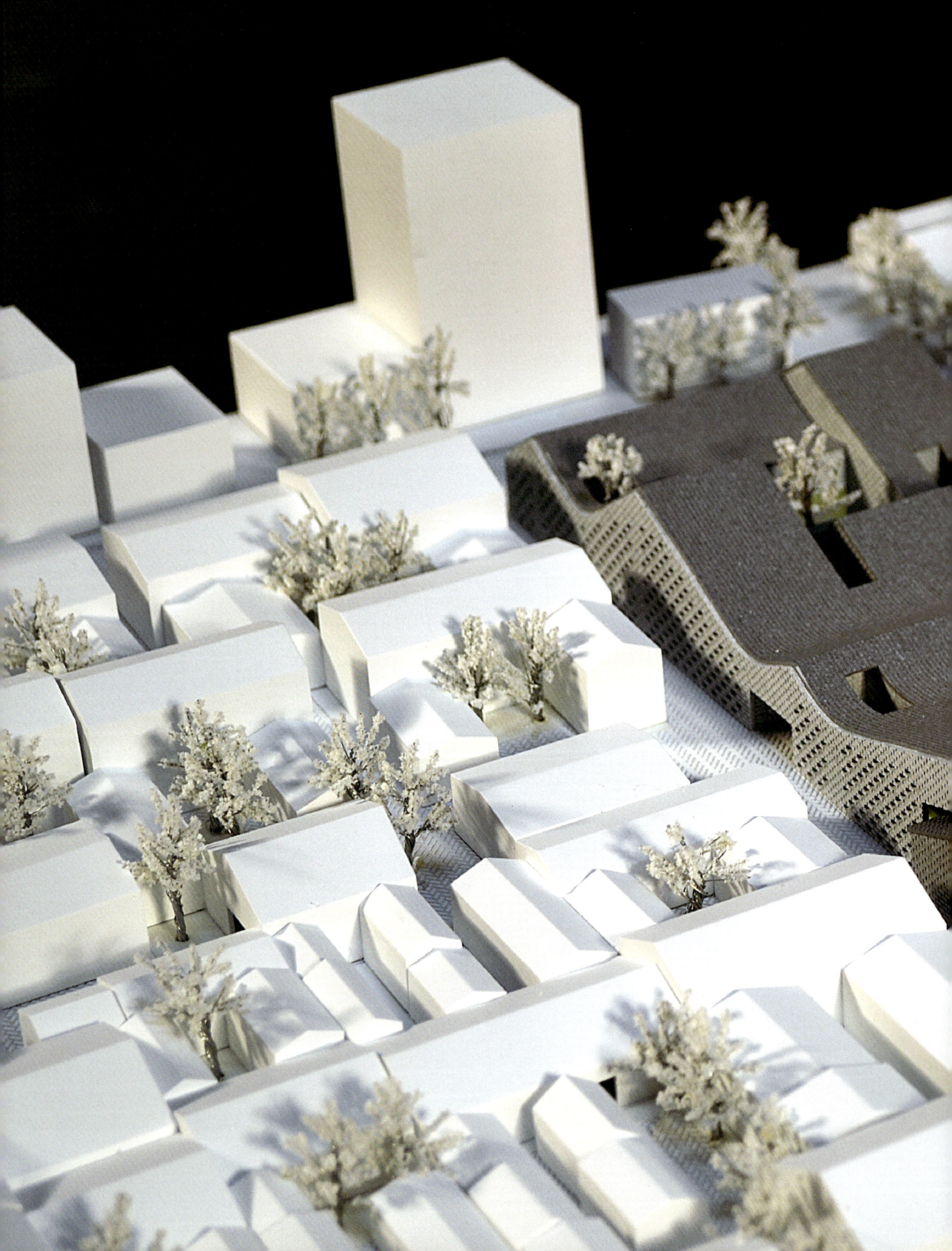

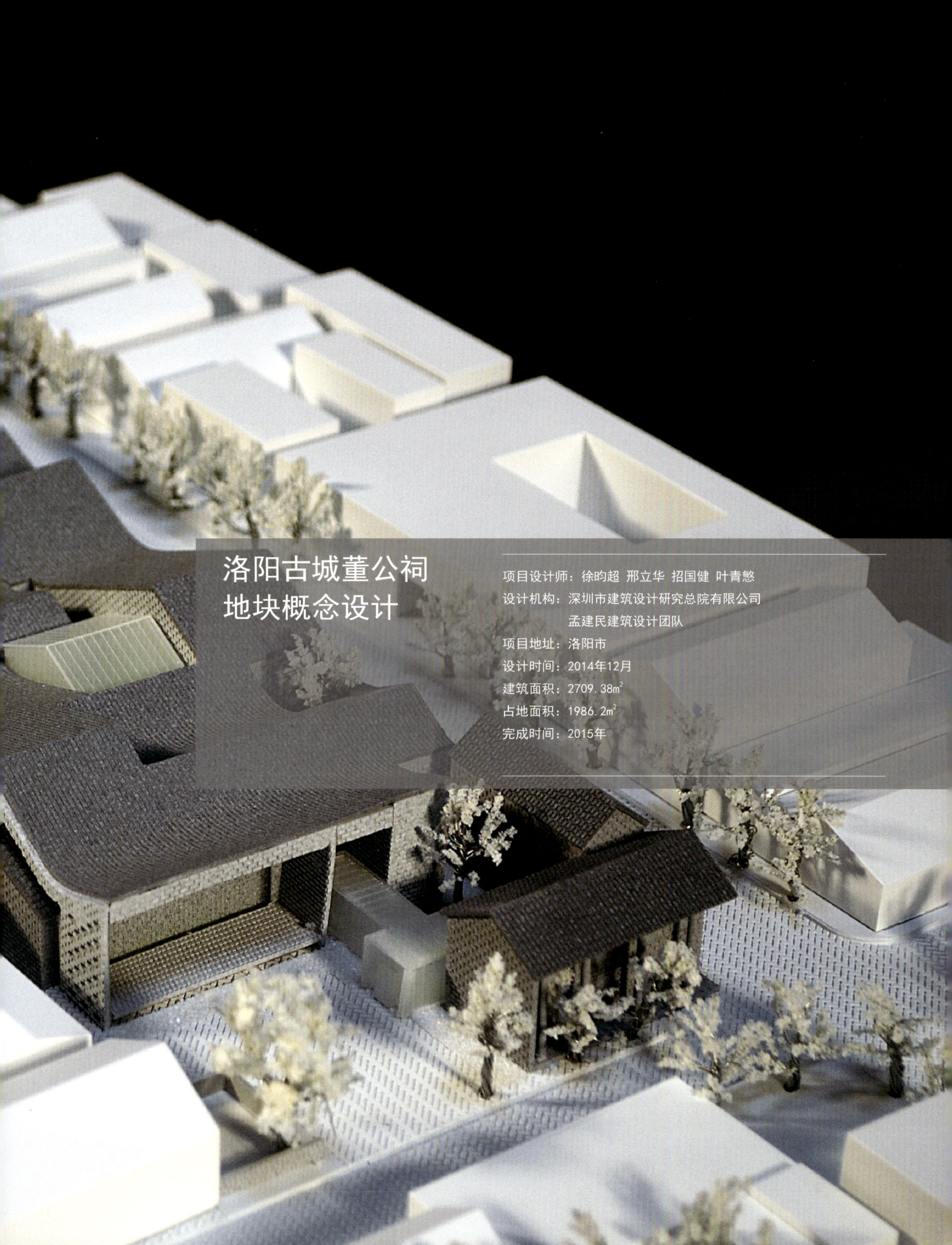

洛阳古城董公祠地块概念设计

项目设计师：徐昀超 邢立华 招国健 叶青憨

设计机构：深圳市建筑设计研究总院有限公司

孟建民建筑设计团队

项目地址：洛阳市

设计时间：2014年12月

建筑面积：2709.38m^2

占地面积：1986.2m^2

完成时间：2015年

洛阳古城，这座于宋金时期在隋唐洛阳城故址上建造而成的老城，经元、明、清及民国时期的传承和不断改造，延续至今。董公祠作为古城内重要建筑，现却在历史变迁中，被不断破坏和加建，文保建筑和加建民居穿插其中，甚至又作为旅社来使用。原始风貌荡然无存。我们试图找回仅存的历史信息，置入一个全新的公共空间，创造一个新旧并存的文化场所。

通过对场地的分析，我们发现董公祠位于隐含的“传统商业轴”“创意产业轴”“文化体验轴”三轴之交点。于是我们便采用“引街入院”的设计理念，对董公祠片区进行系统的设计，将街巷空间引入整个片区内，把地块划分为尺度适宜的院落组团，为原本封闭孤立的空间注入活力，解决交通组织，社区管理、公共安全等一系列城市问题。

我们将“原地再生”的理念运用在建筑设计中。设计首先梳理场地现状，保留修缮文保建筑和历史建筑，有选择保留场地内具有地域、时代特征的建筑和景观元素，有选择的移除一般现代建筑。最大程度的保留原有场地历史肌理。其次，我们从历史肌理中提取传统窄院空间模数，将场地划分为尺度合适的单元空间。通过四面主墙体营造“层层递进”的空间感受，结合原场地中窄巷胡同的肌理，引街入院，使内街网络与城市街道连通。结合天井摆放八个艺术制作工坊，形成虚实变化的传统院落。

我们谨慎对待新建筑的创作。设计吸取中国北方民居建筑中“山”的文化意象和结构做法，设计连续起伏的“山顶”，将多元化的功能和庭院合一体。通过“新旧并置”的手法，最终形成一组延续传承老城街市文化，与周边环境尺度风貌相融，容纳多元化生活的古城文化中心。

效果图

总平面图

经济技术指标		
项目	单位	数量
总用地面积	㎡	2875.61
建设用地面积	㎡	2875.61
总建筑面积	㎡	2709.38
绿地面积	㎡	240.05
街道面积	㎡	764.29
容积率		0.94
建筑密度	%	69.07
绿地率	%	8.35

洛阳古城项目_总平面

洛阳古城项目一层平面图

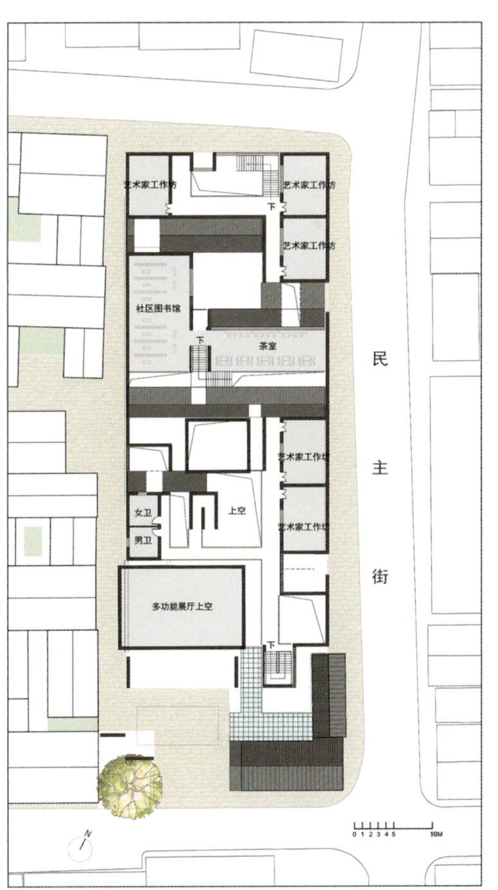

洛阳古城项目二层平面图

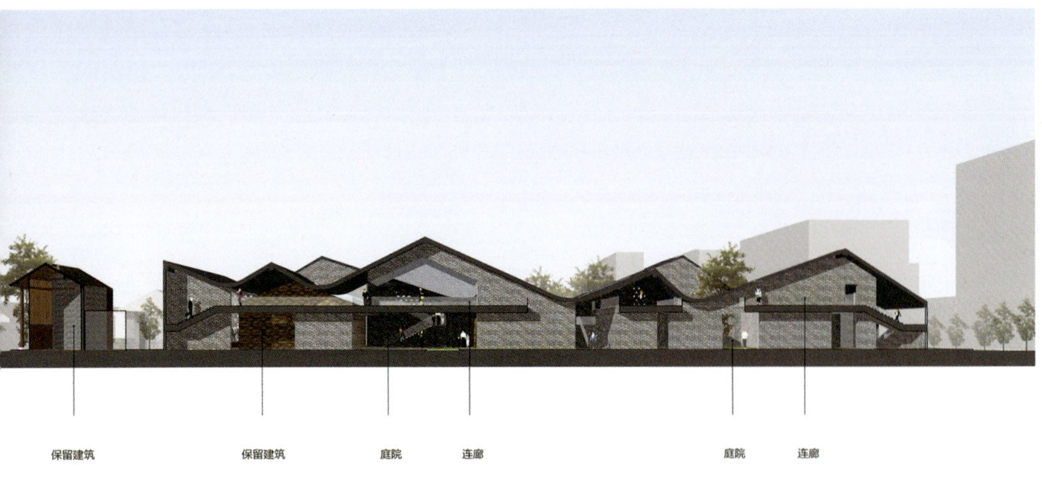

洛阳古城项目_空间设计

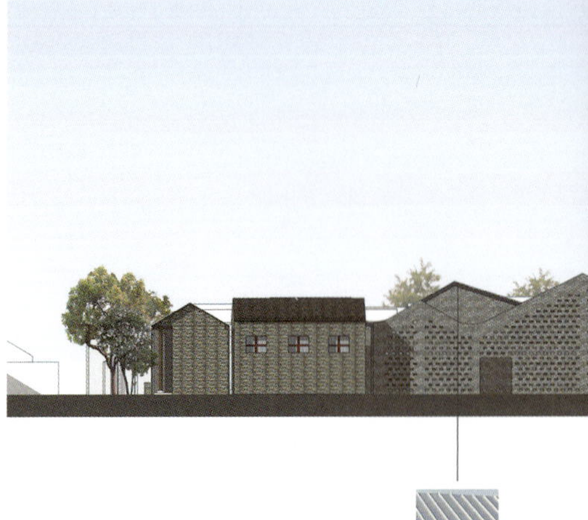

洛阳古城项目_立面设计

效果图

效果图

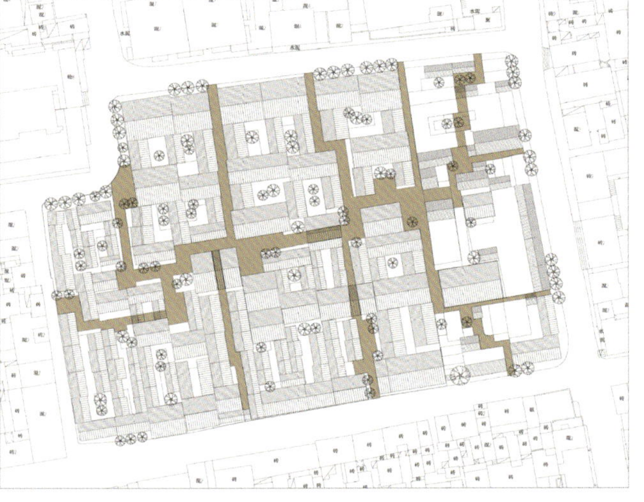

原有现状

在从“窄院”为主的城市肌理上，新建或者加建的现代建筑无序，生长布局杂乱，造成建筑形式杂乱，严重缺失公共空间，不适应现代都市生活。

”引街入院“

采用”引街入院“的设计理念，对董公祠片区进行系统的设计，将街巷空间引入整个片区内，把地块划分为尺度适宜的院落组团，为原本封闭孤立的空间注入活力，解决交通组织，营造管理、公共安全等一系列城市问题。

洛阳古城项目

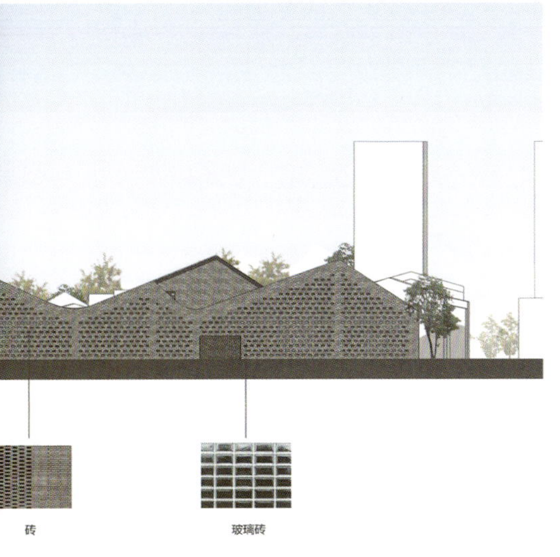

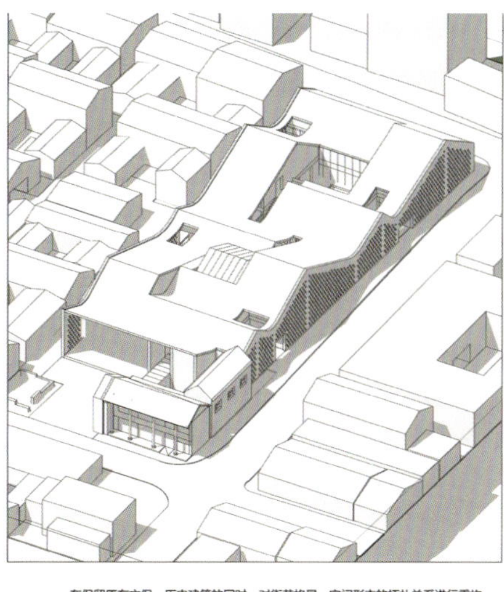

在保留原有文保、历史建筑的同时，对街巷格局、空间形态的拓扑关系进行重构。

洛阳古城项目

概念生成

• 梳理场地现状，保留修缮文物保护和历史建筑，有选择的移除一般现代建筑。

• 从历史肌理中提取传统窄院空间模数，将场地划分为尺度合适的单元空间

• 通过四面主墙体营造"层层递进"的空间感受，结合原场地中窄巷胡同的肌理，引街入院建立内街网络与城市街道连通。

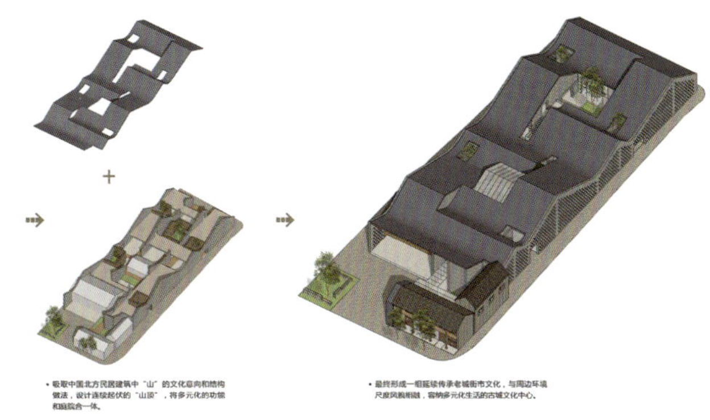

• 吸取中国北方民居建筑中"山"的文化意向和结构做法，设计连续起伏的"山顶"，将多元化的功能和庭院合一体。

• 最终形成一组延续传承老城街市文化，与周边环境尺度风貌相融，容纳多元化生活的古城文化中心。

洛阳古城项目

洛阳古城项目造型生成

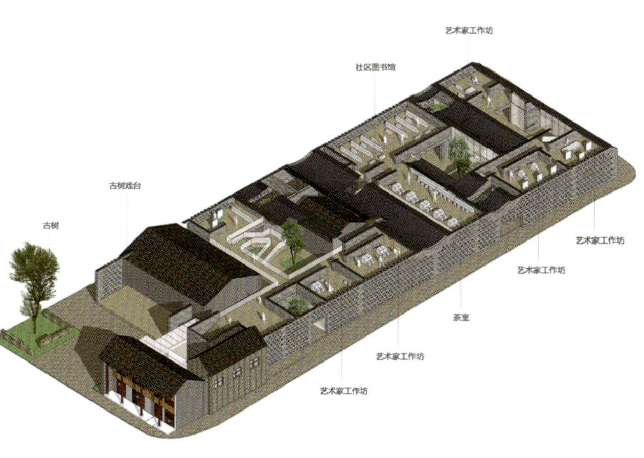

二层轴测图

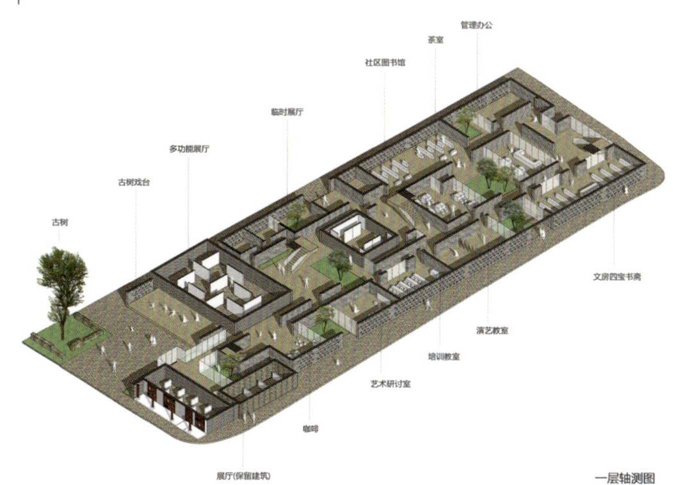

一层轴测图

洛阳古城项目功能分析1

洛阳古城项目功能分析2

南溪工作室加建

项目设计师：彭乐乐 薛喆 凌琳 曾仁臻

项目功能：包含画室、客厅、餐厅、主人居住、客房等主要功能

项目地址：北京通州宋庄

设计时间：2012年02月—2013年02月

项目面积：503m²

完成时间：2015年

项目摄影：曹翼 林钿

南立面

一棵被保留的海棠树

保留基地上一棵海棠树，是基于我们对待生活与自然之间关系的态度。这是一个加建项目，位于我们早先设计的“南溪工作室”院内，院子里有几棵海棠树，这些树是在工作室竣工之际，南溪老师亲手种下的。到现在，已经有六七个年头了。我们在测量加建场地时，其中有一棵海棠树在地块内，靠近南侧的位置，觉得这棵海棠树应当保留下来，所以我们在设计之初就决定：新的建筑、新的生活将围绕这棵海棠树展开。

入口处，这棵海棠树就像是进入前的引子。踏入门厅，餐厅，透过落地大玻璃，这棵树就在身旁。由此上到二楼客厅，依然可以透过落地窗看到它。但是，从二楼的主人卧室看树的方式就变得含蓄了，当主人早晨醒来时，躺在床上，朝斜前方不经意的一瞥，就会看到它的树冠。为了让这棵海棠树生长良好，建筑的一二层都后退了足够的余量，以保证充足的阳光和空间。继续往上走，来到三楼画室，画室是一个完整的长方形空间，走到天窗下，低头透过地窗往下看，就能看到树冠的顶面，这里是最强烈的观看角度。

这棵海棠树，非常贴近建筑物。我们感受它，不仅通过不同角度的观看，还可以在四季变化中，在阳光照射下感知。冬天里，室外的树枝和室内的树影；夏天里，室外的树叶和室内的树荫；春天里，粉红的花朵；秋天里，大红的果实；都会影响到室内外空间气氛，都会渗透到生活本身。

在不同的季节里，在光线的变化中，以不同的角度观看这棵海棠树——在此，我们以建筑的语言与艺术家的生活和创作进行了对话。

入口

首层室内

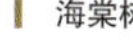

海棠树

二层起居室

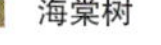
海棠树

三层室内

首层室内

首层室内

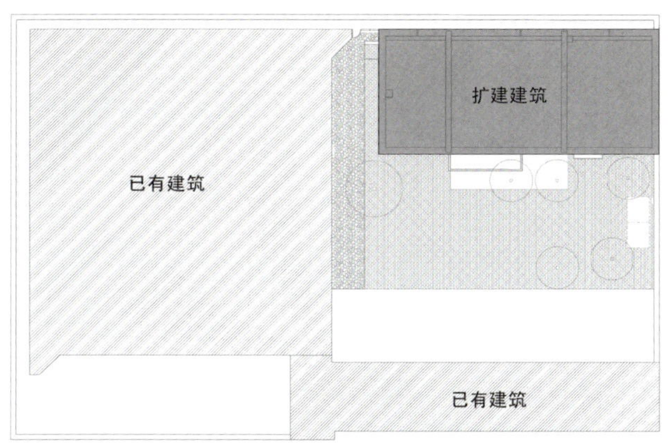

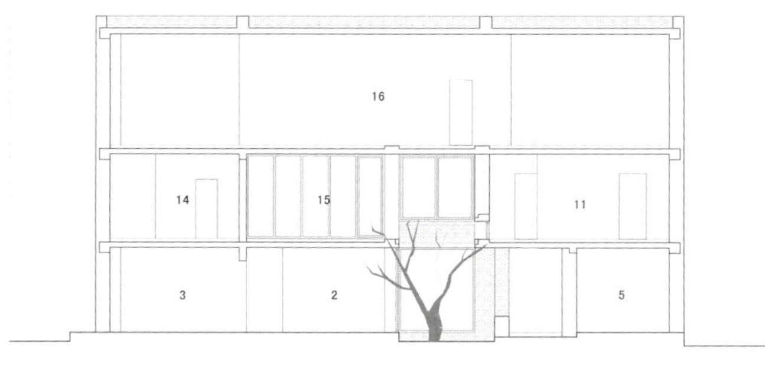

剖面图

2. 餐厅　5. 备用客房　14. 次卧　16. 工作室
3. 厨房　11. 主卧　15. 阳光房

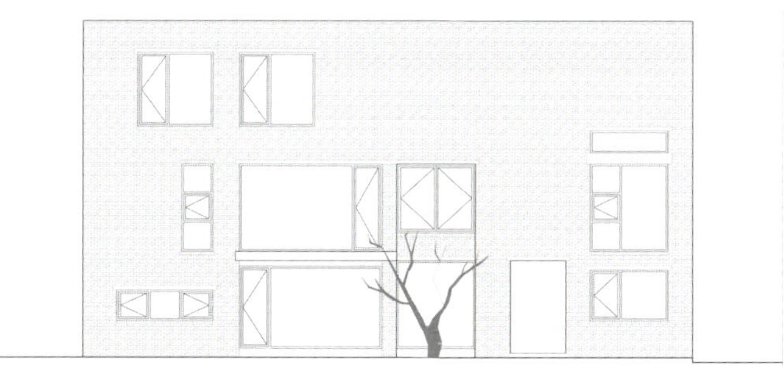

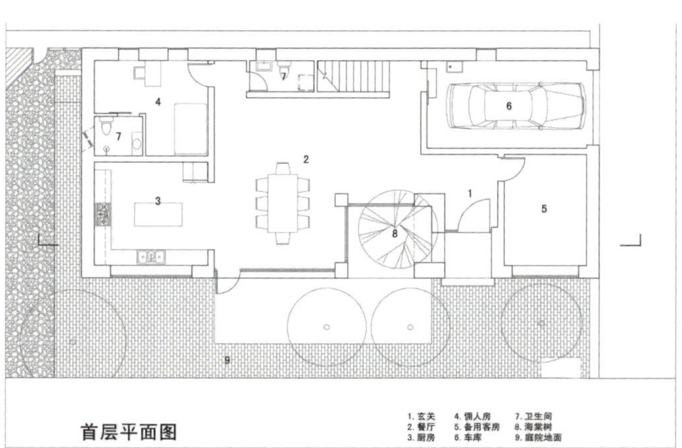

首层平面图

1. 玄关　4. 佣人房　7. 卫生间
2. 餐厅　5. 备用客房　8. 海棠树
3. 厨房　6. 车库　9. 庭院地面

汶上宝相宫

设计单位：上海复旦规划建筑设计研究院有限公司
上海现代建筑设计集团有限公司现代都市建筑设计院
项目地址：山东省汶上县
项目面积：46000m²
完成时间：2015年

汶上宝相宫

山东省汶上县别名中都，以孔子在此担任中都宰而闻名于世。而始建于北魏的汶上大宝相寺，则以1994年寺内太子灵踪塔地宫出土佛牙真身舍利一事，又使汶上获得了中国古代佛教圣地的美誉。

新建宝相宫位于大宝相寺南北中轴线的北端，处于整个县城的中央地带，是汶上佛苑景区成功建设礼佛大道之后的又一项城市标志性工程。建筑地上十一层、地下一层，主塔顶高108米，总建筑面积46000多平方米。宝相宫既是供奉佛牙舍利的专设场所，也是一座大型旅游观光类公共建筑，平面布局以合理的游览流线为主要依据，考虑了游客、信众、僧侣、贵宾及管理人员不同的使用需求，并且兼顾了重大集会活动。

单体造型以须弥山和金刚宝座塔为基础概念，设计将主塔坐于三层高的花岗岩须弥座四方台基的正中，四角小塔围绕。主塔莲花座之上的样式参照了太子灵踪塔地宫出土的水晶舍利瓶外形，小塔采用了北方传统花塔形式，均以铜板镀金漆外装。围绕台基，8座大台阶拾级而上，直至台基屋顶上人平台，可近距离观摩群塔雄姿。

台基平面112米见方，组合为南、北、中三个区域。南区底层主殿面积达3000平方米，为安排各类佛事活动主要空间；二、三层以历史文物展厅为主。北区设置传扬佛教文化的多功能讲堂一座，可容纳900人，在北门有独立的出入口。中区主塔底部，东西向有两条可供消防车穿行的架空廊道，从而在复杂的总体布局条件下满足了消防登高的高层建筑防火技术要求。台基及主塔下部采用钢筋混凝土结构。

台基之上即为主塔，主塔各层设置了多种佛教主题空间。主塔空间序列在主塔顶端的供奉大殿达到了高潮。在这通高20米、直径29米的空中无柱大殿之中，信众与游客可以观瞻佛牙舍利，感受佛文化的精髓。为确保空中高大空间，主塔上部由钢筋混凝土剪力墙结构转换为钢结构。

总体布局上一个无法回避的难题是处理好本建筑高大体量与南面太子灵踪塔的空间关系。太子灵踪塔为砖彻八角形十三层楼阁式建筑，始建于北宋（公元1112年），塔高45.5米。在北面临河、无法多退，两者的位置、间距和主从已经确定的前提下，宝相宫设计采用了一系列照应手段，如控制主台高度（19米，不超过太子灵踪塔的一半）、控制小塔高度、层层退台和收进、以浅色和金色立面作为背景衬托太子灵踪塔的灰黑色，等等，整体效果较为满意。

效果图

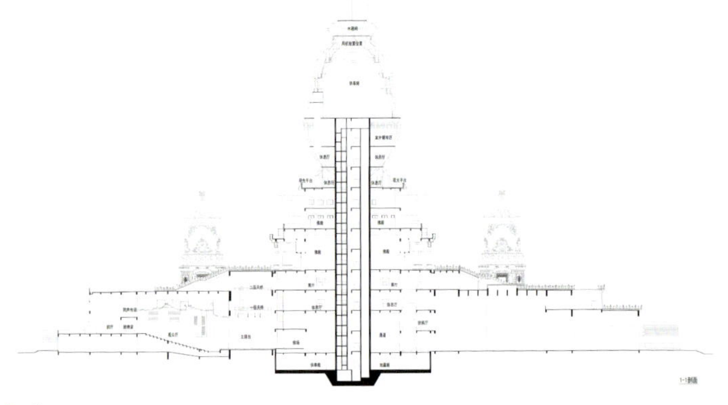

剖面

南立面图

东立面图

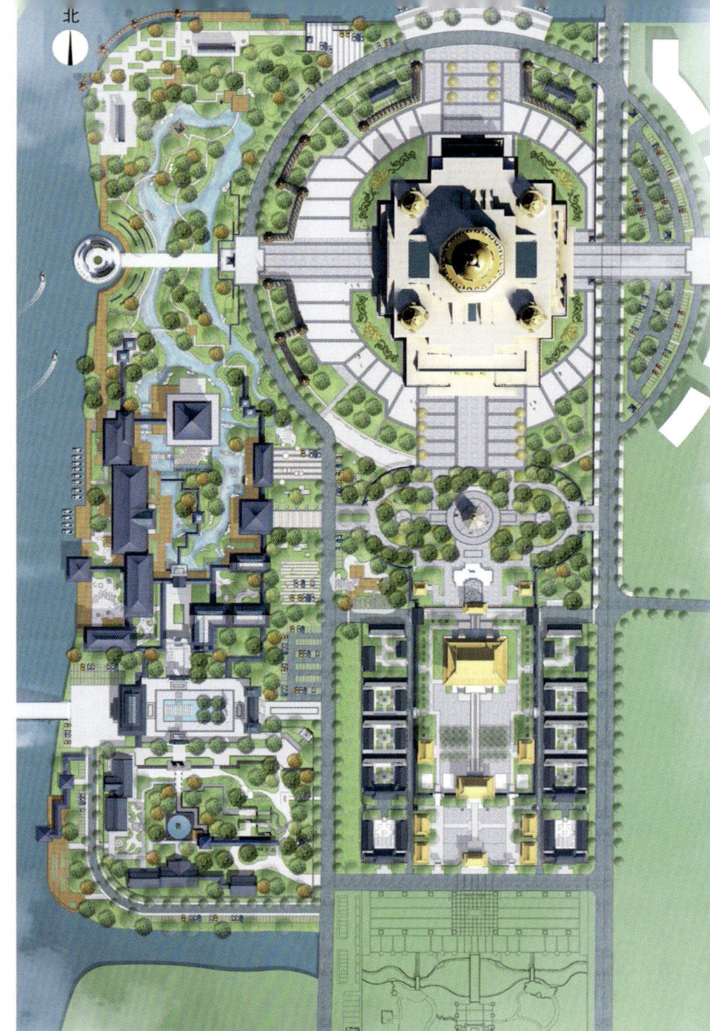

总图

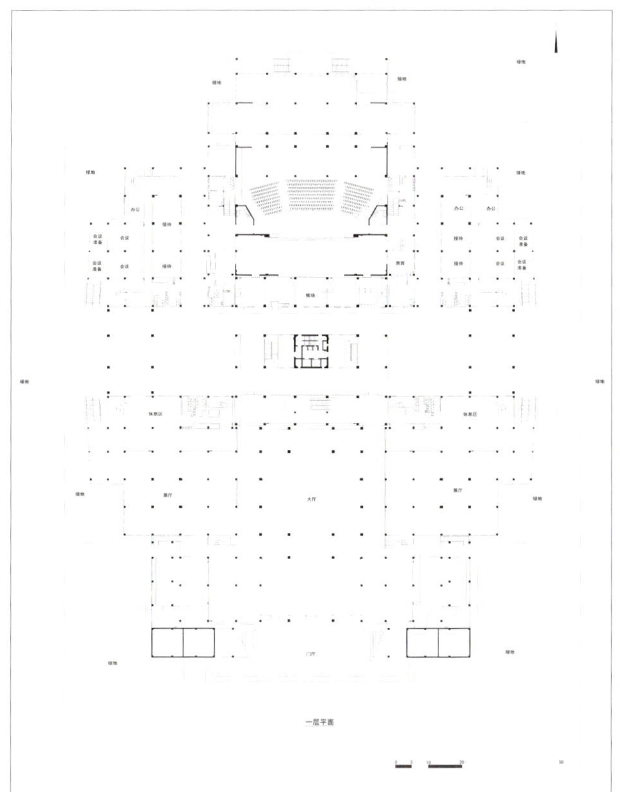

一层平面

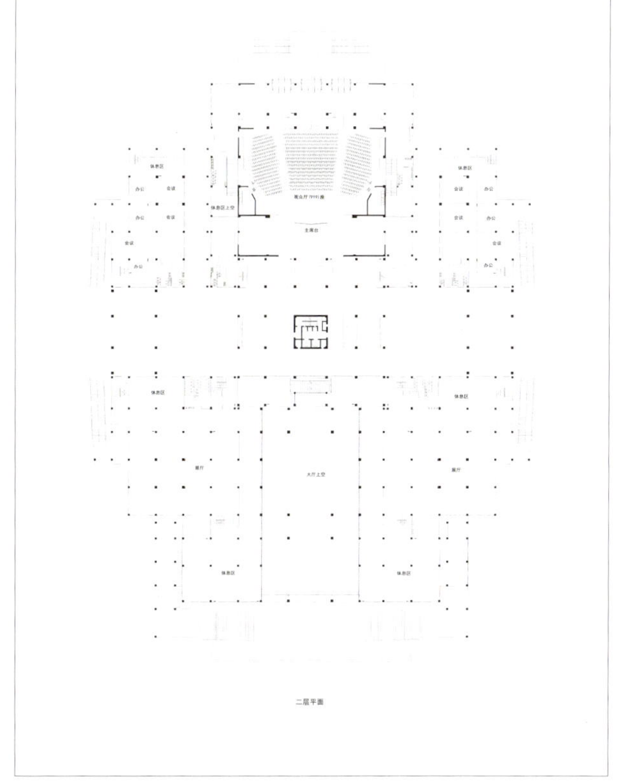

二层平面

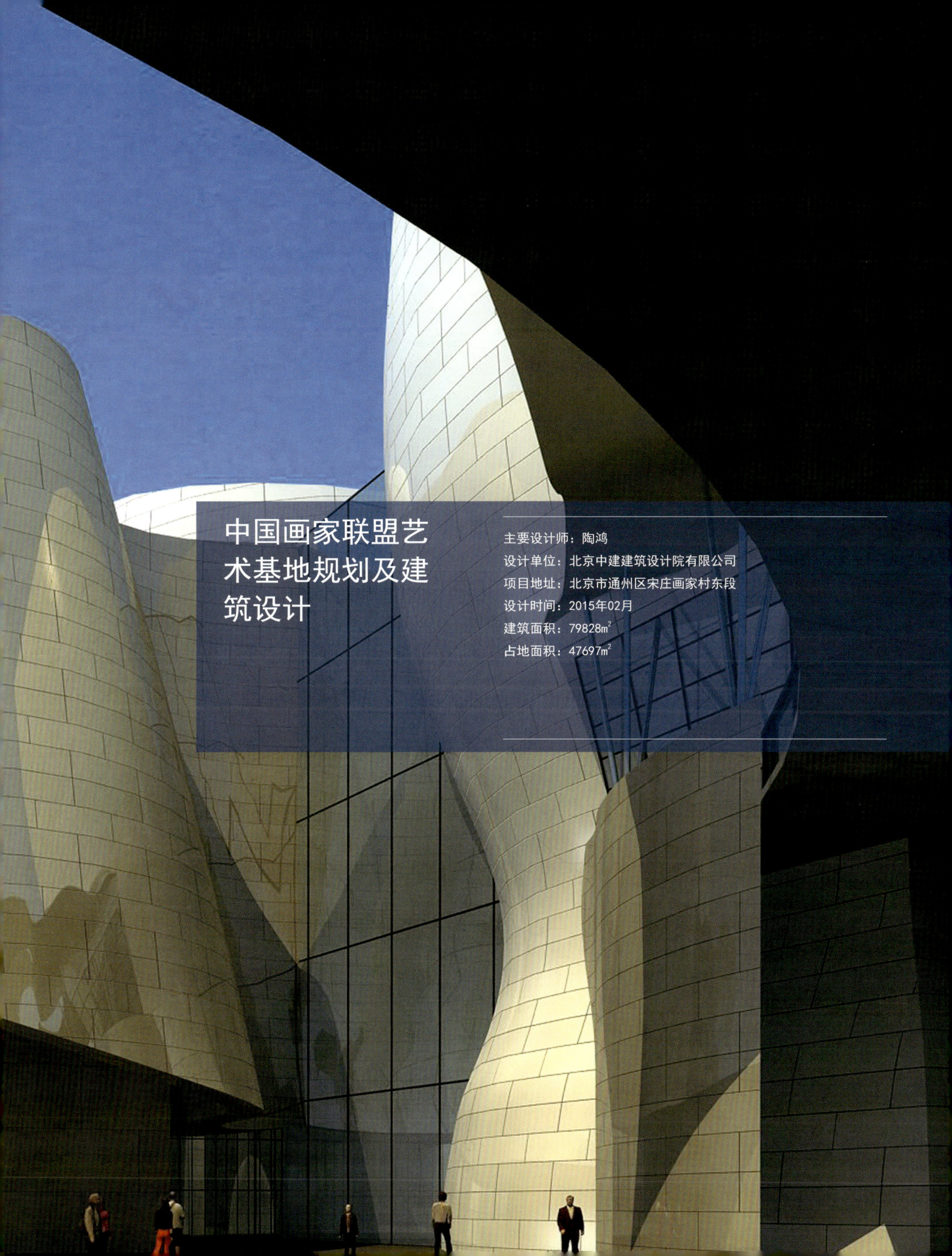

中国画家联盟艺术基地规划及建筑设计

主要设计师：陶鸿
设计单位：北京中建建筑设计院有限公司
项目地址：北京市通州区宋庄画家村东段
设计时间：2015年02月
建筑面积：79828m²
占地面积：47697m²

中国画家联盟艺术基地规划及建筑设计方案

项目背景：通州艺术中心项目位于北京通州宋庄画家村东段，东距潮白河及河岸绿化带，西临规30米宽规划路，南临70米宽规划路，项目规划用地约为70亩。

中国画家联盟艺术基地由：中国当代美术馆、中国画家联盟艺术中心和配套艺术商业区三部分组成。

中国当代美术馆是集美术馆、艺术品拍卖、室外下沉剧场、会议、展览、培训为一体的大型综合性美术馆。由于地块限高的要求，美术馆的规模及使用空间的拓展成为设计的切入点。下沉式的建筑设计使得建筑的多样性功能空间与有限区域面积间的矛盾得到圆满的解决，同时也使得成为整个区域地标性建筑的美术馆在空间尺度及体量上有了完美的呈现。

“莲之出淤泥而不染，濯清涟而不妖，中通外直，不蔓不枝，香远益清，亭亭净植，可远观而不可亵玩。”（《爱莲说》（宋）周敦颐）。在中国文化中莲花是圣洁的代表，更是佛教圣神净洁的象征，莲花也成为了本规划美术馆建筑设计的灵感来源。围绕着莲花的形态及结构形式将各功能空间进行对称布局，形成“实”的空间。同时，用玻璃体进行交通空间的组织与联系，形成“虚”的空间，在“虚”“实”空间的起承转合中塑造出具有典型中国文化意蕴的有机形态建筑形式，以鲜明的建筑形象成为北京标志性公共建筑及文化新地标。

中国画家联盟艺术中心是中国顶级艺术家的个人画廊及工作室。建筑功能布局及空间塑造很好地反映到建筑的形态上。在呼应美术馆造型的同时，表皮肌理通过疏密不同的构造线阵列排布，强化建筑形态的雕塑感和现代感。同时也为艺术中心的功能性采光及建筑符号语言的表现提供了灵活多变和与建筑有机融为一体的造型平台。

配套艺术商业区是画廊、艺术中心、艺术家工作室、设计公司、餐饮酒吧等各种空间的聚合，它将形成一种具有国际化色彩的“SOHO式艺术聚落”和“LOFT生活方式”，成为公众关注的焦点。整个配套艺术商业区的建筑群采用了开放式的街道布局，使得原创性的艺术创作及发展直接面向市场，并且辐射到基地的周边地区，真正成为区域性的文化艺术中心，带动当地的创意产业的发展与提高。整个艺术商业区的地下两层为停车场和辅助功能空间，在交通组织上也借由地下的商业及办公空间将各个地上商业建筑连为一体，并形成综合性的交通体系，延伸到整个艺术基地。

由当代艺术、建筑空间、文化产业与历史文脉及城市生活环境的有机结合，中国画家联盟艺术基地将演化为一个文化概念，对各类专业人士及普通大众产生了强烈的吸引力，并对城市文化和生存空间的观念产生巨大的影响。它也将成为中国现代艺术的孵化器，推动中国艺术走向世界。

当代美术馆主入口

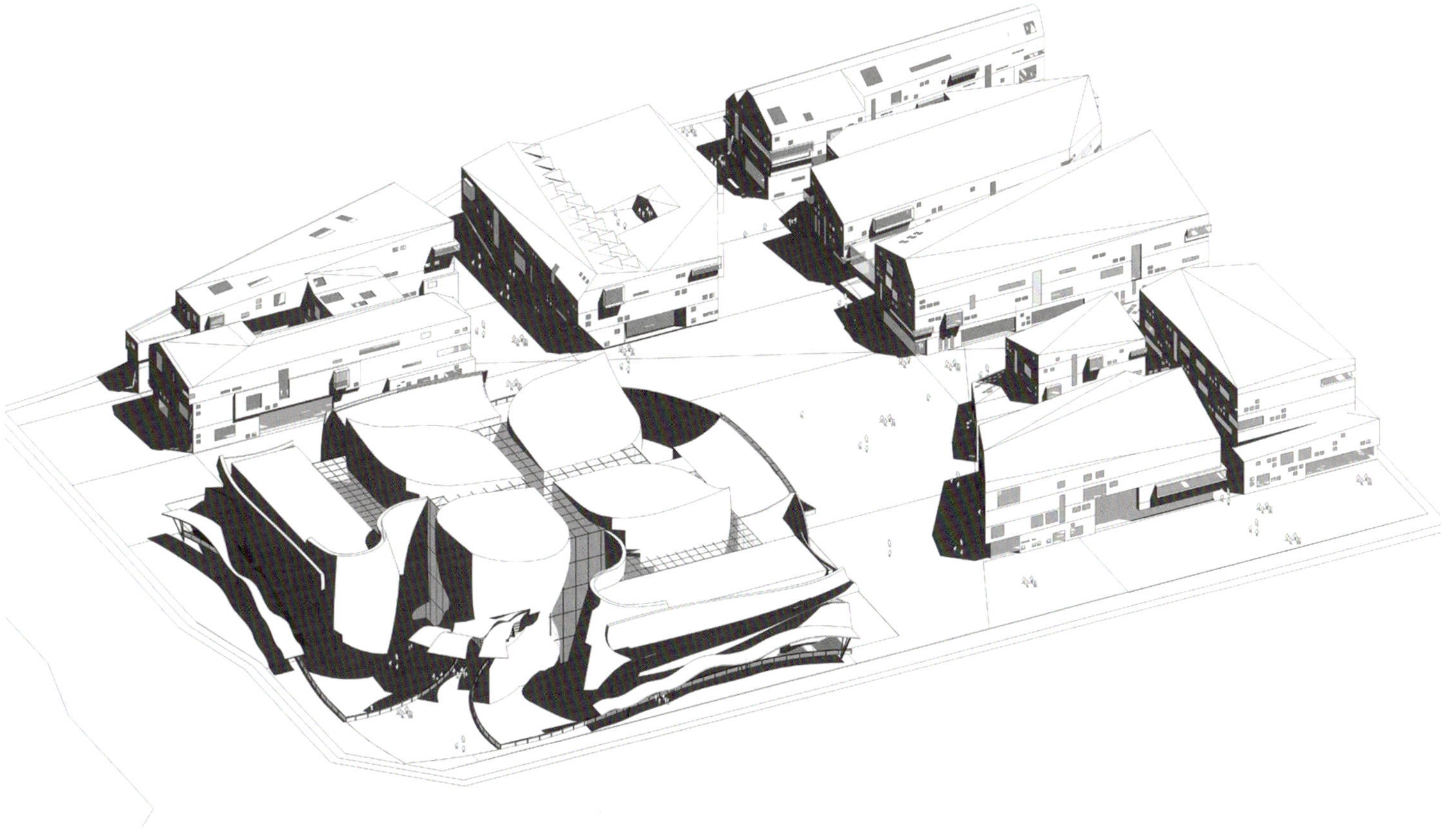

中国画家联盟艺术基地总平面

基地东立面图

当代美术馆鸟瞰

基地北立面图

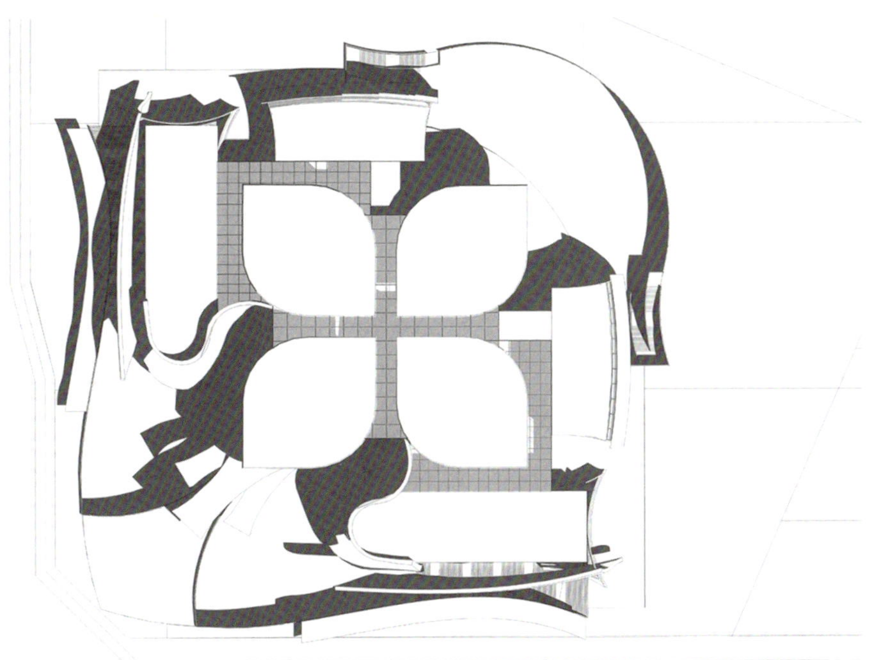

一层平面

当代美术馆鸟瞰

基地西立面图

基地南立面图

下沉广场

当代美术馆北立面图

联盟艺术中心

鸟瞰（夜景）

当代美术馆西立面图

配套艺术商业区

配套艺术商业区

重庆自然博物馆A标段室内设计、恐龙厅展陈设计方案

项目设计师：陶鸿
设计单位：北京中建建筑设计院有限公司
项目地址：重庆市北碚县（区）
设计时间：2013年10月
竣工时间：2015年10月
建筑面积：30842m^2　A标段建筑面积6800M^2　恐龙厅建筑面积1270M^2
占地面积：16650m^2
项目摄影：刘维

中央大厅2层

多功能厅

多功能厅

次出口过厅

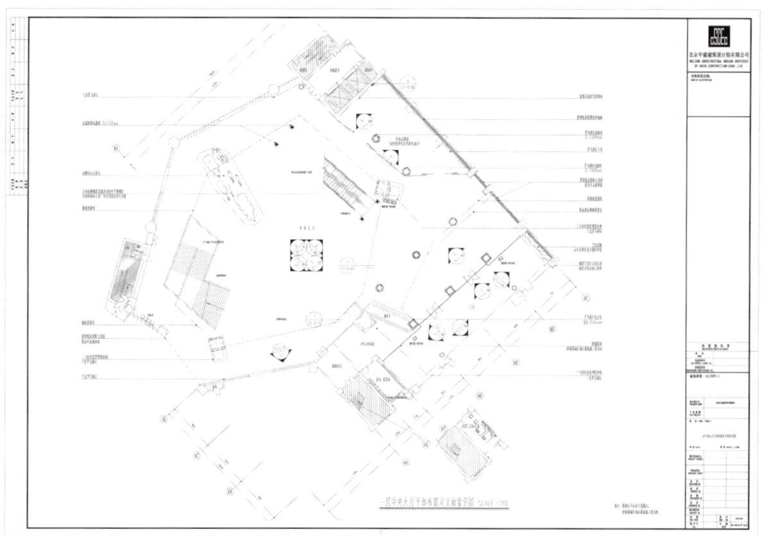
中央大厅一层平面及立面索引图

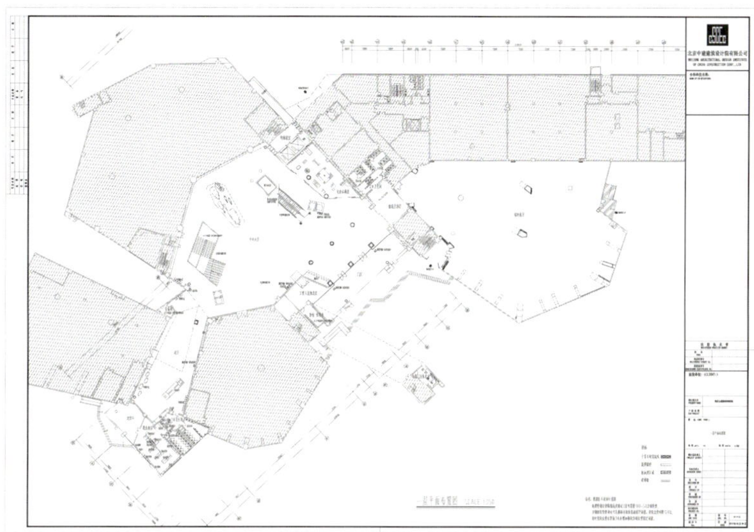
一层平面图

地球、生物、人类

设计原则：人性化的原则、功能优先原则、安全性原则、经济性原则、信息可知性原则、艺术性原则。

门厅

门厅是外界进入中央大厅前的一个过渡空间，它承担着存包、临时售票、馆史多媒体查询、荣誉及各种标牌的陈列。门厅的设计主要从它所要具备的功能开始入手。设计中将原来的大门隔墙位置向内推至柱子外口，用玻璃幕墙进行分隔，将柱子融入幕墙的构造之中，达到消隐柱子的目的，同时使得内部空间更为完整。在界面的造型处理上将原建筑“根”的概念进行概括性的提炼，并结合中央大厅的造型要素运用到界面中，为进入中央展厅做情绪上的铺垫。

过厅

过厅是进入中央大厅时的一个功能高度集中的转换中枢。在这里集合了问讯、导览、多媒体查询、电子公告牌、资料发放、服务、安保、急救等诸多功能，它的设计决定着整个博物馆的参观及运营维护工作的高效、科学、合理及安全性。由于几套柱网在这里交会，如何将功能的多样性与大量的各种柱子有机地整合成为一体，成为设计的重点。

序厅

次出口过厅

中央大厅2层

次出口过厅二层

中央大厅

中央大厅是人流聚散的中心，是通往各展厅的枢纽，它的总体形象和环境氛围不单要呈现出自然博物馆自身的精神特质，它还是引导各展厅的先导，是整个博物馆的总体印象的承载者。

原建筑灵感来源于根，形成了不规则的有机形态以及表皮肌理。在尊重原建筑的基础上，结合本标段的设计主题，在界面的设计上我们将"根包石"的概念进行重新提炼和概括，在完整保留窗子的基础上，形成有序的斜线切割纹样的表皮肌理，既是对原建筑设计理念的呼应。

在交通的组织上，增加了三部自动扶梯，使得参观的流线更为合理和有效，同时也丰富了空间的形态，使得整个中央大厅更为灵动和富有活力。

大厅中将摆放大型的非洲动物化石，使得整个空间成为一个烘托气氛大型展厅，为下面展览的顺序展开做情绪的铺垫。

多功能厅

多功能厅将学术报告、影视放映和小型表演有机地融合在一起。设计中将声场设计与建筑的空间进行了有机的结合，通过顶部延伸到舞台上方的反射声板的设计，即使多功能厅的在声学上有所提高，又使空间更富表现力，同时使空间在视觉上有了很好的延伸。整个前面及地面采用了实木对声音进行吸收和反射，以达到较好的混响时间。在墙面的设计上，将"根包石"的理念贯穿其中，使吸音材料与造型形成有机地整体，在满足功能的同时，使整个环境营造出一种宁静、平等、开放的氛围。

次出口过厅

中央大厅通过一个次出口过厅将恐龙厅及重庆厅连接起来。在消隐梁柱的过程中所形成奇特的空间造型，极富感染力。

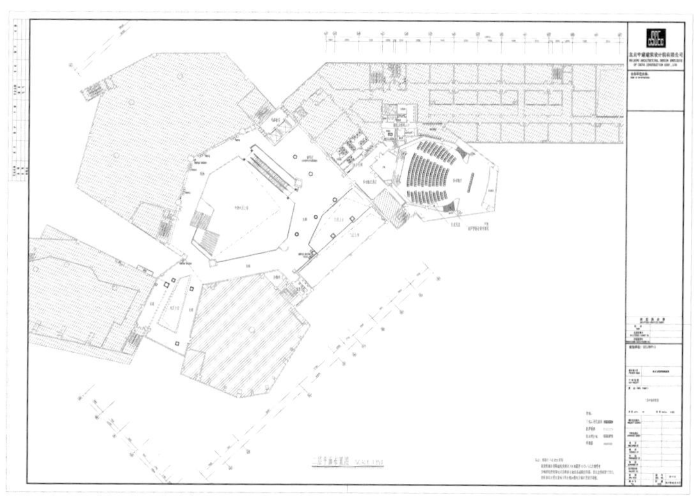

二层平面图

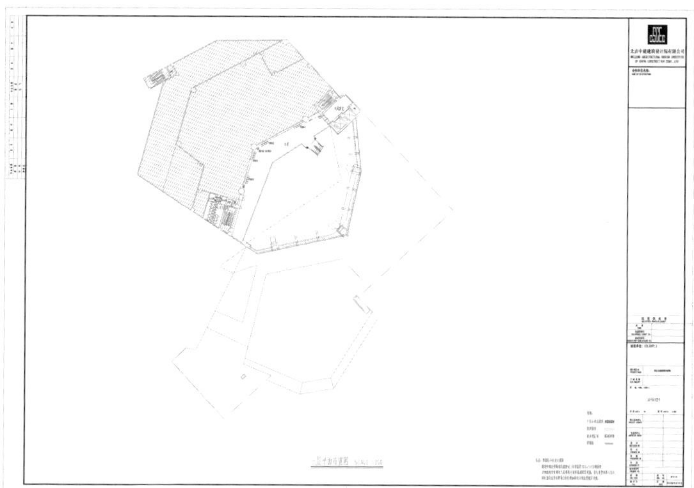

三层平面图

重庆自然博物馆恐龙厅

恐龙厅的设计从恐龙的灭绝作为开端，以恐龙的发掘及科学研究作为切入点，引导出整个展厅内容的演绎主线。

入口以一个破碎的恐龙蛋壳及破壳而出的恐龙作为序厅，讲述了恐龙的灭绝以及灭绝原因的诸多猜想，以鲜明的视觉形象直接切入主题。

通过序厅将观众带入恐龙化石的发掘现场，以情景再现的方式让人们近距离地了解古脊椎动物研究这门自然科学的研究内容及方法。围绕着恐龙化石的发掘，从科学的角度在周边展示空间及界面上介绍了恐龙化石的形成原因、恐龙考古发掘的历史以及成果，并陈列出中国已发掘的恐龙化石标本。紧接发掘现场的是恐龙化石研究室，将科研人员的工作呈现在观众的面前。让观众在与科研人员的互动中，更直接地了解恐龙研究的过程以及在恐龙科学研究上所取得的成果。

进入中央展厅是围绕着恐龙的生活习性用恐龙化石骨架构

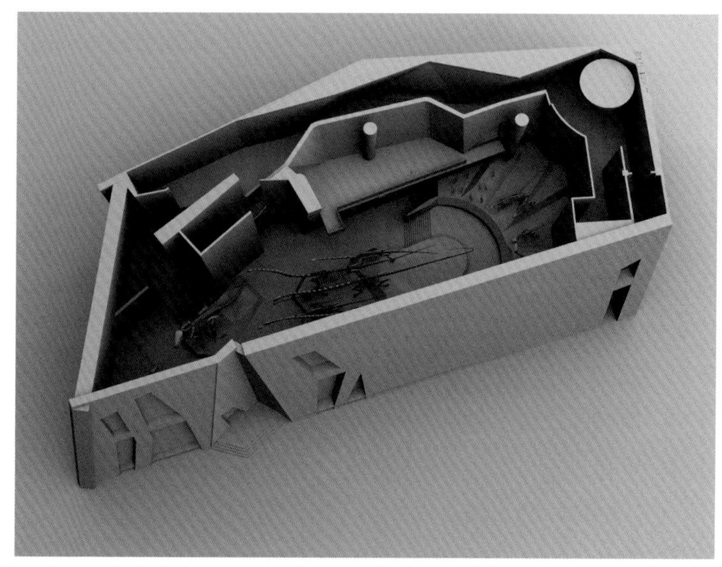

恐龙厅鸟瞰

恐龙厅立面图

恐龙厅序厅

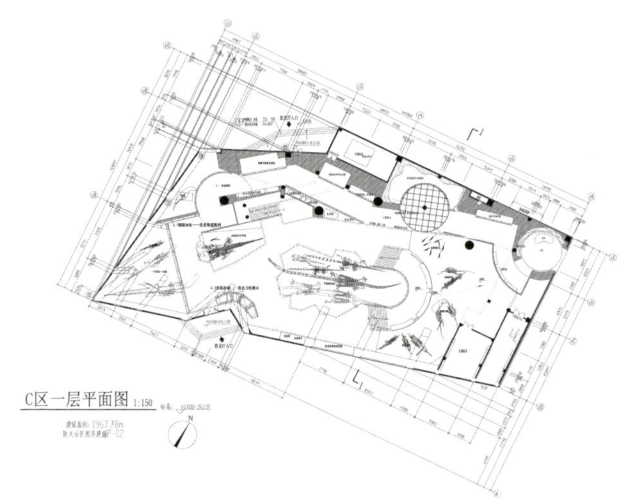

一层平面

恐龙发掘现场

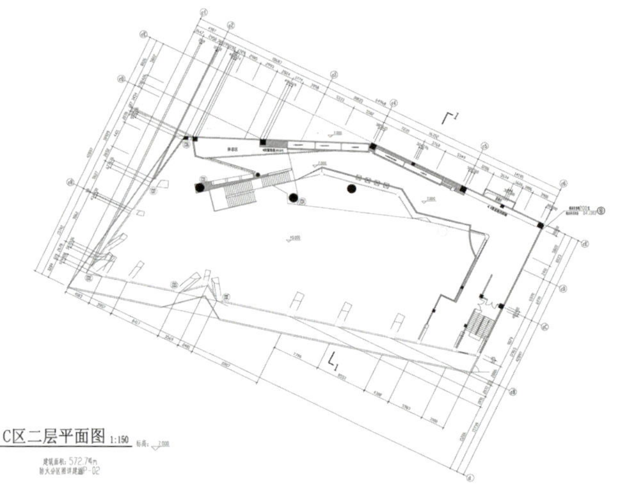

二层平面

恐龙厅中央大厅

建的还原场景。在充分利用原建筑的基础上，将原有的顶部采光及墙面窗户在保留原造型结构的基础上改造成LED视频，通过影像并结合声、光、电模拟并塑造出远古时期恐龙的真实生活场境，使观众完全沉浸在逼真的情景中感受恐龙世界的震撼。由于恐龙形体过于巨大，为了保证能从各个角度充分观察恐龙的骨架，在有限的空间中进行了局部的抬升和悬挑，使得观众能从不同的视角去观察了解恐龙的世界。同时，也相应地产生了局部的空间，用影像及多媒体交互的方式让青少年观众能在娱乐中认识恐龙。

通过中央展厅有一部楼梯通向二层展区，在这里系统介绍恐龙的分类、分布以及相适应的生活环境。在结束部分通过一个影像装置演绎恐龙灭绝的各种原因猜想，揭示的是环境对生物生存的重要性。

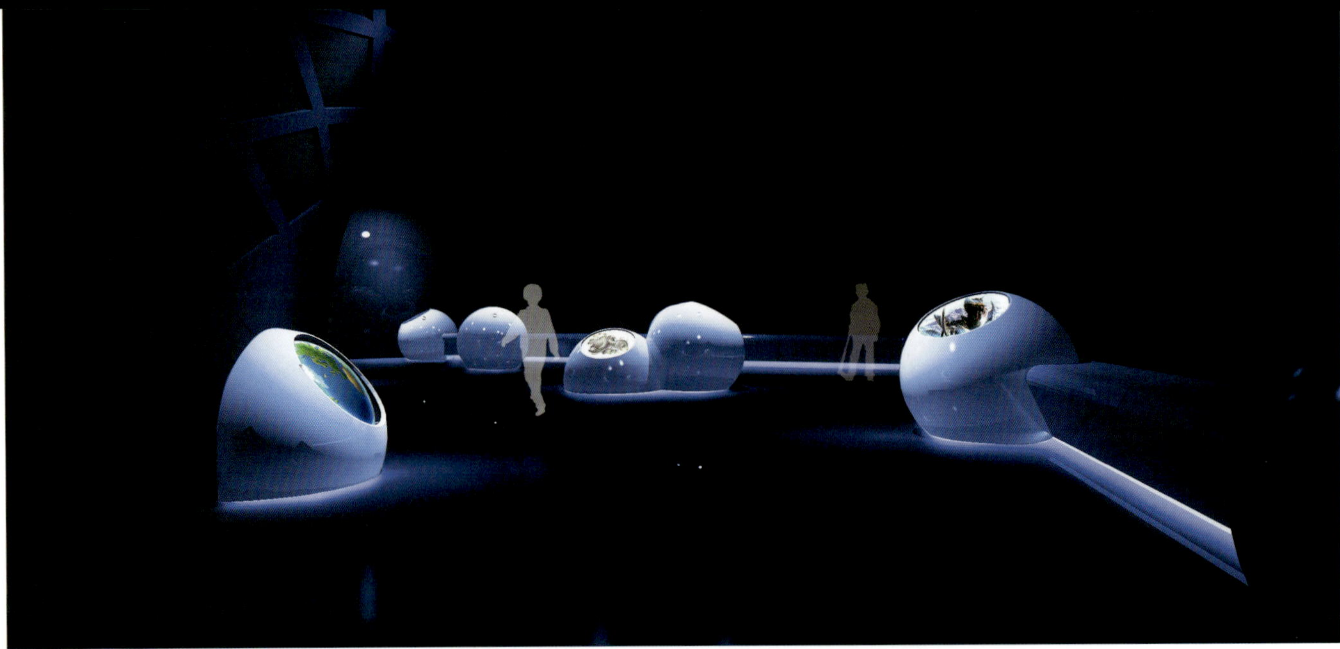

恐龙厅多媒体交互空间

恐龙厅影像交互空间

恐龙化石展区

恐龙实验室

恐龙厅中央大厅

二层恐龙灭绝探秘展区

二层回望恐龙展区

萨蒂的家

项目设计师：王昀

设计单位：北京中建建筑设计院有限公司

项目地址：北京建筑大兴大兴校区内

设计时间：1993年

完成时间：空间骨架于2015年初步完成

“萨蒂的家”坐落于北京建筑大兴大兴校区内，是建筑师王昀在1993年参加的日本《新建筑》国际竞赛中的一等奖获奖设计作品。

竞赛的具体题目是“埃里克·萨蒂的家”。因为埃里克·萨蒂早在20世纪20年代就已经去世，作为设计者，如何为这样一位先锋的音乐家设计他的住宅其实是有一定难度的。所设计的房子如何能够成为萨蒂本人也喜欢的空间就成为了设计的一个焦点。

我想，埃里克·萨蒂是一个音乐家，他的乐谱是他将自己大脑中的音乐世界投射到现实世界中的一个记录，他所标注的乐谱中的点、线等符号实际上是他头脑中的空间概念的一种表现。不同的是，这些符号被音乐家读取时会在他们的大脑中产生一组声

响，但在我的眼里所看到的是作曲家头脑中的空间世界。从萨蒂所做的乐谱中选择出他的生活空间的世界，一定也是萨蒂所喜欢的建筑的世界。想到这里，萨蒂的家其实就完成了。

具体的操作是：首先选择《Le Golf》的乐谱，并以事先确定的48m长、8m宽的建筑面积在乐谱中进行选择，边选择边考虑住宅中餐厅、卧室、卫生间等功能的布置问题。当48m长、8m宽所框的范围恰好符合了头脑中事先预设的功能布置关系，将这一部分选出配合相应的层高，便完成了此次设计。

建筑的空间骨架于2015年初步完成，由于条件限制外围护未能进一步实现。现状呈现出居住者已经搬出的“废墟”状态。但游走于其中，透过具有丰富韵律变化的墙体间观看周围风景，隐约可以感觉到萨蒂曾经在这里的起居活动。在建筑四周地面上残留的标记线提示着原有建筑外围玻璃的位置及原有的室内外划分关系。

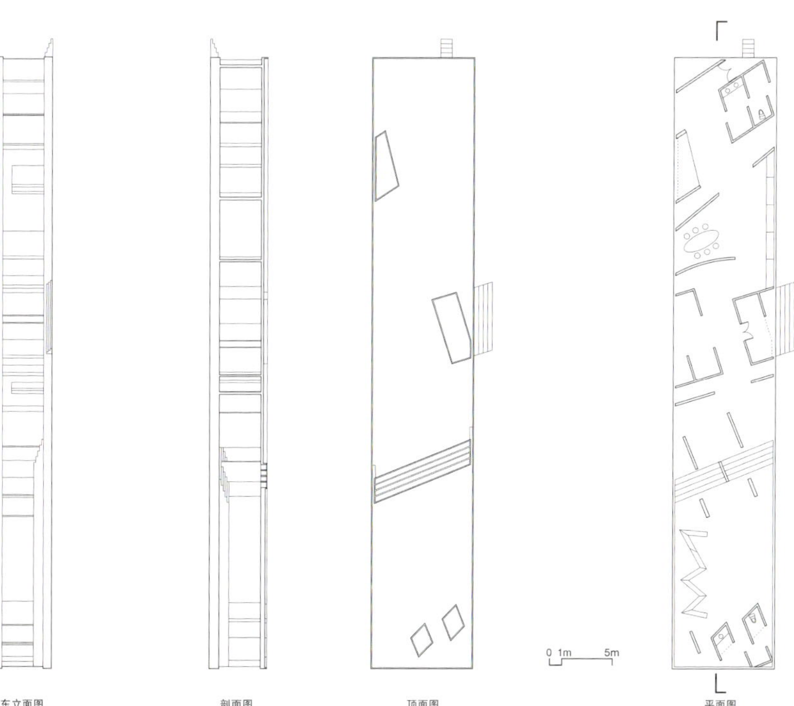

萨蒂的家平面

北京顺城印刷文化中心

建筑设计：吴勇

项目地址：北京市顺义

设计时间：2013年

承建单位：北京顺义建筑工程公司

项目面积：20500m^2

完成时间：2016年

正面效果图

侧面效果图

北京顺城印刷文化中心，是一家以印刷生产为主的建筑空间。故设计伊始，与甲方进行沟通，根据实际需求，设计考虑内部空间以生产流线的秩序、顺畅为导向入手，对客户来宾及行政人员的交流空间予以舒适、便利的配置，同时受资金的制约设计以尽可能降低施工材料成本为原则。该项目建筑总面积20500平米，其中主楼共三层，约占16000平米，其余为仓库及副楼生活区。

一楼设定为以重型设备为主的印刷车间，对其物资配送及成品输送合理安排了生产动线，以此决定其余空间的分布；二楼以印后加工生产车间为主，其空间以设置在半空中的生产线输送带为区域分割处理，将切、压、烫及各种装订生产工艺区进行合理的流水生产线路安排，很好地配合了复杂的后期工艺生产的内部空间需求；三楼为行政办公及客户交流区域，同时还设置了一个千平米左右的展览空间。

三楼的设置呈围合状态，中间为露天浅水池，这一设计主旨完善了该区域人员滞留量大，可调适湿润的“小气候”。使得人们在干燥的北方也可以有相对舒适的工作交流环境，也构成了随时间变幻的水景景观。

一楼大堂面积不大，纵深较短，故大门设计成两层楼层高的落地玻璃幕墙，在较为气势的形态下，外面的光线得以顺畅引入室内，并在墙面形成反光漫射效果；加上楼顶箱式LED灯组所反射的光线，形成柔和的光效，将空间里具硬性工业感的楼梯、廊桥，再添以舒适温和的氛围。这种随处可见的LED半反射式灯箱，以各种造型形态被分布在会议室、制作室、展览空间、办公室等空间，其柔和的光线令人放松、愉悦。

室内所有的空间梁柱均保留水泥原状，配合大面积的浅灰墙面，显得低调、洁净、不刺眼。

该项目坐南朝北，建筑外立面的窗式根据北阴南阳的地理特点，将工作性质需流动的人群及设备设置在北侧，将需阳光映照的静态人群分布在南侧。以此，北侧主体墙面进行了大中小三种窗式的编排，编排的原则依据内部空间需光和避光的要求进行分布，形成有趣有设计感的构成形式；而南立面尽可能采用大面积的窗式，吸纳阳光的有效摄入。

室外大门处的雨搭设计成异型的玻璃幕墙形式，透光和挡风成为功能设计。顶处的斜面依墙而设，顺势斜至下水管道，更利于棚顶的积雪融化、滑落和雨水的流淌，达到减压及自洁的功效。

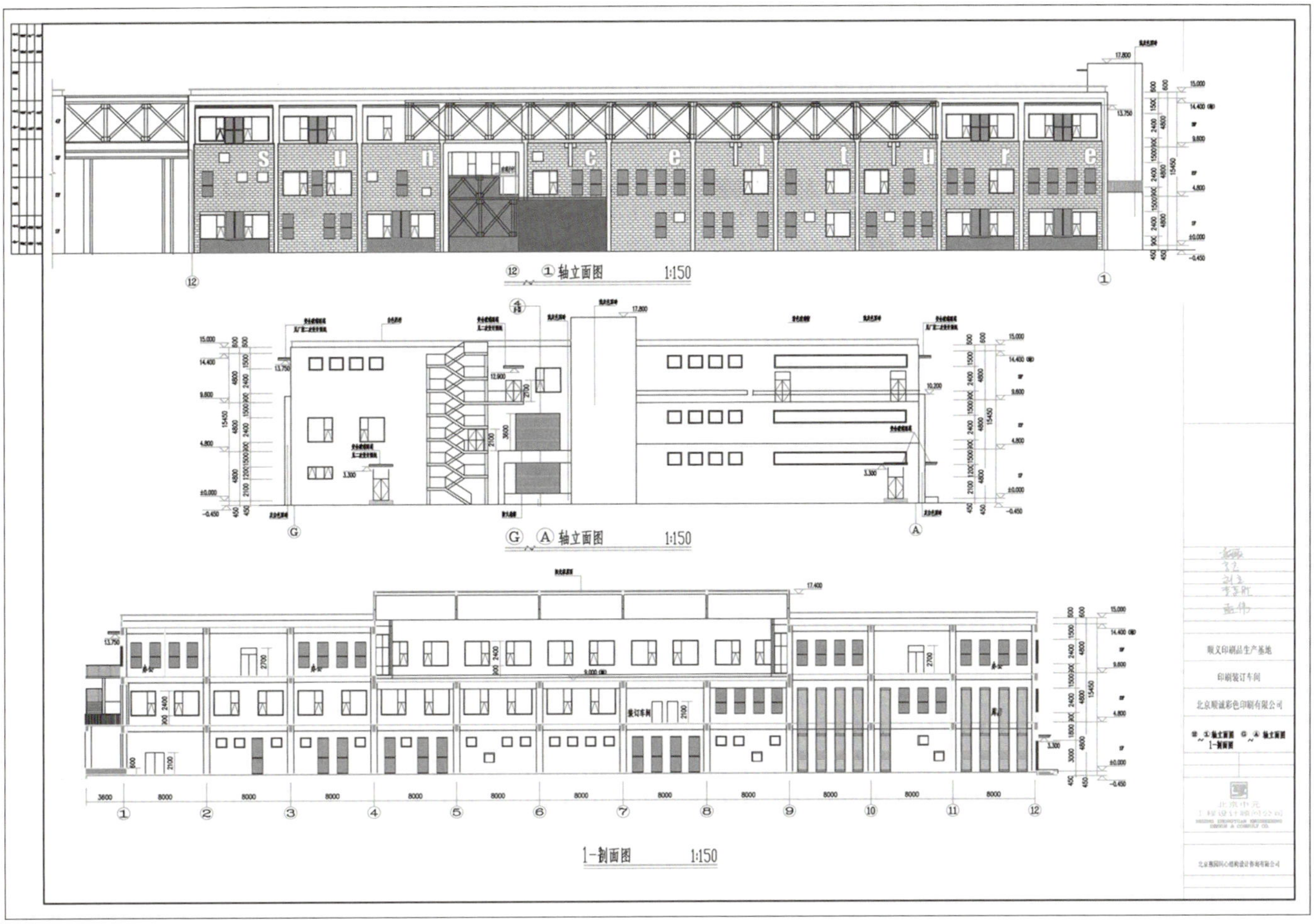

⑫～① 轴立面图 1:150

Ⓖ～Ⓐ 轴立面图 1:150

1—剖面图 1:150

轴立面、剖立面图

露天浅水池

大厅

大门内部

顺诚大门

湖头镇艺术雕塑公园策划及设计

项目总顾问兼雕塑设计：陈文令

项目设计师：谢晓英 周欣萌 孟庆诚 冀萧曼 王欣 李图 孙昱 谢庭苇 邢丝琦

设计单位：陈文令艺术工作室 中国城市建设研究院无界景观工作室 中国美术学院建筑艺术学院造园工作室

项目地址：福建省泉州市安溪县湖头镇

设计时间：2015年

项目面积：约30公顷

建筑面积：5000㎡

溪涧洞天茶会 茶室
万物皆牛主题雕塑
三平观
一叶池塘
高远山居 山居艺术民宿
四百米边坡艺术长廊 摩崖石刻
生命树雕塑
大法观 茶室
寻根观景广场
听泉雕塑
闻香雕塑
幻界雕塑
世外桃源雕塑
祖师殿
耕牛主题雕塑
自在观音主题雕塑
山门
云龙脊 景区服务接待与管理中心
云龙雅集 主入口文化艺术广场
城市山水主题雕塑
湖头镇
泰山岩
四公里主题雕塑园登山路径

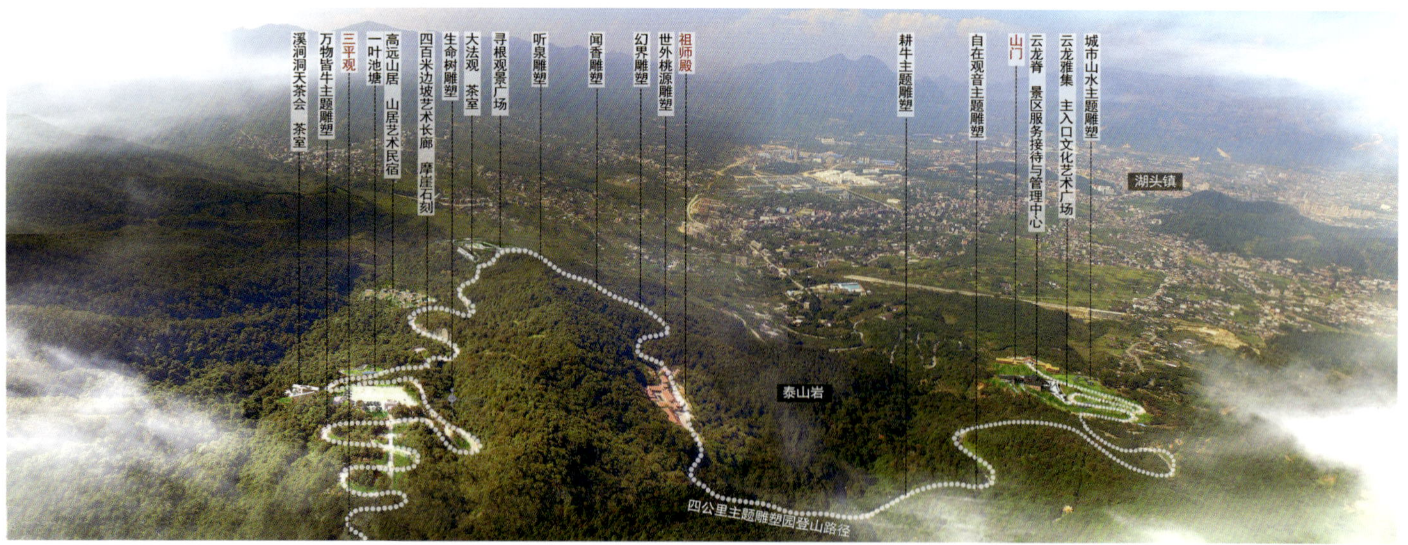

公园游览路径是一段长约4公里、高差260米的登山路，连接祖师庙与三平观，将当代艺术作品和文化建筑融于自然景观中，形成综合性艺术公园。

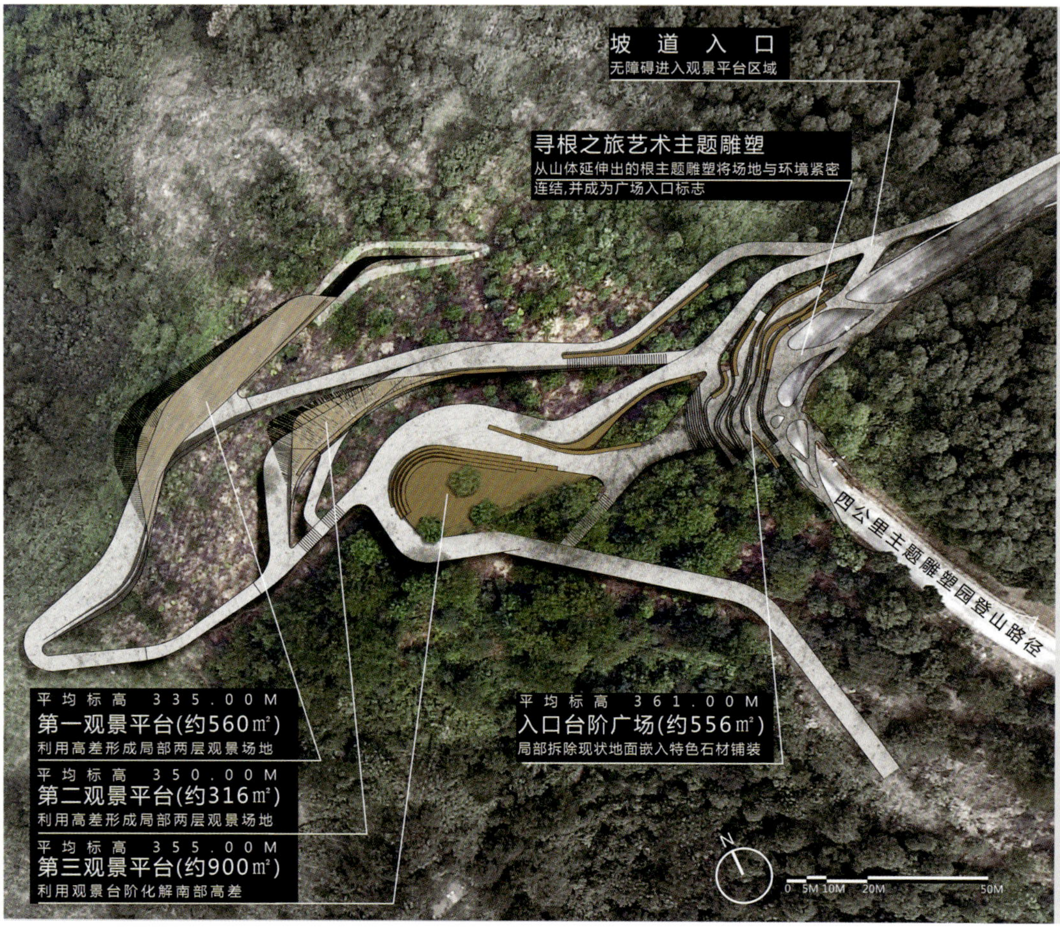

坡道入口
无障碍进入观景平台区域
寻根之旅艺术主题雕塑
从山体延伸出的根主题雕塑将场地与环境紧密连结,并成为广场入口标志
四公里主题雕塑园登山路径
平均标高 335.00M
第一观景平台(约560m²)
利用高差形成局部两层观景场地
平均标高 350.00M
第二观景平台(约316m²)
利用高差形成局部两层观景场地
平均标高 355.00M
第三观景平台(约900m²)
利用观景台阶化解南部高差
平均标高 361.00M
入口台阶广场(约556m²)
局部拆除现状地面嵌入特色石材铺装
N
0 5M 10M 20M 50M

"寻根"观景广场视野开阔，可眺望远山，俯瞰湖头镇全貌。

湖头镇艺术雕塑公园 · 山水建筑

湖头镇地处闽南金三角，安溪县北部，历史悠久，人文荟萃，景观独特，是"福建首批历史文化名镇"公园选址是"湖头十景"之一的泰山岩景区内，一段长约四公里，连接起祖师庙与三平观的主要游赏路径。

项目以回归自然，净化心灵，感知艺术为宗旨，通过学者、艺术家、建筑师和景观师的跨专业相互合作，旨在打造一个集当代雕塑艺术、建筑艺术、自然景观、餐饮、茶室、娱乐、休闲、宗教朝圣、对台文化交流、儿童教育、科普实验等多功能于一体的综合性艺术雕塑园。湖头艺术雕塑园不仅为本地居民提供休闲场所，又赋予了泰山岩景区更多文化内涵，为进一步传承祖师文化，弘扬两岸宗教、民俗等文化传统起到重要的推动作用。作为湖头镇的新名片，它将成为安溪县的重要旅游景观和文化景观，成为福建闽南金三角旅游圣地。以艺术雕塑公园为轴心，将进行渐进式辐

射全镇的文化改造，建设世界级的文化艺术名镇。

湖头泰山岩，平淡天真，精神藏而不发，骨骼隐而不显，蒙蒙未开。山水建筑的意义，在于理景，理山水之体验格局，勾勒山水认识之经络脉象，建人之于山水之居、观、游之法，点穴归经，以开启隐匿山林间的神采与气象。

云龙脊·七间山房

艺术公园是一个山地，视觉是多维度的，俯仰皆可成景。这个建筑由七间摄景房生长而成，犹如一个村落的自然形，上下、高低、俯瞰、仰望、侧观、斜读皆不同，我们认为它几乎有上百个美妙的立面，如“十面灵璧”，八方玲珑。它将成为周围山林的最重要视觉焦点与地理标识。七间山房，以建筑的全空间取景，朝向各个方向，应对不同的风景，每个房子都建立了一个诗意的情境，并将之组织在一条主轴线上，如同一部山水的风光大片，不停的切换美景。七间山房，随山垄之势跌宕而下，形成排山倒海之势，交叠撵转，犹如游龙身姿，它是公园的起笔引首。

溪涧洞天茶会

我们对一个传统泉州的合院做了园林化的解构，将之一个比较封闭的内核剥开，解构传统的材料与形制，把内向的庭景推向了远山的广度，让内外世界交汇在一起。偌大尺度的山林，超然与人的知觉，天地之大与泉壑的美艳、体验皆要被设计过。桃花源的惊艳在于它的进入方式，先抑而后扬。我们要将平素常见的泰山岩与湖头的远眺，放在一个洞天里去看。小小茶会场所，是一个山水场景的画意呈现，是一条沟壑，是一条溪涧，叠泉反映了山势，它指向了山林深处的幽思，又指向了山下的尘世，溪涧两岸形成了对望，隔岸与隔世的美妙，将这个小小的洞天内部放的很大。

山居艺术民宿

“山居”艺术民宿，是取法闽南民居的意趣而创造的一种全新山地园林，不是一个房子的概念，而是一个要素齐备的紧凑式的立体庭园。这里的外部就是内部，外部是一套“无顶”的完整的起居空间。闽南独特的建筑材料将在此得到诗意的发挥，闽南的饮茶生活方式将在此被延续演绎，这将是极具地方特色的当代的闽南的新文人园林。

延续场地文脉，唤起乡愁与回忆：寻根观景广场作为湖头镇的户外演播厅，以小镇景观为背景，将这里的文化、节庆活动传播出去，打造湖头镇的新名片。

这是在地性的地景装置雕塑。它与树木丛生的山谷产生紧密互动和映衬，又有与现实景观相左右的力量；这棵树既向上生长，也向下生长，根深叶茂、同体共生，充满着一种魔幻的超现实的视角张力，同时，又具有某种人生的和宇宙的哲思和虚拟奇观。

云龙脊

洞天茶会

山居艺术民宿

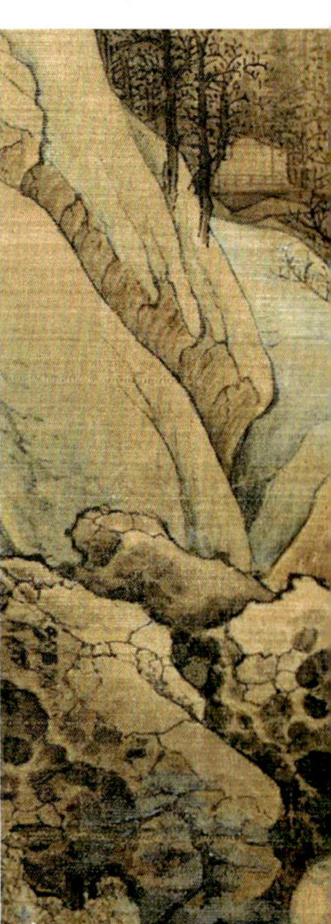

景德镇浮瑶茶室设计

项目设计师：玄峰　李逸伦
设计单位：上海交通大学建筑学系
项目地址：江西省景德镇市浮梁区瑶里
设计时间：2015年07月
竣工时间：2015年10月
建筑面积：220㎡
占地面积：270㎡
项目摄影：李犁

景德镇浮瑶茶室设计

景德镇浮瑶茶室项目是一个高品质要求、品茶赏艺的高级私人会所项目。地理位置特殊，设计难度较大。

众所周知，江西景德镇作为驰名中外的“世界瓷都”，但是其最早名世的却非美轮美奂“火光炸天，四时雷电”的青花瓷器，而是茶叶。自南北朝始浮梁（古县治）即有茶市交易的记载。至隋唐茶叶交易已臻繁盛：著名的有敦煌遗书之《茶酒论》中“浮梁歙州，万国来求”的记载和白居易《琵琶行》中“商人重利轻别离，前月浮梁买茶去”的千古辞章。——作为中唐诗人，白居易《琵琶行》小序所言“商人贾妇”原本“长安倡女”。长安、浮梁地隔千里之遥，侧面反映了浮梁茶市之闻名遐迩。从发展路线看，景德镇当是以茶为主题，以瓷器为媒介（盛具），经由茶叶贸易路线而驰名天下的。本项目基地即位于古浮梁治所东12公里的浮梁瑶里山间。

浮梁县是一个典型的山区县，素有“八山半水一分田，半分道路和庄园”之称。瑶里山丘地质更为明显，为密密麻麻一系列高度100–200米左右的小山丘构成。山丘土质松软，多红壤，土质肥沃，光照充足，雨水充沛，极适宜种茶。千年的历史积累使得瑶里大量山丘早已开辟为古茶山，山上古茶树密布。本项目基地处于瑶里乡间6个山丘围合的一块山谷地段，地形相对平坦。地势西北高、东南低，北侧主峰最高，西侧山丘次高，接下来山顶高度自西而南而东依次跌落。西北两主峰间有一脉溪水潺潺而下，穿越谷间低地自东边两低矮山丘夹峙的山口东流而出。

在最初平整场地时，碎石浮土依地势自然而然堆积在地势较低的狭窄逼仄的东边山口处。不成想这些碎石淤泥居然自热形成一道围堰，山溪水慢慢汇聚成一汪40–50亩南北窄东西长的天然湖面。池鱼芦草几乎立即浮现水面，自然景观得天独厚。

山为千年茶山；水为天然山泉水；地为山涧围堰；势为出入山谷的山门；茶室自然条件可谓天造地设。甲方瑶河仙芝茶叶董事长徐总即将茶室立意定为“隔离尘世，静心品茶，观景赏月，澄怀致远”。

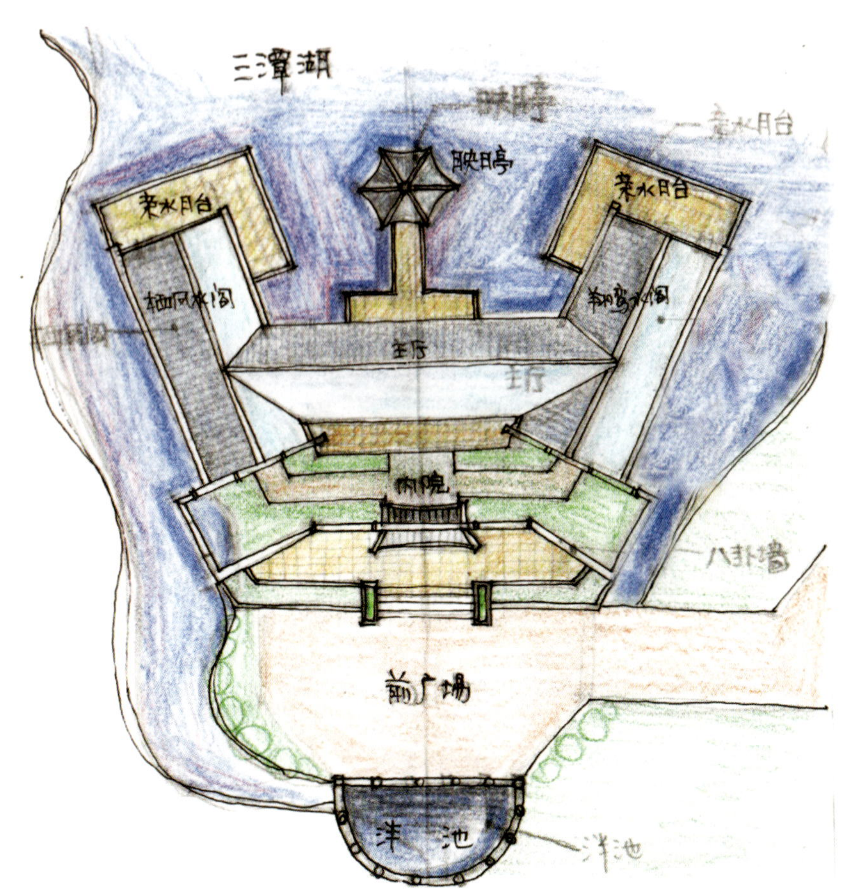

分析图

场地布局

顺应山口处南北山丘收口急促，水面也在围堰西侧相应收窄，茶室可用地坪便比较局迫：地坪东西进深不足20米；南北面宽刚刚展开30米即沿水面及山丘侧边线呈1200向内侧伸去。在这么薄的进深地坪条件下尚需要留出10米宽度做茶室大门前车行人行道，茶室进深向可以利用的只有10米左右。为此，方案场地布局即在现有条件下顺应基地地形，平行于周边等高线而设置成一个“Y”字形，大厅在横向展开后，茶室纵深直接两翼打开伸入水面，成为水上茶室。值得注意的是：经过现场精心定位，“Y”字形中轴线正对西山主峰。

空间设计

茶室同时担负着出入山门的功能，是整个山庄的第一印象；也是沟通山庄、茶室内外的过渡。所以茶室空间设计需要一个山门外嘈杂公共空间与茶室内静心品茶私密空间的过渡。为此，茶室在10米的可用进深方向上留出4.8米的进展作了一个横向展开的前院形成过渡——“景贵乎深，不曲不深”——前院南北两端小内院点植湖石假山、金桂玉兰点景。在狭窄的进深向形成多元空间层次。

表皮处理

狭窄的东山口100米外即是迂回嘈杂的省道，属公共界面。因此面东的建筑外表皮即除大门外处理为完全封闭的实体外墙——“俗则屏之”。进得山口，循山路向山庄内侧深

茶室鸟瞰透视

茶室北立面（施工现状）

茶室正面透视

茶室水景透视图

入即是成角度展开的两间茶室：侧山墙的界面。此处表皮属于公共空间向私密空间的过渡。为此侧表皮处理为漏窗与竖条窗的组合：漏窗用于前院假山种植的开景窗；竖条窗用于茶室外界面外墙，与南北小山丘挺拔秀直的黄山栾树、红豆杉树取得协调。进入山门，穿过前院进入大厅，茶室大厅面西湖面的临水内界面全部采用了花梨木支摘门。天气合适，全部支摘门可以全部摘下打开：迎面的将是完整的一横幅秋江山水：稚川山居图。进一步左右转入两侧茶室，茶室临湖内侧界面做了完全的虚化处理：落地玻璃窗直垂水面。可以直接透窗观赏湖鱼游来游往——“佳则收之”。南北两间茶室晒台完全伏卧水面，两晒台视觉垂线重合在“Y”字形建筑主轴上。就在三轴交汇点精心设计栈桥草亭一顶，云霁风清时，可直接在草亭烹茶煮月，天地风云皆可融入一壶中。

立面营造

浮梁古属徽州，当地传统民居皆为徽式：平素的双坡顶与跳跃的马甲山墙成为浮梁典型的地景。这一印象在山环水绕，民居隐现山间的瑶里尤为明显。特别值得一书的是：在街巷狭窄、临街面不能出挑太多时，高大的徽式外墙入口为了形成更好的立面效果巧妙的运用了视错觉：即入口两侧夹峙的门檐下短

茶室正立面（施工现状）

内湖面（施工现状）

山墙往往不是垂直于外墙的“TT”字形，而是“宀”字形。这样可以在较短的进深向形成较大的纵深感——民间手工艺的创造性可见一斑。当地工匠有把此称之为“福山子”或者“五福山墙”的说法。这一门口构造做法无疑非常适合本案基地：在狭窄的进深及面宽条件下迅速展开横向立面并形成进深感。在此基础上，五间依次跌落的马甲山墙最外间呼应内院侧呈120^0打开的茶室也作了折线平行化处理，与大门“宀”字形短檐墙取得呼应。最终立面做到了秀丽端庄、活泼大气的效果。

后记

浮瑶茶室项目颇多曲折，自立项始，瑶河仙芝董事长徐总即往来上海、广州、深圳各地及当地设计院出图数套皆未言满意。事情拖沓两年有余，一个偶然机会经由中建院李总牵线搭桥遂有此机缘。方案初稿寄去也即放下了。不久，徐总邀请品茶才二次来到山庄现场。让人大吃一惊的是：仅仅脱稿四个月茶室居然基本落成了！品茶地点正是稿中茶室。满腹疑惑间，徐总早已泡好顶级红茶一壶，山泉一开，香气满室。时近黄昏，月亮早已爬上山顶，清风徐徐，水波涌起，香茗羽片，鳞光满室。人几乎一瞬间便静了下来。欲待问时，徐总举杯问道：“茶水味道如何？”（撰文/玄峰）

援埃及卢克索中国园

项目设计师：闫爱宾 宾慧中 贾桂宝 周琳 徐极光 王晓霞 陈佳婉 静新宇

设计机构：中国城市建设研究院有限公司

委托单位：商务部援外司

建设地点：埃及卢克索

设计时间：2012年03月-2015年

建筑面积：2203.96m^2

占地面积：7000m^2

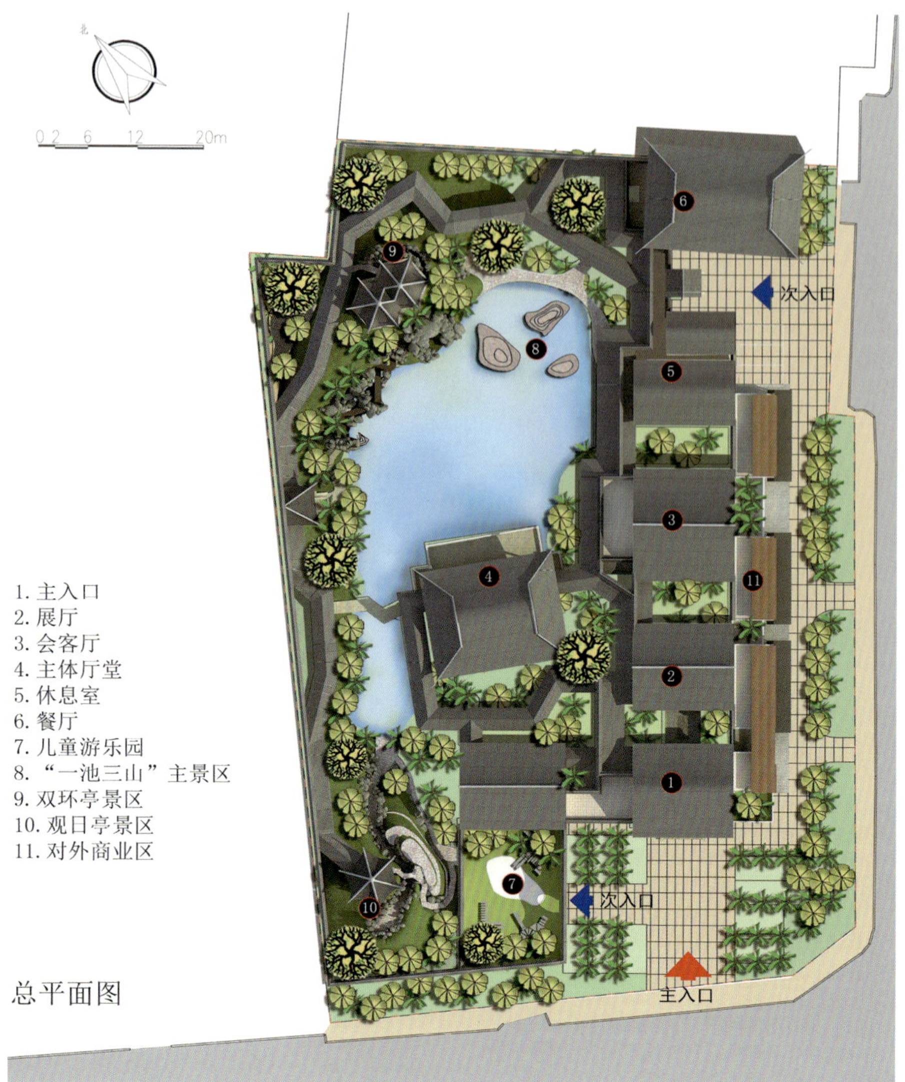

总平面图

1. 项目概况

卢克索（Luxor）为埃及中南部城市，坐落在开罗以南670多公里处的上埃及尼罗河畔，位于古埃及中王国和新王国的都城底比斯南半部遗址上，南距阿斯旺约200公里；海拔78米；气候干热，年平均气温25.1℃，昼夜温差较大；年降水量仅5毫米；经纬度为 25.7° N，32.645° E。

本项目位于卢克索市区内尼罗河东岸，卡纳克神庙大道与卢克索总医院大道路口西北角，现状为城市绿地；基地南距卢克索神庙约700米，北距卡纳克神庙约2公里，基地东侧隔卡纳克神庙大道为连通卡纳克神庙与卢克索神庙的长约2.7公里的斯芬克斯大道，区位条件优越。基地北亦为城市绿地；基地东卡纳克神庙大道边为青年清真寺；基地西侧紧邻卢克索总医院；基地西南为卢克索博物馆；基地正南隔卢克索总医院大道为城市绿地及Wady小学；基地东南隔道路交叉口广场为Salam私立外语学校。基地周边交通便捷，人流密集，未来建成的中国公园将可很便利地为当地居民所共享。基地用地面积7000平方米，为大致规则的矩形地块，南北长约100米，东西长约70米。

2. 设计理念

在卢克索兴建的中国园将成为中埃两大文明古国之间文化交流的使者。本方案着力于挖掘地域文脉，同时融入中国文化，形成两大文明古国传统文化的深入对话与交流。同时，也充分重视当地的现实关切，在丰富当地市民生活的同时，使该地块焕发出新的发展活力。

（1）文化对话——和而不同、和谐共处、

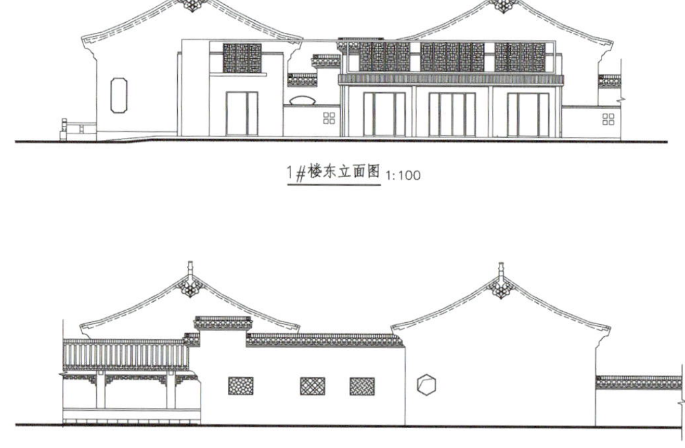

1#楼东西立面图

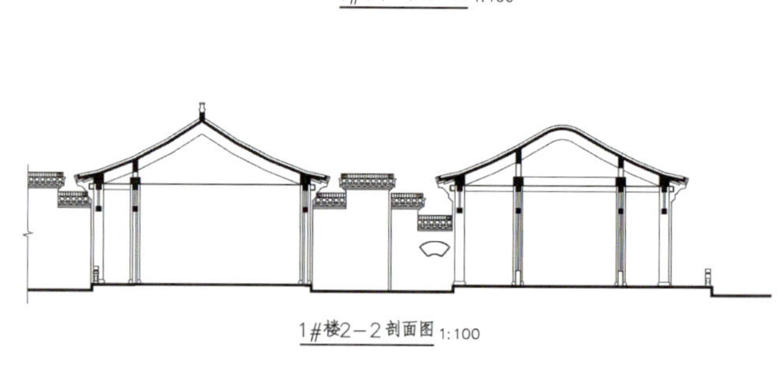

1#楼剖面图1-2

融合中埃文化、融入当地文脉。

中国传统文化是追求和而不同、和谐共生的“合”文化，在本案设计中也着力挖掘这种“合”文化的传统并予以体现，以营造融合中埃文化、融入当地文脉的和谐之园——“合园”。设计中从对彼岸世界的追求、对生与死的态度、对“日”“月”文化的梳理等角度展开中埃文化对话，并在中国园的设计中予以融合体现。

（2）现实关切

中国园中所体现的中国文化中不同文明相互尊重、和谐共处与对话的精神，同时也体现在对对方现实问题的深刻关切上。本方案从卢克索的城市现实需求出发，在为市民营造可便捷共享的优雅环境的同时，也为儿童设置活动广场与器材，为市民设置城市活动广场，以丰富当地文化、娱乐生活。

3. 规划布局

（1）基地与城市的对接、文脉协调

考虑到卢克索历史悠久、城市风貌以阿拉伯风格建筑及局部古埃及建筑遗迹为主，本项目基地又位于两大神庙之间、斯芬克斯大道之侧，如果按照卢克索城市建设现状，建筑退界均很小，中国江南园林式的粉墙黛瓦将突显在城市道路之侧，城市风貌到此会产生突变，从整个卢克索的历史风貌整体协调观出发未必合适。故规划中将园墙内退，以大片绿化与城市对接，在绿树掩映中则隐约可见中国园围墙；基地南侧在绿化之外，还结合主入口布置城市广场、儿童活动场地，既软化了园林与城市的对接关系，也将与雅静的园林风格不太协调的功能空间（如市民广场、儿童活动场地）适度地予以分隔。卢克索建筑外墙及围墙多用黄色系，故本园园墙及面向城市的建筑外墙选择淡黄色， 与城市形成对话，文脉协调。

（2）入口布置与游线组织

中国园林的入口一般设在正东、东南与正南这三个方向，在游园时可避开太阳光线对视线的干扰，并避免观赏的景物处于背光位置。本案主入口南向、次入口东向，既与道路连接便捷，也有利于主题景象空间的有序展开。

本方案的入口空间遵循江南园林隔而不塞、欲扬先抑的处理手法，使空间序列收放有致，小中见大，同时创造出障景与对景的景观效果。入口的廊道设计为复廊，更有利于营造虚实结合的景象特征，活跃空间序列，增添游园趣味。

主要景象空间均由南向北观赏。该角度可避免逆光，使景物在阳光的照射下，明暗有序，层次丰富。

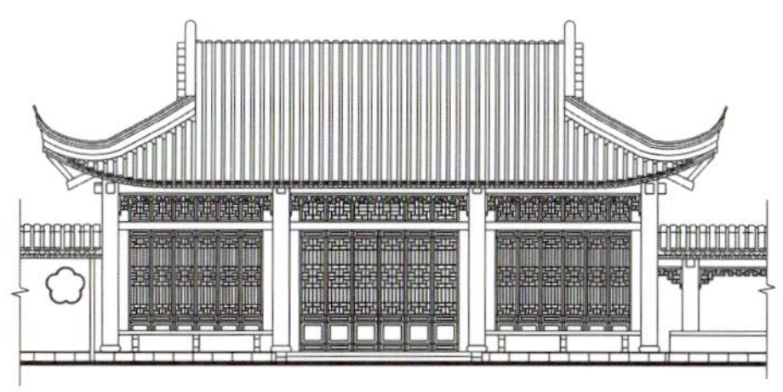

主厅南立面图 1:100

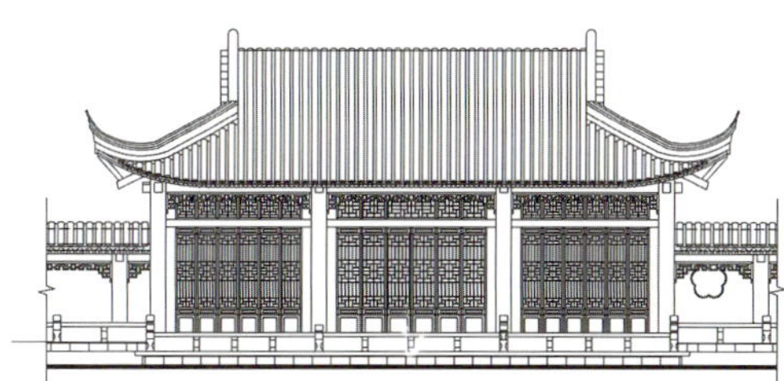

主厅北立面图 1:100

1#楼剖面图1—2

一层总平面图

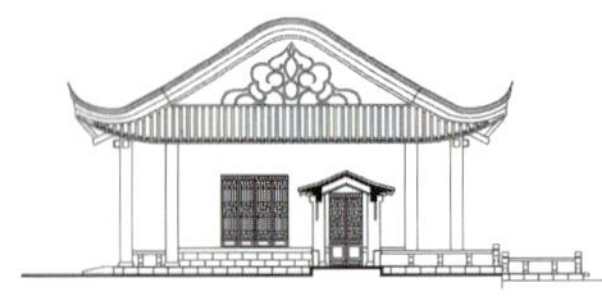

主厅东立面图 1:100

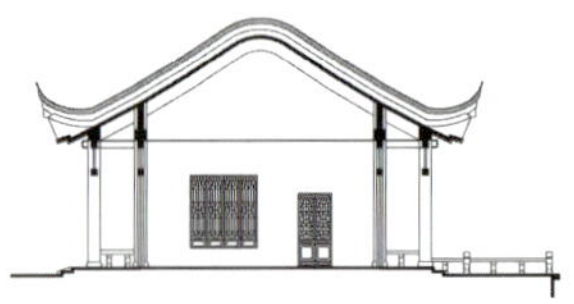

主厅1－1剖面图 1:100

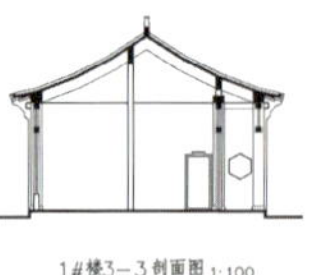

1#楼3－3剖面图 1:100

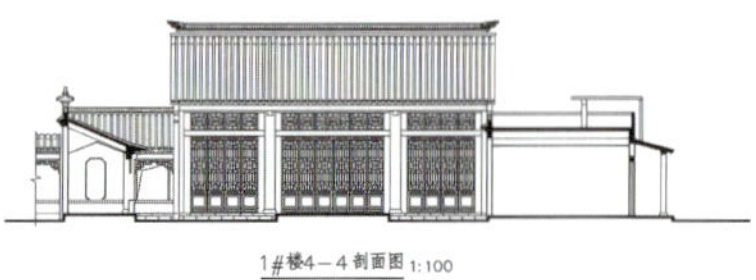

1#楼4－4剖面图 1:100

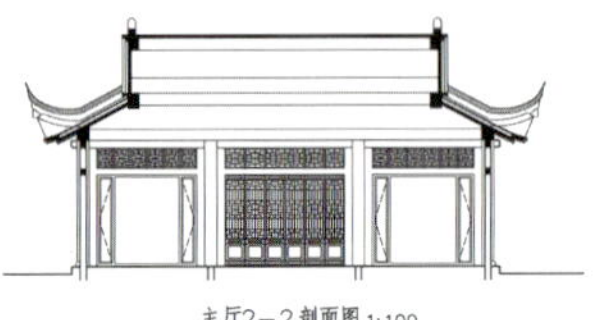

主厅2－2剖面图 1:100

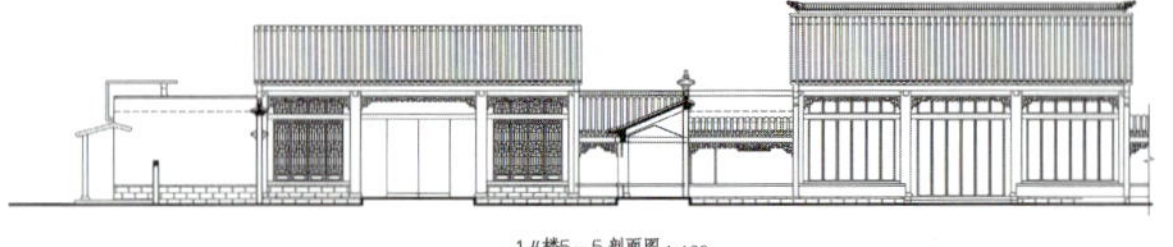

1#楼5－5剖面图 1:100

主厅立剖面图

1＃楼剖面图

主景效果图

沿街效果图

鸟瞰图

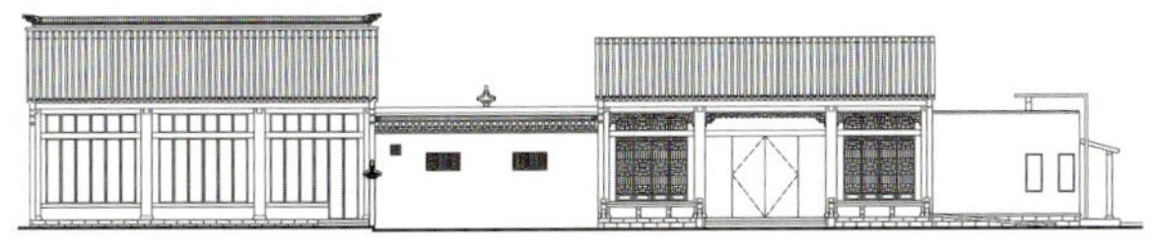

1#楼南立面图 1:100

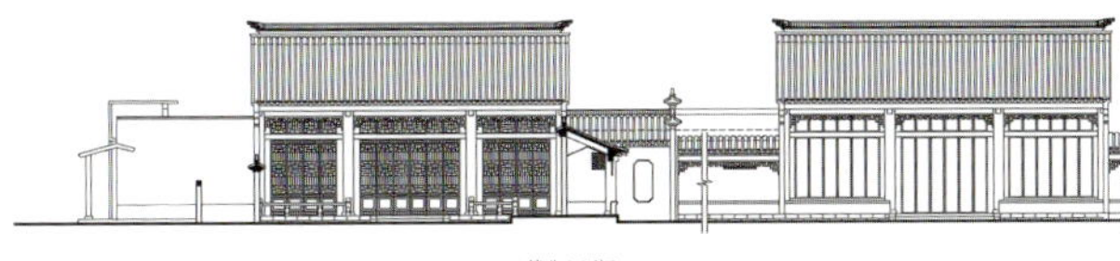

1#楼北立面图 1:100

1#楼南北立面图

（3）功能分区

本案分为三个主要功能区：南侧城市景观广场区（含儿童活动场地）、东部接待功能区、中部主题景观区。

4. 主要景象空间处理

在本方案的设计中，浓缩了中国江南园林的三种典型景象空间：山景园、水景园、庭园，并加以有机组合与梳理，以更简洁、略后现代的手法予以重新梳理与布局，形成一个精致、丰富、景观有序、曲折有致、既典雅而又不失现代感的中国园林。

（1）筑山、叠石——山景园

在模拟大自然的江南园林中，人造山景以其丰富的艺术感染力而常被用来作为主体景象，甚至全园即为一幅山景。山林景象不仅可供观赏，而且可以登临远眺、借景，可以分隔空间、增加景象层次，并成为鸟瞰全园景面的一个主要视点。本案在园西北角组织以山景为主的主题景象空间。

（2）理水——水景园

水是园林景象构成的重要因素。水具有拓展空间的作用，同时水更有其独特的表现风格，这就是突出水的自然景观特征——以少量的水模拟自然界中的江、河、湖、海、溪、涧、潭、瀑、池塘之类。理水手法上强调以小见大、以少胜多。本案在园林中部主景区布置水景。

（3）庭园

江南园林景象基本上是描写自然山水环境，但并非处处是山水，在平坦地段的建筑经营上，往往自成小天地，通过某些建筑处理，间接与山水相联系，形成江南水乡的典型庭园景观。本案在入口区及东侧接待区即以庭园景象空间的塑造为主。

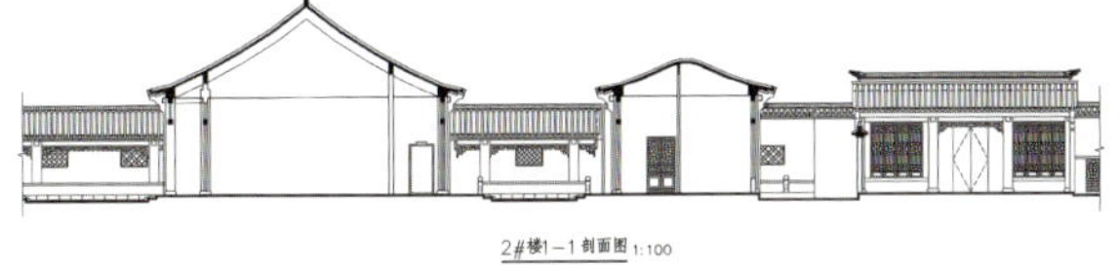

2#楼1—1剖面图 1:100

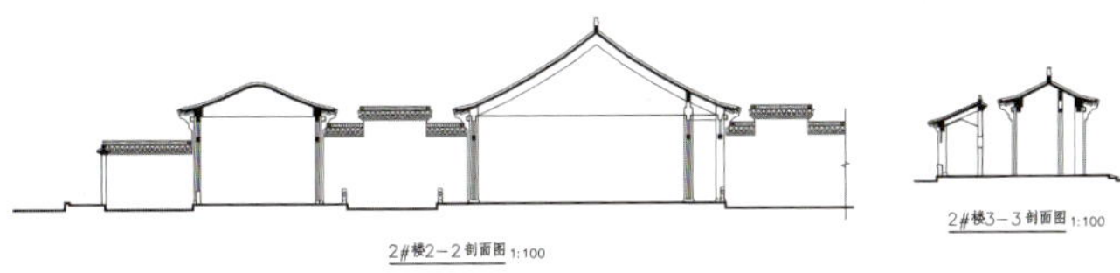

2#楼2—2剖面图 1:100

2#楼3—3剖面图 1:100

2#楼剖面图1—3

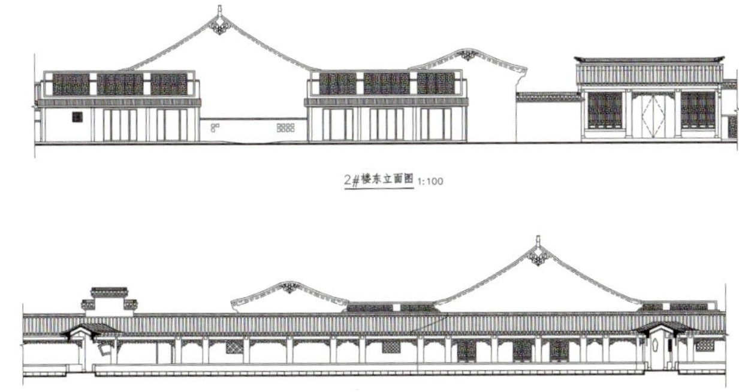

2#楼东立面图 1:100

2#楼西立面图 1:100

2#楼东西立面图

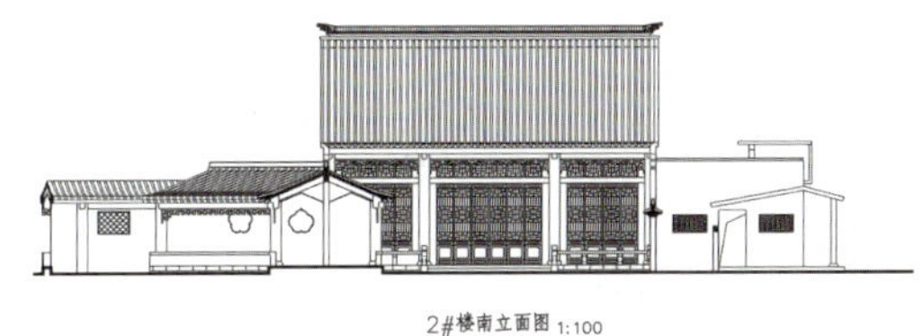

2#楼南立面图 1:100

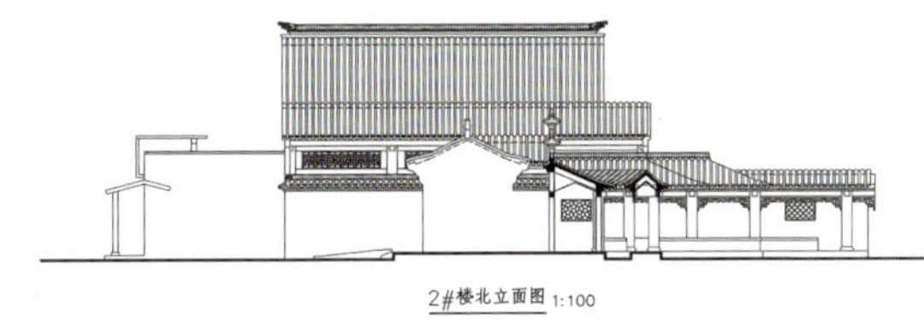

2#楼北立面图 1:100

2#楼南北立面图

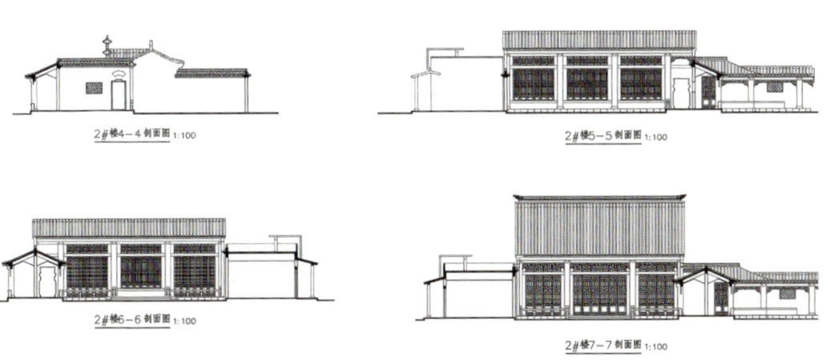

2#楼4—4剖面图 1:100

2#楼5—5剖面图 1:100

2#楼6—6剖面图 1:100

2#楼7—7剖面图 1:100

2#楼剖面图4—7

标准营造新办公室

项目设计师：张轲 Joao Dias Pereira 孙伟 Margret Domko Nathalie Frankowski 戴海飞 赵晟 石倩岚 王风
设计机构：标准营造
委托单位：商务部援外司
建设地点：北京市东城区
设计时间：2014年03月-2015年
建筑面积：500m^2
占地面积：2000m^2
项目摄影：王子凌 苏圣亮

标准营造新办公室

标准营造新工作室位于青年湖公园北门附近，由原址上的一座老厂房改造而成，至今沿街仍保留了原先的工业立面。室内的空间源于“屋中屋”的想法，一些小设施房（包括接待、卫生间、文件储存等）飘散于一个大而完整、流线自由的空间。

屋顶由一些预制的木结构支撑，增加了高度，也大大缩短了建造时间。充足的日光通过天窗和屋顶的斜坡洒向室内。一块厚混凝土板充当了延伸出去的平屋顶，并为木结构提供了基座，避免结构柱的出现，保持了主空间的完整性。

室内功能与空间被收拢在了一片差别微妙的灰色调里，构成这片灰色调的材料包括有威尼斯石膏压光墙面、丹麦环氧自流平地面和现浇混凝土。威尼斯石膏压光是卡洛·斯卡帕在翻修建筑中经常使用的。地面由工作区的水泥地和讨论区的木地板组成，两块区域均装有地暖。卫生间内部的水池与照明，通过和墙与天花板的紧密关系，在空间和形式上与建筑达成一体化。

庭院入口处建筑东立面

东北立面图

整体平面图

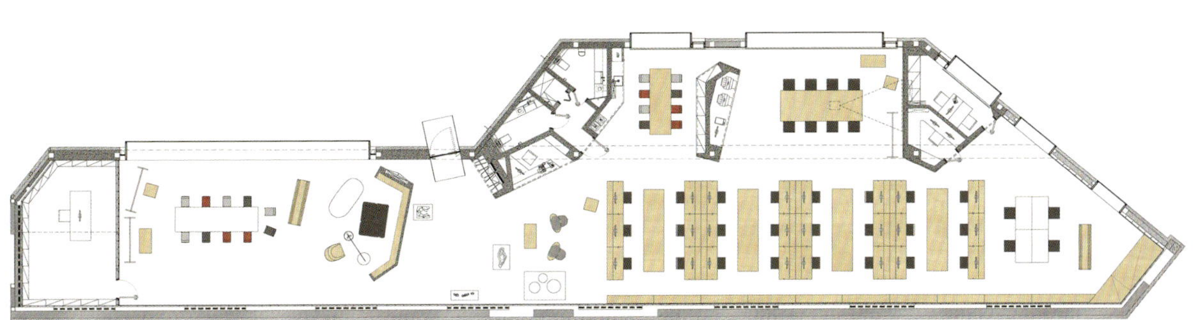

办公室平面图

会议室

办公室入口

办公区

会议室

办公室书架

庭院大门

办公室入口及会议室

办公室入口

办公室入口及庭院

会议室

办公区

微胡同

项目设计师：张轲 张明明 黄探宇 池上碧 Domko Nathalie Frankowski 戴海飞 赵晟 石倩岚 王风

设计机构：标准营造

委托单位：商务部援外司

建设地点：北京市西城区

设计时间：2012年03月

项目面积：70m²

项目摄影：王子凌 张明明 张益凡

中央庭院内向照

标准营造“微胡同”

“微胡同”是张轲领导的标准营造在大栅栏杨梅竹斜街进行的一次建造实验，目的是探索在传统胡同局限的空间中创造可供多人居住的超小型社会住宅的可能性。

微胡同位于北京大栅栏历史文化街区内，离天安门广场仅步行距离。标准营造设计的这座约30平方米的微胡同试图为胡同保护与更新提供一种新方式。

基于现状的批判性思考，对胡同文化最大的危胁不是恣意延展的商业开发，而是生长于此，满载着历史记忆的大批原居民的离去。由于缺乏较好的基础生活设施与有品质的公共空间，居民们决定租售这些房子，搬迁至市郊更宽敞的居所里。老住户对胡同的被迫遗弃现象持续上演，亟需一种应对策略以留住这里曾有的充满生机的居住传统。

设计将庭院回归到流线组织的重心，通过将活动空间引入到建筑内部庭院，来创造与城市文脉的直接联系。庭院不仅提升了内部空气与光线的流动，也联结着形式多样的方形体量及面向城市的门廊。这个灵活的城市居住空间成为位于较私密生活空间与具城市性的街道间的过渡空间，同时也成为可供微胡同居民及社区邻居共同使用的半公共空间。

微胡同承继着传统胡同所具有的亲密空间，也复兴了其社会性能，同时还增强了它的空间特性。

中央庭院俯视图

中央庭院俯视图

微胡同主体建筑

中央庭院施工照

微胡同主体建筑室内施工现状

草图

微胡同与周边环境

主体建筑俯视图

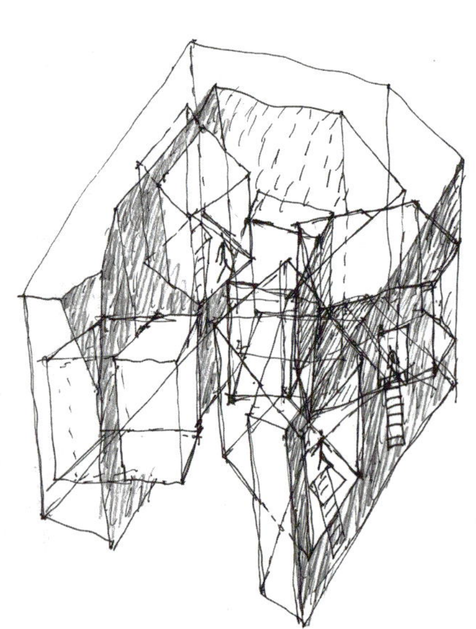

草图

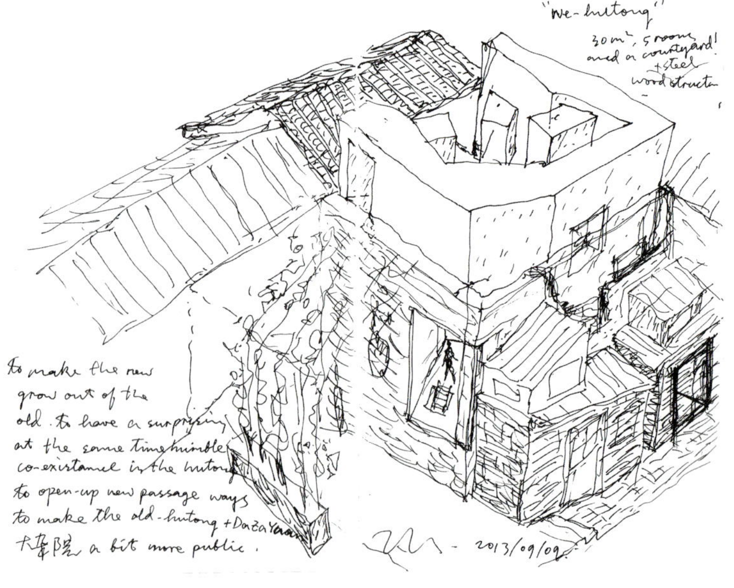

草图

区域俯视图

模型照片

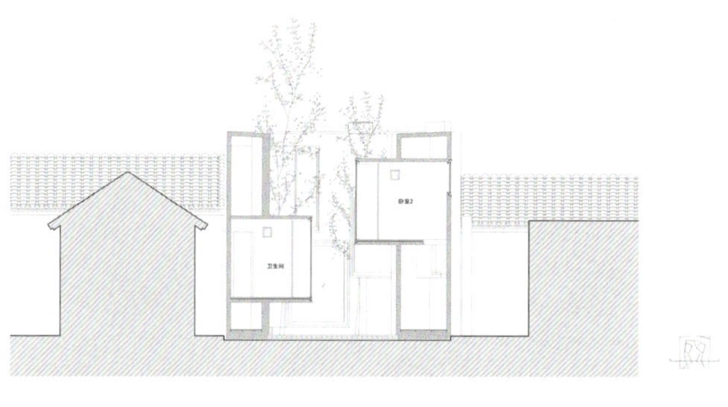

剖面图1—1

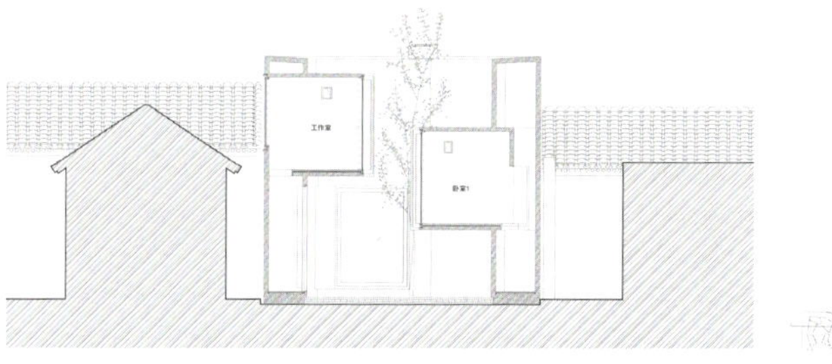

剖面图2—2

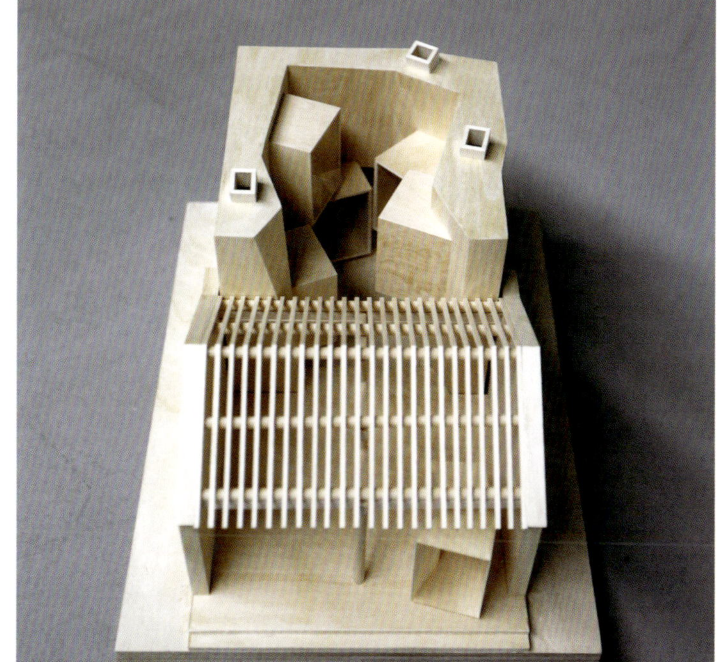

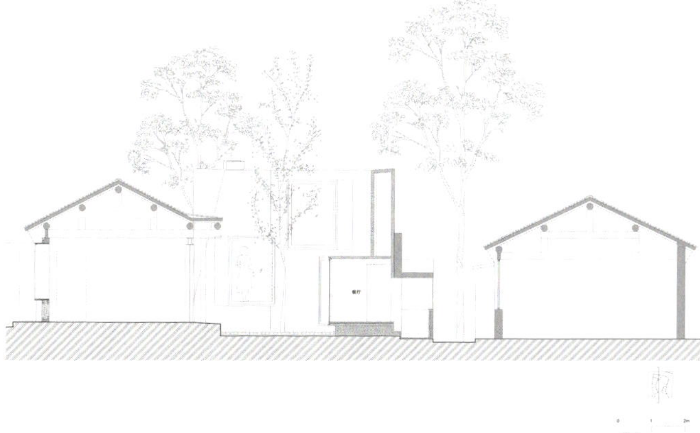

剖面图3—3

中央庭院俯视图

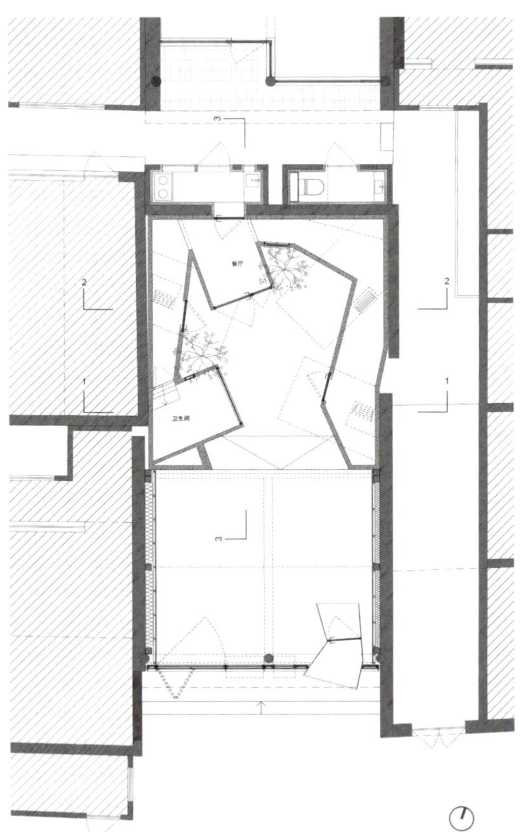

一层平面图

微胡同主体建筑室内施工现状

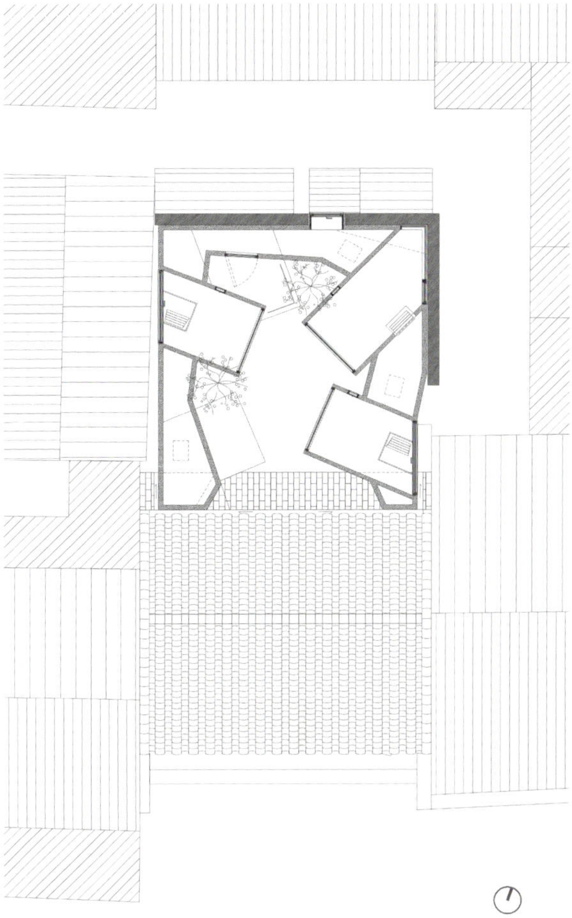

二层平面图

微胡同主体建筑室内施工现状

中央庭院内向照张

大冶梅红度假酒店

项目设计师：赵逵 夏露 邵岚 张殊谦 李林

设计机构：武汉华中科大建筑设计研究院

建设地点：湖北省大冶市灵乡镇梅红山风景区内

设计时间：2010年06月

竣工时间：2015年09月

建筑面积：17536.12m^2

占地面积：5287.90m^2

项目摄影：赵逵

宾馆人视效果图

湖北大冶梅红度假酒店

1 项目背景

工程位于湖北大冶灵乡镇梅红风景区。景区岗岭蜿蜒，风峦叠嶂，气候宜人，风景秀丽，具备良好避暑休闲的气候优势。酒店定位于旅游休闲度假型，已成为大冶市著名度假酒店。2010年6月开始设计，2015年9月建成。

2 设计理念

2.1 总体设计优先的原则

尊重现有景区脉络，尊重场地条件和气候、景观条件，突出山地建筑的特点。

2.2 突出地域性原则

设计结合当地的风土人情，整合现有自然景观资源，设计具有地域特点的建筑。建筑形体组合变化，创造丰富多变的建筑空间。

2.3 公共环境优先的原则

优先考虑建筑与周边环境的结合，山地酒店依山就势，错落有致，自然与人工浑然天成，突出"天人合一"度假酒店的设计思路，吸引游客进入。

3 总体布局及功能分区

本工程建筑场地为坡地，设计时充分利用两边的山体和基地内的水库，建筑用退台的手法依山就势，使每个房间都能有较好的景观视线。建筑在山地的北面，设计上考虑采光，建筑屋面采用玻璃屋面，运用了大片玻璃和金属构架，形成了丰富的过渡空间，与石墙形成材质上的对比，隐喻了传统与现代的结合。酒店层数为5层，在功能上中间为报告厅，西边为办公、娱乐部分，东边是餐饮部分。酒店对面是4栋客房，层数为5层。

远眺酒店

酒店玻璃屋面

酒店建筑入口

总平面图

入口夜景

鸟瞰图

4 建筑风格

建筑形体简洁而且容易识辨，整个建筑体量沿着山的一侧顺坡而下，面向水库。建筑外形上，精致的细部使得建筑高雅富贵。富有现代感的外形具有标志性和代表性，给人以具有原创和纪念性的印象，并不是一个孤立的物体，而是在形态上与地貌、文脉相联系。酒店的屋面采用玻璃屋面，使用光线投射到建筑的内部空间中。建筑退台设计，使人的使用空间推向室外，与周边的山地水体美景融为一体。

酒店和宾馆之间用吊桥连接，吊桥横跨两边的山体，设计上作为空间上延续，形式与功能的完美结合。

5 景观营造

通过自然形态与人工曲线的交叠，自然环境与建筑环境的渗透，强调了壮观的自然尺度（水库）与亲切的人文尺度（酒店）的对话，通过利用不同形式，不同空间层次的绿化，使建筑都能看到盎然的绿色。设置广场、台阶、廊道、水景、休息座位等公共性设施，通过大空间与小空间的穿插、组合，使宾客在不同空间都有着良好的视觉效果与空间感受。

酒店人视效果图

远眺酒店（夜景）

酒店入口钢结构

吊桥桥面

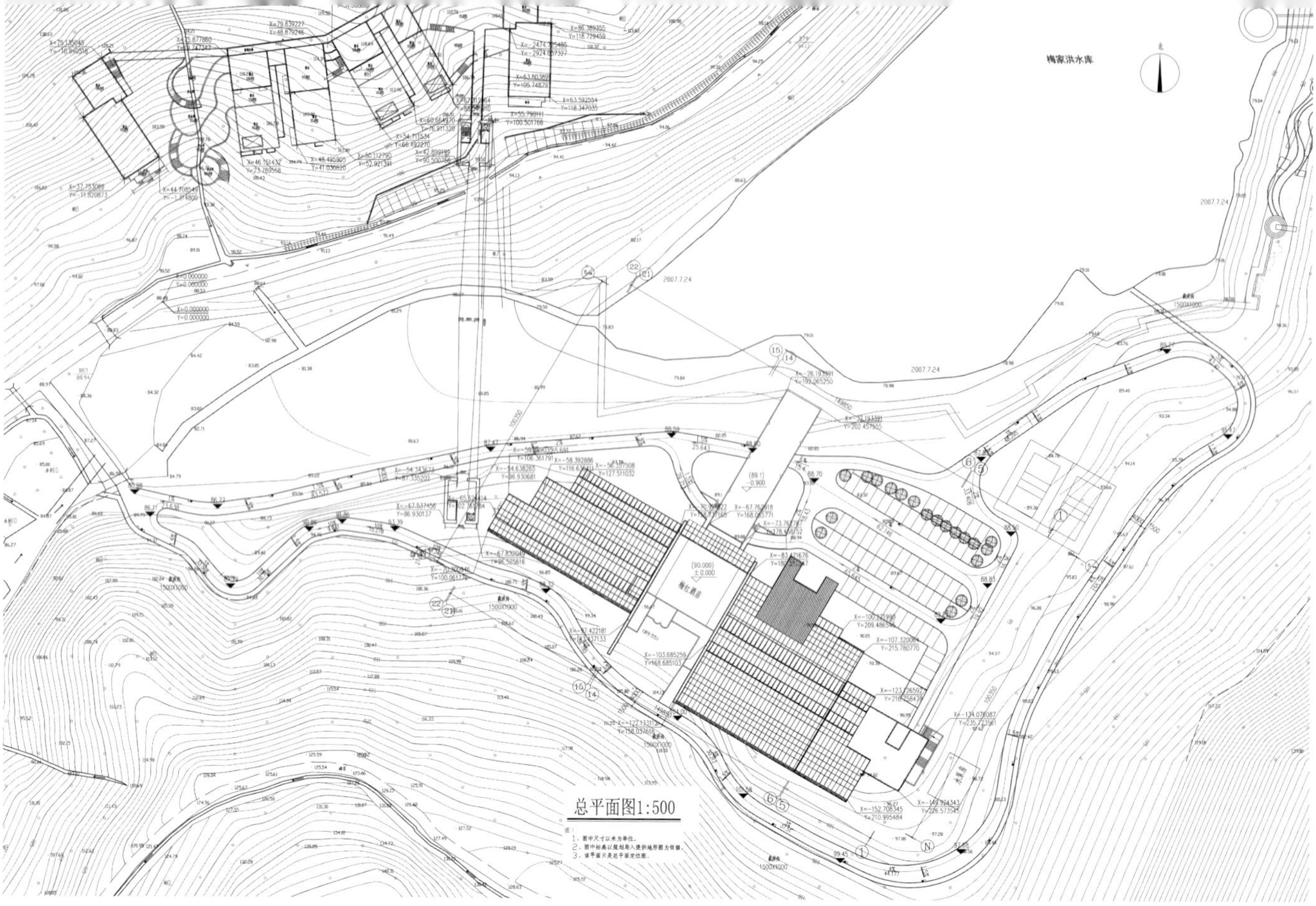

总平面图1:500

总平面图

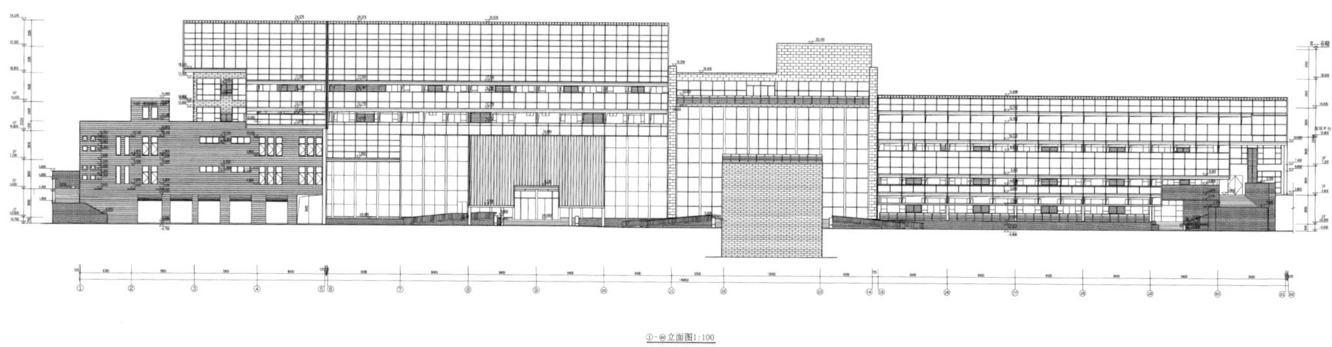

立面

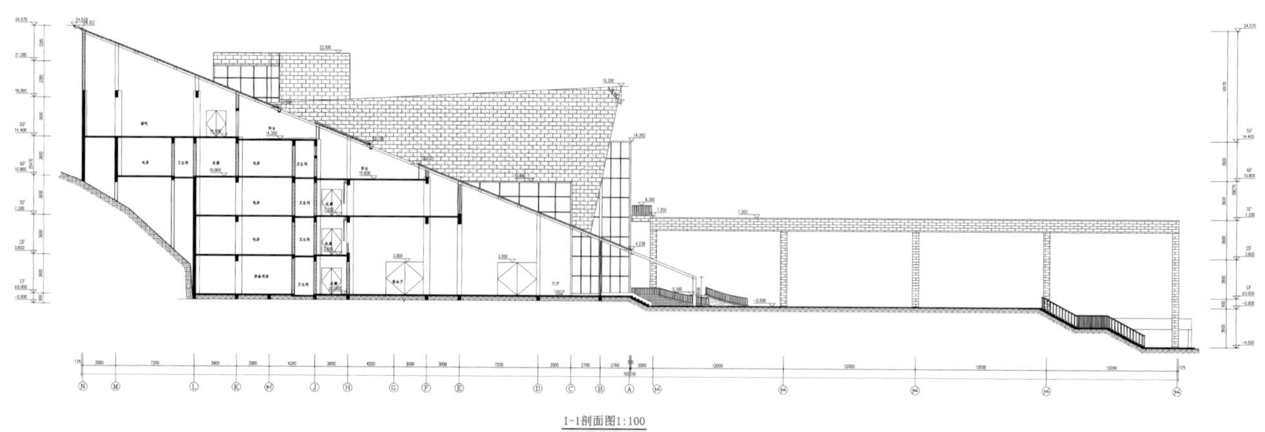

剖面

总平面图

总平面图

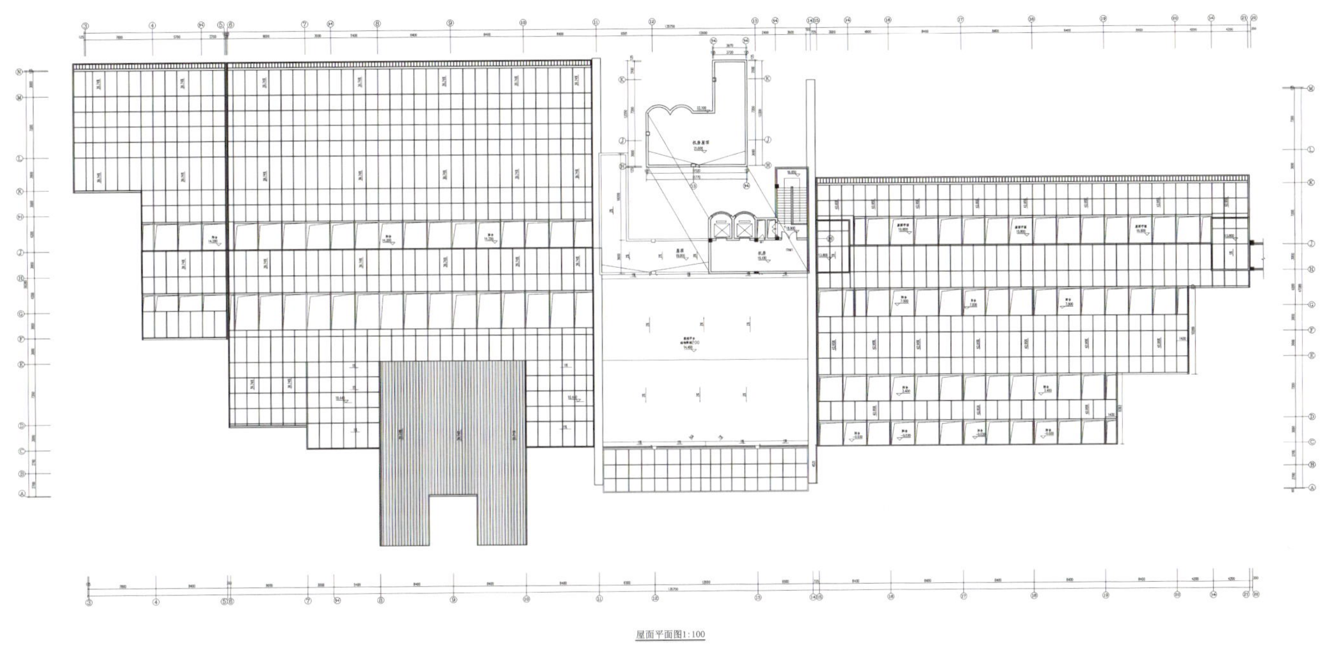

屋面

酒店室内装修

酒店玻璃屋面

北京定慧圆 · 禅空间

项目设计师：何崴 陈龙 王琪 赵卓然 张昕 韩晓伟 周轩宇
特别顾问：薛晓明 张意诚
设计机构：何崴工作室 三文建筑
项目地点：北京
设计时间：2014年-2015年
竣工时间：2015年-2016年
建筑面积：450m²
用地面积：300m²
项目摄影：邹斌 何崴

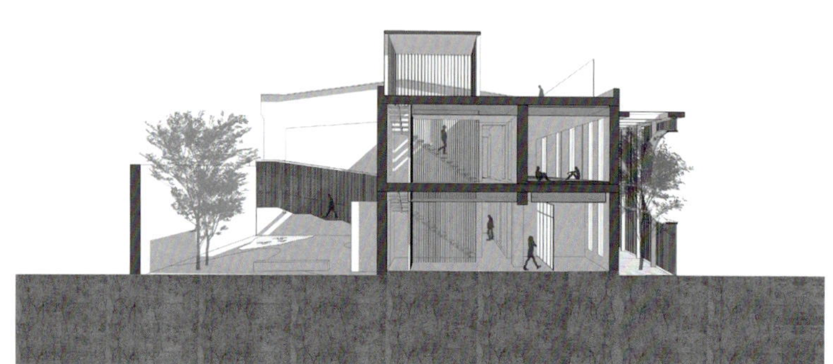

南北剖透视图perspectivesection north–south

二楼玄关

这是一个厂房改造项目。原建筑是一个20世纪70年代的老厂房，期间几经改造，上一个用途是办公室。与很多大空间的厂房不同，原建筑空间跨度不大，高度也很常规，空间形态更是中规中矩，可谓没什么特点；唯一让人眼前一亮的是一个大约100平米的后院。根据业主的要求，设计师需要将这个建筑重新组织，变为一个具有禅意的会所。

既然是禅茶会所，就要有东方的韵味，有古意。当然，这里的古意当然不是传统符号的简单呈现。小中见大，峰回路转等中国私家园林的场域精粹才是这个设计希望实现的。

设计的核心是空间流线的重组。放弃了原来建筑平铺直叙的交通组织，以及置于建筑入口的楼梯，设计特意拉长了使用者进入主空间的时间，希望在游走的过程中让心静下来，进入禅茶的氛围中去。一个超长的、曲折的路径被营造出来：人们从建筑的西侧步入，经过一个狭长的半室外的廊道，进入建筑中；然后转头向北穿过整个建筑进入后院空间；在这里建筑师加建了一个对折的楼梯空间，它的形制介于长坡道和两跑楼梯之间；人们拾阶而上，途中会透过格栅看到内院和对面的大茶室，然后转头进入一个狭长、封闭的空间；最终进入二楼。这里才是这个建筑主要的公共空间，包括雅集空间（琴室）、小茶室、禅堂和大茶室。

空间亮暗开偃的节奏也是这个改造项目的关键。围绕着内院，新营造出来的空间序列在天然光和人工光之间交替；视线的通透、封闭、半通透也在设计中被精心的安排。人们进入这个建筑后，会在不同的时间，不同的角度，不同的视域中看到庭院和彼此，这在某种程度上也是对中国园林的一种采样。（撰文/何崴）

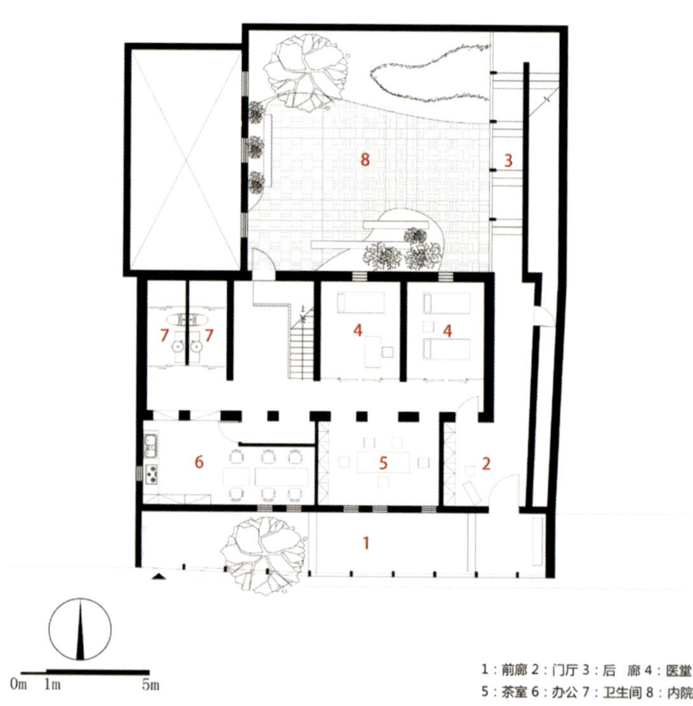

1层平面ground floor plan

前廊，利用原场地中的路边绿化改造而成

后廊，交通空间被刻意拉长

二楼大茶室，一个明亮的空间，可以俯视整个院落

从院落看后廊

庭院夜景

大理慢屋·揽清度假酒店

项目设计师：苏云锋 陈俊 宗德新 李舸 邓陈 李超 李元初 陈功

设计机构：IDO元象建筑 重庆合信建筑设计院有限公司

建设地点：大理市环海西路葭蓬村

设计时间：2013年03月-2014年09月

建造时间：2013年08月-2015年06月

竣工时间：2015年07月

项目面积：改造前300㎡，改造后1000㎡

项目摄影：存在建筑

外观

大厅等候与下沉书屋

看得见风景的房间

慢屋·揽清位于大理洱海环海西路葭蓬村，葭蓬村是环洱海最小的自然村，村庄周围环绕着独有的自然景观——海西湿地：杨柳垂荫，芦苇飞絮，水鸟游弋，天蓝海清。整个村庄宁静秀美，五六间小客栈沿湿地岸线散布，慢屋就在其中之一。

作为建筑师的一点坚持

朴素的设计出发点：元象建筑一贯的设计原则——拒绝时髦、流行的设计手法及套路，力求在创作中提出直接而质朴的解决方案，做恰当的建筑。作为一次"当代乡土"的尝试，我们更应该让建筑真正的属于这个场地。

属于场地的建筑

布局：控制尺度，将建筑体量化整为零，加建部分形成多个坡屋顶与周围农宅尺度相呼应。

边界：当地石头所砌筑的围墙作为边界存在，让客栈与周围邻居之关系既有所区别，又有所联系。

灰空间

半下沉的公共空间的介入：这个设计最难的是要跨过面前的马路欣赏前面的洱海水景。建筑与马路之间的关系很难处理。我们采用了一个半下沉的公共空间以塑造一个双重的联系。空间下面通过石头围墙低下来的地方，可以建立与水景的心理联系，空间上面新塑造了一个平台，建立起与洱海水景更为直接的关系。这个平台用了与建筑主体不同的结构方式（钢结构），其标高也有所降低，同一楼地面建立起更亲近的关系。这个平台右边所接的建筑是开敞的，这个动作，一来让底下上来的流线始终处在宽大的室外感之中，让二楼更有一种地景感而不是建筑感，二来，从马路上看，建筑也显得更加空灵、轻巧，不像周边房子那样很实。

客房设计多样性：一共13间客房，每间客房都拥有独特的景观，与场地发生直接的联系。我们做了10个不同的房型，创造多样性的体验。

新建建筑与老房子之间的关系：新老房子之间的交接设计得比较自然，在结构处理和空间功能处理上都很直接，在形态上也有延续。

关注现代建造与传统之关系

低技作为策略：在造价及当地施工条件限制下，选择了相对常规化的结构和营造体系，在新一轮的乡建大潮中具有一定的普适性。

传统材料的当代表达：关注现代建造与传统之关系，在框架系统下用石头墙砌筑界面，石砌墙面是当地工匠的一种较为成熟做法，希望用质朴材料营造客房空间之独特体验。

旧物再利用：家具陈设使用当地拆除的老木房梁改制，体现了时间的痕迹与一种在地状态。

植物与生活：水院院心种植着百年的古茶树，摘下来的叶就可以在火塘烤制。院子里的石榴，梅子，李子树的果实都会泡制成酒，那应该是到达时的欢迎饮料。后院有一块菜地，摘下来的叶就可以端上早餐餐桌。设计师意图向使用者传递简单、质朴的生活理念。

生态策略与绿色环保：

除了“在地性”，我们还强调作为建筑师的社会责任感。使用太阳能热水系统，充分利用当地气候优势。花数十万元设置10吨级的中水处理系统（在大理环海路市政排污管网不健全的背景下），为的是“不向洱海排一滴污水”，自净回用作为景观用水，以负责的态度表达着对自然环境的热爱。同时在客栈主入口设置了中水系统的展示窗口，以便向客人传递环保之设计理念。

安吉通用航空公共艺术小镇

项目设计师：王永刚 杨少玲 邓中文 陈方红 李义实 英佳卉 马晓斌 崔珠龙 白雪峰

设计机构：北京主题纬度城市规划设计院有限公司

项目地点：浙江省安吉县天子湖镇

设计时间：2015年

竣工时间：2016年

建筑面积：84652.81m²

规划用地面积：29.57公顷(443.55亩)

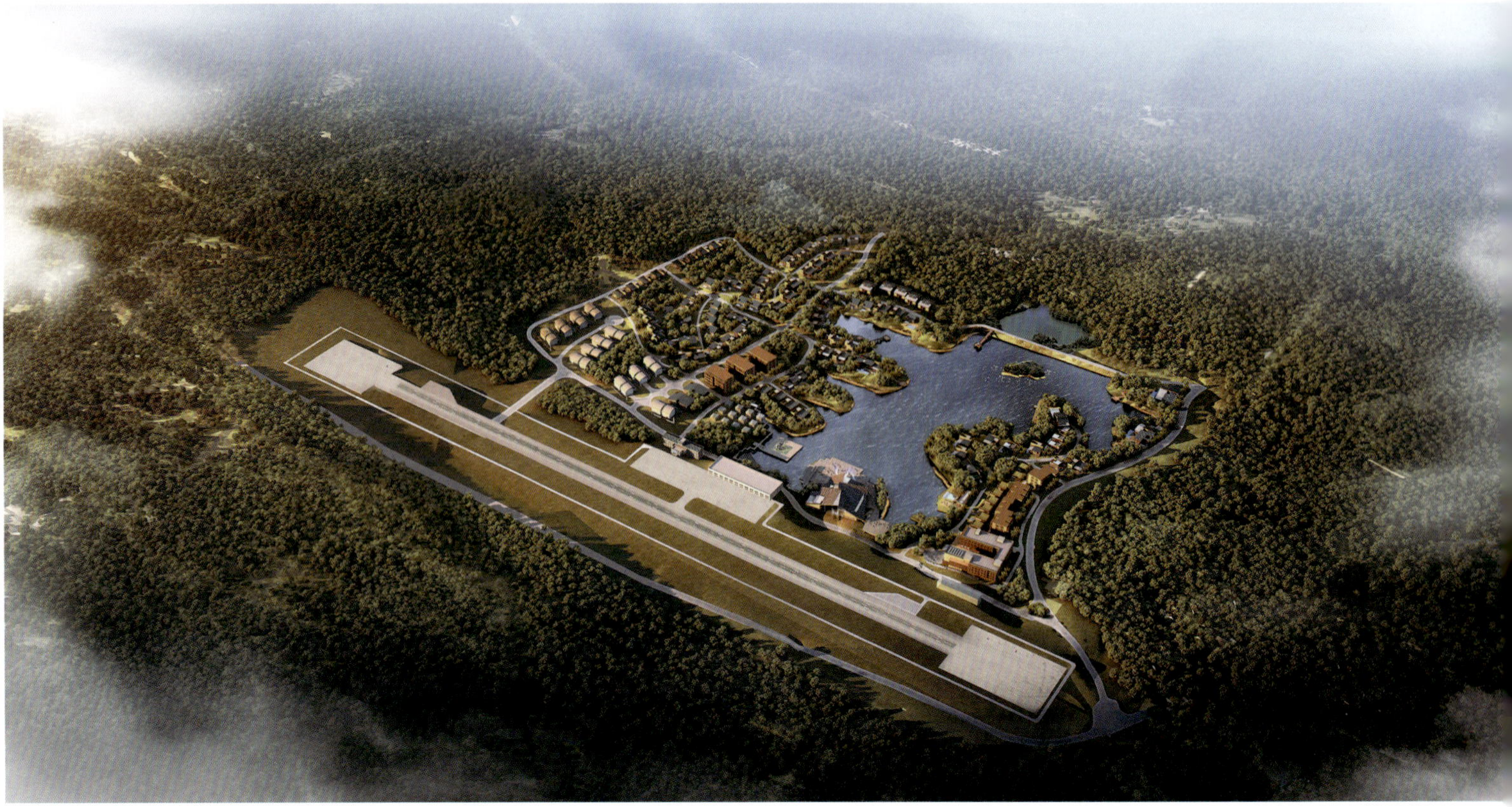

N
0 50 100 200m
飞行员之家组团
水上景观组团
竹烟波月
青梅竹马
茂林修竹
竹苞松茂
竹篱茂舍
翠竹黄花
飞行员之家组团
飞行主题住宅
飞行特色住宅
立体集合住宅
航空俱乐部组团
主题酒店
飞行部落
驻场办公
通航主题实践建筑
通航VIP会所
航空飞行组团
FBO
航站楼
停机坪
机库

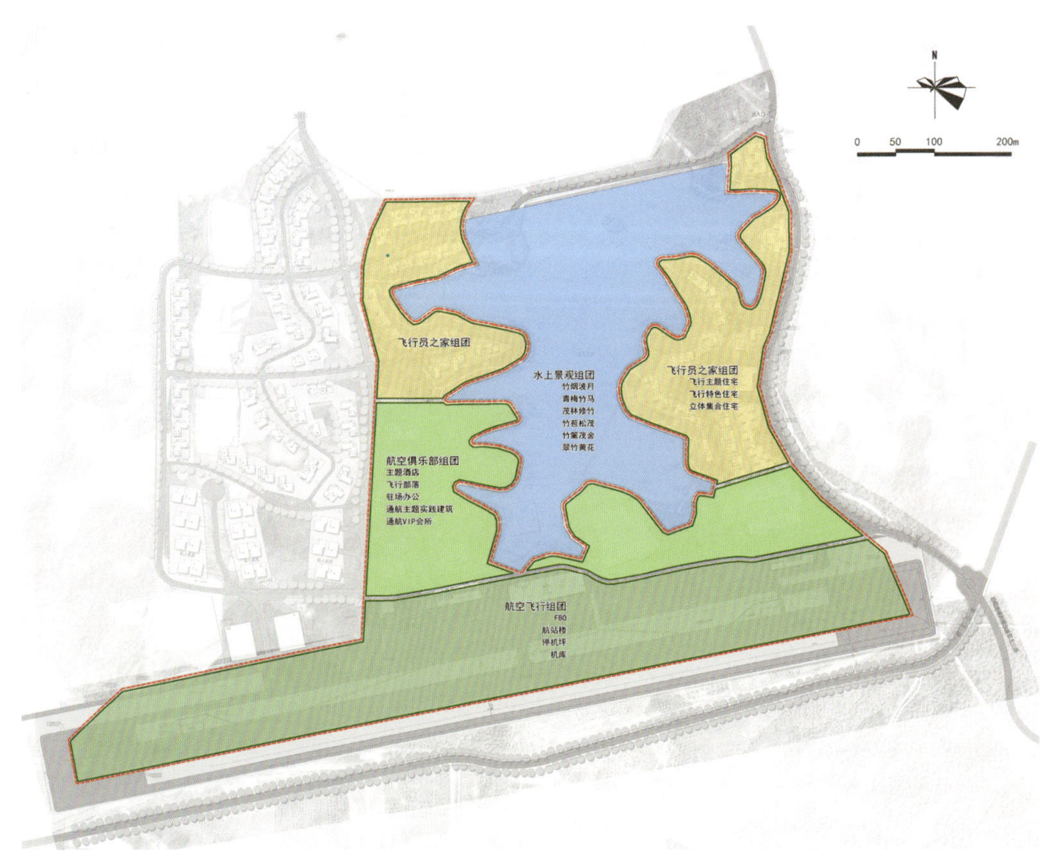

规划结构图

飞行之家别墅

飞行之家别墅

飞行之家别墅

飞行器收藏机库内部效果图

私人机库

飞行部落“云”

位于摩天水库南面，机场跑道的北面，属于航空俱乐部组团内。

建筑面积：6028平米

建筑结构：钢木结构

建筑功能：打造集航空爱好者交流聚会、通航展览展示、旅游演艺、文化体验、文化度假、飞行协会、驾校培训、餐饮购物等功能于一体的飞行俱乐部。

空间意向：像漂浮的一朵“云”落在湖边。建筑的设计理念和飞行基地属性概念贴合，空间灵活，便于主题活动的使用，更适用于多种艺术活动的组织和承办。

项目概况

本项目为中化岩土工程股份有限公司所属企业“全泰通航”旗下的第一个开工建设的通用机场。规划区所在的安吉县地处杭州都市经济圈与皖江产业示范带的交汇处，位于浙江省安吉县天子湖镇西南方向，天子湖大道以北的摩天水库区域。规划区南侧为鄣北公路，东西两侧为村镇道路，北侧为摩天水库大坝，大坝北侧为甲鱼养殖基地和农田。规划用地面积为29.57公顷(443.55亩)总建筑面积为84652.81平米。

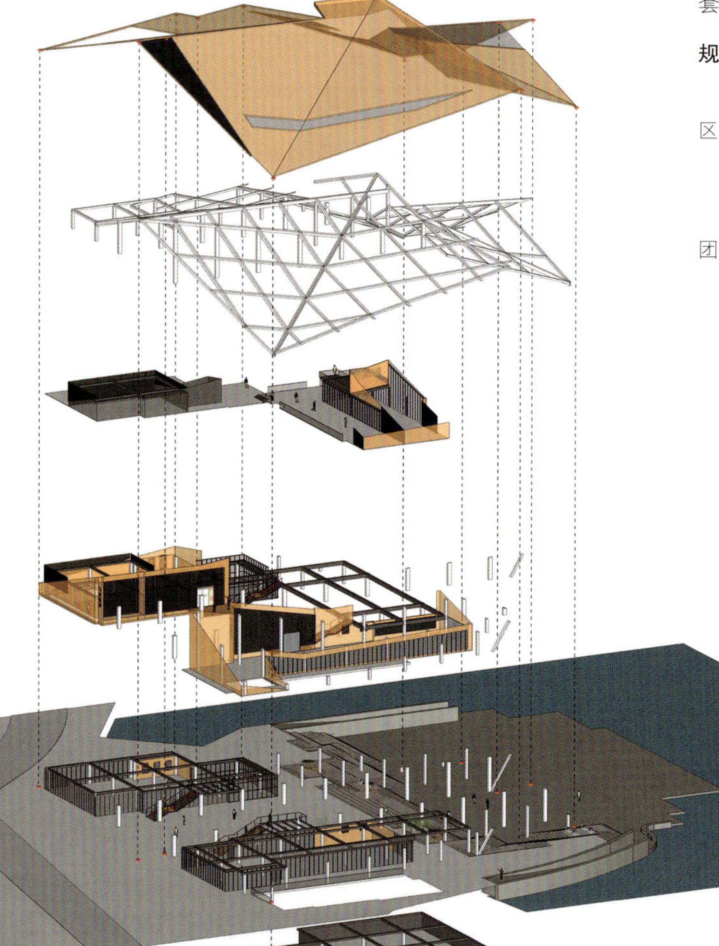

云部落

指导思想

为积极落实国家通用航空发展产业政策，加快通用航空产业发展建设，立足于安吉打造“省级通用航空产业区、沪杭宁公务机运营枢纽、浙江通用航空服务保障基地”的发展目标。通过中化岩土通航俱乐部会员引入，搭建通航旅游联盟运营平台，重点发展以通航服务运营为主导，涵盖飞行运营、教育培训、通航会展、文化创意、旅游休闲等通用航空现代服务业集聚区。实现规模化建设、网格化运营、品牌化开发，资本化经营，最终创建覆盖全国FBO通用航空机场网络和旅游休闲度假网络。把项目建成中国通用航空现代服务产业示范基地。

规划原则

产业引导：通用航空产业，文化创意产业 艺术特色：注入书画艺术，纬度创意建筑 区域协调：区内资源整合，区外空间衔接 完善配套：构建完善服务，配套基础设施 绿色生态：采用本土材料，发展绿色建筑

规划结构

根据“环山抱水”的地形，规划区构成“两大分区、四大组团”的规划结构。

“两大分区”是指：中央服务区、航空飞行区。

“四大组团”包括：航空飞行组团、航空俱乐部组团、飞行员之家组团、水上景观组团。

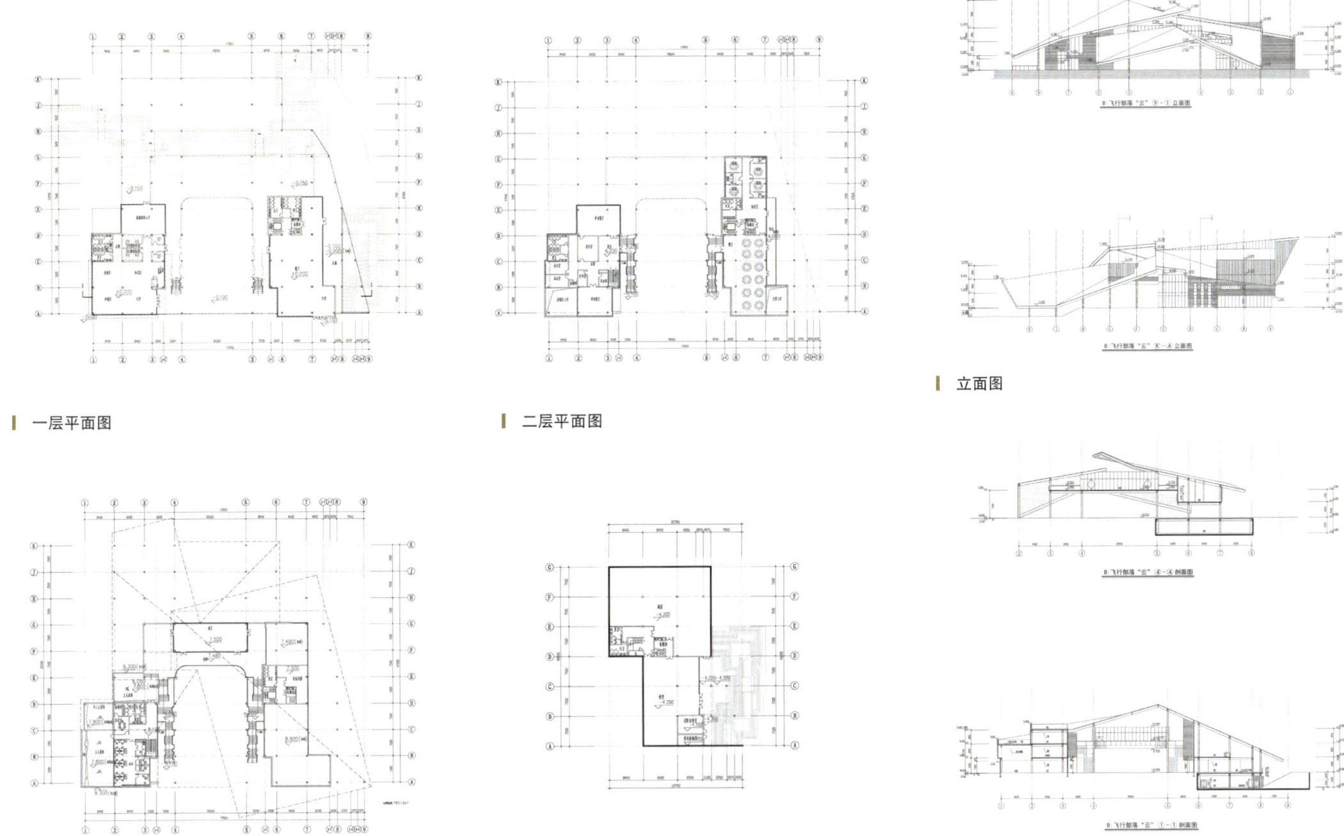

一层平面图

二层平面图

立面图

三层平面图

负一层平面图

剖面图

荣麟家居751D · PARK 展示中心整体设计

项目设计师：王永刚 杨勇 邓忠文 刘国民 郭建鸿 崔洙龙

设计机构：北京主题纬度城市规划设计院有限公司

项目地点：北京751D□PARK北京时尚设计广场内

设计时间：2013年

竣工时间：2015年

建筑面积：4900m²

荣麟家居位于751D·PARK北京时尚设计广场区域内，火车头广场的东北角，设计师大楼对面，建筑面积4900m^2。这里原本是化学水处理站，有960m^2，建筑主体为钢筋混凝土结构，内部有十个离子交换器，高约7.5m，外部是一个不规则形体，是周边最低的一栋建筑。如何使这个建筑环境和整体的751相融，并且成为一个具有公共性的场域，让企业文化介入到公共环境当中，主动引入751大环境的气脉，是设计的出发点。

这个气脉是空间生产性的核心，因此这个设计并非是一个形式语言的问题，而是气脉交互的催化和促进。利用不同高度的屋顶，形成立体户外活动的广场，凭借四周的老工业环境因素让这里的时尚活动与老工业进行跨时空对话，于是几个不同标高的平台在"烛光"的烘托下漂浮在空中，成为贯穿全751空中连廊的一个开放的节点。内部我们只留下了一个罐子，将其部分切开，成为微型艺术馆，展示具有荣麟企业精神的艺术作品。

荣麟家居夜景

荣麟家居建筑效果图

轴侧图

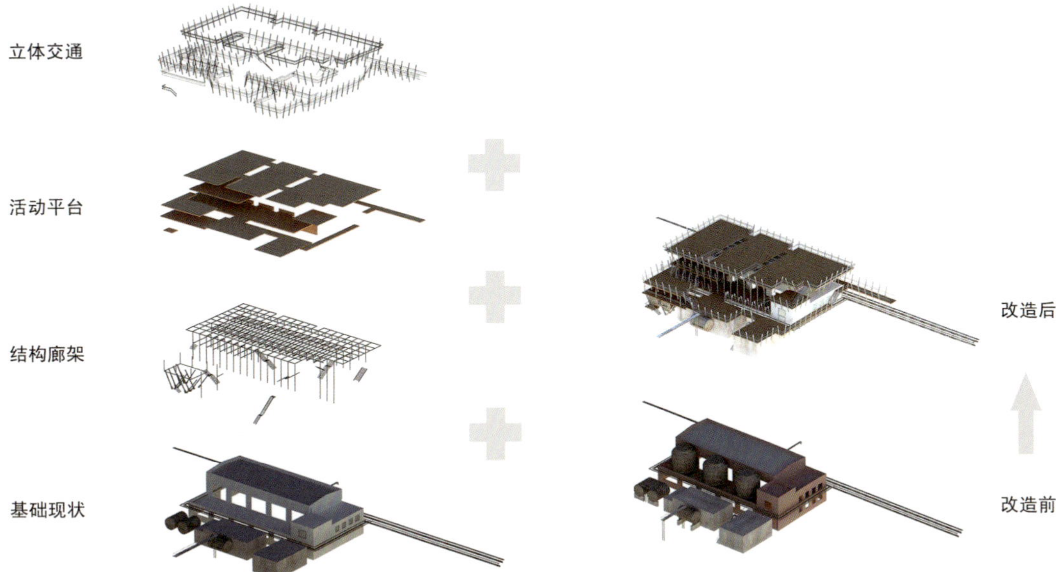

轴测分析图

各角度效果图

荣麟家居室内展示空间

原有离子交换器改造的微型艺术馆

荣麟家居室内展示空间

荣麟家居多功能厅实景

荣麟家居实景

荣麟家居实景

武汉格力旗舰店设计

项目设计师：车飞（建筑改造）章雪峰（屋顶花园）司金辉
David Serrano Machuca 赵超
Victor Gomez Camara 王岸一 高聪
结构设计顾问：H & J International
照明设计顾问:Frontera Design
项目位置：湖北省武汉市
委托方：格力电器
设计时间：2013年
竣工时间：2015年

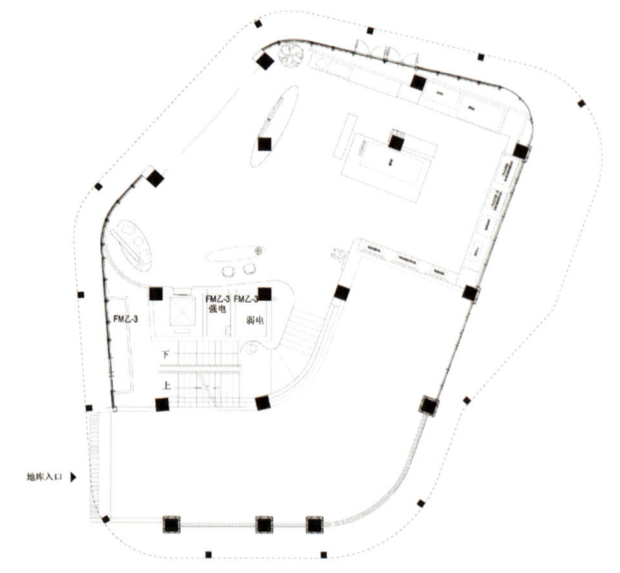

平面图

模型照片

外墙设计原则：

我公司选择幕墙结构式，在满足外观视觉效果的同时也同样考虑了幕墙的经济性、施工组织的合理性，精选出高性价比且能够应用于实际工程中的幕墙结构系统，紧紧围绕安全、环保、节能、减排、美观维护方便、经济、合理的原则来展开设计。

安全可靠原则：

针对本工程所处的地域及环境特点，我公司选用的结构充分的考虑了风荷载、雪荷载、温度应力和地震作用等对幕墙的影响，设计安全系数安全满足国家规定及本工程的要求。

结构轻巧而稳定原则：

结构稳定可以保证结构的安全，同时也会产生一种结构稳定所特有的美感。因此在我们的构件中幕墙龙骨的断面形式及尺寸都是经过多次论证和优化，力争使幕墙系统在满足结构强度要求的前提下，采用合理的断面设计，实现结构稳定和轻巧明快完美结合的典范。

环保减排节能原则：

本工程中节能减排是本次设计的一个亮点。设计中对该地区的采光、日照强度和夏热冬冷的气候特点通过参数化模式的优化运算与室内对于采光、温控的需求结合起来，通过对幕墙的调节找到最优角度从而减少人工采光、取暖和制冷产生的一种全新的智慧建筑。

幕墙所使用的均为环保型材料，所有外墙构件均使用预制件从而减少噪声污染、光污染以及扬尘污染并且能够减少能量消耗缩短施工周期。

作为以环保减排为宗旨的设计公司，通过对选材，幕墙形式，幕墙结构等一系列环节中严格要求，确保交付业主一个环保与节能的幕墙。

实景照片

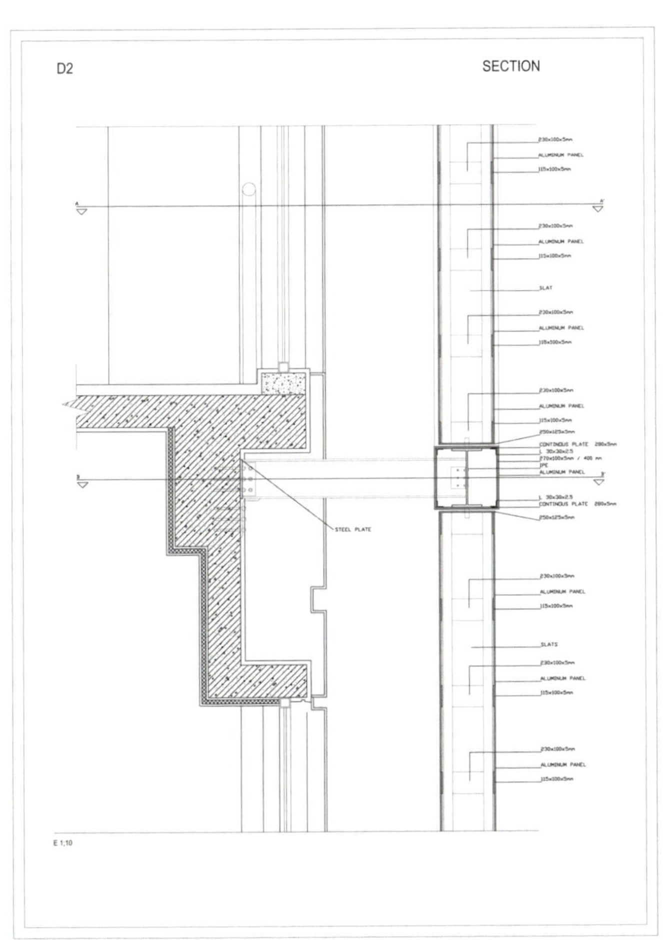

细节

Insolation Analysis
Avg. Daily Radiation
Value Range: 140 - 5640 Wh

节能设计

泉州的“红房子”

项目设计师：王欣 李图

设计机构：造园工作室　中国美术学院建筑艺术学院

建设地点：泉州市台商投资区

设计时间：2015年09月

竣工时间：2015年11月

建筑面积：2800m²

占地面积：2300m²

图片提供：造园工作室 乌有园社

东南角外观

泉州的“红房子” ／王欣

十五年前，跟随张永和老师为蔡国强老师设计“泉州小当代美术馆”，断断续续有四年。那时，第一次见到泉州的“出砖入石”，生生五米高的墙，花砌到顶，甚至没有窗户，这是传统泉州人循环使用建筑材料的方式，一种质朴的工艺诗学。那时，我们说：这是用最经济的方式造了一个“天花乱坠”，一堵“废弃材料”的大墙，织造出一种泥土气息的华丽，一种光气弥漫的情境，辐射到周围，让墙下的人仿佛在出入画之间，心向神往，手脚被感染，竟会惹人妄想一头闯将进去。

出砖入石，我从来没有这么单纯的迷恋过一面墙。

在那个美术馆的设计中，大量的使用了“出砖入石”这种传统建造，期望对这种对材料的态度与审美能在现代建筑中延续再生。但是，美术馆项目无果而终。

十五年来，我对“出砖入石”一直不能忘怀。十五年后，一次偶然的机会，我来到泉州，终于将“出砖入石”第一次带进当代建筑的实验。

西南鸟瞰图

东南鸟瞰图

建立一个大阴翳

这个设计其实是一个改造项目，原来的建筑是一个没有建完的混凝土框架，折尺形平面。没有内部，也没有积极的外部，是一个典型的“图库”式建筑，从天而降，它无法建立与本地以及当下生活的关联，也无法引导看向将来。

这个建筑改造在一个公园里，周围几乎没有什么遮蔽，树木亦没有长成，地面是裸露的，现代公园追求的“开放”使得没有什么地方可以凭藉，可以安定的停留。那时我的第一感觉就是：做一把“巨伞”，让建筑成就一片树荫，在这个巨荫之下歇脚喝茶。

新建筑给旧建筑以及他的周围撑起了一把“巨伞”，支起了另外一种“广场”，相对于周遭的裸露，这个广场是阴翳的，而正是这种阴翳聚拢了人。中国人是讲风水的，这个地方一年到头海风都很大，四野平旷，是一个很散的地方，人特别需要一个藏风的穴位，在周围环境难成的时候，建筑就要营造这样一个穴位，创造风水，聚合气息。因此，“巨伞”取的就是一个山形，这个山形的舒缓的曲线控制来自泉州大厝民居屋脊线的绵长气势，建筑在此就是山的角色。这片伞盖般的屋顶，是一个山坞，给予了这片地方一个安定的内部，一个不一样的气候。同时，也是一个虚幻的内部，以区别与周遭的过度曝露。这个内部，是呼吸的，透光，透风，透雨，幽深如林间静谧，如洞天光景，这是我们东方人喜好的氛围。

坠入他想的洞天

山形的屋顶制造了一个与外界迥异的世界，一个“大山之里”。建筑在各个方向以片面的方式开岔开襟，不同程度的泄露着大山洞天的内部消息，惹人驻足观望，诱人寻道前往。

传统私家园林的精彩不仅在于其梦幻的内部，更在于他要你去寻她。城市与私家园林之间的偶发关系需要变成主动的设计，假如周遭缺乏应和的条件，那么需要去自设。一个桃花源需要一个通道，一个洞天需要一个窗口，一个津口需要一个埠头。

我为这个山的“内部”设定了很多个特殊的入口，特殊的口子预示着特殊的去向。最大最主要的入口是一个直径19米的“月洞”，在中国，圆洞是有特殊意义的，圆洞与满月有着诗意的关联，我们通过圆洞看到的世界是一种异域，一种他想之地。一条长长的坡道渡你漫步屋顶，渐进月洞，洞中有桂花一株，桂花下有个巨大的茶台院悬于半空，那里有“月中人”在招呼你加入。

用砖石来写意

屋顶的两边有两道巨大的“出砖入石”的山墙。山墙分出了正侧面向，建筑与人一样，不能没有阴阳向背。山墙代表了不同角度的“观法”，建筑在各个方向上就该是不一样的，无论对外还是对内，所谓十面灵璧，八面玲珑。

这两道巨大的山墙，我赋予他们三种意义：

第一，袖垣。如戏曲中大袖，长袖善舞，要显山露水首先要遮山挡水。

窥见屋角

东山墙“出砖入石”

庭园内景

望见月洞

西山墙“出砖入石”

第二，巨峰。这两片山墙恐怕是最大最高的“出砖入石”了。这是平面质感的山水，大到将人包围，透射的光气，有着无尽的暖意，惹人鬓角斯磨依墙而醉，看墙即是看山。这是砌筑出来的巨障画。

第三，舞台。大墙如屏风，铺设了一个故事，一个情境，无数块方石散落如天花乱坠，沉穆之外缤纷华丽，与红瓦铺设的挑台形成了布景，激活了周围。地面以红瓦水纹的方式海墁了一整片“海岛图”，整个建筑坐在一个海波图景之上，脚踏其上，错愕惊喜，正所谓“漫步汹涌”“袜底生莲”。出砖入石，不是静态的样式，不是单纯的审美。我们回到他的动机，这是对废旧建筑材料的智慧再生，对普通事物的诗意营造，材料本身没有贵贱，瓦砾可以转译山水，砖石一样书写华丽。

乡土材料充满了“地气”，她是养人的，她本身就是一种自然。如果把人比作茶，那么建筑就应当是陶土壶、生铁瓶。我很难想象用一个塑料杯子来沏茶是个什么意思。

当代的泉州红

临危受命，我从接手这个项目第一天到限定完工的日期只有不足两个月的时间。

施工只用了一个月时间，方案设计只用了一周，那是失眠的一周：中国各地的古民居在这二十年里几乎消失殆尽所剩无多，近几年来主动的保护与改造才渐渐兴起。那么，我们对我们的过去除了缅怀纪念与延续功用之外，还有没有别的方式？传统材料与工艺难道只能在修缮与保护中生存？是否能以某种方式加入到当代主流的建造体系中来，获得一种重生的可能？我想，这种重生不是单向的，而是互成的。

泉州地区的大厝，一片延绵的红，红屋顶、红墙面，红地面，不同材料的红共生了一个丰富多样的“红色群”。泉州人对“红房子”的感情一如江浙一带之于“粉墙黛瓦”。追忆与缅怀，为的是再一次创造重生。

面对着在此存在了几百年的“红”，你还会想别的吗？

唐代司空图在《二十四诗品》中言：“如将不尽，与古为新。”

我给自己的设题就是：做一个当代的泉州“红房子”。

而且还会继续做下去。

北京民生现代美术馆

项目建筑师：朱锫
美术馆设计顾问：Thomas Krens/GCAM
设计团队：Edwin Lam 何帆 Damboianu Albert Alexandru, Virginia Melnyk 郭楠 柯军 王鹏 李高 王筝
设计单位：朱锫建筑设计事务所 上海市建工设计研究院有限公司 北京建院约翰马丁国际建筑设计有限公司
项目地点：北京市朝阳区
建筑面积：32.910m²
占地面积：20.336m²
项目摄影：Studio Pei-Zhu, 方振宁 朱青生 清筑影像

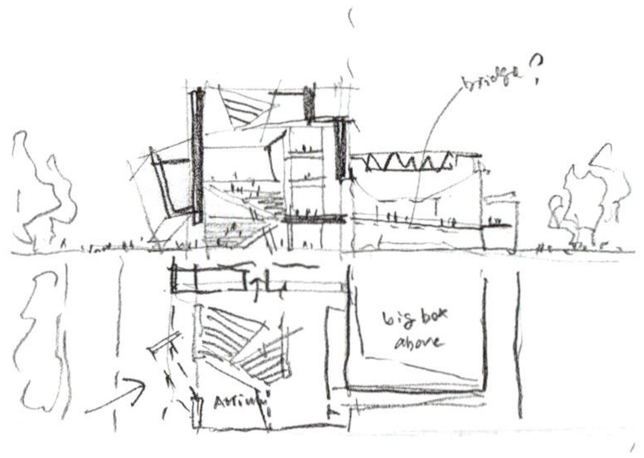

手绘草图

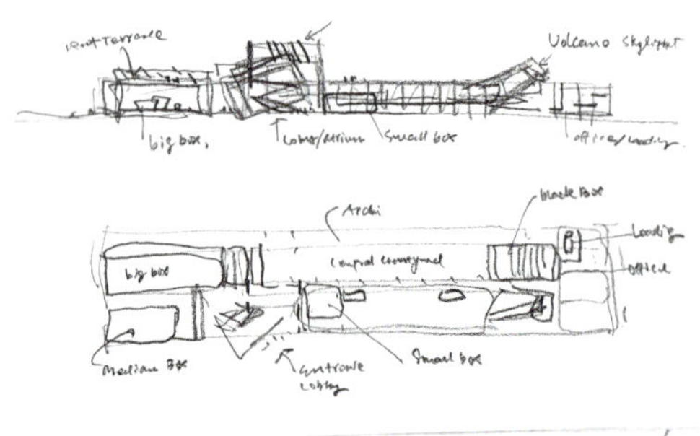

手绘草图

建筑入口

“无用之用”民生现代美术馆的态度

设计时间：2011－2012

建造时间：2014－2015

建造地点：798艺术区，北京

建筑面积：32,910m2

民生现代美术馆是基于一个20世纪80年代的工业建筑改造而成。它以开放性、多元性、灵活性，对今天美术馆的封闭性、单一性及固定性提出了挑战，将会成为中国当代艺术的最大的公共平台。

快速的城市化，不仅为我们创造了物质文明的遗产，也为我们身后制造了大量的废弃

庭院

物。我们喜新厌旧的心理，让众多老建筑遭到遗弃。798地区的松下显像管厂已不再有过去近30年的辉煌，遍体鳞伤、满目疮痍，虽然破旧、不美，但却透出工业建筑的粗犷，质朴与真实。这些特征恰和当代艺术的态度不谋而合。民生现代美术馆的想法正是在这种基础上诞生，它尊重工业建筑朴素，真实的特质，顺势而为，无用之用，直指当代艺术空间的未来，挑战传统美术馆的冠冕堂皇。

1. 空间多元，替代“白立方”单一空间模式

与传统艺术相比，当代艺术的一个显著特征是其表现形式的多元，为了成就这种特征，民生现代美术馆不仅塑造了传统美术馆中5米净高的经典空间，更有大小不一、尺寸各异、层高显著不同的空间：大盒子、中盒子、小盒子、经典空间、院落展览空间、黑盒子（多功能表演、会议、展览空间）去应对不同艺术形式的需求。它们有机地组织在一个充满张力的中心空间周围，结合美术馆前装置公园，屋顶展览平台，中心院落等开放式展览空间，构成一组尺度不同，形态各异的空间组群。

2. 公共性、灵活性、替代封闭性与固态静止的传统美术馆模式

未来美术馆不再是成功艺术家呈现辉煌的圣殿，而是激发公众和艺术作品及艺术家互动，交流的艺术场所。空间不再是为呈现作品而作，更是为艺术创作而生。艺术作品最有意义的瞬间，不是作品完成之时，而是公众参与与其互动的时刻。一些灵活可变，功能不明，有用无用的空间，却可激发艺术家和公众创作激情，为特定环境和场地而创作，让艺术品，公众和美术馆融为一体。

标准展厅

庭院

一楼大厅

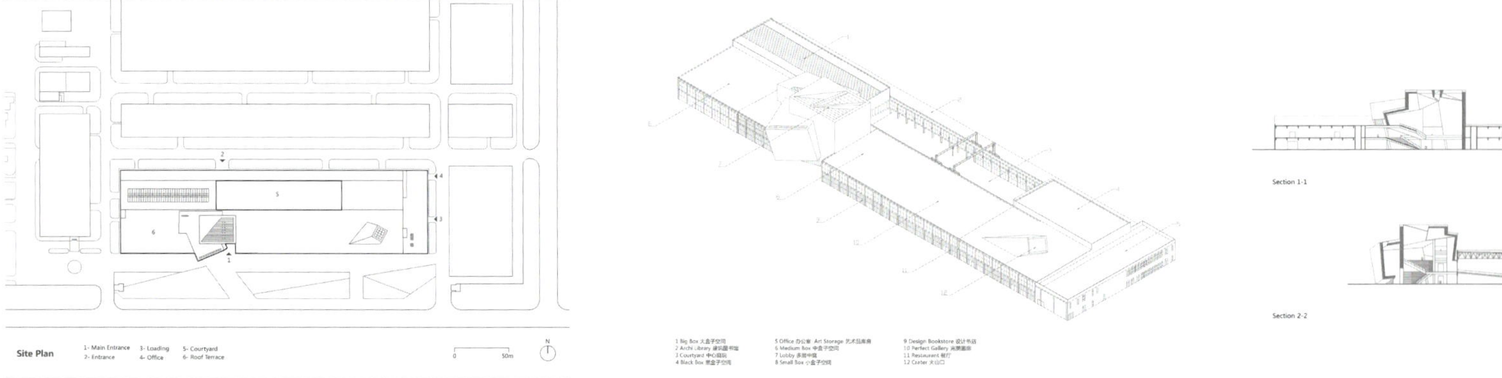

总平面图

轴测图

剖面图

中庭

剧场阶梯

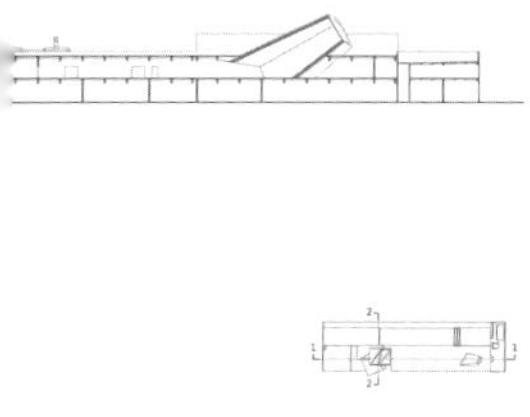

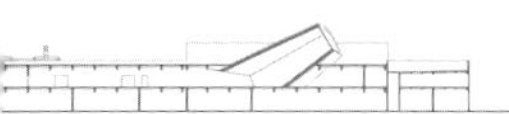

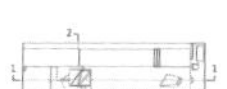

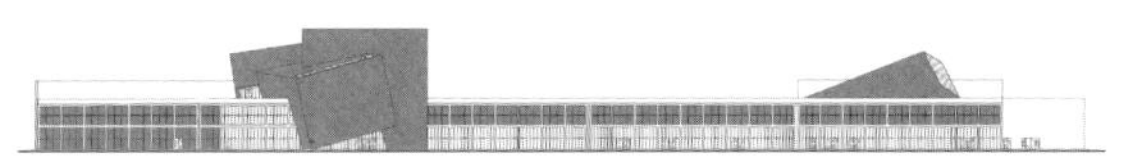

Elevation 1

立面图1

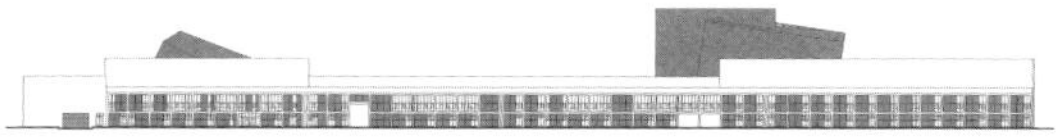

Elevation 2

立面图2

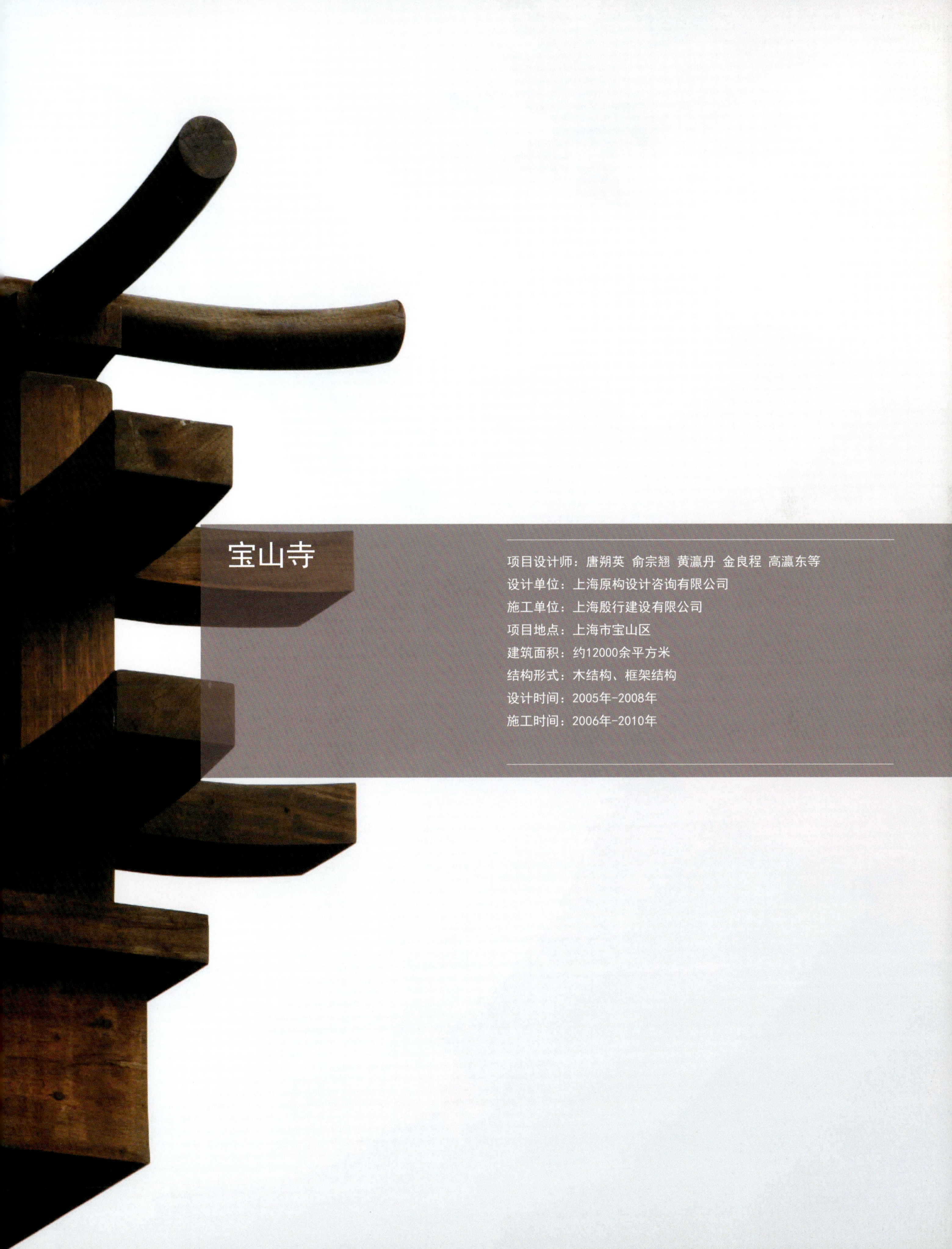

宝山寺

项目设计师：唐朔英 俞宗翘 黄瀛丹 金良程 高瀛东等
设计单位：上海原构设计咨询有限公司
施工单位：上海殷行建设有限公司
项目地点：上海市宝山区
建筑面积：约12000余平方米
结构形式：木结构、框架结构
设计时间：2005年-2008年
施工时间：2006年-2010年

宝山寺坐落于古时江南之地，现上海宝山区罗店镇，前身为始建于明朝正德年间的梵王宫，时至今日已有500多年的历史。岁月更替，梵王宫寺院迭经兴废，随上海一城九镇宏图甫定，罗店老镇改造启动，2005年初在原址旁先划出二十亩地重修完整新寺——宝山寺，后几经扩建，方成现在之规模，建筑面积约12000余平方米，溯本追源，整体设计风格为晚唐宫殿式，采用非洲红花梨纯木榫卯构造，精雕细凿，雄浑大气。

宝山寺总体采用“伽蓝七堂制”布局成五重院落，中轴线上依次为牌坊、山门、天王殿、大雄宝殿、藏经楼、法堂方丈室；院落两侧均用回廊连接。第一、二、三重院落为对外礼佛区，第四、五重院落为生活管理区。东侧为2万平方米的配套禅园，名曰祇园。新宝山寺、梵王宫旧址及祇园，共同组成以佛教文化为中心的新人文景观带。

建筑设计参照宋《营造法式》及现存唐代木结构建筑实物如五台山佛光寺大殿等进行设计。实施过程中除保留传统施工工艺外还开拓出新的木结构古建施工工法，使宝山寺得以顺利落成。

新宝山寺不仅为信奉者提供了朝拜敬奉空间，也成为中外佛教界人士交流聚合之所。古韵犹存的罗店古村落、一镇两貌的美兰湖北欧新镇、绿地北郊广场和新落成的宝山寺人文景观，使罗店地区的城市功能更趋完整，成为新的城市名片，对当地旅游及相关产业有着不可估量的影响力。

宝山寺总体平面效果图

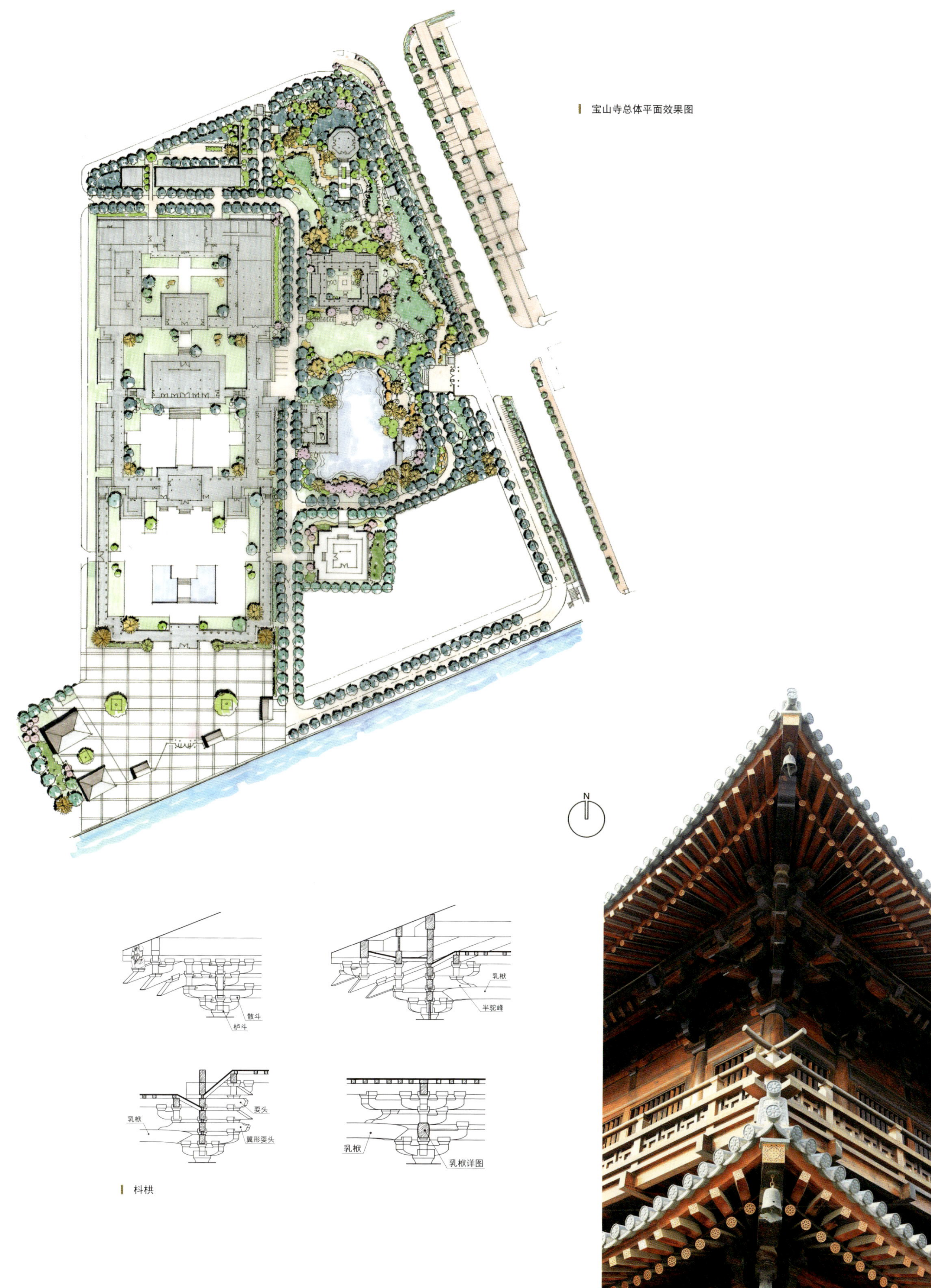

宝山寺总体平面效果图

枓栱

南立面

大雄殿南立面

宝山寺总体平面效果图

天王殿

连廊

鸟瞰

设计生态

炸山，取石头，做雕塑，搞建筑
很久以来成为了一种习惯，提到设计首先想到的是真材实料，面对种种
的美好和习惯，我们可以突围吗
世间本无废物，废与不废，不在物，在于人

绿色材料 成就建筑之美

张宝贵

对于绿色，虽然向往，但是遇到具体的事情仍然会不由自主的归于习惯，出于对美好事物的留恋和保护，人类制造了门，封闭了的环境使得交流不能顺畅，而且往往会沉溺于此。石头的门容易打开，开心门难。如果有了好奇心，有了想象力，所谓的门，不打自开。

29年前，我一无所有，为了谋生，寻找水泥和石粉模仿石材质感的方法，这点儿小手艺最初让北京市设计院的刘益荣高工注意到了。1988年首先被亚运村南校区托幼工程选用了六个浮雕，一共6平米，360元钱，现在想起来，是他打开了我的心门。后来越来越多的建筑师看中了水泥加石粉做雕塑的效果，把我当做雕塑家，给我很多活儿。2004年，清华大学郑燕康副校长找到了我，让我们用水泥和石粉研究装饰混凝土墙板。崔彤不知深浅地第一个在北京化工出版社项目中选用，这扇门一下子就被打开了。从此我一边接项目一边去演讲，变废料为原料的故事越来越被关注，一扇又一扇有形的、无形的门被打开，我在开，建筑师也在开，很多雕塑和建筑选用了变废为宝的方法，出现了意想不到效果。绿色材料展示了一种活力，绿色材料让更多的人看到了一种希望，而且这种艺术效果用丢弃的废料来实现，还暗合了循环经济的说法。程泰宁院士接触以后，说这下好了，有了宝贵的绿色材料，我们很多的建筑设计可以实现了。

宁夏韩美林博物馆，需要七八米长的大石头，选择真材实料几乎不可能。正在一筹莫展的时候，韩美林发现了我们。当时大家都没有经验，硬是冒着风险把事情做成了。

何镜堂院士让我们用水泥给他做书皮，广东的彭勃让我们用废旧材料去做建筑墙板，还有很多建筑师让我们用水泥去仿造夯土墙，这些都是假冒，四千年前去做真实的夯土墙出于局限，局限产生风格，今天的风格还会和局限有关系吗？

宁夏韩美林博物馆

国家大剧院音乐厅吊顶工程项目

安德鲁来到畲岜屯

1997年在清华大学举办中国雕塑论坛，吴良镛先生听了我的发言，带着十几位老师来到了昌平，问我能不能为他设计的孔子研究院做个风型雕塑，我那时候年轻气盛，不知深浅，一口气答应了下来。安装完成后的效果吴先生非常满意，他把自己写的一本专著送给我，还提了字，表达了对一个手艺人的尊重。

坦率来讲，社会对“匠人”已经久违了。一个人是不是匠人，摸他的手就知道——手不刺人，就不是干活的人，就不是匠人。我现在的手上面已经没有当年的老茧，虽然我曾经是一名手会刺人的匠人。

国家大剧院1300平方米的混凝土吊顶，据说安德鲁在国内外寻找了两年，他认为自己设计错了，因为没有人能够完成他的设计。那一会，不知道哪来的那么一股子劲儿，我告诉他我们能做！我有一道工序直接做阴模的技术，用水泥加石粉的方法做雕塑，我搞了17年，当他看完我们的展品，特别是翻译把我的话讲给了他以后，他搂着我，拿拳头打我，说这些就是他一直在寻找的，看了很多单位你们是最好的！

2005年和大剧院签约在北京饭店，没有人会相信那天公司账上没有钱。没有钱干嘛还在北京饭店签约？一切都过去了，想起来像梦。

我们惊动了中国建材研究院的院长，请来了中国建筑研究院的

国家大剧院音乐厅吊顶工程项目

五龙庙 王辉设计

结构专家。我们放弃了所有可能盈利的项目，一切都是未知的，所有人带着强烈的渴望从各个环节开始，开始寻找新的方法。吊顶1300平方米，100多吨重，像山脉像海浪，最高起伏48厘米，以毫米计算误差，用这样的形式表达音乐的旋律和节奏，除了声学效果，安全是最重要的。

国家大剧院吊顶没挣到钱，亏损了100多万。有人说我实诚，有人说我有毛病。有人说我是成功的艺术家，不成功的商人。也有人说我是最狡猾的狐狸，花了100万，做了一个大广告。其实在那八百多天的日日夜夜里，我什么都不能去想，一个心思解决问题，把大剧院的吊顶做好。大剧院的影响出去了，大家看中了我的能力和态度，越来越多的建筑师找到了我，以为我什么都会做，其实不是这样。我从中汲取了一种文化的力量，它是在时间中生成的，有建筑师说这八百天你们进行了一次修行。

程泰宁对我这样评价："我第一次没见到张先生人，而是先在国家大剧院音乐厅看到张先生的作品，那个时候是只闻其名不见其人。真正见张先生是北京作品展。我希望宁夏大剧院跟张先生合作，第一次合作互相找感觉，我找张先生的感觉，张先生找我的感觉。张先生说的从未知到未知就是一个不断探索的过程，建筑师搞创作就像在大海里游泳，看不到头，一直往前游。"

2015年底，王辉让我去都市实践，说是有个项目在山西永乐宫旁边，叫五龙庙，唐代的一个建筑，有人出钱想建个博物馆，所有的墙想让我们来弄。我面对建筑师的项目经常会突发奇想，很多想法我自己也不知道是从哪来的，如果一定要找也许和1968年的插队有关系，我建议王辉把当地的废料粉碎当做骨料，由当地的老百姓参与制作，其实我也不知道会是什么样子。

"人之初住石屋"，最初是被动的"穴居"，西北人在黄土坡上挖窑洞，成为主动的"穴居"，后来又出现了茅草棚。人类由"挖坑打洞"发展到用黄土烧制材料，由传说的黄土"板筑"发展为黄土"砌筑"。不同地域的建筑发展都和劳动有关系，最初的建造并非出于美好和成熟，有如探险，一路走来。

土是大地，它不争、无语，任由人类去开采。土地挖个坑就可以长庄稼，土地挖个坑就可以长楼房，自古以来帝王打仗争的也是土，人最后死了，在地上挖个坑埋了，一切出于土又归于土。可是有时候说起某个建筑某个人，觉得他比较俗就会说真土，人们喜欢土地带来的财富，从出生到死离不开土，又怕被称为土，这就是一个矛盾。

五龙庙 王辉设计

五龙庙　王辉设计

五龙庙　王辉设计

五龙庙　王辉设计

黄土高原的“地坑院落”，老百姓就地挖坑道，然后在侧面挖窑洞，“远看无建筑，近看有房屋。”最初的居住并非始于材料的构筑，更多的是一种顺应和选择。后来出现了夯土墙，据说是山西平陆人傅说发明的，木匠始祖是鲁班，傅说是瓦匠始祖，他发明的“板筑”和土坯墙，改变了人类的居住方式。

山西有个秋风楼，在黄河的边上，汉武大帝曾经去朝拜过六次，这个建筑和女娲娘娘有关系，大家又管他叫“后土祠”。“皇天”“后土”，一个在山东，一个在山西。据说人类最早是女娲娘娘用泥土捏出来的，今天的人无论怎么洗澡总会搓出泥来。

我插队的地方在山西省临猗县，和万荣县挨着，秋风楼在万荣县，万荣有很多笑话，讲的是老百姓的“憨”，这些和土地有关系，和五千年有关系，压缩在一起，让我们迅速感应到一种地域文化，虽然那时候不懂，但是都印在了脑子里，现在搞设计，有了想法的时候很多会自然的流露出来，编排成图案，大家觉得新鲜，其实很古老。

“厚土”还是“后土”？后土是我们对已经过去了的事情的一种寻找，如果这种寻找使我们可以暂时离开现实，在虚拟世界中游荡，那一会儿我们是没有约束的，没准儿可以碰上什么。如果对很早的事情有感觉，又能用新的工艺和材料去实现，不知道为什么想到了“后土”？没有边际的联想，暂时离开了五龙庙。

建筑师喜欢研究环境、空间、历史和故事，他们让自己先跑的很远，然后再回来，把那种感觉勾勒出来，交给别人去完成。不断的接触，不断的交往，在兴奋中进入了另外的状态，使用丢弃的废弃物做夯土墙板，经常会离题甚远，跑的很远，回来再扣题，反而恰如其分.

建筑师在找，我们也在找，找什么谁也不知道，碰上了，就有了。五龙庙的夯土墙不是一开始就想周到了，用了半年时间在摸索，不是夯出来的土，还要叫夯土墙。前人的真实夯土和我们今天的假夯土对于空间来说都是一种围合，当我们把固体废弃物表达出来的“伪夯土墙”展示给世人的时候，大家关注的是废料变原料，时间流逝了四千年，我们记住了傅说，再过四百年，人们面对假的夯土墙、土坯墙、石头墙、砖墙也许会习以为常，面对真材实料反而觉得很神奇，如果出现了很多有手艺的匠人，这种故事有如童话。

五龙庙的项目很小，完成的时间也很短，各方面很重视，5月13日很多人来到山西芮城县，王辉和农民一起聊天，万科的领导谈他们投资的体会，很多有影响的建筑师陆续来到了五龙庙，冷漠了的五龙庙又开始活跃起来，有人说这个方法对于保护传统建筑是积

大唐西市博物馆　刘克成设计

大唐西市博物馆　刘克成设计

西安大明宫丹凤门 张锦秋设计

西安大明宫丹凤门 张锦秋设计

极的。王辉说："我印象中是在一次国家大剧院听音乐会时，无意中看到了音乐厅的吊顶浮雕，当得知那个浮雕出自张总之手时，我产生了一种想法——我应该认识张宝贵，应该跟张宝贵合作。每当我跟他讨论的时候，我认为这是一种享受。与这样的人合作，他不但能帮助你完成你想要做的事情，更重要的是，他能够帮助你获得一种自我认同，让你对自己做的事情给予肯定，你不怀疑你所做的事。这是与张总合作时我得到的最大收获。"

面对五龙庙，王辉也有矛盾，建筑界议论纷纷，还有很多批评的声音，有的声音很强烈，作为一个建筑师是幸运的，所有的语言都是真实的，都是从此心里流出来的，这种现象在当下非常稀少。有建筑师评论说有龙则灵，自古以来龙是一种虚构，包括五龙庙，在人的力量不能达到的时候神灵就出现了，其实老百姓关心的是能够过上好日子，假如天上真的有神灵，他会在乎人间的创造行为，五龙庙的环境整治不是一个人的故事，虽然都喜欢谈现代和当下，但是终究离不开传统的影子，龙真的来了，反而惊慌失措，五龙庙的故事让我们仰视王辉，它属于现在。

西北出了一个秦始皇，出了一个唐太宗，出了一个汉武大帝，他们做事情的时候不是说看到谁做了，然后去模仿，他们想做什么就做什么，然后推广开来。西北通过一些具体的建筑流露一种骨子里的东西，粗犷、原始、信心。刘克成院长反复点评自己的作品，他对那个土、时间、物理的力量，包括男人的那种味道，给人很大的冲击。刘克成把大唐西市内外墙都做成了粗犷的混凝土齿条板，这是真实的语言，有力量的语言，这种事发生了，会令人去想象。

张锦秋大师看了刘克成院长的大唐西市墙板，她对大明宫丹凤门的夯土墙有了想法。张锦秋大师找到了我，让我看她的图纸，并且说大明宫丹凤门是个临时性建筑，主体结构是钢的，外面的夯土墙板要做到很大才会有效果，要做的比较薄才可以挂上去，一定要做出味道来。

我在山西运城生活工作过二十年，猛烈地西北风、高亢的秦腔、黄河水冲刷的痕迹、干打垒的土墙，我以为我理解了张大师的设计。我安排技术人员到我插队的地方去采风，我们用聚苯板直接做阴模，用水泥和黄石粉表现土墙的效果。很久以来，提到设计首先想到的是真材实料，这成为了一种习惯。面对种种的习惯，我们可以突围吗？用黄色石粉作为骨料，水泥作为胶，制作完墙板略加处理，模模糊糊的让混凝土产生了天然石材的质感，不但满足了设计要求，而且让丢弃的废料变成了原料。

张锦秋大师非常满意我们的工程："张先生做出来的样板，我一看就满意了，因为那是很真实的夯土墙，还经过了风蚀效果的处理，一下子将沧桑感显现出来。很多人

晋中博物馆　单军设计

重视“神”而忽视“形”，事实上“形”与“神”二者是不可分的。古人形容一个人也好、艺术也罢，称其为文质彬彬，在我看来这就是指它的外在表象与内涵实质，即它的内涵和表象的形式都要好，这才是艺术的上乘。”

单军设计的晋中博物馆有四个入口，希望选用砖雕的元素来表现地域文化，要进行变化处理，最后要落实到制作上，因为顶子上也有，所以用真石头不可能不安全，烧制真的砖也不可能太大会变形，有什么新的材料可以替代吗?这种新的材料如果又能和变废为宝有关系也许会有当下性，于是单军找到了宝贵的混凝土。

拆下来的废砖废瓦怎么办？有没有可能粉碎了再利用？如果灰的白的分不开怎么办？前人的灰砖灰瓦和那个时代有关，未来的城市会是什么颜色？几年前见到张颀院长，他说天津大学建筑系馆的外檐要整体改造，建筑系馆是20世纪80年代建的，时间长了，建筑内外装修开始老化，外墙面砖成片的脱落。我们建议把建筑上的墙皮全部铲下来，拉到北京全部粉碎，经过筛分精选处理，按照一定的比例和水泥搅拌在一起，成为新的原料，张颀院长接受了这个建议，他认为：这是一种实实在在的传承。修复使建筑焕发新的光彩，而我们所采用的还是原来的材料。

梁带村遗址博物馆　彭勃设计

世界葡萄大会 意大利阿克雅设计院设计

延安文兴书院　庄惟敏主持设计

陕西师范大学教育博物馆　张锦秋院士设计

隆平水稻博物馆　王路设计

贾平凹文化艺术馆 屈培青设计

天津大学建筑学院

山东曲阜孔子博物馆 吴晨设计

延安大剧院 赵元超设计

鄂尔多斯体育场马头琴 崔愷创意

江苏丰县汉皇祖陵祭祀明台 屈培青设计

旧物换新颜，不变的是天大传承的精神。

前人给我们留下了宝贵的物质财富，值得思考的是，再过几百年我们将成为后人的祖宗。21世纪初叶的设计除了强调艺术特征外还会留下什么？面对美好的习惯，我们能够重新选择吗？材料的高贵在于自然，人的高贵在于发现和创造，变废料为原料反映的不仅仅是一个材料话题。

出于好奇，建筑界开始关注用低碳环保材料制作的混凝土制品。出于想象力，越来越多的建筑师开始不安分，用混凝土去做灯，去做家具，去做自己心中的建筑，在朦胧中出现的东西反映了一种活力。建筑的成就表现在方方面面，如果开始关注低碳环保材料，又能够在实践中应用它，久而久之，也许会成为一种新的语言和样式，所谓的理论也会逐步浮出水面，当代设计是对当下社会的一种反映，是对当下科研成果的一种集合。既然是当代设计，低碳环保材料就不该缺位。石渣石粉和建筑固体废弃物的合理应用不但可以降低成本、增强石材质感、有利变废料为原料，而且可以有效地阻止制品开裂，防止制品污染。

天不变，道亦不变。这里所说的“天”是一种社会环境，这里所说的“道”是一种规律，新的环境出现了，我们可以把心中的门打开吗？城市，可以从手上开始，去画图。建筑，可以从脚上开始，去丈量。生态环境，可以从心中开始，去好奇、去构想、去担当。

面对快速发展的建设需要，可以看见的是环境，看不见的是习惯。对于社会进步来说，改变习惯比改变城市面貌更加困难、更加重要。如果确实能站在一定高度认识生态环境，并且勇于承担责任，选择低碳环保材料进入城市建设就会别开生面，也许一种成就感会油然而生，越来越多的设计形式和设计理论会层出不穷。当代设计会改变人们的生活，当代设计可以始于理论，从前人的基础上出发。当代设计可以始于实践，从现实的可能性开始创造。当代设计遇上了环保的话题，千载难逢的机会，进入其中，我们是幸运的。

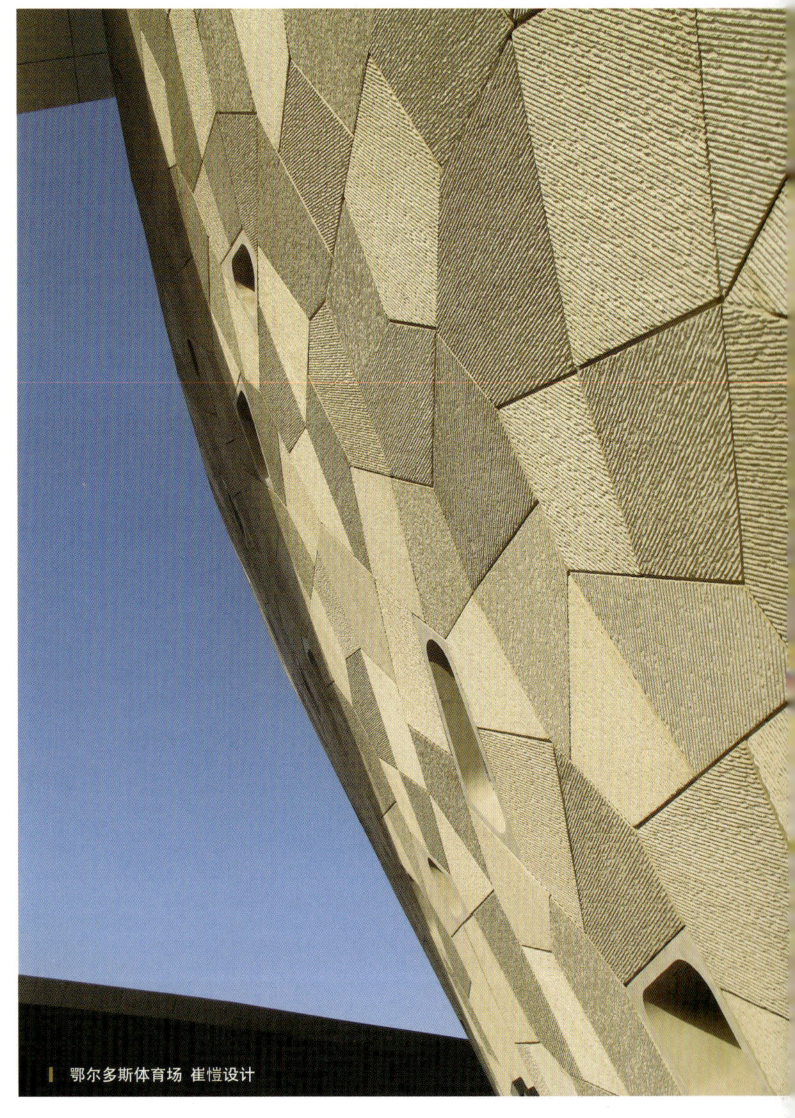

鄂尔多斯体育场 崔愷设计

建筑焦点

本原设计观

孟建民

摘　要：针对建筑创作在经济快速增长的过程中面临的严峻问题通过阐述分析建筑乱象及其背后的原因，提出建筑创作应倡导以“健康、高效、人文”为三要素的“本原设计”思想，强调以“全方位人文关怀”为核心观念，最终实现“建筑服务于人”。

关键词：本原设计；健康；高效；人文；建筑服务于人；全方位人文关怀

近30年，中国经济的高速增长极大地促进了我国城市发展水平。据《国家新型城镇化规划（2014—2020年）》统计，1978—2013年，城镇常住人口从1.7亿人增加到7.3亿人，城镇化率从17.9%提升到53.7%；城市数量从193个增加到658个；据国家统计局统计，1982—2013年期间，全社会房屋施工面积由约10.95亿m^2增长至约133.63亿m^2。城市在经济高速发展的背景下，马路变得更宽、广场变得更大、楼房变得更高、夜景变得更绚烂，但城市拥堵的交通、浑暗的河水、污浊的空气却让我们不堪重负。我们一面追求着人居环境的改善，一面又在实际上破坏着人居环境。面对上述种种矛盾状况，作为建筑师，不妨先从反思的角度考察一下近些年来我国建筑创作的种种失衡现象与问题。

1 当今中国建筑创作面临的问题

1.1 在“形而上”与“形而下”之间

“形而上者谓之道，形而下者谓之器。”[1]所谓释道者，即阐明理念、思想的过程。当今我国建筑师在阐述设计方案时，如果不在创作理念上有所发挥，会给人以创意缺乏高度、设计成果不完善的印象。于是“理念的表达”成为建筑师八股式的必修课。在这种追求“理念”和“形而上”的氛围中，建筑师绞尽脑汁“探”理念之源，于是牵强附会、投其所好、故弄玄虚者风靡一时。

于是乎有了肤浅滑稽的象征（球、花、山、河、树……）、不着边际的寓意（胜利、发展、合作……）、神秘隐晦的数码、说文解字的释形等，几乎到了泛滥的地步。

我们常会看到一种怪相：理念认同最为重要，只要认可了设计理念，真正关乎建筑品质、关于人的直接感受的“形而下”问题，如功能合理性、建筑造价、建筑技术、材料的适宜性、交通的可行性、室内空气的质量、防噪隔音等都似乎退居其次。然而，恰恰正是这些“形而下”的问题更值得踏踏实实地去关注和解决。肤浅的思考和盲目的追风挤压了建筑师对“形而下”问题的探求空间。

1.2 在“形式”与“功能”之间

“形式与功能”是建筑学永恒的话题，无论“形式追随什么”，解决形式与功能之间的平衡问题是建筑设计的重要法则。当今的建筑创作，重形象而轻功用或因形式而牺牲功能的状况比比皆是。例如，到处可见的“标志性建筑”——主要是指视觉上的标志性建筑，它们按某些决策者的意志建设，还要力争“五十年不落后”！这种“审美决定论”导致建筑一味追求外观，而内在品质，如空间构成、声、光、热、气等都成了次要问题。由此出现了重形式轻功能、重外表轻内在、重宏大轻细节、重造型轻尺度的失衡现象，这已成为我国建筑创作中存在偏离设计本原的普遍问题。

1.3 在“建造”与“运营”之间

建筑创作需考虑的因素繁多，但建筑师对其取舍则各有偏好。据观察，当今建筑师更重视建筑的建造方面，例如材料、构造、色彩、肌理、通风、采光、结构、电机等；而建筑的运营使用，如物业管理模式、建筑使用方式，保安、保洁人员工作的安全，机电设备的检修与更换等方面或多或少被忽略。建筑师对运营成本问题、方便性问题缺乏深入细致的考虑，结果在建筑投入使用时发现诸多问题，不得不再进行补救。

建筑是为人使用而设计的，可建筑师往往理想化地将其视为一种静态的结果，建造完成后总希望使用者永远保持建筑物的原状。然而使用者可能从一入驻就打起了更改的主意。为此，建筑师多会在建成之初抢先抓拍留影。建筑的功用性与商业性越强，投入使用的时间越长，被更改的可能性就越大。建筑师应理性地接受这一事实，建构可操作的改造机制，确保设计品质的保持与延续。

建筑经济是设计的重要因素，可建筑师更关注建造成本而轻视运营成本。运营成本恰恰对建筑的维护和使用发生着持续的影响作用。建筑师特别重视建造完成后的验收工作，这种验收多以安全性、技术性、规范性为依据，而验收后建筑的适用性特别是耐用性则常被忽视。配套用品的损坏、维修、更换以及维护运营的便捷性与经济性更是设计思考的盲区。

1.4 在“为人”与“为物”之间

建筑创作是围绕怎样设计好建筑而展开的，因此焦点必然集中在建筑“物”上，其中包含了建筑的结构、材料、质感、色彩、构造、设备、装饰等。由于要解决好这些“物化”的技术问题，导致因“物”忘“人”的状况常有发生。例如有些项目为了降低造价、节省投资，采用廉价的、以次充好的材料，人为造成损害人体健康的建筑环境。再如，近些年强调绿色节能建筑规范，大量建筑物采用的外墙保温技术由于构造与造价方面存在矛盾，导致保温层的使用耐久性与安全性方面存在很大隐患。在设计决策上，是“物”的节约更重要，还是“人”的安全更重要？现实中人们给出的答案往往是本末倒置的结果。

建筑师对形式美的追求是其职业天性，无可争辩，然而因“唯美”而牺牲建筑的功用却得不偿失。真正的建筑师一定会将建筑物的形式美与功能的合理性巧妙结合在一起。然而很多建筑师却忘掉、或不屑于遵守这一基本原则，“重形轻用、因物忘人”，随意发挥，成为一种职业陋习。

上述种种“为建筑而建筑”的偏离现象，使“建筑服务于人”的本原思想被丢弃，“健康”“高效”与“人文关怀”似乎都变得无关紧要，在“形而上”与“形而下”之间，在“形式”与“功能”之间，在“建造”与“运营”之间，在“为物”与“为人”之间，失去了方向，误入偏执、片面、舍本求末的歧途之中。

2 建筑乱象的背后原因

2.1 高速发展中的“路径依赖”[2]

建筑业的高速发展给建筑师创造了巨量的创作空间。任务量过分饱和，设计周期不断压缩，建筑师们始终处于“赶工”状态，“建筑创作”变异为“建筑生产”，再而又简化为“重复劳动”，快节奏的机械式重复，使建筑师失去了思想喘息的机会——没有时间总结、没有时间反思、没有时间追问。长期以来建筑师处于“路径依赖”与“习惯性无助”[3]的状态。在追逐设计产量、比拼出图速度的大时代中，建筑多成为政绩及盈利的工具。为了提高“设计生产”的效率与速度，建筑设计中的“拿来主义”、抄袭模仿、粗制滥造、重复犯错等现象层出不穷。物欲的渴望挤占了人性关怀，价值观的混乱导致建筑创作方向的迷失与背离。

2.2 决策机制中的专业淡化

建筑创作离不开建筑方案比选与决策定案的过程。建筑师时常陷入层层比选与反复修改的痛苦之中。“有什么样的业主就有什么样的建筑”，决策者发挥着决定性作用。我们不妨将建筑的审美价值取向分为 3 种类型：即“权力审美”“世俗审美”和“专业审美”。近十多年我国建筑审美所形成的格局是：“权力审美”强势主导，“世俗审美”从众呼应，“专业审美”孤芳自赏。社会缺乏健康的建筑品评氛围，如有评论性文章也多为温言温语或偏执绝对，有思想深度、有追问意识、有反省思辨的专业评论稀缺难见。对大众审美的正向引导、对价值观的建构审视、对设计目标的终极探究都严重缺失。专业审美对权力与世俗审美的引导应视为建筑师的社会责任，建筑学者应影响决策者并向大众普及审美教育，以此作为提升全社会审美整体水平的必要手段。加强审美及决策机制的科学性与民主性，避免乾纲独断、低级恶俗、脱离设计本原，这是 30 年建筑发展留给我们的重要警示。

2.3 文化建构中的盲从追风

中国当代建筑师的教育背景来自西方，现代主义建筑思想的影响可谓根深蒂固。改革开放之初，中国的建筑教育基本以西方建筑为范本。由此，中国建筑学界一波接一波地追赶着西方建筑的思潮和动向：从开始的现代主义补课，到后现代主义的盛行，再到批判性地域主义觉醒，各种流派思潮掺揉进逐年增量的建筑创作的实践之中，这期间我们经历了中国文脉的沿承，西方“欧陆风”的吹袭，高技派的尝试，绿色建筑的倡导，地域性的反思，非线性的流行等。中国建筑师主动或被动地被不同时期的时尚思潮裹挟着，留给他们思考与判断的空间少之又少。近 10 年，随着中国建筑师的实践累积与反思，中国建筑从仿学西方转而追求本土原创，新的观念逐渐萌发。“本土建筑”思想的产生就是摆脱流行思潮的一种抗力。回归理性、回归思辨、回归本原，正成为中国建筑引领者们的自我期许与行动。

2.4 设计依据中的教条主义

建筑师无论承接什么设计项目，都要受到设计任务书、城市规划要点、各种技术规范的规定和制约。当前建筑创作存在的问题往往发生在工作前端，即对建筑任务与条件的习惯性依从，没有人去追问任务书的合理性，或规划条件的根据性。可以说：不明确任务与条件的背后原因，那么设计的出发点可能就是错误的[4]。有责任心的建筑师在解读设计条件后，往往会与业主及城市主管部门主动沟通，对不合理的部分做出建设性建议，因为使建筑创作从正确的起点出发，是避免病态或亚健康建筑的关键一步。

另外，建筑师对建筑规范的无奈与依赖也是导致上述现象的原因所在，建筑师常将规范作为设计依据，但又有多少人对规范的依据问过“为什么”？惯性思维将建筑师们拖入“为建筑而建筑”的误区之中，而“回归设计本原”则是唤醒建筑师反思与追问的醒神剂。

3 回归设计本原之意义

3.1“本原设计”的探索与构建

按照中国传统哲学观，世间万象分为“道、法、术”3个层面，前面列举的现象和原因属于“术”和“法”的层面，而要从根本上解决这些问题，需要先在“道”的层面上回答万物由生的本原问题。那么，建筑设计的“原点”是什么？建筑设计的“原点”在哪里？下面我就从自身、历史、人类3个维度来回答这一根本问题与阐述“本原设计”的形成过程。

首先从我本人的建筑实践谈起。10多年前我带领团队开始研究并设计现代型医院，在实践中逐渐意识到，一定要扩展关注面，不能只局限于病人与医护工作者，还应做到对包括参观培训人员、探视人员、陪护人员、后勤管理人员等人群的全方位关怀。在后续实践中，我们把这种理念从医疗建筑拓展到所有公共建筑类型。如何做到从关注“物”到关注“人”？从特殊人群到普通个体的全方位人性化设计？这是建筑创作中必须直面的问题，它自然而然地把我们引向对建筑史和经典作品的反思与再研究。解读建筑史有很多种方式，如果我们抛开主义、风格、流派等常用的分类法，尝试从“人”的角度出发，就可以从建筑与人的交互关系中重新发现一部关于“人”的建筑史。

古希腊时期，亚里士多德的哲学体系通过“和谐的数和秩序”把人与建筑统一在一起，“当建筑的和谐与人体的和谐相契合时，建筑就是美的”。古罗马建筑师维特鲁威继承了古希腊思想，以“人”为思考的起点，提出“坚固、实用、美观”，完成了经典著作《建筑十书》。他提出，对人类本身的关注和研究是设计的前提。在漫长的中世纪时期，基督教势力逐渐占据统治地位，社会结构发生巨变，主流意识形态逐渐从“人本”转为“神本”，城市和建筑转而“为神服务”，催生了以神为中心的哥特建筑与城市。到了文艺复兴时期，阿尔伯蒂《建筑论》以“人的美学”为基础，提出“实用、坚固、美观”，使历史的钟摆重新回到“为人”的方向。然而文艺复兴开创的建筑道路很快变成模仿和复制，形式日益繁复，巴洛克、洛可可等潮流此起彼伏，城市结构、建筑形态、空间尺度、材料运用等都被导向另一个极端，偏离了“人”的坐标。

18世纪工业革命推动农业社会转型进入工业社会，人口剧增、资源快速流通、城市密度加大等变化带来了一系列社会问题。启蒙主义者将历史拉回正途，他们对历史、自然、信仰及人类自身做出科学、理性的评估，建筑设计也因此发生改变；结构更加轻盈，建造逻辑得到重视。结构理性主义和古典复兴代表建筑师对人类的创造力和历史经验得到重新审视。而到20世纪，工业技术与历史形式之间的鸿沟已不可调和，战争带来了巨大的社会危机，社会生产与城市文明亟待修复。机器美学、功能主义学说、现代主义建筑伴随着材料科学和生产技术的革命性进步应运而生。建筑师首先要解决最紧迫的“量”的问题，满足“人的基本生活需求”，同时，如何把现代时代独特的时空观念转变为适宜的建筑形式，是现代主义建筑师们的历史使命。勒·柯布西耶和吉迪翁等人发起的国际现代建筑协会（CIAM）就是致力于寻找现代建筑与城市设计语言、为现代人居环境确立导则的国际组织。二战之后，“十次小组”（Team X）等先锋团体更是使现代建筑的信条朝人性化的方向进行修正。纵观现代主义建筑的发展历程，“人”一直是建筑学科的中心，围绕着“人”展开社会学、自然科学、人体工程学、空间功能学等多方向的研究。建筑史的发展尽管一波三折，但其实从未真正偏离对“人”的关注，“人”始终是各种建筑思潮和设计方法的原点。

另一方面，我们可以发现几千年的中国古代建筑史也深受中国传统哲学观的影响：对于围城、修屋、造园来说，白贲艺术[5]、营造法式、风水理论等一直崇尚“绚烂又复归于平淡”，强调“人”与建筑和自然的和谐关系。经历了模仿、学习、代工、批判4个阶段。从20世纪50年代按苏联模式的城市规划建设、学美国模式的城市化扩张、仿抄欧洲古典主义的建筑风格到20世纪末吴良镛先生提出“广义建筑学”自上而下的倡导，再到21世纪初建筑媒体提出的“走向公民建筑”自下而上的呼吁，中国建筑学有了显著进步。但面对膨胀式发展带来的种种社会问题，目前的建筑学知识体系和解决策略还远远不够。

建筑作为深刻影响生活的“人造物”，一直是建筑学的核心和本体，而“人”的因素往往容易被“建筑”遮蔽。所以，为了精准定位建筑设计的“本原”问题，我们应该从人类学知识体系出发，以“人的需求”为设计的“原点”，对建筑学的“原始本义”展开新的探索。

3.2“本原设计”的理念思想

“本原设计”不仅是一种设计方法，更是一种设计理念。在“本原设计”探索与构建的论述中，我们认识到人本思想长期、持续的深远影响。如果用精简严谨的表述来解释“本原设计”，则可定义为：以“全方位人文关怀”为核心观念，实现“建筑服务于人”的设计思想。

参照古罗马时期维特鲁威提出的“坚固、实用、美观”

建筑三原则，本原设计以倡导“健康、高效、人文”三大要素为基石，延承维特鲁威以“人”为基点的人本思想，并且更为直接地表述设计的目标指向，强调“建筑服务于人”的终极理念。

新中国确立的建筑方针“实用、经济、在可能条件下注意美观”长期以来一直影响我国的建筑创作，其积极的历史意义不言而喻。但是，伴随着时代发展和社会进步，我国政治、经济、社会与文化状况都发生了巨大变化，有必要在延承的基础上探索、补充、发展完善建筑创作的指导方针，应时而变，以适应全新的社会需求。“本原设计”思想的提出即是对我国建筑方针进一步深化发展的有益尝试。

1999 年，在北京世界建筑师大会上通过的《北京宪章》成为影响我国建筑发展的纲领性文献。广义建筑学“人居环境”思想得到广泛认同，它在强调生态观、经济观、科技观、社会观、文化观基础上，还特别强调将“时间、空间、人间”三位汇于一体，其中对“人间”的重视正是“本原设计”所依据的核心内容。因此，如果说广义建筑学是建筑理论层面上的宏大建构，那么“本原设计”则是在响应其思想体系下对其观念的具体延伸与微观落实。从宏观到中观再到微观，建筑理论思想层面上的发展需要不断地深化与丰富，只有这样，其理想价值才是鲜活和有生命力的。

除了在理论体系的继承与发展方面和历史上的建筑理论与思想体系相关联，“本原设计”同时也是对当今建筑创作中屡见不鲜的“偏离本原”现象的一种反思与梳理。通过向本原回归，建筑师的成长会经历以“体道”（以过去的经验与理论为指导从事的建筑实践）、“悟道”（在创作实践中体会、总结、感悟）再到“得道”（实践与理论相结合，通过实践提升建筑理论认识，产生新的与时代地域条件相符的观念突破与思想升华）这一成长过程。“体道”“悟道”与“得道”是一种循环发展与提升的过程，是建筑创作与现代建筑知识体系的必然规律，“本原设计”思想即是针对这一规律的归纳总结，还需进一步丰富与完善，使之更加符合建筑创作的现实发展需求。

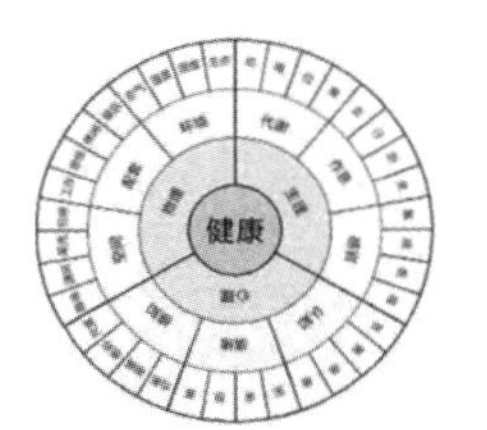

图1 “本原设计”中“健康”内容

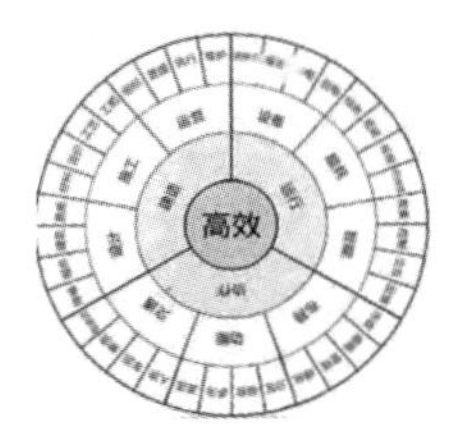

图2 “本原设计”中“高效”内容

3 “本原设计”中“人文”内容

3.3 “本原设计”三要素

“本原设计”的核心思想是对人的关怀与服务。它不能仅仅停留在空洞的口号上。既然核心是“人”，人类学自然成为思考的重要起点。

人类学包括生物、社会和文化 3 个层面，对应于此，我们提出“本原设计”三要素，即：健康、高效与人文（图 1–3）。

“健康”是评判建筑优劣的基本要素，它有狭义与广义之分。狭义的理解，是指建筑营造的室内外环境对人的生理与心理方面健康的影响以及提供健康的条件。广义的理解，是综合判断建筑的健康状况：除了狭义的健康要求外，还包括建筑设计在整体与系统上的合理性。“亚健康建筑”就是在广义层面上提出的一个新概念。在当下，健康是很容易被忽略的设计要素，同时又是现代人最为关注和追求的目标。它包含物理健康、生理健康、心理健康 3 大方面。通过系统化梳理，可以从各层面再细分需求，不断延伸、拓展。密斯说过“上帝存在于细节当中”，只有关注更多被忽视的细节，建筑才能更好地服务于人，才能克服建筑的亚健康状态。

“高效”是评价建筑性能的关键要素，主要表现于建造、使用、运行 3 个层面，涉及到建筑技术、经济、功能、流线、材料、构造、节能、运营、性价比等诸多方面。效率是建筑的重要评估指标。效率有高低之分，我们采用“高效”一词具有正面导向意义。效率是任何建筑师都回避不了的重要课题，“高效”表现在功能布局合理、交通流线顺畅、建筑材料适宜、建筑构造精巧、节能措施得当、施工工艺便捷、维护运营节省等诸多方面。它针对的是建筑建造与使用过程中发生关联的全部人群，无论是对业主、建筑师、建筑商还是管理者、使用者都有所关照。“高效”的意义在于提高性价比，平衡要素权重，提升系统与整体运行效率，实现多赢结果。

“人文”是建筑在精神层面上的升华要素，包含文化、精神、价值三大方面。比对美国著名心理学家马斯洛的心理学金字塔，人文是人类需求的最高层面。人文不仅是一种精神追求，更是一种“接地气”的设计态度。“人文”思想在设计中应渗透到宏观、中观、微观各个层面，落实到每个细节之中，一切从“人”的角度出发，处处体现对人的全方位关怀。

建筑师和业主最容易忽略对“弱势群体”的关注与安排，如建筑中的保安、保洁等后勤人员，在很多建筑中，他们的工作、生活、休息条件，很不理想。没有休息办公场所，工作间歇时在楼梯间等边角空间休息。建筑师如果对这种现象都“视而不见”，又何谈建筑的健康、高效与人文呢？法国启蒙时期的著名思想家孟德斯鸠曾说：对一个人的不公，就是对整个社会的不公。对建筑而言，也是如此。

4 践行“本原设计”之路径

4.1 观念的反思与力量

根据美国经济学家道格拉斯·诺思“路径依赖”理论，思维的惯性会使人的行为习惯不断自我强化，无论结果是好是坏，常常难以走出惯常路径。人类原初的建筑都是以功用为起始的，随着历史演进，不断地添进越来越多的附加功能与意义（包括精神层面），在此过程中受各种因素影响，建筑逐渐偏离了“以人为本”之初衷，开始变得“舍本求末”甚至“本末倒置”背离了“建筑服务于人”的原始本义。

要回归本原，就必须反思建筑之本义，要有拨开表象探求本质的自省与自觉，对设计立意与依据应知其然，更要知其所以然。累积回归本原的力量，实现“全方位人文关怀”将是长期曲折的过程，践行“本原设计”有多少关节要细化、落实，都必先从观念更新做起。

4.2 文化的回归与觉醒

现代建筑学生发于西方，现代建筑师常有西方建筑学基因也不足为奇。尽管如此，中国的传统文化、传统建筑、传统的人文思想与现代主义建筑并非彼此排斥，相反，传统建筑观念对生活方式、自然环境和地域适应性的关注与重视都是对当代建筑思想的丰富与补足。传统建筑思想倡导“天人合一”，“天”即“天道”自然规律，“人”即人间生活，顺应自然规律。布置营造符合人之需求的建筑，师法自然，因地制宜，随形就势，在环境定位上尊重“风水”，在建筑营造上就地取材，在建筑尺度上适合人体习惯，在与环境关系上协调相容。这些特征与法式都是围绕着“人”展开的。在我们今天所倡导的“本原设计”观念中，应该以中国传统人文思想为“体”，以西方现代科技思想为“用”，以“人”为核心，包容中西，有容乃大。在现代建筑人文思想与科学技术交融的基础上，汲取中国传统建筑之精髓，建构中国建筑的文化自信与自觉，不分中西理念，“一切为服务于人，关怀于人”，这势将促成今后的建筑创作道路上中国建筑文化真正的回归与觉醒。

4.3 技术的建构与实践

30 多年的创作实践使我认识到，要实现好的设计应在 3 个层面上做到位：即周全、周到与周详。周全，指建筑设计考虑的因素要全面，不可疏漏；周到，指在考虑周全的基础上要有落实，要执行到位，先有心到，再有手到；周详，指在落实周全与周到的过程中，注重细节，全面又详细，细节决定成败。鉴于此，我提出践行“本原设计”的“全方位思考，全过程统合，全专业协同”的技术方法与路径。

“全方位思考”源自对“全方位人文关怀”理念之延伸，建筑对人的服务要周全，在设计内容、形式与技术手段上要周全。为了实现周全的设计必须做到“全过程结合”，所谓全过程是从建筑策划、立项、计划、规划、方案、初设、施工图、建造、运营以及景观、室内标识等设计环节的全过程结合。避免多头管理、负责不清，项目总建筑师统筹全过程，贯穿每一环节，消除边界扯皮。全过程统合可实现责任到人，职责清晰，提升工作效率与设计品质。在此过程中，还要落实“全专业协同”，以往我国的建筑设计在各专业的协同方面做得比较薄弱，各专业间的互动停留在低层次上，使得各专业设计图纸之间容易存在“错漏空缺”，虽然当今 BIM 技术的应用大大改善与促进了专业的协同，但各专业之间积极互动、主动介入的意识与习惯尚未形成，倡导全专业协同的工作还任重道远。

4.4 “本原设计”的扩延与格局

“本原设计”不是以狭义的技术层面来界定建筑师的思想空间的，而是以开放的态度，在各个层面与领域探求“建筑服务于人”及追求建筑“全方位人文关怀”的本原问题。反思我们惯常的设计内容、方式与流程，各层面都有很大提升空间，许多盲区需要填补。在通常的设计流程中，极少有建筑师在解读设计条件后，会向业主与管理者提出建设性建议，积极参与建筑的策划环节之中。“题目出错了，解题就失去了意义”，再如惯常建筑创作更多关心的是建筑的建成结果，但却很少关心建筑的使用结果，而崔愷院士“建筑使用说明书”的倡导与研究改变了建筑师传统的思维模式，将建筑成果与使用效率紧密连接起来。上述种种充分表明当代建筑师的反思与自觉的人文关怀。由此我们生发出倡导“无障碍设计认证”的思考，将建构发展建筑的无障碍设计认证作为未来的工作目标与社会责任，真正发扬“本原设计”的人文精神，为社会与建筑环境的公平、正义尽一份建筑师的责任。

“建筑服务于人”不是流行的时尚口号，而是建筑师永恒探求的本原课题，在建筑理论与创作实践的发展道路上，偏离本原与回归本原作为两种矛盾的力量不断抗争，人类在试错与教训中汲取更多的智慧经验，历史终将证明：“回归本原设计”是建筑师共同的价值取向，也是支撑建筑核心价值的基本原点。

（原载于《建筑学报》2015 年 03 期）

注释

[1] 出自《易经》形而上的东西就是指道，既是指哲学方法，又是指思维活动；形而下则是指具体的，可以捉摸到的东西或器物。形而上的抽象，形而下的具体。

[2] 路径依赖(Path—dependence)，又译为路径依赖性，它的特定含义是指人类社会中的技术演进或制度变迁均有类似于物理学中的惯

发现蚕种场——走向一个“原生”的范式

鲁安东　窦平平

摘　要：文章介绍了作者发现和认识江浙地区蚕种场蚕室建筑的过程，并以此为线索探讨设计研究的方法和意义。根据这个过程中涉及的不同理解框架，作者概括了三个范式：面向个案的“环境－建构”范式、面向类型的“效应－形式”范式和支持操作性观察的“原生”范式。文章指出，从个案到类型原理，再到学科本体，这三个范式共同构成了设计研究的一种可能的途径。

关键词：蚕种场；蚕室建筑；设计研究；范式；环境－建构；效应－形式；操作性观察

序

本文将介绍我们发现江浙地区蚕种场的过程，并以此为线索探讨设计研究(Design Research)的方法和意义。所谓“发现”并非指对具体物质遗存的“见”，而是指在思想中的“识”，即“发现”意味着某些事实在理解框架中被成像。对于设计研究而言，有意义的发现并非是印证既有理论的新个案，而是使既有理论“失效”的事实。这种带有溢出性质的事实迫使我们去审视、反思和调整现有的知识体系，最终拓展建筑学的边界。蚕种场就是这样一种事实。它仿佛是一个位于建筑学边缘地带的巨大的陌生者。它带给我们的困扰既是用途上的（陌生的蚕种培育活动和相关知识），也是时间（民国黄金十年）和地点（乡村）上的。然而它用充盈的事实性颠覆了我们对建筑的常规认识。我们无法用单一的既有的理论解读蚕种场，因此对它的发现也意味着建构解读背后的框架。从这个意义上说，蚕种场是事实与理论的双重发现。

本文将回顾自2010年以来我们对蚕种场的调查工作和同时进行的学术思考。整个思考过程涉及了提出假设、建构框架、反思以及不断调整。文本将这个理解框架不断调整的过程概括为三个范式：面向个案的“环境－建构”范式、面向类型的“效应－形式”范式和支持操作性观察的“原生”范式，本文尽可能全面地呈现我们整个思考过程，为设计研究提供一种思路，而不仅介绍思考的结论。

1　“环境－建构”范式

2010年1月，我们前往江苏省江阴市长泾镇，为即将改造的老街拍摄一部纪录片，因此接触到了长泾蚕种场（原大福蚕种场）。此时的长泾蚕种场已停产空置，并且建筑刚刚

图1　长圣香种场入口庭院　　图2　长泾蚕种场第一蚕室南侧外观
图3　长泾蚕种场第一蚕室北侧外观　　图4　长泾蚕种场第二蚕室南立面（局部）

性，即一旦进入某一路径（无论是“好”还是“坏”）就可能对这种路径产生依赖。一旦人们做了某种选择，就好比走上了一条不归之路，惯性的力量会使这一选择不断自我强化，并让你轻易走不出去。

[3]　“习惯性无助”又称“习得性无助”是美国心理学家马丁·塞利格曼(Martin E. P. Seligman) 1967年研究动物行为时，用狗做的一项心理实验。研究得出：有机体经历了某种学习后，在情感、认知和行为上表现出消极的特殊心理状态，即因为重复的失败或惩罚而造成的听任摆布的行为。

[4]　引自庄惟敏教授2014年11月25日中国建筑学会年会的发言“模糊决策理论背景下的建筑策划方案”

[5]　贲者饰也，用线条勾勒出突出的形象。“白贲”是易经的一个卦相而引发出来的美学命题，所蕴涵的美学理念有“质地美”“本色美”“自然美”等，代表了中国古典主义美学的精髓。其所推崇的朴素美、本体美、简约美，一直以来为中国文人所致力追求的最高审美境界。

图片来源：作者自绘

经过了全面维修。沿着青石铺砌的老街，穿过沿街楼房底层幽暗的门洞，走进一组树木翳然、空间交错的庭院（图1）。这几个院落部分是经营用房，其余是原主人的居所。沿着檐廊前行，穿过一个小门，眼前便是建于民国24年（1935年）的第一蚕室。它整齐挺拔，给人的感觉既熟悉又陌生，熟悉的是粉墙黛瓦的江南民居风貌，陌生的是巨大的体量和复杂的窗洞排布（图2）。不同形状和大小的洞口有规律地重复，暗示着建筑背后存在着精确的、理性的考虑。绕到它的北侧，我们看到这幢建筑的北立面与南立面有着细微的不同，窗楣和窗檐的出挑小了许多，窗下的通风洞口也被合并（图3）。而真正令人惊异的是位于它对面的建于民国26年（1937年）的第二蚕室，它在冬日的阳光里显得格外宏大而冷峻。对窗户的合并和对窗楣、窗檐的进一步简化，极大地加强了该建筑的体积感和立面的数学感。富有节奏的方形窗洞与接近点阵分布的圆形气窗构成了立面上层叠但互不干扰的两个系统（图4）。这种有秩序的形式带有强烈的技术特征，似乎在暗示这是一个用传统方式建造的巨型机器。乡土感与机器感并存，使这座建筑的形象令人感到震撼和困惑。

任何研究的发端都有思考的起点。在初次接触到蚕种场的那段时间，我们正在关注运用"影像"来图示社会空间的运作和变迁。[1] 因此视蚕种场作"乡土工业"的场所，正如费孝通所指出的，它在乡村现代化过程中起到了关键的变革作用，既在技术与经济上，也在社会与观念上。[2] 尽管这一思路关注蚕种场的"社会性"多过其建筑本身，但它对于我们后来对蚕室建筑的研究发挥了持续的影响。另一方面，在大约同一时期，由于受到视觉人类学的影响，我们对将"观察"（Observation）作为建筑学研究方法抱有浓厚的兴趣。①特别是在雷纳·班汉姆（Reyner Banham）《洛杉矶：四种生态下的建筑学》和雷姆·库哈斯（Rem Koolhaas）《癫狂的纽约》的启发下，[4][5] 我们认为田野工作（Field Work）具有溢出既有理论的可能性，也因此有意识地寻找溢出既有理论的个案，而观察则成为将事实反馈到理论层面的必要途径。对于观察的自觉在某种程度上成为后来研究工作的推动力。

在2012年对长泾蚕种场的两次调研中，随着对技术细节的逐渐"发现"，蚕种场的"机器性"成为我们思考的重点。这些技术细节首先带来的是困惑。室内楼板上规则分布的洞口让空气得以在各楼层之间受控制地流动，因此建筑内部空间至少存在着按照楼层划分（洞口关闭）和作为整体（洞口打开）两种连通方式（图5）。立面上呈点阵分布的圆形气窗中，一部分是进风口和出风口，另一部分则是室内加热炉的排烟口和进气口，立面的厚墙隐藏了多个技术系统（图6）。此外，第一蚕室二楼的外墙比一楼厚，这一不利于结构受力的事实则暗示着在蚕室建筑中有着较诸建造原理更为优先的考虑。另一方面，蚕室建筑明显有别于一般的工业建筑和民居建筑。与工业建筑相比，它的现代性更多体现在与生产方式以及乡村建设这一大现代命题的关联性上。而在技术上，特别是建造技术上，它更像是地方传统建筑的一种发展。与民居建筑相比，它对环境条件的处理方式相当复杂和精确，因此无法简单地用气候适应性理论来解释。在这里，建筑第一次成为了"自然的机器"。

图5 长泾蚕种场蚕室室内楼板上均布的洞口

图6 长泾蚕种场外墙内侧附着的炭炉和烟道

在发掘技术细节和认识建筑类型特殊性的基础上，我们逐渐形成了两个观点。第一，长泾蚕种场里复杂的墙体构造以及在两座蚕室的四道外墙之间呈现出的"演进"或者说设计优化征兆（图7），让我们提出了"环境的建构"这一概念。[6] 蚕室建筑的建构不同于经典的基于材料和建造逻辑的建构，而是以精确地调控自然环境要素为首要考虑，因此在无法兼顾的情况下会出现违背建造原理的做法。第二，蚕种培育提出的复杂而精确的环境需求是蚕业现代化的产物②，而它诉诸的手段是地方传统的建造体系。因此蚕室建筑可以被视为地方建造体系应对现代性的适应性发展。在全球视野下看，它作为一种本土原生的现代建筑构成了主流现代建筑之外的另类线索。③

在2012年底的一篇论文中，我们将这两个观点进行了整合，尝试为蚕室建筑提出一个解释的框架。[8] 这个解释框架关注蚕

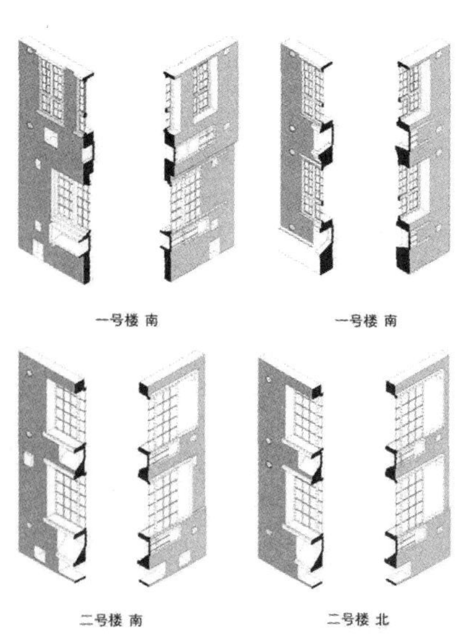

图7 长泾蚕种场四道蚕室外墙的剖面分解图
（灰色：外侧；黄色：内侧）

室建筑体现出的技术特征，并以两个线索作出分析，"环境"线索将蚕室建筑视作自然条件下不确定的外环境和蚕种培育所要求的确定的内环境之间的调节者；"建构"线索则将蚕室建筑视作地方建造体系的适应性发展来分析其意匠（Ideas），因此简称为"环境－建构"框架。这一框架可以很好地解读长泾蚕种场个案的精细建造、明显建构特征，然而它是否适用于其他蚕种场？是否能够概括"蚕室－建筑"这一建筑类型的特征呢？

图11 四摆渡蚕种场蚕室北侧外观
图12 四摆渡蚕种场蚕室南侧外观（局部）
图13 四摆渡蚕种场室内走廊透视
图14 西漳蚕种场蚕室外观
图15 西漳蚕种场蚕室内景
图16 浒关蚕种场蚕室北侧外观
图17 浒关蚕种场蚕室内景

2 "效应－形式"范式

2013年春，友人庄慎在浙江莫干山改造一座民国时期的蚕种场，邀请我们前往调查。[9]3月下旬，我们辗转至莫干山庾村。其时恰逢阴雨，场内建筑显得尤为粗糙破败，在形式和建造上既无法与长泾蚕种场的优雅精炼相比，也没有明显的类型上的关联（图8）。在场里逡巡良久，我们发现了地板下隐藏着的烟道的轨迹：它从室外加热口开始，穿过整个室内地坪后分成两股折返，再通过一个台阶形的砌筑体让气流得以爬升并流通至外立面上的垂直烟道，最终从屋顶上的烟囱排出（图9）。此外，在蚕室的南北两侧都有着巨大的凉棚。由于有凉棚的遮蔽，庾村蚕种场外墙上的洞口无需考虑遮阳、排水等因素，其立面的建构细节较长泾蚕种场简陋，但也因此显示出更直白的工业建筑特征。这两座蚕种场之间的明显差异促使我们下决心对同期的其他蚕种场开展普查。

图8 庾村蚕种场蚕室南侧外观
图9 庾村蚕种场蚕室外墙外侧附着的烟道

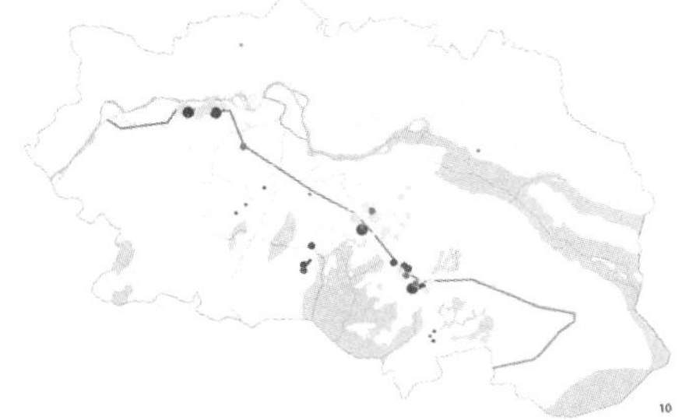

图10 20世纪到20年代–30年代苏南地区蚕种场分布图

在1932年和1934年的两份江苏省内蚕种场调查记录的基础上，[10][11]我们对其中的111座蚕种进行了定位（图10），④并在现存的蚕种场中挑选了蚕室间数最多、产量最大的几座进行了调研。⑤2013年8月，我们首先找到了镇江四摆渡蚕种场。沿着一条蜿蜒的小路走到尽头，眼前出现了一幢颜色深沉、气势雄伟的蚕室（图11）。铺着鱼鳞瓦的屋顶朴素有力，立面由于开间间距的细微差别显得中间紧两侧松。在建筑的另一侧，窗户的数量则增加了将近一倍（图12）。尽管如此，它缺少长泾蚕种场和庾村蚕种场中大量使用的小气窗，以及它们带来的通过对外墙洞口的开闭组合来调整气流的多样可能性。它解决环境需求的办法是增加一道与外墙平行的内墙，通过双层表皮来实现对室内环境的调节（图13）。下一站我们来到了无锡西漳蚕种场（原三五馆蚕种场）。它又不同于之前所见各场，装饰栏杆让上层看起来更像是开敞的外廊（图14）；整面连续的窗户和楼板上均布的洞口让室内空间呈现出开放和轻盈的感觉（图15），这是框架结构下才会出现的空间特征。随后我们调查了苏州浒关蚕种场（原大有蚕种场）。其蚕室窗户的划分最为复杂（图16，图17），一个典型开间有15扇窗，可以分别开闭，其中外开玻璃窗8扇（内侧安装纱窗）、外开木板窗2扇（内侧安装纱窗）、内开大木板窗1扇、内侧推拉气窗4扇，此外还有一个用于清理蚕沙的排污洞口。

无论是四摆渡蚕种场的双层表皮、西漳蚕种场的开放结构还是浒关蚕种场的组合窗，在调节环境的方式上均有别于长泾蚕种场，似乎每个蚕种场都分别在因地制宜地发明自己应对"环境"的"建构"。在这些多样的做法的另一面是日益科学化的养蚕知识和南京国民政府对蚕业日益严密的管控。⑥而"环境－建构"的解释框架虽然适用于对每个个案的分析，却无法概括这些截然不同的蚕种场之间共有的整体特征，也就是说它无法描述作为类型的蚕室建筑。面对类型，我们需要寻找新的解释框架。

尽管蚕室建筑调节环境的手段方法有别，但它们实现调节作用的主要“媒介”——光和风的作用方式却有规律可循。⑦如果蚕室建筑构成一种建筑类型的话，它明显不是基于外形或者建筑语言上的相似性，而是取决于光和风在蚕室中的“运行效应”(Performance)的类型，而不同的建构手段也可能产生相似的运行效应。不同蚕种场的共通之处只能来自于确定的养蚕环境需求所支配的一些形式，而后者只能通过分析建筑的运行效应才能理解。我们将这一解释框架称为“效应－形式”(Performative—Form)范式。“效应－形式”同时与立面、剖面和平面分布有关，因此是一种空间形式。但它同时也是可变的，它通过外围护结构以及楼层之间的洞口的开闭在不同状态之间切换，因此也是一种带有时间性的形式，一种功能计划(Programme)。

3 “原生”范式

2013年11月，我们受委托为宜兴市芳挢镇的芳桥蚕种场提供一个概念性的改造方案，并开始思考几个基本问题：为蚕而造的建筑如何为人而用？我们有没有可能用蚕室建筑去改造甚至设计当代的建筑？以及从建筑学的整体视角来看，蚕种场这样的案例如何作为设计研究的对象？蚕室建筑固然有其经济的、社会的和历史的意义，然而它的建筑学意义是什么？这些问题只能通过实践思考。这里所说的“实践”并非指常规的生产性的工作，而是指运用设计的方式、工具和技术进行的探索性的、测试性的和验证性的举措，它是设计领域中对思考进行推敲和深化的主要形式之一。

芳桥蚕种场由民国讫今的十余座蚕室构成（图18），其前身是浒关大有蚕种场的第六分场。[13]我们在芳桥蚕种场的蚕室中挑选了较普通的一座，以“效应－形式”为对象进行了探索性的设计：通过在蚕室内植入新的功能块以改变空气流通的“效应－形式”，从而将蚕室改造为菜场或集市（图19）。在实践过程中，我们得到了几个认识：首先，需要对建筑内部的整体流通进行“规划”(plan)；这就要求建筑的外围护系统与剖面有整体的关联性；将新引入的功能与环境条件进行匹配，在此基础上对建筑平面进行组织。

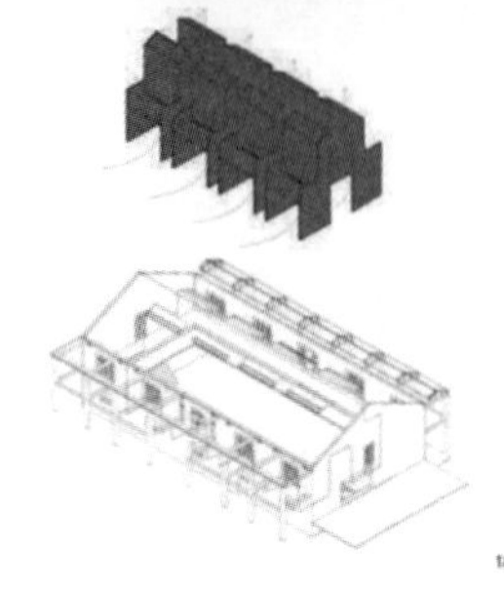

图18 芳桥蚕种场蚕室南侧外观
图19 示意图：在现有蚕室中植入新的功能块

与此同时，我们继续对其他蚕种场进行调查。2014年夏，我们在村民的指点下找到了位于句容市下蜀镇桥头村大吕庄附近的高资蚕种场（图20）。其蚕室的体量长达十开间（图21），砖砌外墙的细节精美（图22），立面开窗简洁，并使用了与长泾蚕种场相同的推拉窗。从位于山墙面的出入口进入蚕室，我们看到了在四摆渡蚕种场出现过的实现双层表皮的室内走廊（图23）。不同的是在这个蚕室一楼南北两侧均设有走廊。真正让人震惊的是那层轻而薄的内表皮（图24），每开间当中是供人进出的门，两侧窄长的是通气用的门，而门上方有4扇可翻转的气窗，它们让内表皮呈现出半透明幛子的效果。高资蚕种场各蚕室由于年久失修楼板坍塌，将内部结构彻底暴露出来，空间被完全释放（图25），这为设计实验提供了一个难得的对象。因此我们结合南京大学的“概念设计”研究生课程，提出了“扩散：空间营造的流动逻辑”的题目，设计任务是通过研究蚕室建筑对光和风的设计原理，从外向内营造空间。如果说蚕室建筑是对不确定的自然环境进行“过滤”，以满足确定的室内环境要求的话，那么“扩散”则是一个从光与风的“效应－形式”生成和塑造空间的过程。这个过程为设计和创造力提供舞台。基于这样的认识，我们将前期研究与教学成果相结合举办了展览“无尽之墙：过滤与扩散的建筑学”。

在上述实践和教学中，我们重新回到了一个蚕种场的观

图20 田野中的高资蚕种场远景
图21 高资蚕种场蚕室南侧外观
图22 高资蚕种场外墙砖作细节
图23 高资蚕种场室内走廊透视
图24 高资蚕种场蚕室内景，可见内隔墙上的复杂开洞
图25 高资蚕种场蚕室内景

察者的角色。我们认为这个视角对于设计研究是关键性的。在进行观察的时候，我们以一种类似“田野调查”的方式进行工作：一方面实地获得第一手资料和理解，另一方面在解读上避免套用既有理论，而是有意识地将溢出性的事实反馈至理论层面。在以这样的方式工作时，我们将蚕室建筑视作“原生”范式的例子，即多种因素、需求和手段在特定条件下带有一定偶然性的组合。它不是完整、成熟的，甚至不是自身一致的，但也因此具有了扩张的生命力。它是地方传统建造应对现代性时的突变，因此是这一仍未完成的任务的发端，也为当代诸多建筑问题提供了一个原始的注记。“原生”范式不同于成熟的范式，实效和发展使它自然地带有批判性和颠覆性，它要求对理论重构。以蚕室建筑为例，它的“机器性”来源与日常供人使用的建筑的不同，它既供蚕生长，也供人进行养蚕作业。从某种意义上来说，它是一个共生的建筑，因此常规建筑所预设的尺度、舒适和建筑基本元素的用途都需要被重新理解。而常规建筑中一些既定的原则，例如以力学理性和体系理性为特征的建造逻辑则需要被反思，正如对长泾蚕种场的分析所显示的，环境理性在这里是更为优先的原则。而我们观察的对象就是这种批判性和颠覆性的作用，而不是试图将对象描述为一个一致的整体。我们将这种工作方式称为“操作性观察”。

4 对设计研究的启示

为了更清楚地回顾蚕种场的研究过程，我们使用了三种“范式”来概括不同的认识方式。虽然它们真实地反映了我们思考的几个阶段，但这并不意味着在范式之间存在对错或者优劣的区分，它们适用于不同的研究对象。但从我们自己的体会来说，它们之间也确实存在着递进关系。第一种范式“环境－建构”是一个诠释性框架，可以很好地解读个案的技术特征。第二种范式“效应－形式”则是一个分析性框架，它概括了蚕室建筑类型的本体特征和个案之下的普遍性原理。而第三种范式“原生”范式却不是一个用于解释的框架，对于蚕种场这样带有萌发性质的不成熟原型来说，“原生范式”的意义在于使我们回到蚕室建筑的个案和类型之外，通过操作性观察的方法，对于本土现代性问题在发端和突变时的各种作用进行考察，进而对建筑学进行批判性的思考。正因为如此，蚕室建筑的这种“原生性”对于我们当下诸多建筑学命题具有参考意义。另一方面，在我们对蚕种场的研究中，这三个范式之间也确实存在着与实际发现过程相对应的递进关系。通过从个案到类型原理再到学科本体，它们按顺序构成了设计研究的一种可能的途径。

设计研究不应局限于对事实本身的描述或者归纳，正如墨瑞·弗雷泽（Murray Fraser）所说，它应该通过有意地参与日常生活的普通实践来产生探索性的思考和实验。[14]它同样不应该以“发明性”的方式服务于设计实践，与任何领域的研究一样，设计研究是一种思考活动并以产生新的知识和认识为目标。设计研究是一种理性的实验，但它首先是一种基于认识论的实践。在我们对蚕种场的研究过程中，贯穿始终的并非是建筑学的知识或技术，而是对于建筑“社会性”的关注和对于作为方法的“观察”的认同。

跋

感谢《时代建筑》开设“设计研究”栏目并邀请我们对蚕种场研究进行整理。我们因此不得不重新审视和梳理自己的思考过程。但我们从未企图虚构一个清晰的思考轨迹，因为思考并非一个线性的过程，而且来自他人片段性的意见和启发也常常起到关键作用。在本文和随后的两篇文章中，我们试图将我们对蚕室建筑的理解方式，通过观察得到的一些想法，使用一些不同的分析手段（例如绘图和理想模型）得到的分析成果以及来自其他学者或建筑师对蚕种场的多样的观察，以复合的形式展现出来。我们的研究工作得到了国内外诸多师长和同仁们的指点和帮助，铭感于心，但囿于篇幅无法一一致谢。

（图片由作者提供）

（原载于《时代建筑》2015 年 02 期）

注释：

① 报告 Cinematic Mapping：the Observation & Documentation of Urban Space总结了观察作为建筑研究方法的四种用途：“观察支持对问题进行本地的、现场的和微观的研究；它通过对事件和实践的凸显揭示问题的运作过程；它呈现处于浮现过程之中和未被定义的现象并揭示其隐藏的逻辑；它允许对叙事的直接体验和认知。”参见：A. Lu. Cinematic Mapping：the observation & documentation of urban space，41st Martin Centre Research Seminar Series. Cambridge：University of Cambridge，2010。

② 养蚕对温湿环境的要求相当精确且与蚕的生长阶段有关，具体来说：一龄蚕，温度80°F_81°F(26.7℃_27.1℃)，干湿差1_2°F；二龄蚕，温度79°F_80°F(26.1℃_26.7℃)，干湿差2_3°F；三龄蚕，温度78°F_79°F(25,6℃_26.1℃)，干湿差3–4°F；四龄蚕，温度76°F_78°F(24.4℃_25.6℃)，干湿差45°F；五龄蚕，温度74°F_76°F(23.3℃_24.4℃)，干湿差5_6°F；簇中温度75°F_78°F(23.9℃－25.6℃)，干湿差5_7°F。

③ 另类现代主义或者多重现代主义认为：“发生在西方世界的现代性虽然引起了全球性的后果，但这种后果并非西方现代性模式在全球的普遍移植，而是在非西方国家和地区出现了许多各具特色的现代性状态。”参见：童世骏“多重现代性”观念的规范内容——兼论其与普遍主义的关系[A].思想与文化，第3辑，2003.

④ 1932年《最近江苏香种制造场调查》中列入109座；1934年《江苏省各蚕种制造场现况表》中列入111座。

⑤ 在1934年的《江苏省各蚕种制造场现况表》中，每个蚕种场均记

既有建筑更新改造与技术策略
——以波普罗区五户住宅与水舍为例

钱晨

摘　要：本文从国内外建筑改造成功案例着手，总结分析目前国内外较为成熟的设计理念和设计原则；并通过对具体案例的构造解读分析相应的技术策略如何实现。

关键词：更新；历史价值；功能转化；效能提升；结构体系更新；新与旧的共生

1 概述

西方对既有建筑再利用的研究已有一百多年的历史，在19世纪出于对建筑的文物价值认知和爱国情感提升，人们开始对有价值的历史建筑进行积极的保护；而自第二次世界大战后，受当时各种建筑思潮和生态意识的影响，人们的关注重点由历史建筑转向了普遍存在的既有建筑，大量的既有建筑被重新利用，大批建筑师投身到既有建筑再利用的实践中。从历史上看，西方既有建筑再利用的技术已基本成为较为完善的体系，其发展一直深受再利用思想的影响，当代技术策略已从单纯的历史价值的保护演变为对综合价值的提升，而在实践过程中，大批建筑师开始涉足这一领域，更新技术呈现出复杂化趋势，传统技术与当代技术自发地融合，从而创造出大批优秀的再利用项目。

而我国的既有建筑再利用相对起步较晚，但形势刻不容缓。自改革开放以来，中国进入大规模城市建设时期，然而在城市建设量逐年递增的背景下，我国既有建筑再利用已成为了不可回避的问题。当代我国既有建筑再利用的实践已全

录了场名、场址、组织（例如独资、合资、股份有限公司等）、商标（品牌）、蚕种制造者（场主）、主任技术员'蚕室间数、附属室间数（分为贮桑室、上簇室和其他三个子项）、桑地亩数（含自有、租借两子项）、限制最大蚁量，及关于建筑是否需要整改的备注。

⑥ “查苏省蚕种制造场之蚕室，对于消毒、换气、保温、保湿、作业、光线等诸必要条件，合理者固属不少。但因陋就简，以旧式房屋修改而尚欠合理者，亦所在多有。民国十九年，蚕业取缔所成立后，即加以整理及取缔……”参见：省立香丝实验场.江苏省之蚕种业[U].江苏建设月刊：1的5，2(3)：7—21.

⑦ 我们将光和风称为“媒介”是因为蚕室建筑真正针对的调节对象是养蚕所要求的精确的温度和湿度条件。

参考文献：

[1] A. Lu. Cinematic Mapping：the case of Long Canal Town— proceedings of the Mapping，Memory and the City Conference [C]，LiverpoohUniversity of Liverpool，2010.

[2] 费孝通.江村经济[M],北京：北京大学出版社，2012，

[3] A. lu. Cinematic Mapping：the observation & documentation of urban space. 41st Martin Centre Research Seminar Series. Cambridge：University of Cambridge,2010.

[4] Reyner Banham. Los Angeles：The Architecture of Four Ecologies [M]. Harper & Row，1971.

[5] Rem Koolhaas. Delirious New York：A Retroactive Manifesto for Manhattan [M].TheMonace)1i Press，1994.

[6] 窦平平，鲁安东.环境的建构——江浙地区蚕种场建筑调研报告[J].建筑学报，2013(11)：25—31.

[7] 童世骏.“多重现代性”观念的规范内容——兼论其与普遍主义的关系[A].思想与文化，第3辑，2003。

[8] P. Dou & A. Lu. Modernism within Walls：Vernacular Industry and its Environmental Architecture. Proceedings of the Convergence in Divergence, the 6th International Conference on East Asian Architectural Culture (EAAC) [C]. The Chinese University of Hong Kong，2012。

[9] 庄慎/阿科米星建筑设计事务所.莫干山庾村蚕种场[几世界建筑，2015(2):84—87。

[10] 佚名.最近江苏蚕种制造场调查叽工商半月刊，1932,5(2):39—50。

[11] 佚名.江苏省各蚕种制造场现况表[J].江苏建设月刊，1934，1(3)：50—64。

[12] 省立蚕丝实验场.江苏省之蚕种业[J].江苏建设月刊，1935,2(3)：7—21。

[13] 王羽骋.大有蚕种场[J].江苏蚕业，2012(2):51—54。

[14] Murray Fraser. Design research as dialectical critical practice [C]. M. Fraser，ed. Design Research in Architecture. Ashgate，2013：217—248。

作者简介：鲁安东，男，南京大学建筑与城市规 划学院教授
窦平平，女，南京大学建筑与城市规 划学院副教授，LanD工作室主持建 筑师

收稿日期：2015—01—15
基金项目：国家自然科学基金（项目批准号： 51478215)绿色建筑与节能技术北京 市重点实验室开放基金资助项目（项目批准号：[2013]1203)
高等学校博士学科点专项科研基金（项目批准号：20130091120017)

面铺开，中国的文化产业兴起，可以说拯救了一大批历史建筑，为它们找到了“不杀”的新希望，其中尤以上海为代表。这个海派文化的发源地，从新天地、田子坊、莫干山路 50 号，再到老场坊 1933，这些旧建筑改造的知名案例，都让人们看到了建筑“老瓶装新酒”的独特味道。

2 既有建筑更新改造的原则

2.1 真实性原则

既有建筑不仅包含历史价值，而且包括其物质价值。在进行既有建筑改造时，要尽量保留具有历史意义的建筑构件和装饰，保持其真实性。如果改造后不能看到原建筑主要特征，历史真实性得不到维持，历史身份的丧失会使建筑改造大打折扣，甚至与推倒重建没有实际性区别。对于几十年，甚至上百年的历史我们无法感同身受，而矗立在我们面前的旧建筑却似乎把我们带到那个时刻，保留既有建筑的真实性就是保留了该建筑经历的历史。其真实性主要体现在建筑风格、空间次序、细部处理甚至内部生产设备上。

2.2 尊重结构原则

既有建筑的结构形式与新建筑结构形式，由于功能区别或建造时间的不同可能存在较大的差异。改造设计在满足新功能的要求下，要做到结构上的合理。

从功能差异方面，既有建筑例如旧工业建筑结构形式与一般民用建筑区别较大，建筑在深度、高度和跨度上都有很大区别。从旧工业建筑改造中可以看出，旧工业建筑基本保存原有建筑支撑结构，建筑功能符合建筑结构荷载。一般情况下，多层旧工业建筑适合改造为居住或办公建筑；大跨度单层旧工业建筑适合改造为展览和商场类建筑；建筑跨度和进深较小但是层高较大的厂房适合改造为 LOFT 空间。不尊重原有建筑结构形式会造成建筑空间和建筑资源上的浪费。

从建造时间方面，既有建筑可能存在与现代施工较为不同的砖砌或者木结构，保留原有结构方式的承重体系甚至巧妙地利用原有结构可以更好的保留原有建筑的空间形式并且节约造价。（图 1、图 2）

2.3 共生原则

既有建筑改造会产生功能置换，改造并不是完全保留，

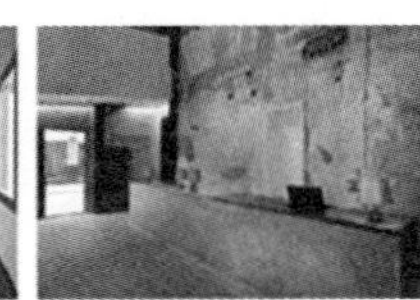

图1 工业建筑改造为展览馆实例：798悦美术馆
图2 工业建筑改造为LOFT实例：上海红坊创意园区
图3 水舍走廊两侧新旧对比
图4 大堂剥落的水泥墙壁与新建白色坡道的对比

对旧建筑要留其精华去其糟粕，损坏构件要进行修复。例如既有建筑是工业建筑时结构负荷设计较大，在保证结构安全的同时可以采取增建方式提高建筑使用面积。新与旧的共生问题，也是历史与现代有机过渡的匹配问题，通过新建筑的映衬，更能显示出原有旧建筑的历史厚重感。（图 3、图 4）新旧空间的共生是既有建筑改造利用的必要前提，也是城市设计中新旧关系处理的主要内容，是评价既有建筑改造成败得失的重要标准。

2.4 能源节约原则

既有建筑由于时代久远，维护结构陈旧，气密性较差，在没有对维护结构进行改善情况下直接使用能源消耗较大。在进行技术改造时，要尽量利用低技术，充分利用自然采光和通风，减少建筑对空调的依赖时间。能源节约措施主要包括三个方面，首先主要通过建筑自身技术改造，节约能源消耗，通过降低维护结构导热系数、提高接缝处气密性，自然采光通风等措施来实现，其次是通过再生能源应用，主要通过对太阳能、风能和地热能等措施来实现，降低建筑对外部能源的依赖，最后要尽量重新利用废弃建筑材料和可回收建材，减少建筑垃圾对环境影响。

3 既有建筑更新改造技术与策略

图5 对原有建筑墙体的考古分析图

3.1 基于历史价值保护目的的技术策略

以 MGM 事务所 2007 年在西班牙加的斯波普罗街区五户住宅改造为例：出于对项目形式的复杂性、开始条件以及项

图6 波普罗区五户住宅改造恢复的街道 图7 新建结构与原有结构关系
图8 大堂空间中的新建结构体系

目重点是保护官邸历史价值的考虑，促使建筑师混合四种类型的设计方法：翻新和加固 18 世纪的墙壁（一层和二层）；按照当地法律规定，在不改变形状的前提下，重建庭院；替换建筑构造（三层）以及向上扩建（退后的阁楼）。通过这些方法，加固了建筑的第一层和第二层，而且在上层出现了新的建筑形式，既完成了项目任务又统一了整个建筑的形态。

在这个改造项目中，用到了基于建筑考古学的技术策略。

通过对原有建筑墙体的考古分析（图 5），将建筑原有墙体分成了不同年代，确立了空间中最主要表现的部分即 18 世纪的古墙，力求重塑并恢复建筑 18 世纪的矩形平面和 18 世纪的巷道空间（图 6），以此恢复这座宅邸的历史记忆。

3.2 结构体系更新的技术策略

既有建筑发生功能转变时，往往伴随着技术体系的变换，这种变换一般表现为加建、扩建和改建。改扩建又伴随着结构体系的置换。结构置换是指在原有旧建筑中，原结构体系不能满足新的功能和安全性要求。因此将原有结构体系进行置换，以新结构体系代替旧结构体系，包括局部置换和整体置换两种方式。在南外滩精品酒店水舍与波普罗五户住宅改造两个案例中均采用了局部置换的模式。局部置换是指用新结构替换原结构体系中的局部。新旧结构组成新的结构体系。新旧体系联系较为紧密，力学传递路线相互关联，成为一个整体的受力模型。

如水舍，在改建过程中加建了以耐候钢为外立面的第四层，加建部分的钢结构受力体系包在原有的柱子外面，由于原有墙体已经不能满足新的承重，因此新结构直接连接基础成为独立体系，直接暴露了新结构与旧结构并存的建造逻辑。其力学传递路线为：屋面荷载——新建钢结构——基础。（图 7、图 8）

而在波普罗五户住宅改造中，则在没有加建部分完全利用原墙体承重，加建部分有的采用完全独立于原有结构的新

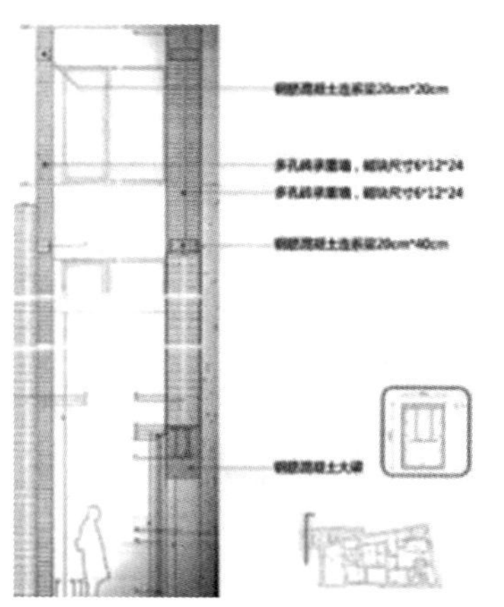

图9 对原有墙体改造性利用的细部节点

图10 新的非承重墙完全独立于原有结构

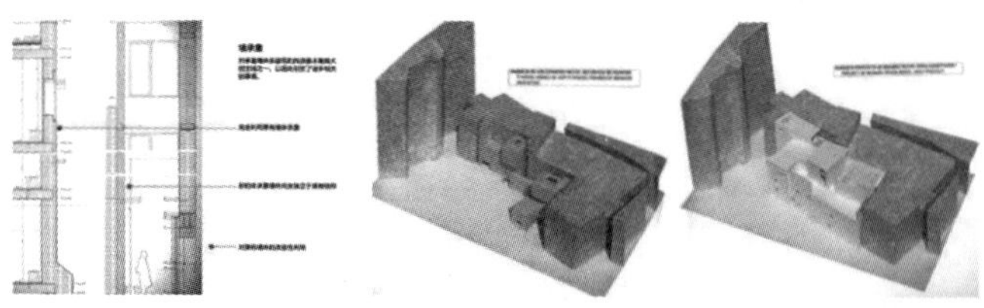

图11 波普罗五户住宅改造的墙承重体系

图12 波普罗五户住宅改造的天井体系关系与建筑形体关系模型

的非承重墙体，有的局部增加大的过梁来辅助原墙承重。（图 9、图 10）因此形成新旧结构体系共同作用以保障建筑的安全性和稳固性。（图 11）

3.3 低技节能的技术策略

由于受到既有条件的限制，将自然光源引入既有建筑中的难度远远大于新建建筑，然而，水舍与波普罗五户住宅改造两例中都以优秀的天井设计给改造设计体系带来良好的通风采光与低能耗。

在波普罗五户住宅改造一例中，和主要中庭的垂直空间相连的雕塑般的造型体块与新建的阁楼一起立于屋顶上，像

图13 俯瞰用餐区的走廊窗户

图14 客房与走廊间的连廊与天井空间

图15 屋顶的天窗

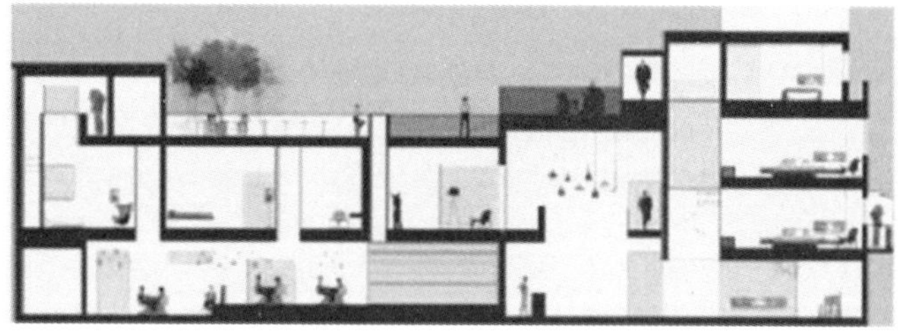

图16 水舍剖面

三个人注视着大教堂和地中海。而每一个体块都伴随有改造原有建筑的天井，三个天井与一层和二层的公共空间组成一个良好的通风体系贯穿整个建筑。（图 12）

在水舍中，设计师对室内和室外空间，公共与私密空间运用了模糊倒置的手法，制造了一种空间迷失感，让那些厌倦了普通五星级酒店、渴望拥有与众不同体验的客人们耳目一新。通过隐蔽的圆孔和玻璃隔断，公共空间内的客人可以窥视到私密空间（当客房主人敞开私密空间时），同时私密空间客人的视线也被引向公共区域，比如酒店前台上方巨大的垂直窗户以及俯瞰着用餐区的走廊窗户。（图 13）意想不到的视觉组合在带来惊喜元素的同时，使酒店客人置于一种地方上海的城市状态，一种由视觉走廊和相邻弄堂群所带来的关于上海的独特空间风味。（图 14）内部天井新添了大小不一的窗口，让幽闭的内部空间变得开放，与高高低低的屋顶结合在一起，构成微妙的光影效果。（图 15）在水舍的剖面中可以看出，水舍贯通空间与天井的巧妙设计最大化地利用了外界的环境，给建筑内部带来良好的通风采光，丰富了建筑的视觉体验。（图 16）

将美学与景观艺术融入污染土地治理

郑晓笛　李发生

摘　要：在中国当前的污染土地治理实践中，修复工作还只是一般意义上的仅关注污染清除的治理活动，未能考量场地整体景观的优化。从发达国家的实践看，考虑景观系统优化及品质提升的污染场地修复将大大提升土地的综合价值，是一种更高层次的修复活动与再利用模式，可以起到景观增值、促进风险交流与公众参与、推动引领科学研究的作用。污染土地修复的不同阶段和不同层面，都可以有美学及景观艺术的介入，包括修复与整治方案的制定阶段、修复技术选择阶段、修复过程的美学管理与修复后的景观塑造。从长远看，在污染土地治理过程中我们应该着力重视场地修复工作的美学建设与景观恢复问题，处理好各利益方之间的关系，使和谐的人文之美与先进的修复技术相融合，为实现美丽中国的目标作出贡献。

关键词：风景园林；污染土地治理；景观；艺术；美学；融合

1 污染土地更需要赋予其美学内涵

中国土壤污染的问题日益严峻。2015 年 3 月 7 日，中国环保部新任部长陈吉宁在答记者问中指出："我们面临着人类历史上前所未有的发展和环境之间的矛盾……治理土壤污染是我国向污染宣战的三大行动之一。"继 2004 年北京地铁宋家庄污染事件爆发后，中国的污染土地治理工作得到重视并加速推进[1]。然而，在中国当前的污染土地治理实践中，修复工作还只是一般意义上的仅关注污染清除的治理活动，并未考量场地整体景观的优化。需要指出的是，考虑景观系统优化及品质提升的污染场地修复将大大提升土地的综合价值，是一种更高层次的修复活动与再利用模式。

从挖掘污染废弃土地的独特价值上，艺术家会有很大的作为。这些场地往往呈现凋零破败之相，生锈的工业设备、风化开裂的混凝土墙、肆意生长的野草灌木，大多数人把这些看作丑陋的场景，在艺术家敏锐的目光下却具有意想不到的美学价值。美国几次重要的集体艺术展记录了艺术家们在这个领域的尝试和探索，包括 1969 年康奈尔大学的展览"大地艺术"、1971 年波士顿艺术博物馆的展览"艺术的元素：土地，空气和火"、1979 年西雅图艺术博物馆的展览"土方作品：作为雕塑的土地复垦"以及 1992 年昆西艺术馆的展览"脆弱的生态"。这些展览以艺术的形式揭示并记录了废弃场地的形态、色彩、光影与生态系统，引发人们的思考，展示新的视角与潜力。

2 美学与景观艺术介入的意义与作用

2.1 景观增值

污染土地治理过程经美学及景观艺术介入后，能够带来景观增值，可体现在经济、生态、社会 3 个方面。欧洲与美国的很多实践案例都已经证明，污染土方完全可以在场地内部进行处置，通过适当的修复技术进行治理，在场地内进行封闭覆盖，并将其塑造成具有景观美感的山体。此种方式允许污染物质在封闭的情况下继续自然衰减的过程，免去远距离运输，降低了风险。不仅可以节省成本，避免运输途中的二次污染，同时又增加了景观效益，创造了宜人的景观空间。

---

4 结语

本文通过对西班牙加的斯波普罗区五户住宅改造与上海南外滩精品酒店水舍的改造案例分析，探讨了既有建筑更新改造的原则与策略，从历史保护、结构体系与低技节能三个方面阐述了既有建筑改造的技术手段。这两个项目尊重历史的真实性，尊重既有建筑的结构，尽可能地节约能源，真正实现了"新"与"旧"的共生和统一，使有一段历史的老建筑被作为城市标签，在重新设计之下回归社会，完整了城市记忆。

（原载于《中外建筑》2015 年 12 期）

参考文献：

[1] 郭锡恩，胡如珊.新与旧的结合水舍——南外滩精品酒店[J].北京：中国建筑装饰协会，2010(2)。
[2] 时颜.表皮纪年——上海水舍精品酒店[J].南京：室内设计与装修，2010(9)。
[3] 刘寅辉.基于目的性的既有建筑再利用技术策略研究[D].天津大学博士学位论文，2011。
[4] 波普罗区五户住宅改造.建筑与都市[J].上海：文筑国际，2007:58—65。

作者简介：

钱晨，女，安徽合肥人，同济大学建筑与城市规划学院建筑系硕士研究生。

图1 从垃圾山改造的凤凰台上俯瞰南湖公园，可以看到远处的城市建成区与工业区（郑晓笛摄）

有研究证明，城市公园与开放空间会使其周边的地产增值，尽管增值的幅度根据公园的具体面积、用途与设计会有所不同，但20%的增值幅度还是一个合理的估计[2]。唐山南湖采煤塌陷区治理改造的过程就是一个极好的案例，该地区的治理未局限于安全处置场地内堆积的生活垃圾与粉煤灰，而是结合地形塑造将其营造为绿意盎然的南湖公园（图1）。据报道，在南湖公园建设以前，南湖地区的土地价值仅为10万元／亩，但是现在已升至22万元／亩，仅此一方面就会为当地多创造1000亿元的经济价值。

2.2 风险交流与公众参与

污染土地的治理不仅是工程技术问题，同时也是敏感的社会问题，若处理不当，往往会引起公众的不满，甚至会爆发群体性事件。如何围绕着污染土地可能造成的风险与公众进行有效沟通成为避免不必要冲突的重要手段，这种沟通工作在风险管理领域与社会政策领域被称为“风险交流”（Risk Communication）[3]。美国在其《超级基金修正与再授权法案》（Superfund Amendments and Reauthorization Act）及《紧急规划与社区知情权法案》（Emergency Planning and Community Right-to-Know Act）中，明确以立法的形式要求涉及公众环境权益的项目必须在开工建设前进行风险交流工作，增强公众参与，保障社区的知情权[4]。1988年，美国环保署发布《风险交流的七条基本原则》[5]将风险交流工作规范化。在风险交流过程中，与教条的讲解或枯燥的数据相比，艺术可以起到重要的作用。

黑格尔在《艺术哲学》中写到，“艺术的任务与目的是触及我们的感官、我们的感情、我们的灵感……因此它的目的在于唤起和激励沉睡中的感情、倾向、激情……调动和激发人心脑中多层可能性的一切力量……；同时也使人们知觉不幸和苦难，奸诈与罪行……[6]”尽管有些当代艺术之抽象是让普通遍人费解的，但是从广义上来讲，艺术作品可以唤起不同背景、不同信仰、不同文化的人们之间共同的思想感情。比如，看见黑色水体中漂浮的死鱼群和身上沾满油污的死水鸟，人们会对环境污染的严重性感到恐惧；看到因污染而残疾的儿童照片，会感到伤心和同情。艺术作品一方面可以把人们日常生活中习以为常的现象与事件以一种全新的视角呈现出来，引起关注；另一方面可以把平时不为广大民众所知的情况暴露在公众面前，例如王久良的“垃圾围城”系列摄影作品。不是所有人都会花时间去读，或都能读懂深奥的科学报告和监测数据，但是感官和情感上的触动却是共通的。

图2 展览“美术馆里的西瑞亚：艺术家和建筑师的修复提案”配套出版的著作封面

污染土地治理的实践中，很多项目的启动是通过艺术的形式来唤起社会各界关注的，例如以色列特拉维夫市西瑞亚垃圾填埋场的改造，就是先举办了为期半年的艺术展“美术馆里的西瑞亚：艺术家和建筑师的修复提案”（图2），其后才正式启动了垃圾填埋场的改造项目，举办了国际竞赛。棕地中所开展的文化活动也成为公众了解棕地的窗口，例如美国清溪垃圾填埋场在改造初期举办的诗歌比赛、观鸟之旅和一年一度的“潜入盛会”等都起到了积极的作用。

2.3 帮助推进科学研究

将富有美学价值的艺术创作与污染土地相关科学研究结合在一起，甚至可以成为强化和深化科学研究的手段。一个极好的例子是美国环境艺术家陈貌仁（Mel Chin）于1991年启动的艺术项目“重生之地”（Revival Field，图3）。陈对重金属超积累植物可以清除棕地中的污染产生了浓厚兴趣，他将该过程视为“雕塑”，因为其与“去除”相关，正如从木头或石材上去除材

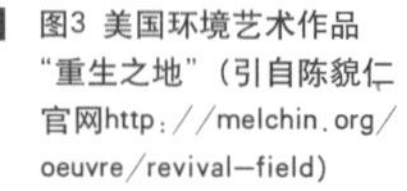

图3 美国环境艺术作品“重生之地”（引自陈貌仁官网http://melchin.org/oeuvre/revival-field）

料进行雕刻一样。项目位于美国明尼苏达州一处危险废弃物的填埋场，占地约930m²。陈在这块场地内种植了6种植物，观察其不同的污染治理效果。美国农业部的高级研究科学家洛夫斯·臣尼（Rufus L.Chaney）是该项目的共同合作者。值得一提的是，这位科学家一直致力于此种“绿色修复法”的探索，但是苦于找不到经费，他的研究只能在实验室中进行，而无法在真实的污染土地上进行测试观察。与陈的合作帮助他成功地从沃克艺术中心申请到科研经费，终于让他有了在实际场地上试验植物清污能力的机会。

3 美学与景观艺术的多层面融入

污染场地中的污染土方量巨大，是塑造场地空间时最鲜明有力的元素之一。例如采矿业废弃地中的尾矿库与平原型垃圾填埋场，往往都是高出地面几十米的巨大山体，不仅成为明显的空间地标，也提供了登高远眺的难得所在。在地形平坦的老工业厂区，则可利用需要修复的污染土方，采用原场处置的方式，通过环境工程与风景园林专业的密切合作，实现独具特质的地形设计（图4）。如此，既满足了污染治理的要求，又成为塑造宜人景观空间的契机，为污染土地的治理注入了文化与艺术的活力。在污染土地修复的不同阶段与不同层面，都可以有美学及景观艺术的融入。

3.1 修复与整治方案制定阶段

美学理念要在“第一时间”介入污染土地的修复工作，参与到整治方案的规划与制定过程中。污染土地治理后到底适合承载什么功能，在项目启动之初就应该统筹规划。国内的污染土地治理实践更多仅专注于污染清除工作本身，而缺乏深远的综合性和全局性考量。美学与景观艺术的融入越早越好，即在污染土地治理工作启动之前，在土地规划阶段就融入美学思维，因为到了项目后期，很多方面就无法调整了。

3.2 修复技术选择阶段

污染土壤的修复表面上呈现为一个技术问题，但具体修复技术的选择与工程的总体设计均需要美学理念的支撑，只有这样，修复后的场地才可能产生美学与景观艺术方面的增值。具体的修复技术多种多样，各种修复技术本身对应的美学价值也有差异。修复技术可大致分为物理技术、化学技术与生物技术3个大类，每个大类又包含多种具体的修复技术，每种技术所运用的设备、对场地空间的影响、所需时间的长短均不相同。技术的选择除了基于具体的污染物质与清除目标，也应从其美学价值上进行综合考量和优化。

3.3 修复过程的美学管理

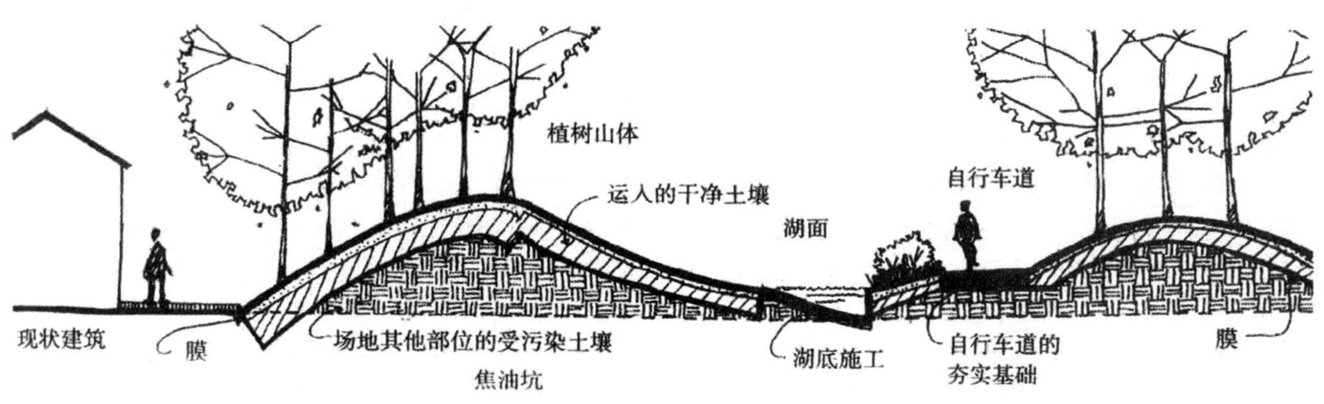

图4 与污染土壤治理相结合的景观地形塑造[7]

仅有了污染土地的修复方案是不够的，在其执行过程中，还需要精细化的措施，实行美学管理。同样的修复技术与治理方案，在中国与美国、日本等发达国家实施过程的场地状态是不同的，在规范性、调理性与美观方面，我国的差距还很大。

污染土地治理过程中的公众参与其实也是一种管理的手段，公众的接受度会影响到整个修复过程的实施。通过美学与景观艺术的介入，可以帮助公众形成一种认知，即成功的污染土地修复不仅是把污染清除到一定水平，还要使其与我们的社区有更好地融合，提升社区的整体景观、环境质量及社会和谐度。

3.4 修复后的景观营造

当高强度的集中性污染治理工作基本结束，风景园林师将成为场地改造的主角，对地形进行更为细致的雕琢，结合雨洪系统营造优美水景，根据土壤状况选择适宜的物种，将美学内涵与景观艺术赋予场地，使其成为宜人的城市空间，为社区居民提供安全而愉悦的交往空间。需要指出的是，某些修复技术的应用需要较长的周期，甚至要几十年的时间，在此过程中，场地一般会以分期的方式局部向公众开放，景观设计的工作需要与污染治理工作有机结合，相互协调，对污染整治过程的呈现也可成为公共传播与教育的重要手段，满足公众知情权的同时，帮助公众建立对污染土地治理的正确认知。

4 行动建议

要想使美学与景观艺术更好地融入污染土地治理的过程中，首先需要从事污染治理的环境工程师具有美学意识和素养，认识到景观增值的巨大潜力以及污染治理与景观设计相互配合的重要性。与此同时，参与项目的风景园林师需要了解污染治理的相关知识，首先是修复活动本身的知识，包括污染类型的复杂性，各种修复技术的优越性、局限性及其美学特征等。其次还要了解被修复的场地，包括土壤、地下水、场地上建筑的清理。如果缺乏这些知识，就很难将景观艺术与污染治理有机地结合起来。从更全面的角度而言，还应了解水文地质、人文社会和伦理学等方面的相关知识。

另一个使污染土地治理具有更多美学内涵的重要途径是影响掌握污染土地的政府职能部门，很多地方担任这一角色的是土地储备中心。他们掌握着各个地方的大量污染场地，对其工作人员进行美学与景观艺术方面的培训，将有效提高其对污染土地治理中美学内涵重要性的认识，从而使风景园林师得以在场地修复的"第一时间"参与到方案讨论与决策的过程中。

更进一步，则需要在污染场地相关标准的制定过程中从整体上影响政府，将美学的内容融入地方或国家标准之中，规范污染治理企业的方案制定、实施管理与公众参与过程，使美学与景观艺术成为污染土地治理的必要组成部分。

5 结语

污染土地的治理一方面需要依靠先进、成熟的修复技术，另一方面也要从人文社会及美学的角度进行考量。发达国家在这两者的结合方面已有很多成功的实践，能够将美学与景观艺术的思想融入整个修复方案的制定与执行过程中，在经济、生态、社会方面均取得了巨大的效益，同时促进了区域性的可持续发展。但我国当前的污染土地治理实践还极少考虑人文与美学内容。比如，如果一个人生了病，我们仅用西医将病灶切掉，恢复其最基本的功能，这只是医学干预的基本方法。我们还应该把中医融入进来，将病人的气色调理好，甚至使其精神面貌焕然一新。同样地，在污染土地治理的过程中，我们应该更进一步地去考虑场地修复工作的美学建设与景观恢复问题，处理好各利益方之间的关系，使和谐的人文之美与先进的修复技术相结合，变不利为大利，是我们追求的高层次目标。

（原载于《中国园林》2015 年 04 期）

参考文献：

[1] 谢剑，李发生.中国污染场地的修复与再开发的现状分析[R].美国华盛顿：世界银行东亚和太平洋地区可持续发展局，2010.

[2] Crompton J L. The impact of parks on property values: Empirical evidence from the past two decades in the United States[J]. Managing Leisure, 2005.

[3] 华智亚.风险沟通与风险型环境群体性事件的应对[J].人文杂志，2014，217(5):97—108.

[4] Peters R G, Covello V, Mccallum D B. The Determinants of Trust and Credibility in Environmental Risk Communication: An Empirical Study[J]. Risk Analysis, 1997, 17(1): 43—54.

[5] E PA. Seven Cardinal Rules of Risk Communication[R]. Environmental Protection Agency, 1988.

[6] (美)阿德勒，范多伦.西方思想宝库[M].北京：中国广播电视出版社，1991.

[7] 霍兰德，科克伍德，高德，等.棕地再生原则：废弃地的清理.设计·再利用[M].郑晓笛，译.北京：中国建筑工业出版社，2014.

作者简介：

郑晓笛，博士，清华大学建筑学院助理教授；

李发生，中国环境科学研究院总工程师，研究员，博士生导师。

（原载《中国园林》 2015年04期）

建筑艺术论文

善用建筑价值判断中的审美补偿原理
——从如何判断悉尼歌剧院个性异常表现的建筑价值说起

布正伟

高难度与高投入的建筑个性异常表现，能否赢得广泛认同，关键在于对其中“得”与“失”的总体考量——唯有“得能偿失，胜在全局”才会真有所值，而这个全局，正是被建筑个性异常化举动所牵连的那个整体空间环境……

有一个曾困扰我很久的建筑美学问题，是1980年在中国建筑学会第五次代表大会学术年会上，和戴念慈先生的交谈中引发出来的。在那次会上，经吴观张和张开济先生的推荐，我宣讲了《结构构思与现代建筑艺术的表现技巧》，借这篇论文中谈到的结构构思问题，我和坐在一起的戴总说起了悉尼歌剧院的例子。那时候出国还是很少有的，我特别羡慕戴总去看过悉尼歌剧院，便请教他：该怎么看待这个作品？戴总给我的回答很随和：“我看了以后的主要印象是，多半是从外观去考虑形式的，结构上复杂，影响到了剧院的功能设计，施工起来很麻烦，工程造价也高上去了。”当时，我特别想知道，既然悉尼歌剧院违背了“适用、经济、美观”的设计原则，那为什么还越来越为世界各国的民众所喜爱，甚至成了人们心目中的“国家名片”了呢？！有着丰富创作经验的戴念慈先生可能看出了我的疑问，意味深长地告诉我，悉尼歌剧院所处的环境很特殊，把建筑形象放到了第一位，怎么去评价，这确实需要更多的时间去检验和思考。

建筑审美离不开建筑认知和建筑评价，其参照基础是“适用、经济、美观三位一体”这个建筑学科中勿需证明的元理论，但为什么还要运用建筑审美补偿原理，才能客观地评价悉尼歌剧院呢？

时至今日，“适用、经济、美观三位一体”这个建筑学中勿需证明的元理论，仍然是我们建筑创作与建筑评论的参照基础，但如果完全按照这个元理论去看待悉尼歌剧院的建筑价值，那就与它在人们心目中的位置相差甚远了。40余年时间检验的结果表明，这座新表现主义建筑代表作的建筑价值，就是在悉尼海港的那个特殊的大环境中，创造了“天”“海”之间令人心旷神怡的“大美”：它与那个半岛得以衬托的城市天际线、背景建筑群、拱式钢构大桥等，都在融合中升华到了“宛自天开”的宏观环境艺术境界——这样的判断既来自对建筑文献的研读，更来自2000年我在实地考察，包括在海港环游时所得到的全境界景象的实际印证。

在当今“争奇斗艳”的建筑狂欢节般的语境中，要想再寻求到某个特殊环境中出场的“自在之物”，真可以说是难上加难了。如果我们把悉尼歌剧院看作是现代建筑百花园中的一朵奇葩，恐怕也不为过吧。那么，我们究竟该怎么去看待悉尼歌剧院的建筑价值与“适用、经济、美观三位一体”设计原则相悖的这一矛盾现象呢？从已有的书本上是难以找到答案的，还是实践出真知：悉尼歌剧院建成后的长时间检验证明，作为一座大型综合性文化演出中心，其创作实践是“功大于过”的——它给城市带来的综合效益，特别是不同寻常而又可持续见证的环境效益，已补偿了它在功能设计、结构运用、施工效率以及工程投资诸方面的先天不足乃至缺失。我们也不妨用老百姓的思维方式去作出这样的评价：整个国家确实是花了巨大的代价，特意在悉尼港海湾这个难得的特殊环境中，给普世民众“置办”了一件“能永久保值和升值的现代家当”。

我一直在思量，该如何从建筑美学的视角来作出应有的诠释，真正能从思想上把这个“弯子”绕过来呢？迄今为止，我虽然在阅读过的美学著作中还没有寻求到对得上号的答案，但在自己长期的思量与验证中，还是发现了我们大家都存在着“建筑审美补偿”的深层心理活动，而对这个“建筑审美补偿心理”自觉或不自觉的感知和认同，则会对我们所评论的建筑对象起到至关重要的作用。如今，大多数人对悉尼歌剧院的建筑价值判断，之所以能持包容或赞许的态度，这都与它在特殊环境中所展示的特殊之美，能补偿原设计中的先天不足和缺失相关联——建筑价值判断中的这种审美关注的转移效应，恰恰是建筑审美机制中的审美补偿原理起了作用。

建筑审美补偿原理来自现实生活的辩证法，善用这一原理，可以将高难度高投入的建筑个性表现，与“得能偿失，胜在全局”的预期目标联系起来，从而切实有效地去把握建筑设计中的灵活性。

我十分认同当代美学家的这一观点：“审美活动是评价活动和认知活动的统一”“在评价活动中，主体总是从主体的自身需要出发来评价客体的……”这正如马克思说的那样，人总是“按照自己的本质力量去估价这些关系”。我理解，马克思在这里说的人的“本质力量”，就是指人在需求、向往驱使下所表现出来的冲动与作为的能力。拿我们今天的现实来说，许多人都正在按照自己的实际需要和实际可能，去对市场上形形色色的住宅产品作出这样或那样的评价。对一般家庭来说，能通过积蓄和贷款，买到经济适用类的住房就相当满足了。这是因为，这些家庭对住宅产品的希求和评价，都把更多的关注，从高标准享受的建筑美，转移到更讲求实惠的建筑美方向来了。“高标准”可望而不可即，这是有所“失”；“讲求实惠”却能变成现实，这就是有所“得”。 在这种“得能偿失”的转换中，“终于有了自己的家”的幸福感便会油然而生。正因为这样，在印度、埃及和一些发展中国家，像柯里亚、法赛等这些国际知名建筑大师，他们在“三低”（低材料、低技术、低造价）的平民住宅设计中所追寻的“清贫中的美”，不也同样地让我们深受感动吗？生活，原本就是最好的教科书：建筑审美补偿原理就是来自现实生活的辩证法。细细琢磨起来，像设计策略和设计手法中的“以长补短”“以简代繁”“以虚避实”等，还真是和建筑审美补偿原理的实际运用分不开的。

建筑毕竟是一个相当复杂的有机体，从建筑设计的实际情况来看，属于经济技术方面的因素可以量化，而涉及到建筑美观或建筑艺术方面的表现意图，就不能用数字来表达了。因而，对建筑创作上“分寸拿捏”趋于成熟的建筑师，往往都要通过建筑审美补偿原理的自如运用，才能始终围绕着“适用、经济、美观”这三个相互制约的基本方面，去寻找到它们之间“动态平衡”中相对合理的设计答案。换而言之，只有从设计条件和设计需求的实际出发，将设计中的原则性与灵活性紧密地结合起来，才能让那些为我们的生活增光添彩的建筑得以实现。

不难理解，在特殊环境条件下的建筑个性异常表现中，必然会付出非同一般的代价，这其中既有“得”，也有“失”。如何去权衡这种“得”与“失”，直接关系到我们对建筑价值的最终判断。悉尼歌剧院的建筑实践让我看到了，运用好建筑审美补偿原理，会有利于我们去把握建筑设计中的原则性与灵活性之间的互动与互补关系；与此同时，也让我明确地意识到，在建筑个性的异常表现中，只有切实做到“得能偿失，胜在全局”，我们的高代价付出才不至于付之东流。从这个基本认识出发，我们便可以把一些问题想得更深更远一些……

在特殊的环境条件下“动土”，应以环境伦理学精神为准绳，尊重民众对环境资源效益最优化的享有权，唯有如此，建筑个性的异常表现才能经得起时间的考验，也才能赢得子孙万代的尊敬。

建筑评价中的建筑审美补偿原理虽不难理解，但在建筑创作实践中运用起来，却非易事，特别是在特殊环境中“动土”的非常规设计状态下，如何对待建筑个性的异常表现与特殊环境整体美的创造，便是我们经常会遇到的一个严峻挑战。经验和教训告诉我们，在自然和历史生成的“环境之身”上“动刀子、做手术”，如果我们的设计理念和设计操作上出现闪失，其后果就不堪设想。这又让我回忆起了去年畅言网站上发布的一条新闻：2012 年 11 月，当日本公布新国立竞技场竞标结果是扎哈·哈迪德的方案时，在日本建筑界引发了一片强烈的反对声。这件事虽然过去多时了，但其中争论的焦点却令人深省。

当时的竞标评委会主席是安藤忠雄。有分析说，虽然哈迪德的方案夺标，与日本想借建筑新潮之势争夺 2020 年奥运会主办权有一些关联，但主要还是像安藤忠雄说的那样：“充满活力的未来主义的设计方案感动了评审团”。令人费解的是，为什么都是普利策奖得主的哈迪德和安藤忠雄，都把该体育场所在的特殊环境完全置之脑后，孤立地去看方案设计中对建筑个性异常表现的尽其所为呢？

新竞技场坐落在东京都内的第一号景区——明治神宫外苑。占地 70 公顷的明治神宫，不仅是东京市中心除皇宫之外最大的一块绿地，而且这里还有明治纪念馆、圣德纪念绘画馆等多处名胜古迹，明治神宫外苑环境的特殊性和重要性是不言而喻的。正因为如此，日本建筑界的元老槙文彦（1993 年普利策奖得主）一针见血地指出，哈迪德设计的主场馆“外形太大了，有损以明治神宫内外苑为中心的景观群的协调和美感。" 据他分析，明治神宫景区内建筑物遮蔽率不得大于2%，这样的话，建筑高度就不应超过 28 米，而哈迪德的方案，最高处竟达 75 米。难怪熟悉现场环境的亚洲大学创意设计学院一位助理教授说，这个方案展示的主场馆就像一个"机械兽"，它似乎要把身边的明治纪念馆一口吃掉！

如何从特定环境的内在品质，去看待建筑个性异常表现的问题，国内外建筑界都存在着尖锐对立的意见。其实，"在理的公论"总是向着"大道理管小道理""全局高于局部"这一边倾斜的。在时间无情而又公正的检验中，运用建筑评价中的建筑审美补偿原理去进行考量和评判，我们就会知道，以破坏环境整体美为代价的建筑，无论它个性化的艺术表现怎样惊人，究其全局所失，都是永远无法补偿、不可宽恕的。在 2013 年日本建筑界研讨新国立竞技场方案会上，宫台直司所表达的环境伦理学的思想引起了大家的共鸣："动植物、山川河流和人类都在环境整体中，如果寿命短的人类开发了环境，环境也就死了。那么，也就是对人类和准人类的不尊重，也就是破坏了人类自己的尊严。" 我想，按照这种精神，参合了自然环境，并和历史积淀的人工环境所构成的各种具体形态的特殊环境，同样是需要我们以"人类的尊严"去百倍珍惜和精心呵护的。

说到这里，我们自然就会联想到大家常常谈论的"北京三奇"建筑：国家大剧院、国家体育场、CCTV 新总部大楼。它们分别地处中国首都的天安门广场西侧、北中轴线上的奥林匹克公园和 CBD 核心区，因而可以说，这三座地标性建筑都是在非常规设计条件与状态下，去探求建筑个性的异常表现的。

时间检验使我们逐渐认识到，国家大剧院在结构设计与施工方面，确实比国家体育场和 CCTV 新总部大楼少了许多麻烦，就其设计创意而言，我们也有不少美好的解读。遗憾的是，建成后，在它显著提升了首都文化影响力的同时，却在天安门广场视觉关联域的总体环境效应方面，给我们留下了"孤芳自赏"的印象：无论是从长安街上、从天安门城楼中央去看它，还是从景山公园或北海公园的至高点远眺过去，都有一种接不上"地气"的感觉。要说这就是一种对比性反差之美的话，也不切实际：时至今日，为什么我们很难看到天安门广场与其周边景色（包括国家大剧院）在一起的鸟瞰照片呢？恐怕还是它异常个性化的建筑形态，在大背景中的位置有欠妥当的缘故吧？

确实，如何运用建筑审美补偿原理，去评价特殊环境中建筑个性的异常表现，是需要较长时间检验的。这其中，不仅包含着公众要有一个实际感受与实际体验的过程，还涉及到对建筑综合效益"长效性"的客观评价。

被称为"鸟巢"的国家体育场，结构复杂，简化后施工仍然十分艰巨，对工程造价影响极大。但让许多行家里手没有想到的是，建成后它既能融入环境，成了京城北中轴线上奥林匹克公园中的一颗明珠，又能适应时代潮流，推进了娱乐游览和魔幻演艺产业的出奇发展。它的建筑语言是设计者自己独创的，它的钢构网络施工技术是属于中国建造者的，它表现出的奔放性格和气质，则是人类竞技运动特有的。如果要"算账"的话，不妨让那个"很高的代价"（包括后续管理成本等）作为"分子"，让可持续展示其建筑价值的"无限大的时间"作为"分母"，这样去计算，去琢磨，多少都有助于我们去思量建筑价值判断中更深层一点的道理。可以说，"鸟巢"在它充满挑战和风险的建筑个性化的异常表现中，其高难度与高投入的付出，确实是得到了建筑环境、建筑文化、建筑艺术与技术诸方面的建筑审美补偿的。这个典型实例再一次说明了，任何建筑作品个性化的异常表现，都应出自高度的社会责任感——只有达到了"得能偿失，胜在全局"的预期目标，我们才能毫无愧疚地面对前人和后人。

为了说明建筑审美补偿原理在建筑价值判断中的意义和作用，本文着意突出了建筑个性的异常表现与其所处特殊环境之间的关联这一要害问题。在国内外城市设计和建筑创作实践中，如何解决这个难题，其挑战性始终是与其风险性并存的。我自己的亲身体验是，在特殊的环境条件下，如何让作品有新意地出场，又能聪明地融入该整体环境，这正是需要我们在经受设计风险的洗礼中，不断较真儿地去炼就的头等功夫……

（原载于《中国建筑报》2015 年 6 月 29 日）

推动社会进步的现代主义理论构架与中国案例

[澳] 朱剑飞（著） 高曦（译） 宋科（校）

摘 要：文章试图从理论构架和中国案例两个方面，探索建筑的“美学现代主义”的社会史。从政治和美学具有内在联系这个想法出发，根据雅克·朗西埃的理论，这篇文章展开了一些理论思考和历史分析，倡导一种强调社会（政治）和形式（美学）意味的“进步”概念的历史写作。文章随后转向现代中国的建筑，呈现了在此语境下对这段历史的一些观察结果。这个研究同时面向史学家和建筑师，倡导形式设计的社会史，以及在社会和形式意义上都具有“进步性”的建筑设计。

关键词：进步；政治；美学；现代主义；现代中国；设计

书写现代中国的建筑历史可以不特别关注“设计中的现代主义运用”或者“建筑作品对社会进步的贡献”，可以从所谓的“平衡论”角度来捕捉各种事件和各个方面，而不讨论某个具体建筑设计策略是否属于现代主义或者其社会立场是否是“进步的”等。然而，我想在此提倡的是一种在方法论层面上强调现代主义和社会进步的历史研究，即同时审视形式策略（是否属于现代主义）及其与进步议程相关的社会立场。我将探讨的这段历史可能有十分重要的影响，同时也是迫切需要的。论文提出的假设包括三个层面：第一，在社会和专业方面对实践有积极影响力的客观研究是有可能存在的；第二，现代主义是建筑设计专业在现代工业化时代的关键突破和进步；第三，社会进步应该一直是我们专业思考和职业意识的核心。这篇短文旨在展开几点以支持这一论断。

曼弗雷多·塔夫里（Manfredo Tafuri），在他的《建筑与乌托邦》（Architecture and Utopia）中讨论了建筑学的创新如何成为社会进步的助益，甚至直接参与现代资本主义社会政治的乌托邦的构建。[1]尽管他承认20世纪20年代的现代主义与社会发展息息相关并且具有建设性，但是自30年代以来，尤其是50–70年代的建筑学陷入了沉迷自我的形式游戏，缺少政治的参与，更顾不上想象乌托邦式的社会进步图景。在近期对于“批判性建筑”（Critical Architecture）的讨论中，与社会改良相关的形式创新的问题也被提出。希尔德·海嫩（Hilde Heynen）提出无论是“批评的”（Critical）还是“后批评的”（Post–Critical）立场，都是形式上的而没有社会参与：建筑应该是在社会层面具有批判性的和建设性的，以进步议程为目的，并且具有乌托邦式的视野。[2]这些讨论揭示了一个问题：设计上的形式创新和对社会进步的参与并不总是同时发生的，但是在预期的情况下，两者应该同步。

许多问题随之而来。什么是引导进步的社会进程或者说进步的议程？什么是形式创新甚至是形式突破？在过去，这两者是如何紧密联系的？并且对于当下的设计实践，这两者又应该如何关联？

1 什么是社会进步？

资本主义社会和“东方”社会（引用马克思列宁主义的术语）事实上在革命性的社会理想上有很多相似之处。两者共有的“社会进步”的理想包含了以下内容：从古代政权、封建制度和迷信中解放出来；建立代表“人民”的现代共和政体；供给社会福利，比如住宅；消灭贫穷和不平等（种族、性别、阶级、宗教、城乡）；解放社会中的弱势群体和“他者”（The Other）。工业和技术的兴起最初也被看作是一种“进步”（因为它与社会革命有内在关系）。这一点在“东方”依然成立，虽然在西方已不再如此。除了这些普遍的社会理想，“东方”独有的社会理想主要包括以下几方面：一，从西方殖民主义和文化帝国主义（或同质化）中解放出来，表现为后殖民主义和反帝国主义的民族国家的主权建设；二，民族文化的建构；三，对“传统文化”独特性和差异性的明确表述。在一些例子中，比如新中国，从资本主义中解放出来建立马克思列宁主义国家被认为是进步的和理想的，在此情况下，国家依然是后殖民主义的，它反对封建主义也反对西方帝国主义。

2 什么是在范式意义上的形式创新？

在相似的历史框架下，从19世纪到20世纪，什么是建筑的创新、突破、革命或是“进步”？在这个时间范围内，我认为最具重要意义的设计创新或突破是现代主义的到来，或者说是在欧洲和其他发达国家在20世纪20年代产生的“国际式风格”。《国际式风格》（The International Style，1932）一书是将现代主义历史化的第一次尝试，在今天仍然值得反复阅读。此书和历史本身都证实，20年代的现代主义已经发展出了一套可以反映现代建筑材料和建造方法的形式语言（风格）。但现代主义发展到这一时刻已经不是一种风格上的选择，也不是从多种风格中选择了一个，而是在设计理念上从历史和逻辑层面的学科突破，到了一个主张与结构、形式和功能相关的基本设计命题的重要时刻。[3] 在学科的意义上，20 年代的现代主义是一种建筑学的“进步”或“革新”，并且在今天依然如此，仍然为未来的形式创新提供范式基础。

但是这种建筑学上的“进步”并不总是呼应（支持或促进）那些具有社会进步意义的计划。这两者如何相关是一个重要的问题。有一些学者的研究可以帮助我们思考这个问题：《国际式风格》的作者亨利－罗素·希区柯克（Henry-Russell Hitchcock）和菲利普·约翰逊（Philip Johnson）；在《建筑与乌托邦》中阐明建筑先锋派（Architectural Avant-Garde）概念的作者曼弗雷多·塔夫里；还有探索政治和美学关系的法国哲学家雅克·朗西埃（Jacques Ranciere）。

3 希区柯克和约翰逊：现代主义和社会发展

《国际式风格》提出了新建筑设计的三点关键特征：体形（Volume）而非体量（Mass），形体规则而非对称（例如基于控制线的非对称设计），暴露的材料和构造而不是“附加的装饰”。[3]36，55-89 事实上，这本书揭示了更多的新建筑的设计特征。经过仔细的阅读，更综合的解读应该包括以下七点：一、清除附加装饰，使建构方法和材料暴露出来；二、美学地、自觉地处理这种暴露，应用现代抽象艺术表达形式、线条、体积、空间以及纯粹性；三、对于空间的流动性、开放性、透明性和动态性的认识；四、相比于装饰性或雕塑性的堆砌更偏好构造的暴露；五、对于碎石、石块和砖块等乡土建筑语汇的默许；六、符合社会需要，具有先进形式语言的低成本社会住宅（具有建筑学意义）；七、一系列同样现代或先进的作品，包括在形式语言上具有实验性的别墅，以及满足社会需求的住宅。勒·柯布西耶 1923 年的“新建筑五点”（架空的柱网解放了地面空间并提供了开放的屋顶、自由平面、自由立面和水平带型长窗）比上述 1932 年列出的设计要点更加强调建筑的内部性和构造性，而两者都应被看作是对那个时代的现代主义其核心、特征的补充说明。这对于仔细研究中国等国家的现代建筑是必要的理论准备。

但重点是这种新建筑的历史意义，建筑学上的意义和社会意义。勒·柯布西耶认为现代主义是设计的革命，同时也具有如社会革命一样的社会学意义（“建筑或者革命”）；希区柯克和约翰逊也认为这种新的“风格”是一种关键突破，在有关结构、形式和功能方面达成了一个基本的立场。更重要的是，这本书还暗示了新建筑在两方面有利于社会进步：它接受了现代技术但也呈现出一种新的美学；它的社会目的之一是为大众提供住宅（the siedlung）。[3]100-106

4 塔夫里：“资产阶级”设计革新的辩证法

塔夫里在 1972 年直接讨论了形式创新和推动进步的政治立场之间的关系。在这方面，塔夫里并不十分乐观。塔夫里承认，在 20 世纪 20 年代，两者的确有着积极的关系——形式创新回应并支持社会和技术的发展。在塔夫里看来，包豪斯和勒·柯布西耶的现代主义设计理念，采用了工业技术来满足新的社会需求，不仅适应了新的工业社会的现实，也肩负了新的社会抱负。[1]98-100 从这个带有意识形态和乌托邦色彩的角度来说，新建筑提供了一种城市和生产的秩序，一种集体和社会生活的形式，一种建筑和城市规划的美学以及一种面向自由和现代的愿景。[1]98-103，125-133 然而，塔夫里认为这是短暂的，当现代主义遭遇社会经济现实，它马上变成了“被设计的客体而非设计的主体”（Object Rather than the Subject of the Plan）。[1]100 从 30 年代开始，到 50—70 年代更甚，建筑学在社会现实面前节节败退，而沉迷于内在形式的自我陶醉，社会参与度极小更遑论提出社会进步的想象。在形式革新和社会理想的这种断裂或者分离中，建筑学正在提供“崇高的无用性”（Sublime Uselessness）以及“没有乌托邦式理想的形式”（Form Without Utopia），成为（城市、经济、工业中）“被设计的客体而非设计的主体”。

但是，塔夫里的立场本身也是值得讨论的。假设我们更加积极地看待形式创新，认为它已经具有潜在社会性，不可避免地包含了社会进步的因子，并且从企图成为设计主体（“掌控式主体”（Master-Subject）和领导或推动的政治主力）的高昂姿态中解放出来，那么，我们可以讨论形式创新和社会理想共同具化的可能性。我们可以认为两者之间必然存在互相关联和影响：一个能推动社会进步的计划只存在于美学的或“可感知”（Sensible）的形式中，而一个目前已经实现的美学创新正预示了或包涵有社会改良的因子。在这方面，雅克·朗西埃提供了有趣的理论。

5 朗西埃：作为统一体的美学和政治的进步

在朗西埃看来，政治实践和美学形式具有共通的秩序，二者共用一个先验的关于可思考和可知晓的认识论框架，这是一个“可感秩序的分布”（Distribution of the Sensible），它构成基本的范畴，如空间、时间、秩序、等级、包含或排斥。[4] 他的理论，不能在此全面介绍，仅仅简要引用两点。第一点涉及先锋派。在他看来，“先锋派”总是既是政治的又是美学的。①在政治上，它有一个先锋队伍（革命党）领导社会改革向前发展；在美学上，它预示未来，为即将到来的新生活呈现具体物件、可感形式和物质结构。美学的先锋派为一个进步的政治计划提供一个完整的生活计划（Total Life Program）：为进步的社会计划做出物质的、形式的和面向生活的贡献。第二个观点是关于现代艺术和美学的宏观讨论。②西方艺术的历史被一系列的范式所主宰，最近期的一个是19世纪出现的“艺术的美学体系”（Aesthetic Regime of Art）。在他看来，现代艺术属于这个体系或者范式。与之前强调古典意识（Classical Motives）和等级观念的范式相反，这个现代美学体系推崇“平等”（艺术可以包涵的内容和主题），“中立”或者“扁平化”（关于内容——风格的关系），事物自身的“内在性”（Immanence），艺术作为一种独特的形式（媒介和形式），并且艺术也作为一种对日常社会生活的“现实主义”表达。这个“艺术的美学体系”侧重平凡的、无名的和与万物相关的扁平化联系。在废除等级、阶级和古典意识方面，这既是政治的又是形式的（美学的）。[4]12，25

以此观察建筑学中的现代主义会得到有趣的结论。③包豪斯和勒·柯布西耶所推崇的新建筑在朗西埃的理论框架中涉及：一，内在性和独特性，更确切地说，是一种材料的形式主义（材料以抽象形式被组合在一起）；二，扁平化的平等和现实主义，因为不论是古典建筑、民用建筑（仓库或工厂），还是所有的设施，包括房子、汽车、轮船、飞机，它们都可以内在化为一个新建筑的参考框架，呈现一种扁平化的平等和包容；三，对于普通人和无名氏的关注，因为新建筑，特别是以社会住宅形式出现的新建筑可以满足社会公民（Social Public ）或者人民群众（the Masses）的需求。这种形式的现代主义已经是社会政治的和进步的，因为它反对装饰和古典意识，反对建筑学中的等级，反对社会等级和阶级。如果形式的现代主义是设计领域的革命和进步，它也是反对阶级和等级观念的社会进步和革命的一部分。除此之外，如果它是一种先锋派的形式，那么它预示着在物质、形式和生活导向层面的社会乌托邦的到来。在这个解释下，现代主义不论是形式上还是社会上都是进步的。

6 一个新观点的合成

如果我们将上面三个阐述，即希区柯克和约翰逊、曼弗雷多·塔夫里、雅克·朗西埃的论点横向比较，会发现关于形式和政治的关系问题的三种不同立场：它们之间有着某些积极的联系；它们之间关系非常不确定；它们总是被联系在一起。塔夫里和朗西埃的观点是否互相矛盾？如果我们接受了朗西埃的观点是否意味着塔夫里就是错的，并且认为形式创新总是具有社会进步性，而不存在缺乏社会内容的自我沉迷的形式游戏？我认为塔夫里和朗西埃是在两个不同层面上讨论——他们不是对立的。在他们对于形式创新和社会进步的关系的研究中，塔夫里采用一个较窄的理论框架，关注更具体的问题，而朗西埃在历史的关联上更加广泛，在社会分析上更加深刻。如果我们将这些立场，尤其是后两者结合起来，那么一个新的观点呼之欲出：在特定的时刻，形式创新并不总是支持或促进社会进步计划，但是这两者在本质上是相关的并且有密切关系。换句话说，形式创新和社会进步必然互相隐含，彼此需要，然而在特定语境下两者的关系是消隐的或被压制的。接下来的讨论，我们应该做的是揭示形式和社会进步之间的内在统一性。

7 中国：另一个世界的现代主义

现代主义在中国出现过吗？它如何与进步的社会计划相关？首先，与西方国家或者希区柯克和约翰逊1932年的《国际式风格》中说到的国家相比，中国在工业化上是迟到者。中国关于工业化和现代化的最初认识，以及现代性从意识形态到技术的方方面面，都是从外来引入的，以欧洲和北美发达国家为主。④因此，从19世纪40年代现代化开始以来，中国就一直面对一个深刻的问题，那就是如何在语言、认知、意识形态、政治、经济、技术和设计文化等人们生活的各方面将外来理念同本土传统相结合。在融合异质系统的挣扎中，政治和经济的现代化进程一直是复杂的，在走向社会和物质的现代化之路上，曾经遇到艰难曲折和狭隘的历史“走廊”（Historical ‘Corridor’，例如20世纪60年代的文化大革命）。

为了界定中国建筑的现代主义，有必要提出三个观察结果：一，那些在中国出现的现代主义片段是零散的、不连贯的，它们是对外来理念的呼应，缺乏明确的自我认定和清晰阐述，没有被明确地理论化；二，尽管如此，中国存在大量的功能主义建筑，它们既缺乏美学的考虑，又缺乏对设计讨论或形式掌控的兴趣；三，无论从历史时期还是地理、政治、文化空间上来看，“现代中国”都是一个宽泛的概念，并且在许多方面距离20世纪20年代的欧洲非常“遥远”。所以对于中国，只能用一个很宽泛（但还是有意义）的现代主义概念。

基于这些考量，我认为应该根据以下三个原则来认知中国的现代主义理论或作品：首先，不以是否自觉理论化（存在与否及其内容）而以实际建成的建筑为依据；第二，考察在功能主义之上是否如现代主义者将纯粹出于经济性考虑的建筑排除在现代主义建筑之外那样，在其作品功能之上施加美学意图；第三，采用从广义上解读1932年现代主义设计要点而提出的“现代建筑七点”，特别关注其中的地域性、建构性和类型（从形式主义者的私人别墅到社会住宅）。

如果我们采纳这些原则，就可以辨认出现代主义作品并将其从其他形式策略，例如新古典主义的民族风格（National Style）中区分出来。而这些现代主义建筑如何与社会进步事业相关成为更重要的问题。

8 当现代主义和社会计划不一致的时候

当我们追踪社会发展的进步历程和建筑的现代主义历程（或在现代主义层面上的形式创新），会发现两者并不总是同步的。[5]例如，在有些时代，会用并非进步的而是保守的建筑形式和设计语言来表达进步的社会计划——比如用民族风格来表达反封建、反殖民和反帝国主义的具有革命性的共和国建设。这种情况分别发生在20世纪30年代作为中华民国首都的南京和20世纪50年代作为社会主义中国首都的北京（在20世纪70年代的台北也是这种情况）。而在另一些情况下，探索和建构现代主义建筑或者在现代主义基础上的形式创新，与社会进步事业没有直接或者明显关系：例如，奚福泉20世纪30年代在上海的虹桥疗养院，以及20世纪90年代中国新一代建筑师的早期实验项目，比如王澍的“八盏灯”和一系列的小项目。

9 为了进步的社会计划的现代主义

除了这些例子，也存在某些时刻，现代主义作品支持并促进了上文所定义的社会进步计划。这里不进行全面的研究，仅简要列举现代中国的7个案例，这些例子都如本文开头所说的那样，是由建筑学科的“进步”支持了社会“进步”计划的。

一、20世纪50年代为建立新中国的国家和公共秩序，建造了一批用现代主义语言来表达革命立场的建筑。虽然它们随即受到国家的批评，但仍然有重要的历史意义，包括和平饭店（1952年）、儿童医院（1952年）和电报大楼（1957年），它们都位于北京，设计者分别是杨廷宝、华揽洪和林乐义，以及他们在各设计院的集体合作团队。

二、在20世纪60年代国家发动的革命运动中，为了追求房屋和工业设施的最经济、最高效建设而提出了“设计革命”。[6]在20世纪60年代末期，带有革命热情的节俭风导致了节制而纯粹的美学形式在公共建筑上的出现。主要的例子有北京首都体育馆（1968年）和广州宾馆（1968年），分别由来自北京和广州两地的设计院的建筑师设计（第二个由莫伯治指导设计）。

三、毛泽东时代（1949—1976年）建立起一个城市福利社会，向在社会主义“单位”（work unit）里的城市人口提供住宅，同时在单位内部建立起医院和学校，并且在城市中也建立起类似的公共设施。到20世纪70年代，这类项目中简朴而纯粹的美学形式已经清晰地呈现出来了：最典型的作品要数由上海当地设计院的团队设计的漕溪北路高层住宅（1975年）。

四、20世纪70年代初，毛泽东时代进入后期，出现了潜在的意识形态的松动，开始向经济建设转变，与西方对话并开展积极外交和国际贸易。许多早期的设计思想在20世纪70年代涌现，一种独特的大众审美——简朴、现代然而通常带有对称性——出现鲜明地增长，与之相随的是一种毛泽东时代前期从未出现过的自信：长途电话大楼（北京，1976年），外交公寓建筑群（北京，1975年），杭州机场（杭州，1972年），广交会展馆和相邻配套酒店（广州，1974年），这些建筑均由当地设计院集体设计，其中广交会建筑群由佘畯南指导设计。[7]

上述4个例子是相关的。在国家领导和集体合作环境下，设计不鼓励个人的创造，但是从中可以明确地看到一种简朴的现代主义的美学处理（有时又包括了“对称”等中国元素）。这些作品可以被视为毛泽东时代，社会主义中国的现代主义建筑案例。

五、从20世纪80年代改革开放到现在，中国出现了更多关于“文化”的表述，地域特征、特定主题、个人研究甚至有时是个体化的价值观。虽然这些“文化”表述明确地对抗着全球（西方）同质化，但它又不同于民族风格大屋顶（用新古典主义的语汇）对“国家”的图像化表达，因为建构的现代主义为地域/乡土传统和“中国”传统提供了更多的对话和解读的空间。如果说20世纪50年代，北京的华揽洪和台北的王大闳[8]已经探索了对中国文化的现代主义表达，那么在大陆近年来出现的最重要的例子要数冯纪忠和王澍。如果说冯纪忠的方塔园茶室（上海，1986年）是地方乡土传统的建构性表达[9]，那么王澍在21世纪第一个10年里的设计，例如中国美术学院（象山校区，杭州，2004—2013年）则是用现代主义语言对中国江南文化进行的更激进（同时地理尺度也更大）的实验。[10]张永和、刘家琨和其他与王澍同时代的建筑师，他们的作品也指向这个方向。在表述个体价值以作为对集体主义和民族主义的批判方面，一个独特的例子是刘家琨的胡慧珊纪念馆（四川省安仁，2009年）——为纪念在2008年大地震中死去的一个小女孩而建的只有一间屋的房子；作品在高度重视“国家”的社会背景下，宣扬普通的无名公民的尊严。[11]

六、近年来，因为收入分配不均和城乡差距增大，政府开始呼吁“乡村建设”来调配财富、服务和技术到乡村。国家机构与民间力量协作，个人建筑师也作出贡献。其中最突出的有李晓东和朱竞翔。李晓东以一种建构的（因此也是现代主义的）方式表达乡村/乡土传统（桥上小学/书屋，福建省，2009 年)，朱竞翔正在为乡村发展一套满足高效、低价建设需求的结构系统，例如他设计的一系列学校和位于四川省的教育工作站，还有最近在肯尼亚的项目（2009—2014 年)。

七、在社会主义中国大陆以外的台湾地区，设计发展的轨迹是不同的。如果说大陆可以将 1976 年前后，划分出毛泽东时代的集体主义设计实践和后毛泽东时代开始出现的个人主义设计实践，台湾则不存在这种划分，因为建筑师在这几十年来都是以私营个体方式来实践的。在现代主义形式创新和社会进步事业相结合方面，有三个主要的尝试：民族国家概念的形式表达，对于中国文化的开放性表达（而非图像化的民族形象），以及村庄和社区的当代建筑。如果说王大闳的国父纪念馆（台北，1972 年）和他的自宅（台北，1953 年）是前两种趋向的最好例证，[⑫]第三种趋向可以说在黄声远的项目中得到最好的呈现，比如乡村福利中心（宜兰，2001 年)，在这方面其他建筑师比如谢英俊也有很大贡献。

10 结论：中国的案例和设计的社会史

在全球舞台上，对于建筑的现代主义全球叙事来说，中国在几个重要方面展现出它的独特性：融合了国家社会主义和亚洲传统文化表达的特定社会议程，集体主义和个人主义共存的独特实践形式，民族风格（对"中国"进行图像化表达）与对中国文化持开放态度的现代主义解读之间独特的形式对立，遍布中国广阔内陆以及海峡两岸的独特地缘政治。

总体上，有四组"进步的"社会议程为建筑的现代主义做出了积极的贡献，并展现出某种设计实践分布结果，包括：一、反对资产阶级资本主义和本土封建主义的社会主义，体现在集体设计的社会住宅；二、反对殖民主义和帝国主义的国家建构，体现在集体团队设计（毛泽东时期的大陆）和个体建筑师设计的公共建筑（台湾）；三、明确提出对抗全球同质化的某种或多种文化表述，主要体现在海峡两岸个人建筑师设计的一系列作品；四、近期出现的社会议程，包括乡村建设（消除城乡差异）和对个体价值的宣扬（针对国家集体主义)，也主要体现在海峡两岸个人建筑师的作品中。

这项研究为一个聚焦的、参与性的现代中国建筑的历史研究，勾勒出一个概要的实验性草图，从方法论上强调现代主义和进步的社会议程。在历史写作上呼吁一部形式设计的社会史，在设计实践上倡导形式创新和社会进步议程的统一。在认识论的视野上，我们可以确信，乌托邦的先锋派已然兼有形式和社会两个侧面，正等着我们去发现和发展，如同一个完整的生命体只待阳光和空气就能生长。

（原载《时代建筑》2015 年 09 期）

注释：

① 关于"先锋"的观点来自于Jacques Rancière，The Politics of Aesthetics，ed. and trans. Gabriel Rockhill，London，Bloomsbury，2004 (first in French 2000)，p. 25。

② 这些关于现代"艺术的美学体系"的观点，见Jacques Rancière，The Politics of Aesthetics，ed. and trans. Gabriel Rockhill，London，Bloomsbury，2004 (first in French 2000)，pp. 12，19—21，28—3。

③ 这个与郎西埃的理论相关，对现代主义建筑的解释来自于作者5月在墨尔本大学和2014年12月在东南大学的讲座。

④ 我当然不是讨论从10世纪的宋代以来，所谓的中国的"现代性"，这是需在别处讨论的完全不同的论题。

⑤ 以下的讨论基于我的文章，Jianfei Zhu，Architecture of Modern China：A Historical Critique[M]. London and New York：Routledge，2009. 中文的研究参见：邹德侬. 中国现代建筑史[M]. 天津：天津科学技术出版社，2001；龚德顺，邹德侬，窦以德. 中国现代建筑史纲[M]. 天津：天津科学技术出版社，1989；傅朝卿. 中国古典式样新建筑[M]. 台北：南天书局，1993。

⑥ 资料由我的博士生宋科在201S年5月提供。

⑦ 广交会展馆和长途电话大楼的资料分别由冯江教授（2014年9月）和宋科（2015年5月）提供。

⑧ 关于王大闳，参见：徐明松，那一代，王大闳建筑其人其事[J] 新观察，2013(20)：6—27。

⑨ 关于冯纪忠的资料在2014年8月从卢永毅教授处获得。

⑩ 资料来源于我2006年10月和2014年12月访问杭州中国美术学院象山校区时与王澍教授和陆文宇教授的对谈。

⑪ 资料来源于我于2011年11月访问建筑师刘家琨的工作室时与他的对谈。

⑫ 参阅：徐明松. 那一代，王大闳建筑其人其事[J]. 新观察，2013(20)：6—27。

参考文献：

[1] Manfredo Tafuri. Architecture and Utopia：Design and Capitalist Development，trans. Barbara Luigla La Penta，Cambridge，Mass.：The MIT Press，1976 (first in Italian 1973)，pp. 125—49.

[2] Hilden Heynen. 'A Critical Position for Architecture'，in Jane Rendeli，Jonathan Hill，Murray Fraser and Mark Dorrian (eds). Critical Architecture，London and New York：Routledge，2007，pp. 48—56.

[3] Henry—Russell Hitchcock and Philip Johnson，The International Style：Architecture since 1922，New York and London：W. W. Norton & Company，1995 (first in 1932)，pp. 34—36.

[4] Jacques Ranciere. The Politics of Aesthetics，ed. and trans. Gabriel Rockhill，London，Bloomsbury，2004 (first in French 2000)，pp. 8，89.

作者简介：

朱剑飞，男，墨尔本大学建筑规划学院副教授。

品谈·范曾艺术馆

柳青　孔宇航　魏春雨　李兴钢
李翔宁　柳亦春　张斌　戴春

院·境——关系的院，观想的院，意境的院

章明：范曾艺术馆于我们而言在某种程度上具有承上启下的意义。这个四年前设计的作品，对原作工作室之后的设计理念产生了较为深入的影响。我们也希望借此机会对近年来的建筑实践进行学术上的梳理。在设计之初，希望范曾先生就未来的艺术馆提些愿景。于是"得古意而写今心，离流俗而开家风"就成了唯一可以依循的线索。所谓的"写今心"需从传统空间意向的"得古意"开始。我们提出的"院·境"关注以下三个方面。

第一就是"关系的院"

我们强调的"关系前置"首先表现在同时呈现的三种不同的院落形式。我们关注的重点就从早先的建筑本体转移到本体之间的关系。建筑的底层是一个导引与疏通的院落，两组由门厅与临展厅组成的L型体量错位围合形成略为曲折的穿通性。由于空间正中位置的顶部类似于藻井的形式，故而称之为"井院"。建筑的二层有两处南北穿通的边院。由于两个穿通的边院呈现水与砾石两种特征，故称之为"水院"与"石院"。建筑的三层是一个四边围合的内院，由于此院与上下左右四个方向均有交合，故称之为"合院"。各个层面的院落叠加在一起并不是最后的结果，彼此勾连产生的相互融通的关系才是促进可能关系发生的良好场所。

我们想强调的关系，有如黑白两色的棋局，棋子本身没有本质的差别，每个棋子的作用是由进入棋盘后的具体位置以及棋子间产生的相互关系决定的。它们的码放方式、移动方式体现出中国式谋局的智慧。

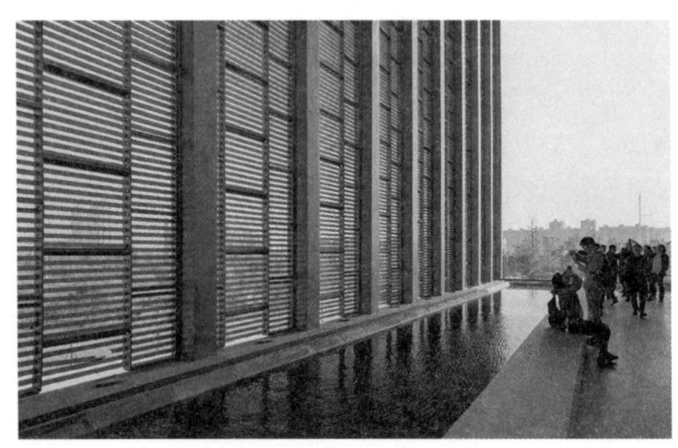

所以建筑的实体构成较为简单的三个部分：两条L形的空间、一个大的展厅空间、办公和画室的空间。有条26.6°的斜轴穿过实体空间，一直延续到河边未来的范仲淹雕像。在我们当时做的模型研究中可以很清楚地看到，这个轴线26.6°的角度是如何得来的。当时我们给施工单位进行施工交底时，他们觉得难度很大。后来我们解释清楚了这个貌似复杂的顶部其实是非常简单的单曲面，只是扭转之后进行切割，形成这个形态。这是个本身非常方正的形体，由于旋转便不再呈现一种简单对称的关联关系。

艺术馆的结构比较特别，下部呈凸字形的实体是混凝土结构，上部及两侧呈F反凹字形的都是钢结构。实际上钢结构与混凝土结构咬合在一起，形成一个上下嵌套的关系。这种钢结构的柱子形成的序列感有一定的线构成的韵味，其实这种线构成在我们的建筑当中也属于一个重要的特征。

在材料的选择上也比较注重材料间的关系。灰色的水磨石地面，灰色的洞石墙体，灰色的清水混凝土顶部，在一片冷灰色调的包围下灰白色的陶棍界面浮现出来。我们最终选用的陶的界面，是希望通过这个朦胧的界面呈现国画的水墨意境。凌晨或傍晚的时候，内部的灯光星星点点地亮起来，内部院落的形态透过朦胧的界面映射出来。底层与二层展厅顶部采用裸露的混凝土材质，一直担心范曾先生接受不了，但他看了之后觉得这个建筑浑然天成，非常大气，他当场表态说，这个展厅并不是画小鱼小虾的画家能够撑得起来的，表态说他要再做个大幅画作，其气势是要能够跟展厅的气势相匹配的。于是，这个混凝土顶部就没有做任何的修饰。

第二就是"观想的院"

中国人的空间体验观可以形容为一幅展开式的长卷。景象以步移景异的形式呈现出来，并以一帧帧的画面定格下来。它导致景物的呈现往往非同时同地，避免了将视点固定在一处的局限。最终，这些分别悬置于意念中的对象，通过文化

精神的法则和能有体现这个法则的心灵去组织，从而达到意境的层面。

就像进入一个山洞，进到山洞里面你会看到丰富的关系，外面的光影透进来，包括水面延伸进来的空间所倒映出来的光影。通过内部略窄的通道之后，豁然开朗，再到最上部一个平静的环抱式的空间。很多图像都是交错的，这些局部关系叠加在一起形成一个浑然的整体。

实际上我们更强调的是这种院子与院子间的融通的关系。底层的井院通过入口处的上空与二层的水院、石院相连；二层的水院、石院与屋顶的合院在东西两侧相通，屋顶的合院又与底层的井院通过贯穿展厅的“光井”相望，形成连续的弥漫式的互通空间。这个介于局部与局部之间的“间层”如同充满空气感，类似于氤氲浑融的水晕墨章。这个剖面可以说明我们谈到的关系的状态。

三层的庭院正中有一个类似于井的天窗，在其下的二层展厅也以同样的洞口与之对应，这如同一口虚拟之井，将顶部的日光贯穿三层底板、二层展厅引入到底部架空庭院的地面。于是，由光串联起的感知线索就弥散在整个场所之中。

这里是进入的门厅，墙外的水可以流通到墙内来，是一个呈现内外关系的空间。门厅之外的整个空间就是一个开放的校园活动空间，我们希望日后在这个空间里有各种各样的活动发生，包括学生在这里排练、散步、舞蹈训练、健身或是进行艺术品的展览。北侧艺术学院的学生可以在这里举办雕塑作业展览或作业展评活动。原本业主希望在这里加一道门，把这个空间围合成一个内部的空间。但我们还是希望这个空间可以更加开放，它体现了建筑和校园空间之间的一种关系，所以保持现在这种穿通状态。从门厅沿着楼梯上来会觉得豁然开朗，扁长的洞口都使用整块的玻璃。我们将玻璃的高度控制在 2.4m 以下，它的长度的延展的可能性就增加了，达到 8.8m 的长度。

布展设计我们也做了初步提案，作为布展单位设计的招标条件。所以展厅内的布展状况与我们原本的布局较为相似，包括保持顶部的清水混凝土状态。当然会有一些局部的出入，比如陈列柜的玻璃采用整块玻璃效果会理想些，还有两侧朝向院子的开口压低一些会更有意境。

第三就是“意境的院”

所谓的“计白当黑”的意境，描绘的是有无之间的世界，于浓淡控制中呈现似有若无的气质，于局部的单纯澄净中体悟整体的气韵饱满。它是向水墨致敬的一种态度，回应范曾先生要求的“得古意而写今心”的要求，仅专注于形则不可得，需与神会。墨于宣纸之上，并不总是丰盈充沛，而是留有空白和疏漏的。氤氲蕴藉、萧疏劲健，用墨的不同取决于心境的不同。如同干笔渴墨在纸上摩挲作响，疏简淡约地轻轻一笔，总会带出意料之中却又意料之外的感触。所以我们也希望呈现这样的一种状态。凌晨起雾之时，院落的关系通过外部界面隐约透了出来，而在雨后，我们选的火山岩洞石吸水之后会变色，呈现出水墨渲染的效果。

写给艺术馆的散文

为水墨而生的它，拥有容纳水墨交融的空灵腔体，使天马行空的随性归于理性的纵横脉络。它成为水墨的载体，纯净如纸，为浓进淡出的晕染留有发挥的余地。更重要的是，它是向水墨致敬的一种态度，方寸之物，内有乾坤。

层叠的院仅提供一种隐约的指向，它带有含蓄的邀请意味，在进入与不进入之间存在着些许犹豫与微妙的不确定感。水的阻隔与融通也是一组有趣的对立，它以极平静的方式悄然打开窥视的通道，构成了东方式的迂回转承的意味。

于身体而言，院是一种束缚，于心而言，它却打开一片肆意驰骋的无人之境，留与不留，看与不看，随心，随你……

意境的营造——对象物与界面

李兴钢：听过章明对设计理念和设计过程的讲解，“院·境”有三个层面的理解：关系、观想、意境。因此去现场考察建筑的时候，我就顺着章明的导引来体会他讲的这三个方面。

我觉得这三者其实是一种递进的关系，只有关系营造得好，才能落实在操作层面时创造出比较好的空间和平台，也就是他所提及的这几个“院”；而当观想也即它的方位以及背景处理好的话才可以产生好的不同层次的意境。我认为这个作品在空间构成关系上的营造非常成功，三组院子相互之间的构成关系，以及对人的导引的关系，无论从逻辑性上还是从内部构成的紧凑性上还是很值得称道的。从第一层院子水平地进入，然后到垂直方向上进入第二层展厅侧面的院子，最后到第三层屋顶的院子，有一种水平到垂直的空间连接关系，我觉得应该是达到了设计者关于“关系”的构想。另外让人赞叹的一点是两位建筑师在一个建筑里面营造了一种有一定矛盾的关系：从外部看是很平稳的甚至三段式的稳定物体的形象，而内部的空间则是一种不稳定、动态的景观。

不过我个人感觉这个作品似乎在观想和意境层面上受到了一些局限，似乎还有可以提升的空间。如果要达到观想和意境的目标，我认为需要满足两点：一个是观想的对象物——其实也可以把它说成是一种心理和眼睛对焦的目标点；另外一个就是界面的单纯性和完整性——观想的对象物其实是处在空间的界面里才可以引发一种意境，界面需要一定的单纯性和完整性，才可以退到背景的地位，使人从心理和视觉上聚焦到对象物上。

从第一个院子也就是底层的院子来看，虽然它是穿过式的，但是总体空间的感觉是随着层叠的“藻井”往上升。所以对象物是从上面照射下来的光，我觉得不如把它塑造成一个立体的井，这个井可以穿透上面的展厅一直衍伸下来，让对象物光的界面更加有深度和单纯性。这是可以处理的，也可以不影响展厅的功能。

第二层的这两个长条形带顶的高耸院落，按照我的理解，它的对象物应该是不同的。两个楼梯是反对称往上走的，走到端部的平台是两个长廊式空间的尽端，这个尽端因为两边是全部穿通的，就让人有呆不住的感觉。如果有一面上去的端部是相对封闭的，而另外一面是敞开的，这样的话，一侧的对象物是学校的景物，另外一侧的对象物是城市的景物，对象物就有了不同。同时如果能把钢结构格栅以及顶部的结构组成的界面做得更单纯，让平台上人的座位所面对的朝向更清晰，第二个层面的两个院子的观想和意境效果都会有所提升。

第三层顶部的院子，对象物是合院所围成的天空。我感觉这个院子仍然无法稳定下来，重复了下面的斜线空间构成。另外强调合院的内向性和对天空的延伸性需要一些特定的设计手法。一个是外边四周要相对封闭，同时向内开敞，有合适尺度的檐廊界面，并向天空导引，才可以形成聚焦感。现在的合院两端是硬的山墙，另外两侧其中一个侧面比较高，另外一个侧面水面一直延伸到檐廊尽端，人无法通过。对外封闭，对内开敞的向心感不够会导致观想的聚焦效果不够。所以我觉得这个可能也会影响到意境的塑造。

再有一点，我想提一下对于建筑所用材料的感受。我认为总体灰色调的控制非常恰当，无论是金属材料还是石材，整个的灰色调比较契合艺术馆的主题。金属、洞石、混凝土这三种灰色的材料，同一个色系下给人以不同的质感。特别是灰色洞石的使用，虽然是石材但是有一种很朴实的感觉。

整个建筑室内外的空间在不断地转换，同样的石材被同时运用在各类室内外的空间，这一点也非常的恰当。但我对金属材料的使用稍微有一点意见，特别是在曲面屋顶的下方，完全暴露出金属结构和上面的屋面板，它的工业气质似乎对意境的体会有一点干扰，或许屋面用一种整体化的办法来做得抽象一些的话，会给人更好的感受。

总之今天来看章明、张姿两位的作品还是非常有收获的，这是一个蕴含了很好的设计思想的房子，完成度相当高，从我自己的角度也有一些个人化的解读和期待，这都是非常有教益的。

古意VS今心/理智VS情感

孔宇航：该作品具有很多值得品谈的话题。昨天晚上看章明与张姿工作室时就挺感动，夜晚那种充满场所感的意境、从整体到局部的精心营造，不免让人产生某种期待。所以我想结合章明关于方案的介绍以及现场体验从四方面来谈自己的心得。

第一，“得古意而写今心”让我联想到路易斯·康的建筑设计策略：以古典的方式来呈现当代精神，当代中国建筑很需要这样的设计态度与思维。我们曾经拥有悠久的建筑传统与文化语境，然而在当代的传承上，在吸纳现代建筑的设计方法时却出现了某种断裂状态。这栋建筑似乎在这方面做出了很有意义的尝试。

第二，空间操作。我个人习惯点评平面与剖面，从而初步判断设计的优劣。在章明介绍方案时，我仔细研读了平面关系。底层空间组织呈“风车型”布局，并叠加了一个隐形的“十”字，从而奠定了核心空间点与动态的空间构架。风车内庭周边再进行下一层级的细分，以形成内向服务型空间与外部被服务型空间。空间逻辑严谨，唯一遗憾的是左下角内侧叶片如能延长至西边边界则更趋完美。二层平面设计向内紧缩，从而出现纵向上三个空间层次：东西向边庭、交通服务夹层、核心展示空间，有意思的是一层的放射形空间布局到二层演变为纵向层状空间，一层十字形在南北方向空间的斜向切割转变为二层东西方向的空间嵌入，当阅读三层平面时空间再次进行转换，变成了由北向南的横向层状空间，并形成了向天开放的屋顶花园（尽管没有花），建筑师在不断的平面转换设计中形成了复杂的空间设计网格，然而又界定在严谨的欧几里德图形中。因此，一种叠加、编织与相互渗透的空间“现象透明性”便产生了。这样的空间构建使人在其中似乎很难一下子读懂，只有通过慢慢的空间体验方能形成空间全景的认知。

第三，形式生成。这幢建筑具有极强的可识别性。地景中的水体、若隐若现的陶管排列与错位的坡屋顶形成了视觉的第一印象，形式处理甚为巧妙。尽管空间操作带有极强的现代建筑空间操作逻辑，然而造型意象却极具东方韵味，仔细品味，可以解读为“立体四合院”。屋顶形式尽管错位与变形，但仍然看出关于传统中国坡屋顶的隐喻，边庭表皮的设计所呈现的半透明性又似乎是中国南方传统园林建筑形式

的当代转译。底层中庭空间的内聚性，边庭空间的外向性以及三层与苍穹对话的庭院，在形式上达到了某种契合，并体现了中国画某种“留白”的意境。

第四，场所、建造及其他。一栋新建的建筑，谈论其场所感，恐怕为时尚早，该作品也许空间的纪念性营建更优于对生活世界的译释。昨天晚上在工作室的体验亦很难在今天的作品中感受到，也许需要使用者与建筑师长期的营建才能获得那种境界。建造整体上是成功的，然而就结构体系、建筑细部上也留下一些遗憾：如一层西侧上方的混凝土梁显得过粗、过密，轻盈一点则更为精致；二层展厅的消防水管等可以处理得更好些。张姿女士最后的陈述表现出建筑师的文学气质，一个杰出的作品又何尝不是严谨的理性逻辑推导与丰富情感在空间、形式与场所中的折射呢！

文人建筑气质/半透明性与独立性的设计手法

魏春雨：章老师的作品我看过一些，每次来上海都会跟他联系，看看他的新作品，对他的作品很是期待。这个作品我也是在原作工作室先看到照片，我当时就觉得跟章老师以前的作品比较，好像在形和意上有某种跨越。今天听起来和看下来，觉得不虚此行，还是有很多的体会。

首先我觉得这个项目由于自身内涵要求，绕不开多种关系：第一就是这个建筑跟画家的关系；第二就是建筑要怎么样融合体现传统的山水意境，散点透视的美学，以及建筑诗画的关系；第三个，无论如何，亦会绕不开我们中国传统建筑的意境的营造关系；最后，就是确实也绕不开建筑的当代性的关系。如果要梳理这么多关系的话，真的就要“大而化之了”。这么多的关系怎么样融入到这个建筑中，今天我们且行且体味，章老师介绍的很丰富，看来是用了情感融入其中了，但作为观者去体会，我想到了文人建筑这个词，这个词语是我读书的时候我的老师杨慎初老师提出的，他称：“中国传统建筑有一种类叫文人建筑，既不是我们传统的寺庙或 是官邸建筑也不是民宅民居，像古书院建筑就是文人建筑。这个作品涵盖了如此多的人文情怀，我觉得可以定义为文人建筑，据此一切似乎尽在不言中。”

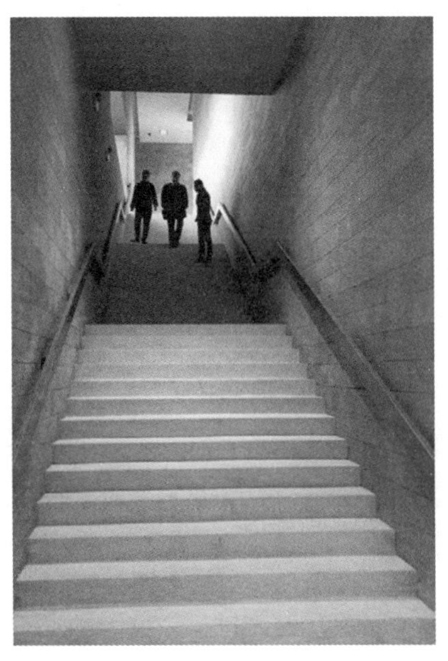

但是大而化之评论建筑过于晦涩，还是回归建筑本体，有三点体会：第一是这几个庭院的独立性，我发现了三种围合建构方式，不知道是有意为之，还是因为最后水到渠成使然。因进第一层院子尽管它穿越感很强，但密实的顶及两侧有实墙而前后开敞，我感觉这个院子还是蛮仪式性的，我进去的时候还是有一些小迷失，就是这院子的尺度感有一些怪异，而且它很独立。我们进去之后，上面的光下来，按照我们常态的中国传统的递进院落的关系，这个气场很独立，这个院子总体感觉是顶与底构成的。我们到了第二层就是两个平行的院子，一个是水厅，一个是石厅，这两个院子是线性的关系，跟下面的院子突然没有关系了。界面构成与第一层相反，顶是通高而明亮的，底是表情质感丰富的，但由空隙的陶杆格栅围合，是一种半透的状态。我们再上第三层又是一个完全围合的一个庭院，这个院子是四周围合而顶部开放，我们可以看到天空的轮廓是很异形的，张姿老师也介绍上面的那个形态刻意发生了偏转，那种尺度有一些回归，更贴近文人建筑的一种空间的气场和氛围这个庭院。这三种院落我觉得都相对很独立，这是我对这个建筑的印象：三种独立院子的建构。

第二就是半透明性，最近章老师做了一个星巴克项目，用了透明性的概念，艺术馆这个项目则以半透明为主体。半透明的这种肌理的效果构成了这个建筑的立面表情，边庭与陶杆格栅立体形成了复合化的立面效果。具有了中国山水朦胧的意境，这种朦胧的效果我感觉特别好。

第三是建构元素的独立性，我因为在湖南做过一些研究，无意中发现，许多民居建筑顶与墙相对脱离，墙只是填充。其实中国建筑的屋顶跟墙的关系在构造层面是相对独立的，而西方建筑则是穹顶，墙体跟立柱是一种合体的关系。这个作品竖向可以分为三个质感：基础混泥土厚重、中间陶杆空透、顶部为轻钢结构，逻辑清晰，在这里也有体现，上面是钢结构，这个顶跟这个墙以及庭院关系非常的独立，把这几种要素独立在这个精神上其实是契合我们传统建筑，顶是顶、墙是墙的概念的。所以我觉得这几点确实别有一番建造的 逻辑性。

如果说这次看一些问题或是异样感受的话有三点：其一是公共空间相对联系略弱（当然可能是有意为之）；其二是立体展示空间被几个独立院亭的强制性覆盖了，略显平朴；其三是有些部位常态结构构件对相对纯净的意境有些干扰，如果可以把没有必要的构件消隐掉，这个建筑的肌理界面做得再纯净一点，是不是这几个庭院的关系会更加的纯美，人们进来的时候专注性会更加好。

院、景、光、色、度

李翔宁：我想说五个字，这五个字表达了我对这个建筑的解读和体会。同时我也针对这五个字提一些自己的小小建议。

第一个字是“院”，首先在这个作品当中，我觉得空间控制最大的特点是院，包括底层、二层和三层的院。这三种院也是对传统建筑的解读。当代建筑，如果要在空间上表达对传统的联系，院落肯定是没有办法避开的。这三种院其实是从不同的层面，在不同的高度上塑造了不同的空间属性，给我们展示了三种不同的情感，这个是我对这个建筑感受比较深的地方。我认为这三个院在空间的感受处理上做得非常好。第一个是比较平、比较大的院，第二个是通透的院，第三个是有点变形的小的围合的院，这三个院从空间上感觉很舒适，但是在人的使用上还有一些欠缺。比如说在人坐在哪里，面向哪里这个问题上可能还缺少一点考虑。这也是我跟很多人聊过的，比如方塔园，虽然塑造了一个很好的空间，但是有一个问题，就是感觉人在这里呆不住。如果能在长条坐凳的方向这个问题上考虑得仔细一点，让人可以通过两边看景，可能院落空间会更宜人一些。

第二个词我用景而不是境。这个景里面包括两种景，第一个它是视觉上的实景。建筑就是一种实景。西方有一个词“Monolithic”，独石建筑。我以前看王澍的宁波博物馆，就感觉这个建筑像一个完整的石块一样屹立。从远处看，艺术馆也有这样的感觉，创造了跟山相联系的视觉景观。另外“景”也是我们看出去的一种景，比如说这三层院落，一楼有一个斜向的视觉导向，二层是侧长向的院落，导向外面城市景观，三层把我们的视觉引向天空，都是很好的景观控制。但是似乎欠缺了对于作品本身的关注，没有把作品作为一个景或是观看的对象来进行特别的设计。当然本身范曾的作品相对来说缺少空间上的特质，不像西方的一些美术馆，由于作品的某些特性使建筑空间的组织和观看的方式有一些特别。但是在这个上面如果能做一下考虑建筑可能会更精彩。

第三个字是“光”。章明在光线控制上花了很多的心思，比如用了温润质感的陶，这个也对光有很好的控制。从上面看下面的光和从下面看上面的光效果都很好。有一个地方，就是大台阶上来之后，左边有两个方洞，光从其中打进来有引导作用，是整个空间当中对光运用最精彩的部分。但是我认为展厅的光稍微亮了一点，实际上可以再暗一点。因为国画本身是白色的，非常平面化，相比之下光就显得太亮了，可以通过某种方式把这个光减弱一些。

第四个字就是“色”，我觉得现在这个颜色特别的好，包含了各种灰度的灰的结合。以前我们经常讲，建筑跟作画讲究一个高级灰，总体这个建筑给人的感觉是灰色很高级，也很含蓄，是一个成功的案例，艺术馆里面有各种不同的灰，陶管是一种灰，表面是一种灰，屋顶也算一种灰，还有水面也算半个灰，这些加起来组成一个灰反射周边的灰色。而且我们今天也是一个半阴的天，阳光直射不是特别强烈，这使灰色变得非常和谐。当然在色上的问题也和刚才的光相关。展厅里面的墙面其实是白色的，如果是一个装饰作品的话后面是非常亮的颜色可能不会有影响，但是国画不同。像我们在博物馆里面经常有光色非常暗的空间，如果有一个照度很低的空间保持他人走过去不影响通行，然后到这个画的前面的时候光可以局部的亮一下，就会使这个画的档次非常高。现在由于光和色都非常的亮，让这个画看起来价值的感觉稍微弱了一些。

第五个就是“度”，我感觉这个房子空间尺度感非常好，总体而言对画的尺度也非常合适。从一楼大厅到二楼的空间尺度感非常亲切，比较适合于国画。但是我觉得细部处理上还是有点多，我跟章明交往这么多年，我跟他很熟，我觉得章明是一个情感非常细腻的人，他做细部也特别的细腻，像我这样的人是没有办法感受到这种细腻的。这也说明在度的把握上，细部可以稍微再淡一些，这个跟性格也有关系，没有好坏之分。其实这个作品跟他其他的作品比起来，从外观上，从整个造型上已经整体很多，这也是章明在不断的思考和简化自己的语言，已经往前走了一步。但是室内的效果可能跟施工质量有关。在目前这种细的程度上，施工如果做的非常完美，很多东西就不会觉得杂乱。现在这些设计，在这个度上我觉得如果再减掉一些会比较好。

院、景、光、色、度是我对这个作品的一些认识。我觉得这是在国内当代中国建筑当中非常好的一个建筑，是章明在转型过程当中的一个关键点。如果能在某一些方向上稍加完善，以后会出现更棒的作品。

对偶关系——轻与重，动与静，大与小，人工与自然，繁与简

张斌：我很早就知道这个项目，章明和张姿是把范曾美术馆作为自己这两年的一个寻找突破的项目，而且也是一个倾注了多年心血的项目。一直从各个方面听到关于这个项目的消息，今天终于有机会通过现场的走访做一些印证。首先我觉得这个项目其实体现了跟业主的良性合作。这个在国内应该也是非常难得的事情。这不是一个普遍的情况，而是一种特殊的机缘，通过这种机缘让章明他们有一个非常好的创作空间。另外我想主要讲一讲我自己的理解。

听完章明对一些基本想法的描述，如何通过空间的营造来达到意境的追求，我觉得这可能是这个作品当中一个非常核心的话题。这个话题离不开范曾美术馆这个题材的基本特性，因为它毕竟是跟中国画相关的空间。我认为这个建筑创造意境最主要的手段是运用对偶关系：对偶就是对而不称，对是产生一种关系，但是不是一个静止的关系，是一个动态的关系。这个其实也可以讲到对于诗画同源的理解。章明和张姿卓有文采的文字所描述的也是对于中国传统文化诗画同源的一个悠久传统的回应，包括对于画意的追求、如何通过内心的外化跟世界发生关系，这些我觉得最后都是通过各个层面的关系的应用达到一种意境。我初步也梳理了五种关系来看这个作品。

一个我觉得它比较外在的有一个轻和重的关系，我开车过来时，在路边突然看到了这个房子，看到之后其实感觉跟我想象的不太一样，因为从模型和图纸看不是非常清楚这个房子到底有多大，在车上看到的一瞬间发觉它还是挺大的一个建筑，这个就是从外在来讲它有一个轻和重的关系。轻和重体现在两个方面，一个是形态上基座的稳重和上部的漂浮形成对比，这个对比又落实到结构关系上。我把基座和上部理解成两个部分，一个是“馆”，一个是“庭”，馆是本体，是跟美术馆相关的一些部分，庭是附加的一些部分。“馆”想要做一些突破比较难，因为范曾的作品也是比较大众化的艺术方式。要直接通过这种艺术的相关性寻求馆的本体的突破也确实有一些难处。现在这个作品更多的是通过馆和庭之间的对仗关系，通过庭的“空”跟馆的“实”做对比来寻求突破。把相对只能做的比较实的馆的内部，和一个更多的能够和整个校园甚至整个城市发生关系的一个庭的外向空间做一个并置，这种并置会带来一种特殊的体验。

第二个关系是动和静的关系，这个首先也体现在形态层面上，创造了基本形态的正交系统和旋转角度的屋顶之间的对比，通过形态操作来营造空间体验上的动和静。动和静也体现在馆和庭的对比上。馆从流线和空间设置上是一个非常对称和稳定的关系。庭包括三层四院，从平面上理解可能很简单，但是它所展现的空间的差异性是非常大的。底层的穿过式的内庭跟校园或是城市的空间互动比较强，同时又能够限定出美术馆路径当中的一个带有一定仪式性的空间。这个空间考虑了公众的参与性，但应该也是一个精神性的空间。另外二层的两个边庭我更多地把它们看作檐廊，一楼以上二三层之间相对稳定的内部关系，通过檐廊空间做了一个更有进深的处理。另外它形态上斜角的屋脊，会带来一种视觉的错度，产生平面方向也在旋转的一种感觉。三层的庭院和二层的檐廊相交的部分也会让你有一种错觉，感觉它是斜的，而不只是一个高度的变化。这种视错觉也是这个形态当中带来的动和静关系的一种体验。

第三个关系体现在尺度的转换上，有两个点可以讲，一个是所谓的远大近小，这个房子远看其实很大，我们早上从车上过来看到虽然场地很大，但是房子也显得很大。但是走近之后，由于环境的空旷它近看反而显得比较小，像一个比较精致的珠宝盒放在一块草坪空间当中。这个关系我觉得倒是有点出乎我的意料。还有一个尺度的对比体现在内部的庭大馆小上，庭的空间尺度非常大，特别是二楼两边的边庭，不管从内部看还是外部看它都是大开大合的空间。三层的庭院也是围合之后形成了大尺度的空间。底层的穿越庭院，可能是由于高度的限制有所削减，但是它也会带来尺度的转换和对比感。进去之前感觉不是很大，但是进去之后有非常强的空间愉悦感。范曾想要追随的这一派的传统追求的是大开大合的关系，这种简约的关系可以在这个尺度转换当中体现出来。但是这里我有一个小小的不同的看法。如果可以把底层空间中间的藻井变成一个尺度大一些的真正穿透的井，可能比这两层玻璃带来的光线穿透更有效果。另外，馆的内部空间通用性的成份比较大，跟作品的相关度小一点。暴露的顶会有强烈的质感，范曾这种简笔的大画衬上目前的空间感觉还是有点困难。如果能不要暴露结构，让空间更轻一点，可能这个画的呈现会更合适一点。

第四点是人工和自然的关系。这座房子有个有趣之处：从大的场地来看，它是从自然当中凸显出来的。正如李翔宁所说，即使以后在北边再建艺术学院，这座房子也是从校园中凸显出来的。这是一种不完全融入环境的做法，与环境的基底展开关系，从环境当中以非常纯粹的姿态凸显出来。建筑在内部的处理上没有做任何绿化，但其中的空间关系体现出对自然的膜拜。这也是比较有趣的一个话题：如何理解中国人心目中的人工与自然。我认为对中国人来说，不管建筑所营造的天地里有没有绿化，它永远不会是自然中所谓“自然体的界面”，而永远是内心理想世界的呈现。这种理想世界可能是中国人追求的“自然”的观念，而不是眼睛所看到的周围的自然。这可能是一种精神上可以探索的有趣的东西。但从我个人的喜好来看，我希望内部这些模范自然的空间中出现一些在人工体中存在的生命感，比如三楼多一些植物的生长。现在它更多的是一种禅意，不过这与范曾的画的源流倒是有点关系。

最后一点是繁和简的关系，我非常同意刚才李翔宁的观点，从我对章明和张姿的作品的了解来看，他们的作品非常关注从整体的把控中体现细节的精致，这一点在这个建筑中体现得非常到位，这也跟他们二位长期的追求有关。我个人的体会是，细节似乎可以再少一点，或是再简单一点，空灵感可能会更强。李兴钢的观点我也非常同意，庭院当中的这些顶棚，我认为如果将其整体化，可能会显得更轻。这些结构在国内可能无法做得太细，钢结构还是很粗壮的，深灰色结构体在内部的存在会让顶棚显得很重。如果把细节再掩盖掉一点，把整体氛围再推动一下，可能会有一点小变化。

此外，我比较欣赏他们二位“一以贯之”的工作方法——他们一直在追求比较富有情感的诉求与理性的工作方法之间的平衡。心里的追求是非常情感化的，但是工作永远是理性的。我知道他们团队内部的工作非常细致，从方案、施工图，到现场实施、把控，他们有自己非常独到的方式去比较高效地把控这些过程。这是他们工作室的特色，也是我们这样的小工作室、事务所团队值得学习的地方。

矛盾关系的张力——纪念性与自我消解／内部空间与外部空间

柳亦春：我很同意前面魏春雨院长的文人建筑的说法，我觉得这个建筑是具有文人气质的建筑，首先从他们两位的文字里面就可以体现出来了。我自己感受比较深的，也就是章明所做的表述里面所讲的，这是一个讲究关系的建筑，但是我觉得这是充满矛盾关系的一个建筑，矛盾并不是一个贬义词，正式由于矛盾的存在，才可能使一个建筑存在着某种张力。

看到这个建筑的第一眼，我觉得它特别有一种器物感，像中国传统中某个精心雕琢的一个器物，当然我们并不一定能找到那个原型，找不到也就对了，说明是神韵而不是形态使然。所谓器物感，有人提及说像珠宝盒，差不多就是这个意思，从外观上看，它有器物之美。从建筑的角度，因为一种独立的强烈的存在感，使它有着比较强的纪念性，但是你进去之后，这种纪念性又被逐渐化解掉了，但在接近它的时候，它的纪念性还是很强的，它有点像——我想了半天——到底是高台还是庙堂，最后我觉得，它有点像一个城门楼，下面是可以穿越的基座，上面是一个轻型结构的叠加。果然这个建筑的底层和二层的部分是钢筋混凝土的结构，上面的屋顶和二三层通高的敞廊是钢结构，就好比城门楼下部是一个防御性很强的实体结构，上面则是轻盈的木结构。这倒也确实对应艺术馆天生具备的防御特性和抒情特性的矛盾关系。一想到城门楼，这也确实证明了一点，这个建筑有中国的传统气质在里面，究竟是什么气质，我想也许跟著名美学家宗白华在论述中国传统建筑之美时提到过的“离娄之明”有关。离娄，本是《孟子》中著名的雕镂工匠，离娄之明可明察秋毫，宗白华认为中国传统建筑中的楼台之美和古代雕刻工艺有着深刻渊源。娄通“镂”，就是一个东西通过掏掉一部分，追求它剩下的东西。剩下的东西跟被掏空的东西是一个互补，是阴阳关系的互补，这是中国传统建筑讲究内外关系中非常重要的一个方面。其实这个镂也通“楼”，传统建筑里的楼，风可以吹过去，非常轻盈、透明的东西，以此为美。这个房子也是如此，正因为雕空了，光可以进去，风可以进去。宋人王禹偁有诗《月波楼咏怀》云：平远无林木，一望同离娄。诗的本意应该是指因为没什么树木遮挡，所以得以明察秋毫。不过换一种理解方式，将离娄理解为对楼台的形容，似乎更有诗意。这楼台在这尚有些荒野的环境中兀自独立，还真有点那意境。月圆之夜，三层合院中静水池底见月，果真命名“月波楼”，倒也贴切。

我所看到的另外一个矛盾关系，就是建筑里面的内部空间和外部空间，这个建筑整体看来它好像是一个独立的房子，在所有的外围护里面是一个空间，到了里面又发现它还是一个外部的空间，其实它是若干个体量叠合以后被一个屋顶及外表皮罩住的空间。这是一个外部空间大于内部空间，外部关系大于内部关系的建筑。从心里的期待来看，通常希望这个外部是一种动态的关系而不是静止的关系，不过几个外部空间均被处理为相对独立、静止的空间，这也是建筑师有意为之，期望通过记忆在人脑中串联起来，形成整体的画面，不过这就对几个外部空间之间的关系要求更高了。底层的开放空间是一个停留的空间，因为混凝土藻井的存在而更像一个巨大的“亭”，但是它同时又是一个穿越空间，因为有上面的顶以及光井的存在，所以又有一个强烈的中心感，我在想是不是能够把这个光井打通穿上去，一个没有顶的真正的井，雨水可以下来，空气可以上去，也许可以更为生动些，一楼的空间能够停住的感觉可以更加强一些。二层两边的水院和石院说是院子的空间，但是其实是一个轩或廊的空间，但是它很高，16m 高，所以又被建筑师定义为院，因为地面是按院来设计的，所以这也是一种矛盾，一种被混杂的类型概念出现在空间里面。这两个空间里的方向性是很强的，均指向两侧的开口，但是这个建筑恰恰位于一个周围环境不断变化的未知状态，所以存在着一种空间指向的不确定性，人在这里总有观景的愿望，这两个非常纯净的“石”和“水”的院似乎正在等待一个被铺陈着的主角的出现。不过一个房子是可以慢慢长成的，随着周边的环境变化，这里面的不确定性会变得确定，可以适时改变它里面的一些布置来调整人在这个空间当中停留的方向感。刚才讲这是外部空间，这个外部空间正因为存在着不同的高度，从内心深处我希望它可以成为相互串联的，因为章明也说了，上面的合院从业主的意愿是不想被参观的人到达，这是非常可惜的。刚才我走到二层的边上的这个边庭的时候还是很想走上去，因为有一个楼梯，人在这个空间当中会建立起多种方向感，上去下来的时候就会有一个垂直的转向，它可以通过流线的引导让人发生一个转向，一定可以改善刚才李翔宁说的在这个空间里面不知道面向何方的问题。

这个艺术馆主要的内部核心空间是二层的展厅，不过这个空间恰恰存在着很多的从设计当中反而是难以全面控制的地带，比如里面布展的情况，是由布展公司后续完成的。展厅内素混凝土的天花有着非常强烈的存在感，从这个建筑来讲它是合适的，从底层混凝土的藻井开始，通过暴露天花的混凝土结构来形成一种素朴的感觉，这个用意是明显的，也是可贵的。这个建筑是一个厚重的台基加一个轻盈的楼的构成，这个混凝土梁的天花其实是加强了厚重台基往下沉的这么一个空间的做法。所以我也非常同意刚才李翔宁所说的这个空间应该暗一些的意见。

结构在这个建筑里面的表达是很重要的，不管是一楼素混凝土的藻井，还是上面的钢结构的柱子和菱形的梁，它都传递了一种结构在这个建筑表面可以展现的力量。

上到三层的时候就进入了合院，它是整个建筑的一个高潮，因为那个院子的尺度相对建筑的内部空间确实很大，而且是表现了建筑掏空及屋脊转向构成的核心内部空间。整个房子从下面一直走到上面，我一直想找一个地方能够停下来，但是却一直未能停下来，仔细想想可能跟尺度是有关的。整个建筑的外部空间的尺度我感觉都比较大，檐廊有 16m 高，合院内两个山墙面都是直直下来的，朝着檐廊这边是柱廊，但是柱廊并没有覆盖进这个院子。合院里如果能沿山墙延展出压低了的小廊子，或者在这个院子里以某种形式出现一个独立的小亭子，也许庭院实际使用的感觉会更好，而不仅仅是个视觉构成的院。

整个建筑总体看来，正因为一些矛盾的存在，反而隐含了一种张力，就像这个建筑远看时，那种笃实又具有穿透感的感觉。今天早晨从路上经过，第一眼望到它确是眼前一亮，

在这个空旷的场地里面，这样的一个独立完整的形体又被自我消解的这样一种纪念性是非常有意思的。

视角：60/70年代建筑创作及评论

戴春：很早就听章明／张姿谈他们的这个项目了，也看过他们工作室的模型和照片，看现场之前章明的介绍和张姿略带煽情的文字让人对看现场十分期待。从高速公路上远看是不大的房子，但到了近处以及进入空间的感受，则会有一种仪式感，感觉到场地限制的宽松，甲方也给了建筑师很大的发挥空间，并且院落策略是有效的，材料的选择是恰当的，结构是清晰的，一条看似随意却是有意为之的轴线，制造出一种穿越，形成了一个校园建筑与环境的互动。应该说范曾艺术馆的完成度和现场空间感觉都是不错的，对于传统意向的空间诠释是抽象的有发展的可能性的。因此参观的过程中就激起了大家讨论设计的兴趣。

这些讨论让我有机会观察不同年龄段建筑学人的评论角度。这两年我做了《时代建筑》"50/60/70 年代生中国建筑师"的三个专辑，这次品谈给了我机会从对一个项目的思考角度观察他们。此次参加品评的 60 和 70 年代建筑师或学者的评论呈现了各具特点的思考方式。作为 60 后初期的孔宇航和魏春雨两位的评论，会从其关注的一个逻辑出发，讨论其所达成的空间形态和空间感受。孔宇航从项目的整体逻辑所呈现的喻意出发去讨论，分析古典方式如何呈现现代精神，并指出其场所的特性跟时间的函数是成正比的；魏春雨则将这个项目定位为文人建筑，从基本空间逻辑出发去讨论，提出的问题产生于其所观察的逻辑与其预设逻辑之间的矛盾。60 后后期和 70 后初期的李兴钢、李翔宁、张斌、柳亦春则更多的从个人在空间中的感受出发，去讨论空间按自己期待的状态发展的可能性，当然又各具特点。李翔宁的"院、景、光、色、度"的分析更整体更系统；作为实践建筑师柳亦春的"离娄"分析，张斌的系列"对偶"分析，李兴钢的"界面与空间的稳定性"分析等等，相对更关注实践中如何达成所期待空间状态的操作方式与手段。

作为 60 后后期的建筑师，章明、张姿在这个建筑的设计过程中，也呈现了他们从所要营造的空间感受出发的特点，即从期待一个什么样的有传统意味的意境为出发点，寻找一系列的空间关系，进行建筑操作的设计方式。而在基地的限制条件相对弱化状态下，面向设计对象对传统空间想象的诉求，在选择"院"这个可以操作的空间类型后，设计的走向更倾向于空间在一个观览游走线索下的自然生成，他们更关心如何将身体的移动与意识上的能动性关联，找寻层层剥开的意境展现方式；因此，三层四院的空间形态便是多样的，

也带来了未来使用中空间发展的多种可能性，甚至他们对顶层院的施工处理上相对粗放的做法亦可放之任之，认为大的院落意境有了，细节上允许多种可能性。从这个角度讲，他们对大家在其营造的多个院落中的多种可能性的建议都觉可尝试，这似乎正应合了他们的想法“抓住了关系而存在的场所状态即一时一地一境”。

无论是大家的评论还是建筑现场踏勘，都让人感觉到这个建筑的可生长性，一个建筑如果能够生长，能够通过一些手法让它更加的完善，那么就有可能让使用者也参与到空间意境营造中来，激发空间的活力，这让人很期待经过一段时间使用后的状态。

用散文体创作建筑——关系与自我生长

张姿：范曾艺术馆是真正意义上的散文体，因为它比较符合散文疏放的格局。它没有被充满逻辑的谋局与大秩序所控制。虽然这次的切入点是院落，但关系比院落本身更重要。三种形式完全不同的院落建立在自我生长的意义之上，它们之间的关系表现为略带松散的局部关系，经过局部关系并置与叠加，勾连形成丰富混全的整体。

这里回应一下魏春雨提出的三个院落的差异性问题。我们希望三种完全不同的院子建立在自我生长的基础上，局部关系的呈现是由于自身的需求而产生的。如果说一楼的院子需要被穿通，它就被分开了。二楼的院子需要边置，就被放在一边了。三楼的院子需要有阳光，它就围合起来了。所以这里我们说的“关系的前置”不仅是希望“关系”明显的前置于“本体”之上，也希望“局部关系”明显地前置于“总体关系”之上。所以看似不相干的三种院子，由于各自的生长理由被聚在一起，由于连接方式的不同而出乎意料的充满变数。这就是“关系的前置”。当然，我们希望前置于本体之上的关系并不止于物物关系和物我关系。只有当关系在人或人群之间产生意义时，不可预知的趣味性才可能发生……

范曾艺术馆的院并非传统意义上的院。传统空间的单元采取趋同性的模式，单元间的关系建构呈现不断重复的同构性特征。而“关系前置”的主张并不强调单元的趋同性与关系的同构性。相反，我们希望局部的生成建立在自我生长的意义之上，因此局部未必是相同或相近的。同时局部之间以非先验性的甚至是异构的关系相连接，使整体呈现出更多的可能性与丰富度。这就是“关系的进化”。

之所以说范曾艺术馆是真正意义上的散文体，因为它比较符合散文的散漫，便于我们以“游目”的方式看待周遭。在非同时非同地的景物片段中，局部的关系有如展开式的画卷先后呈现。我们将它们并置于场所之中，由并置产生的交集就是我们希望产生丰富度的地方，我们希望这个丰富度能够在设计的过程当中慢慢地显示出它的优越性。整个设计过程一直围绕着这种并置所产生的交集展开。这种研究比我们原先刻意而为的大逻辑、大秩序更自发一些。最后，这 些并置的关系在人的意识之中形成各自“能动性的关联”，从而滋生出混全的整体观想。这就是“关系的观想”。它渐渐趋向于我们理想中的“弥漫性游走”的状态。

所以我也回应一下几位建筑师提出的这个空间似乎有些停不下来的状态。这可能跟我们这种思路有一定关系。因为我们当时设想一种弥漫性的游走状态，希望这个体系是一个促进身体移动的体系。它所形成的穿越性的场所是充满着未知感的探索过程，你进入到第一个院子的时候有可能无法预知第二个院子、第三个院子的状态，但是可以体会到隐约的穿通性的指向，呈现一种隐约的邀请意味，这符合东方式的转承递进式的营造。其次，它是一个不限定身体移动的体系。因为不设定路径的旅程最值得期待。最后，它是一个将“身体移动”与“意识能动”合为一体的体系。这可能就是我们希望范曾艺术馆最终达到的比较符合散文意境的状态。它便于我们进入一个渐次打开的世界，于循序渐进中呈现舒卷而出的气场。它使我们不再热衷于描述“已经发生的事”，而在于描写“可能发生的事”对场所可能性的挖掘，对局部间关系的可能性阐释才是最耐人寻味之所在。它使那些埋没于日常性的诗意层面得以觉醒。此谓“关系的诗学”建筑作为一种关系而存在，恐怕是对场所的诗学最有力的注解了。建筑的性质在场所中生成，变换，成长，衰落，再生，这才是建筑存在的真正的自由方式。其实建筑与写作一样，都是一时一地的心境。如果现在重写这篇散文可能会有一些改变，会写得更加疏放一些，更加散漫、更加自由一些。不管怎样，能以自己喜欢的散文体来写作，是最值得欣慰和满足的事情。

（原载《城市环境设计》2015 年 01 期）

作者简介：

柳青，《城市 · 环境 · 设计》（UED)杂志社执行主编。

孔宇航，天津大学建筑学院副院长、教授。

魏春雨，湖南大学建筑学院院长、教授。

李兴钢，中国建筑院设计院（集团）有限公司总建筑师，李兴钢建筑工作室主持建筑师。

李翔宁，同济大学建筑与城市规划学院副院长、教授。

柳亦春，大舍建筑设计事务所主持建筑师。

张斌，致正建筑工作室主持建筑师。

戴春，《时代建筑》杂志运营总监、责任编辑，T+A出版传媒工作室主任。

半自主的建筑学：上海松江名企艺术园（三期）背后的新常态

谭峥

摘　要：文章试图从半自主建筑学理论出发，以建筑师袁烽设计的松江名企艺术园（三期）为例，理解并探求低技环境下掌握了数字化造型与建造技术的中国新一代建筑师的方法论基础，并在全球所谓“参数化主义”建筑学的大背景下寻找这一方法论基础的新定位。

关键词：半自主；学科；低技；符号学；行动者网络理论

建筑理论家斯坦福·安德森（Stanford Anderson）认为建筑学（无论是建筑批评还是建筑实践）应该分别从其内部历史与外部历史来考察，内部历史对应一种自主性的建筑学（Autonomy），即所谓的学科内部的建筑学本体；[1] 外部历史对应一种决定性的建筑学（Determinism），即认为建筑学完全受历史条件与其他技术条件影响。相应的，建筑学可分为“学科”（Discipline）与“职业”（Profession）两种领域。[2]“学科”的建筑学是由基本自主的知识构成的，如结构、构造、功能与空间等，“学科”具有连续性，不受特定历史与社会因素影响；而“职业”的建筑学是特定历史条件下的不自主的实践。安德森认为，真正的学科知识其实是半自主的（Quasi-Autonomous），形式并不是先验存在的，这就如同多米诺住宅体系中的板并不是一个抽象平滑的、脱离材料性的平面，而是由层级化的主次梁体系构成的、有具体材料性的建筑构件。[3] 安德森的“半自主”学科理论勾画了当代建筑学实践为建筑学学科贡献知识的常态，即任何建筑学学科内的范式革新都不可能再依靠抽象的、自主的、自参考的学科内部范式的自身演进来获取新知识。本文试图从半自主建筑学理论出发，以建筑师袁烽设计的松江名企艺术园（三期）为例，理解并探求中国新一代掌握了数字化造型与建造技术的建筑师的方法论基础，并在全球所谓“参数化主义”建筑学的大背景下寻找这一方法论基础的新定位。

在当代中国的建筑实践环境中，批量化的形式生产与创造性的设计范式革命之间正在形成一种微妙的再平衡。在极短的历史时期内，以制造业为首的中国经济部门迅速抹平了横亘在其他大部分第三世界经济体面前的数字化鸿沟。一方面，中国的经济部门与个人可以轻易掌握最新的信息工具，并以极其低廉的成本将西方世界最新的知识生产成果转译为中国版本，这其中也必然包括最新的数字化建造工艺与形式语言；另一方面，这种迅猛的数字化浪潮却无法抵达制造业的“基底”，数字化工具的革新很难改善一线建筑工人的基本劳作状况，反而在某种程度上进一步挤压了劳动成本。建筑师的实践环境与一线工人类似，面临日趋苛刻的设计条件，却必须在有限的设计投入下提供新的建造范式，以期适应数字化浪潮下的单位设计成本缩减趋势，以及普遍的不断上升的设计成果预期。作为这样一种新造型范式的先行者，袁烽一直尝试在中国低建造技术（及成本）的大环境下，最大限度地释放数字化设计方法的造形（Form Making）与找形（Form Finding）能力，并在学科本体论（形式、材料与性能等）的层面探索建筑学的新常态。袁烽对参数化工具与一系列基于性能表达的设计方法的探索，在很大程度上也是为了破解这种形式生产与建筑学方法论的困境。

松江名企艺术园（三期）正是在不断上升的设计质量预期与苛刻的设计条件下尝试的一种新建造范式。作为新兴艺术园区，松江民企艺术园的功能本身代表了艺术与创意产业等新经济形式，它需要一种能够表现其性格的形式语言。该项目历经七年的设计建造，是袁烽对参数化建构探索的早期成果，可称为其对“形式—材料—性能”的三位一体探索的1.0版本。[4] 松江名企艺术园（三期）浓缩了当代中国大批量建筑的基本形式组织逻辑，以页岩砖填充墙面配合混凝土框架，并在整个园区以一种变化的重复提升可读性（Legibility）。红砖墙面与混凝土楼板的搭配是具有高识别性的图景，亦是中国施工企业可以掌控的营造体系，是当代中国大批量的产业建筑的代表性元素。

名企艺术园（三期）的标志性建筑——入口会所位于主入口一侧，建筑师对会所的屋顶进行了特殊处理，钛锌板翘曲面表现了中国传统屋顶特有的反翘特征，屋顶的坡与起翘亦形成了对整个场地条件与空间向背的回应。屋顶的起坡朝向与会所和入口道路及一侧河流的空间关系有关，并与会所在一层立面上的虚实处理及开口设置相对应。两个处于对角位置的开口一个对应园区主入口，另一个正对面向河岸的庭院。对中国目前低技（Low-Tech）建造环境的尊重是袁烽一以贯之的设计态度，这反映了一种不同于西方当代建筑学符号化倾向的（建筑）本体论认知。[5] 受制于较低的成本预算，三期园区中除会所屋面外的大部分屋面都没有采用原初设计指定的钛锌板，而采用了基于传统混凝土屋面做法的平坡结合的构造。即便是用于会所屋面的钛锌板也因为造价与工艺的限制采用了相对简易的做法，而这种建造做法的技术限制也反馈到了设计过程中。

为了遵循可租售面积最大化的原则，三期园区中单元建筑的平面布局方直高效，上下层平面的变化也相对适度，这为立面上红砖墙面与混凝土圈梁（或楼板）的交替重复提供了一种均衡的节奏韵律。页岩砖墙大量运用了被称为“水墙”的图案样式，这些图案由突出墙面程度不同的红砖构成，砖图案由某种算法生成，然后转移为具体的单个砖的参数描述，由建筑师指导工人在现场砌筑。部分单元建筑的屋顶用混凝土折板形成不同坡度，体现多样的屋顶形式。与艺术园的一期、二期相比，袁烽设计的三期园区建筑密度更大、内部道路与空间更致密、功能的灵活性与混合度更高。在项目开发初期，甲方并未明确园区的具体功能。建筑师必须依据自身的经验，通过概念策划将办公、艺术家工作室、艺术交流等功能组拼成一个具有一定混合度的社区。整体的模块化组织方式优化了空间使用效率，反映了一种类福特主义式的空间生产特征，也为局部的后福特主义新范式建立了一种环境语境。

值得注意的是，即便当代中国的建造现场已体现出 100 年前西方大机器时代的特征，这种类福特主义式的生产方式仍与技术上的相对粗糙状态长期并存。在特殊的国情下，中国建造技术的基本面未能随着整个制造业水平的提升而跃迁到一个新的层次。图纸对施工企业来说仅是一个建议性的指导文件，工人对建造对象的适应性再创造屡见不鲜。以“参数化主义”（根据帕特里克 · 舒马赫（Patrik Schumacher）的定义）为代表的西方后福特主义建筑学是以高度预制化与精确装配为基础的。这个预设在 20 世纪中期之前就已经实现了。20 世纪 60 年代末的现代主义危机主要是一种形式语言与语义交流的危机。80 年代的解构主义和 90 年代的褶皱派也是在这个符号语言学的危机背景下发动了后福特主义建筑学的引擎。以艾森曼（Peter Eisenman）为代表的解构主义主张切割材料、形式、语义与结构之间的对应关系；而褶皱派则力图在当时尚未成熟的数字化处理技术的支持下，将已经被解构主义割裂的形式片段重新整合到一个连续而联动的结构体内，这个结构体可以是各种非线性曲面，也可以是某种相似单元罗列成的阵列，甚至可以是一种表达连续变化的社会力的场。而这正是帕特里克 · 舒马赫所谓的“参数主义符号学”（Parametric Semiology）探索的出发点。[6] 舒马赫并不满足于仅仅将参数化主义作为一种自主的形式语言。他认为，（作为主体的）空间与其环境之间有三种交互应对的方式——功能组织（Organization）、语言表达（Articulation）和意义表达（Signification）。其中，功能组织是空间对环境的功能应对，比如最基本的间距、流线、日照等技术要求。语言表达是一种对环境的姿态反应，而一旦形成了社会化语言（具有语法与语义），这些姿态反应就变成了一种符号集合。以民企艺术园（三期）入口会所的翘曲屋顶为例，它所应对的基本体量、朝向与流线要求是一种功能组织。如果将这种功能组织形式化为一种显性的、基于形式规律的姿态，它就变成了一种语言表达，这种表达依然与现实的材料特性、构造方式以及所要解决的问题有关。而当翘曲屋顶变成一种在建筑学内部与广泛的社会认知层面都通用的符号语言，它又成为一种意义表达。这时候，这一形式语言已经脱离了具体的材料特性与所要解决的现实问题，变成了一种符号系统。而这正是舒马赫所要达到的理想状态。

舒马赫没有意识到，尽管他的参数化符号学声称是一个开放的系统（该符号学机制是建立在空间的社会反应机制上的），这个符号语言学隐含的假设是抽象的建筑学形式语言与建成环境的高度统一，但他忽视了建造作为一种社会活动本身的复杂性。这种复杂性早已被拉图尔（Bruno Latour）整合到他的“行动者网络理论”中（Actor–network–theory，简称“ANT”）。[7] 拉图尔认为，人与非人因素共同构成了个体行动所依靠的网络世界。根据拉图尔的论述，建造过程中的技术壁垒与社会壁垒其实是一个问题的两面，即使数字化鸿沟已经填平，新的形式语言与技术工具集源源不断地从西方建筑学的前端传播到中国的建筑设计界，这种抽象知识流动也无法突破特定的社会网络组织形式。因此，舒马赫的参数化符号学依然有落入封闭性的纯粹自主系统的可能，即使这种知识能在一个特定的社会网络中创造出来，它在另一个网络环境中也只可能以另一种形式被实践和解释。即使不考虑这种社会与技术壁垒，舒马赫的符号学情结使得他很难突破后现代主义所设定的话语框架，这种封闭的自主性正是斯坦福·安德森所批判的。

舒马赫将第二种空间环境的交互机制“语言表达”定义为一种现象学的表达方式。但是他认为“意义表达”依然是这种身体性表达的终点，而“语言表达”仅仅是一种过渡状态。这正是袁烽与舒马赫的参数主义符号学的分歧所在。袁烽认为，现象学式的性能表达（即语言表达）已经是新的造型与建筑技术所要达到的最终层面。参数化设计所要造就的姿态无法脱离具体的材料性、物质性以及当时当地的具体问题而独立存在。在这样一种理论与相应的方法论基础的指导

中国版画艺术博物馆，深圳，中国

朱雄毅　艾侠

折叠漫步：中国版画艺术博物馆设计纪实

我们驾车从深圳市区一路向北，在起伏的山林之间，陈旧的村落之旁，一座硬朗的建筑横卧在山体和街道之间，新建筑与周边历史环境形成戏剧对比，成为版画博物馆特有的第一印象。

这种略显强势的印象随着身体与建筑的步步接近而逐渐消解：结合南方潮湿多雨的气候条件，建筑体量的折叠架空展现出应有的低调和谦和，我们拾级而上，山体、绿林、旧村，随着建筑镜面的反射和身体的移动，景致不断变换。在我们的不远处，漫步的老人和嬉戏的孩童，填补了建筑师“处心积虑”设计的公共边界；在台阶上席地而坐的游客，与不时可见的艺术工作者，成为时光轴之中的另一道风景。这条隐约轴线的端点，百年的碉楼仿佛在为我们述说沧桑的故事。

博物馆位于二层的展区前厅，非常朴素，几乎没有刻意的装饰。转角台阶之后，经过一个低矮的顶棚，便是豁然开朗的国内版画主展厅。在倾斜的坡屋面与抬起的天窗之间，光线柔和而均匀地漫射在展厅的各个角落，将参观者的身心浸润其中。在位于三层的国际展厅中，钢结构斜撑被戏剧性地置于展厅中央，成为空间记忆的媒介。不论是二层还是三层展厅，版画展品的布局都显得尽可能轻松和松散，因为空间本身也成为了展品。

20 世纪 30 年代，来自观澜的陈烟桥先生与鲁迅先生曾经一起策动的新兴木刻运动，促使版画成为唤醒民众与腐朽社会作斗争的最佳艺术形式，然而文革之后的中国版画发展却陷入了低谷，不免令人叹息。

如何重新找到版画与市场的最佳结合点，成为深圳这座南方都市的文化契机。作为一门艺术、一个时代、一片产业的某种象征，深圳与版画，彼此有着暗含的机缘。位于深圳城市北郊的观澜版画原创基地，在原深圳客家村落大水田村的基础上改扩建而成，这里也是中国新兴木刻运动的先驱者、中国第一代版画大师陈烟桥的故乡。占地 300,000m^2 的版画村，将现代版画工坊与客家古村落融合，以一种自发而完善的市场化机制进行运作。大水田村依山傍水，水塘、古井、碉楼构建成独特的客家风情，成为隐藏于都市繁华之外的一块净土。这里不仅可以欣赏到名家名作，亦可亲身体验版画

下，袁烽探索建筑学的基础是对现有技术工具集与社会条件的熟稔。可以想象，如果离开了特定的中国的建筑现场的语境、问题与所谓的“行动者网络”，反翘屋顶将会演变成一种抽象的形式符号，而这与推动参数化设计的初衷相悖。当然，依然存疑的是，性能表达中的主观性因素究竟所占几何？中国的参数化设计建筑实践是否会严守建筑学本体的物质性？未来是否会试图生产一种抽象的、中国文化背景下的参数化主义形式语言？如果我们依然深信所谓的文化与社会因素其实仅仅是一系列“行动者网络”的集合，那么我们就应该从根本上放弃这种企图。

（原载《时代建筑》2015 年 03 期）

参考文献：

[1] Anderson, Stanford. 'On Criticism'. Places 4, no. 1 (1987): 7–8.

[2] Anderson, Stanford. 'The Profession and Discipline of Architecture'. In The Discipline of Architecture, edited by Andrzej Piotrowski, 292–305. Minneapolis: University of Minnesota Press, 2000.

[3] Anderson, Stanford. 'Quasi–Autonomy in Architecture: The Search for an In–between'. Perspecta 33 (2002), 30–37.

[4] 袁烽，肖彤．基于性能表达的材料多维性研究[J]．时代建筑，2014(3)：28–35.

[5] 袁烽．低技数字化建造——作为生活态度与工作方法的实践[J]．建筑学报，2012（8）：48–49.

[6] Schumacher, Patrik. 'Parametric Semiology–the Design of Information Rich Environments'. (2012). http://www. patrikschumacher.com.

[7] Latour, Bruno. Reassembling the social: an introduction to Actor–network theory. New York &Oxford: Oxford University Press, 2005.

作者简介：

谭峥，男，同济大学建筑与城市规划学院助理教授，加州大学洛杉矶分校博士。

制作的过程。

随着版画展览、交易、传播活动日益活跃，观澜版画村现有建筑已经完全不能满足当下的需求。

建造一座以版画为主题的全新文化设施，成为一个必然的寄望。2009 年初，深圳市以“观澜版画基地美术馆及交流中心”的名义进行了开放式的国际邀请竞赛。在获得专家评审第一名之后，我们经历长达 5 年的设计调整和建设周期。在深圳市政府和中国版画学会的努力下，这座建筑最终以“中国版画博物馆”的名义落成开放。

从场所关系上看，我们的设计方案包含了两条重要的轴线：其一是由现有村落（一条客家古街和一组旧厂房）向内延伸，形成的一条贯穿基地南北的“时光轴”，以示历史文脉的留存，旧建筑前的月牙形水塘也代表了客家文化的特征；其二是与基地上两座山丘制高点连线垂直的“景观轴”，遥望高尔夫球场。美术馆主体被抬高架设于两个山丘之间，美术馆形体折起，形成虚空的体量，让出时光轴，使之延续和山体相连。建筑主体的折起，为南方气候下的场所提供一个有阴影的覆盖，与“时光轴”垂直相交，成为一个汇集展览、工坊、咖啡厅等多种功能活动的、多元的公共开放空间。主入口广场选择靠近古碉楼与水塘的地方，成为旧建筑与新建筑戏剧性碰撞的交点。

建筑的公共空间设有展厅、画廊、艺术书吧、手艺工作室、多功能学术报告厅等多种功能；北部的工作区域则设有办公室、学术交流部、展览部、典藏研究部、公共教育推广部等部门。相应的交通流线也比较复杂，展厅虽设有电梯，但我们更提倡以内部慢行交通组织作为体验这座建筑的最佳方式，折叠的体量下，存在几条不经意的漫游流线，印证着这座建筑与周边环境的历史新旧关系。除了多种参观路径外，建筑师为科研办公人员设置了从东北侧二层进入的专属流线，为版画展品设置了从地下车库通过货梯抵达各层展厅的专属流线。位于东南侧的文化服务空间，可以作为重大节事的主入口。

尽管不同的流线相对独立，但视线却彼此渗透，建筑师特别设计了一条公众流线，提供给不去参观美术馆的游客。

广州市粤剧艺术博物馆建筑设计中的新博物馆学思考

郭 谦　高 伟　李晓雪

摘　要：该文基于新博物馆学的视野，探讨了新博物馆学对博物馆建筑设计的影响，并从文化空间的概念出发，探讨了非物质文化遗产类博物馆如何构建以传承为主要目标的新功能内涵，实现非物质文化遗产的可持续发展。以广州市粤剧艺术博物馆的设计作为案例，探讨新功能内涵的具体实现方式。该馆以岭南传统园林作为主要的空间特征，拓展了一般博物馆的服务对象和功能架构，以“展览、演出、教育、研究、公共参与、世俗生活”作为功能的六大板块。通过案例分析体现了在广州市粤剧博物馆的建筑设计中对新博物馆学的思考。

关键词：新博物馆学；非遗博物馆；文化空间；传承；广州市粤剧艺术博物馆

1 新博物馆学视野对博物馆建筑设计的影响

2002 年 10 月 20 日至 24 日，“国际博协亚太地区第七次大会暨博物馆无形文化遗产国际学术讨论会”制定了《上海宪章》，以“博物馆、非物质遗产与全球化”为主题，确认民族、地域和社区创造性、适应性与独特性的重要意义，认为声音、价值、传统、语言、口述历史和民间生活等应在所有博物馆与遗产保护活动中得到认可与促进[①]。《上海宪章》的制定，是新博物馆学开始影响我国博物馆相关领域的重要事件。如《上海宪章》的主题所言，新博物馆学视野中的博物馆，特别是针对非物质文化遗产的博物馆，不再仅仅是一栋收藏、展览各类文物的公共建筑，而是一个能够传承该项非物质文化遗产（下文简称非遗）的综合机构。

当在新博物馆学视野中，非遗博物馆的主要服务对象不再只是参观者时，我们需要重新定义其服务内容，将对传承人（或社区团体）的保护、对非遗记录研究工作的支持、对非遗教育延续工作的推动等作为博物馆建筑的重要功能，把这些内容考虑进非遗博物馆的建筑设计之中。博物馆定位和功能在新博物馆学范畴中的转变同样对与之相应的博物馆建筑设计带来深入的影响。

人们在大厅漫步后，通过中央坡道与楼梯可直达屋顶花园，欣赏高尔夫景观和周边的自然风光。建筑的室外架空层采用不锈钢吊顶，不规则的反射使得此地的空间领域拉开与南侧碉楼，北侧自然山体的差异，强化了场所的存在感。镜面的效果也将庭院和周边景观聚集在公共空间之上，伴随行人在台阶和连廊的步行之中，呈现丰富的变化。

建筑与场所的两条轴线关系，构成了设计之初的逻辑线索。而这条线索的进一步发展和落实，得益于“结构体验”的设定：力学产生结构，结构让空间实体化，不同的空间组成建筑。这组“力学－结构－空间－建筑”的线索，决定着中国版画博物馆形态的生成：面对山体与村落形成约 10m 的高差，建筑师和结构工程师合作，将主体建筑与山体护坡挡土墙结构脱开，形成独立结构体系。为了实现架空层的大跨空间体验，博物馆主体采用钢桁架的结构体系，通过 4 个核心筒支撑。出于功能需求，版画交易大厅采用局部大跨，8.4mx8.4m 的柱网在局部升级为 8.4mx16.8m，结构相应局部采用宽扁梁结构体系以获得更好的内部空间。既然钢结构桁架是保障建筑的架空和抬起的力学逻辑，那么，这一结构本身也应该成为建筑体验的一部分。展厅室内桁架在满足展墙功能需求的同时，尽可能暴露在观众视线中，成为空间的视觉重心，体现出结构的真实性。这里，结构与建筑是一种有机关系，暗指整体与局部、构架与细部之间存在必然的、不可分离的联系。

我们一直坚信“从复杂的条件中把握复杂特征的前提下，尽可能简单地完成设计”的原则，从这个意义上说，中国版画博物馆是一座具备“诚实之美”的新建筑，它正在容纳多种事件、信息、价值活动，成为深圳城市的文化景观。新与旧、自然与人工、艺术与消费的碰撞，必然让这座建筑在未来岁月里获得更大的生机。

（原载《城市环境设计》2015 年 01 期）

作者简介：

朱雄毅，CCDI东西影工作室主持建筑师、设计总监；
文侠，CCDI集团总部研究主任。

2 非物质文化遗产博物馆建筑的新功能内涵

从新博物馆学的视野出发，非遗博物馆建筑应该是一个承载了传承及弘扬该项非遗文化使命的文化机构的载体，其建筑功能应在满足传统博物馆功能的基础上进一步满足该文化机构的具体运行功能，同时在新博物馆学理念的指引下，将以传承为主要目标的非遗博物馆建筑新功能内涵进行进一步拓展。

2.1 文化空间与非遗博物馆建筑

“文化空间”是联合国教科文组织保护非遗使用的一个专有名词，是用人类学标准界定的非遗代表作的重要概念，其“既有物化形式（地点、建筑、场所、实物、器物等），也有人类的周期性的行为、聚会、演示等”[2]。博物馆语境中的非遗除物质载体之外还包括“口头传说和表述”以及语言、记忆、音乐、口头吟唱等[3]。非遗博物馆建筑本身应该是能传承该项非遗除物质载体之外的文化空间（Cultural Space），或者能充分体现和激励该项非遗文化空间的发展，使得博物馆以更平等的姿态投向以往被忽略的文化群体和资源，从官方保护发展到公众自发投入的文化认同，实现非遗的可持续发展。

2.2 以传承为主要目标的博物馆建筑新功能内涵

“非物质遗产是一种代代相传的活态文化”[4]这就要求针对它的保护不能离开“人”的活动因素孤立存在。传统博物馆学注重以物为核心的“物质遗证（Material Evidence）”[5]，而“新博物馆学”理念倡导关怀地方社群，注重多元文化交流互动的特点，逐渐修正了传统博物馆奉行不逾的“典藏—研究—展示—教育”的功能[6]，这与非遗保护“活态文化”传承发展的需要相匹配。

非遗博物馆既需要保存有形遗产，承载起博物馆的“教育、休闲、娱乐甚至大众的精神依归等社会职能”[7]，在新博物馆学的理念支撑下更需要向以人为中心转变，将真正传承该项非遗的人、团体和社区作为博物馆的主要服务对象，进一步拓展出新功能，成为传承人使用、收集、保管、教育研究、展陈、观众参与互动及多元文化交流的复合化空间，使得博物馆建筑与城市、社区、公众发生关联，为非遗的传承创新创造发展空间。非遗博物馆不再是一个只针对观众设计、以文物为中心的“文化化石”，而是将非遗保护工作的自主权还给了这些文化原生地的传承人，回归到社区基层，回归自然和社会。

从新博物馆学的视野出发，非遗博物馆建筑承载着传承和发展该项非遗的文化空间的使命，由以物为中心向以传承人为中心转变，在满足传统博物馆功能的基础上，发展出多元功能的复合化空间，构建出一种以传承为主要内涵的博物馆体系。

3 广州市粤剧艺术博物馆建筑设计中的新功能内涵思考

2009 年，有着“南国红豆”之称的粤剧艺术被联合国教科文组织收录于世界非物质文化遗产目录中，这也是广东省至目前为止唯一的世界级非物质文化遗产。为保护和传承处于濒危状态的粤剧艺术文化，广州市决定于粤剧起源发祥的广州市荔湾区择址筹划立项建立粤剧艺术博物馆（以下简称粤博馆，图 1）。

3.1 粤博馆建筑设计的空间特征

当把“粤博馆建筑本身应该是能传承粤剧的文化空间，或者能充分体现和激励粤剧文化空间的发展”作为建筑设计中空间营造的核心目的时，我们开始思考：究竟怎样的具体空间形式和空间氛围最适合作为传承粤剧的文化空间形式。当我们开始沿着时间线回溯承载着粤剧诞生及历史发展记忆的种种空间形式：红船、江畔、村口、戏棚、园林、剧院等等多种空间母题的可能性开始出现；当我们以空间视野回顾粤博馆选址——荔湾涌沿岸周边的历史空间形态时，发现一个关键词从粤剧发展历程的时间线中跃然而出——“岭南传统园林”（图 2—3）。

19 世纪前后，伴随广州经济的繁茂，在荔湾涌沿岸曾涌现过大量的行商园林，传承了源自中原的文人审美、又杂糅了来自西方的装饰异趣，形成别具一格的岭南传统园林风格。而当时粤剧艺术正处于从江畔的民间社戏这种临时演出空间逐步进入剧院一类的专业演出空间的过渡阶段。

在剧院成为粤剧演出主流之前，行商园林正好充当了粤剧高端演出的最佳载体。在老城里的行商园林中，唱一折子粤剧刚好重现了当年广州行商私家生活的活色生香。如广州历史上著名的海山仙馆是荔湾区的大型水景历史名园，在“广逾百亩”的大湖面上，“离大殿十数步外湖中水面有戏台一座

图1 剧博物馆鸟瞰图
图2 剧演出场所的演进
图3 剧演出场所和荔湾涌沿岸周边的历史空间形态演进的对应关系

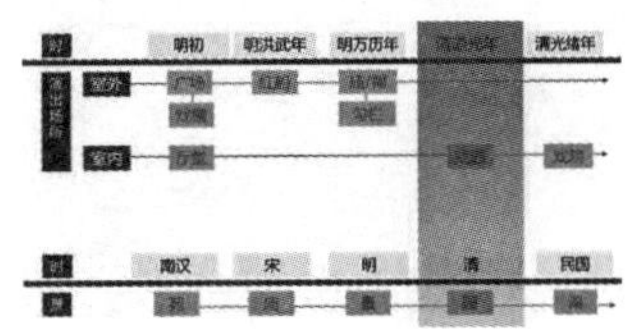

图4 外销画中的海山仙馆胜景

图5 博馆中的中心湖景和戏台效果图

[8]”，曾经的粤韵余音就曾在岭南园林中回响。可以说以一座荔湾涌泮的岭南传统园林作为在广州老城区传承粤剧艺术的文化空间的外化形式，应该是非常恰当的选择（图4–5）。

3.2 粤博馆建筑设计的功能架构

在最初的设计任务书中，粤博馆的功能架构被定义为：展览、演出和培训的2+1模式。2+1模式已经将粤博馆的功能与粤剧的特性相结合，能够充分体现粤剧艺术的特性。但从新博物馆学的角度再思考粤博馆的功能，2+1模式还不能完全实现传承非物质文化遗产的记录、研究、教育、公共参与等功能。基于此，建筑方案将粤博馆的功能架构进一步丰富，定位为：“展览、演出、教育、研究、公共参与、世俗生活”六大板块。功能架构的核心目标为传承与发展。

（1）展览

粤博馆中的展览功能所面临的挑战在于粤剧作为非物质文化遗产，缺乏文物级的实物展示物，较多的展示品都是年代较近的演出道具，历史展品多为复制品和文字图片材料等。若以传统博物馆眼光衡量，会有展览内容单薄之感。若从新博物馆学角度，“应从更为广泛的角度收集藏品，围绕社区与其文化、自然环境的相互关系组织起来。其收藏除实物外，还包括视听材料、文件、物质场所、传统仪式、口述史和社会关系等”[9]。为适应粤剧的非遗特性，展馆建筑空间考虑将粤博馆中传统园林的整体氛围延续至展厅之中，多设园林渗透和室内布景，有在园中观展的意境，丰富观展体验。展览方式多采用文物展陈、数字化多媒体互动、实地体验互动等形式，参观者不是被动接受，而是以多元互动的形式主动参与体验粤剧之美，展览功能成为公共参与体验的重要组成部分，这与传统园林多感官体验的精神一脉相承（图6）。

（2）演出

粤博馆建筑方案为粤剧艺术提供多样的演出平台：250人规模和50人规模的大小两个室内剧场提供专业的粤剧演出空间；在几组私伙别院中提供的小戏台还原了传统戏曲艺术与茶楼酒家结合的堂会场景；面向荔湾涌两岸公共空间的濠泮戏台以粤剧演出作为纽带将园内园外空间融为一体；向市民开放的屋顶花园和沿涌一带环境都是民间私伙局表演的理想空间；独立小院的别院声歌为研究教育功能提供演出场所，别具一格；而演出功能的核心在于中心园林主景——广福台。广福台是向现存最早粤剧戏台——佛山粤庙万福台致敬的景点，其建筑装饰为全园最繁盛之处，是一座真山水中的粤剧大舞台，可谓粤博馆全园点睛之笔。在其中演一出粤剧，可供全园观赏，结合晚沙湖湖景，再现了“红船晚沙看琼花”的往昔看戏氛围，重现了岭南园林艺术和粤剧艺术的历史关联（图7–8）。

（3）研究和教育

在非遗传承工作方面，粤博馆同时是一个专业的研究平台和教育基地。粤博馆主馆中设置了相应的研究空间和学术交流场所，同时粤博馆本身提供粤剧研究的资料库和数据库的网络交互功能，为粤剧艺术的学术研究与交流提供了一个良好的平台，实现研究的开放和开放的研究。粤博馆建筑方案在主展馆中设置了兼具临展与教育复合功能的多功能空间，可根据具体需求灵活支配，而相应的粤剧教育工作同时将作为粤剧文化

图6 粤博馆中的展览体系

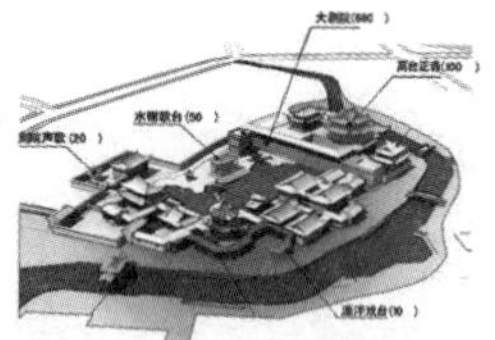

图7 粤博馆中的多样演出平台

图8 中心园林中的主戏台——广福台

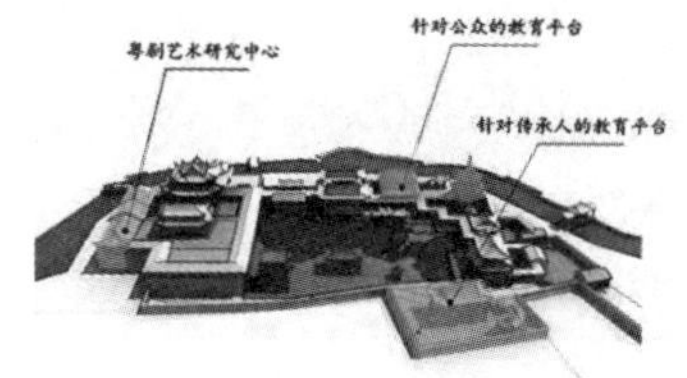

图9 粤博馆中的研究教育功能

图10 在场地原巷道上空建立的市民穿越通廊和公共体验中心

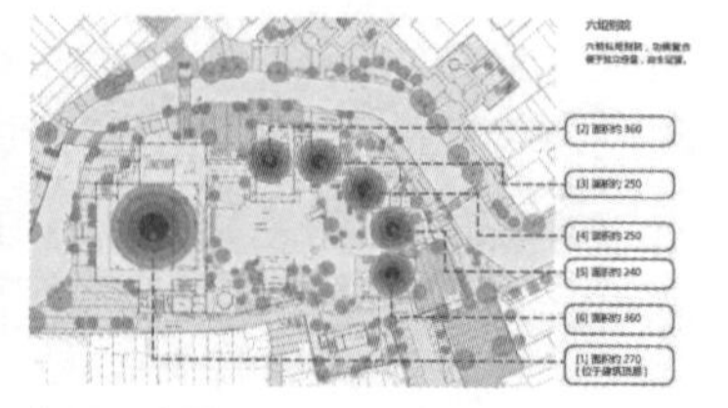

图11 粤博馆的六组园林别院布局

图12 闹市闲民的涌边私伙局与馆中的精品园林

展览的组成部分；专设的别院声歌小院交通独立，专属为研究教学服务，粤剧专业人士可在不受游览干扰的传统园林空间中进行艺术创造与交流。博物馆主要为粤剧剧场体验、数字多媒体展映、社区公益等活动提供传承场所，成为广大市民、社区开展传统文化普及教育及保护的“社会课堂”。

（4）公共参与

粤博馆建筑不仅为专业传承人提供研究与教育平台，同时希望通过建筑的开放性设计为民间传承人提供足够的自发性活动空间，如濠泮戏台和一涌两岸的公共空间、对市民开放的天台花园都是民间团体自组私伙局的良好场所；粤博馆专门搭建一条市民穿越通廊，在不改变市民步行习惯的基础上与市民共享园中美景；多功能厅以半开放的形式与市民通廊相连，可同时承接社区文化活动；主馆中的50人规模小剧场以怀旧剧院的形式再现20世纪初广州剧院的氛围。粤博馆通过互动体验式展览功能和多样的演出空间推广粤剧艺术，重新唤起市民对粤剧艺术的喜爱，为粤剧发展积累更多的民间传承人。粤博馆以公共参与作为主要功能之一，力在营造一个开放性的文化交流平台，为粤剧在时代发展中营造一个亲民的艺术形象，发挥没有围墙的“社区博物馆”功能[⑩]。它不仅是社区历史、环境、现状的收藏、研究与展示中心，更是一个开展构建社区的共同记忆、加强群体认同、激发社区可持续发展的创造性活力、社区公益性活动的中心[⑩]。

（5）世俗生活

粤博馆结合园林共设有六组别院，一是呼应传统园林园中别院的布局形式，二是为粤博馆提供六组在闭馆时段可独立经营的私局别院。晚间粤博馆闭馆之后，六组别院提供高端私房茶膳，粤剧艺术则以堂会形式传承于其间。六组别院中靠近南入口的茶楼别院是常年全天经营，把老广州引以为傲的饮食文化带入粤博馆中，在提供博物馆餐饮休息功能的同时还原往昔品茶听戏的传统世俗氛围。六组别院的经营性功能可保证粤博馆的日常运营，实现经济自循环，具有经济可持续性。在博物馆中引入经营功能是对传统博物馆功能的突破，是方案的争议点。但在粤博馆中再现堂会演出和茶楼听戏的传统生活场景，正体现了粤剧艺术与岭南世俗生活密不可分的关联，体现了非物质遗产的“活态文化”特点，为粤剧艺术的传承和发展营造了具有真实性的文化空间。[⑪]

结语

具有“展览、演出、教育、研究、公共参与和世俗生活”六大功能板块的粤博馆建筑为市民和传承人提供了一个多元功能的复合博物馆空间，不同的博物馆使用人群会产生不同的博物馆功能体验：

对专业传承人与传承机构而言，丰富的舞台形制与演出方式为粤剧艺术提供多样的演出平台；研究与教育功能提供了一个专业的研究平台和教育基地。

对民间传承人和本地社区而言，粤博馆提供了一个粤剧以传统私伙局传承的文化空间；园林别院中的岭南建筑装饰体系集锦可看作是对本地社区的宗族文化的致敬；粤博馆的教育功能同时与社区参与功能相结合，对社区文化的形成提供支持平台。

对游客而言，粤博馆共提供了传统文人园林游线、粤剧文化展览游线、粤剧艺术欣赏之旅、岭南生活体验之旅四条主题游线，让参观者以一种主动且亲切的方式体验粤剧之美。

以新博物馆学的角度来思考广州市粤剧博物馆建筑设计，目标在于建设一座用于粤剧非物质文化遗产传承发展的载体，一座真正可为传承人和市民使用的艺术平台，一座开放式、园林化、可经营的戏曲文化平台，把岭南园林艺术之精美和粤剧艺术之绚烂相融合，让粤剧艺术以活的形式永续发展。

（原载《华中建筑》2015年03期）

资料来源：

图4：来源自网络，全景图吧，http://www.quanjing.com/imginfo/brg98428.html。

其余图片均为作者自绘。

注释：

① 国际博物馆协会、国际博协亚太地区理事会、国际博协中国国家委员会：《上海宪章》，《中国博物馆通讯》2002年第11期，第32页。

② 向云驹：《论“文化空间”》，《中央民族大学学报（哲学社会科学版）》 2008年第3期，第82页。

③ 尹彤云：《博物馆视野中的非物质文化遗产保护》，《民族艺术》2006年4期， 第8页。

④ 潘守永、郭婷：《非物质遗产保护与博物馆职能转换刍议》，《民族服饰与文化遗产研究——中国民族学学会2004年年会论文集》，2004年，第384页。

⑤ 尹彤云：《博物馆视野中的非物质文化遗产保护》，《民族艺术》2006年4期，第9页。

⑥ 尹彤云：《博物馆视野中的非物质文化遗产保护》，《民族艺术》2006年4期，第11页。

⑦ 何小欣：《当代博物馆的复合化设计策略研究》，华南理工大学博士论文，2011年，第1页。

⑧ 张晶、杨宏烈：《岭南园林水景风光的再创造——广州荔枝湾古典园林景观资源的保护与开发》，《古建园林技术》2003年第4期，第27页。

⑨ 卢刘颖：《社区博物馆——博物馆发展的新视野》，《中国文化遗产》2011年第5期，第70页。

⑩ 单霁翔：《探讨社区博物馆的核心理念(上)》，《北京规划建

空间单元的杂陈艺术：一种建筑空间解构重组的设计逻辑

杜小辉　宋昆

摘　要：建筑空间可被分解为若干独立的空间单元，而后根据功能联系性之强弱将这些空间单元排布杂陈，形成类聚落的建筑形式。试对空间单元的杂陈艺术进行系统研究，将空间单元的杂陈方式原型分为"分离""叠加"和"嵌套"三种，而这三种原型混合迭代可形成更加复杂的层级关系。利用大量建筑实例引证说明空间单元杂陈的设计逻辑，并在文末对这种设计方法的特点进行了归纳总结。

关键词：空间单元 杂陈 解构重组 设计逻辑

一、空间单元的杂陈

很多建筑都可视为若干空间单元通过聚集、组织形成的彼此联动的网络整体，空间单元间的组织方式是这类建筑探索的核心要义[1]。

1. 缘起——路易斯·康

路易斯·康认为"秩序"是世界万物的普遍规律，"各种'序'决定了设计的各神元"[2]。其中，"元"对应功能单元定义下的空间单元，"序"对应空间单元间的建构规律。关于康，原口昭秀认为："在空间单元分离的初期阶段，是以前后错开、随机拼合、字形组合等动态的构图来布置空间单元，但到了后期，以静态的构图来布局空间单元的作品逐渐多了起来。"[3]

分离"服务空间"与"被服务空间"，发掘"空间单元模数"并制定适应于其内容的柏拉图几何单元，而后链接群体达成整栋建筑的设计是康惯用的设计方法之一[4]。在理查德医学楼的设计中，服务空间的中心塔楼、楼梯井、管道井等与被服务空间的各类实验室、研究室等分离，而后廊道连接彼此使其浑然一体。理查德医学楼体现了空间单元的理想关系：空间单元应该各自独立，并通过结构和机械系统连为一体（图1）。

2. 空间单元建筑的特点

相对于康对空间单元的分类与设定及控制体系的建立，当下对于"元"和"序"的定义可能更倾向于打破固定秩序，建立更加复杂多样的情境。

首先，根据建筑各功能空间的使用人群、活动类型、私密性等要求进行合理有据的归纳分类，成组成群，并设定符合要求的空间单元，构成参与空间组织的初始元素。然后将这些空间单元按照关系亲疏、流线畅堵组织连接，构成第二层级的逻辑结构……依此类推，最终形成高效有机的建筑整体。通常而言，第一层级的空间单元因功能和空间的"量身

设》2011年第2期，第94页。

⑪　曹兵武：《博物馆作为文化工具的深化与发展——兼谈社区博物馆与中国传统文化现代化问题》，《中国博物馆》2011年第1期，第51页。

参考文献：

[1] 国际博物馆协，国际博协亚太地区理事会，国际博协中国国家委员会.上海宪章.中国博物馆通讯，2002 (11)：32.

[2] 向云驹.论"文化空间".中央民族大学学报(哲学社会科学版)，2008 (3)：81–88.

[3] 尹彤云.博物馆视野中的非物质文化遗产保护.民族艺术，2006 (4)：8–11.

[4] 何小欣.当代博物馆的复合化设计策略研究. 广州：华南理工大学，2011.

[5] 张晶，杨宏烈.岭南园林水景风光的再创造——广州荔枝湾古典园林景观资源的保护与开发.古建园林技术，2003 (4)：26–29.

[6] 潘守永，郭婷.非物质遗产保护与博物馆职能转换刍议.民族服饰与文化遗产研究——中国民族学学会，2004.

[7] 卢刘颖.社区博物馆——博物馆发展的新视野.中国文化遗产，2011(5)：64–71.

[8] 单霁翔.探讨社区博物馆的核心理念（上）.北京规划建设，2011(2)：94–98.

[9] 曹兵武.博物馆作为文化工具的深化与发展——兼谈社区博物馆与中国传统文化现代化问题.中国博物馆，2011(Z1)：46–53.

作者简介：

郭谦，华南理工大学建筑学院教授，博士生导师；

高伟，华南理工大学建筑学院博士研究生，华南农业大学林学院实验师；

李晓雪，华南理工大学建筑学院博士研究生。

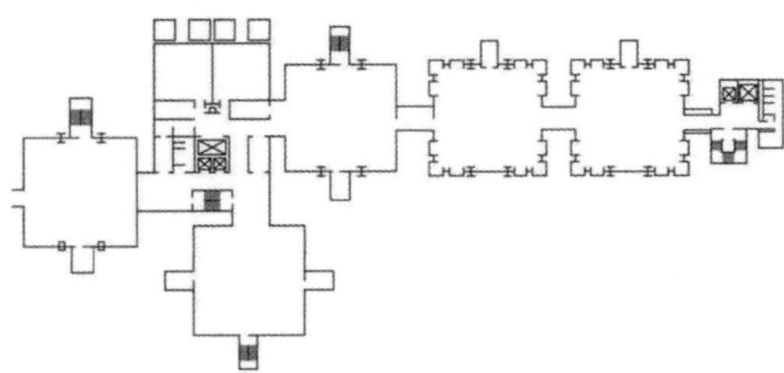

图1 理查德医学研究楼标准层平面简图

图2 空间单元的杂陈原型

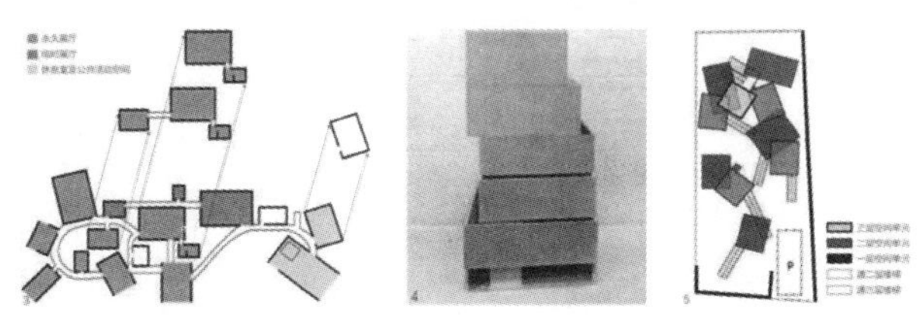

图3 和田美术馆的功能布局

图4 纽约新当代艺术博物馆概念模型

图5 House Before House总平面简图

定制”而清晰、稳定。而后随着组织秩序复杂性和层级性的提升，功能的动与静、建筑的内与外，呈现出丰富细腻的过渡连接。

3．空间单元的杂陈状态

空间单元个体的定义和分类建立在对建筑功能空间等深刻认知之后的分解归类之上，空间单元群体的组织架构建立在对场地解读、社会影响和空间体验等的清晰设想之下，整个过程是一种“自下而上”和“自上而下”同时进行并交汇至平衡点的过程，具有强烈的逻辑性。

空间单元的杂陈原型存在分离、叠加和嵌套三种状态。其中，分离表现为并列，利用附加空间建立空间单元间的连接过渡。叠加表现在共用空间的出现，其状态会因为叠加的主次和程度等差异产生多样的变化。分离与暨加的差异在于：分离呈现为“外置式”连接，连接空间为附加体；叠加呈现为“内含式”连接，连接空间为空间单元间的共有空间。与分离和叠加存在较大差异的是嵌套，空间单元是由“体”走向“层”的概念，空间单元逐级包裹，构成新的空间秩序。空间单元最终的杂陈状态取决于初始空间单元的定义和空间单元的组织方式及组织方式的迭代层级（图2）。

二、分离式空间单元的组织逻辑

分离式空间单元的空间状态与传统村落相似。空间单元对应传统村落的“独门独户”，“个性”明显；连接空间对应传统村落的胡同、里弄或小径，为串接各空间单元的主线。两者也有不同，村落体现的是门户间的群体特征，门户间可以置换和变动。而作为建筑局部的空间单元因功能的联动性致使其位置相稳定，其分离聚合状态由功能连接性的强弱和事件发生的先后等因素决定。

1．日本和田美术馆

和田美术馆位于日本青森县十和田市，以“城市随处可见的艺术”作为设计目标，将传统美术馆的展示厅、咖啡厅、工作室、图书馆等功能空间解构并“量身定制”为16个大小各异的空间单元“随机”平铺于场地之中，而后利用玻璃廊道建立彼此的连接，营造了都市中的“小聚落”。人们可以自由穿梭于基地与建筑之间、不同展厅及院落之间（图3）。

2．纽约新当代艺术博物馆

这是建立在美国纽约州曼哈顿市区狭窄用地上的高密度博物馆，不同大小和高度的空间单元自由堆叠，承载了展览、教育、办公及设备等功能，交通核心筒将其串接为一体。六个空间单元对应六个独立的矩形盒子结构，盒子的错动分解了体量，解决了采光和室外活动空间等问题（图4）。

3．House Before House

从传统山地村落布局得到启发，利用屋顶、台阶等作为交通的承载主体，空间单元巧于因借，相互“扶持”，形成丰富有机的整体。

House Before House位于日本宇都宫栃木县，由10个金属方体包裹的空间单元堆叠而成，或用作生活空间，或用作树木种植土壤的容器。方体之间或从地面出发，或从其他方体的屋顶出发，通过梯子连为一体[6]。藤本壮介充分利用空间单元错落有致所形成的大量灰空间，营造出若即若离、变化多端的空间场域（图5）。

三、叠加型空间单元的组织逻辑

叠加是一个复杂的计算过程。建筑会因为空间单元的体量关系、位置关系、叠加的程度等差异产生不同的状态。空间单元的体量关系对应于特定的功能和体验感受；空间单元叠加的相对位置关系对应于功能单元的流线关系；空间单元叠加的程度对应于功能联系的必要性强弱。叠加导致原本孤立的空间单元彼此连接，或线状、或多维网状，副产品院落就此诞生。空间单元不同的交互状态和连接方式决定了院落的空间或开放或私密的状态和呈现方式。若再辅以空间单元边界的开合控制，空间在空间单元与院落间便能相互流动与渗透。

1．日本北海道住宅

这是位于日本北海道东部的低密度住宅，其门厅、起居室、厨房、卧室、洗衣房、洗漱间和浴室等功能被分解为 15 个不同体量的方体空间单元。这些空间单元根据功能流线和互动关系彼此咬合渗透、开合有度，形成了连续多变的室内外场景（图 6）。

2．塔林新市政厅

爱沙尼亚塔林新市政厅被分解为 12 个独具特色的空间单元及一个附加的竖向交通空间单元，空间单元根据功能的联系要求彼此咬合形成相对稳定的群落，保证了功能的计划性联通，七个大型采光井由此诞生，在解决各空间单元自身采光的同时，将阳光引入首层的广场空间，形成了透明、高效的运作环境（图 7）。

3．维特拉家居展览馆

空间单元纵向叠加，共有空间通常是竖向交通的解决点，也是空间竖向渗透的关键点。相对于平面叠加，纵向叠加的空间单元结构要复杂得多。赫尔佐格和德梅隆在维特拉家居展览馆设计中，将 12 个“房子”叠加咬合，采用 One-Way Frame 的结构形式，利用“房子”间的咬合力平衡重力，营造了完整而纯粹的无柱空间单元（图 8）。

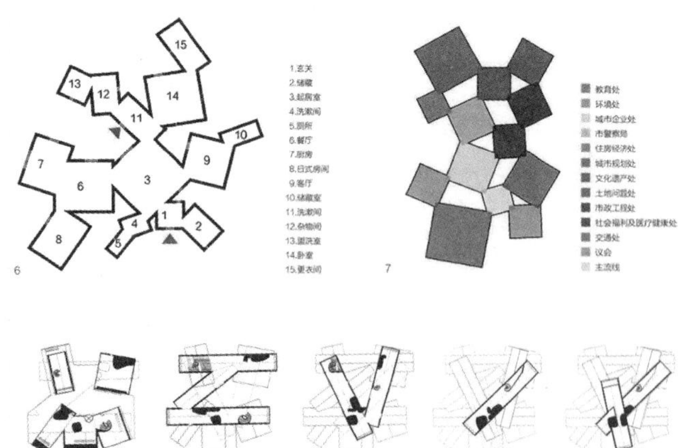

图6 北海道O住宅平面简图

图7 塔林新市政厅功能关系

图8 维特拉家居展览馆的平面关系

四、嵌套式空间单元的组织逻辑

嵌套描述的是层状空间单元的组织逻辑，是分隔与渐变的空间领域。空间单元以“层”代“体”逐层包裹和递变。“层”分隔内与外，同时建立由内至外的过渡关系。通过多层空间单元的嵌套，从内到外、从建筑到城市、从城市到自然……空间以放射状态呈现。

嵌套描述了包裹与生长的操作关系。“通过一个多层嵌套的结构，由带有开口的盒子构成，一种有形的同时又是星云状的领域出现了。一个盒子套住另外一个盒子，如生物般独立有序而又高效的‘繁殖’。”[7]

对于嵌套，空间单元间的联系和渗透是其核心命题。在合理的功能确定之后，需要对空间单元围合界面进行选择性突破，从而建立层级间的适度衔接，建立由内至外无限的可能性。

1．闽西客家土楼

通廊式的闽西客家土楼以祠堂为中心依次向外扩散出祖屋、客厅、卧室等层状空间单元，建立了土楼内部由最高开放性的公共活动空间到最高私密性的居住空间的过渡。以南靖县“怀远楼”为例，由中心祖祠、中央圆形祖堂、环形土楼三部分组成。以祖祠为中心向外发散，形成祖祠－院落－祖堂－院落－居住的夹心结构[8]。四处交通空间均质分布于各级空间单元的四个方向，将各层空间连为一体（图 9）。

2．House N

House N 位于日本大分，由方体空间彼此嵌套剖分形成三个层级的空间单元。第一层包含庭院、停车空间、厨房和浴室，第二层包含两个卧室，第三层主要包含起居室和餐厅。各层空间单元根据功能的尺度要求和连接性的强弱挤压变形，然后通过边界处理建立不同层级空间的连接和渗透关系，使整个建筑空间浑然一体（图 10）。

3．斯图加特图书馆

德国斯图加特图书馆“由结构体、外壳、内核组成，间隙处穿插循环系统”[9]。“内核”从万神庙获得启发，以四层通高、顶部开天窗的纯粹空间单元呈现。“外壳”由双层表皮包裹，解决室内采光的同时保证立面的纯粹整洁。结构体由两层空间组成：外延的封闭性功能空间及内部的开放性浏览空间。在这三层空间单元缝隙之间穿插竖向交通系统，完成整个建筑的流线循环（图 11）。

五、空间单元组织方式的混合迭代

空间单元组织方式的混合迭代为以上三种空间单元杂陈原型的排列组合，最特别之处在于前两种类型与嵌套型搭配

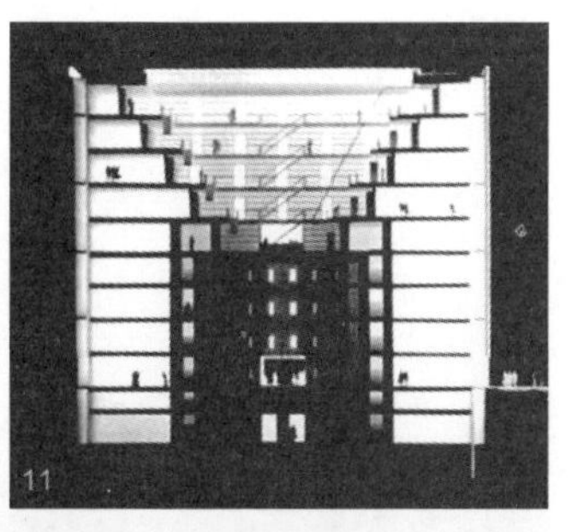

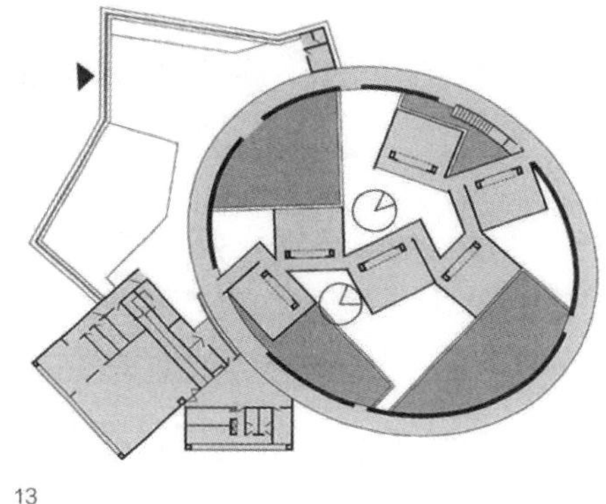

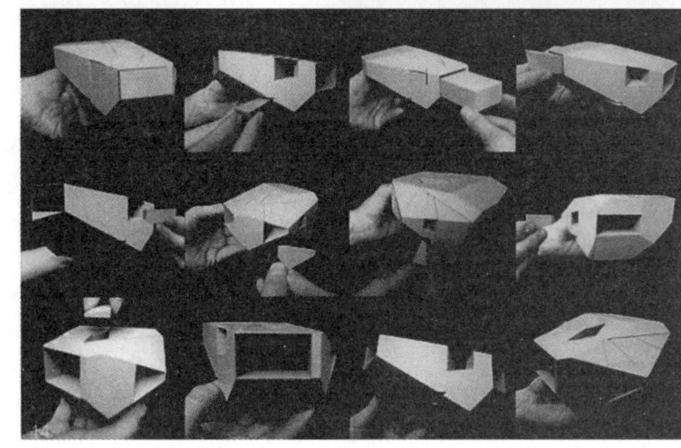

图9 怀远楼
图10 HOUSE N空间状态
图11 斯图加特图书馆内部空间格局
图12 阿哲泰欧住宅室内
图13 埃尔伯韦尔幼儿园平面简图
图14 波尔图音乐厅设计过程

所呈现的更加丰富的空间层级关系。一方面，它有分离式或叠加式空间单元本身独立、私密性较高、空间单元分散聚集而形成院落的特征；另一方面，嵌套的模式使空间单元的个体或群体与下一层级的空间具有更加细腻的过渡连接。

1．阿哲泰欧住宅

阿哲泰欧住宅位于葡萄牙塞图瓦尔市，是分离与嵌套混合的典型案例。卧室、浴室及书房等功能按需要设计为厚重混凝土包裹的空间单元，置于公共起居室的上方。同时，这些混凝土实体又包裹于原有的厚重外墙之内。厚重的混凝土盒子并置而分离，与外墙之间留有的缝隙作为交通空间将其串联在一起。整个建筑通过空间单元适宜的杂陈处理，其功能有了非常清晰的空间“归位”（图 12）[10]。

2．埃尔伯韦尔幼儿园

埃尔伯韦尔幼儿园位于哥伦比亚波哥大，其活动室和卫生间等功能被分解为六个彼此组合的空间单元，共有空间完成了空间单元的串联，使其成为一体。附加的环形廊道将其包裹，丰富了活动路径；并与六个空间单元一起将内院分割为不同主题的活动区域。相对独立的音乐厅及个性化的卫生间被置于环形廊道之外，成为与前述系统并行的第二套空间单元，通过更加开放的第二级院落建立联系。建筑整体通过空间单元叠加—嵌套—叠加等操作，营造了层次丰富的场景（图 13）。

3．波尔图音乐厅

葡萄牙的波尔图音乐厅利闲了嵌套包裹的“盒中盒”处理方式，在混凝土的外壁中加套一层钢质内壁包裹的音乐厅。另外，若干辅助空间单元被混凝土实体包裹，填充于音乐厅与外壁的夹层之中，连续的大楼梯将各空间单元串接，并结合城市风景设置驻足点，营造出从静谧的音乐厅到喧嚣的城市的过渡空间（图 14）。

六、总结

空间单元杂陈逻辑下的建筑具有以下几个特点：①清晰的逻辑结构：从功能的类别出发探讨空间单元的形态、尺度关系，以功能关系、交通流线为依托探讨空间单元的连接关系，具有十分清晰明确的设计逻辑；②丰富的形态特征：功能的差异导致空间单元的差异，群体聚集形成丰富的形态关系；③多层级的空间关系：空间单元本身为第一层级，空间单元组织重构形成第二层级，空间单元组织方式的差异导致“之间”状态的差异，进而产生多变的空间关系；④移步异景的体验感受：空间单元的杂陈营造了历时性的空间场域，漫步其中，移步异景；⑤友好的环境适应性：与环境互动性强，建筑能够随着地形的变化而产生形态、空间等的变化，具有非常好的环境适应性。

空间单元的设计逻辑具有以上诸多优势，所以很多建筑师都将其作为设计创新的万能程式。近年来，随着参数化设

“海绵城市”理论与实践

俞孔坚　李迪华　袁 弘　傅 徽　乔 青　王思思

摘　要：当今中国正面临着水资源短缺、水质污染、洪涝灾害、水生物栖息地丧失等多种水问题。这些水问题综合症是系统性、综合的问题，亟需一个更为综合全面的解决方案。“海绵城市”理论的提出正是立足这一背景。文章基于生态系统服务、景观安全格局等理论，结合北京市、六盘水市以及哈尔滨群力国家湿地公园等案例，详细阐述了“海绵城市”概念的源起、发展、内涵和构建方法体系，指出“海绵城市”有别于传统的工程依赖性治水思路和“灰色”基础设施，它作为一种生态途径，其构建核心在于建立跨尺度的水生态基础设施，以综合解决中国城乡突出的水问题，并对未来“海绵城市”的研究方向提出了展望。

关键词：海绵城市；水生态基础设施；生态系统服务；景观安全格局；理论

为了贯彻落实习近平总书记讲话及中央城镇化工作会议精神，2014 年 2 月《住房和城乡建设部城市建设司 2014 年工作要点》中明确：“督促各地加快雨污分流改造，提高城市排水防涝水平，大力推行低影响开发建设模式，加快研究建设海绵型城市的政策措施”。2014 年 11 月，《海绵城市建设技术指南》发布；2014 年底至 2015 年初，海绵城市建设试点工作全面铺开，并产生第一批 16 个试点城市。一时间，“海绵城市”这一概念再一次进入人们的视野。“海绵城市”概念的产生源自于行业内和学术界习惯用“海绵”来比喻城市的某种吸附功能，例如澳大利亚人口研究学者布吉（Budge）应用海绵来比喻城市对人口的吸附现象[1]。近年来，更多的学者是将海绵用以比喻城市或土地的雨涝调蓄能力。“海绵城市”“城市海绵”“绿色海绵”“海绵体”等这些非学术性概念之所以得到学界的广泛应用，恰恰在于其代表的生态雨洪管理思想，尽管表述有所不同，核心思想是一致的，“海绵城市”直观地表述了具有“海绵特征”的城市，而其他概念的“海绵”重在海绵城市功能的载体。早在 2003 年，笔者曾用“海绵”概念来比喻自然系统的洪涝调节能力，指出“河流两侧的自然湿地如同海绵，调节河水之丰俭，缓解旱涝灾害。”[2] 并针对中国城市突出的水问题，提出了综合解决城乡水问题的生态基础设施途径，长期以来持续应用于包括台州、威海、菏泽、东营、北京等城市的生态规划中[3-10]；多个具有国际影响力的城市海绵体或“海绵城市”示范工程在国际上陆续发表并获奖；首批海绵城市建设试点中的遂宁市、迁安市和西咸新区在其规划设计及河道整治等工程中均切实地应用了这套海绵城市建设理论和技术。较早的实践案例还包括 2000 年的北京中关村生命科学园（图 1），其设计采用了人工湿地收集雨水和净化中水的绿地系统，被称为大地生命的细胞[11]；2007 年的天津桥园湿地系统（图 2），通过简单的填挖方，形成泡

计思想在建筑领域的不断渗透，分形、迭代等操作方式被广泛运用，空间单元的设计逻辑将具有更为广阔的运用前景。

（原载于《新建筑》2015 年 06 期）

图片来源：

图1引自原口昭秀，《路易斯 · 康的空间构成》，2007；图4引自Archgo官方网站；图7引自B.I.G官方网站；图8引自http://photo.zhulong.com/praj/ detail36962.html；图9引自http://wiki.hakkasky.cc/doc-vjew-2702.html；图11引自Eun Young Yi，Stefan Muller，Gdnther Marsch，斯图加特市图书馆，《现代装饰》，2013(2)；图12引自马特乌斯专辑，EL Croquis,2011(154)；图14引自OMA官方网站；其余为作者自绘。

参考文献：

[1] 林嵘，张会明.探究建筑空间组织方式——论空间单元的重复与组合[J].建筑学报，2004 (6)：35-37.
[2] 李大夏.路易斯 · 康[M].北京：中国建筑工业出版社，1993.
[3] 原口昭秀.路易斯 · J · 康的空间构成[M].徐苏宁，吕飞译.北京：中国建筑工业出版社，2007.
[4] 叶蔚冬，龙玲.路易斯 · 康的几何学[J].华中建筑，2010(4)：26-31.
[5] 郭志明.建筑单元空间组合研究[D].上海：同济大学，2006.
[6] Sejima K，Nishizawa R. SOU FUJiMOTO 151[J]. EL Croquis 151. 2010 (2)[页码不详].
[7] 藤本壮介，伊东丰雄，五十岚太郎等.原初性未来的建筑[M].日本：INAX出版社，2008.
[8] 黄汉民.福建土楼[J].福建建筑，2011(1)：27-28.
[9] Yi E Y，MUlter S，Marsch G.斯图加特市图书馆[J].谢作标译.现代装饰，2013(2):52-59.
[10] Ching F D K. Architecture，Form，Space，and Order [M]，Hoboken：John Wiley&Sons. Inc，1996.

图1 北京中关村生命科学园的绿色海绵系统

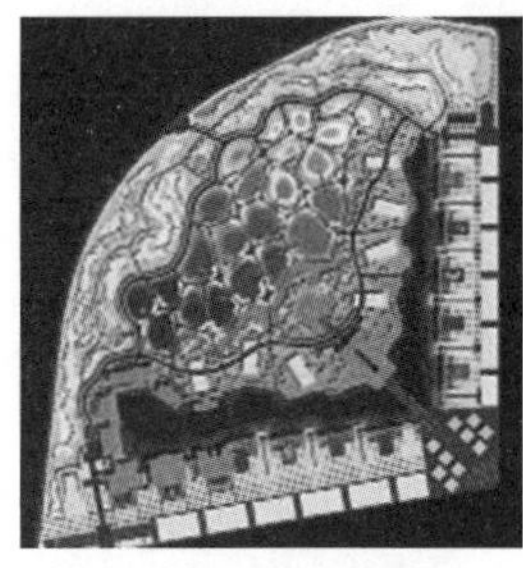

图2 天津桥园城市海绵系统

图3 秦皇岛滨海生态修复城市海绵系统

状生态海绵体，收集雨水，在解决城市内涝的同时，进行城市棕地的生态修复，发挥综合的生态系统服务[12,13]；类似的绿色海绵工程也在秦皇岛滨海生态修复（图3）、哈尔滨群力国家湿地公园等项目中得到成功应用[14-16]。随着近年来城市洪涝灾害的频发，“海绵城市”及其相应的规划理念和方法得到社会各界认同，在很多重要会议和媒体采访中，笔者均在呼吁“使整个国土成为一个‘绿色海绵系统’，使雨水就地蓄留、就地资源化。使它与城市中的公园系统、湿地系统，形成统一的水生态基础设施自然保护系统”，为北京、厦门、重庆等多个城市的规划建设建言献策[17-21]，并给包括中央和国务院领导及北京市最高决策者建言[22]①。与此同时，业界也更多将“海绵城市”理论和方法应用到多项规划设计实践中[23,24]，例如董淑秋在《首钢工业区改造规划》中提出“生态排水＋管网排水”的“生态海绵城市”规划概念，主要针对规划区的雨水利用问题[25]；台湾水利署也基于LID技术在新近的《流域综合治理计划》中提出构建“海绵城市”。

“海绵城市”的概念被官方文件明确提出，代表着生态雨洪管理思想和技术将从学界走向管理层面，并在实践中得到更有力的推广。但是，不难发现相关研究多围绕以LID技术、水敏感性城市规划与设计等为代表的西方国家先进的生态雨洪管理技术而展开，也越来越聚焦于城市内部排水系统和雨水利用、管理，并且在具体技术层面的诠释依旧未能摆脱对现有治水途径中“工程性措施”的依赖。在笔者看来，“海绵城市”的建设理念远不止如此，它为在不同尺度上综合解决中国城市突出的水问题及相关生态和环境问题开启了希望旅程，包括雨洪管理、生态防洪、水质净化、地下水补充、棕地修复、生物栖息地的营造、公园绿地营造，以及城市微气候调节，等等。因此，在“海绵城市”概念和理论尚在发展阶段之时，笔者将结合我国水情和生态问题并辅以具体案例，详细阐述“海绵城市”的理论内涵以及构建方法体系。

1.“海绵城市”理论提出的背景

当今中国正面临着各种各样的水危机：水资源短缺，水质污染、洪水、城市内涝、地下水位下降、水生物栖息地丧失等，问题非常严重[26]。这些水问题的综合症带来的水危机并不是水利部门或者某一部门管理下发生的问题，而是一个系统性、综合的问题，我们亟需一个更为综合全面的解决方案。“海绵城市”理论的提出正是立足于我国的水情特征和水问题。

1.1 我国地理位置与季风气候决定了我国多水患，暴雨、洪涝、干旱等灾害同时并存

我国降水受东南季风和西南季风控制，年际变化大，年内季节分布不均，主要集中在6–9月，占到全年的60%–80%，北方甚至占到90%以上，同时，我国气候变化的不确定性带来了暴雨洪水频发、洪峰洪量加大等风险，导致每年夏季成为内涝多发时期。同时，由于汛期洪水峰高量大，绝大部分未得到利用和下渗，导致河流断流与洪水泛滥交替出现，且风险愈来愈高。资料表明，最大洪峰流量与年最大洪峰流量平均值之比，在北方达到5–10倍，南方达到2–5倍，年内和年际以及地区间高度不均衡，导致出现洪涝灾害风险过大[27]。除了区域性的洪涝灾害以外，城市内涝问题也日趋严重。2010年，对全国32个省（自治区、直辖市）的351个城市（多为大中型城市）的调研发现，我国城市内涝呈加剧趋势。2008–2010年期间，被调研城市中有213个发生过不同程度的积水内涝，其中137个城市发生了超过3次以上的内涝。积水深度超过0.5m的城市占到了74.6%、积水深度超过0.15m的占90%以上，积水时间超过30min的占79%[28]。2012年北京市7–12特大暴雨，79人遇难，经济损失近百亿元，是我国城市内涝问题的典型表现。

1.2 快速城镇化过程伴随着水资源的过度开发和水质严重污染

我国对水资源的开发空前过度，特别是北方地区，黄河、塔里木河、黑河等河流下游出现断流局面，湿地和湖泊

大面积消失[29]。地下水严重超采的问题也日益加剧，全国地下水超采区面积已达到 19 万 km^2，北方许多地下水降落漏斗区已面临地下水资源枯竭的严重危机。同时，我国的地表水水质状况不容乐观。2012 年，根据水利系统全国水资源质量监测站网的监测资料，采用《中国地表水环境质量标准》(GB3838—2002)，对全国 20.1 万 km 的河流水质状况进行了评价。全年 I 类水河长占评价河长的 5.5%，II 类水河长占 39.7%，III 类水河长占 21.8%，IV 类水河长占 11.8%，V 类水河长占 5.5%，劣 V 类水河长占 15.7%。全国 103 个主要湖泊的 2.7 万 km^2 水面中，全年总体水质为 I—III 类的湖泊有 32 个，占评价湖泊总数的 28.6%、评价水面面积的 44.2%；IV、V 类湖泊 55 个，占评价湖泊总数的 49.1%、评价水面面积的 31.5%；劣 V 类水质的湖泊 25 个，占评价湖泊总数的 22.3%、评价水面面积的 24.3%[30]。沿海海域也呈现出严重的富营养化现象，如 2003 年全海域共发现赤潮 119 次，累计面积约 14550km^2[31]。此外，全国约有 50% 城市市区的地下水污染比较严重。2011 年，北京、辽宁、吉林、黑龙江、上海、江苏、海南、宁夏、广东 9 个省（自治区、直辖市）采用《地下水质量标准》(GB/T14848—93)，进行抽样分析，结果显示：水质适用于各种用途的 I—II 类监测井占评价监测井总数的 2.0%；适合集中式生活饮用水水源及工农业用水的 III 类监测井占 21.2%；适合除饮用外其他用途的 IV、V 类监测井占 76.8%[32]。在这里必须注意的是，对水体污染的治理除了需要控制和治理点源工业和城市生活污染源外，更艰巨的任务将是对广大范围内的面源污染的治理，而后者正是海绵城市可以发挥巨大作用的地方。

1.3 不科学的工程性措施导致水系统功能整体退化

城市化和各项灰色基础设施建设导致植被破坏、水土流失、不透水面增加，河湖水体破碎化，地表水与地下水连通中断，极大改变了径流汇流等水文条件，总体趋势呈现汇流加速、洪峰值高。近 50 年许多河流的径流量变化剧烈，而堤坝建设则导致大部分河径流量大幅下降，我国河流下降比率则超过了 30%[33]。自 20 世纪 90 年代以来，长江、松花江、辽河、珠江、淮河、太湖流域等多地出现特大洪水和不利洪水组合，设计洪水量被迫大幅增加[29]；缩河造地，盲目围垦湖泊、湿地和河漫滩等行为，导致全国湖泊面积减少了 15%，陆域湿地面积减少了 28%，其中围垦面积占据 80% 以上，使河道行洪、蓄洪能力下降。长江的下荆江河段裁弯取直案例表明：裁弯后原河道长度缩短了 1/3，比降加大，导致河道冲刷加大等不良影响[34]。提高局部地区堤防标准却加大了相邻地区的洪水风险，水库会带来下游地区的垮坝风险，这些工程几乎彻底改变了河流的生态环境。截至 2011 年，全国已建堤防 29 万 km，是新中国成立之初的 7 倍；水库从新中国成立前的 1200 多座增加到 8.72 万座，总库容从约 200 亿 m3 增加到 7064 亿 m^3[35]。三峡水库竣工运行后，生物多样性锐减，污染加剧，出现水库回水区水体富营养化[36,37]、鱼类减少[38]，以及鱼类生存环境下降[39-41]等问题。

直至今日，我们依然热衷于通过单一目标的工程措施，构建“灰色”的基础设施来解决复杂、系统的水问题，结果却使问题日益严重，进入一个恶性循环。狭隘的、简单的工程思维，也体现在（或起源于）政府的小决策的和部门分割、地区分割、功能分割的水资源管理方式。水本是地球上最不应该被分割的系统，可是我们目前的工程与管理体制中，却把水系统分解得支离破碎：水和土分离；水和生物分离；水和城市分离；排水和给水分离；防洪和抗旱分离。这些都是简单的工程思维和管理上的“小决策”，直接带来了上述综合性水问题的爆发，诚如奥德姆 (Odum) 所说：“小决策是一切问题的根源。”[42] 所以，解决诸多水问题的出路在于回归水生态系统，综合地解决问题。

2.“海绵城市”理论内涵

水环境与水生态问题是跨尺度、跨地域的系统性问题，也是互为关联的综合性问题。诸多水问题产生的本质是水生态系统整体功能的失调，因此解决水问题的出路不在于河道与水体本身，而在于水体之外的环境。如：大量的雨并不是落在河道里，所以防洪没有必要仅仅死守河道；主要污染源非水体本身，所以，水净化的解决之道也不在于水体本身。解决城乡水问题，必须把研究对象从水体本身扩展到水生态系统，通过生态途径，对水生态系统结构和功能进行调理，增强生态系统的整体服务功能：供给服务、调节服务、生命承载服务和文化精神服务[43,44]，这四类生态系统服务构成水系统的一个完整的功能体系。因此，从生态系统服务出发，通过跨尺度构建水生态基础设施 (Hydro-Ecological Infrastructure)[45,46]②并结合多类具体技术建设水生态基础设施，是“海绵城市”的核心。

2.1 价值观：“水适应人”转向“人适应水”

“海绵城市”是以“自然积存、自然渗透、自然净化”为特征，字里行间反映出与传统的工程思维下“水适应人”的治水思路截然不同。城市应该是一种“人适应水”的景观，即“水适应性景观”。“适应性”借用了生物学的术语，包含两方面含义，一是生物的结构都适合于一定的功能，二是生物的结构和功能适合于该生物在一定环境条件下的生存和延续。因此，所谓“适应性景观”强调了其是在外界的环境及其影响以及人类自身的改变共同作用下最终形成的产物[47]。

许多传统城市在长期的缓慢发展演变中，形成综合的发达的水适应性景观系统。托宾和蒙尔茨（Tobin and Montz）[48] 总结出一种洪泛平原地区居民的生活模型，他们认为洪水灾害是一种长久以来的自然现象，因而他们的生活处于一种“灾害－破坏－修复－灾害的循环（Disaster–Damage–Repair–Disaster Cycle）”中，并逐渐形成适应洪水的生活方式。俞孔坚等在对明清时期黄泛区城市防洪经验研究的基础上，提出了洪涝适应性景观的概念（Flood Adaptive Landscape），并进行扩展和深化。并在第一届城市水景观建设和水环境治理国际研讨会上首次提出水“适应性景观”（Water Adaptive Landscape）的概念[49]，随后在2007年澳大利亚景观设计年会上进一步阐述水适应景观作为气候变化的适应性对策[50]。指出，在长期的水资源管理及与水旱灾害斗争的过程中，许多古代文明不断适应和改造城市与区域的水系统，在很大程度上减缓了水灾害的影响，积累了大量经验和智慧，增强了人类适应水环境的能力，形成城乡的水适应性景观[51]。在“人定胜天”的年代，传统而有效的人水关系被逐步忽略，各项水利工程措施企图迫使水系统适应人类的活动，结果，事与愿违。更加严重的水危机使得人们重新审视人与水的关系，在“人与自然和谐”的生态价值观下，应该重新树立人类活动与城市建设适应水系统的新的价值观。

2.2 “海绵”即是以景观为载体的水生态基础设施

完整的土地生命系统自身具备复杂而丰富的生态系统服务功能，这是“生态系统服务”理论的核心思想，聚焦到“水问题”上，这一理论表明，城市的每一寸土地都具备一定的雨洪调蓄、水源涵养、雨污净化等功能，这也是“海绵城市”构建的基础。但是，各种关键性生态过程在土地的分布是不均衡的，“景观安全格局”理论认为景观中存在某些潜在的空间格局，它们由某些关键性的局部、位置和空间所构成，它们在物种保持和扩散的保护过程有异常重要的意义，以求解如何在有限的国土面积上，以尽可能少的用地、最佳的格局、最有效地维护景观中各种生态过程的健康和安全[52,53]。对于关键性水过程而言，也存在着相应的景观安全格局，这一安全格局通过土地和城市的规划与设计，最终落实成为水生态基础设施。有别于传统的工程性的、缺乏弹性的灰色基础设施，它是一个生命的系统，它不是因为单一功能目标而设计，而是用来综合、系统、可持续地解决水问题[45,46,54,55]。它提供给人类最基本的生态系统服务，是城市发展的刚性骨架。从水安全格局到水生态基础设施，它不仅仅维护了城市雨涝调蓄、水源保护和涵养、地下水回补、雨污净化、栖息地修复、土壤净化等重要的水生态过程，而且它是可以在空间上被科学辨识并落地操作的。所以，“海绵”不是一个虚的概念，它对应着的是实实在在的景观格局；构建“海绵城市”即是建立相应的水生态基础设施，这也是最为高效和集约的途径。

2.3 “海绵城市”建设需以跨尺度的生态规划理论和方法体系为基础

很多学者对“海绵城市”的理解倾向于聚焦在雨水利用和管理问题上，同时提倡LID技术的应用，关注雨水处理和场地措施。诚然，上述确实是“海绵城市”建设的重点之一，但并不全面。城市水问题的解决前提是保护区域水循环过程，这就注定了真正的解决方案必定是跨尺度的，即“海绵城市”的构建需要不同尺度的承接、配合。

（1）宏观层面。“海绵城市”的构建在这一尺度上重点是研究水系统在区域或流域中的空间格局，即进行水生态安全格局分析，并将水生态安全格局落实在土地利用总体规划和城市总体规划中，成为区域的生态基础设施。在方法上，可借助景观安全格局方法，判别对于水源保护、洪涝调蓄、生物多样性保护、水质管理等功能至关重要的景观要素及其空间位置，围绕生态系统服务构建综合水安全格局。其意义在于：第一，明确现有的水系统中的最重要元素、空间位置和相互关系，通过设立禁建区，保护水系统的关键空间格局来维护水过程的完整性；第二，将水生态安全格局作为区域的生态用地和城市建设中的限建区，限制建设开发并逐步进行生态恢复，可避免未来的城市建设和土地开发进一步破坏水系统的结构和功能；第三，水系统可以发挥雨洪调蓄、水质净化、栖息地保护和文化休憩功能，即作为区域的生态基础设施，为下一步实体“海绵城市”的建设奠定空间基础。

（2）中观层面。主要指城区、乡镇、村域尺度，或者城市新区和功能区块。重点研究如何有效利用规划区域内的河道、坑塘，并结合集水区、汇水节点分布，合理规划并形成实体的“城镇海绵系统”，并最终落实到土地利用控制性规划甚至是城市设计，综合性解决规划区域内滨水栖息地恢复、水量平衡、雨污净化、文化游憩空间的规划设计和建设。

（3）微观层面。“海绵城市”最后必须要落实到具体的“海绵体”，包括公园、小区等区域和局域集水单元的建设，在这一尺度对应的则是一系列的水生态基础设施建设技术的集成，包括：保护自然的最小干预技术、与洪水为友的生态防洪技术、加强型人工湿地净化技术、城市雨洪管理绿色海绵技术、生态系统服务仿生修复技术等，这些技术重点研究如何通过具体的景观设计方法，让水系统的生态功能发挥出来。

2.4 “海绵城市”旨在综合解决城市生态问题

水生态系统区别于其他生态系统的主要特点之一在于水这一特殊的环境因子。由于水是流动和循环的特点，因此水生态系统的影响因素并不在于水体本身，它与流域内其他土地利用和各类景观要素相联系，自然过程和人类活动对水生态系统的影响是广泛的。就水而论水容易形成认知障碍，应从更高一个层次研究水体，将视野从水体扩大到汇水区域（对静水水体而言）或流域（对流水水体而言）以及景观尺度。即充分认识到水域、水体本身不仅仅是为水生态系统服务，而是为整个生态系统提供了多种重要且无可替代的服务。例如，水域本身不仅为水生生物提供了生境系统，也为其他需水生物提供了不可替代的栖息环境，佛蒙特州的森林资源调查表明，90% 的鸟类的栖息地在距河岸 150—170m 的范围内[56]；人类也喜好栖水而居，因此形成了庞大的以水为核心的文化遗产。所以，从水问题出发,以构建跨尺度水生态基础设施为核心的“海绵城市”，最终能综合解决城市生态问题，包括区域性的城市防洪体系构建、生物多样性保护和栖息地恢复、文化遗产网络和游憩网络构建等，也包括局域性的雨洪管理、水质净化、地下水补充、棕地修复、生物栖息地的保育、公园绿地营造，以及城市微气候调节，等等。

2.5 “海绵城市”是古今中外多种技术的集成

“海绵城市”的提出有其深厚的理论基础，又是一系列具体雨洪管理技术的集成和提炼，是大量实践经验的总结和归纳。笔者认为，可以纳入到“海绵城市”体系下的技术应该包括以下三类：

第一，让自然做工的生态设计技术。自然生态系统生生不息，为维持人类生存和满足人类需要提供各种条件和过程，生态设计就是要让自然做工，强调人与自然过程的共生和合作关系，从更深层的意义上说，生态设计是一种最大限度地借助于自然力的最少设计[57]。任何技术的使用要尊重自然，而不是依赖工程措施不惜代价地以“改变场地原本稳定生态环境”为代价来实施“生态建设”。

第二，古代水适应技术遗产。先民在长期的水资源管理及与旱涝灾害适应的过程中，积累了大量具有朴素生态价值的经验和智慧，增强了人类适应水环境的能力。在城市和区域尺度，古代城乡聚落适应水环境方面的已有研究散见于聚落地理方面的研究[58, 59]。在城市规划界，吴庆洲等人作了大量卓有成效的研究[60]。水利方面的相关遗产也非常丰富[61]。俞孔坚等研究了黄泛平原古代城市的主要防洪治涝的适应性景观遗产，并总结出了“城包水”“水包城”和“阴阳城”等水适应性城市形态，饱含着古人应对洪涝灾害的生存经验，对今天的城市水系治理、防洪治涝规划以及土地利用规划等仍大有裨益[51]。同时，古代人民还创造了丰富的水利技术，例如我国有着 2500 年的陂塘系统[62, 63]，它同时提供水文调节、生态净化、水土保持、生物多样性保护、生产等多种生态系统服务。目前学术界对这些传统技术的整理归纳和应用还非常不够。

第三，当代西方雨洪管理的先进技术，包括 LID 技术、水敏感城市设计等，相关研究成为近年来城市水问题研究的热点，在此不再赘述。

3．海绵城市多尺度构建方法及实践

3.1 宏观——综合水安全格局与水生态基础设施，北京案例

在过去 40 年中，伴随人口的增长，北京城区面积已经拓展了 700%。蔓延式、摊大饼式的城市扩展使得城市没有为生物和水预留科学合理的空间，弹性的生态网络缺失。也因此导致一系列的生态与环境问题，如雨涝频繁与河流湖泊干涸并存；公园绿地与区域水系统割裂，导致雨涝时公园的雨水排往城市雨水管道，浪费了雨水资源，也增加了市政排水系统的压力，而干旱时绿地又需要浇灌，与城市用水竞争；非生态化的河道建设方式不但没有使其成为日常通勤和游憩通道，反而成为市民活动的障碍。因此，如何留住雨水并回补地下水，如何将这些留在地表的水与生物保护相结合，如何与文化遗产相结合，如何与游憩系统、慢行系统相结合，均是急需通过水生态基础设施的构建系统地解决的城市生态问题。

本案例从北京市水系的空间格局与水生态系统服务的关系入手，通过水文过程分析和模拟，判别和保护具有较高生态系统服务功能的用地，提出水源保护区、地下水补给区等地区的生态管控导则，并恢复城市水系自然形态，建立河流生物廊道系统，从而构建起北京市综合水安全格局[6, 64]，包括：(1) 雨洪安全格局，通过径流过程模拟、雨洪淹没分析（20 年、50 年、200 年一遇下的雨洪可能淹没范围）和历史洪涝情况分析，确定区域的雨洪安全格局。这个安全格局可以有效维

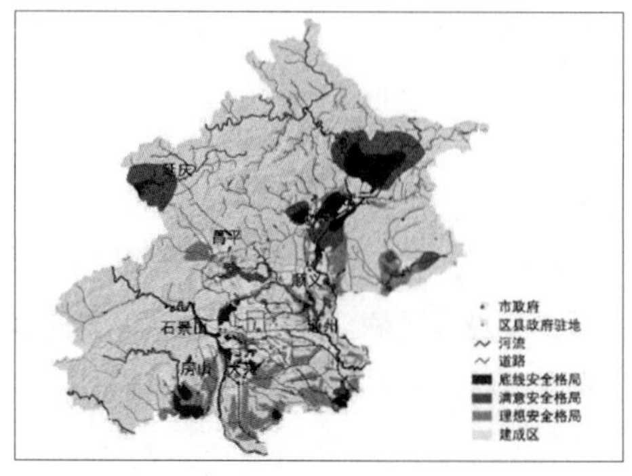

图4 北京市综合水生态安全格局

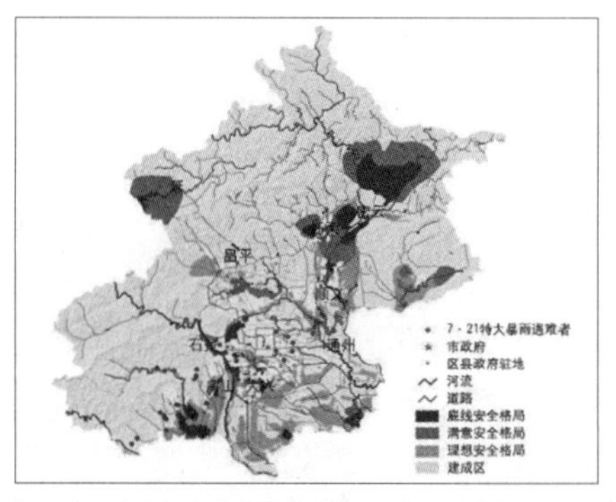

图5 北京市7・21暴雨人员遇难地点与北京水生态基础设施关系

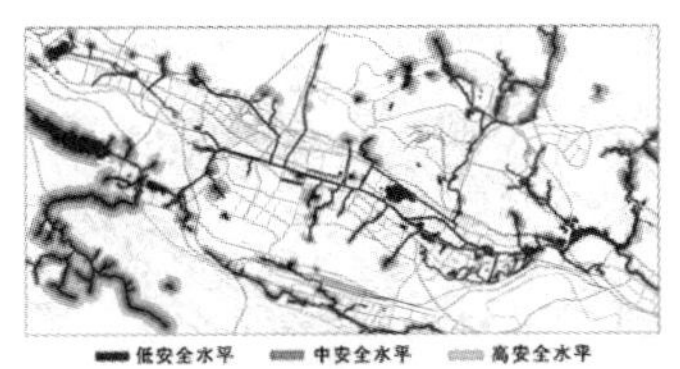

图6 六盘水城市海绵系统

图7 六盘水明湖湿地城市海绵建成实景

图8 哈尔滨群力雨洪公园城市海绵体总平面

图9 哈尔滨群力雨洪公园城市海绵体建成实景

护降雨径流的自然过程，通过恢复水系的调洪蓄涝能力，使城市免受雨洪灾害的威胁。(2) 水源保护安全格局，对于北京市这样一个缺水城市而言，地表及地下水源保护是区域水安全格局的另一个重要功能。根据相关地表水源保护规划以及地下水资源补给能力分析，确定水源保护安全格局。最终两者叠加形成综合水安全格局（图 4），它将生态系统的各种服务功能，包括旱涝调节、水源保护、生物多样性保护、休憩与审美启智，以及遗产保护等整合在一个完整的景观格局中，并最终通过与相应尺度的城市总体规划（或土地利用总体规划）相结合落实在土地上，构成禁止建设区和限制建设区的核心网络，成为引导城市空间有序扩展的刚性骨架。

北京市水生态安全格局分为三个安全水平：底线安全格局、满意安全格局和理想安全格局。如果按照最理想化的安全格局来构建水生态基础设施，那么北京市洪涝灾害频率将大大降低，同时城市人口容量也将大大提高，人与水的用地之争可以轻松化解，因为水生态基础设施能完全消纳区域雨洪水，并有效回补地下水资源。2007 年完成的北京水生态基础设施规划研究，不幸在 2012 年得到了验证。北京 7.21 特大暴雨造成了 79 人死亡，而死亡事故的发生地点，正好与 7 年前研究得到的雨洪安全格局吻合（图 5）。

3.2 中观——城镇海绵系统，六盘水案例

六盘水是一个在 20 世纪 60 年代中期建立起来的工业城市，城市被石灰岩的山丘环抱，水城河穿城而过。城市人口密集，在 60km^2 的土地上，居住了约 60 万的人口。六盘水市的水生态综合治理旨在减缓来自山坡的水流，建造一个以水过程为核心的生态基础设施，来存蓄和净化雨水，使水成为重建健康生态系统的活化剂，提供自然和文化服务，使这个工业城市变为宜居城市[65,66]。

为了构建完整的城镇海绵系统，工程关注水城河流域和城市两个层面。首先，河流串联起现存的溪流、湿地和低洼地，形成一系列蓄水池和具有不同净化能力的湿地，构建了雨洪管理和生态净化系统。这一方法不仅最大限度地减少了城市雨涝灾害，而且在旱季也能有持续不断的水源。第二，拆除渠化河流的混凝土河堤，重建自然河岸的湿地系统，发挥河流的自净能力。第三，建立连续开放空间，建立人行道和自行车道系统，增加通往滨水区域的通道。最后，项目将滨水区开发和河道整治结合在一起。以水为核心的生态基础设施促进了六盘水的城市改造，提高了城市土地的价值，增进了城市活力（图 6，图 7）。

3.3 微观——城市雨洪管理绿色海绵技术，哈尔滨群力雨洪公园案例

如上所述，海绵城市”真正在微观尺度的建设依靠的是一系列的水生态基础设施建设技术，限于篇幅在此选择较为有代表性的“城市雨洪管理绿色海绵技术”来进行说明[15,16]。

哈尔滨群力雨洪公园（群力国家湿地公园，34hm^2）是我国首个以解决城市内涝为目标的国家级城市湿地公园。该公园通过整体景观设计途径进行生态化的雨洪管理，解决常规市政工程所没能解决的问题，使我们的城市成为与水问题相适应的城市（图 8，图 9），从 2011 年建成以来，有效发挥了其解决城市雨涝的功能。设计中关键性技术要点包括：(1) 以雨洪安全格局为基础，划定由“集水城区－汇水湿地”组成的、具有镶套式结构的“绿色海绵综合体”。(2) 填－挖技术形成“海绵地形”，一方面是创造多级湿地系统的地形基础，同时为下一步营造多样化的生物栖息地与游憩空间提供环境基础；而且，造价低廉。(3) 构建“水质净化－蓄滞水－地下水回补”多级多功能湿地系统。该多级湿地系统主要是整合潜流和表流湿地技术，进行土壤和生物净化，将净化后的雨水汇入中央低洼湿地，补充地下水。按照“水质净化人工湿地－蓄滞人工湿地－地下水回补与生物多样性恢复湿地”这一顺序，依次构造三类湿地系统，产生多种生态系统服务。(4) 充分利用地形及水量分布特征实施特色生境修复，并与乡土生物保护、游憩与科普教育功能相融合。

4．结语

本文主要探讨了关于如何科学、系统地对待水的问题，提出建立水生态基础设施是生态治水的核心，也是实现“海绵城市”的关键。国家高层对“海绵城市”的重视是改变城市规划建设理念的重大契机。围绕这一概念，社会各界通过广泛的讨论来关注城市洪涝问题和一系列相关的生态和环境问题，重新审视工业时代治水思路的利弊，深刻认识生态雨洪管理和城市生态建设的重要性及方法和技术，对实现生态文明和美丽中国具有重要意义，学术界应该给与充分的重视。

笔者结合多年的经验，提出“海绵城市”建设浪潮应该推动以下几方面学术研究：(1) 中国古代水适应性城乡发展的思想、工程与技术遗产的整理和研究，目前这方面的研究还非常有限，不论从城市规划、水利建设角度还是从遗产保护角度出发，都应该加快对该类水适应性景观和技术遗产的整理和研究；(2) 绿色基础设施与灰色基础设施相衔接的研究，中国城市建设已经形成了对灰色基础设施的依赖，如何逐步摆脱这种依赖，有效地促进绿色基础设施优先的城市雨洪调蓄系统、如何在实际管理和操作层面实现这种衔接依旧是难题；(3) 水生态基础设施规划落实的法治化途径，推进各尺度水生态基础设施的实施纳入法定规划体系，就规划成果向各部门和利益相关者广泛征求意见，通过多方博弈最终确定其空间边界，比如“水生态红线”；(4) 一系列相关技术指南的制定，不同尺度水生态基础设施构建指南，以及各类技术集成的使用指南等，《海绵城市建设技术指南》是一个良好的开端，但还远远不够。

（原载《城市规划》2015 年 06 期）

注释

① 此处涉及的第22条参考文献原为给北京市委书记郭金龙的建议信，主要针对北京7·21洪灾来谈，公开发表后，收件人名字被隐去。

② 第45条参考文献为根据水利部科学技术委员会全体会议上的特邀报告改写而成。

参考文献

[1] Budge T. Sponge Cities and Small Towns: a New Economic Partnership[M]//Rogers M F, Jones D R. The Changing Nature of Australia's Country Towns.Ballarat, Australia: Victorian Universities Regional Research Network Press,2006.

[2] 俞孔坚，李迪华.城市景观之路——与市长们交流 [M].北京：中国建筑工业出版社，2003:149—153.

[3] 俞孔坚，李迪华，刘海龙.“反规划”途径[M].北京:中国建筑工业出版社，2005.

[4] 俞孔坚，张蕾.基于生态基础设施的禁建区及绿地系统——以山东菏泽为例[J].城市规划，2007，31(12)：89—92.

[5] 俞孔坚，奚雪松，王思思.基于生态基础设施的城市风貌规划——以山东省威海市为例[J].城市规划，2008,32(3)：87—92.

[6] 俞孔坚，王思思，李迪华，等.北京城市扩张的生态底线——基本生态系统服务及其安全格局[J].城市规划，2010，34(2):19—24.

[7] 俞孔坚，王思思，乔青.基于生态基础设施的北京市绿地系统规划策略[J].北京规划建设，2010(3)：54—58.

[8] 俞孔坚，张媛，刘云千.生态基础设施先行：武汉五里界生态城设计案例探析[J].规划师，2012,28(10):26—29.

[9] 莫琳，俞孔坚.构建城市绿色海绵——生态雨洪调蓄系统规划研究[J].城市发展研究，2012,19(5):4—8.

[10] 宋云，俞孔坚.构建城市雨洪管理系统的景观规划途径——以威海市为例[J].城市问题，2007(8):64—69.

[11] 俞孔坚，张东，李向华，等.生命细胞、景观格局与创新网络——中关村生命科学园规划[J].城市规划，2001，25(5):76—80.

[12] 俞孔坚，石春，文航舰.取样天津：桥园设计方案[J].建筑学报，2006(5):80—81.

[13] Yu K J.Qiaoyuan Park,an Ecosystem Services—Oriented Regenerative Design[J].Topos，2010(70):28—35.

[14] 俞孔坚，凌世红，刘向军.再生设计：秦皇岛滨海景观带生态修复工程[J].景观设计学，2009(6)：100—105.

[15] Yu K J. Stormwater Park for a Water Resilient City: Qunli National Urban Wetland[J]. Topos，2011(77)： 72—77.

[16] 俞孔坚.建筑与水涝共生：哈尔滨群力雨洪公园[J].建筑学报，2012(10):62—69.

[17] 刘巍.俞孔坚：留住天降雨水[EB/OL].瞭望观察网,2012—10—08.http://www.lwgcw.com.

[18] 廖靖文.“绿色海绵”解决内涝[N/OL].广州日报，2012—08—13.http://gzdaily.dayoo.com/html/2012—08/13/content_1828590.htm.

[19] 卢月.北大建筑景观设计学院院长俞孔坚：绿色海绵为城市解渴[EB/OL].厦门网，2013—08—15.http://news.xmnn.cn/a/xmxw/201308/ t20130815_3449650.htm.

[20] 谈露洁，弋静.北京大学景观设计学研究院院长俞孔坚开处方：多建湿地公园医治城市内涝[N/OL].重庆晚报数字报，2013—09—10. http://www.cqwb.com.cn/cqwb/html/2013—09/10/content_365757.htm.

[21] 王丽娟.建“海绵城市”让“看海”成为传说[N/OL].中国改革报,2014—05—22.http://www.crd.net.cn/2014—05/22/content_11390073.htm.

[22] 俞孔坚.让雨洪不是灾害，而成福音[N/OL].笔会在线，2012—08—03. http://culture.whb.cn/yanshen/ view/22117.

[23] 苏义敬，王思思，车伍，等.基于“海绵城市”理念的下沉式绿地优化设计[J].南方建筑， 2014(3)：39—43.

[24] 王云才，崔莹，彭震伟.快速城市化地区“绿色海绵”雨洪调蓄与水处理系统规划研究——以辽宁康平卧龙湖生态保护区为例[J].风景园林，2013(2)：60—67.

[25] 董淑秋，韩志刚.基于“生态海绵城市”构建的雨水利用规划研究[J].城市发展研究，2011，18(12)：37—41.

[26] 王浩.中国水资源问题及其科学应对，中国科协第十三次大会上的报告[EB/OL].2011—0921. http://zt.cast.org.cn/n435777/n435799/n13215955/n13216711/13324916.html.

[27] 龚子同.中国水问题的出路[J].地球科学进展， 1998,2(13)：113—117.

[28] 侯玉栋，李树平，周巍巍.城市内涝现状分析与应对措施探讨[C]//《中国给水排水》杂志社第九届年会论文集.2012.

[29] 王浩.中国水资源问题与可持续发展战略研究[M]. 北京：中国电力出版，2010.

[30] 2012中国水资源公报[EB/OL].2013—12—15.http://www.mwr.gov.cn/zwzc/hygb/szygb/qgszygb/201405/t20140513_560838.html.

[31] 唐孝炎，王如松，宋豫秦.我国典型城市生态问题的现状与对策[J].国土资源，2005(5):21—26.

[32] 2011中国水资源公报[EB/OL].2012—12—17.http://www.mwr.gov.cn/zwzc/hygb/szygb/qgszygb/201212/t20121217_335297.html.

[33] Milliman J D, Farnsworth K L, Jones P D, et al. Climatic and Anthropogenic Factors Affecting River Discharge to the Global Ocean,1951—2000[J].Global and Planetary Change,2000(62)：187—

194.
[34] 潘庆燊.下荆江人工裁弯30年[J].人民长江，2001(5)：27—29.
[35] 周学文.我国水利建设现状、问题及对策，十一届全国人大常委会专题讲座第二十讲[EB/OL]. 2011—03—23. http://www.npc.gov.cn/npc/ xinwen/2011—03/23/content_1648671.html.
[36] Huang Y L,Huang G H,Liu D F,et al.Simulation— Based Inexact Chance—Constrained Nonlinear Programming for Eutrophication Management in the Xiangxi Bay of Three Gorges Reservoir[J]. Journal of Environmental Management,2012(108): 54—65.
[37] Zeng H,Song L R.Distribution of Phytoplankton in the Three—Gorge Reservoir During Rainy and Dry Seasons[J]. Science of The Total Environment, 2006(367): 999—1009.
[38] Yi Y,Wang Z Y,Yang Z F.Impact of the Gezhouba and Three Gorges Dams on Habitat Suitability of Carps in the Yangtze River[J].Journal of Hydrology,2010. (387): 283—291.
[39] Wang Y, Xia Z. Assessing Spawning Ground Hydraulic Suitability for Chinese Sturgeon (Acipenser Sinensis) from Horizontal Mean Vorticity in Yangtze River[J].Ecological Modelling,2009, 220(11): 1443—1448.
[40] Li Z,Dai H, Mao J.Short—Term Effects of Flow and Sediment on Chinese Sturgeon Spawning[J].Procedia Engineering, 2012(28): 555—559.
[41] Yi Y,Zhang S,Wang Z.The Bedform Morphology of Chinese Sturgeon Spawning Sites in the Yangtze River[J]. International Journal of Sediment Research,2013, 28(3): 421—429.
[42] Odum W E. Environmental Degradation and the Tyranny of Small Decisions[J]. Bio Science, 1982, 32(9): 728—29.
[43] Costanza R, D' Arge R, De Groot R, et al. The Value of the World's Ecosystem Services and Natural Capital[J]. Nature, 1997(387): 253—259.
[44] MEA (Millennium Ecosystem Assessment).Ecosystems and Human Well—Being: Synthesis[M]. Washington DC: Island Press,2005.
[45] 俞孔坚.构建美丽中国的水生态基础设施[N].中国水利报现代水利周刊，2015—01—15(5).
[46] 俞孔坚.美丽中国的水生态基础设施:理论与实践 [J].鄱阳湖学刊，2015(10)：5—18.
[47] 俞孔坚，张蕾.黄泛平原古城镇洪涝经验及其适应性景观[J].城市规划学刊，2007 (5)：85—91.
[48] Tobin G A. Natural Hazards: Explanation and Integration[M]. Guilford Press,1997.
[49] Yu K J.Make Friends with Flood[C]//The 1st International Symposium on Development of Urban Waterscapes and Water Management. Yangzhou,2005: 30—31.
[50] Yu K J.Solution to Climate Change: the Water Adaptive Landscape[C]//Australia Institute of Landscape Architecture Annual Conference. The Climate of Design, Design Solutions for Landscapes Challenged by Climate and Water. Adelaide,2007: 14—15.
[51] 俞孔坚，张蕾.黄泛平原区适应性“水城”景观及其保护和建设途径[J].水利学报，2008,39(6)：688—696.
[52] Yu K J. Ecological Security Patterns in Landscape and GIS Application[J]. Geographical Information Sciences, 1995,1(2): 1—17.
[53] 俞孔坚. 生物保护的景观安全格局[J]. 生态学报，1999，19(1)：8—15.
[54] 俞孔坚，韩西丽，朱强. 解决城市生态环境问题的生态基础设施途径[J]. 自然资源学报，2007，22(5)： 808—816.
[55] 董哲仁，李文奇，孙东亚. 河流生态修复[M]. 北京：中国水利水电出版社，2013.
[56] Wenger S. A Review of the Scientific Literature on Riparian Buffer Width, Extent and Vegetation[M/OL].Georgia: University of Georgia Press, 1999. http://www. crjc. org/buffers/Introduction. pdf.
[57] 俞孔坚，李迪华，吉庆萍. 景观与城市的生态设计：概念与原理[J].中国园林，2001(6)：3—10.
[58] 彭一刚. 传统村镇聚落景观分析[M]. 北京:中国建筑工业出版社，1992.
[59] 金其铭. 中国农村聚落地理[M]. 南京：江苏科学技术出版社，1989.
[60] 吴庆洲. 中国古城防洪研究[M]. 北京：中国建筑工业出版社，2009.
[61] 郑连第. 古代城市水利[M]. 北京：水利电力出版社，1985.
[62] 张芳. 中国古代淮河、汉水流域的陂渠串联工程技术[J]. 中国农史，2000 (1)：22—27.
[63] 张芳. 中国传统灌溉工程及技术的传承和发展[J]. 中国农史，2004 (1)：10—18.
[64] 俞孔坚，王思思，李迪华. 区域生态安全格局：北京案例[M]. 北京：中国建筑工业出版社，2012.
[65] Yu Kongjian. Designed Ecologies for an Urban River System Across Scales in Kunming and Liupanshui, in Shi Nan[C]//Jim Reilly and Fran Klass.ISOCARP Review 10: Water and Cities — Managing the Vital Relationship. London: Routledge Press, 2014: 12—30.
[66] Yu Kongjian, Turenscape. Slow Down: Hydrological Infrastructure for Liupanshui, China[J]. Topos, 2014(87): 10—11.

作者简介：

俞孔坚，博士，北京大学建筑与景观设计学院院长，教授、博士生导师。
李迪华，硕士，北京大学建筑与景观设计学院副教授。
袁弘，博士，北京大学景观设计学研究院。
傅徽，北京大学建筑与景观设计学院博士生。
乔青，博士， 北京大学景观设计学研究院。
王思思，博士， 北京建筑大学环境与能源工程学院。

城市老龄化社区的居住空间环境评价及养老规划策略

谢波　魏伟　周婕

摘　要：在我国人口老龄化进程加快、城乡养老资源严重匮乏的背景下，面向日益突出的社区养老问题，研究以老龄化社区为研究对象，对其居住空间环境展开评价，总结出社区公共设施的均衡性、外部公共空间环境的品质是影响老年人居住空间环境的主要因素，外部居住空间环境的不均衡性、社区公共设施和公共空间“量”与“质”的缺失是老龄化社区存在的主要问题。研究提出在社区“原地养老”模式下，以存量规划为抓手，通过差异化配置城乡养老服务设施、重点完善街道级老年人户外公共空间、集约化配置社区级养老服务设施、整合社区公共空间等策略，最终实现社区养老空间环境的优化提升。

关键词：老龄化社区；社区“原地养老”模式；空间环境评价；规划策略

1．我国养老模式的困境与转型

2014年，我国老龄化水平（60岁以上人口占总人口的比例）达到15.5%，到2020年将达到17%。随着人口老龄化进程的加快，我国城乡养老资源严重匮乏、分配不均衡的现状与日益增长的养老需求形成较大矛盾，但我国养老模式还较为单一，各层面养老资源缺乏合理调配，因此如何结合我国国情选择合理的养老模式是解决这一矛盾的关键。现阶段，养老模式主要涉及居家养老、社区养老和机构养老三个层面，我国在居家养老与机构养老方面较为成功，而在社区养老方面则严重滞后。一方面，依托现有社区的养老设施与服务体系建设，囿于传统的社区管理模式与服务职能，我国在老年人邻里中心、老年之家和日间护理中心（托老所）等养老服务设施建设方面仍不足，不能为老年人提供信息传递、中介服务和家庭照顾等一系列社区生活服务，与社区养老目标相去甚远；另一方面，我国效仿西方国家，通过建设养老社区、老年公寓以实现“集中式养老”的社区养老模式，已演化为单纯地追求经济利益的房地产开发行为，无法适应我国老年人的社会经济状况、养老需求。国外将社区养老作为核心发展模式，通过“原地养老”“成功老龄化”等政策，为社区提供支援服务并配置相应的养老设施，使老年人在熟悉的家庭和社区环境中养老，更方便得到社区的关怀和服务，减轻社会养老的负担。

面向日益复杂的老龄化社区居住空间问题，我国应借鉴发达国家的成功经验，改变以往大规模建设养老设施的“增量规划”发展模式，依托现有老龄化社区，通过“存量挖掘”与更新改造，改善老龄化社区的居住环境，完善社区养老设施，真正实现社区“原地养老”。

2．国内外养老社区规划的研究现状及启示

国外学者关于养老设施方面的研究侧重于以社区为对象，探讨老年人社区发展目标及其养老设施规划问题。2007年，WHO在全球33个城市发起了“全球老年友好城市项目”，并在许多国家推广了“老年友好社区”的概念。近年来，为适应老年人的特殊需求和生活状况，“友好老年人环境”受到了关注，各国都在鼓励建设“老年友好社区”，并采取“就地养老”政策，通过综合的规划为老年人提供广泛的社区服务，以扫除限制老年人活动的障碍。在养老社区研究方面，Chi-Wai Lui等人运用老年人环境学研究“老年友好社区”中老年人与社会空间环境的关系，研究发现邻里特征对老年人迁居、独立生活及社区生活质量有重要影响[1]；Cheng Y等人探讨了老年人的住房、医疗、社会服务、交通的融合及分离的观点，提出了应对社会隔离问题的老年人社区融合式及分离式规划模式[2]；Mark Bevan通过分析英国乡村地区的住房供应问题，提出了老年人住宅设计的全生命周期策略[3]。在老年人居住空间模式研究方面，相关研究指出欧美、东亚地区发达国家的老年人居住模式包括集中型和综合型[4]，如美国的属于集中型老年社区，社区设施根据老年人的不同需求分为独立居住单元、自立生活的集体公寓、寄宿养护设施和护理院设施[5]，这种模式的弊端在于集中的居住方式使老年人远离城市生活区，与公众社会隔离，不利于身心健康。

国内关于养老社区规划的研究侧重于探讨老年人居住空间模式、养老社区的规划设计方法。在老年人居住空间模式研究方面，胡仁禄等人认为我国应以家庭养老为主、社会养老为辅，并与社区养老服务网络相结合，构建多层次的综合养老模式[6]。但社区养老模式缺乏制度性保障机制与经济性激励措施，仅能算作一种良好的“非正式补充模式”[7]。在

养老社区规划研究方面，詹运洲等人认为面向老龄化的城乡规划应更注重以社区为平台，将养老服务与文化、教育、医疗、餐饮、体育等方面的社区公共设施有效整合，做到功能复合和服务综合，以满足老年人多样性和多元化的生活与社会需求[8]；马晖等人认为独立老年人社区存在较大问题，“大混合＋小集聚”的规划模式是未来发展趋势[9]；马晓强提出在城市住区中设立老年人居住组团，以适应老龄化社会居住空间模式的转变[10]；赵晔建议缩小居住组团规模，以适应老年人的需求和变化[11]；王玮华提出老年人住宅配套应适应居家和社区养老要求，包括在居住区中规划配套占总套数10%的“老少居”住宅套型，以及不低于总套数5%的供独居老人与老年夫妇居住的老年公寓式住宅套型[12]。

总体而言，国外学者认为依托社区开展养老设施研究是应对全球老龄化问题的根本途径，老年人社区若采取分离式规划模式会导致老年人与社会隔离，出现阶层分化等问题；国内学者大多从单一视角开展养老设施规划研究，忽略了对社区整体居住空间环境的改善，难以从根本上解决养老空间问题。因此，我国不适宜脱离社区探讨养老设施规划问题，应通过改善老龄化社区的居住空间环境品质，实现社区老年人“原地养老”。

面向日益复杂、多样的老龄化社区居住空间问题，哪些因素急需在规划设计中引起重视，哪些问题迫切需要规划部门予以解决，需要规划学界建立科学的评价体系去挖掘核心问题。本文以老龄化社区为研究对象，通过开展居住空间环境评价，挖掘老龄化社区居住空间的环境问题，并提出相应的规划策略，为进一步推进社区养老模式提供空间支撑。

3. 城市老龄化社区的居住空间环境评价

3.1 城市老年人口空间演变的中心集聚与快速郊区化

我国城市的老龄化现象十分突出，老年人口呈现出中心高度集聚、快速郊区化的趋势。具体表现为：中心城区是老年人口密集的区域，但空间变化较小；城市近郊区是老龄化程度空间变化较大的区域，大量街区转变为成年型或年轻型街区，老年人口呈现离心扩散的趋势；城市远郊区是老龄化程度空间变化最大的区域，大多数远郊区的街区都步入了高度老龄化阶段，老年人口呈现向心集聚的趋势[13]。

以武汉市为例，武汉市作为我国中部地区的中心城市，其老年人口空间分布特征能反映大城市老年人口的普遍特征。2014年，武汉市老龄化程度达到18.86%，即将步入重度老龄化社会，表现为中心城区的老龄化程度较高，老龄化街区密集，已形成团状向心集聚并逐渐向近郊扩散的态势，且大多数社区已转变为老年型甚至超老年型社区（图1）；近郊区分布着大量成年型社区，老龄化程度较低；远郊区的老年型社区呈现出明显的集聚特性。

本文在武汉市150个超老龄化社区（65岁以上人口占总人口的比例大于15%的社区）中，抽样选取老龄化程度高、人口密集、人口及住宅类型较为典型的28个展开居住空间环境评价（图2）①调研内容涉及社区人口类型、住宅状况及社区周边空间环境、社区内部空间环境等方面。同时，开展超老龄化社区居住空间环境满意度的问卷调查，共向老年人发放问卷600份，有效问卷579份。

3.2 基于层次分析法的老龄化社区居住空间环境评价指标体系

3.2.1 评价指标

城市老龄化社区居住空间环境评价指标体系包括区位条

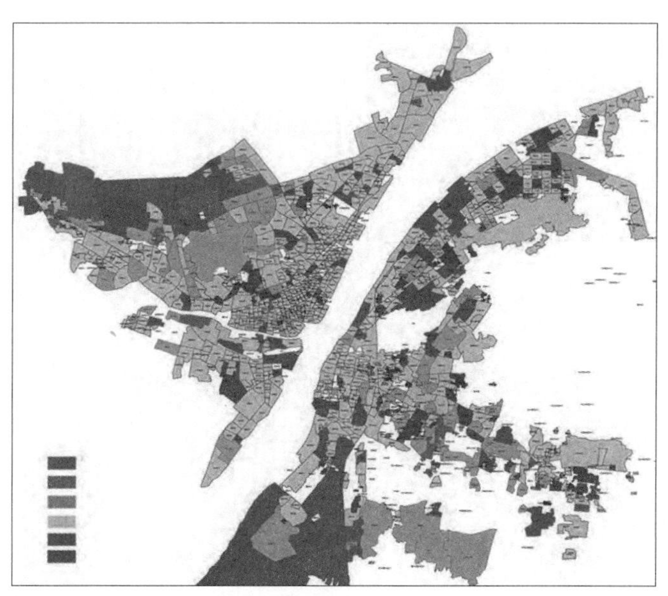

图1 武汉市中心城区老龄化社区的空间分布图

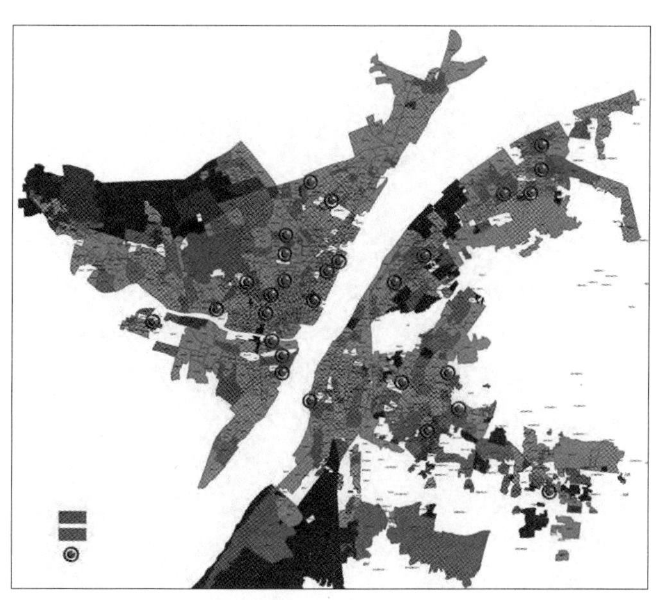

图2 武汉市超老龄化社区调研选点

件、公共设施环境、道路交通环境及公共空间环境 4 个二级指标，以及周边商业设施环境、周边公园绿地环境及社区内养老设施环境等 17 个三级指标（表 1）。

表1 城市老龄化社区居住空间环境评价指标体系

目标层 一级指标 A	准则层 二级指标 B	要素层 三级指标 C
城市老龄化社区居住空间环境评价指标体系	区位条件 B1	周边商业设施环境 B1C1
		周边体育设施环境 B1C2
		周边医疗设施环境 B1C3
		周边养老设施环境 B1C4
		周边教育设施环境 B1C5
		周边文化设施环境 B1C6
		周边公园绿地环境 B1C7
		周边公交站点可达性 B1C8
	公共设施环境 B2	社区内养老设施环境 B2C1
		社区内文化设施环境 B2C2
		社区内商业设施环境 B2C3
		社区内健身设施环境 B2C4
		社区内卫生服务设施环境 B2C5
	道路交通环境 B3	社区内道路环境 B3C1
		社区内步行环境 B3C2
	公共空间环境 B4	社区内公共绿地环境 B4C1
		社区内户外活动空间环境 B4C2

3.2.2 指标权重

本文采取德尔菲法，对学校、设计院和政府部门的城市规划专家展开问卷调查，共发放问卷 187 份，有效问卷 180 份。在问卷调查中要求专家根据重要程度将 4 个二级指标排序，并将排序的次数分别乘以 4、3、2、1 的分值后归一化，求出各项二级指标的权重。同时，要求专家从 17 个三级指标中选择最重要的 5 项，通过比较被选的次数，确定每项三级指标对所属二级指标的重要性，并运用层次分析法构造相对重要性判断矩阵，求出三级指标对二级指标的权重。 判断矩阵的构造方法如公式 (1)、公式 (2) 所示：

$$a_{ij} = floor\left(\frac{h_i - h_j}{e} + 0.5\right) + 1 \qquad (h_i - h_j > 0)$$

公式 (1)

$$a_{ij} = \frac{1}{floor\left(\frac{h_i - h_j}{e} + 0.5\right) + 1} \qquad (h_i - h_j < 0)$$

公式 (2)

其中，floor(x) 表示对括号内的运算结果取整数部分，e 为各三级指标被选择次数的全距（最大值减去最小值）除以 8，hi 和 hj 分别表示第 i 项因素和第 j 项因素被选的次数。

在各项三级指标中，被选次数最多的指标是“社区内养老设施环境”(65 次)，选择次数最少的指标是“社区内商业设施环境”(3 次)，所以全距计算为 65 － 3=62。在运用层次分析法两两比较指标的相对重要性时，选取九级语义标度表，在语义标度表中有 8 个等宽的区间，可以取 e=62÷8=7.75。

在二级指标中，社区公共设施环境是影响老龄化社区居住空间环境的主要因素，其次为区位条件、公共空间环境及道路交通环境。在三级指标中，周边养老设施环境、社区内

表2 城市超老龄化社区居住空间环境评价指标权重

一级 指标 A	二级 指标 B	B 对 A 的 权重 Wbi	三级 指标 C	C 对 B 的 权重 Wci
城市老龄化社区居住空间环境评价指标体系	区位条件 B1	0.25	周边商业设施环境 B1C1	0.04
			周边体育设施环境 B1C2	0.06
			周边医疗设施环境 B1C3	0.17
			周边养老设施环境 B1C4	0.23
			周边教育设施环境 B1C5	0.04
			周边文化设施环境 B1C6	0.08
			周边公园绿地环境 B1C7	0.18
			周边公交站点可达性 B1C8	0.20
	公共设施环境 B2	0.34	社区内养老服务设施环境 B2C1	0.32
			社区内文化设施环境 B2C2	0.16
			社区内商业设施环境 B2C3	0.11
			社区内健身设施环境 B2C4	0.15
			社区内卫生服务设施环境 B2C5	0.26
	道路交通环境 B3	0.18	社区内道路环境 B3C1	0.31
			社区内步行环境 B3C2	0.69
	公共空间环境 B4	0.23	社区内公共绿地环境 B4C1	0.65
			社区内户外活动空间环境 B4C2	0.35

养老设施环境、周边公园绿地环境、社区内步行环境和社区内公共绿地环境具有显著地位，是评价老龄化社区居住空间环境的首要因素，其次为周边公交站点可达性、社区内卫生服务设施环境等（表 2）。

3.2.3 老龄化社区居住空间环境的影响因素

基于城市老龄化社区居住空间环境评价体系，通过设定评价标准，并展开一次、二次加权，得到武汉市超老龄化社区居住空间环境评价结果（图 3）。

(1) 社区内公共设施的均衡性是影响 老年人居住空间环境的核心因素。

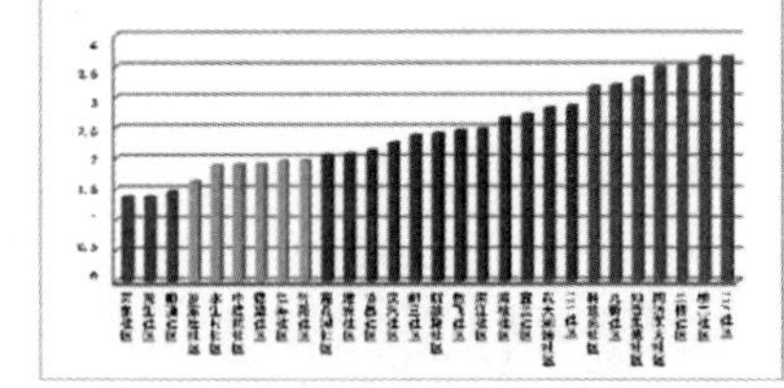

图3 武汉市超老龄化社区居住空间环境评价得分

117 社区、桥二社区、二桥社区、同济医大社区、知音东苑社区、九街社区和科技苑社区的居住空间环境评价结果为“较好”。该类社区的区位条件一般，但外部公共设施较为齐备、可达性较好；尽管该类社区内的建筑年代久远，但与老年人密切相关的养老设施、文化设施、卫生服务设施、公共绿地及户外活动空间都较为完善，而且道路安全性、可识别性都较好，适合老年人的晚年生活。

(2) 区位条件并非是影响老年人居住空间环境的决定性因素。

荣东社区、民生社区及顺道社区的区位条件较好，但社区公共空间与公共设施环境较差，反映为社区内养老设施十分缺乏、人口混杂、用地布局凌乱、建筑密集及交通组织混乱，导致其居住空间环境评价结果为“差”。因此，区位条件（外部居住空间环境）并非是影响老年人居住空间环境的决定性因素。城市中心区大量老龄化社区的区位条件较好，但老年人受限于自身的生理、心理及行为活动特征，对社区外部的商业、医疗、交通及绿化环境的需求有一定的局限性，社区内公共设施、公共空间环境则是老年人居住空间环境的重要影响因素。

(3) 外部公共空间环境品质是影响老年人居住空间环境的关键因素。

从二级指标得分可以看出，公共空间环境的平均得分最低，其中周边公园绿地环境的评价得分低于社区内公共绿地环境、户外活动空间环境。武汉市32%的超老龄化社区周边缺少公园、广场，老年人对其满意度较低，如荣东、顺道、中建院和武大测绘等社区，由于周边公园绿地的缺乏，老年人的活动空间受到了较大的限制，影响了老年人的居住空间环境品质。因此，外部公共空间环境品质是影响城市老年人居住空间环境的关键因素。

3.3 老龄化社区居住空间环境存在的问题

3.3.1 外部居住空间环境的不均衡性限制了老年人的需求

城市老龄化社区的区位条件和外部空间环境普遍较好，社区周边的商业设施、医疗设施与体育设施的空间分布合理、可达性较好、居民满意度较高，而老年人需求程度更高的文化设施、教育设施、养老设施和公园绿地则存在数量偏少、可达性差的问题。

⑴城乡养老设施配置不均衡、内部分化严重。

在养老设施配置规模上，武汉市中心城区养老设施拥有14241个床位，远城区仅有5861个床位，远城区养老设施的数量和规模远远滞后于该区域老年人口的增长速度（图4）。在空间分布上，中心城区养老设施分布密集，街道级养老设施十分缺乏，远城区养老设施分布零散，社区级养老设施严重缺乏。在用地规模上，远城区养老设施占地规模大，其中东西湖区的荷包湖老年公寓占地面积最大，其用地规模为23.3hm^2；中心城区大量养老设施缺乏单独用地，如幸福安康老年公寓的用地规模仅为0.01 hm^2。

总体而言，武汉市城乡养老设施空间分布不均衡，中心城区养老设施缺少用地空间、建筑密集，服务于居住区的街道级养老设施数量偏少，而远城区养老设施用地布局不紧凑、空间分布零散，社区级养老设施严重缺位。

(2) 老年人文化设施可达性差、街道社区级文化设施缺失。

武汉市社区周边的文化设施包括剧院、图书馆、艺术中心、杂技厅、博物馆、老干部活动中心及老年活动中心等，规模较大的剧院、艺术中心、图书馆及美术馆等可达性较好，但老年人使用较少。街道社区级文化设施严重缺乏、可达性差，仅有青山区117社区、九街社区的老年活动中心使用情况较好，导致老年人对文化设施的满意度普遍偏低。

(3) 老年人教育设施空间分布不衡。老年大学是老年人所需的主要教育设施，武汉市中心城区老年大学用地规模较大、设施配套完善，但由于空间分布不均衡，导致设施使用状况分化严重；远城区则严重缺乏老年人教育设施，无法满足日益增长的郊区老年人社会活动需求。

(4) 外部公共空间可达性较差。

城市公园绿地的配置不均衡，服务于居住区的街道级小游园、街头绿地、公园和广场十分缺乏。由于老年人的出行距离与活动范围较小，导致对大型公园的使用率较低，街道级外部公共空间的缺失限制了老年人的户外活动需求。

3.3.2 社区公共设施与公共空间“量”与“质”的缺失

⑴社区居住空间被商业设施侵蚀。

城市老龄化社区人口密集、消费水平普遍较低，且居住空间的物质环境老化较为严重，大量社区面临着整体或局部被改造的局面。由于大多数老龄化社区的区位条件普遍较好，其用地空间逐渐被大型商业设施侵蚀，导致与老年人密切相关的公共绿地和公共设施用地被挤占，严重影响了老年人的社区生活。

(2) 社区老年人文化设施配套不完善。

星光老年之家是社区内老年人的主要文化活动设施。从

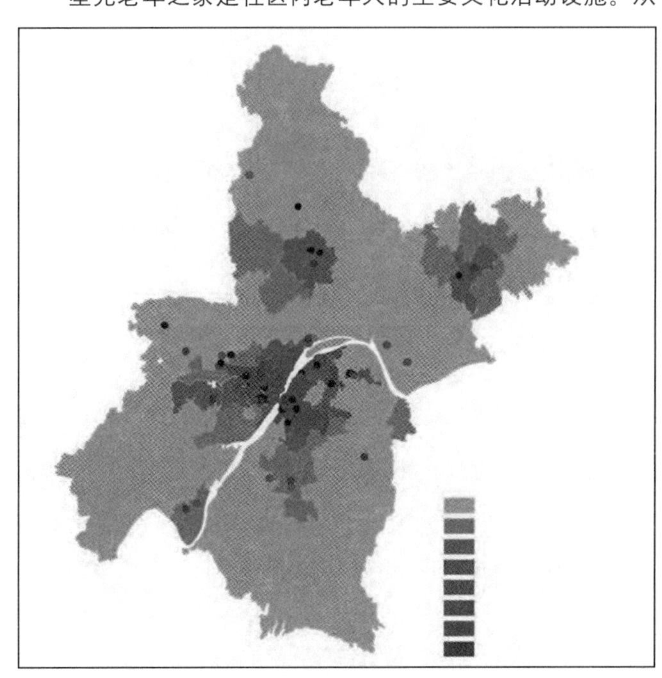

图4 武汉市养老设施空间分布

设施数量看，城市各片区的社区老年人文化设施分布严重不均衡，大量老龄化社区缺乏相应设施（图5）。从使用情况看，社区老年人文化设施存在数量偏少、建筑规模偏小、功能单一及管理缺位等问题，大量设施被改变用途或废弃。

⑶社区养老设施规模不足、类型及功能单一。

社区养老设施主要为民办机构，大多由旧住宅改造而来，

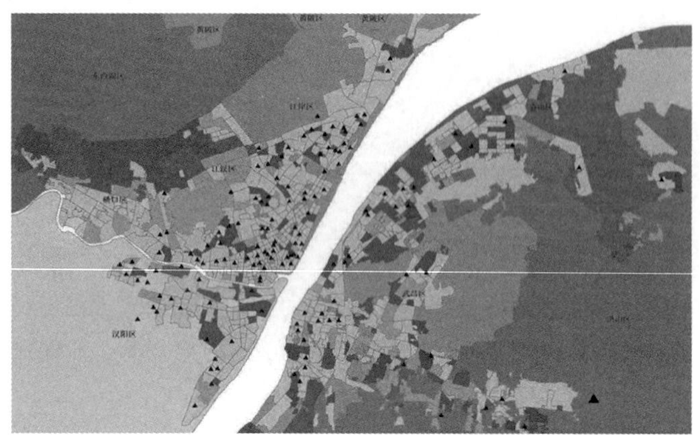

图5 武汉市星光老年之家空间分布

不但建设规模小、床位少、配套设施不完善，而且该类养老设施定位模糊、服务水平参差不齐，缺少相应的规划、建设和管理标准，导致社区养老设施沦为老年人“集中养老”的居住场所，养老服务职能严重缺失，偏离了社区养老的宗旨。

⑷社区公共空间缺乏、无障碍环境缺失。

城市老龄化社区内部普遍存在公共空间规模偏小、功能单一、开放性较差及无障碍环境缺失的问题。在大规模旧城改造的背景下，以单位制社区为主体的老龄化社区被新的用地功能分解得支离破碎，牺牲社区公共空间换取了城市商业、居住等功能，不仅改变了适宜老年人的居住空间结构，还加剧了社区内部居住环境的恶化，导致社区建筑密度、人口密度不断增长，社区老年人交往、活动空间不断被蚕食。

4. 城市老龄化社区居住空间环境发展目标和规划策略

4.1 发展目标

⑴明确社区“原地养老”发展导向，积极应对老龄化社区居住空间环境问题。

城市老龄化社区的居住空间问题呈现出多样化的趋势，外部居住环境的不均衡加剧了养老资源的分化，社区内部公共资源的损坏限制了老年人的养老需求，而社区管理部门未能充分认识人口老龄化带来的新的管理与服务需求，依旧承担着单一的人口、计生及治安等管理职能。为适应人口老龄化带来的一系列挑战，我国迫切需要转变社区管理方式、扩展服务功能，适应老龄化社会人口结构变化带来的一系列挑战[14]，即改变以往采取市场化运作、重数量轻质量、长期将照料职能分散在社区建设“老年公寓”上的集中式养老发展模式，加强社区养老服务体系建设，以解决老龄化社区居住空间的环境问题为抓手，改善社区养老空间环境。

⑵建立老龄化社区居住空间环境“存量”评价与规划体系，引导养老环境的优化提升。

为全面落实社区“原地养老”发展模式，社区养老规划不仅应重视各类公共设施、公共空间的增量发展，还应立足社区这样的存量养老空间资源，通过科学评价、挖掘社区空间环境存在的问题，采取针对性措施进行各类公共设施、公共空间的完善与更新改造，而非机械地按照千人指标新建养老设施、公园绿地，应合理有序地引导社区养老空间环境的优化提升。建立城市老龄化社区居住空间环境的评价体系，能为科学开展老龄化社区居住空间规划提供目标导向与技术支撑。

4.2 规划策略

通过开展老龄化社区居住空间环境评价发现，社区周边与内部的商业、医疗、体育及公共交通设施环境普遍较好，主要问题体现在养老、教育、文化等公共服务设施与公共空间上。该类空间城乡发展不均衡、街道级空间缺失、社区级空间发展滞后，严重制约了老年人的养老服务需求。为实现社区“原地养老”，应采取存量挖掘的规划方式完善、更新和改造老龄化社区的公共设施与公共空间。

4.2.1 差异化配置城乡养老服设施

城乡养老服务设施的不均衡发展，加剧了养老资源的社会分化。在城市用地空间日益紧张的背景下，养老服务设施应采取差异化配置方式，满足不同区域老年人的不同养老服务需求，实现城乡养老资源的均衡发展。城市中心区结合旧城改造，以提升设施可达性为目标，加快建设居住区级养老服务设施与文化设施，并完善社区养老服务设施的用地空间与内部功能；加快居住区（街道级）养老设施“落地”，将社会福利用地（A6）扩展至养老院用地（A62），结合居住区开发单独布置用地，保障中心城区街道一级应至少建设一所养老院。同时，为了满足老年人的娱乐活动、邻里交往、教育和医疗需求，在文化活动用地（A22）中单独划分出老年活动中心用地，以街道为核心在居住区中配套建设老年活动中心，也可结合街道服务中心联合布置，由街道办统一管理。在特殊教育用地（A34）中增加老年大学用地，以中心城区为核心，结合企事业单位、居住区布置街道级老年大学，该类设施可单独占地，也可与街道服务中心联合布置，按照每个街道布置1个的原则和每3万–10万人布置1个的标准进行配建。

表3 养老服务设施规划用地一览

用地分类（大类）	用地分类（中类）	用地分类（小类）	设施类型	用地布局要求	开发模式
公共管理与公共服务设施用地（A）	文化设施用地（A2）	文化活动用地（A22）	老年活动中心	可结合街道服务中心联合布置	政府配置
	教育科研用地（A3）	特殊教育用地（A34）	老年大学	单独布置	政府配置
	医疗卫生用地（A5）	医院用地（A51）	护养院	单独布置，或结合社区卫生服务中心布置	政府配置或市场化建设运作
	社会福利用地（A6）	福利院用地（A61）	福利院	单独布置	政府配置
		养老院用地（A62）	养老院	单独布置	市场化建设运作

在医院用地（A51）中增加护养院用地，护养院建设用地单独布置或结合社区卫生服务中心布置，政府予以配置或采取市场化运作模式建设。城市远郊区集约化配置市区级养老设施，完善市区级老年人文化设施、教育设施，并加快建设社区级养老服务设施（表3）。

4.2.2 重点完善街道级老年人户外公共空间

城市老龄化社区外部居住空间环境的不均衡性，集中反映为街道级公共空间的缺失，降低了老年人对社区周边环境的满意度。因此，应以街头公园、小游园和广场为核心，重点建设街道级老年人户外公共空间，着力改善老年人的居住环境，形成适合老年人的居住空间结构。

由于老年人的活动能力有限、活动范围较小、活动地点较固定，户外公共空间应依据老年人的活动圈层，分别以500m（中心活动圈）、1000m（日常活动圈）、2000m（周期性活动圈）为半径，规划相应等级的户外公共空间。户外公共空间的流线导向性不宜过强，流线长度不宜过长，应包含主路、支路、聚集点与休憩点等多层次的空间流线。同时，应依据老年人不同类型、尺度的户外活动，规划多层次的公共空间，包括视线通透、空间导向性强的开敞空间，以及视线良好、依赖感较强的半围合空间，视线有隔断、安全感强的围合空间，便于老年人开展散步、休憩、聊天和下棋等户外活动。

4.2.3 “集约化”配套社区级养老服务设施

社区公共设施环境是影响老年人居住空间环境的关键因素，由于其不均衡发展，导致养老服务设施不但在“量”上缺位，而且在“质”上缺失。社区公共资源的稀缺性使得无法均衡配置社区养老服务设施，应充分利用现有社区公共设施，将社区养老设施、文化设施与社区党群服务中心、社区活动中心、社区卫生服务中心等联合布置（表4）；重点明确养老设施的服务职能，不提供集中养老床位，而与其他设施联合布置，共享多元化养老功能，实现社区养老服务设施的集约紧凑发展。

在社区文化设施方面，每个社区配建1个星光老年之家，该设施不单独占地，结合社区服务中心联合布置，保证一定的建筑规模，由社区居委会管理。在社区养老设施方面，结合对敬老院、老年公寓等设施的改造，建设为老年人提供短期托管服务的托老所（老年人日间护理中心），建筑面积为600—1000m^2，床位数为30—50床，床均建筑面积为20m^2。同时，配套建设老年人邻里中心，提供信息传递、中介与家庭照顾等服务。

4.2.4 整合布局社区公共空间，完善无障碍步行环境

在当前单位制社区逐渐衰退的背景下，依托旧城更新，通过建设街道级公共空间，结合完善的无障碍步行系统串联各社区内部公共空间，形成“街道—社区”级老年人公共空间体系，为不同年龄、不同收入水平和不同职业类型的老年人提供交流、活动的场所，实现老龄化社区的有机更新。对于建筑密集、物质环境老化严重的老龄化社区，可利用宅间空地建设小型公共绿地，提高社区绿化水平。对于社区环境较好、已配套公共绿地的老龄化社区，一方面要改善公共绿地的绿化配置、养护水平，另一方面应通过配套建设休憩健身设施、增加户外活动空间以提高公共绿地的开放性。在新建的居住小区、老年人住区，不仅应保证社区公共绿地的用

表4 养老服务设施配套标准一览

设施分类（中类）	设施类型（小类）	配置级别：市级设施	配置级别：区级设施	配置级别：街道级（居住区）设施	配置级别：社区级（居住小区）设施
文化设施	老年活动中心			●	○
教育设施	老年大学		●	○	
医疗卫生设施	护养院		○	●	
社会福利设施	社会福利院	●	●		
	养老院		○	●	
居住用地中的养老服务设施	星光老年之家				●
	老年人邻里中心				○
	托老所（日间护理中心）				●

地空间，还应配套社区广场、小游园等公共空间。而对于老龄化街区范围内的新建居住小区，应适度提升绿地率指标，明确小区集中绿地（小游园）的用地规模。同时，全面提升公共空间的无障碍环境品质，加强公园绿地、广场与社区公共绿地的无障碍设施建设。对旧城老龄化社区的公共通道、公共空间应进行无障碍设施改造；对于新建老年人住区，在步行道、广场、公共绿地及公共设施的设计中要全面落实无障碍步行环境设计。

5. 结语

大力发展社区"原地养老"模式是解决当前我国城市老龄化社区居住空间环境问题的重要手段。老龄化社区外部居住空间环境的不均衡性限制了老年人的多样化需求，养老、教育、文化等社区公共设施与公共空间"量"与"质"的缺失制约了社区养老服务的发展，应以存量规划为抓手，通过差异化配置、重点完善、集约化配套与整合布局等手段，实现老龄化社区居住空间环境的优化提升。基于存量评价的老龄化社区居住空间环境规划策略，为应对日益突显的社区养老空间问题提供了原则与目标，各类养老服务设施与公共空间的配套方式和指标，应结合各类老龄化社区的老年人口规模、公共设施发展现状进行具体安排。

人口老龄化将会成为我国未来二十年城市发展面临的重要挑战，城乡规划采取积极有效的措施应对各层面老龄化的空间问题，是适应社会发展需求并体现"以人为本"发展理念的重要途径。

（原载《规划师》2015 年 11 期）

注释：

① 所选的28个超老龄化社区包括：汉阳区的汉汽社区、知音东苑社区、桥二社区和莲花湖社区；口区的荣东社区、顺道社区、同济医大社区和仁寿社区；江汉区的民生社区、邮三社区、宜兰社区和德旺社区； 江岸区的协昌社区、滨江社区、岳飞社区和罗家庄社区；武昌区的二桥社区、建安社区、中建院社区和解放路社区；青山区的科技苑社区、117社区、111社区和九街社区；洪山区的武大测绘社区、海核社区、水生村社区和竹苑社区。

参考文献：

[1] Chi-Wai Lui, Jo-Anne Everingham,Jeni Warburton, ect. What Makes a Community Age-friendly: A Review of Internationalliterature[J]. Australasian Journal on Ageing, 2009(3):116-121.

[2] Cheng Y, Rosenberg M W, Wang W, ect. Population Ageing and Residentialcare Resources in Beijing: Spatialdistribution of the Elderly Populationand Residential Care Facilities[J]. Asian Journal of Gerontology & Geriatrics, 2011(1): 14-21.

[3] Mark Bevan. Planning for an Ageing Population in Rural England: The Place of HousingDesign[J]. Planning Practice & Research, 2004(24): 233 249.

[4] 曹力腾.人口老龄化对社区规划和住宅建设的影响[J].国外城市规划，1999(3)：19-24.

[5] 胡仁禄.美国老年社区规划及启示[J].城市规划，1995(3):58-60.

[6] 胡仁禄，马光.构筑新世纪我国老龄居的探索[J].建筑学报，2000(8):33-35.

[7] 李峰清，黄璜.我国迈向老龄社会的两次结构变化及城市规划对策的若干探讨 [J].现代城市研究，2010(7):85-92.

[8] 詹运洲，吴芳芳.老龄化背景下特大城市养老设施规划策略探索——以上狮为例 [J].城市规划学刊，2014(6):38-45.

[9] 马晖，赵光宇.独立老年住区的建设与思考[J].城市规划，2002(3)：56-59.

[10] 马晓强.城市人口老龄化对居住区建设的影响分析[D].上海：同济大学，2008.

[11] 赵晔.老年人居住环境的舒适性研究[D].天津：天津大学，2003.

[12] 王玮华.城市住区老年设施研究[J].城市规划，2002(3)：49-52.

[13] 谢波，周婕.大城市老年人的空间分布模式与发展趋势研究[J].城市规划学刊， 2013(5):56-62.

[14] 谢波，周婕.我国城市养老设施发展的政策与规划指引[J].规划师，2013(10)：5-11.

作者简介：

谢波，博士，武汉大学城市设计学院讲师，武汉大学人文地理学博士后。

魏伟，通讯作者，武汉大学城市设计学院副教授。

周婕，武汉大学城市设计学院教授、博士生导师。

艺术展的空间自觉——新语境下旧工业建筑的艺术再生

黄磊　彭义　魏春雨

摘　要：近些年都市产业结构不断调整，国内将老工业区转型为艺术社区的现象相当普遍。近来几个介入到老旧工业建筑的城市艺术展，呈现出一种独特的城市自觉与空间自觉。从三个实践案例的研究出发，试图通过对其共性与特性的分析，总结艺术展中影响旧空间再生的策略与工具，归纳这种模式的驱动力与成效，从建筑空间、城市空间及公众生活等方面探寻艺术展对工业遗产更新的特殊意义。

关键词：艺术展；工业建筑再生；艺术转型；空间自觉

随着我国大中城市步入后工业时代，城市产业调整速度加快，许多城市工业区逐渐由兴盛转向衰败，大量旧工业厂房因种种原因而被闲置下来，成为城市工业发展历史的见证。随着德国鲁尔工业区、巴黎贝西旧工业区、德国的杜伊斯堡内港等旧工业区的成功更新，以及纽约苏荷区、高线铁路的艺术转型，这些区域成为其所在城市的重要文化名片。国内的大中城市的工业区也纷纷开始效仿。从北京798艺术区、751D·PARK、北京时尚设计广场到上海的M50、红坊创意园，再到广州的红专厂、信义会馆和深圳的华侨城创意文化园OCT–LOFT、南海意库，此类利用老旧工厂改造为都市艺术文化产业空间的实践案例不胜枚举。由此可见，都市工业区的文化转型潮流势不可挡。在国内城市文化大发展的背景下，这股艺术转型潮流从根本上契合了城市发展的主流方向，丰富了都市文化生活，但难逃资本主导所引发的空间生产同质化趋势[1]。

在工业区的文化转型中，工业建筑的物质转换有哪些途径，如何有效度地完成区域更新并迅速扭转广大市民对工业区的负面认识，一直是学术界广泛关注的一个课题。近年来，上海、广州、深圳、成都等城市艺术展的场址都不约而同地选择了城市的旧工业区，除了对工业遗产的文化保育之外，空间上也从封闭走向开放，并不断向公共性发展，体现出艺术展独特的“空间自觉”。然而在这种“自觉”背后，隐藏着什么样的驱动力？相较于其他实践途径，艺术展对于工业建筑乃至工业遗产的特殊利基是什么，这种结合又以什么样的形式反哺艺术展、反哺城市？本文希望对目前这个趋势展开思考与研究，以期从中得到一些启发。

一、艺术展策动下工业建筑再生的三个实例

1．深港双年展

深圳，这个新兴的经济特区城市历史年轮虽只有30多年，但深港双年展也伴随着城市由“三来一补”①向“设计之都”的产业转型之路走了近十个年头。从2005年的第一届“城市开门”、2007年的“城市再生”、2009年的“城市动员”、2011年的“城市创造”直至最近一次的2013年“城市边缘”，深港双年展的选址也由最初的华侨城创意园、市民中心最后“转战”到城市最西侧的蛇口工业区，展场也多次选择在以工业建筑创意改造的场所之中，一直贯彻着“介入城市”的理念。

在2005、2007深港双年展中，针对华侨城老厂房，设计者在设计之初就将整个区域设想为一个艺术集市，在中心区域的单层桁架厂房中加入能够容纳各类展品的条形体量，满足各类艺术品对展览空间灵活性的要求；同时，设计充分考虑了整个区域在后续发展过程中如何通过艺术媒介的带动，将各类艺术家工作室、设计商店、餐饮、酒吧等聚合在一起，从而营造出各个公共区域的艺术氛围。

而在2013深港双年展中，针对蛇口的老工业建筑，设计者因地制宜，采用了一种离散的策略。在展览结构上，利用B馆文献仓库紧挨蛇口客运码头的地理位置来完成文献信息传播与集散；利用A馆广东浮法玻璃厂的改造实践，为观众提供一个参与多维度互动的平台；在联系A、B馆之间的交通空间、公共景观之上，则投入了较多的文化宣传，试图扭转人们对蛇口传统工业片区的认知（图1）。相对而言，如果说通过2007、2009深港双年展有效激活了城市中心区的一处工业地块，那么2013深港双年展则是怀着更大的雄心，它试图通过文化发展的持续发酵来激活整个蛇口工业片区，带动老旧工业区的整体更新与转型[2]。

2．西岸双年展

2013年10月，上海西岸2013建筑与当代艺术双年展在徐汇滨江区域开幕。其主题——Reflecta（进程）和Fabrica（营造），两个词都是富有学术意味的专业词汇，可以看作是业

图1 2013深港双年展 a “价值工厂” b 区位 c 选址周边城市形态

界圈内对当今城市化进程的回顾与总结。用双年展艺术总监牟森的话来说，西岸双年展是一次“奥德赛”式的叙事实践，展示当中大量“蒙太奇”手法的运用和无头无尾的“去物质化”状态也许会使相当数量的市民参观者感觉过于“先锋”。因此，西岸双年展引发了这样一个值得思考的问题：如何搭建学术深度与公众认知之间的桥梁，拉近艺术、学术与大众的距离？

虽然西岸2013展览内容在学术性与可读性之间存有争议，但展场的选址、新旧建筑的“对唱”却十分出彩（图2）。一方面，张永和、柳亦春等先锋建筑师用一系列小尺度的滨水建筑理性地表达着个性；另一方面，他们对主场馆——原上海水泥预化车间的改造却表现得极为克制，基本保持了大跨度工业建筑朴素、纯粹的外观，对于紧邻中心展馆的数个航空油罐的改造同样如此。所有小尺度建筑被统合到滨水开放空间之中，同时适度保留了一些码头遗存作为空间雕塑，意欲打造一个开放的户外美术馆。

对浦江两岸滨水区的开发一直都是上海城市建设的重头戏。与西岸双年展展场隔江相望的是在大型城市事件推进下更新的世博会区域。与之区位相近且同为城市滨水老工业区的徐汇滨江区，选择的则是一条将规划、展览、工程、媒体全部连通的自我更新路径，实现的则是西岸区域历史、现实与未来的紧密结合[3]。

3. 成都双年展

2011成都双年展于2011年9月29日至10月30日在成都工业文明博物馆与成都东区音乐公园举办，举办方为成都市政府，以“物色·绵延”为主题，由“溪山清远：当代艺术展”“谋断有道：国际设计展”和“物我之境：国际建筑展”三大主题组成。此次展览意欲打造成都城市文化品牌，提升成都城市文化影响力和竞争力，形成成都探索现代田园城市发展的一个节点。

2011成都双年展展场选址有两处：一处位于2005年建成的成都工业文明博物馆，场地内保存了大跨桁架、铁轨与火车、机床与厂房等大量工业遗存。在展览举办之前，此地已被改造为专业的展览用地，功能分区明确，非常适合举办大型展览活动。另一处则位于与前者相距不远的成都东区音乐公园——一个由成都红光电子管厂改造而成的创意产业园区。经过精心策划，艺术展的开幕式得以与音乐公园开园仪式在同一天进行（图3）。

回看2011年的成都双年展，仅仅关注工业博物馆的艺术展进驻或是艺术展联动下文化创意产业的物质空间建设是远远不够的。多方合力助推的艺术展，呈现出来的似乎只是一次较为成功的城市营销手段。然而，对于城市而言，在打造出与众不同的城市文化地标的同时，这种营销手段带动的是整个成都东城老工业区的空间形态升级，并以两个旧工业

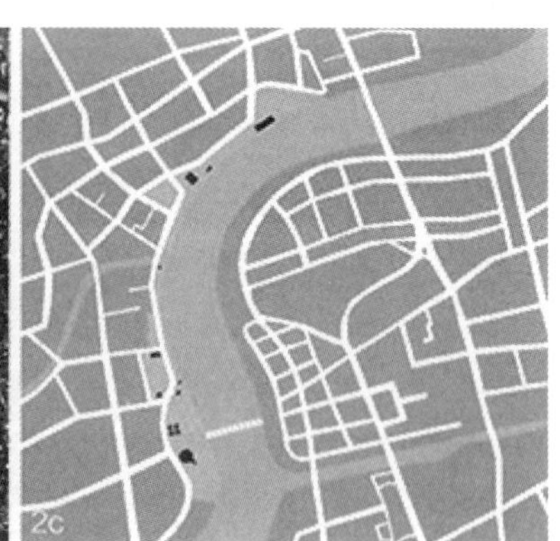

图2 2013西岸双展 a 中心展区 b 区位 c 选址周边城市形态

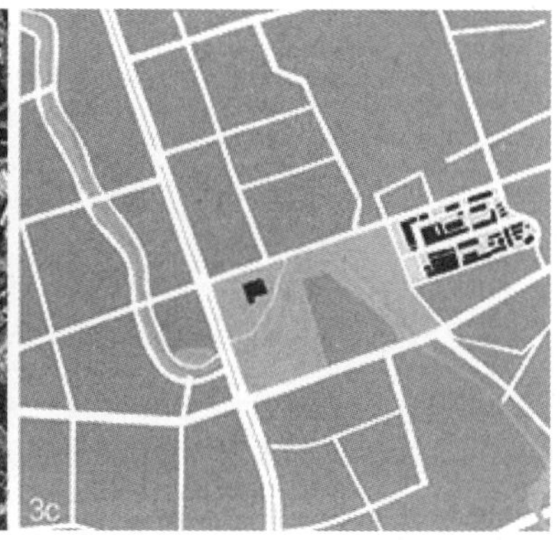

图3 2011成都双年展 a 东区音乐公园 b 区位 c 选址周边城市形态

建筑为中心，通过沙河滨水区域的公共空间建设、成都东二环路沿线的城市建设这两条空间轴，向外辐射并传递了艺术展览推动城市空间形态更新的正能量。

纵观以上三个艺术展，不难发现分布在国内一二线城市的艺术展在策展方案、场地选择、主体策划、经济投入上针对区域的物质改造较少，更加注重艺术展的文化生产本身——几个艺术展都试图在有限的时空范围内，完成建筑文化从生产、传播和消费的全过程。相较“建筑嘉年华”式的上海世博会，也有部分场馆改建自江南造船厂的老工业建筑，然而这些再利用实践更强调建筑与展品的的物质性，注重改造后的建筑外部形式。相比之下，几个地域性艺术展则更具自主性，以其“残破”和“再生”的形象传递出对当下城市地域化发展的忧虑和憧憬。

让·波德里亚在《消费社会》一书中指出，人们在消费商品时已不再是仅仅消费物品本身所具有的内涵，而是消费物品所代表的社会身份的符号价值[4]。从文化消费的角度看，“艺术展”与“老工业建筑再利用”并非单向选择，更多是两者的文化自觉与身份标签的互贴。这种“互贴标签”，一方面源自人们对工业遗产保护与再利用观念的不断深化，即越来越认识到工业遗产建筑中所蕴含的艺术价值，也乐于接受存在于旧工业建筑中的“艺术解读”；另一方面，全国各地的艺术展接连不断，而独立策展人、参展人的流动造就了展示内容的“千城一面”[5]，展场的地域特征建构，从硬件上打造独一无二的城市艺术展，成为了各地艺术展的追求[5]。

此外，这种结合也有其现实的一面：城市展览并非营利的城市公共物品建设，尤其是国内的各艺术展都还年轻，在没有形成如威尼斯双年展这样的城市品牌之前，如何在有限的预算控制下用最低的成本建设好一个短期使用（固定展期）的展示空间，一些公共可达性好的工业建筑则成为了不二之选。

二、艺术展空间自觉的策略选择

1. 城市策略

如果把城市艺术展当作是城市开发的一种策略，那么在经历了展览的前期准备、开展和后续开发后，工业建筑乃至工业片区的使用性质、强度及物质形态和环境品质都发生了变化[6]。不同于奥运会、世博会这类城市事件的“举全国之力”，城市艺术展一般资金投入较少、建造规模较小，若要最大限度地释放城市艺术展的能量，仅靠艺术展的“内力”是远远不够的。所有智慧的艺术展都以“与城市协同发展”作为布景，在其前期策划、后续的引导式发展中做足了功课。其前期选址、平行的配套建设与后续利用的整体性在展览准备期就已被精心整合到一个更宏大的工业区转型升级的发展规划之中。

这也正使我们看到，2005、2007深港双年展所激活的老厂房很快摇身一变，成为了华侨城文化创意园区OCT—LOFT，而其身后则是整个华侨城旅游文化产业发展的强大推动力；而2013西岸双年展所在的上海水泥厂，更多的生产生活设施被拆除，治理成城市绿地，并被整合到浦江西岸的城市公共开放绿地的开发之中，更试图并入徐汇区的滨江文化走廊建设；2011成都双年展所激活的是一个连接城市公共设施与文化创意产业园的滨水区域，所依托的则是成都东郊老工业区区的整体更新。

同时，城市展览由于其独特的汇聚能力和传播效益，能够对城市多方面的发展产生长效的促进作用，尤其是文化发展方面。而这种将城市艺术展当作“城市文化战略”的传统则源自威尼斯双年展——1895年时任威尼斯市长的里卡尔多·塞尔瓦蒂科策划了首届威尼斯双年展，怀着明确的城市营销观念和商业目的，他试图将威尼斯塑造成极具魅力的文化艺术旅游城市，为城市经济和文化艺术发展开辟新的市场平台。同时，作为主场馆的军械库历史建筑群也是一个工业遗产再利用案例。然而，国内各个选址于工业地块的艺术展有其自身的特殊性：经过长期的传统工业发展沉淀，围绕老工业区的生产关系所形成的文化生活已经无法适应周边区域城市化的发展需求。如何将老旧工业区这块缺乏文化活力的贫瘠之地转换为艺术"胜地"，艺术展的文化保育能力与传播能力显得尤为重要。

2. 主题策略

好的艺术展离不开好的策展主题，往往主题的选定，对参展作品的甄选及参展人的工作方向有着重要的影响，同时也决定着参与者思考的延展度。尤其是在一些城市展、建筑展中，好的主题除了能联结展品与观众，更多时候还能将观众与展场、展场与城市的关系联结起来。而此时艺术展的城市自觉也通过其与观众、城市建筑的多维联系得以体现。

回顾深港双年展的发展历程，特别是过往几届的主题选择及相应的展场选择，可看出展览以各种方式"介入城市"的同时，也探索了工业建筑再利用之于城市的不同意义。当参观者身处这些工业建筑改造的展场之中，也会思考这样一些问题：工业建筑是如何成为城市的边缘空间，甚至是弱势空间的（2013 年的"城市边缘"）？它们具有哪些非凡的价值，如何用更艺术、更科学的形式将这些能量转化（2011 年的"城市创造"）？若将它们置于更大的城市更新背景，又应如何反应（2007 年的"城市再生"）？可以说，深港双年展的实践在展前所制定的系统宏观的展示计划，智慧地选取不同工业建筑，不同的展场都紧紧围绕着展览的主题，不重复、有深度地介入到城市中的各个层面。

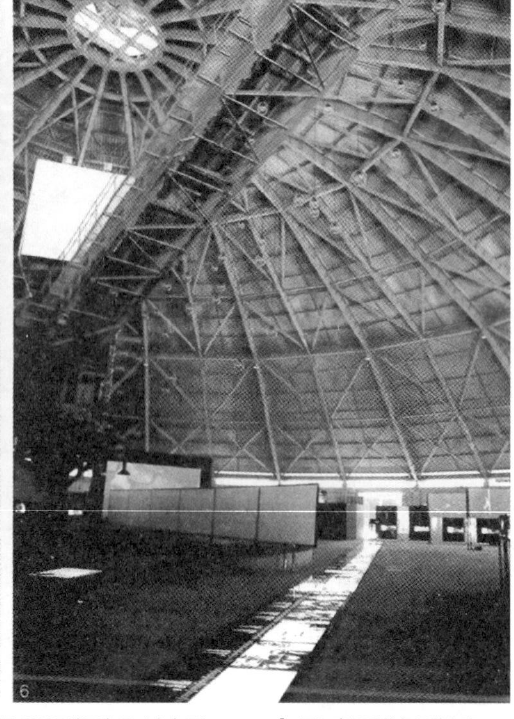

图4 2013深港双年展"机械大厅"　图5 2013西岸双年展"室内展"　图6 空间重构与展览叙事

图7 展示物与旧物品的并置重叠　图8 展示物与旧空间的再现

3. 空间策略

如果我们把工业生产和艺术展览都看成是社会活动的一个种类，那么在由生产空间转化为展示空间的功能置换过程中，同时也隐含着其空间由社会活动的载体转化为载体与主体相互融合这样一个过程——由功能置换带来的立场转换。

艺术展空间设计除了和其他工业建筑改造成博物馆、创意办公园区的实践一样，可对各类大跨度、高构架的工业厂房空间进行"穿插""并置""叠加"等一系列空间加工外，还可以通过空间和展示物来与公众进行思想上的交流，从而使建筑及其空间拥有更多话语权。例如在 2013 深港双年展中的机械大厅和仓筒的改造中，设计者用极其克制、甚至是"去功能化"的手法使得参观者与老厂房进行着空间、时间上的对话（图 4）。另外，在西岸双年展中，策展人通过精心设置，让各类现代艺术的展品与建筑之间保持着一种张力，而这种张力模糊了老的工业建筑改造与艺术表达之间的距离，从而为观众创造出一种多维度的参观体验——这就好比观众置身于话剧剧场，与其对话的不再只是演员与情节，舞台布景本身也成为了一种叙事手段。而这种艺术化的"空间再现"都是各类保护类工业遗产、创意园区中并不多见的（图 5）。

另外值得一提的是艺术展中对公共空间的塑造，一方面老工业建筑群的低层、低密度为其提供了施展的平台，另一方面艺术展自身也需要大置的公共交流，这就使得艺术展对公共空间的塑造愈发用心和精彩。这其中有些是通过原工厂空间的外部化来实现灰空间的塑造，有些则是通过原工厂外筑物的再利用来强化外部空间。此外，更重要的是流线的再组织：如何将各个呈网格型分散的生产空间串联起来，并将原来适应生产流程的高效空间序列进行再组织以适应人们的观展体验？各类回廊、坡道、垂直交通的多样复合利用就变得尤为重要（图6）。

4．符号策略

对于大置旧工业厂房建筑的保护，适应性使用是一种最有前途的保护形式，它保证了建筑物动态的、非博物馆式的寿命的延长[7]。在一些由旧厂房改建的艺术社区中，大量突出其历史身份的视觉符号频频出现，如附加在旧标语、旧机器、旧构筑物改造而成的空间雕塑等处的符号[8]。

然而，在艺术展策动的旧工业建筑再利用中，除了这些“传统”的艺术手段，艺术展的展品和装置还在对旧工厂的艺术解读中扮演了重要角色——设计者娴熟运用“并置”“再现”“转译”等手法,在保留工业空间历史身份与记忆的同时，表达了他们对展览主题的理解。例如，2013西岸双年展中，策展人运用多媒体展示与旧机器多种形式的并置重叠，让展示物与既有空间共存并产生互动（图7）；2013深港双年展中的“再创造”装置，则是以一种空间符号再现的方式，放置在旧仓筒空间之下，与之对话（图8）；2011成都双年展中的艺术装置，则是通过转译的手法将废旧机器零件重新组合，重塑了与旧工厂空间的关联。

三、反思与启示

1．艺术展，作为一种过渡功能

从城市形态发展的角度来看城市艺术展的选择，不只是一种空间策略，同时也是一种周期策略。纵观一个被改造工业建筑的生命周期，艺术展览只是在一个固定展期内时间、空间上的集中表达，这也正使得被改造工业建筑的后续利用，即艺术展作为一种过渡性功能的考虑变得尤为重要。

从建筑学的层面来看，这类基于旧建筑改造的艺术展，可以被看作是对城市旧工业建筑的一种临时性使用手段[9]。一方面，艺术展这种过渡性的功能开发，赋予了工业建筑乃至工业地块的后续开发中功能调整、扩张所需的发展弹性。艺术展展场提供人与人、人与艺术品交流的空间，因此展前改造更加注重对各类公共空间、交流场所的塑造。而这种改造也能顺利融入文化创意园、体育休闲设施、主题公园等“接替功能”之中，既避免了重复建设，也保证了后续入驻单元塑造个性空间的弹性。另一方面，遗产价值的认知本身是一种发展的观念，因此这种临时性使用，对于“准工业遗产”的保存是有利的。正如我们看到的三个案例中所涉及的广东浮法玻璃厂、上海水泥厂、成都红光电子管厂，无一不在城市历史建筑文保名录之外，然而艺术展览及其后续的功能，让更多的人以一种新的视角来观察这些城市中“早就该拆除”的工业建筑，并使得人们对这些他们先前并不重视的工业遗产有了新的认识、发现与想象。

从艺术展自身发展的层面看，这种“过渡”的策略，一方面没有给艺术展自身留下物质空间，另一方面却给艺术展自身带来了新的挑战，迫使其在策展、展览、管理的模式中作出调整。比如深港双年展中，展览场地不断变化，有人对艺术展的品牌建设、文献保存等提出了疑问：人们若在非展览时期来到深圳，是寻觅不到展馆和艺术品的，那么在互联网虚拟空间中，双年展网站建设、艺术品的网络展示能否成为实体空间的替代载体？或者说，实体展览中，受众与艺术品的多维度互动是否是网络展示无法替代的？这都需要艺术展自身通过实践进行更深入的探索与验证，而这反倒成为了推动艺术展多元发展的一股力量。

2．艺术展能否成为策动工业遗传转型的永动机？

在前文案例中，决策者们乐此不疲地将活化废弃工厂的使命交给各个艺术展览，将旧工业建筑改造为展场仿佛成了一种惯例。然而，城市展览是否真能成为策动工业遗产更新甚至文化转型的源源不断的动力来源呢？

众所周知，城市的发展是一个长期、系统的过程，它需要以城市的社会、文化、经济协同发展作为坚实基础，其中物质空间的建设是其最终表征。从本质上来说，艺术展策动下的工业建筑更新和时下盛兴的基于工业建筑改造的创意园建设，都属文化消费语境下的空间再现，只不过这些老旧工业建筑契合了这类创意生活方式对功能、经济、美学的需求罢了。如果说城市展览在短时间内驱动了工业建筑、工业片区的更新，那么其在后续发展中如何成功转型为艺术空间，甚至成为拉动片区文化发展的孵化器，从根本上来说，更需要的是城市文化生态自身的培育机制。这也是这类基于工业建筑更新的艺术展多发生在国内经济基础好、文化生态更具活力的一二线城市的原因。

3．责任与自觉

艺术展能否成为策动工业遗产转型的永动机？如果答案是否定的，那么艺术展之于旧工业建筑又有何独特的意义？城市艺术展作为城市公共物品，既不同于政府引导下的工业遗产的“冰冻式保存”，也不同于市场引导下的工业遗产的“腾笼换鸟”，那么它之于公共空间、城市、公众的责任又是什么呢？

首先，艺术展通过一种公众生活，将民众的交流、思考引入到废旧工厂的空间中来。与工业区更新中的“旗舰项目”偏重对物质空间的建设不同，城市艺术展更注重对公共空间的“智慧引入”和“智慧分享”，这种引入和分享不以消费为导向，也不屈从于空间的权属，更多的是建立一种交互式的、平等的社会关系，并将之纳入到空间中来。

其次，艺术展因其自身的传播效应，有着快速“活化”城市空间，以及转化老工业建筑辨识度的能力，这些都是“遗产式保护”与“替身式再利用”所不能及的。吸引面向全社会的艺术活动进驻于此，能快速扭转老旧工业区在公众认识中的负面形象，激发人们对旧工业区有机更新的热情，从而吸引更多的投资，并相应改善周边区域建筑的窘境。

最后，城市艺术展有着广泛的群众基础，能调用城市中更多元的群体参与到艺术展的过程中来——从旧工业建筑的价值发现、解读、再现到展览中的使用及其后续利用。这种“调用”的对象也由传统的工业遗产建筑权益人，转变为艺术展的参与人甚至是全社会；此外，这种“调用”更重要的意义在于能够激励更多的社会行动者，而并非止于空间的消费者，公众对工业建筑的改造也由被动的接受，转变为主动的思考与参与。同时，我们能看到，越来越多的城市艺术展在试图改变其策展、展览的机制，并试图引入更多的共同营造精神来打破“艺术圣殿”的传统说教。当这种精神被移植到工业遗产建筑之中时，我们甚至可以畅想，将公民社会的公共参与机制引入到工业遗产建筑的保存、改造与经营之中来。

四、结语

在经济全球化、城市景观趋同的大背景下，保护与再利用城市工业遗产已成为保育城市文化、发展城市独特地域性的重要途径。与此同时，越来越多的艺术展“携带”着其社会性的自觉，大胆迈出“艺术神坛”走向街头。然而，当这些艺术展走进城市贫民窟、城市废弃工业建筑之时，我们看到了其策展人的空间自觉——正如2013深港双年展策展人奥雷·伯曼（Ole Bouman）所言，这种形式并非是为了取悦观众，而是双年展的一次冒险经历[10]。强烈的城市协同发展观念与可持续发展的更新计划，使得艺术展区别于其他模式，形成了推动都市工业遗产更新发展的独特驱动力和改造成效。面对全国数量巨大的工业遗产，虽然艺术展不可能成为促使它们逐个更新的文化发动机，但是这种组合模式更重要的意义在于提供了一个思考的平台、一个“智慧的工业空间”，以及一个更为广阔的视野，而这才是对一个城市的真正回馈。

（原载于《新建筑》2015年03期）

图片来源：

图3a引自http://blog.artron.net/space.php?uid=49619&do=blog&id=818864#；

图1b、2b、3b引自Google Earth；

其余图片均为作者拍摄或绘制。

注释：

①“三来一补”是指来料加工、来样加工、来件装配和补偿贸易，是中国大陆在改革开放初期尝试性地创立的一种企业贸易形式。

参考文献：

[1] 欧宁．制造和观看双年展[J]．建筑学报，2010（1）：111-113.

[2] 佚名．AW访谈：李翔宁+Jeffrey Johnson[J]．世界建筑导报，2013（6）：10-13.

[3] 刘畑．社会力——西岸2013：建筑与当代艺术双年展[J]．画刊，2013(11)：11-17.

[4] 波德里亚J．消费社会[M]．刘成富，全志钢译．南京：南京大学出版社，2000.

[5] 陈海亮，欧宁．城市动员——2009年深圳·香港城市/建筑双城双年展总策展人欧宁访谈[J]．新建筑，2009(6)：56-62.

[6]冯果川．事件的力量，艺术展驱动城市[J]．时代建筑，2008(4)：30-33.

[7] Fitch J M. Historic Preservation：Curatorial Management of the Built World[M]. Charlattesville：University of Virginia Press，1990.

[8] 曹正伟，欧阳桦．蜕变：艺术乌托邦——工业建筑艺术化转型的价值图景[J]．新建筑，2012(2)：17-21.

[9] 萧一平，侯斌超．工业建筑遗产保护与再生的“临时性使用”模式——以瑞士温特图尔苏尔泽工处区为例[J]．城市建筑，2012(3)：19-23.

[10] 王然．双年展的冒险：Ole Bouman采访录[J]．世界建筑导报，2013(6)：8-9.

作者简介：

黄磊，湖南大学建筑学院；

彭义，同济大学建筑与城市规划学院；

魏春雨，湖南大学建筑学院。

江南水乡传统临水民居低能耗技术的传承与改造

杨维菊　高青　徐斌　尹述盛

摘　要：对江南水乡传统临水民居村镇的总体布局以及民居建筑本身的生态技术策略进行了整体分析，并在此基础上，针对目前传统临水民居的缺陷提出了若干具有适宜性的民居低能耗技术改造策略和措施。

关键词：江南水乡；临水民居；低能耗技术；建筑改造

江南水乡传统民居多依水而建，在千百年的历史发展过程中逐渐形成独具特色的民居形式（图 1）。江南水乡作为一个区域概念，学界并无严格的定论。考虑到相似的自然环境条件、密切关联的经济活动和相同的文化渊源等因素，本文中的江南水乡是指以太湖流域为中心的区域，涵盖江苏省南部、浙江省东北部地区和上海市，大致上由太湖平原、杭嘉湖平原和宁绍平原 3 部分组成[1]，即通常所说的无锡、苏州地区、杭嘉湖地区和上海市，其中成片保存较好的有以周庄、同里、角直、西塘、乌镇和南浔为代表的六大古镇，其余各地传统临水民居保留较好的已不多见。

江南水乡传统临水民居散布在水网密集的区域，与水的关系密切是其最大的特点。江南临水民居的营造充分利用地方性气候环境条件，采用本土化建筑材料和适宜的建筑构造方法，营造出与自然和谐的，能满足一定生活舒适度要求的居住环境。然而，随着江南水乡经济快速发展，当地居民对民居舒适度要求日益提高，传统临水民居无论在质量上还是室内舒适度等方面，都难以满足当今的居住要求，急需加以改造。

通过对周庄、同里、乌镇、西塘等地方的实地调研所取得的资料来看，这些村镇均随河傍水，各地村镇的水网布局各具特点。我们认为江南水乡传统临水民居的改造首先要从可持续发展的视野重新审视江南传统民居，同时继承其中的地域性特色技术。另一方面，还需要合理选用现代材料、现代技术来改善传统民居的室内环境，使其既能满足现代居住功能的要求，又能满足国家、省、市节能标准对居住建筑的要求。当然，同时还要考虑改造中的技术应用及其合理性，并体现传统民居建筑与当代新技术相结合，达到节约能源，改善室内外居住环境的目的。传统临水民居建筑中蕴含了诸多值得借鉴的被动式节能设计与地域性策略，体现了古代劳动人民的智慧，对目前的建筑低能耗技术有着重要启示。然而，传统临水民居建筑的节能设计并不是自成一统，而与其村落布局有着紧密联系，共同起到改善微气候、提高居住舒适度的作用。因此，有必要先对江南水乡传统临水民居的地域特点与空间格局等现状进行研究分析。

图1　江南水乡临水民居形式

图2　江南水乡传统民居现状

1．江南水乡传统临水民居现状

江南水乡水系河网密布，分布着大量具有传统临水民居的村落。传统临水民居整体而有机的空间布局在改善微气候、提高居住舒适性方面起到了重要的作用，在这其中临水民居建筑单体与规划布局共同扮演了重要的角色。

1.1　传统临水民居村落的空间布局

江南水乡地处长江三角洲，属于夏热冬冷地区。其传统临水民居的规划布局与当地的地理、气候环境有着密切关系，具有很强的地域性。而其中影响村落布局最大的因素则是自然水系的分布。传统临水民居村落呈现出与自然环境融为一体的有机形态，尊重自然的布局缓解了多雨水江南地区的水患压力，同时也满足了古代居民交通水路出行的便捷要求。根据民居布局与水体的关系，布局形式可以分为密网型、十字型、主干型以及混合型 4 种类型[2]。传统临水民居布局并不过分强调对称与整齐，而是以水为骨、依水而筑、因水成街，形成独特的住宅布局形式，从整体上避免部分气候、地理上的不利因素。另一方面，江南水乡人口密集，繁华稠密，形成人多地少的空间格局，村镇用地紧张。在此状况下，民居的发展十分注意集约土地利用，彼此之间联排而不设间距，或仅留狭小的巷道。尽管如此，各住宅之间又保持其独立的封闭性，保证了居住的隐私性。传统临水民居通常依水建房，粉墙黛瓦的民居形式、紧凑的空间格局给其带来一种建筑美学上的整体性，也构成了江南传统民居特有的建筑文化特征。沿街民居多发展为商业与文化活动场所，为街道与村镇带来活力。

1.2 传统临水民居与水系、街道的空间关系

我国古代城镇与欧洲不同，并不存在西方意义上具有围合感的广场与街道，居民交流的公共空间多属于滨水地带，最直接反映这一文化特征的莫过于《清明上河图》。同样，水系也在江南水乡临水民居聚落起着重要的作用，与古代居民生活起居、衣食出行有着紧密联系。江南水乡临水民居与河道之间具有一定的空间关系，这种关系主要有 3 种表现形态：

1） 中间是河道，河的两岸都是临水建筑，即“房－河－房”的格局。

2） 河道一侧是街巷，另一侧为临水建筑，即“房－街－河－房”的格局。

3） 中间是河道，两侧是街巷，即“房－街－河－街－房”的格局。

这 3 种临水民居顺应水系的空间模式首先体现了我国历史中的传统城镇文化，即刚才提到的滨水空间，自然水系成为了形成统一街道空间界面的脉络。一方面，这样利用自然水系提升了街道作为公共空间的活力。另一方面，保留自然水系减小了水患的压力，同时，顺应河道走向的街道进一步通过民居建筑形成的空间界面加强了对微气候的控制，如檐廊的设置。

1.3 传统临水民居的建筑平面布局

传统临水民居按照规模分类，按照环境的差别可分为面水、临水和跨水建筑。在建筑平面布局上，江南民居普遍的平面布局方式和北方的四合院大致相同。只是一般布置紧凑，院落占地面积较小，以适应当地人口密度较高、要求少占农田的特点。江南临水民居一般采用有大门、中轴线，迎面正房为大厅，后面院内建二层楼房，中间留有天井的基本布局模式，而天井既可采光也可作为排水用。因为室内侧坡的雨水从四面流入天井，这种住宅的布局俗称“四水归堂”[3]。沿河建筑的布局是把沿街的一楼做成商铺，二楼住人。现随着旅游产业的发展，在平面布局上，已把原有局部改成商铺，天井和临水一侧的住房作为旅游餐厅、小吃、住宿，供旅游者休闲。有研究者指出，从建筑节能的角度来看，民居平面形状大都为矩形，柱网尺寸接近现代模数，开间不大而进深较大使得住宅传热耗热值较低，能耗较少，而总进深不大于 15m，便于自然通风[4]。这也是传统临水民居通过建筑平面布局来改善住宅居住舒适度的重要设计策略之一。

1.4 传统临水民居建筑质量现状

江南水乡传统临水民居多为砖木结构，围护结构以空斗砖墙为主，墙体较薄，没有保温措施。屋顶做法大部分是“檩条－木板－油毡－顺水条－小青瓦”的老式做法。

屋顶没有设保温隔热层，这种做法对室内温度有一定的影响。另外，江南传统临水建筑所用的材料很多为木材，加之江南雨水多，降雨量大，且全年湿度较高，夏季更是呈现出高温潮湿的气候特征。木材在这样的条件下容易发霉、受潮，进而腐烂，甚至坍塌，无法起到围护结构的作用。门窗都是老式的木门窗、木搁栅式窗，在保温效果上不佳。地面处理不当，也会返潮。总体上来说，目前临水民居中有相当一部分民居年久失修，需进行改造（图 2）。基于对江南水乡传统临水民居村落与建筑布局的理解，我们还需要进一步来探究传统临水民居建筑中所使用的传统生态设计与技术策略，方能进行具有针对性的民居改造。

2. 江南水乡传统临水民居低能耗技术

2.1 传统建筑材料

江南民居多用木材、生土、竹材、砖瓦、石材、芦苇甚至秸秆稻草为建筑材料（图 3）。这些材料都是就地取材，而且是具有生态性、可持续性的价廉天然材料，这些秸秆稻草、竹材的屋面做法可起到冬暖夏凉的效果。同时，这些材料也方便运输加工，具有一种天然的节能理念。

木材是江南传统民居中使用最广泛的一种建筑材料，不仅可以作为门窗和家具的主要材料，而且还可以采用叠梁或穿斗的形式作为结构材料以及围护结构和楼板的材料。木材也具有非常好的生态性，能够适应江南湿热气候以及不同季

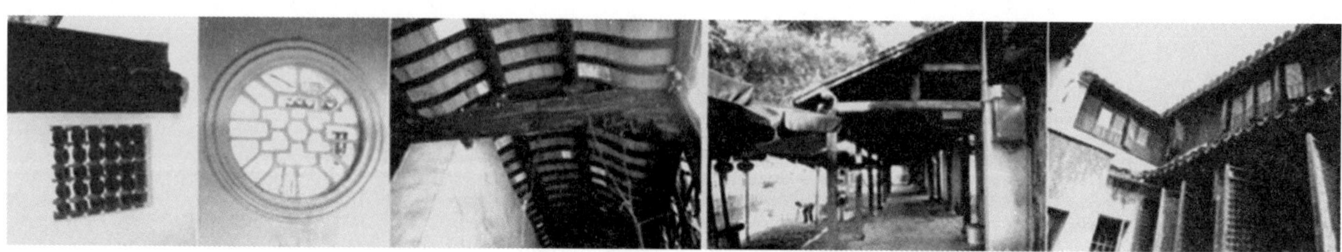

图3 江南水乡传统民居中的建筑材料

图4 气候缓冲空间（左：檐廊；右：天井）

节气候的变化。传统民居中的木制围合构件达到了隔而不断，既可用作围护构件，又不影响自然通风。同时，木制构件还增强了建筑的艺术表现力[5]。

夯土也是一种重要的建筑材料，夯土民宅拥有较好的热工性能，冬暖夏凉。江南传统民居中用得较多的是空斗砖墙，通常会在空斗砖墙内填充生土，来改善保温性能。但现在一般来讲空斗砖墙也不能再建，因为其抗震性能较差。

芦苇、麦秸、稻草也是江南民居屋面构造时常用的建材。传统民居通常在椽上挂望砖，或者用粗编竹席、杉树皮、芦苇、麦秸、稻草等垫层以后再挂青瓦。芦苇、麦秸、细竹蔑也常编织成窗帘、门帘等用于室内外隔断、通风和遮阳。这些材料舒适保温，清洁隔潮，来自自然，回归自然。

2.2 气候缓冲空间

气候缓冲空间是指通过建筑设计、对建筑空间巧妙组织合理布局而得到的对外界不良气候具有缓冲作用的建筑空间。气候缓冲空间也是建筑内部与外部环境之间的气候过渡空间，既能在一定程度上防止各种极端气候条件变化对室内舒适度的影响，又能对室内环境进行有利于人体舒适度的调节，满足居住者舒适度的要求。

分析江南民居的平面可以发现江南传统民居大体遵循着天井—檐廊—堂屋—卧室这类由开敞逐渐过渡到封闭的空间。江南传统临水民居中设置气候缓冲空间的部位包括入口、屋檐和檐廊、天井等（图4）。这些嵌套在核心起居空间外的“灰空间”为住宅提供了一个极好的气候缓冲条件，一方面可以作为室内与室外在功能上的过渡，另一面也是一种气候环境的过渡。其中，天井的利用有效地改善了建筑内部微气候，利用天井进行自然通风的原理是热压通风作用[6]。

2.3 合理组织穿堂风

在江南临水民居中，组织穿堂风是传统民居设计中的一种非常好的生态技术。在现在的设计中，这种方法一直被建筑师所运用。穿堂风形成的原理是利用风压作用在建筑迎风面形成正压力。另一方面，还需要在保证室内风流动方向上尽量减小阻碍，如在墙体和门窗上留有窗洞，住宅内的房间南北门对通，更能保证夏季良好的通风效果。穿堂风的效果还取决于进风口与室内面积大小，夏季时尽量打开面向迎风面的门窗，可以通过穿堂风来降低室内温度。

2.4 建筑的朝向

江南水乡民居的建筑朝向选择需通过对风向与太阳辐射两方面因素综合分析确定，室外环境与风速、风向、太阳照射的角度有着重要联系，室内环境的舒适度也受到其影响。看似没有规律的自由建筑布局却起到了改善微气候的作用，

图5 临水民居入口朝向河道　　图6 屋顶空间夹层

整体上来看民居并没有呈现出千篇一律的坐北朝南。但临水民居的建筑朝向通常是尽可能保证直接面向河道（图5），使河面的风经过房屋的后门直接进入室内。这样在夏季可以利用来自水面的风形成穿堂风，另一方面也利于居民使用河水的便利。

2.5 空气夹层的设置

传统临水民居的屋顶通常由盖瓦与瓦下望砖构成，但为了适应江南水乡地区夏季炎热的气候，传统民居屋面采用冷摊瓦，卧瓦与盖瓦之间有一定的缝隙（图6），这种特殊的构造方式使得屋顶上下之间的空气不是完全隔绝而是时刻处于动态的流动之中，有利于屋顶的隔热降温。通过这一措施，盖瓦与望砖的温差达10°C左右[7]。另外，江南民居屋顶之下的天花常做得比较高敞，这样有利于住宅内的自然通风。

3. 江南水乡传统临水民居改造

通过对江南水乡传统临水民居现状的调查研究，目前传统临水民居面临的问题主要在外围护结构年代久远，各方面性能较差，如坚固性、隔热保温以及防水性能；另一方面，居民根据生活需要进行的自发性改造对传统临水民居的整体风貌有一定的影响。在不影响传统临水民居整体风貌以及居民生活的前提下，以下改造措施较为适宜，有利于改善传统临水民居所面临的问题。

3.1 墙体改造措施

传统临水民居的墙体多采用以夯土材料建造的空斗墙，但是经过相当长时间的使用，这种墙体也暴露出一定的缺陷。传统工艺中的生土夯土墙，最大的缺点和发展瓶颈是强度不够高，遇到水的侵蚀浸泡容易崩解坍塌，丧失强度和承重能力，从而影响它的耐久性和使用寿命。其次，在建筑中，外围护结构的传热损耗较大，而且在外围护结构中墙体所占份额又较大[8]，年久失修也使得传统临水民居墙体隔热保温性能下降。因此，总的来说，传统临水民居墙体主要存在坚固性、防水性以及保温隔热性能上的缺陷。但是考虑到不对居民正常生活造成影响，同时保留原有民居村落整体风貌，建议采取对原有传统民居建筑进行加固、对外墙增加防水以及保温隔热的构造做法（图7）。

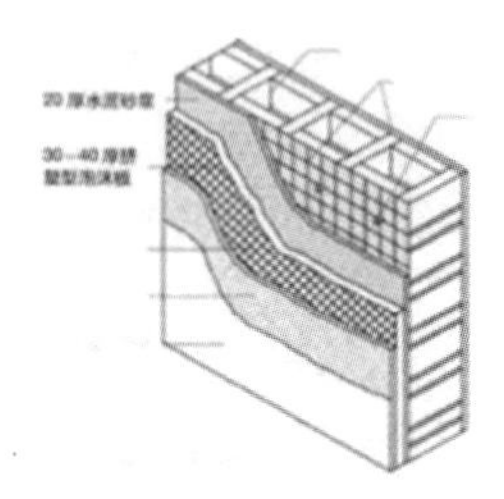

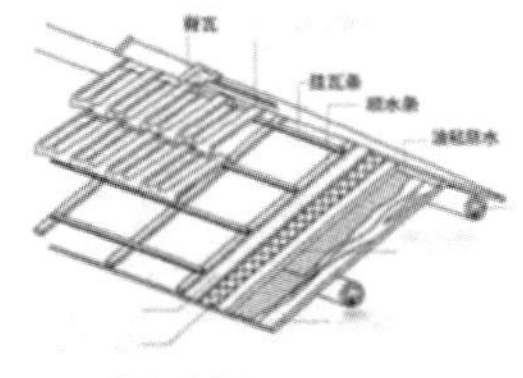

图7 传统临水民居墙体改造
图8 传统临水民居屋顶改造
图9 江南水乡传统民居窗改造

建议将原有墙体外墙表面进行清理，铲除原有破损面，然后抹灰找平；保温隔热措施主要采用外墙外保温做法，首先在墙体两边放置钢筋网，并用螺栓夹紧，以增加墙体的刚度；钢筋网上刷砂浆抹平；并铺30–40mm厚挤塑型泡沫板或其他保温材料；之后铺纤维网格布、防水砂浆；干透以后，在外墙防水砂浆外粉刷涂料。

3.2 屋顶改造措施

江南水乡民居屋顶形式都是做成坡屋顶的，既是传统的民居式样，也有利于屋面排水。同时，也是民居聚落整体性的重要因素。江南临水民居屋顶采用冷摊瓦有利于屋顶的隔热降温，但由于处于夏热冬冷地区，所以冬季保温效果较差，需要进行改造加强隔热保温的构造措施（图8）。

建议在对原有旧屋面板进行清理或翻新之上铺防水油毡、挤塑型泡沫板、网格布并抹灰，在砂浆上铺顺水条；在顺水条上铺挂瓦条后排小青瓦。

3.3 地面防潮措施

江南水乡湿度较大，地下水位高，地面湿气重。传统民居多用木构件受湿气影响较大，对民居建筑室内舒适度有一定影响。在民居当中，受湿气影响最大、最需要防潮保护的是地面，尤其是临水民居离河道较近，湿气的影响相对较大。因此，临水民居的地面防潮隔潮需要加强。地面防潮隔潮通常采取抬高宅基和架空地面的方法。抬高宅基可以有效地阻隔来自地下水的湿度给民居中木地面的不利影响，而架空地面则可以更好地保持木地面的干燥并具有更强的气候适应性。架在格栅上的木地板可根据气候情况使用，具有更好的灵活性[9]。

3.4 门窗节能

江南水乡传统民居采用木质门窗，临水民居与一般民居相比受到室外环境影响更大。因此，在门窗改造上可使用具有节能性的新型门窗，增加保温隔热功能同时改善室内环境。在门窗材料方面，可以采用塑钢门窗或断桥铝合金门窗，玻璃材料建议使用中空玻璃或者Low–E玻璃。但考虑到对原有传统民居外观上的保护，可以采用双层窗的形式（图9），避免改造更新对水乡整体风貌的破坏。双层窗的形式更利于保温隔热以及构件维护。

3.5 遮阳措施

江南水乡民居通常通过檐廊、天井来降低太阳辐射对室内环境的影响。但由于不具备可调节的遮阳措施，江南水乡传统民居在夏季为了获得更好的通风效果通常将门窗全部打开，这种方式也同时对室内光环境、热环境造成了影响。建议在传统民居的向阳面，特别是东西面采用活动遮阳，以改善传统民居热环境。

4. 结语

江南水乡传统临水民居多与环境相和谐，粉墙黛瓦的民居风格具有明显的江南特色。它适应当地气候和环境条件，在传统的民居建筑中有很多注重生态、注重气候、地域文化和整体环境的建筑特色和人性化的设计，这些都是我们值得向古代劳动人民学习的地方。在江南水乡传统临水村民居的改造中，我们不但要对这些传统建筑智慧进行深入挖掘，而且从更高更广的角度对这些传统的设计原则进行继承与发扬，从而创造出适合当代江南地区的绿色村镇住宅模式。

（原载于《建筑学报》2015年02期）

参考文献

[1] 周学鹰，马晓.中国江南水乡建筑文化[M].武汉：湖北教育出版社，2006.
[2] 阮仪三.江南古镇[M].上海：上海书报出版社，2000.
[3] 金蕾，王麟.江南传统民居生态经验在现代建筑设计中的应用探究[J].中华民居，2012(8):6.
[4] 张亮.从徽州民居看现代住宅的生态节能设计[J].安徽大学学报（自热科学版），2006,14(6):80–83.
[5] 石江辉.江南传统民居的生态建筑材料及其使用考察[J].浙江万里学院学报，2005,18(3):53–56.
[6] 刘家贤.新形势下苏州居住建筑生态设计分析[J].河南城建学院学报，2010,190:44–46.
[7] 张丹，毕迎春，田大方.传统建筑中蕴含的节能技术[J].华中建筑，2008,26(12):153–155.
[8] 杨维菊，陈衍庆，齐康.绿色建筑设计与技术[M].南京：东南大学出版社，2011.
[9] 鲍莉.适应气候的江南传统建筑营造策略初探——以苏州同里古镇为例[J].建筑师，2008(4):1–8.

图片来源

本文图片均为作者绘制拍摄。

作者简介

杨维菊、高青、徐斌、尹述盛，东南大学建筑学院（南京，210096）

视野的胸襟与历史观
——为什么提出当代亚洲视野下的建筑历史与理论前沿

陈薇

摘　要：通过4部分，陈述了建筑历史与理论在中国经历的关涉研究视野的变化过程与特点，分析了4个时期或4种研究视野产生的历史原由，展望了当代亚洲视野下建筑历史与理论前沿的相关研究内容和应保有的人文胸襟。

关键词：亚洲；视野；前沿；过程

美国学者罗兹·墨菲（Rhoads Murphey）在他的著作《亚洲史》的引言中提出一个概念："季风亚洲——一个完整的研究学习单元。"[1]16 其价值，与其说是将欧洲作为整体性研究的方法"适用"实践于亚洲[1]26，不如说，作者将最古老的文明传统以及亚洲的文化和历史经验根植于地理、人口密度、共同的文化特点，进行了历史梯度的揭示。

如果说这样的亚洲史成立，那么建筑史必然具备相似的视野与理论，因为建筑本身乃社会生活和文化传统之一部分。但是，自1929年中国营造学社成立并开展中国建筑历史与理论研究以来，虽然亚洲视野不曾回避，但是，在行进过程中若即若离、欲说还休，甚至渐行渐远。"完整的研究学习单元"在当代是否适用？如果有些不适用，原因何在？我想从中国建筑历史与理论研究的4个方面和过程蕴含之视野的胸襟和历史观，作些许探讨和表达。

1. 东方建筑研究是什么视野——关联·认知

应该说中国现代和亚洲视野相涉的建筑历史与理论研究，尤其是中国建筑史研究，始于1929年成立的中国营造学社。社长朱启钤先生在"中国营造学社缘起"开宗明义："方今世界大同，物质演进，兹事体大，非依科学之眼光，作有系统之研究，不能与世界学术名家，公开讨论。"[2]1。以明晰"世界文化迁移分合之迹"[2]4，可见视野开阔而开放。在第一卷"伊东忠太博士讲演支那之建筑"中，伊东忠太先生提出亚洲建筑有三大系：中国系、印度系、阿拉伯系，其时他将日本放在东洋，也就是中国系来看待。在第三卷中，滨田耕作先生著"法隆寺与汉六朝建筑式样之关系"[3]；田边泰先生著"'玉虫厨子'之建筑价值并补注"[4]；梁思成先生著"我们所知道的唐代佛寺与宫殿"[5]，涉及日本、中国和印度的朴素建筑关联和影响。同样认知的，还有第四卷的艾克先生"福清二石塔"[6]和刘敦桢"定兴县北齐石柱"[8]，以及库玛拉耍弥先生"泉州印度式雕刻"[9]。在"泉州印度式雕刻"中，更将泉州开元寺大雄宝殿檐柱及阶下华版的做法及样式直接和印度神话进行比对，并有"乍见几疑出自印度匠人之手"[9]68的感受。这些应该是中国现代最早的东方建筑研究。

如果仔细分辨，这些研究并不强调中国对于其他国家建筑的影响，或突出中国本土建筑，而是根据研究对象自然而然地关联，裨为更好地认知建筑历史。

当然，随着研究工作开展，《中国营造学社汇刊》三卷及以后更加重视建立中国建筑体系（包括木构、砖石构、土构）的认知标杆，尤其要树立各时期木构建筑的标尺——是什么样的？从《中国营造学社汇刊》五、六、七卷更可见，研究焦点越来越中国化，研究角度越来越有民族主义倾向。

这样的视野变化以及作者群由多样性转向以中国的为主，有当时政治背景的原因，更因为中国建筑历史与理论研究当时尚属起步阶段，建立一个对中国建筑的认知平台非常必要。20世纪50年代以后，当时的南京工学院（即现在东南大学）刘敦桢先生曾提出拟开展印度建筑研究，20世纪80年代以后东南大学建筑研究所郭湖生先生接续开展东方建筑研究，如关于西域和丝绸之路、西南少数民族和东南亚、中国和日本等建筑历史的探讨，还是从关联性角度入手。

关联性是东方建筑研究的核心，是一种整体的历史观，是一种客观的治学胸襟。我自己在20世纪90年代到2002年期间追寻为什么木构建筑成为中国古代建筑主流时，也尝试用关联性来认知相关的庞大系统——稻作文化。木结构不仅存于中国，其体系和很多国家以种植水稻为主的版图及相关的生活、劳作方式及文化系统有关。从技术角度而言，翻田耕种是一个很重要的方式，而翻动最关键的就是灵活，因此用木工具翻田十分常见，也由此发展出复杂而先进的木构榫卯工具，其技术也相应用于同地区的建筑；从制度建立而言，水利灌溉是必要的，而这样的大型工程不是一家一户能够完成的，由此发展出专制制度。因此，如果我们将木构建筑放在更宽广的生活状态和意识形态来考察的话，会更加接近历史的真实。

2．改革开放后的中国是什么视野——二元·比拼

1978年中国改革开放，主动向西方学习，其拥抱姿态很类似清末到近代的转变。首先学习技术，其次探讨制度，终于文化反思。不同的是：清末到近代，从1860年洋务运动到1898年戊戌变法再到1919年五四运动，前后用了60年；而中国改革开放后的1978—1989年，前后只有12年。1/5的时间，飞速的一个轮回。这一方面反映出历史发展有规律，另一方面刻画出改革开放后中国对于西方的一个态度：赶超和比拼。无形中是将西方作为和中国对立和追求的一个参照系。

这个阶段，建筑、历史与理论是什么视野？我试图归纳一下，是二元性的：传统和现代、继承和创新、中国和西方。其实，这样的视野，在营造学社后期已经十分明显，一直到1949年以后的民族风格、中国建筑特色的探讨，从未间断，甚至是建筑历史与理论的研究主流。但是，从营造学社时期到改革开放之后，建筑历史与理论研究视野所包涵的史观和胸襟有很大改变。

从亚洲视野来看，一个突出的现象是：对于日本建筑，原来是作为中国系，在建筑工地开放后直至今天，我们将它归于西方之系统。细究这样的变化，包涵两个层面的无意识：无意识地将中国孤立于亚洲深厚的关联性土壤和基础；无意识地将明治维新后发展出的现代日本建筑割裂于文化的关联。这仅是一个案例，但表明了中国看待世界的方式，也表现了当时建筑历史与理论研究采用的方法和态度的某种失误。譬如喜欢用西方现代建筑理论阐释中国传统建筑，无形中形成误读和无知：西方有的我也有；历史真实性丧失。如果用当时深层的意识去理解学术取向，可能就是努力寻找我们缺失什么。

3．近十余年建筑历史与理论是什么视野——交叉·发见

近十余年，建筑历史与理论是交叉而寻找发现的过程，也是一种内省的视野。

其中，在国外留学和工作或归来又致力建筑历史与理论研究的学者发挥了较大作用。比如王骏阳研究建构文化，李士桥研究亚洲伦理与城市的关系，朱剑飞研究心理和政治对于建筑的影响，李华研究建筑与现代性等，我也一直很关注赖德霖，他由原先关注建筑图像和象征系统转向更宏观的亚洲城市、空间和建筑研究。

也有些研究内容，看似不存在一个体系，但更贴近建筑理论存在的根蒂。如东南大学建筑学院和英国建筑联盟（AA）合作开展的系列学术研讨和出版书籍，关涉词语、建筑物、图、地形学和心理空间等，包括东南大学教授葛明研究的体积法。我们开展这些工作，关注的核心有两个：“作为现代知识形式的建筑学，和作为探索、质疑与丰富这一知识构建条件的中国。在建筑研究的边界不断扩展，建筑解读与讨论越来越多地进入到跨学科质询的同时，建筑学自身的构建依然是一个问题：如何返回建筑，如何将更广泛的议题转化为建筑问题，并由此重构建筑知识，并与建筑实践相关联。这一问题，或许在实践领域里正经历着快速扩张和变化，而在理论建构相对薄弱的今日之中国，比其他地方更为紧迫。”[10]

如此开展建筑理论研究的视野和倾向性，显然是反思和回归的，也是关注建筑学自身发展的。从而注重学科交叉、中外交流，也很自然地在建筑实践探索层面会发挥重要作用。如王骏阳老师提到他刚开始翻译肯尼思·弗兰姆普敦（Kenneth Frampton）《建构文化研究：论19世纪和20世纪建筑中的建造诗学》（Studies in Tectonic Culture：The Poetics of Construction in Nineteenth and Twentieth Century Architecture）时，并未想到“建构”会在中国引起这么大的反响。但因为建构文化本身所蕴含的质本性，自然会跨越国界和时代产生影响和作用。

4．当代亚洲视野是什么视野——内需·重构

经历上述过程，我们提出当代亚洲视野下的建筑历史与理论前沿，其实就是从内需出发而对未来建筑历史与理论进行思考重构的一项建议和举措。

一方面，建筑历史与理论和社会发展及建筑实践唇齿相依，中国建筑发展更需要有自己的足迹和方向。如何不是以一种姿态而是以一种内需面对存在问题，如何不是以一种标准和对抗而是以人文关怀正视诸如城乡差异等，已到迫切需要历史与理论进行重构的关键时刻。

另一方面，我们应该关注到，在非话语主流层面——如农村、边缘城市、少数民族地区等，我们开展的研究相当不够。尽管营造学社后期曾经关注并开展过地方建筑调研，20世纪50年代“中国建筑研究室”的主要贡献是开展住宅、园林和地方建筑研究，20世纪90年代在建筑史研究对象上也曾出现“从中心走向边缘”的格局[11]，但总体而言，尚未形成具有普适价值的理论。

因此，无论是顺时的学术发展，还是社会的需求土壤，都将催生建筑历史与理论的重构。

重构之一，一定是基于历史而生长的。小到具体的建筑，中到城市，大到亚洲，历史研究仍需加强，但如何形成生长的理论十分重要。如我研究南京有一很深的体会，是否有理

论很关键。南京是一个山水城市，它的出现没有建筑学、城市规划、风景园林这样明晰的概念和界限意识，是整体的规划设计和因时因此，可是这样的认知到近代基本上结束了，其时的“首都计划”是另外一个层面的知识运作，当传统的层面和近代的层面叠加起来时，如果发展出一种理论——如当时提出的“农村化、科学化、艺术化”，并加以实践，南京会是比今天更令人有遐思的城市。相反，没有理论而惯性走向另外一面的话，就是现在许多城市很拥挤而文化破碎的状态。

重构之二，是将城乡生活的品质差异尽量缩小而生活方式和形态迥然不同的倡导。我个人特别反对日益发展的消除城乡差异的生活主张。扩大到国家层面看，日本在全面西方化的进程中刻意保留诸如穿和服、吃素食、脱鞋席地的生活方式和传统，使得他们能够保持身份认同而平静接受无数变革，应该是一个正面的经验。

重构之三，将会重视中心和边缘的关系，重视中国和亚洲甚至是世界的关联，交融文化而厚积薄发。我在瑞士生活过一段，对瑞士建筑有一个很深的体会，就是边缘用于中心：巴塞尔和德国相邻，语言和文化及建筑特色就比较接近；提契诺地区接近意大利，文化及建筑传统相互联络；日内瓦毗邻法国，优雅之情一脉相承。中国和瑞士有相同，更有不同的地方：相同的是边缘和亚洲许多不同国家接壤，文化传统和语言及建筑呈现丰富的关联性，但是中心——自古而今就是不断吸收交融而快速发展的国家首善。也因此，边缘的丰富性实质也是中心兴盛的源泉，建筑亦然。

最后，我特别强调，当代亚洲视野下的建筑历史与理论研究前沿的核心是现代性。我愿意理解现代性是一个适应社会需求的顺势发展过程。如果我们一再强调断裂，或一再强调中国没有经历工业革命就无从谈现代，如果我们总强调文化差异，而不谈生活本身，那么我认为将我们的意识和生活操持得分裂无比。而我们现在的生活已经行驶在进程中，已经不分彼此，难分内外，譬如网络世界给我们带来的生活改变，这样的生活是需要我们重新来建构的，建筑只是其中一部分。而建筑历史与理论前沿，就是一个顺势的、希望有些超前的研究。同时我们应该关注到在现代性的命题下，中国和亚洲的文化和建筑关联，相对古代和近代社会是有不少区别的，如解殖民化、跨越空间的文化联络等，这种关联版图变化，是我开始谈到的将亚洲作为一个完整的研究学习单元在当代抑或有所不适的原因之一，而对其内涵进行揭示并由此搭建理论平台，是东南大学建筑历史与理论学科欲致力携手同仁所要做的事情。

（原载于《建筑学报》2015 年 11 期）

参考文献：

[1] 罗兹·墨菲．亚洲史[M]．黄磷译．第4版．海口：海南出版社、三环出版社，2004

[2] 中国营造学社．中国营造学社缘起[J]．中国营造学社汇刊，第一卷第一册，1930：1

[3] 滨田耕作．法隆寺与汉六朝建筑式样之关系[J]．刘敦桢译注．中国营造学社汇刊，第三卷第一期，1932：1－59

[4] 田边泰．“玉虫厨子”之建筑价值并补注[J]．刘敦桢译并补注．中国营造学社汇刊，第三卷第一期，1932：61－74

[5] 梁思成．我们所知道的唐代佛寺与宫殿[J]．中国营造学社汇刊，第三卷第一期，1932：75－114

[6] 艾克．福清二石塔[J]．中国营造学社汇刊，第四卷第一期，1933

[7] 刘敦桢．覆艾克教授论六朝之塔[J]．中国营造学社汇刊，第四卷第一期，1933

[8] 刘敦桢．定兴县北齐石柱[J]．中国营造学社汇刊，第五卷第二期，1934：28–66

[9] 库玛拉耍弥．泉州印度式雕刻[J]．刘致平译．中国营造学社汇刊，第五卷第二期，1934：67–73

[10] 李华，葛明．卷首语[M]//马克·卡森斯．陈薇．建筑研究01．北京：中国建筑工业出版社，2011

[11] 陈薇．天籁疑难辨历史谁可分——20世纪90年代中国建筑史研究谈[J]．建筑师．第69期．1996：79－82

作者简介：

陈薇：东南大学建筑学院（南京，210096）。

中国古代礼制建筑

傅熹年

礼制建筑包括祭祖先的宗庙，祭天、地、日、月、山、川的坛庙等，是皇帝通过祭祀向天下显示其皇权“受命于天”“淹有四海”具有合法性的场所，在古代是与宫殿并尊的重要建筑。受古代“至敬无文”（《礼记·礼器》语）观念的影响，礼制建筑追求端庄、简洁、肃穆，绝大多数采取中轴对称甚至纵横双轴或中心对称的布局，建筑用材高贵但装饰有度。现在所见古代实例如汉代的辟雍、明代的天坛，其布局和形体都以方、圆形为基础，取得了端庄肃穆的效果。

历朝都建有大量礼制建筑，取得很大成就，但具有明确朝代标志的太庙、社稷等大都在改朝换代时被毁，有的连遗址都被破坏，只有朝代标志不突出的文庙、孔庙、五岳庙等能较多保存下来。

西汉辟雍

《周礼》称天子之大学名辟雍。汉平帝元始四年在汉长安南郊建辟雍。其遗址已发现，是一座建在直径62米、高出地面0.3米的圆形夯土台上的方形台榭建筑，面积3800余平方米，四周有方形围墙，正中各开一门，其外有圆形水渠环绕，体现“雍以水”。中心部分是一座方17米的大夯土台，残高1.5米，其上原建有主体建筑“太室”。在它的四角沿对角线外延，又各筑有两个小方夯土台。在中心台四壁的外侧和四角各两个小夯土台之间，都建有横长形厅堂，称东、西、南、北四堂，每面宽33米。堂前建有地面铺方砖的突出“抱厦”，构成平面为亚字形、每面总宽42米的台榭。它有可能是中间为高起的太室，四周被低下少许的四堂环绕，形成中高边低的单层重檐或三层檐攒尖顶建筑。但也有专家认为可能是四堂和太室的二层建筑，由于遗址残损过甚，目前尚未形成较一致的意见。

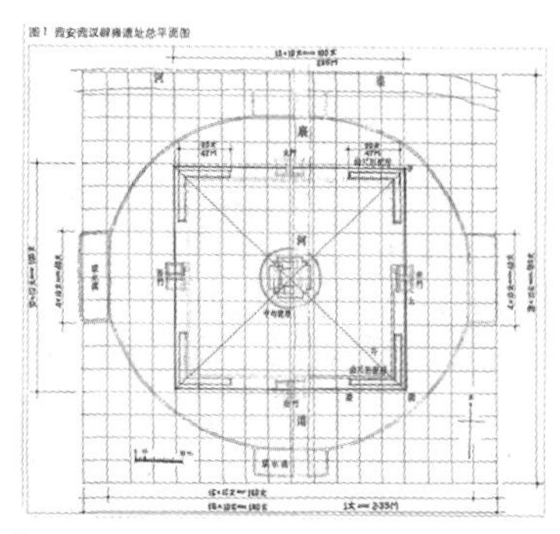

图1 西汉辟雍遗址总平面图

图2 金后土庙图及其概貌

其四周围墙方235米、四角曲尺形配房每肢长47米、四堂每面宽33米折算，当尺长为23.5厘米时，围墙方100丈，配房肢长20丈，四堂面宽为14丈。故所用尺长为23.5厘米的可能性颇大。以此折算，在总平面图上画10丈网格，则环河的直径约160丈，环水沟之长为40丈，宽为10丈，表明在总图上是以方10丈网格为布置基准的（图1）。

中间的主体建筑为正方形的明堂，方42.4米，合18.04丈，考虑遗址的残损，可认为即18丈，若在其上画方2丈网格，则东西两面的青阳、总章恰为宽5格、深2格，即宽10丈、深4丈，表明它是以方2丈网格为布置基准的。

现北京国子监的辟雍是清代参考历史记载加以想象而建的，但主体方形，外面环以圆形水渠的主要特征还保持着。

现存礼制建筑遗物较多的是宋代和明代。

北宋立国后在大中祥符五年（1012）订立了宫、观的建筑规制，建立了一些国家祭祀的祠庙，如五岳庙、后土庙、孔庙等，是当时国家建造的大型工程，代表了当时的规划、设计和施工水平。其中中岳庙、后土庙有金代碑图流传下来，岱庙、中岳庙、孔庙虽经后代修缮增建，但把图与遗存对照，原布局还可考知。它们都是廊院式布局的大建筑群，前面有三重门，主殿多为工字殿（图2）。

北宋中岳庙

在河南登封，北宋大中祥符二年（1009）建，平面纵长矩形，南面三门，四角有角阙。南门内有第二重门，在门的内外侧建有碑亭等。其北居中为主殿院，南面开三门，连接廊庑，围成殿庭，北面正中建前殿7间，寝殿5 间，用穿廊连成工字殿。前殿左右有斜廊通向东西庑，把殿庭分为前后两部分。主殿院左右侧有东、西路，建有若干辅助建筑。现状和现存金代碑图所示基本一致，只最南面的城楼是后增建的。

在实测总平面图上分析，可看到它是以方5丈的网格为布局基准的。庙区东西11格，南北25格，为宽55丈、深

125 丈。庙内中轴线上的主殿院东西 5 格，南北 12 格，为宽 25 丈、深 60 丈。如在主殿院轮廓上画对角线求其几何中心，位置在主殿前月台的前部，这是道教做法事的位置，说明这类祠庙布置受道教的影响。

北宋曲阜孔庙

北宋乾兴元年（1022）拓建，以后历代增修。现状四个角楼以内部分是宋初庙域，布局也是南门以内为主殿院，内建“工”字形主殿。

在实测总平面图上分析，可以看到它也是以方 5 丈的网格为布局基准的，庙区东西 9 格，南北 25 格，为宽 45 丈、深 125 丈。庙内中轴线上的主殿院东西 5 格，南北 10 格，为宽 25 丈、深 50 丈。如在庙墙四角画对角线求几何中心，正在杏坛处。杏坛传为孔子讲授堂故址，故宋代划定庙域时以它为中心。但如在主殿院轮廓上画对角线求其几何中心，位置在主殿前月台的前部，又是道教祠庙祭祀时的位置（图 3）。

以上两例总平面形成于北宋或金，都用 5 丈网格为布置基准；因主殿院月台前部是举行祭仪或做法事之处，故定为地盘几何中心。它们的布局表现出使用了共同的规划设计方法。

明北京太庙

明北京太庙按“左祖右社”的古制建在紫禁城前东侧，与西侧的社稷坛对称布置。它创建于明永乐十八年（1420），主体为正殿、寝殿两重。现状是嘉靖二十四年（1545）重建的，改为前后三重殿。

重建的太庙有内、外二重墙，都只在南、北面开门，外重墙南门内有金水河，东西侧相对建神库、神厨。桥北正对内重墙南面的正门戟门，戟门内殿庭正中建前、中两殿。前殿是祭殿，中殿是贮九世皇帝木主的寝殿，都面阔 9 间，共建在一个大台基上，两侧各有长 15 间和 5 间的东西庑。其后用横墙隔出后院，院内建面阔 9 间的后殿（初建时 5 间，后增为 9 间），贮 9 世以前皇帝的木主，是嘉靖重建时新增加的。中轴线上的一门三殿中，正殿是重檐庑殿顶，中殿、后殿和正门戟门都是单檐庑殿顶，用黄琉璃瓦，这种在中轴线上连续建四座庑殿顶殿宇的布置是孤例，即使代表国家的紫禁城“三大殿”也不是这样，属最高规格，用以表示家族皇权是王朝的根本和对祖先的崇敬（图 4）。

在实测图上于内重墙间画对角线，交点恰在前殿的几何中心。表明在规划中使用了把主体建筑置于地盘几何中心的“择中”的原则。据图上数据，太庙外重庙墙东西宽 206.87 米，南北深 271.60 米。内重庙墙东西宽 114.56 米，南北深 207.45 米。经核算，内重庙墙之深宽比是 9:5。又因外重庙墙之宽与内重庙墙之深只差 0.58 米，也可视为相等，则外、内两重庙墙的宽度之比也是 9:5，这都是在附会“九五至尊”的含义。

若以明代尺长折算，外重墙宽为 64.9 丈，深为 85.3 丈，内重墙宽为 35.9 丈，深为 65.1 丈，如考虑误差，可视为 65 丈、85 丈和 36 丈。这样内、外重墙的宽度和内、外墙的深度都可安排方 5 丈的网格；其中内重墙宽度比 7 格的 35 丈多出 1 丈，是因为它还要保持与墙深间的 5:9 的比例关系，两者不能兼顾所致。

明北京太庙是秦汉以来两千多年中十余个中央集权王朝保存下来的唯一宗庙实物，布局完整，现存主要建筑是明代前中期所建，极具历史价值。

明北京天坛

永乐十八年（1420）在北京建天地坛，实行天地合祀。其地盘南方北圆，建有一重坛墙，四面各开一门，以附会“天圆地方”的说法。其内在中心处筑矩形高台，台边砌矮砖墙，四面各开一门。台上建矩形的主殿大祀殿，四周由殿门、配

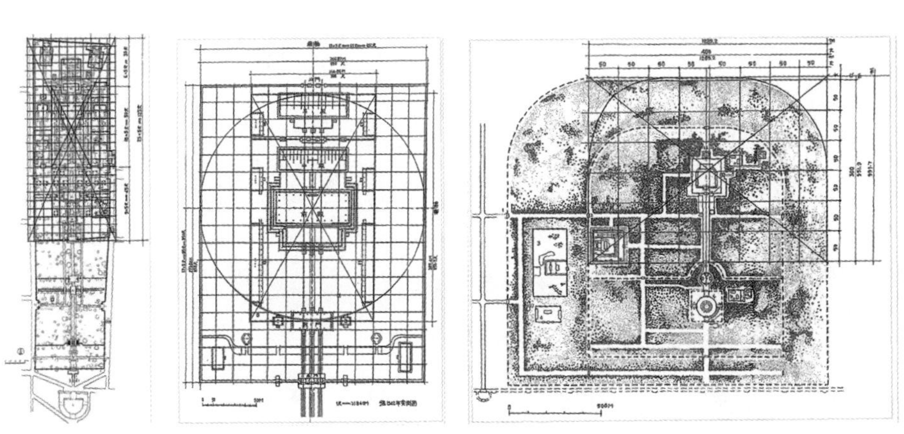

图3 曲阜孔庙平面布置分析图—用方五丈网格为基准，主殿院中心在主殿月台前沿，全庙中心在杏坛

图4 明北京太庙总平面分析图——以方五丈网格为布置基准，正殿居内院几何中心

图5 明永乐十八年建天坛图

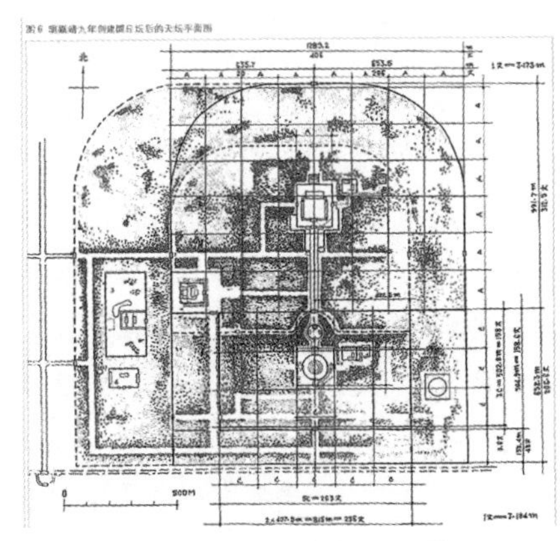

图6 明嘉靖九年创建圜丘坛后的天坛平面图

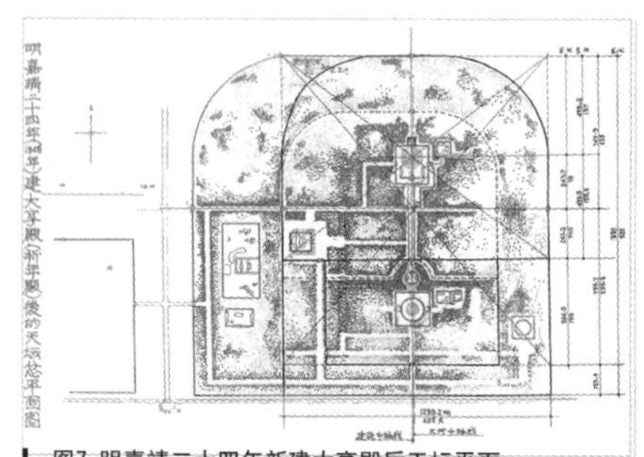

图7 明嘉靖二十四年新建大享殿后天坛平面

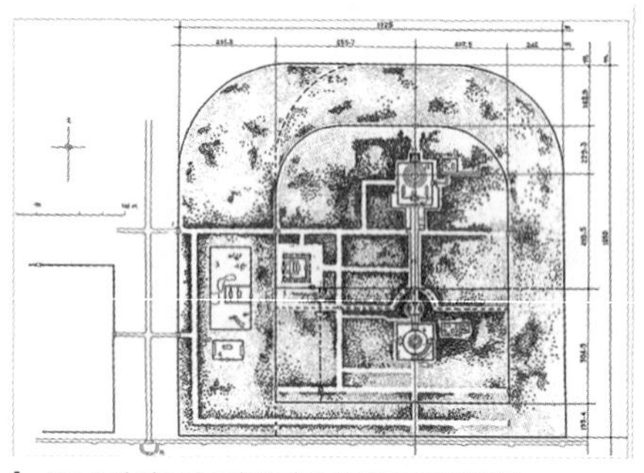

图8 明嘉靖三十二年增建外坛墙后天坛平面图

殿、廊庑围合成南面方角、北面圆角的殿庭，与坛区地盘的轮廓相对应。自坛的南门向北筑一条高甬道，直抵天地坛的正门，称丹陛桥，形成严格的中轴对称布局。古代大建筑群规划有用主体的长度或面积为模数的传统，循此线索在实测图上探索，发现此时坛区的宽、深是台宽 162 米的 8 倍和 6 倍，亦即坛区以大祀殿下高台之宽为模数，宽是其 8 倍，深是其 6 倍（图 5）。

明嘉靖九年（1530）改为天地分祀，在天地坛之南新建祀天的圜丘坛，其地盘是横长矩形，以天地坛的南门、南墙为北门、北墙，在其东、南、西三面建墙，围合成坛墙，每面开一门。在坛墙内建外方内圆两重壝墙，四正面各开一门，圆壝内建高三层的圆坛，即祭天的圜丘。嘉靖十八年（1539）又在坛北门与方遗北门之间建贮存祭天牌位的重檐圆殿皇穹宇，其外周以圆形砖砌围墙，南面开门。圜丘坛和皇穹宇建成后，基本形成新的祭天区。两者南北相重，形成中轴线，与原天地坛的中轴线相接，形成南北长约 900 米的共同中轴线，把两区连为一体。以圜丘各部分尺寸与坛区宽深比较，发现圜丘坛区的宽、深分别是方遗的边长 51.2 丈的 5 倍和 3 倍，即规划时以方遗的宽度为模数。这和天地坛区以高台的宽度为模数的手法是相似的（图 6）。

嘉靖二十四年（1545）把原大祀殿改建成大享殿，即今祈年殿。大享殿建在三层白石砌成的圆坛上，称“祈谷坛”，殿身圆形，直径 24.5 米，上覆三重檐攒尖屋顶，是坛区最宏伟巨大的建筑物。又在其北建贮祭器的皇乾殿，完成了对原天地坛一区的改建。此时的坛区只有一重坛墙，以现在的内坛西墙、南墙和外坛的北墙、东墙为界，东西 1289.2 米，南北 1496.6 米，圜丘坛和大享殿两区在坛区的中轴线上南北相对。它的正门不再是南面的成贞门而改以西墙上的西天门为正门（图 7）。

嘉靖三十二年北京增建南外城后，包天坛于城内，为与其西的先农坛形成夹正阳门外大道相对的形势，遂增建了外坛墙，把坛区向西扩到近大道处，向南扩到近外城南墙处，在坛区的南、西两面形成内、外两重坛墙。与之相应，在东、北两面也须形成内外两重坛墙，因坛区己不能向东拓展，遂以北、东两面的原坛墙为外墙，把圜丘内坛的东墙向北延伸为新的内坛东墙，以成贞门至祈年殿下方台之距（亦即丹陛桥之长）的 2 倍定内坛墙北门，最终形成内外相套的二重坛墙。这样，天坛就由原来的轴线居中变成中轴线偏在坛区东侧的现状（图 8）。

天坛的形制有一个发展过程，在明嘉靖三十二年以后始形成现状。历代祭天都建露天的圆台，现圜丘也是这样。但圜丘建成后，它北面的明初所建合祀天地的大祀殿必须撤去，遂改建为圆形的大享殿。本拟在大享殿行祈谷之礼，又因于礼经无据，且与先农坛功能重复，未能举行，故从礼制上讲，大享殿并没有固定功能。但是如从建筑群体布置角度来看，大享殿的建造，却使整个建筑群大为生色，成为坛区的中心。它改变了历朝建造露天圆台的传统，在较单调平缓的圜丘之北，矗立起体型巨大、形象端庄的大享殿，在高台、长甬道和浓密柏林的衬托下，成为全区的重心和天坛的主要标志建筑，使祭天的圜丘退居次要地位，其艺术震撼力远远超过历朝的同类建筑。

清代把圜丘四周的栏杆由蓝色琉璃改为汉白玉石，把祈年殿的三层屋檐由青、黄、绿三色改为深蓝色，使天坛的建筑形象更为完整端庄，色调更为纯正典雅，是完善旧建筑极为成功的事例。

天坛始建于明代，完善于清代，代表了古代礼制建筑达到的最高水平，是我国古建筑中的瑰宝。

在中国古代建筑中，最能反映院落式布置水平的是宫殿和坛庙，北京明清宫殿坛庙是现存唯一孤例。但现存五岳庙、孔庙大都创建于北宋，也可适度弥补古代宫殿不存的缺憾，反映其历史继承性和一脉相承之处。

（原载《美术观察》2015 年 06 期）

作者简介：

傅熹年，中国建筑设计研究院建筑历史研究所研究员，中国工程院院士。

宫室得其度，园林乐其节——中国古代建筑思想一瞥

王贵祥

摘　要：中国古代建筑的重要思想之一是“宫室得其度，园林乐其节”。度，适度的意思；节，节制的意思。也就是说，宫室建造不能够过度，要使宫室的大小规模、装饰风格，适合每座建筑的身份等级，即使是高等级的建筑物，也不应该过度，而应该有适度的规模、尺度与装饰。园林也是一样，园林表现了“从心所欲”之乐的一个方面，但其原则应该是从心所欲不逾矩，也就是不要超过一定的规则。或者说，要持《周易》中“甘节之吉”的概念，即既要有甘甜之美乐，又要有一定的节制，才会带来吉的效果。所以古代中国宫室得其度，园林乐其节，反映的正是这样一种思想。

关键词：宫室；度；礼乐；园林；节

一、宫室中度，衣服中制

笔者之前讨论的命题“礼者中也，乐者和也”，在后来的一些文献中又被加以演绎，并且与中国古代建筑——宫室营造与居处联系在一起。其中比较典型的一个说法是《史记》中提出来的：“制曰：盖闻导民以礼，风之以乐，婚姻者，居室之大伦也。”[1] 明代人夏良胜在《中庸衍义》中引用了这一段话，并加以推衍：“武帝诏曰：盖闻道（导）民以礼，风之以乐。婚姻者，居室之大伦也。臣良胜曰：汉武雄才大略，举贤劝学，文雅足称若此，诏以礼乐之道，乡党之化。……夫礼者序也，乐者和也，自居室始。”[2]

显然，无论是汉武帝，还是明代儒生，都认为居住性的宫室建筑是古代礼乐制度中最为重要的一个环节。无论是礼者之序，还是乐者之和，都是从居室建筑中开始体现的。居室开间数量之多少，房屋台基、屋顶高低之差异，房屋体量大小之区别，以及装饰处理上的贵贱之异、长幼之序，都体现了礼的秩序；居室中的日常生活起居，夫妇合卺之喜，老幼天伦之乐，居室内的琴棋书画之设，也正体现了乐者之和。因此，作为居室之代表的宫室建筑，正是古代礼乐制度的载体。

西晋时期竹林七贤之一的阮籍写过一篇《乐论》，对古代礼乐之制提出了一些独到的见解，其中特别谈到了宫室建筑与礼乐的关系：“尊卑有分，上下有等，谓之礼；人安其生，情意无哀，谓之乐。车服、旌旗、宫室、饮食，礼之具也；钟磬、鞞鼓、琴瑟、歌舞，乐之器也。礼逾其制，则尊卑乖，乐失其序，则亲疏乱。礼定其象，乐平其心；礼治其外，乐化其内，礼乐正而天下平。”[3]

在阮籍看来，无论是礼，还是乐，其本质都是对社会秩序的一种规范与强调。而社会生活中的一切器物，包括日常生活之衣食住行的种种物品，其实都是可以归在“礼之具”的范畴之下的。他在这里举出了出行之车马，仪礼之服饰，标识之旌旗，起居之宫室，饮食之器物，这些都属于与礼制仪轨有关的器具。从这一点可以看出，古代中国人日常生活中所使用的一切外在之物，几乎都被打上了礼制规范的标记。也就是说，处在社会不同等级中的人，在服装、车马、旌旗、宫室、饮食，甚至死后所应享受的丧葬器具与祭品上，都应该遵守各自应持的社会化的规则与范式，而不应该有所违反或逾越。正是所谓“生，事之以礼；死，葬之以礼，祭之以礼”[4]，不应该有丝毫的僭越。

所谓宫室，可以理解为中国古代建筑的通称，不仅包括帝王的宫殿，也包括士人的住宅、佛道的寺院与宫观，甚至庶人的堂舍屋宇。如《礼记》中提到了孔子提出的“儒有一亩之宫，环堵之室，筚门圭窬，蓬户瓮牖”。[5] 这里的“一亩之宫”，虽然用了“宫”字，指的却是士人简陋的茅舍，且仍可归在“宫室”的范畴之下。

作为礼之器具的宫室，其核心原则是按照社会的等级将不同社会身份的人所应该居住的宫室房屋分为若干个不同的级差。这种级差，可以是基址规模的大小、建筑开间的多少、建筑台基的高低、门屋的高低与大小、建筑屋顶的形式、屋顶的瓦饰式样、屋瓦的颜色、柱子的颜色，也可以是门环上的装饰物如门环铺首等。几乎每一个时代，都为自己时代宫室的等级差异做了十分详细的规定。这样一种差异性的规定，也就为每一个不同等级的人所应遵守的规则各自确定了一个度，遵守这个度，也就遵守了宫室营造与装饰的准则，汉代人伏生在《尚书大传》中写到：“庙者，貌也。其以貌言之也。宫室中度，衣服中制，牺牲中辟（辟，法也）。”[6]

庙，是古代高等级宫室建筑的代名词，如宗庙、极庙、祖庙、太庙、孔庙、文庙、祠庙等。帝王之宫殿，也常常被称为“庙堂”。后世更习惯将佛教的寺院与道教的宫观也概略地称为庙。而庙的本来意思是“貌”，或者说是高等级建筑物的外貌、外观。如《礼记》所谓“合情饰貌者，礼乐之事也。”[7] 也就是说，建筑物的外观之样貌，门窗、梁柱之装饰都属于

礼乐制度的范畴之内。而这种外貌装饰又被纳入到一定的规制之中，使不同等级的宫室各有其应持的“度”。遵守这个度而无所逾越，就是历朝历代建筑的基本准则。而这个度的基本特点之一就是它的等级差异性，如《礼记》中有：

礼有以多为贵者：天子七庙，诸侯五，大夫三，士一。……天子之席五重，诸侯之席三重，大夫再重。

有以大为贵者：宫室之量，器皿之度，棺椁之厚，丘封之大。

有以高为贵者：天子之堂九尺，诸侯七尺，大夫五尺，士三尺。天子诸侯台门。此以高为贵也。

礼有以文为贵者：天子龙衮，诸侯黼，大夫黻，士玄衣纁裳。天子之冕，朱绿藻十有二旒，诱侯九，上大夫七，下大夫五，士三。此以文为贵也。[8]

类似的等级规定在中国古代儒家文献中经常可以看到：

天子殷屋，四注四溜；诸侯，四注三溜；大夫夏屋，二注二溜。士二注一溜。天子之堂，广九雉；公侯七雉；伯、子、男五雉；士三雉。三分其广，以二为内，五分其内，以一为高；东房四房，北堂各三雉。天子之堂，九尺；诸侯，七尺；大夫，五尺；士三尺。尺一等。天子、诸侯，朝寝居中，庙社左右；大夫、士，左庙右寝；天子、诸侯，左右夹室；大夫、士，有东夹，无西夹。天子、诸侯，有树屏；大夫，以帘；士，以帷。天子之墙，贲墉；诸侯，疏杼。[9]

这些等级规定，是后世之人从历史文献中辑录、整理而来，以作为其朝其代建筑等级规定的参考。但是，这些规定已经与其时其代的具体建筑有了很大的差异。这说明宫室建筑等级差别的规则，是随着时代的变化而不断变化的。但是，毫无疑义的是，与建筑等级差异有关的房屋居室的等级规定，在十分古老的时候，就已存在。如反映上古三代历史的《尚书正义》中，就透露出了类似的信息：“月正元日，舜格于文祖。询于四岳，辟四门，明四目，达四聪，咨十有二牧，曰，食哉惟时。舜曰，咨四岳，有能奋庸熙帝之载，使宅百揆，亮采惠畴。……五流有宅，五宅三居。（谓不忍加刑，则流放之……五刑之流，各有所居，五居之差，有三等之居。大罪四裔，次九州之外，次千里之外。）”[10]

这里的“五宅三居”，已经表达了居住建筑的等级分别。这可能是最早提出的建筑等级差异的例子。后来的历朝历代都对本朝的宫室屋舍的等级制度做了规定。

从《礼记》中对于不同等级建筑与装饰的描述，可以得出一个印象：古代礼制规范中的等级分划，其实是仅限于士以上的社会阶层的，并不包括庶民阶层。也就是说，所有具有等级标识性的宫室、车马、旌旗、衣服、饮食之“合情适貌”，其实都是为了统治阶层内部不同等级人物之间的相互关系而设定的。处在这一等级系列最高端的是天子，而处在这一等级系列最低端的，其实是封建统治阶层的人才基础——士大夫。在中国古代《礼记》文化的建构与设计中，士以外的普通庶民，无论其贫富，其实都已经被排除在基本的等级系列之外了。我们还可以通过一个例子来观察这一点：“春秋庄公，丹桓宫楹，非礼也。在礼，楹，天子丹，诸侯黝垩，大夫苍，士黈。黈，黄色也，案此即自士以上，屋楹方许循等级用采色。庶人则不许。夫是以谓为白屋也。后世诸王皆朱其邸，今世凡官寺，皆施朱，存古也。”[11]

这里所说的庶民阶层没有被纳入到等级系列之中，并不是说庶民阶层可以随意地建造或装饰，而是说庶民阶层连最低等级的装饰也不允许使用。这一点从古代建筑与服饰的等级差别中可以看得很清楚。如服饰上，庶民百姓者称“布衣”“短裳”，就是与等级化的服饰及其黼黻装饰区别开来的。而在居住建筑上，庶民百姓的“白屋”也是对应于统治阶层建筑中种种的色彩装饰而言的。各个不同朝代具体颁布的《营缮令》，对于不同等级住宅房屋等级进行的规定同样也不包括庶民阶层的低等级舍屋。也就是说，在所有这些规定中，庶民阶层既是处在其所规定的等级系列之外，又可归在整个等级制度最低阶层的范畴之内，如前面已经提到的唐代的《营缮令》：“准《营缮令》，王公已下，舍屋不得施重拱、藻井。三品已上堂舍，不得过五间九架，仍厅厦两头；门屋不得过三间五架。五品已上堂舍，不得过五间七架，亦厅厦两头；门屋不得过三间两架，仍通作乌头大门。勋官各依本品。六品、七品已下堂舍，不得过三间五架，门屋不得过一间两架。非常参官，不得造轴心舍，及不得施悬鱼、对凤、瓦兽、通栿、乳梁装饰。祖父舍宅，荫子孙，虽荫尽，仍听依旧居住。天下士庶公私宅第，皆不得造楼阁，临视人家。近者或有不守敕文，因循制造，自今以后，伏请禁断。庶人所造堂舍，不得过三间四架，门屋一间两架，下仍不得辄施装饰。”[12]

从这里透出的信息中，可以知道唐代的营缮制度对于不同阶层的官吏的住宅建筑均有相应的建筑等级规定。其规定的范围，从堂舍的开间数与进深架数（如三品以上，五间九架），门屋的开间数与进深架数（如三品以上，三间五架），到屋顶的造型（如五品以上，厅厦两头）、门的造型（如五品以上，通作乌头大门），一直到轴心舍的设置（常参官以上），及屋顶装饰的使用（施悬鱼、对凤、瓦兽）或屋内装饰性结构件的使用（如通栿、乳梁等）。而将“庶人”排除在了这一基本的建筑与装饰等级之外，只是将其限定在“堂舍，不得过三间四架，门屋一间两架”这一最低的建筑标准之内，而且明令“不得辄施装饰”，也就是说，只能严守等级系列之外的“白屋”的规制。

这里虽然没有再提“礼制”的规则，但《营缮令》中所说的基本原则却正是西汉大儒董仲舒，在谈到古代礼制规则时所强调的：“饮食有量，衣服有制，宫室有度，畜产人徒有数，舟车甲器有禁；生则有轩冕之服位、贵禄、田宅之分；死则有棺椁、绞衾、圹袭之度。虽有贤才美 体，无其爵，不敢服其服；虽有富家多赀，无其禄，不敢用其财。……命士止于带缘，散民不敢服杂采，百工商贾不敢服狐貉，刑余戮民不敢服丝玄纁乘马，谓之服制。”[13]“循宫室之制，谨夫妇之别。”[14]

从史料上来看，历代都曾颁布过《营缮令》，只是因为历史的原因而使典籍湮没，难以搜寻。如东汉末三国曹魏时，就曾颁布有《营缮令》，其中的大部分条款已经散失，仅余一条被收在了《太平御览》之中，其文谓："营缮令曰：诸私家不得有艨冲等船。"[15] 这也说明，古代所谓的"营缮"之范围，远不仅仅是房屋宫室的营造，同时也包括船舶的建造。《金史》上提到，金代泰和元年（1201 年）正月曾经颁布了"《营缮令》十三条。"[16]

细考古代礼制中的等级规则，远远不只是限于宫室营造的范围之内。故除了营缮令之外，关于车马、服饰都有专门的律令，《唐律疏义》中特别谈到了这一点："诸营造舍宅、车服、器物，及坟茔、石兽之属，于令有违者，杖一百，虽会赦，皆令改去之。疏义曰：营造舍宅者，依《营缮令》：王公以下凡有舍屋，不得施重拱、藻井。车者，《仪制令》：一品青油纁通幰虚。偃服者，《衣服令》：一品衮冕；二品鷩冕。器物者，一品以下，食器不得用纯金、纯玉。坟茔者，一品方九十步，坟高一丈八尺。石兽者，三品以上六；五品以上四。此等之类，具在令文。"[17]

这又使我们回到了《礼记》中早已经提出的命题之上："宫室得其度"。这里的宫室，如果将普通庶民的"白屋"排除在外，那应该就是统治阶层中从底层官吏到一品官吏之间，各自应持的建造规则，其中包括堂舍与门屋的开间与间架，建筑物细部的种种装饰。而与这样一种等级化的建筑制度，相匹配的是等级化的车马、服饰、食器等规定。

我们可以将唐代文献中与礼制等级差别有关的主要规制，包括服饰、骑乘、车乘、堂舍、厅与门屋等排列人表 1，从中略可看出唐代品级制度在服饰、车马、堂舍、门屋等方面森严的划分。

表 1 中所引唐代《营缮令》中记录的建筑等级制度，主要体现在其宅第的中心建筑——堂与厅及其主要人口——门屋的开间、进深及造型上；以堂前的厅为例，三品至五品官的厅，只能用"厦两头造"的屋顶做法，而六品、七品官及其以下的等级，显然已经没有厅的设置；而住宅的正房——正殿、正堂、正舍，与人口——门殿、门舍、门屋等，是一般住宅所必备的两个基本建筑要素。这两个要素是不可或缺的，故而只能对其在开间、进深两个方面加以限制。

宋代在居室营缮方面的规定，其文献存世者已不甚详细，但仍可以从后世所辑的部分资料中略窥一二："宋制：一凡公宇栋，施瓦兽门，设梐枑。诸州正衙门及城门，并施鸱尾。不得施拒鹊。六品以上宅舍，许作乌头门。父祖宅舍有者，子孙许仍之。凡民庶家，不得施重拱、藻井，及五色纹彩为饰；仍不得四铺、飞檐。庶人屋舍许五架，门，一间两厦而已。"[18]

从这些残存的历史文献片断中，大约可以猜测宋代在居室营造上的等级限定虽然很严格，但是似乎比我们所熟知的明清时代还要宽松一些，如其在州衙的建筑仍可以施鸱尾；庶民的屋宅，虽不准施重拱、藻井及五彩纹饰，也不许施用四铺作以上的斗拱及飞檐的处理，但是，似乎并没有完全排除使用简单的斗拱或较为朴实色彩的做法。而明清时代的建筑，即使是地方官署建筑也要以不施鸱吻斗拱的小式建筑为准。在明清时代的庶民宅舍中，是绝不允许使用斗拱的，更不允许使用红色的柱子、门或在建筑物上加以彩绘装饰的做法。

然而，尽管历代的制度可能有所差异，但其等级化礼制文化的本质，却是一以贯之的，所以历代的营缮规则，其实

表1 唐代礼制等级规定

品级	服饰	骑乘	车乘	堂舍	厅与门屋
亲王及三品已上，若二王后；一品及开府，仪同三司	服色用紫，饰以玉	七骑（或九骑）	金铜饰犊车、檐子，舁不得过八人	王公已下，舍屋不得施重拱、藻井	
二品及特进	许服玉，及通犀；	五骑（或九骑）	金铜饰犊车、檐子，舁不得过八人	不得过五间九架	厅厦两头，门屋不得过五间五架
三品及散官	许服花犀、斑犀及玉，又服青碧者，许通服绿	三骑（或七骑）	金铜饰犊车、檐子，舁不得过六人	不得过五间九架	厅厦两头，门屋不得过五间五架
四品、五品		二骑（四品，或五骑）	白铜饰犊车，白铜饰檐子，舁不得过四人	不得过五间七架	厅厦两头，门屋不得过三间两架，仍通作乌头大门
五品已上	服色用朱，饰以金			不得过五间七架	厅厦两头，门屋不得 过三间两架，仍通作乌头大门
六品		一骑	画奚车、檐子，舁不得过四人	不得过三间五架	门屋不得过一间两架
六品已下，非常参官		不得马从		不得过三间五架	门屋不得过一间两架
七品已上	服色用绿，饰以银		画奚车、檐子，舁不得过四人	不得过三间五架	门屋不得过一间两架
七品已下，非常参官		不得以马从，未任者 听乘蜀马，鞍用乌漆装	画奚车、檐子，舁不得过四人	不得过三间五架	门屋不得过一间两架
九品已上	服色用青，饰以鍮石	（疑同上）	画奚车、檐子，舁不得过四人	不得过三间五架，	门屋不得过一间两架
胥吏及商贾妻	（疑同庶人）	不得乘马	不得乘奚车及檐子；其老疾者，听乘苇□车及兜笼，舁不得过二人	（疑同庶人）	（疑同庶人）
庶人（含流外官）	服色用黄，饰以铜铁	不得乘马	（庶人车乘同商贾妻）	不得过三间四架	门屋一间两架，仍不得辄施装饰

都是与《礼记》中的基本思想相契合的："子曰：'明乎郊社之义，尝禘之礼，治国其如指诸掌而已乎！是故，以之居处有礼，故长幼辨也；以之闺门之内有礼，故三族和也；以之朝廷有礼，故官爵序也；以之田猎有礼，故戎事闲也；以之军旅有礼，故武功成也。是故，宫室得其度，量鼎得其象，味得其时，乐得其节，车得其式，鬼神得其飨，丧纪得其哀，辩说得其党，官得其体，政事得其施。加于身而错于前，凡众之动得其宜。'"[19]

《礼记》中所引孔子的这段话，不仅将建筑的等级制度与礼乐制度统一了起来，既规定了"宫室得其度"，又强调了"乐得其节"，也提出了两个有趣的概念：一是"得体"——官得其体；二是"得宜"——众之动得其宜。这里的"得体"概念也许与欧洲文艺复兴以来出现的建筑的"得体"的概念不尽相同，但在一定程度上，也反映了古代中国人所主张的建筑与服饰应该与其居住者、使用者的身份等级相匹配、相契合的思想。在这一点上，古代中国人与文艺复兴时期的西方人在建筑思想上，似乎也多少有一点相通之处。

二、民各安其居，乐其宫室

所谓"乐得其节"表达了两个方面的意思：一是说"乐"也是不可或缺的，是礼的一种补充；二是说"乐"应有所节制，此即所谓"甘节之吉"。孔子也曾提出过与"乐得其节"相对应的概念："子曰：'《关雎》，乐而不淫，哀而不伤。'"[20]乐而不淫，有"虽乐而不纵其乐"的意思，这与"乐得其节"的意义是相通的，本质上还是说礼乐制度的对立统一。从这一角度来观察建筑，一方面建筑应该体现长幼尊卑的等级秩序，另一方面，建筑应该建造得舒适得宜，使居住者在建筑中能够享受到建筑物所提供的居处之乐。《礼记》中特别提到了"使民安其居而乐其处"的问题："凡居民，量地以制邑，度地以居民。地、邑、民、居，必参相得也。无旷土，无游民，食节事时，民咸安其居，乐事劝功，尊君亲上，然后兴学。"[21]

关于古代民众之居处，这里谈到了四个要素：土地、城邑、百姓、居所。将这四个要素相 参而得之，使邑无旷土，居有其屋，食有节，事有时，则普通百姓就能够"安其居，乐事劝功，尊君亲上"，也就是说，居处安定的百姓，才有可能愉快地劳作，互勉而勤事，尊敬君主，亲近长者，惟有如此，才有可能使民众乐于接受教育。因此，居处之要在于"安"。《大戴礼记》中特别提出了"安土"的概念，并且将"安土"与"乐天"在逻辑上对应了起来："孔子遂言曰：'古之为政，爱人为大；不能爱人，不能有其身；不能有其身，不能安土；不能安土，不能乐天；不能乐天，不能成身。'"[22]

其意是说，政治的最高境界就是对百姓关爱，唯有关爱百姓，才能使百姓安于其土，而安于其土才能愉快而乐观地生活，也才能够成就政治的安定与平和。"安土——安居于自己的土地上"，已经成为古代中国人的特有性格之一。唐代高僧玄奘所著《大唐西域记》将人世的阎浮提世界分为东南西北四个部分：南为象主之地，其地"暑湿宜象"；西为宝主之地，其地"临海盈宝"；北为马主之地，其地"寒劲宜马"；而东为人主之地，其地"和畅多人"。他所说的人主之地，就是华夏文化滋衍的中土地区："人主之地，风俗机慧，仁义昭明，冠带佑衽，车服有序，安土重迁，务资有类。三主之俗，东方为上。其居室则东辟其户，旦日则东向以拜。人主之地，南面为尊。方俗殊风，斯其大概。置于君臣上下之礼，宪章文规之仪，人主之地无以加也。"[23]

显然，玄奘是满怀了对中土之地的浓郁情感来写这一段话的。在这样短短的一段描述中，玄奘不仅将中国的礼乐制度做了扼要的说明："君臣上下之礼，宪章文规之仪"，"仁义昭明，冠带佑衽，车服有序，安土重迁"，而且特别提到了中土地区与其他地区在建筑上的一个基本区别：南方象主之地、西方宝主之地、北方马主之地，其建筑物都是以东西向为特征的，主要人口朝向东方，"旦日则东向以拜"。只有东方人主之地，是以南北方向布置建筑物的，并以南面为尊。如果说以东向为尊，更多反映的是人神关系，是上古太阳崇拜的一个遗痕；而面南为尊，北向而拜，既反映了中国农业社会的特征，也从一个曲折的侧面反映了古代中国更为重视人与人的关系、统治者与被统治者、统治阶层中不同等级人群之间的关系。

在这里"安土重迁"表示的是礼乐之制中"乐"的一面。只有民安其土、有其居，才能保持礼义的秩序。

《大戴礼记》中借用孔子之口，并结合对礼乐制度的阐释，反复强调了安其土地、安其居处的问题："孔子曰：'丘闻之也：民之所由生，礼为大。非礼无以节事天地之神明也，非礼无以辨君臣上下长幼之位也，非礼无以别男女父子兄弟之亲、昏姻、疏数之交也，君子以此之为尊敬然。然后以其所能教百姓，不废其会节。有成事，然后治其雕镂文章黼黻以嗣。其顺之，然后言其丧算，备其鼎俎，设其豕腊，修其宗庙，岁时以敬祭祀，以序宗族，则安其居处，醜其衣服，卑其宫室，车不雕几，器不刻镂，食不贰味，以与民同利，昔之君子之行礼者如此。'"[24]

《大戴礼记》将这种安其居、乐其土的理想境界，也归在了上古时代的理想社会之下，而对其所处时代进行了抨击："太古无游民，食节事时，民各安其居，乐其宫室，服事信上，上下交信，地移民在。今之世，上治不平，民治不和，百姓不安其居，不乐其宫；老疾用财，壮狡用力，于兹民游；薄事贪食。于兹民忧。"[25]

"民各安其居，乐其宫室"，既是古代中国人的建筑理想，也是古代中国人的社会理想。接着，在《大戴礼记》中又提出了一个“安乐必敬”的命题：即在周武革命而践阼之后，将一些警戒之语铭刻在了门牖、柱楹与席几、器物之上，而“席前左端之铭曰：‘安乐必敬’”[26]。若将这一命题与前面的“民安其居，乐其宫室”结合在一起来思考，就可以理解古代礼乐制度在建筑问题上的基本逻辑：应该使百姓有安定的居所，宜乐的居室，则会使百姓们民风淳厚、安土重迁，从而生出彼此敬仰之心、遵从君臣长幼之礼，也可使社会达到上治平、民治和的理想境地。

居处应该安定，宫室应该宜乐。可以说这一思想是中国古代礼乐制度的一个重要组成部分。房屋建筑是人之生活须臾不可分离的重要载体。人们生活在其中，虽然必须要符合社会的礼制规范，各安其位、各执其礼，每一个人都应该居住在适合自己身份等级的房屋之中，并且遵从应持的礼节。但是，在这样一个基本的与君臣父子长幼男女相对应的宫室建筑秩序的基础之上，每一座可供居处的房屋都应该被建造得舒适宜人，使居住其中的人能够有得体而愉悦的生活。因此，宫室之适宜之乐，恰好构成了宫室之礼制之序的一个补充，每一个人、每一个家庭都可以各安其居、各乐其室，那么整个家庭才能和睦融洽、整个社会才能安定平和。

三、知者乐水，仁者乐山

然而，居处之乐，并不仅仅是在房屋之适宜、居室之舒适、陈设之雅丽、装饰之清悦等这些一般意义上的居处之乐。在古代中国人为自己所建构的建筑理念中，特别提出了一个与“居处之乐”关联密切的范畴：知者乐水，仁者乐山。这一概念出自孔子的《论语》：“子曰：‘知者乐水，仁者乐山；知者动，仁者静；知者乐，仁者寿’”。[27]

简单地说，这里的知者应该是指有知识有文化的人；而仁者，是指有道德有修养的人。乐水、乐山，固然有其精神象征性意义，如宋人邢晨所撰之《论语注疏》解释了仁者乐如山之稳固，自然不动而万物生，而知者则希望运用其才智能力以治事，如水流动而不知事已有止。但是，除了这种道德品格上的象征意义之外，这句话也多少蕴含了古代中国仁人智士对于自然的向往之情。这就为古代中国人的居处宅第的园池情结奠定了一个基础，从而也为中国古代园林艺术提供了一个广阔的创作空间。

古代中国建筑，尽管纷繁复杂、类型繁芜，但却可以分为两个基本的类型：第一类建筑，是一种有着严格轴线对称的，具有明显礼制等级秩序感的建筑，包括宫殿、陵寝、坛塘、祠庙、王府、衙署、学校，乃至佛道寺观、百姓居宅等，全部都可以纳人这一具有严格礼制规则限制的建筑范畴之中。这一类建筑的基本特征是有中轴线的布置，有左右对称的建筑处理，有正殿（正房）、配殿（厢房）、廊庑的高低与尺度的区别，有前后院落与左右跨院的主次划分，甚至有装饰手法与色彩上的严格区别的建筑群。第二类建筑，却采用了完全相反的策略。这是一种自由布置的建筑，其空间形态自由多变、疏落有致；其建筑形体高低错落、参差多变；其群落组织曲折蜿蜒、疏密有间。这就是中国古代园林，既包括尺度恢弘的皇家大苑囿，也包括曲迂小巧的私家小园池。中国园林以一种与严格的传统礼制规则截然相反的处理方式，创造了世界上独树一帜的自由变化、曲径通幽、委婉回折、小中见大、步移景异的建筑与景观组织方式。

中国古代园林的这种自由变化的空间格局，不仅与对称严正、规则整齐的古代中国居于主流地位的宫殿、寺观、坛庙、住宅建筑群体组织方式截然相反，而且也与轴线对称、几何布置的西方古典园林空间组织方式截然相反。中国古代园林与中国山水诗与山水画都形成了一套具有独特风格的自然浪漫主义艺术特征。

那么，何以会有这样奇特的相反相成的建筑现象呢？为什么在古代中国社会严格缜密的礼制等级氛围之下，会出现与礼制秩序截然相反的自由浪漫式景观建筑艺术形式呢？显然，这一独特的文化现象，无疑是植根于中国古代文化的深厚土壤之中的。而这一文化土壤的最重要特征就是中国古代礼乐文化。

如果说，古代宫殿、陵寝、寺观、住宅所表征的是古代礼制文化的森严等级秩序，那么，古代皇家苑囿与私家园林所表征的恰恰是与“礼”文化相对应的“乐”文化。这一文化的最典型表述恰恰蕴涵在孔子“知者乐水，仁者乐山”的经典命题之中。孔子对大自然充满了向往之情。《论语》中记载的孔子与他的几位弟子的一段对话中充分流露了这一情感：

子路、曾皙、冉有、公西华侍坐。子曰：“以吾一日长乎尔，毋吾以也。居则曰：‘不吾知也！’如或知尔，则何以哉？”子路率尔而对曰：“千乘之国，摄乎大国之间，加之以师旅，因之以饥馑。由也为之，比及三年，可使有勇，且知方也。”夫子哂之。“求！尔何如？”对曰：“方六七十，如五六十，求也为之，比及三年，可使足民，如其礼乐，以俟君子。”“赤！尔何如？”对曰：“非曰能之，愿学焉。宗庙之事，如会同、端章甫，愿为小相焉。”“点！尔何如？”鼓瑟希，铿尔，舍瑟而作，对曰：“异乎三子者之撰。”子曰：“何伤乎？亦各言其志也。”曰：“暮春者，春服既成，冠者五六人，童子六七人，浴乎沂，风乎舞雩，咏而归。”夫子喟然曰：“吾与点也！”[28]

孔子还曾经说过，如果道不能行之于天下，他愿意“乘桴浮于海”，说明他在不能够实现其社会理想时，则宁愿去寻找某种简单、自然的生活。如“子曰：‘雍也，可使南面。’仲弓问子桑伯子。子曰：‘可也，简。’仲弓曰：‘居敬而行简，以临其民，不亦可乎？居简而行简，无乃大简乎？’子曰：‘雍之言然！’”[29]

他对于颜回简单朴质的生活大加推崇，甚至成为了历代仁人君子的生活楷模：“子曰：‘贤哉回也！一箪食，一瓢饮，在陋巷，人不堪其忧，回也不改其乐。贤哉回也！’”[30]

这种简单朴质的生活，既是一种高尚道德的体现，也是对于自然的一种接近。关于这 一点，孔子自己也曾经表示过向往之情“子曰：‘饭疏食，饮水，曲肱而枕之，乐亦在其中矣。不义而富且贵，于我如浮云。’”[31]

孔子在这里所表达的不仅仅是简单、朴质的思想更多的是接近自然的理想。疏食饮水，曲肱而枕，其所透露出的是一种贴近大地、身心放松、自然怡情的感觉。后人又将这种感觉称为“山水之乐”。宋人欧阳修的《醉翁亭记》中特别提到了这种山水之乐：“醉翁之意不在酒，在乎山水之间也。山水之乐得之心，而寓之酒也。若夫日出而林霏开，云归而岩穴晦，明变化者，山间之朝暮也，野芳发而幽香，佳木秀而繁阴，风霜高洁，水清而石出者，山间之四时也；朝而往，暮而归，四时之景不同，而乐亦无穷也。”[32]

而这种山水之乐也成为文人士大夫所向往的一种回归大自然的生活方式，并且将这样一种向往付诸于建筑实践。如宋人汪藻撰《翠微堂记》：“山林之乐，士大夫知其可乐者多矣，而莫能有其有焉者，率樵夫野叟、川居谷汲之人，而又不知其所以为乐，惟高人遗士自甘于寂寞之滨，长往而不顾者，为足以得之然。……买田三灵山之阳，前瞰大川，旁眺诸岭，筑翠微堂以居。艺兰种竹其下，日与宾客饮酒赋诗，徘徊周览，盖将老焉，其意以谓世之有声有色者，未有不争而得，亦未有不终磨灭者，惟山水之娱人，无事于争，且庶几可以出长存。[33]

明代士子萧荣忠也以在山水之间构建其起居之所为乐：“皇明既定天下，慨然曰：‘吾得复为太平幸民，岂当常碌碌不已耶。即谢去廛市，寻山水之乐，行寻邑东南一舍许，溯仙槎 江上桃源，至于紫江之侧，徘徊乐之，相土建宅。环山带水而奇葩茂树，旁辉上荫。’”[34]

“知者乐水，仁者乐山”，孔子的这一言简意赅的命题，将中国古代礼乐之制中与建筑与居住关系最为密切的问题提出来了。正因为以孔子为代表的儒家，主张严格等级化、制度化的“礼”制文化，要求整个社会都要遵守君君、臣臣、父父、子子的严格礼制规范。那么，它也必须提出一个与之相对应的“乐”的范畴。而在传统中国的文化体系中，作为一个社会的人，在一个由人与人所架构的社会体系中，不可能摆脱这种既有的社会礼制制度的约束。无论君主、王公、官吏、士大夫，还是黎民百姓，都必须因循其所归属的等级范围，按照其应持的规则起居生活，而不敢也不能有丝毫的僭越。

但是，古代先哲们找到了一个可以不受这种礼制规范约束的外在环境，一种脱离了人与人之间那种繁缛关系的环境，那就是大自然，就是外在的自然山水。尽管，孔子的“知者乐水，仁者乐山”更大的可能还是就文人士夫的道德品格而谈的，但是，在这个命题中也不 乏体现孔子对自然山水的向往之情。这种向往之情已经在孔子对于曾皙“浴乎沂，风乎舞雩，咏而归”的间接大加赞赏中充分体现了。

这种对于自然山水的向往，为中国人，特别是中国的文人士大夫定义了一个完全不同于其日常社会性生活起居之循规蹈矩的环境范畴。在这里，他们所面对的不再是一个等级严明的社会体系，而是大自然，是大自然的山山水水，是没有等级秩序规定、不需要通过繁缛礼节去面对，但却充满了生气、活力与仙灵之气的山石、树木、花草、清泉、湖池，以及充盈于这山水花木之间的万物生灵，其中有鹿影鹤踪，有蝉噪鸟鸣，有风花雪月，有四季阴晴，有晨昏暮霭。

在这样一个外在于等级化社会范畴之外的自然环境，使人们的身心得到了极大程度的释放，人们在这里“举杯邀明月”[35]“欲枕石漱流”[36]，正可谓“饭疏食，饮水，曲肱而枕之，乐亦在其中矣。”[37]君不见中国历史上的文人士夫、诗人骚客们留下了多少徜徉流连于大自然山水之中的美好诗句：

好山多变态，排列在檐楹。平熨澄江练，横铺列嶂屏。石烟寒绕寺，山雨暗离汀。有意携溪枕，眠看直到醒。[38]

空山新雨后，天气晚来秋。明月松间照，清泉石上流。竹喧归浣女，莲动下渔舟。随意春芳歇，王孙自可留。[39]

偶寻流水上崔巍，五老苍颜一笑开。若见谪仙烦寄语，匡山头白早归来。[40]

溪声便是广长舌，山色岂非清静身。夜来八万四千偈，他日如何举似人。[41]

尽管这些诗句中，不乏道家之仙气、禅者之空灵，但其基本的诉求仍然没有脱离孔子“知者乐水，仁者乐山”的命题范畴。正因为中国古代文人士夫所怀有的这样一种强烈的向往自然的情结，所以，在既有的中国等级化、礼制化、规则化的居住建筑体系之外，又逐渐衍生出一种不拘一格、自由变化、疏落有致的建筑体系——中国古典园林。

中国古典园林是中国人在建筑艺术上的一大创造，是中国人追求自然之美、自然之乐的精神性诉求的一个产物。中国古代园林艺术，以一种截然不同于社会礼制规范下的宫室、住宅建筑的自由灵动，随宜变化的艺术气质，创造了具有独特品格与氛围的、将建筑与自然融合而为一个整体的、独具特征的空间艺术。中国古典园林，以其在世界上独树一帜的特殊性，而被西方一些园林史家称之为“园林之源”(Motherland of Garden)。而中国古典园林中最具本质性特征意义的，恰恰就是其自由多变、自然随宜的空间意趣与布局特征，这不仅是与那种标准的方正规矩、整齐有序、轴线对称、等级分明的中国古代宫殿、寺观与住宅等一般性居住环境恰呈截然相反的状态，而且也与世界上的其他园林艺术，如以几何式构图与轴线式对称为主要特征的意大利式台地园，与法国式古典几何园，或以轴对称的空间形式及十字形的泉永布置的伊朗式或阿拉伯式，甚至印度式，或西班牙式的伊斯兰天园，亦呈现出截然相反的艺术旨趣。

东汉时人仲长统是一位"敢直言,不矜小节,默语无常"[42]之人，他曾对居处之道发表了一些有趣的见解:"欲卜居清旷，以乐其志，论之曰：使居有良田广宅，背山临流，沟池环匝，林木周布，场圃筑前，果园树后。舟车足以代步涉之艰，使令足以息四体之役。养亲有兼珍之膳，妻孥无苦身之劳。良朋萃止，则陈酒肴以娱之；嘉时吉曰，则烹羔豚以奉之。蹰躇畦苑，游戏平林，濯清水，追凉风，钓游鲤，弋高鸿。讽于舞雩之下，咏归高堂之上。安神闺房，思老氏之玄虚；呼吸精和，求至人之仿佛。与达者数子，论道讲书，俯仰二仪，错综人物。弹《南风》之雅操,发清商之妙曲。消摇一世之上，睥睨天地之间。不受当时之责，永保性命之期。如是，则可以陵霄汉，出宇宙之外矣。岂羡夫入帝王之门哉！"[43]

这位仲长统的居处观，可以说是中国知识阶层对于自己居住理念的一种早期表述方式。虽然这里还没有提出后世文人士夫所向往的园居生活，但其所钟情的"背山临流，沟池环匝，林木周布，场圃筑前，果园树后"的居处环境，已经将古代中国人"知者乐水，仁者乐山"，属意于自然，钟情于山水林木，陶醉于"蹰躇畦苑，游戏平林，濯清水，追凉风，钓游鲤，弋高鸿"的田园生活，表露得淋漓尽致。这种表述更多地表现为某种对于"乐"的向往，以及对于"礼"之束缚的挣脱之心境。

具有二元对立与统一特征的中国古代礼乐之制，透过古代中国人在宫室与园林这样一组既呈现为二元对立状态，又内蕴有和谐统一特征的建筑与园林艺术创造，从而构成了中国古代建筑学（人居环境科学）这一学科整体。换句话说，儒家文化中所提倡的中国古代礼乐制度，恰恰体现并贯穿于延续两千多年的中国古代宫室建构与园林营造之中。

（原载《建筑史》2015 年 01 期）

注释与参考文献：

[1] [西汉]司马迁.史记.卷121.儒林列传第61.清钦定四库全书.
[2] [明]夏良胜.中庸衍义.卷3.清钦定四库全书.子部.儒家类.
[3] [晋]阮籍.乐论清钦定四库全书.清钦定四库全书.集部.总集类.文章辨体汇选.卷403.[明]贺复微编.论12.
[4] 论语.为政篇第二.
[5] 礼记.儒行第41.
[6] [汉]伏生.尚书大传（汉·郑玄注）.洛诰.清钦定四库全书.
[7] [汉]郑玄注.[唐]孔颖达疏.礼记正义.卷37.乐记第19.清钦定四库全书.
[8] 礼记.礼器第十.
[9] [清]任启运.宫室考.卷上.清钦定四库全书.经部.礼类.仪礼之属.
[10] [清]阮元校刻.十三经注疏.尚书正义.卷3.舜典第二.中华书局影印本.上册，1980：130.
[11] [宋]程大昌.演繁露.卷6. 白屋.清钦定四库全书.子部.杂家类.杂考之属.
[12] [宋]王钦若等.册府元龟.卷61.帝王部.立制度第二.清钦定四库全书.类书类.
[13] [汉]董仲舒.春秋繁露.卷7.服制第26.清钦定四库全书.
[14] [汉]薰仲舒.春秋繁露.卷13.五行顺逆60.清钦定四库全书.
[15] 太平御览.卷770.舟部3.艨冲.清钦定四库全书.
[16] [元]脱脱等.金史.卷45.志第26.清钦定四库全书.
[17] [唐]长孙无忌等.唐律疏义.卷26.杂律上.舍宅车服器物.清钦定四库全书.史部.政书类.法令之属.
[18] [元]陶宗仪.说郛.卷51下.稽古定制（阙名）.宋制.清钦定四库全书.子部.杂家类.杂纂之属.
[19] 礼记.仲尼燕居第28.
[20] 论语.八佾篇第三.
[21] 礼记.王制第五.
[22] [汉]戴德.大戴礼记.哀公问于孔子第41.清钦定四库全书.
[23] [唐]玄奘.大唐西域记.卷一.三十四国.序论.清钦定四库全书.
[24] [汉]戴德.大戴礼记.哀公问于孔子第41.清钦定四库全书.
[25] [汉]戴德.大戴礼记.千乘第68.清钦定四库全书.
[26] [汉]戴德.大戴礼记.武王践阼第59.清钦定四库全书.
[27] 论语.雍也篇第六.
[28] 论语.先进篇第十一.
[29] 论语.雍也篇第六.
[30] 论语.雍也篇第六.
[31] 论语.述而篇第七.
[32] [宋]欧阳修.醉翁亭记.清钦定四库全书.集部.总集类.[宋]吕祖谦编.宋文鉴.卷78.
[33] [宋]汪藻.浮溪集.卷18.记.翠微堂记.清钦定四库全书.集部.别集类.南宋建炎至德祐.
[34] [明]杨士奇.东里集.续集.卷36.萧荣忠墓志铭.清钦定四库全书.集部.别集类.明洪武至崇祯.
[35] [唐]李白.李太白文集.卷20.歌诗四十七首.月下独酌四首.清钦定四库全书.集部.别集类.汉至五代.
[36] [唐]李延寿.南史.卷62.列传第52.朱异传.
[37] 论语.述而篇第七.
[38] [宋]周弼.端平诗儁.卷2.五言律.秋屏.清钦定四库全书.集部.别集类.南宋建炎至德祐.
[39] 御选唐诗.卷12.五言律.王维.山居秋暝.清钦定四库全书.集部.总集类.
[40] [宋]苏轼.东坡全集.卷13.诗八十一首.书李公择白石山房.清钦定四库全书.集部.别集类.北宋建隆至靖康.
[41] [宋]苏轼.东坡全集.卷13.诗八十一首.赠东林总长老.清钦定四库全书.集部.别集类.北宋建隆至靖康.
[42] [南朝宋]范晔.后汉书.卷49.王充王符仲长统列传第39.
[43] [南朝宋]范晔.后汉书.卷49.王充王符仲长统列传第39.

作者简介：

王贵祥，清华大学建筑学院教授。

靖江王陵陵园制度探析

吴安　张勃　肖东

摘　要：本文通过与唐懿德太子墓、北宋帝陵、北宋末年所加孔子墓前石像生、南宋丞相史氏家族墓、明代帝王陵以及明代同时期其他藩王陵等进行横向比较研究，得知了靖江王陵与前代陵墓的承袭和差异；通过归纳靖江王陵自身陵园制度的纵向演变和承袭规律，明确了靖江王陵陵墙与石像生的关系更多地承袭唐宋遗风，且独具南方陵墓地域特色。

关键词：靖江王陵；陵园布局；石像生；地域特色；唐宋遗风

靖江王陵是明代受封并建藩立国于靖江（今桂林）的历代靖江王陵及其宗亲墓群。"靖江王陵"为国务院公布的一处全国重点文物保护单位的名称，系专有名词。而明嘉靖年间《广西通志·陵墓志》载"靖江悼僖王墓在府城东北尧山麓，王薨于永乐六年，上遣官复命，所司营藏于此"，其中各代靖江王陵被称为"……王墓"，而靖江王身为藩王，其墓地称为靖江王墓更为合适。但靖江王陵一直以"陵"称呼，已成为一种习惯用法，因此本文中均沿称为靖江王陵。

靖江王陵位于桂林市七星区朝阳乡挂子山东北。陵区东枕尧山，漓江由北向西及南环绕而流，东岸的王陵区内自北至南有十三座石山屏蔽着墓区的南、西、北三面。尧山山势大致南北走向，主峰海拔909.3米，相对高度760米，是桂林市区范围内的最高山峰，山麓发育冲洪积扇，土层较厚，植被丰茂。

1 靖江王历史简述

为巩固明朝朱姓的一统天下，朱元璋采取"众建宗亲以藩王室"的政策，于洪武二年（1369）定封建诸王之制。洪武三年（1370）封诸王子为各地藩王。首膺靖江王封号并就藩桂林的是南昌王朱兴隆（朱元璋兄长）之孙、大都督朱文正之子朱守谦。朱守谦于洪武三年（1370）四月七日与秦、晋、周、燕等九王同时受封，"一切恩数与夫官属、规制概与秦、晋、楚、蜀诸藩等"[1]，洪武九年（1376）就藩桂林，因"淫虐于市"激起"粤人怨咨"而被削爵，"洪武十年复徙镇云南，旋又召回，囚于京师，二十五年一月卒"[2]。建文二年（1400），朱守谦削爵后，由其嫡子朱赞仪继封为靖江王，永乐元年（1402）复国桂林，"禄视郡王，官属亲王之半"[3]。经世代承袭沿革，靖江王世系分封级别自明初至明末是一个动态变化过程，经历了一个由亲王降为郡王的历史转折，在朱赞仪复国之后，基本属于郡王级别[4]。靖江王代代相传，朱赞仪（悼僖王）、朱佐敬（庄简王）、朱相承（怀顺王）、朱规裕（昭和王）、朱约麒（端懿王）、朱经扶（安肃王）、朱邦苧（恭惠王）、朱任昌（康僖王）、朱履焘（温裕王）、朱任晟（宪定王）、朱履祐（荣穆王）以及朱亨嘉和朱亨歅共14任。直至南明时期，靖江王朱亨嘉、朱亨歅曾参与军政活动，但随着清军入桂，靖江王国到此寿终正寝，而此两位靖江王也未能归葬尧山，因此靖江王陵区仅葬11王。

2 靖江王陵概述

《明会典》中记载："明代实行分封制，皇子封亲王，冕服车旗邸等，下天子一等。亲王嫡长子立为王世子，长孙立为世孙，诸子封郡王，冠服视一品。郡王嫡长子为郡王世子，嫡长孙则授长孙，冠服视二品。郡王诸子授镇国将军（三品），孙授辅国将军（四品），曾孙授奉国将军（五品），玄孙授镇国中尉（六品），五世授辅国中尉（七品），六世孙以下皆视奉国中尉（八品）。亲王年长建藩就国，或称藩王。"[5]洪武三十五年八月，朱棣规定《祖训》"凡郡王子授镇国将军，孙授辅国将军，靖江王子比正支郡王宜递减一等，授辅国将军。"因此靖江王诸子为辅国将军，孙为奉国将军，等等。

靖江王陵依死者身份及地面规制可分成六类。第一类是王妃合葬墓，即通常所说的王陵，共11座，级别最高，陵园面积从300多亩到数亩不等，布局一般为长方"回"字形，两道围墙，中轴线自南而北依次为三券外门（外陵墙）、三开间中门（内围墙）、五开间享堂与高大的墓冢，以神道相通，神道两侧序列石像生（规制为11对）、碑亭及石供台。第二类是次妃墓，共4座，级别次于王妃合葬墓，陵园布局与王妃合葬墓相仿，但面积及建筑规模略小，石像生少2对。第三类是未袭而卒的世子（长子）墓和别子辅国将军墓，级别低于次妃墓，石像生为7对或更少。第四类是奉国将军墓，陵园面积、石像生少于辅国将军墓。第五类是中尉墓，分镇国中尉墓、辅国中尉墓、奉国中尉墓三级，陵园面积、石像生依次减少，一般只有一道围墙和墓碑，无享堂和石像生。

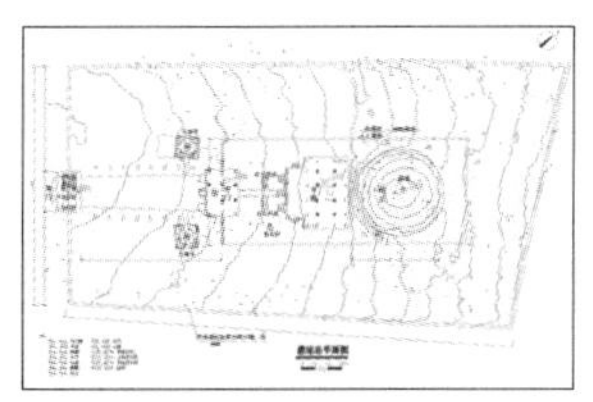

图1 靖江昭和王陵遗址平面图（引自中国文化遗产研究院《桂林靖江王陵——昭和王陵遗址保护与环境整治方案》）

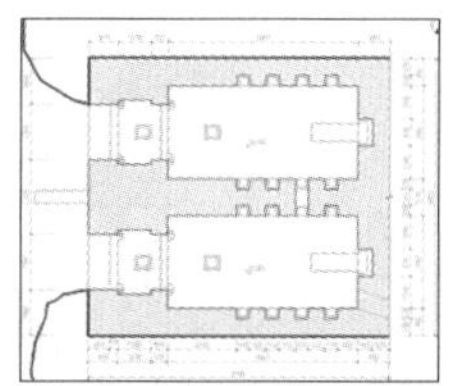

图2 靖江王陵玄宫（作者自绘）

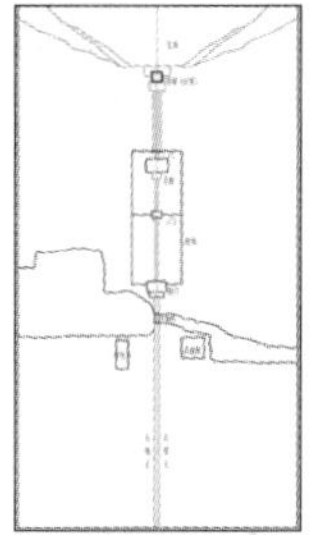

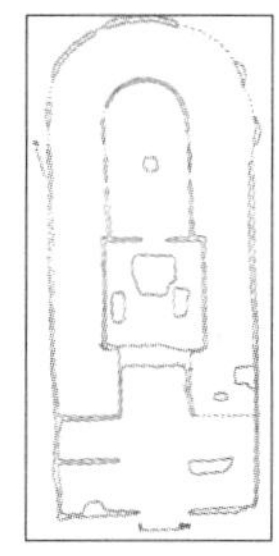

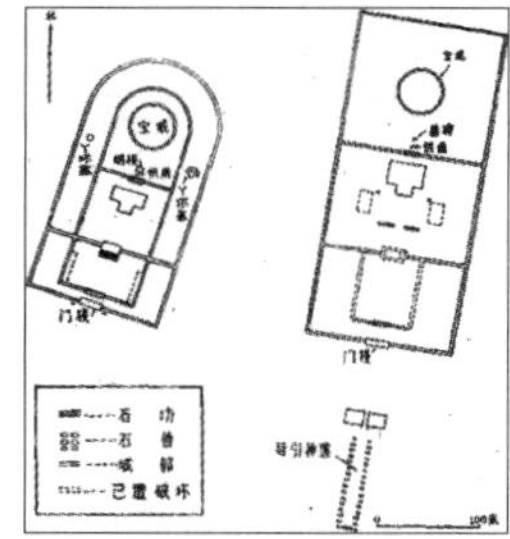

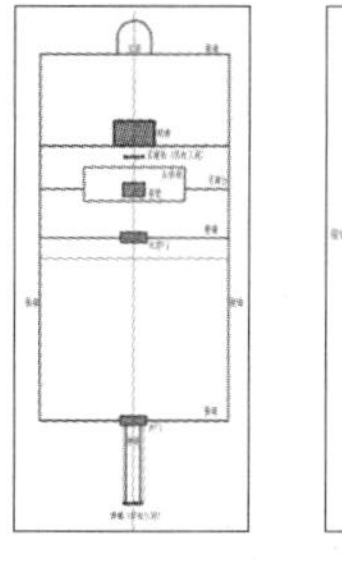

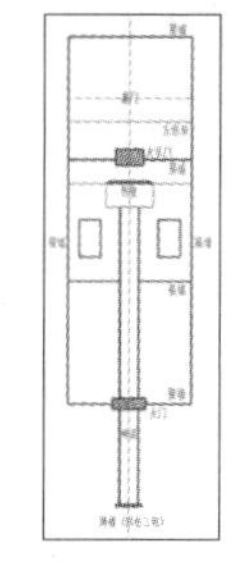

图3 明鲁荒王陵示意图（作者自绘）

图4 明德藩王陵图（引自济南市文化节文物处等：《山东长清县明德藩王陵群发掘简报》，《考古学集刊》第11辑，中国大百科全书出版社，1997年。）

图5 潞简王陵平面图（引自《新乡市郊明潞简王陵及其石刻》[J].文物，1979，05：7–13+99.）

图6 明蜀昭王陵示意图（作者自绘）

图7 明蜀定王次妃墓示意图（作者自绘）

（图6，7参考薛登，方全明．明蜀王和明蜀王陵[J]．四川文物，2000，卷缺失（5）：21–37．自绘）

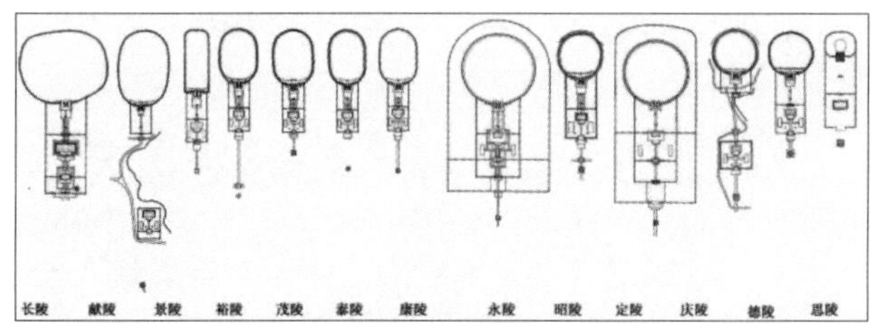

图8 明十三陵平面图（引自杨可夫等编著《世界文化遗产·明显陵》，第8页）

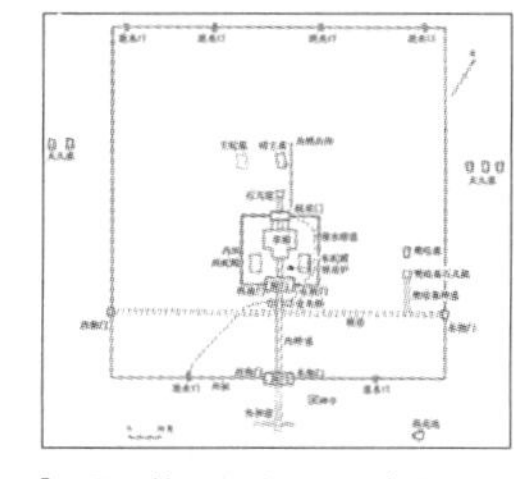

图9 楚昭王陵平面示意图

第六类是县君、乡君等女性宗室墓及靖江王宫媵墓，级别最低，无围墙和石像生，仅有墓冢和墓碑[6]。

3 靖江王陵陵园制度

以第五代昭和王陵为例，详细阐述靖江王陵园制度。陵园整体由内、外两圈围墙划分成瞻礼仪仗区和祭祀区。三间砖砌拱券式外门连接外陵墙，外陵墙内为神道，神道两侧为石像生9对及左、右碑亭，碑亭北侧建中门三间及内围墙。中门以内即陵寝祭祀区，神道两侧为石供台，石供台两侧为内侍2对，其后为享堂五间，享堂后封土平面为圆形，如图1。各王陵基本平面布局包括内、外两圈陵墙，以神道及石像生连接中轴线建筑外门、碑亭、中门及享堂，直至封土，但每座陵寝随建造时代背景及主人不同而亦有差别，如第三代庄简王陵外陵墙外有左、右朝房及石桥遗存，第八代恭惠王陵有神库及左右厢房等。

各王陵玄宫均为青砖、料石砌筑的双室券顶结构，双室墓门共用一个山墙，室内建筑布局、结构基本相同，各设有前室、甬道、中门、玄室、头龛、左右壁龛和棺台，前室石门为插板式，后室石门为枢轴式，如图2。

4 靖江王陵陵园布局独具地域特色

经研究分析，明代同时期现存地面建筑遗址保留较完善的有山东邹城鲁荒王陵，山东济南长清德藩王陵，河南新乡潞简王陵以及四川成都蜀昭王陵（图3–7），此四组藩王陵从平面布局来看，均由一圈陵墙围合，陵园内再由横隔墙分隔成几进院落，此点更偏向于明代帝王陵墓主体布局特征，如明十三陵（除永陵和定陵外）中各陵布局，见图8。

将靖江王陵陵园布局与上述藩王陵园布局对比研究，可得出靖江王陵区别于其他藩王陵园的独特地域特征。靖江王陵陵园平面为两圈陵墙围合而成的“回”字形布局，同明皇陵平面布局（图12），而靖江王陵营建时间亦更接近明皇陵，而楚昭王陵平面布局同为“回”字形布局（图9）。靖江王陵、楚昭王陵及明皇陵在地域上均处于古代的南方地区，因此其陵园布局具有典型区别于北方地区陵墓的南方陵墓特征，即陵园呈“回”字形布局。南方地区即淮河以南的广大地区，包括原来南宋、大理的辖区，也包括原吐蕃诸部的地域，元代隶属江浙行省、江西行省、湖广行省、四川行省、云南行省等……这里承继南宋和元代“南人”的文化传统[7]。

靖江王陵神道位于外陵墙内且前端无牌坊或照壁这一类标志性构筑物，此点也是区别于以上藩王陵之处，其主要原因在于靖江王陵的“回”字形平面布局，其次可能受靖江王的级别影响。因靖江王陵神道位于外陵墙以内，而王陵以外门开始，陵园则无需牌坊或照壁这一类标志性构筑物作为引导。

靖江王陵石供台为两个且分列于神道两侧，此点与明代其他藩王陵墓石供台及明代帝王陵墓石供台均为一个且位于神道中央有所不同，见图10。这可能与靖江王陵为靖江王及妃的合葬墓有关。

5 靖江王陵陵园布局继承唐宋遗风

靖江王陵各代石像生均置于外陵墙以内，此点也是靖江王陵独特之处，从现存相关北方地区藩王陵资料来看，其他藩王陵石像生均置于外陵墙之外，如鲁荒王陵、潞简王陵等等。靖江王陵陵园为“回”字形布局，其石像生布置于外陵墙以内，且享堂前置2对内侍石像生，以上三点规制更有唐宋陵遗风。考察唐懿德太子墓内城南门遗址[8]可知，懿德太子墓有内、外两重城墙。据《懿德太子墓发掘简报》在内城墙以内曾有房屋建筑，而在内、外城门之间置放石狮1对，石人2对，石华表1对[9]，其石像生布局位于内、外城墙之间（图11），与靖江王陵石像生位于外陵墙以内如出一辙。位于河南省巩县（今巩义市）境内的北宋帝陵永熙陵石像生中有宫人2对，分立于南神门内和陵台前（图12），与靖江王陵享堂前置2对内侍石像生有异曲同工之妙。而北宋末年在孔子墓前所列3对石像生亦位于孔林享堂前（图14），当时孔子的谥号为至圣文宣王，墓前所列石像生属于三品以上官员的神道布局方式。南宋丞相史氏家族墓位于宁波东钱湖畔，其中史诏墓之石像生亦位于享亭（相当于后来的享堂）前（图15），其虽为人臣墓，但亦从侧面反映出南宋陵墓石像生的布局特征，而南宋直接承袭北宋制度和文化且长期偏安江南，其对南方所产生的深远影响不可忽略。

图10 靖江昭和王陵石供台（作者自摄）

图11 唐懿德太子墓、南城门遗址及墓前翁仲（作者自摄）

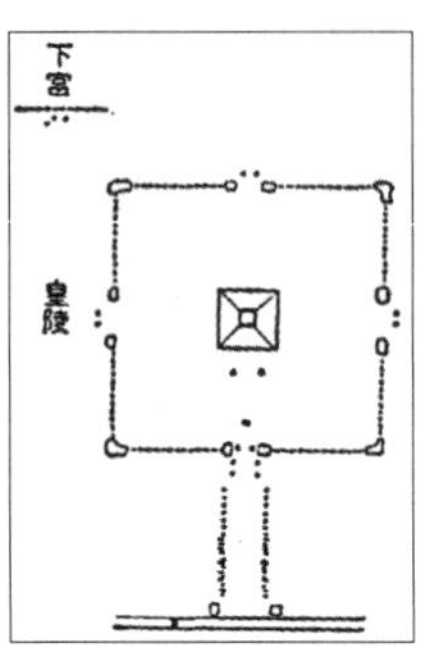

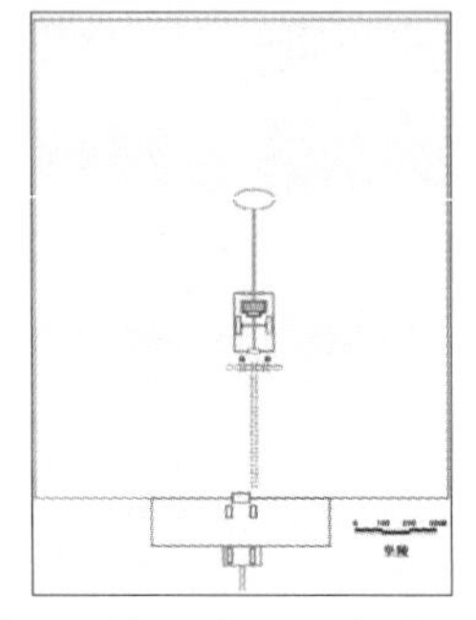

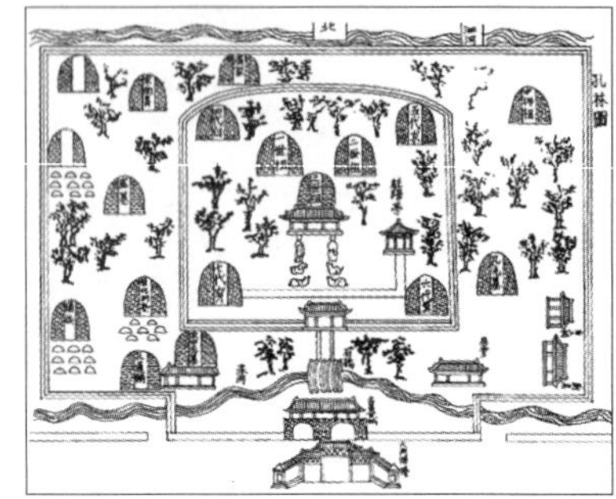

图12 北宋永熙陵的皇陵、下宫图（引自《河南巩县宋陵调查》，《考古》1964年第11期）

图13 明皇陵平面图（引自杨可夫等编著《世界文化遗产·明显陵》，第8页）

图14 孔林图（引自《阙里志》（明正德本））

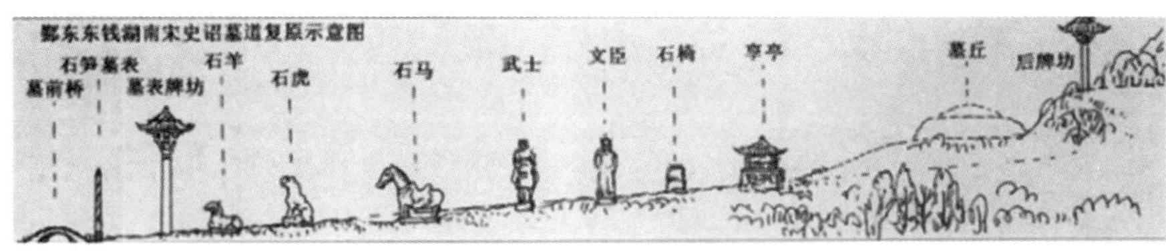

图15 南宋史诏墓道示意图（引自《南宋石雕》，杨古城、龚国荣著，2006.12，宁波出版社）

靖江王陵享堂前置2对内侍石像生性质与永熙陵陵台前和南神门内2对宫人石像生性质相同，是自古陵寝中“寝”的规制遗留。在陵墓的顶上或边侧建造“寝”是为了便于死者灵魂用作饮食起居的处所[10]，而内侍或者宫人石像生的设置，正是这一思想的现实体现。最早在墓地上设“寝”的礼俗一直可追溯到商代，如安阳的小屯5号墓（即妇好墓）以及大司空村的11、12、301、311、312。[11]“寝”于战国至秦汉时期发展演变为便殿和寝，至东汉时期为便殿、寝殿和寝，至唐为神游殿、献殿和寝宫（下宫），至宋为上宫和下宫，直至明清演变为五供台、享殿及配殿、神厨及神库[12]。纵观历代各帝王陵寝中石像生位置的改变，石像生有一个逐步由陵往外前移的趋势，而这一趋势又恰是陵寝中“寝”的规制由简单到繁复不断发展演变过程的一个有力证据。

6 小结

一种时代风格的演变往往延后于朝代的更迭，加之靖江王陵所处地域偏远，远离明朝中央政权核心文化的冲击，所受明朝正统风格影响较少，因而靖江王陵陵园布局更大程度上承袭唐宋风格，且与当地文化融合，最终形成区别于北方诸藩王陵园而独具桂林地区特色的明代藩王陵园特征，如陵园呈“回”字形布局；神道位于外陵墙以内；享堂前布置2对内侍石像生且有1对石祭台分列神道左右；等等。而靖江王陵在建筑形制、陪葬制度等方面则忠实的反映了明朝的建筑制度和特征，如靖江王陵陵园中外门、中门、享堂及碑亭的布局是明代亲王陵墓制度的典型反映；靖江王陵出土的大量梅瓶随葬品，则反映出明代盛行的梅瓶随葬制度及道教文化；而外陵门为砖砌三券绿琉璃单檐歇山建筑，则鲜明反映出明代广泛使用砖券结构这一时代特征；等等。

（原载于《古建园林技术》2015年02期）

电影场景到遗产保护
——从永利街看香港文物建筑的“保育”与“活化”

齐一聪　张兴国　吴悦　马卉

摘　要：以香港永利街实践为例，从“事件”发生的逻辑关系梳理了具体过程，并通过项目自身以小见大展示了香港文物建筑“保育”与“活化”环节的特色，管窥了事件背后的作用机制与历史经验。

关键词：香港；永利街；历史街区；保育；活化

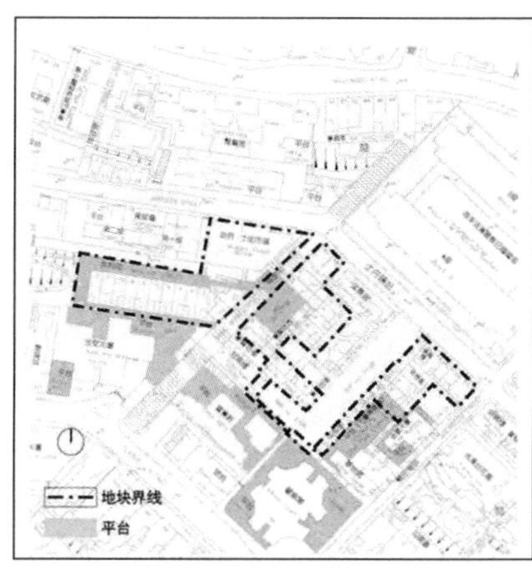

图1 永利街“台”的范围

1 永利街项目概况

位于香港上环的永利街，拥有超过150年的历史，是香港最早的华人聚集地之一，由12栋建于20世纪50年代初的唐楼组成。唐楼是华南地区19世纪中后期至20世纪中期的一种商住多层中式住宅，楼下经商，楼上居住。其一般以木结构为主体，以青砖筑成，屋顶则以瓦片组成的斜顶为主。永利街在唐楼的基础上融合了“台”的设计（图1），“台”则是旧时香港岛建筑依山而建所形成的特有形式，寄托着大

注释：

[1] 《大明靖江安肃王神道碑》。

[2] 《明太祖实录》卷二百十五。

[3] 《明史·诸王传三》。

[4] 张伟.明代靖江王研究[D].[出版地不详]：陕西师范大学，2006。

[5] 正德《明会典》卷53，《礼部十二》；《明史》卷116，《诸王传》。

[6] 引自靖江王陵博物馆内部资料。

[7] 董新林．明代诸侯王陵墓初步研究[J]．中国历史文物，2003，卷缺失(4)：4—13。

[8] 懿德太子墓内城南门遗址展示牌：此内城南门遗址位于墓道南端西侧，面积110平方米。门址两侧连接内城南城墙，门址南部城墙延至外城南门门阙，宏伟壮观。此遗址的发现重复说明其墓主人懿德太子李重润确以帝王等级陪葬乾陵。

[9] 陕西省博物馆乾县文教局唐墓发掘组，唐懿德太子墓发掘简报_[J]．《文物》，1972年第7期：26—32。
懿德太子墓可分为地面和地下两个部分。地面上的封土堆南北长56.7、东西宽55、高1.792米。整个陵园南北长256.5、东西宽214米，陵园四角有夯土堆各一，南面有阙一对。土阙南有石狮一对，石人二对(一对只残留底座)，石华表一对(已残，倒塌后埋入地下)。在土阙以北地段内当地社员曾发现过大量的唐代长方砖、瓦片和壁画残片，估计当时此处曾有房屋建筑。

[10]杨宽，中国古代陵寝制度史研究，上海人民出版社，2003:25。

[11]杨宽，中国古代陵寝制度史研究，上海人民出版社，2003:34。

[12]杨宽，中国古代陵寝制度史研究，上海人民出版社，2003:71。

参考文献：

[1] [清]张廷玉等著.明史 [M].中华书局，2013年7月第1版。

[2] [明]申时行等修.明会典 [M].中华书局，1989年10月第1版。

[3] 靖江王陵博物馆内部资料。

[4] 杨宽著.中国古代陵寝制度史研究 [M].上海人民出版社，2003:25。

[5] 杨可夫等编著.世界文化遗产·明显陵 [M].第8页。

[6] 杨古城、龚国荣著.南宋石雕 [M].宁波出版社，2006.12。

[7] 济南市文化节文物处等.山东长清县明德藩王陵群发掘简报[J].考古学集刊，1997第11辑，中国大百科全书出版社。

[8] 河南省博物馆，新乡市博物馆.新乡市郊明潞简王陵及其石刻[J].文物，1979，05:7—13+99。

[9] 薛登，方全明，明蜀王和明蜀王陵[J].四川文物，2000，卷缺失(5):21—37。

[10] 湖北省文物考古研究所，武汉市文物考古研究所，武汉市江夏区博物馆.武昌龙泉山明代楚昭王陵发掘简报[J].文物，2003年第2期。

[11] 陕西省博物馆乾县文教局唐墓发掘组.唐懿德太子墓发掘简报[J].文物，1972年第7期:26—32。

[12] 郭湖生，戚德耀，李容淦著.河南巩县宋陵调查[J].考古，1964年第11期。

[13] 董新林著.明代诸侯王陵墓初步研究[J].中国历史文物，2003，卷缺失(4):4—13。

[14] 张伟著.明代靖江王研究[D].陕西师范大学，2006。

作者简介：

吴安，张勃，北方工业大学（北京）
肖东，中国文化遗产研究院（北京，100029）

多数旧香港人集体生活的记忆。孩童的嬉戏打闹，树荫下相谈甚欢的妇孺，以及左邻右舍一起吃饭的热闹情景，这样集中的公共活动空间使得永利街邻居街坊间形成了融洽、紧密的社区关系，承载着20世纪50、60年代的旧城风貌、街巷肌理以及人与街道唇齿相依的居住文化（表1）。

2003年，香港市区重建局对永利街提出重建计划，在此地兴建孙中山纪念公园，并只保留其中3栋唐楼，其余均建为24层的住宅。项目完成后，预计形成520个单位住宅、2800m² 的零售单位以及855m² 的休憩用地。

表1 永利街建筑概况与生活场景

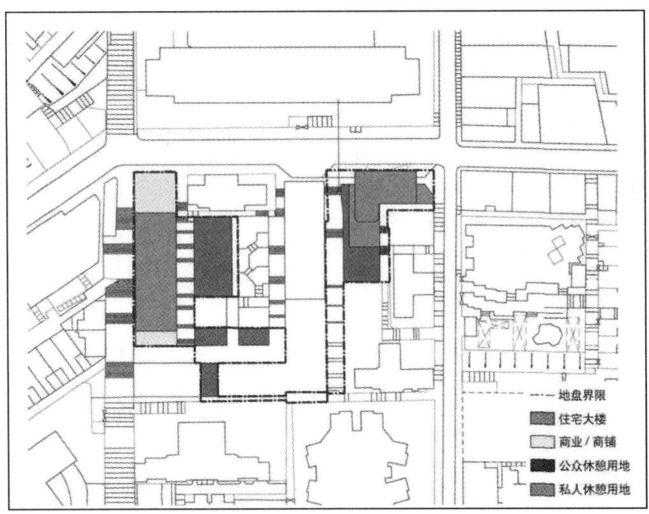

图2 保育项目计划图(2008)

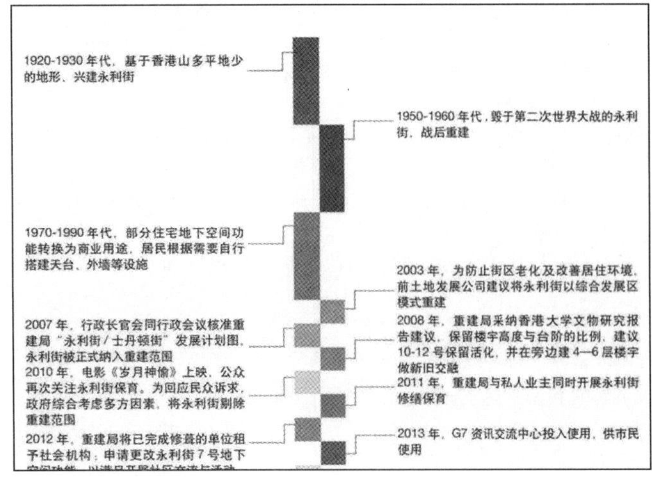

图3 保育过程沿革图

2007年，香港的"收地计划"正如火如荼地进行着，永利街也面临着推倒重建的命运。但是受皇后码头事件的影响，历史街区保育问题引起了香港公民的关注。一时间，公众、各类民间组织以及媒体，同时向市区重建局就历史街区的保育工作提出质疑，关于永利街的重建计划反对声非常强烈。为回应公众诉求，市区重建局在2007年底举行了社区工作坊，街坊居民、区议员、保育家、大学教授、学生及政府官员等80人就永利街保育项目进行了相关讨论，为项目整改献言献策。2008年市区重建局提出了新的保育方案，将能够体现旧香港城市历史发展文脉的街巷形态——里巷进行保留，为了突出"台"这种独特的社区氛围，其改建沿用原有建筑物的高度与台宽度的比例，令"台"可以继续为周围住户提供公共休憩空间，供大家集合以及举办各种公众活动。在经过建筑评估之后仅留10–12号唐楼作为历史建筑保留，拆掉部分唐楼，以便公众可以欣赏到永利街后维多利亚式的石砌挡土墙，以及腾出空地开设小型广场。其余均重建为3–4层仿唐楼住宅，配合周围环境，以活化该区（图2）。

然而2010年，随着影片《岁月神偷》的热映，影片所反映的旧香港充满人情味的街巷，重新将公众视线引向这条承载了旧香港人集体记忆的老街。伴随着媒体发声，以及公众、民间组织纷纷行动向政府诉求"原汁原味"保留永利街的愿望，两天之后，市区重建局则宣布永利街从重建区域剔除改为保育区，老街至此得到了完全的保留（图3）。

2 永利街项目的保育过程

2.1 起因：电影媒介唤起公众记忆

2010年随着影片《岁月神偷》的上映，以及导演罗启锐在发布会上一遍又一遍的呼吁，本已被列入清拆范围的永利街被重新带入公众视野。依山而建，拾级而上，映入眼帘的便是一派仿佛20世纪60年代的景象，妇孺交谈甚欢，孩童来往奔跑欢笑，远处，便是青砖灰瓦的旧式唐楼。华灯初上，饭香四溢，人们聚在"台"上吃饭、聊天，孩童往来桌间，讨着各家各户的菜肴，影片中充满人情的街道场景深深感染着每一位观影者的心。一夜之间，游客、影迷、媒体等纷至沓来。一时之间，永利街，再不只是"历史价值""文化意义""建筑特色"这些没有生命感的词汇，跟随着电影一起，"永利街"进化成了一个符号，这个符号象征了所有香港人共同经历与奋斗的20世纪60年代。至此，永利街唤醒了香港人内心深处充满艰难、奋斗与不屈的香港情节，正如影片中罗太太"一步难，一步佳"的乐观香港精神。

2.2 经过：公众参与促进社会监督

对于永利街的保育，公众参与主要分为 3 个阶段（图 4）：

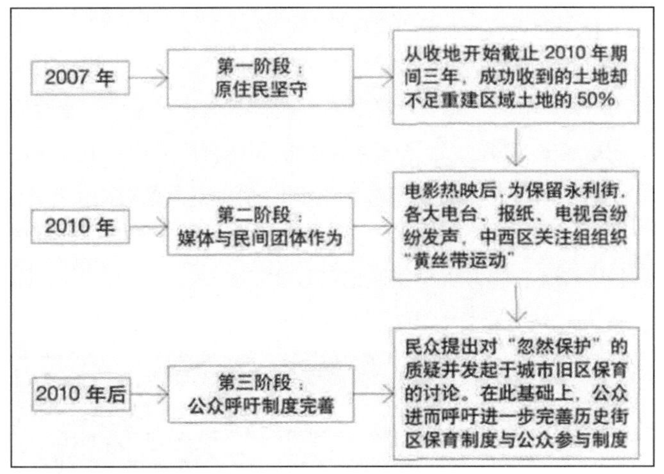

图4 公众参与阶段示意图

第一阶段：原住民的坚守早在 2007 年香港政府开始实行收地计划之时，市区重建局曾挨家挨户与原居民商议购买永利街重建区域土地的事宜，然而老街邻居街坊间密集的社会关系网络、高度的社区凝聚力以及深刻的集体记忆均促使多年居住于此的原住民坚持留在永利街，导致收地的速度格外缓慢。从收地开始截止至 2010 年期间 3 年，成功收到的土地却不足以重建区域土地的 50%，甚至部分永利街的业主愿意自费来修葺房屋，以此来表明保留唐楼的强烈愿望。

第二阶段：媒体发声与民间团体作为

随着影片上映与主创对永利街的呼吁及保育宣传，各大电台、报纸、电视台纷纷发声。铺天盖地的媒体报道与呼吁，使得“保育永利街”的呼声迅速在香港民众间激起千层浪，媒体、民间团体、公众都向政府发出了永利街保育的愿望。与此同时，大量的宣传与讲座等活动，使得更多的公众了解永利街，并参与到其保育活动中。由老街区居民、建筑师及大学教授等民众组成的香港民间团体“中西区关注组”将多次征集的数千条公众意见反馈于香港城市规划委员会，并借此发起了“黄丝带运动”（图 5），一时间，永利街的楼梯扶手上飘满了写着保育唐楼心愿的黄丝带。在公众强烈的诉求之下，仅两天后，香港当局即在公众咨询结束后，决定将永利街剔除重建地段，划为保育对象。

图5 黄丝带运动

第三阶段：公众呼吁保育制度的完善

然而此次保育运动中公众力量最难能可贵的是——即使在政府将永利街从重建改为保育之后，依旧没有因偶然性的保育成果停滞不前，而是究其根源矛盾，提出对“忽然保护”的质疑并发起关于城市旧区保育的讨论，以及对于不够健全的保育制度的担忧。有个别评论指出，从“清拆”到“保育”，全由政府一方主导，偶然权威性大于科学论证性，在此背景下，许多具有保护价值的旧街区保育情况依旧堪忧。在此基础上，公众进而呼吁进一步完善历史街区保育制度与公众参与制度，督促历史街区保育过程制度化、规范化，而政府也因民众的监督及时改善了其工作方式并进一步优化了其运行机制。

2.3 结果：政府自省推动保育

2.3.1 “以人为本”的方针策略

在香港发展局公布的《市区重建局条例》中，明确规定了有关居民安置的问题——在切实可行的范围内保存区内居民的社区网络；提供更多休憩用地和社区福利设施；应采用“以人为先，地区为本，兴民共议”的工作方针等[1]。纵观永利街从重建范围划为重点保育的全过程，香港当局并没有因为自身拥有决策与统筹权而独断专行。每一步计划的制定及整改，均积极采纳公众诉求。早在 2003 年市区重建局提出重建计划之时，就曾多次进行社区工作坊的工作，以收集公民期愿并将其纳入发展方案之中，在大量的群众调查后，重建局曾于 2004 年提出“提高出租单位补偿额”以解决租户与业主因清拆产生的矛盾，以及 2006 年提出“为有困难住户提供搬迁补偿金”以解决个别困难住户的经济问题，从重建项目展开直至 2007 年，重建局每逢寒冬、佳节都会为永利街居民送温暖，并准备礼物对老年人进行探望。

并且在改造过程中，充分听取居民意见，将原有户型进行优化改造（图 6），以取得更舒适的居住环境。这些举动均

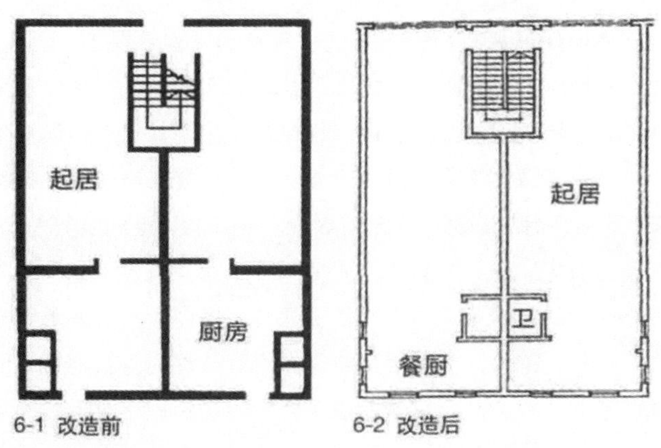

图6 户型对比图

体现出香港当局充分体恤弱势群体，以温情而谦逊的姿态来促进项目进展，而不是以冷漠与强势的姿态对民众困难置之不理。良好的相互关系使得当局得以及时了解居民意愿，对保育计划的执行及整改都奠定了良好的沟通基础。

2.3.2 政府的自省性

自 2007 年香港政府经历皇后码头事件后，即积极改变工作思路，在历史建筑保育活化过程中将公众意见作为重点参考对象。在永利街保育进程中，因公众诉求香港当局前后就保育方案进行了 2 次整改。第 1 次整改将项目计划的 24 层高楼变为了原样保育旧式唐楼，使得重建方案由盈利 1.3 亿变为亏本 1.7 亿港元。2010 年随着《岁月神偷》的热映，公民重新将目光集中于永利街的保育，香港当局在举办了公众诉求会后，为满足香港公民对于永利街“原汁原味”保留的诉求，随即第 2 次将重建项目进行调整。在香港寸土寸金的形势下，新策略甚至将街道面积剔除地盘面积，以此来保育重建范围内全部的街巷，使得体现旧香港历史文化的街巷肌理及公共空间得以幸存。永利街的成功留存，很大程度上得益于香港政府高效机构设置与工作安排流程（图 7），以及“以人为本”的执行策略。

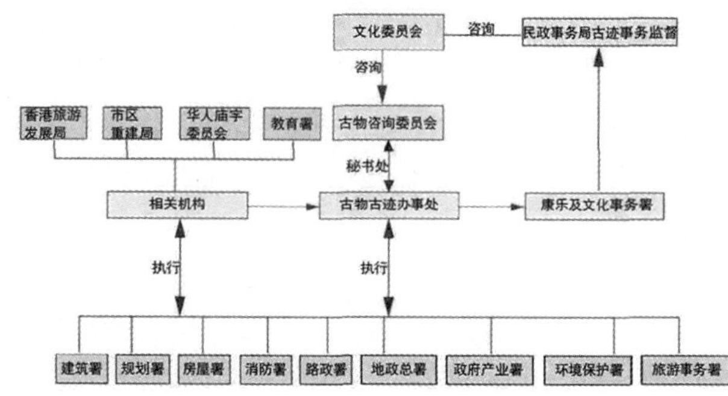

图7 相关机构设置与流程

3 永利街项目的活化

为继保育后将历史建筑的生命延续，香港提出“活化”理念。摒弃了传统博物馆式的文物建筑保育方式，“活化”即基于对于历史建筑或街区的修缮保育，挖掘其历史内涵，对项目进行更深层次的探究，赋予其具有社会性与时代性的意义，在当今社会以另一种顺应时代发展的功能继续服务大众，使老街旧宅以一种崭新的方式继续其生命。而至于香港实施活化计划的目标则集中于将历史建筑，以创新的方法予以善用，在广泛的公众参与下，将历史建筑改建成为新地标，同时创造就业机会从而赋予其服务社会的功能。而对于并不属于评级的历史建筑——永利街，相关部门亦为其提出了适应其现状及发展的活化策略。

3.1 活化方法

永利街作为 20 世纪香港发展的见证，亦为社会文化中独一无二的宝贵资产，其生命就是它本身的历史。在文明与发展较为成熟的香港，市民期望透过文物建筑将当今时代与昔日社会联系起来，并建立起身份的认同感。而保育后的永利街，在《活化历史建筑伙伴计划》的发展计划下，经过多角度的活化再用，在持续发展和文物保育两者之间取得平衡，令老街以一种符合时代发展节奏的方式将集体记忆延续（图 8）。

图8 活化后视线分析图

3.1.1 以文化教育注入历史活力

可持续发展一方面需满足当代人的需求，同时又不损害后代人的需要，而就历史文化遗产而言，亦当遵循可持续发展的原则，将旧有街区通过人类活动的参与注入活力，赋予其持续发展的运行条件。香港行政长官曾提出，为了要彰显永利街这块用地的历史价值，必须要配合作教育用途，也必须要遵循现时香港很重视的创意产业，将文化艺术元素注入重建局的工作之中，透过文化艺术提升旧区居民的生活质量。因此活化后的永利街充分发挥其文化教育作用，承办诸多展览讲座等，为香港社会文化与历史传承注入活力（表 2）。

表2 2013 年永利街部分活动一览表

活动名称	活动时间	活动组织
盆菜宴	2013.2.2	香港青年协会
老香港「新」活游记	2013.2 – 2013.4.15	香港大学 / 香港青年协会
永利街 7 号重建局校际艺术活动得奖作品展	2013.3 – 2013.9	重建局
「香港报业发展与永利街一带的关系」主题分享	2013.4.29	香港大学 / 新闻教育基金
马来西亚槟城乔治市店屋的保存与利用	2013.9.4	文化创意产业协会
《报业与香港发展》系列讲座及展览	2013.9.6 – 9.13	香港新闻博览馆
ADHD 活得妙「动」感工作坊	2013.10.9	活得妙成年关注协会

香港非营利社会组织积极主办相关文化教育活动，重述永利街的光辉历史以及人情变迁，并且由表 2 可看出，青年组织占多数，这意味着，新一代的年轻人已意识到，历史街区对于城市集体记忆的重要性。通过举办展览等文化教育活动，使公民切实置身其中，感受并参与永利街的历史与未来，以历史建筑独有的文教功能，重塑老街生命力，将永利街的

历史与传统延续下去。以实体展示为主的文化教育方式唤起了人们对城市历史的回忆，公众内心感触推动其外在行为方式的变化，更多的人参与到历史街区保护中来，历史空间得以保留，公众通过投身于其中的互动，使历史空间得以转换与活化。

3.1.2 以公共空间延续邻里关系

基于市民对保育建筑特色和地区文化表达强烈的诉求，重建局最终选择以“原汁原味”的方式全面保留永利街的现有建筑物，并赋予其以时代新功能的活化方式，遵循新功能的植入应该以对历史遗产的价值评价为依据，以对遗产的最小干预和尊重历史环境的容量为原则，并且应与场所的文化氛围相协调[2]，“台”这一传统意义上的公共空间基于新功能的赋予而重生。作为传统公共空间，“台”的存在为邻里关系的人情交往搭建了发生场所。而在永利街活化项目中，除了建筑，传统邻里关系中的重要元素——“台”亦被重塑。在“台”的设计中，采用维持现有建筑物高度与台宽度的人性化比例的方式，借此重现“台”的空间体验，基于“台”的社会意义研究，重建局为永利街 7 号地下向屋宇署提交申请，更改本来的住宅用途为非住宅用途，以提供一个促进社区交流的公共空间——G7 中心（图 9），以供居民相聚及进行联谊活动。为进一步促进此互动关系，G7 中心于 2013 年 2 月开放供公众使用后，用作展览及提供促进孕育社区的活动空间，彰显“台”的固有氛围（图 10）。

“台”的保留，延续的不仅是具有相似尺度与空间感的公共活动场所，更多的是一种以人情味维系的邻里关系，G7 中心等社区交流空间的组织，将“台”的概念抽象化，以其功能与氛围将之呈现，一“实”一“虚”的重塑活化，使得居民从感官至内心均感受住宅商业到所怀念的旧时“台”的味道，为高速发展的城市开辟了一隅人情街区（图 11）。

图9 活化后的G7 中心

图10 改造后的“台”

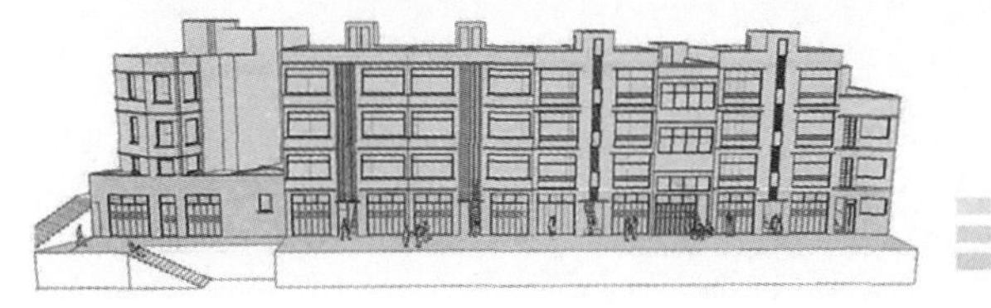

图11 活化后永利街空间组成示意图

3.1.3 以艺术介入提升社会影响力

历史街区作为文化遗产的一种，所具有的传承性决定了文化宣传对其未来发展的必要性。因此，对于永利街的文化宣传，也成为其活化过程的重要部分，而采用艺术空间的介入增强宣传效应，引进专家学者作为社会力量参与文化遗产保护，从专业性的角度以永利街为题材进行创作增强宣传效应，是永利街活化策略中的一大亮点。市区重建局斥资 1400 万元港币活化上环永利街 4 幢旧楼，翻新 15 个单位后以象征式租金，租予保育学者居住，实地研究如何活化永利街，邀请艺术家和作家进驻，增添文化艺术色彩[3]。并且为艺术家提供了专门的创作基地——永利街 5 号，以推行“艺术家驻场计划”。

永利街 5 号原为一幢建于 20 世纪 50 年代的 4 层建筑，保育部门将永利街 5 号重新修葺后，采用政府与非政府机构共同合作的模式，向社会公开寻求合作机构，符合条件的非营利机构提交申请书与服务运营模式后，由政府和非政府专家组成的活化历史建筑咨询委员会负责审议建议书以及就相关事宜提供意见，最终，市区重建局以许可书协议的形式，赋予香港艺术中心使用该幢建筑的权力，推行“艺术家驻场计划”。即由香港艺术中心在永利街 5 号为海外艺术家或艺术工作者提供住宿，以便其创作工作的开展，而参与此计划的艺术家或艺术工作者则需以永利街老建筑以及邻里关系等为题材，创作相关作品，并进行展览与评奖。

永利街活化过程中采取的艺术介入方式，将艺术与历史空间相互渗透，使得艺术于特定背景下生活化；从艺术视角再次诠释永利街作为历史街区的独特魅力。并通过多种形式进行传播，引起社会共鸣与认同，在文化层面引起人们对于历史街区的关注与重视，并通过艺术特有的感染力提升社会影响力，建立起更多香港人对于历史文化层面的心理归属感，促进其本土意识的确立，将历史街区与艺术联系，使得民众将街区艺术化地作为城市生活的重要元素。同时，民众的推崇与支持在社会层面上亦形成强烈反响。

3.1.4 以慈善工程解决社会负担

永利街作为历史街区除了在历史维度下扮演了时光记录者的角色外，经活化后的老街在当今社会中，更多扮演着社会慈善的收容场所，减轻了社会压力，从而进一步促进社会和谐发展。在永利街 3 号及上层与 12 号 2、3 层推行“光房计划”，将单位房间以合租的形式租给有迫切住房困难的家庭，而租金则按个别受助家庭的负担能力鉴定；在永利街 5 号的地上空间则用作基督教香港信义会飞跃平台，以供参与就业培训而寻找住房有困难的青年人短期住宿之用；而 G7

中心以上部分、8号1—4层以及9号下半部分，均用于开展香港青年协会推行的支援计划（WL Residence），主要服务对象为18—24岁由于不利环境或家庭出现问题而暂不能于家中居住之青年，为其提供住宿、生涯规划辅导与支援；另外，9号3、4层则交付香港国际社会服务社向声称受酷刑而寻求庇护的受迫害人士提供住宿服务及实物援助。

将修缮后老街空闲房屋再利用，赋予原本仅具居住性质的房屋以社会公益内涵，历史街区重生的同时，在一定程度上减轻了社会负担，较单一功能结构的活化方式具有更佳的社会反响与关注。永利街中各慈善团体的服务对象从社会底层人员到居无定所的青年人，集聚型的团体分布，更加便于统筹管理与活动开展，并且经资助的人群会将永利街与其所受资助相联系，离开受助场所后仍会关注或参与老街的发展。因此，慈善元素的渗入为老街的后续发展奠定了人情基础。

3.2 活化场所运营机制

“活化历史建筑伙伴计划”的提出是香港文物建筑保育进程中的里程碑式的转折点，而这一计划的介入，也使得永利街的发展在政府与社会组织的双重支持与推进下持续发展。

3.2.1 政府前期资助

资金问题是许多历史建筑保护的瓶颈。如单靠政府拨款，则政府财政不堪重负；如完全交予市场运作，一方面单靠企业资金实力也难以维持，另一方面市场化逐利行为很难保证不会对历史建筑造成破坏。所以，许多好的历史保护计划或规划因没有充足的资金支持，只能半途而废甚至不了了之[4]。在永利街活化过程中，政府部门为解除合作机构或组织的资金压力与后顾之忧，减轻申请机构在项目运营方面的成本，向非营利组织出租活化单元的同时给予租金补贴，甚至在G7中心招募活动筹办伙伴时，提出免租金的条件。将永利街内历史建筑租赁给申请机构，只收取象征性的租金，并且机构在成功申请项目后，可获得政府一定金额的资助，以对历史建筑进行大型翻新工程。而在运营之后，为应对企业开办的成本和企业前2年的经营赤字，政府前期会对申请成功的机构提供上限为500万元港币的一次性拨款。

另一方面，重建局对于每个选择留在永利街居住并且切身参与到活化工作里来的租户提供一笔津贴，以供改善其居住环境，每户的津贴从4至8万元港币不等。另外，重建局亦会给予每个租户另一笔相当于目前住户缴交的两个月租金的津贴，以便可以住户在装修期间，暂时迁往其他地方居住。

项目运营前期，资金投入与政策支持扮演着极为重要的角色。香港政府出于人性化角度考虑，采取了减免租金、给予补助等为申请机构降低运营成本的措施，高效且目标明确的资金投入在艰难起始阶段为运营机构提供了必须的项目支持。而政府投入、机构自理的运营模式，使得政府一方面在社会层面扮演了支持非盈利机构的角色，另一方面也通过动态的机构自营达到了历史街区活化重生的目的。

3.2.2 社会机构运营

永利街保育工作完成后，各单元陆续启动运营。通过邀请非营利机构提交申请，以社会企业的模式活化经选定的政府历史建筑。对于获选的非营利机构，政府前两年会按需提供经济资助，以支付历史建筑翻新工程的全部或部分费用。政府也会与这些机构签订有法律约束力的租约。有关社会企业必须保证开业2年后能自负盈亏。此外，社会企业2年后所赚取的盈余，必须再投资于该企业的运营上。

同时，在活化项目内部，各单元相互配合，永利街5号活化项目的“艺术家驻场计划”，为约100个艺团／艺术家提供留驻服务，他们来自超过20个国家，从事不同的媒体艺术创作，包括电影、剧场、视觉艺术等。艺术家在港期间为本地社区创作的艺术作品，例如写作、绘画、影片、摄影及多媒体作品（2014年9月25日—10月12日）在永利街G7中心举行的“艺术家大本营2012—2014展览”中展出。

各进驻永利街的社会机构作为活化项目的参与者，前2年内在政府支持下，探寻出正确有效的运营方式，而后在自运营模式的同时起到了为老建筑注入时代元素的活化目的。各类功能各异的机构加入，使得永利街成为社会组织聚集的历史街区，交错穿插的布局方式促使各组织之间形成相互交流作用，永利街街区中的不同项目单元之间形成有机联系，通过合作互动形成历史文化辐射节点，通过多重社会影响的联合作用，以增强活化机制的稳定性与共赢特质。

4 结语

历史街区作为构成城市历史风貌的重要节点，其保护与更新关乎整座城市的文脉延续与历史空间形态的塑造，为城市空间的重构与功能结构重组带来机遇。《岁月神偷》的热映唤起公众记忆，更多唤起的是社会对于永利街等普通历史街区保育工作的关注。香港永利街保育与活化项目，综合政府、公众、媒体等多元力量，保留香港的集体记忆，探索历史街区的保育活化工作的实施方案与运行机制，为未来城市发展与历史遗产保护提供了相辅相成的平衡之道。

（原载于《建筑学报》2015年05期）

参考文献：

[1] 齐一聪，张兴国，吴悦.基于香港文物建筑的活化对中国内地的启示[J].中国园林，2015(3)：110—114.

[2] 郭璇.文化遗产展示的理念与方法初探[J].建筑学报，2009(9)：72.

关于环境的艺术化

顾孟潮

摘　要：扼要解读环境艺术概念、性质、特点、价值观念的变迁，以及环境艺术在中国的崛起与发展、提高设计水平要点等。环境艺术是人与周围的居住环境相互作用的艺术，它具有场所性、关系性、对话性和生态性特征，这一观念的形成经历了6个阶段，即实用价值观、艺术价值观、空间价值观、机器价值观、环境价值观和生态价值观。这里的变迁并非是后一个阶段代替前一个阶段，而是逐渐走向全面、深刻、复杂，达到综合整合认识的过程。

关键词：风景园林；环境艺术；场所艺术；关系艺术；对话艺术；生态艺术

环境艺术乃是绿色的、创造和谐与持久的艺术与科学。

城市规划、城市设计、建筑设计、室内设计、城雕、壁画、建筑小品等都属于环境艺术范畴，因此，环境艺术与人们的生活、生产、工作、休闲的关系十分密切。随着人民生活水平、居住水平的提高，人们对各类环境艺术质量的要求越来越高。环境艺术的理念和实践，就是在这样的背景和基础上在中国崛起和发展的。

环境艺术（Enviromental Art）又被称为环境设计（Enviromental Design），是一个尚在发展的学科。关于它的学科研究对象和设计的理论、范畴、包括定义的界定目前没有比较统一的说法，《八卷环境艺术丛书》主编、著名环境艺术理论家理查德·P·多伯（Richard P. Dober）说过，环境艺术“作为一种艺术，它比建筑艺术更巨大，比规划更广泛，比工程更富有感情。这是一个重实效的艺术，早已被传统所瞩目的艺术。环境艺术的实践与人影响其周围环境功能的能力，赋予环境视觉次序的能力，以及提高人类居住环境质量和装饰水平的努力是紧密地联系在一起的”。

在多伯环境艺术定义的基础上，我理解环境艺术是一种场所艺术、关系艺术、对话艺术和生态艺术。环境艺术是人与周围的人类居住环境相互作用的艺术。

所谓场所艺术，是指作用于人的视觉、听觉、触觉和心理、生理、物理等方面的诸多因素，形成“场所感”。形成“场所感”的关键问题是经营位置和有效地利用自然和人文的各种材料和手段（如光线、阴影、声音、地形、历史典故等），如氛围、活动范围、声、光、电、风、雨、云等。

所谓关系艺术，是指进行环境艺术设计时，必须恰当地处理各方面的关系：如人与环境的关系，环境诸因素之间的关系，因素内部组成之间的关系等。关系可以分成不同层次、不同的范畴：如人一建筑一环境；人一社会一自然；人一雕塑一背景……诸关系的核心是人。以尺度（或尺度感），即人们所具有的感受作为衡量关系处理得好坏、水平高低的标准。

对话艺术则体现在2个方面，一是环境所包括的“关系”无穷之多，它们必须有机地组合起来，彼此“对话”；另一方面，这是当代环境以人为主的民主特征。人们已经不满足于仅仅

---

[3] 永利街邀艺术家进驻[N]. 东方日报，2011—10—22：A18.

[4] 王珺，周亚琦. 香港“活化历史建筑伙伴计划”及其启示[J]. 规划师，2011，27(4)：73—76.

图表来源：

图1、2、11底图与表2来源香港市区重建局提供的用于媒体宣传、学术研究的资料，作者改绘图3、4、6均为自绘，9为自摄。

表1改造前照片来源于Lin Fengwen. News media interpretation onheritage rehabilitation and public perception:a case study of Wing Lee Street[D]. the University of HongKong. 2014.7:29与香港市区重建局提供的用于媒体宣传、学术研究的影像资料；电影中照片来源于《岁月神偷》电影片段；改造后照片来源于自摄照片与香港市区重建局提供的用于媒体宣传、学术研究的影像资料。

图7：改绘自舒畅雪. 沪港台历史建筑保护法规比较研究——建筑遗产的身份认定与控制原则[D]. 上海：同济大学，2009。

图8：根据Lin Fengwen. News media interpretation onheritage rehabilitation and public perception:a case study of Wing Lee Street [D]. the University of HongKong. 2014.7:29与自摄、余海超摄，相片综合绘制。

表2来源于香港市区重建局官网。

图10：http://blog.sina.com.cn/s/blog_520be5eb0100ifmw.html。

作者简介：

齐一聪：重庆大学建筑城规学院（重庆，400030），台湾大学建筑与城乡研究所。

张兴国：山地城镇建设与新技术教育部重点实验室（重庆，400030）。

吴悦，马卉：宁夏大学土木与水利工程学院（银川，750021）。

是物质的丰富和表层信息变化的享受。人们追求深层心理的满足、感情的交流和陶冶，追求美和美感的享受，人们普遍希望“对话”。

城市、建筑是环境艺术的主要载体的体现者，从这个意义上讲，从建筑诞生之日起，它便是作为人的环境出现的，它就是环境艺术，只不过人们真正认识到建筑作为环境艺术的性质比较晚。所以说，环境艺术观念的变迁与建筑观念的变迁是同步的。

建筑价值观的演变大致经历了6个阶段：

1） 实用建筑学阶段，追求适用、坚固、美观的建筑；

2） 艺术建筑学阶段，视建筑为“凝固的音乐”；

3） 机器建筑学阶段，视住宅为“住人的机器”；

4） 空间建筑学阶段，认识到“空间是建筑的主角”；

5） 环境建筑学阶段，认为建筑是环境的科学和艺术。

6） 生态建筑学阶段，21世纪，建筑价值观已开始进入第六阶段——生态建筑学阶段。人类经历了适应环境、利用环境、改造环境以致发展到污染、破坏环境之后，随着人类文明程度的提高，才逐渐意识到要保护环境，恢复自然生态环境和历史人文环境。正是在这样的背景下，人们的当代环境艺术观念形成和发展起来了。

中国当代环境艺术的崛起和发展，是我国近年来极为重要的科学文化艺术成就。我国环境艺术作为学科和行业，是自1985年起步的。

1985年，中国建筑学会在北京召开了中青年建筑师座谈会。建筑作为环境艺术的性质这一命题在会上引起广泛重视，与会的建筑师重温了《华沙宣言》(1981年第14届世界建筑师大会上通过，主题为“建筑、人、环境”)，撰文探讨有关我国环境艺术问题。

1987年，《中国美术报》专门召开了以环境艺术为主题的座谈会，与会的专家开始筹建中国环境艺术学会。1988年，《环境艺术》创刊号问世。

1989年，中国环境艺术学会（筹）等举办“中国80年代优秀建筑艺术作品评选”，在海内外引起很大反响。

1992年10月8日，中国建设文协环境艺术委员会成立。

1995年1月，中国建设文协环境艺术委员会等主办的“中国当代环境艺术优秀作品(1984—1994)”评选结果公布。

2014年12月出版由苏丹编著的《中国环艺发展史掠影》。该书是清华大学美术学院CICA的科研项目“中国环境艺术发展史研究项目”的研究成果之一。其他2个研究成果：中国环艺文献展和“环艺的双重属性与未来可能性”研讨会，在此书中均有介绍。

城市环境艺术的主角是建筑，是城市空间，是构成建筑与城市的空间材料、结构骨架、立意等，所以，规划师、建筑师在环境设计中的主导作用就显得格外重要。而现在有些重要的环境艺术项目，因为对规划师、建筑师的作用认识不够使这些项目完成得不够好。

我国虽然已有大量环境艺术的实践，但是，环境艺术作为一个行业和学科，在我国还没有公认的科学的行业标准、行业规范，更没有进行相应的学科理论建设。环境艺术处于“有行无学”“有行无业”、尚未成熟的状态。

要提高我国整体的公共环境艺术水平，重要的是要从观念、理论上解决问题。

首先要树立正确的公共环境艺术理念。根据城市公共环境艺术本身的性质，广义上讲，城市公共环境艺术是“使城市环境艺术化”的工作；狭义上讲，城市公共环境艺术是“使环境中的每个对象（环境艺术作品）环境化”的设计。

其次，要有明确的环境艺术创作起点。有人问现代主义和后现代主义建筑大师菲利浦·约翰逊的建筑创作从哪里开始的呢？约翰逊答：从脚底板(footprint)开始。中国园林、中国建筑也十分重视脚底板的感觉。作为景观尺度层次来说，这是“零层次”，是接触的感觉。环境艺术创作从脚底板开始，也意味着从阅读大地、体验环境的需求和可能开始、从研究材料的优势和特点开始。

城市公共环境艺术的范畴十分广泛。既包括城市公共环境的城市空间、道路、广场、桥梁、建筑物、建筑群、园林、雕塑、壁画、纪念碑、建筑小品，又包括橱窗、广告、栏杆、花池、台阶等人造景观，既包括天空、地形、水面、河流、树木、草地等自然景观，又包括属于城市公共环境中起作用的但不是固定有形的东西，如人们的行为心理需求、习惯模式、人口的构成特点、生产、生活、文化、交际要求等人文因素。它是多种艺术组成的有机整体，而不是机械的合成。

环境艺术最大的特点是“环境的艺术化”和“艺术的环境化”。是环境和艺术的互动，这种互动处于最佳状态时的环境艺术作品，方是成功的环境艺术作品。

在科学的环境艺术的评价标准中，“以人为本”应该是第一标准。高水平的环境艺术作品，不能只满足于“艺术的环境化”，更要追求“环境的艺术化”，即不但要有“境意”，更要有“意境”，达到“精神家园”的层次。

（原载《中国园林》2015年06期）

作者简介：

顾孟潮，中国建筑学会教授级高级建筑师，中国建筑学会编辑工作委员会原副主任。

微园记

葛明

1. 园林作为方法

1.1 缘起

园林在当代的意义何在，能否从中发展出一种方法？

约从 2002 年起，我因院宅研究而开始思考这一问题，从 2004 年与董豫赣、王澍、童明一起设计天亚院宅起，开始真正有意识地以此作为设计研究的一个方向。2007 年我们举行了一次“园林与建筑”的会谈，出版了文集，并相约每过十年再出一本。在此前后，董豫赣完成了清水会馆、红砖美术馆，童明完成了周春芽美术馆，王澍更是作品不断，而李兴钢等同道则越来越多。我约于 2010 年完成了如园，与此同时，我逐渐明确了设计研究中对于空间意义的追求，在此基础上，自己对如何从园林中发展方法有了一些基本的认识，尤其是在对山石的观法有所体会之后，越发明白了园林对于设计想象力的意义。

在我看来，园林的方法可以是指在当代一个类似设计园林的方法，但更多是指以园林作为工具的方法对当代建筑设计有何作用——就是以中国园林作为方法能否帮助我们加深对当代建筑学的理解。为此，我刻意把园林的方法与我平行研究的空间的方法（体积法、结构法、不定形法）、类型学、概念建筑的方法加以区分，寻找它的特殊之处。自 2010 年起，我提出了“园林六则”作为园林方法的一种，并开始对各个专项进行研究，与此同时，对明园林变化的兴趣逐渐转向宋。

2012 年起我开始设计微园，起初是一处厂房改造，只是有试着练习园林方法的机会，此后，机缘巧合，又逐步真的有了从房到园的机会，虽然从园的角度来说，基础条件并不理想，但重要的是，条件的限制反而使我有了反思园林方法的机会，促使它与别的方法结合。

1.2 园林六则的提出

思考园林方法时我首先思考它与其他设计方法的异同。

罗西说过类似一段话：建筑是从不模仿开始的；画画、舞蹈都是从模仿开始的，之所以建筑可以成为建筑学，是由于它是理性控制的。这句话为建筑学的学科性做了一个非常有意思的注解，而园林又必须是从模仿开始的，但这种模仿需要有某种特殊的想象力。这就是园林和通常认为的罗西式的建筑学所不同的地方：从模仿开始，而模仿的核心就是对历史的想象和对自然的想象。在这一指向中，对历史的想象和对自然的想象或许就是以园林为方法带来的最大好处，它能有效地推动设计。与此同时，园林展开自然和历史想象的方式十分特别，需要仔细地寻觅进入的途径，还需要清楚地了解别的方法的长处。

在此基础上，我所提出的园林六则分别是：一、现生活模式之变；二、型；三、万物：山石第一／中介物第二／房屋花鸟池鱼再次之／林木无定所；四、坡法／结构／材料；五、起势；六、真假。为什么是“六”？源于“谢赫六法”[①]。

六则之中首先需要注重园林方法与别的设计方法的相通之处，其后才是特殊之处。其中，希望直接相通的是第一则“现生活模式之变”，暗中相通的地方自然是空间论。虽是六则，做设计时则需要视情势而定，若试图引入，不拘于从哪一则开始。

其次，直接与建筑有关的则为两条，一处是第三则“万物”里的“房屋”，另一处是第四则“坡法／结构／材料”。其中“万物”，Myriad Living Things，是指“混杂的、有生气的事物”。很多人追问什么是中国的“自然”，简单一说，或许就是“生动”的意思。同样“万物”也需要体现生动的意思，如再缩小就是“活物”，甚至“尤物”。第四则中我更关心的是“坡法”，因为中国的“坡”是一个典型的“活物”，它把“结构、材料”融入进去了。

六则之中“型”是一枢纽所在，它的起点是认识“空”，认识如何分地。我经常思考一个问题：都说明、清的园林之前的建筑密度比较低，那么在一个野地里，做什么东西看起来像园林？我始终认为能在野地里做出园林更难，这就关涉空的呈现和分地的价值，它对于自然的想象、历史的想象要求最高。此外，从做设计的角度来说“起势”（generating）十分重要，大概是“生成”的意思，还有一个意思是“判断大势”，而“真假”（real/false）是个哲学问题。这些都是六则之中相对特殊的地方。

2. 造园

2.1 “空”

微园位于南京老城之南，原址有两个厂房，此外还有西侧一个配电房，互不相干。南侧为两层，北侧为一层，都挺丑，中间空开，但没什么用（图1）。业主贾安明习书法，希望改成一个以中国书画为主的展馆。可以发现，场地之中房子几乎占满，那么，如何展开设计？

图1 改造前场地

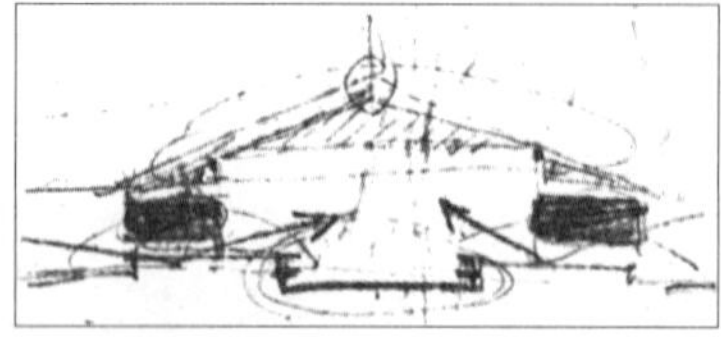

图2 草图（葛明）

我从改造开始，手段简明。首先把北侧厂房的两边各往下一走可称之为“续坡法”，续出的两块就成为展览藏字藏画的地方，那些字在一个个小的隔间里面，像在一个个龛里一样（图2）。大厂房中间原有大的部分，我称之为房中的“空”，展品多的时候可再做临时隔断。这样，大空间和小空间就衔接在了一起，原来大的空间获得了它的尊严，两侧的续坡也显得非常重要。这一方法和围棋先占边取势是一样 的。接着，续坡再与南侧的一层相接，两栋不相干的房子以及中间的空隙呈现为一个整体水平的空间。这样两个房子夹的“空”——我称为房间的“空”，也就特别了。再接着，在房中的“空”里往下挖了一块，在房间的“空”里又挖了一个“空”。这样，房内房外的区别逐渐减弱，呈现的是连续不断的“空”（图3）。这使房子在场地之中逐渐消退，空间逐渐显现，不断变远，为走向园子提供了基础。

这里还用了一个“借”字。房借“空”，“空”又借房。这样，呈现出一处处房非房，廊非廊的意象，当在微园的各个地方，或房中，或房外，互借互成，一直能借到西侧土坡上的绿之后，园就开始成为可能。

2.2 观法

微园起于展，它的空间需要优先适用于中国书画。所以除了空间中的大尺度小尺度之外，还要有展览的尺度，这就需要研究特定的观法，而当代的东西同样可以进去和它匹配。我的考虑是采取什么观法可使“空”变活，使“空”具有尺度？如果对观法毫无感觉，如何去影响观者？

为此我取宋法，试图行坐卧观并重，从而提示一种特殊的忽高忽低的观法。但我们当代人毕竟不是古代人，看字画的方法并不一样，因此，微园营造的氛围并非为了考古。观法是复杂的，比如观看字的距离，关乎手与眼的关系，这是中国特有的东西；观法也不只是观的距离，比如如何使视平线往下降；观法还提示，我们正在不断丧失一些生活中的特殊尺度，比如如何因往下看而获得安静，但也不只向地面看；观法还包括如何处理凝视与余光，等等。

当时我期望一个当代的艺术家游历了微园，看了展的方式，能否感觉字不能太随意地写：原来还存在着这样一种空间。同时，我还期望微园对一个普通人来说还有一种别样的感觉，在空间中有安静凝视的机会，这种感觉我们曾经有过，但在慢慢消失。为此，我推敲了各种标高的叠合，使庭院的绿意渗透到空间之中，使空间的重心下移，既试图压低观者的目光，还试图提示场地上的各种分隔，使空间因观法而生动（图4）。

2.3 结构

微园的起点是老房子，有原本的结构，我希望让它们在成园的过程之中发挥作用。

比如北侧厂房的大梁比较高，这能产生出什么讲究呢？中国以前上下一半，梁上的空间不用，留给眼睛，下面的空间留给身体。 因此，在微园中，我和结构师淳庆一起几乎仔细地处理了每一道梁，理由就是上面的空间做得足，与身体有关的空间才能凸显得有意思。这种上下两分的做法被我称之为“结构法”的一种，它能不知不觉地削弱房子固定为房子的定式。为此，我把白厅的一架架大梁包起来，把黑厅的横梁一根根吊下来，都是让结构和空间共同发挥作用。尤其是着意处理了白厅里支撑大梁的侧柱之间的圈梁，它们和一个个龛同时发生着特殊的反应，它们正处在我所理解的上不上、下不下的位置，产生了飘忽的效果，从而又一次推远了空间（图5）。与此相仿，配电房西北加建的一小段房子的结构处理也十分重要，因为它挨着一小片竹林，所以它需要连接但又能被打破，从而使竹林一起成为园林中的一部分。为此，我在复厅特地用了减柱造，从而凸显了两根特殊的翻梁，以此形成了西侧竹林、廊、空、厅互连、互隔、互成的效果（图6）。

因此对于我，白厅里的大梁处理和联系梁的设定，复厅中的减柱法和翻梁，每一个柱子、每一个梁，都试图配合着“空”的分隔和上下的区分。我后来还意识到，柱子和梁的比例之类至关重要。比如，白厅的那两根圈梁，是董豫赣、王澍喜欢的，他们觉得尺寸古怪而好。可以说，结构的尺寸和空间 的“远”之间，似乎是有关的。

2.4 山石

理解山石是我对自己学园林的一种检验。大约2011年，董豫赣和我坐在环秀山庄看着假山喝茶，喝了三四小时，坐在石头前面，我觉得自己似乎能看出些石头的好来。那次是我学园过程中十分重要的一次经历。

图3 白厅

图4 书法展间

图5 白厅东

图6 复厅施工中

图7 黑厅-中庭

图8 宜兴乌溪港一设施方案设计

造园之中有了山石的构想，就开始与业主四处觅石，问题是好石难觅，而且也不可能、也无需做成复古。这显然不是简单的叠山或置石，对我来说，石头首先是要让容量扩大了的空间有所依托，因此石头的布法需要在平面中成为一种"势"，从外及内，迤逦而行，使相对匀质的空间因异质的出现而有伸缩跌宕的机会。更重要的是，石头要逼着空间变得准确，而且有意义。因此，微园在山石的设想初步出来之后，各类装折需要随之而动。比如南边成为黑厅，北边成为白厅；照理南边光线强烈，但反在亮处要做黑，暗处要做亮，从而获得幽而远的机会，这里很大一部分原因是由于考虑了山石走势所形成的空间分隔（图7）。此外，石头高低、倾侧、轻重、黑白各不相同，如果和空结合紧密的话，可以使空的重心、方向不断变化，开始显现自己的特性，而不再只是抽象的空，石头自身也不再只是观法中的对象。

3. 余言

回顾微园，房子这么密，空这么小，用什么办法成为园子？园子又如何推动着房子的变化？因为边界是限定的，所以要扩大空间的容量；这需要通过内和外的调节、忽高忽低的调节，然而空间容量扩大以后，又如何变得有意义？园林方法一直发挥着或隐或现的作用。不难发现，微园设计的起点是房中特殊"空"的追求，并通过观法带来历史的想象，通过结构带来物体的想象，石头带来自然的想象，但同时更为各个空的准确表达提供了机会。这几点一起推动着从房到园，又同时从园到房。所以微园作为房子的初步设计我做了一个星期，但是作为园子的房子的设计需要一年。

有意思的是，微园之后我再做设计，树石和结构更是成了主动意识，甚至根据这些来反推。其实仔细想来，多少是为了强化园林的方法和其余方法之间的联系和比对，比如现在处理的几处坡法，都突出了这些（图8）。董豫赣对我有一个提醒，发展坡法，要选择工艺简单、易于实现的，如果空间的尺度、对地的分型还没有出来，就需要避免工艺复杂的坡法。

可见园林的方法可以很大，也可以很小，当然更重要的，可能是随机应变，这是需要我不断加以练习的。

（原载《建筑学报》2015年12期）

注释：

① 唐张彦远《历代名画记》记述："昔谢赫云：画有六法：一曰气韵生动，二曰骨法用笔，三曰应物象形，四曰随类赋彩，五曰经营位置，六曰传移模写。"

图片来源：

摄影：孔德钟、赖自力。

作者简介：

葛明，东南大学建筑学院（南京，210096）。

在理想与现实之间——2015 米兰世博会规划概念与实施

吴铁流

摘　要：介绍了 2015 米兰世界博览会在最初 2009 年的概念规划设计理念和内容，并与最终实施的状况进行对比，对近年世博会奢华浮夸的“建筑名利场”现象提出批评。再以几个非政府组织为例，描述了如何可以在朴素的展馆里通过强调展览本身去传递更切合本届世博会粮食生产主题的重要信息。

关键词：米兰世博会；规划设计；赫尔佐格与德梅隆；理想与现实

2015 米兰世界博览会早在 2009 年已经进行了概念规划设计。当年的设计团队可谓是“梦幻组合”：牵头的斯特凡诺·博埃里（Stefano Boeri）是米兰当地的建筑师和规划师，也是米兰理工大学的教授，瑞士建筑师组合——赫尔佐格与德梅隆（Herzog&de Meuron）有着丰富的文化建筑经验，曾为 2008 年北京奥运会打造了标志性的国家体育场“鸟巢”，英国城市学家、伦敦政治经济学院教授瑞奇·伯德特（Ricky Burdett）曾担任 2012 年伦敦奥运会的建筑与规划顾问，美国设计师威廉·麦克唐纳（William McDonough）则因他所倡导的“从摇篮到摇篮（Cradle to Cradle）”可持续设计理念而享有盛名。这些大腕合作研究并提出了规划设计的概念愿景，但最终却没有得到完全实现，这是为什么呢？在理想与现实之间，分歧是什么？

1 披着羊皮的狼

2015 米兰世博会的规划格局是一座经典的罗马古城：清晰的南北、东西两条大街（Cardo 和 Decumanus）既是交通组织的主动脉，也界定了整个基地的正交网格结构。这与相邻的米兰交易会展中心（Fiera Milano）中的“繁华之轴”和大墓园（Cimitero Maggiore）里的“静谧之轴”相互呼应。东西向主大道两侧平行排列的是细长的国家馆用地，形成传统古城的匀质肌理。一些标志性的建筑元素和公共空间点缀其中，如同古罗马的剧场和广场（图 1）。

在 2009 年的概念规划方案中，整个世博园区有如一个

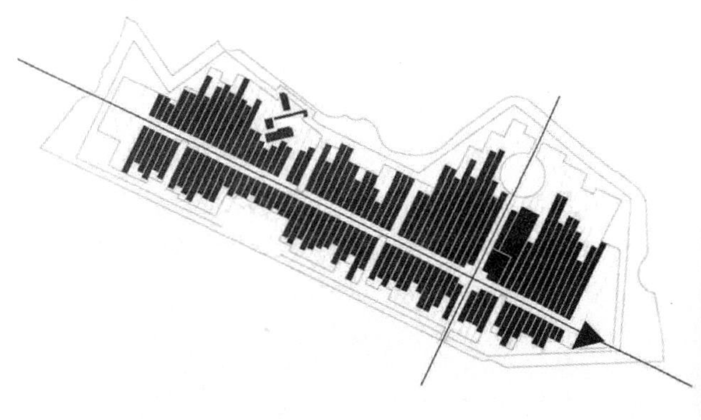
图1 2015米兰世博会2009年版概念规划总平面

图2 概念规划鸟瞰

图3 概念规划主大道透

图4 概念规划水道透

图5 概念规划圆形湖面

大庄园，贴切地表达了本次世博会意义深远的主题："滋养地球，生命的能源（Feeding the Planet，Energy for Life）"。庄稼、鲜花、果树统一在连绵的轻质幕篷之下；周边的水道既限定了园区的边界，又具有生态灌溉和通航的作用。游客们沿着1.5km长的主大道漫步，参观140个国家和机构在室内和室外的各种展览，领略它们对粮食问题的不同诠释，并能在主大道中间的长桌上品尝各国在它们馆区用地内种植的特色农产品（图2–5）。

在这一系列充满诗情画意的图像背后，隐藏着对过往几届世博会的尖锐而深刻的批评。近年来每次像世博会这类的大型活动都动用了大量的人力物力，它们的目的只是在于吸引数以千万计的参观者。建筑师们争奇斗艳，迎合各国之间的攀比心理，尽领一时风光，但展会结束后整个园区就荒废了，展览的主题和内容都也全被人们抛诸脑后。概念规划设计师们审时度势，提出"世博会必须放弃这种模式，不应该只迷恋建筑的纪念性和国家名利的追逐。这种老模式可以追溯到19世纪中叶，到上一次的2010年上海世博会亦是如此。[1]赫尔佐格认为这次米兰世博会关于世界粮食的主题使各位参与概念规划的设计师都感觉到，挑战消费文化的时候到了。他说："在讲述农业生产这个重要议题的同时又去建造巨大的、充满戏剧性的弧线的展馆，外墙装上波浪形的塑料或者壮观的瀑布什么的，那有多尴尬啊。"[2]

在概念规划方案中，提供给每个国家的用地宽度都一样，无论贫富，面向主大道都是同样比重的20m，这就避免了把展馆规模与国家政治经济实力挂钩的误区，也表达了各国对全球粮食生产的贡献同等重要的观念。国家馆的建设位于用地一半（10m宽）的幕篷之下，限高仅5m，并鼓励使用主办方提供的简单基本的建筑元素与材料，更便于在世博会结束后拆卸循环再利用。各展馆建筑占地不能超过用地的40%，另外的60%则用于种植该国家的特色农作物，并要把粮食收成带到主大道的餐桌上，供来自全球的参观者品尝。赫尔佐格在2009年9 月的方案汇报会上介绍说："世界博览会可以给城市留下像埃菲尔铁塔那样的纪念碑，但我们这次要建造的是反纪念碑，它植根于大地，更多地存在于人们的心目中，而不是追求实物的纪念性。"[3]这种概念实际上是要把展览的实质内容和主题精神重新带回到表面形式之前，各个参展国家之间的区别体现在展览内容的特色差异，民族自豪感应切实地体现在各国独特的农业景观以及对全球农业生产的贡献，而不是展馆建筑表面的视觉消费。

2015米兰世博会2009年的概念规划重新审视了世博会在21世纪应有的新定义和新模式。看似简单平常的形态实际上设定了一个开放的框架，表达了一个雄心勃勃的愿景。设计师们选用了经典理想城市的语言来表达他们颠覆性的全新策划概念，勾画出一只披着羊皮的狼。

2 披着狼皮的羊

可惜的是，最初内涵丰富的概念规划方案到最后只实现了一个平面的图案。主办方在当时很理解设计师们的想法，他们也都认同这次世博会的主题值得采取新的模式来对待，但他们却缺乏改革所需要的权力和魄力，最终连国际展览局（Bureau of International Expositions）的官员们都无法说服，更不用说参展的各个国家与机构。在接受英国《卫报》的采访时，米兰世博会主题区与设计总监马特奥·加托（Matteo Gatto）说："要实现当时概念方案的想法没那么容易。我们不能逼着各参展国按我们的方式做，因为按照国际展览局的规定我们应该给予他们设计的自由。原规划的道路和公共空间结构保留下来了，但国王和酋长们总有他们自己的想法，而且总是一意孤行。"[4]在2011年，由于对雄心壮志无法实现的失望，当初参与概念规划的设计单位都相继退出了与米兰世博会的合作。最后世博会主办方在采用2条主轴的规划架构基础上，把方案修改成了更适合世博会一贯操作模式的保守设计。

失去了设计师的直接参与，最终实施的米兰世博园规划很有点国内的"综合方案"的味道。波浪起伏的幕篷还可以看到，从原来覆盖整个园区缩减到只在十字形主大道上，而且结构设计非常笨拙（图6）；国家馆的用地从主大道上延伸出去，但有钱的国家可以租大一点的地块，相对贫穷的国家就只能偏安一角；园区土地可用于农作物种植的想法被一块耗资2.24亿欧元的巨大水泥地板所抹杀[5]；原来有生态过滤功能并可供小船行驶的水系成为了装饰性的喷泉水景（图7），宁静的圆形湖面中央加上了37m高的极具纪念性的"生命之树"（The Tree of Life），每小时正点都有一场喷水放雾开花的声光动感表演（图8）。

国家馆的建筑设计还是一贯张扬的"名利场"（图9），大家各出奇招，使出浑身解数。在这里我们看到阿曼的城堡、尼泊尔古民居、伊朗的帐篷、阿根廷谷仓、俄罗斯方舟、科威特风帆、阿塞拜疆水晶球、匈牙利圆鼓、白俄罗斯滚轮、泰国草帽、卡塔尔莱篮、韩国陶罐、马来西亚谷种、墨西哥玉米棒、意大利的树枝、德国的叶子、越南水莲、阿联酋沙丘……还有各个企业商家摆出来的金漆酒桶、菠萝礼盒、扭曲的爬虫等（图10）。设计总监加托对这些设计的想象力和多样性引以为豪，但实际上这正是我们时代的迷失、浮夸的集中写照。大家都以为国家的特色应该直接翻译到建筑的形象上，设计越花哨越好，这样才能吸引眼球。但最终大家都落入了无止境的形式游戏，矫揉造作，华而不实，成为了蹩

图6 世博会主大道

图7 世博会装饰性水景

图8 湖面剧场中“生命之树”的表演

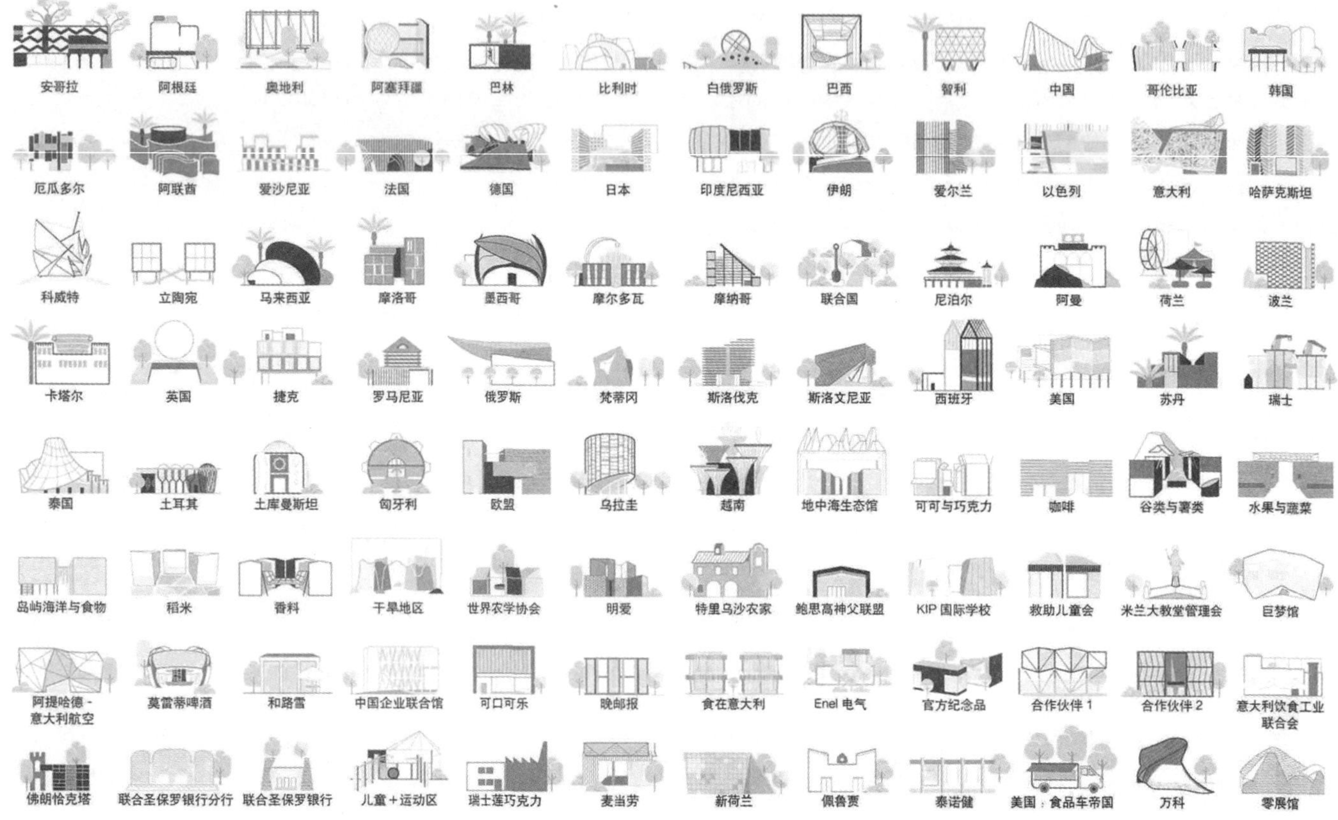

图9 世博会各参与国家和机构的展馆一览

脚的马戏团小丑（世博园里的露天剧场还真有马戏表演呢）。

主办方当初决定沿用概念规划平面图案的时候并没有意识到，他们这种盲目套用的做法反而把这种“建筑名利场”的荒唐推到了高度密集的极致。在概念规划方案中，沿主大道两侧的国家馆用地采取了密度较高的背景肌理形态，成功地在这次米兰世博园110hm^2 的狭小场地中安置了2010年上海世博528hm^2 用地的内容。但这种经典规划的策略跟如今所有国家馆都采用的标志性建筑设计手法格格不入（图11），硬生生地把地标排列成高密度城市街区，结果是1.5km长的无间断奇人秀，奇葩紧挨着奇葩，完全没有喘气的空间。主办方想要打造一个“能让每个演员的声音都被听到的舞台[4]，但其实这更像一个喧闹的菜市场：每个小贩都冲着你叫卖，

图10 2015 米兰世博会部分国家馆

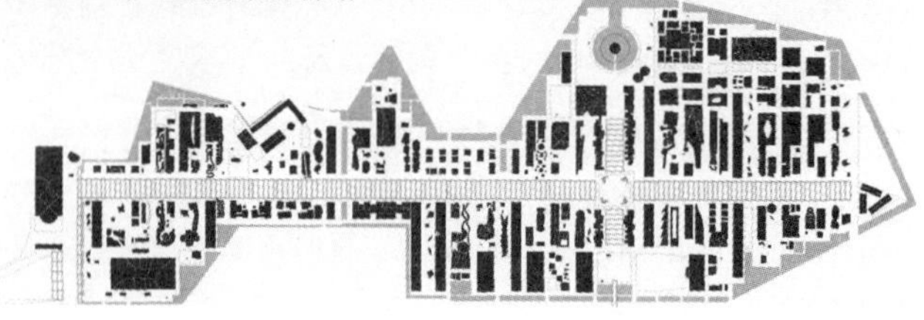

图11 世博会图底关系分析

到最终你谁都不想理会。世博会中形态各异的国家馆不仅没有达到吸引眼球的效果，反而让人越看越无聊，甚至产生反感，直至参观的欲望完全灭绝。赫尔佐格在访问中评价道："恐怕参观者们将再次被蒙蔽和分心，无法理解和认识机会和风险、机遇与困难、政治和商业等等各种有趣多样的全球性议题。这些议题值得放在最前沿来面对，但在各个国家馆争奇斗艳的这种旧模式之下是无法实现的。"

曾几何时世界博览会是一个面向未来，展望生活和科技的开拓者，但如今却成为了固步自封的套中人。一个曾经极具批判性的规划概念不但没有得到贯彻，反而被改成了它所批判的对象的"加强版"。没有人知道当时到底是谁或什么原因导致了米兰概念规划理念的夭折。政治？经济？主流文化？无从考究。大型活动背后常常有无数不可控制的力量在操纵，没有人刻意反对创新的概念，但也没有人极力促成它的实现。在各种现实势力的面前，设计总是最无力的。赫尔佐格觉得很无奈"我无法具体地责怪任何人或任何事。当时跟我们讨论设计概念的人都相当聪明和理解，但却受缚于他们的雇主或者选民……也许就像在一群向同一方向游的鱼当中，我们试图向反方向游但大家还是继续按原来的方向前进……我想只要举办世博会还在某些地方有利可图，比如至少还可以带动旅游业，它就不会从根本上作出改变，因为主办的人不会觉得有这必要。"[2] 遵循常规的惯性和惰性通常都比打破条条框框的勇气要大。米兰世博会斥资130亿欧元[4]打造的张牙舞爪的建筑群背后是迂腐保守的懦弱与畏怯，它其实是一只披着狼皮的羊。

3 狼群里的羊

2014年，赫尔佐格与德梅隆接受了慢食主义运动（Slow Food Movement）创始人卡尔洛·佩特里尼（Carlo Petrini）的邀请重返米兰世博园，为慢食运动设计了一个专门的展示空间，以宣传该组织倡导的粮食生产中生物多样性的理念。慢食馆（Slow Food Pavilion）的设计非常简单，3座几近简陋的木棚分别容纳展览、剧场、品尝的功能，并围合出一个三角形的中心生态园，种植伦巴第地区的本土蔬菜、水果、香草和药草等。赫尔佐格与德梅隆利用慢食馆的项目把当初概念规划中各个国家馆应有的设计意象付诸实践：把农业景观作为核心，配以谦逊朴素的标准化预制式构筑物。这些预制的木棚在世博会后将会被拆解，搬到意大利各地再利用，组装成农舍融入到由慢食主义辅导的各个学校的植物园之中。

有趣的是，慢食馆的用地位于东西向主大道最东端的压轴位置上，完全值得以纪念性的标志建筑去彰显这个重要的公共空间，但如今它的设计却刚好相反，走了背景建筑的平民路线。这种图底颠倒的状态使慢食馆在由众多地标性国家馆组成的"背景"中显得突出，但却感觉像是只落入了狼群里的羊。

其他零星散落在米兰世博园中的非政府组织（Non-Governmental Organizations）也都采取了类似的简单设计。它们没有能与国家馆相提并论的财力去建造浮华的展馆，但它们却像雾里的明灯，以平实的手法传递了重要的信息。慢食主义关注的是农业可持续性和大众可达的优质、清洁的粮食（图12）。乐施会（Oxfam）倡导的是一个没有贫穷歧视的公平自由的未来，关注基于温饱的平等权利、妇女的权益、气候变化和环境保护等议题。救助儿童会（Save the Children）与营养不良问题不懈抗争，减少婴儿死亡率，提倡正确的喂养方式，并为自然灾害地区儿童提供援助。救助儿童会的展馆是一个用可回收利用的材料建成的"体验村"（图13、14），建筑规模很小，设计平淡无奇，也没有高科技的四维动画或激光表演，但参观者却能直接参与其中，由志愿者带领，通过"角色代入"切身体验受益儿童曾经面对的困境和救助儿童会为其生活带来的变化。这使人们最后意识到，我们每一个人都有责任也有能力去帮助这些苦难的儿童，让世界拥有一个更美好的未来。

想到我们的地球上还有近1/8的人们仍然挣扎在饥饿的边缘[6]，米兰世博会中对世界美食的歌颂实在让人感到惭愧。看着各种吉祥物在游行队伍中活蹦乱跳（图15），有谁会联想到"生命之树"上开一朵花喷一次雾可能就要花掉一个非洲贫困小朋友一个月的粮食？在富足和短缺之间反思，我们实在应该检讨我们奢侈浪费的消费习惯。世博会一贯的这种虚荣落后的"名利场"模式是时候应该改一改了。可悲的是，下一届的2020世博会到了迪拜，在石油王国用金子堆成的建

图12 慢食区中完全由玉米组成的大胖子形象揭示了玉米潜在的饮食风险

图13 救助儿童会展馆中的花

图14 救助儿童会展馆中志愿者向参观儿童解释救援自然灾区的工作

图15 世博会的吉祥物游行

日常生活的启示——罗湖公共艺术广场的建成后研究

张轶伟

摘　要：由都市实践事务所设计的深圳罗湖公共艺术广场，自设计到使用十余年间几经变迁。以这一作品为例，进行了以实际调研为基础的建成后状态描述和研究，并通过理论分析和实态研究相结合的方式，探讨广场从设计到建设、从落成到使用等一系列日常生活背景下的事件。从功能转变、公共性、建筑改造等问题分析这些事件背后的原因，反思快速城市化背景下存在于建筑设计中的一些普遍和特殊问题的症结。

关键词：罗湖公共艺术广场；日常生活；建成后研究；建筑评论

都市性（Urbanity）和都市主义（Urbanism）一直是当代中国城市建筑实践中不可回避的问题，而真正将复杂的都市环境引入设计，并正视其影响的建筑师和相关作品却寥寥无几。设于深圳和北京的都市实践事务所（Urbans）作为中国最早直面都市问题并致力于快速城市化背景下城市和建筑研究的设计机构，一直以入世的工作态度、以务实的建筑实践来回应复杂的城市问题。本文聚焦都市实践事务所早期具有代表性的一个案例——位于深圳罗湖的公共艺术广场，试图以理论分析和实态研究的方式来探讨建筑建成后的实际状态。

一、城市——建筑——人

在展开对建筑问题的具体描述前，笔者拟先从城市、建筑、人三者的互动关系入手，并对已有的西方城市理论研究进行简单梳理，尽管西方理论不能完全套用于中国现状，但其依然可以成为理解当下中国诸多建筑作品建成后被空置、错用、侵占和改造等问题的一个切入点。

当代法国哲学家列斐伏尔（Henri Lefebvre）关于城市空间的理论，在20世纪70年代之后开始被城市学的话语圈所关注，其关于"日常生活"以及都市主义的论述都和深圳罗湖区这一后改革时代的城市环境有着一定联系。列斐伏尔认为在资本主义制度下，空间是沿着有利于资本主义制度发展的轨迹创造出来的产物，空间的秩序和内部组织结构也符合资本与经济运行的方向[1]。而社会中的空间实践（Spatial Practice），即人们在空间内的活动，是塑造人们日常生活空间结构的重要元素。

德·赛托（Michel de Certeau）的著作《日常生活实践》也是理解都市空间中人的行为的一个落脚点，他甚至认为可居住的城市是充满阴暗的，拥挤和无秩序的地方才真正适合人们生活。这种杂乱和纷扰是由无数个差异化的个体和不同的生活体验累积而成。因而可居住的都市空间实际上是乱中有序的，居民也会以无规则的行为来对抗权利机构自上而下的控制，以及臆断的和没有生活经验的规划。

筑游乐场里，我们几乎可以肯定那里的喧哗只会有过之而无不及。

（原载于《建筑学报》2015年08期）

参考文献：

[1] Herzog &de Meuron. 444 Expo Milan 2015 Conceptual Masterplan [EB/OL]. https:// www.herzogdemeuron.com/index/projects/ complete-works/426-450/444-expo-milan- 2015-conceptual-master-plan.html

[2] Florian Heilmeyer. Putting an end to the vanity fair: exclusive interview with Jacques Herzog about the Expo 2015 masterplan [J/OL]. Uncube Magazine, 2015(32):52-60 [2015-6 20]. www.uncubemagazine.com/9552Zr

[3] J.Herzog. Prima parte:Conceptual Masterplan Expo 2015[EB/OL]. uploaded by Expo Milano 2015 World's Fair. (2009-09-10). https://www. youtube.com/watch?v=FI5z8poFdF8.

[4] Oliver Wainwright. Expo 2015: what does Milan gain by hosting this bloated global extravaganza [N]? The Guardian, 2015-05-12.

[5] Alessia Gallione. Expo presenta il conto: progetti tagliati e opere piu care di 180 milioni [N]. La Repubblica, 2015-4-15.

[6] Food and agriculture organization of the united nations. The State of Food Insecurity in the World 2015 [R]. Roma: Food and agriculture organization of the united nations, 2015.

图片来源：

图1-5：Herzog & de Meuron. http://arkhitekton. net/2009/09/10/monumental-sustainability-herzog-de-meuron/

图9 ：http://www.expo2015.org

图11作者根据官方总平面及谷歌航拍绘制其余图片均为作者现场拍摄

作者简介：

吴铁流，自由撰稿人。

雷蒙·威廉斯（Raymond Williams）也认为文化是通俗的，他试图唤醒人们对于社会各阶层和人群的关注。他认为平常生活（Ordinary Life）和日常生活（Everyday Life）理应成为我们实践和学习的对象，而不应处于主流文化的对立面和大众关注的死角。

简·雅各布斯（Jane Jacobs）在著作《美国大城市的死与生》中则从平民和日常生活的角度自下而上地提出市民的日常体验和感知对于规划的重要性，并对美国当时城市规划功能主义的冷漠提出了批评。

相对而言，屈米（Bernard Tschumi）关于空间（Spaces）和事件（Events）的理论则从更贴近本体的角度来分析复杂都市生活和建筑的互动关系。事件既包含了使用空间的含义，又更强调人的行为，强调事件和建筑本身的分离，事件的列表和计划构成了任务书（Program）。而任务书在实际中所发生的错用（Crossprogramming）、换位（Transprogramming）和分离（Disprogramming），即对现实事件的解释，正成为影响设计的重要部分。

而在香港的旺角、油麻地等一些密度较高的区域，市民日常生活和建筑使用拉锯的现象也很频繁。相关学者也通过引入上述理论和方法，对城市建成环境进行分析[3]。

通过对相关理论的梳理，笔者发现建筑作为一种中观层面的媒介，会同时受到人与城市的影响。而来自日常生活的不确定性也因为个体、场所和环境等多方面的差异变得难以捕捉，因此描述案例就成为还原和验证理论的一种方式。

二、从设计到实施

1. 项目背景

罗湖公共艺术广场是都市实践事务所早期“都市造园”系列中的一部分，并在海内外都有一定的曝光度①。对比事务所不同时期但背景类似的几个作品可知，建筑师都是采取了一种积极的设计策略，并试图借助建筑和城市建成环境来达到对原有环境的改造、疏导、激活和升级（表1）。而深圳“超速”城市化的背景让这些项目在短短数年就发生了戏剧性的变迁，这也从一个侧面说明这种快速发展本身的不确定。

表1 都市实践事务所部分项目介绍

基础信息	地王城市公园之一	地王城市公园之二	罗湖公共艺术广场	笋岗片区中心广场	大芬美术馆	南山婚姻登记中心
设计—竣工时间（年）	1999—2000	2000—2005	2000—2006	2005—2007	2005—2007	2008—2011
区位	深圳罗湖区	深圳罗湖区	深圳罗湖区	深圳罗湖区	深圳龙岗区大芬村	深圳南山区
建成环境	商业及办公中心区、快速路	商业及办公中心边缘地段、快速路	商业办公区、城中村、居住区	仓储和物流商业混合用地、停车场	城中村	商业居住区
建设单位	深圳规划局	深圳规划局	深圳罗湖区工务局	深圳罗湖区工务局	深圳龙岗区规划局	南山区建委
建筑规模（m^2）	11 000	4 000	5 593	9 500	17 320	977
运营状况	已拆除	使用较少	使用有局限，局部功能被改变	部分空间被闲置，现已因修地铁、扩建等被破坏或拆除	部分展厅被封闭，建筑部分开放空间和连廊难以使用	使用情况较好，但坡道及部分流线与原设计相悖

2. 设计概述

公共艺术广场位于深圳市罗湖区湖贝地铁站附近，建在一处原为停车厂的工业用地上。此处是商业住宅修建之后的剩余地块，因无法容纳城市体育公园而被建筑师设计为一个独特的艺术场地。项目周边环境较为复杂，既有高密度功能混杂的城中村，也有由厂房改造而成的娱乐城，以及早期开发形成的办公楼。项目设计始于2000年，完全竣工则到了2006年，耗时逾6年，总投资2300多万元。

在本项目中，建筑师试图让大众在使用公共空间的同时，能够和艺术有一个全新的接触方式，并希望给罗湖老城区的城市更新注入一针强心剂②而“公共＋艺术＋广场”的组合，在刚完成粗放城市化阶段的深圳，或为一种颇具实验性的尝试。整个场地面积约5000m^2，建筑部分主要由北部两层的画廊、南部停车场和城市开放空间组成。建筑体量不大，但设计师采用了较为复杂的手法并结合地景进行处理，建筑整体使用当时国内并不多见的清水混凝土，并有较好的施工质量。

3. 设计意图

项目的功能和经营策略由业主和建筑师共同商定，显然都市实践事务所并不满足于解决该区域停车问题的单一功能需求，而是试图让艺术戏剧化地植入这一复杂的基地。这种见缝插针的方式成为都市实践事务所早期完成一系列城市公共空间的策略[4]。“公共艺术广场定位一方面力求在稠密的商业和居住街区中开辟高品质的公共活动空间。同时也能在单一的商业文化的包围之中开辟公共艺术创作、展示、交流和教育的基地。它不仅是观赏性的休闲场地，而且是一个生动、另类的城市生活舞台，也是公众触摸艺术的界面。”[4]

从广场构思草图的推进过程中可见，建筑师对各类空间关系的布置始终保持统一的理念（图1）。西面三片竖墙似乎预示着建筑对外部拥挤城市生活的一种暗含的抵制，内部广场的空间操作则是建筑师构思的起始。“设计起始于对这块用地平坦地表的重塑，结合不同的使用内容进行倾斜、折叠、延展、剪切、凸现、凹陷、隆起、断裂、包裹等人工构成，以营造一种新的、有活力的城市地貌。”[5]建筑师对基地的设计不仅丰富了空间的层次，也让这类城市开放广场更为多元和有趣。而随着建筑从抽象图纸向实体形态的转换，也很容易发现建筑所处的环境发生了剧烈的变化（图2,3）。

总而言之，建筑师以一种建筑介入城市问题的积极理念，期待艺术、公共性和商业文化之间能够擦出火花；以一种理

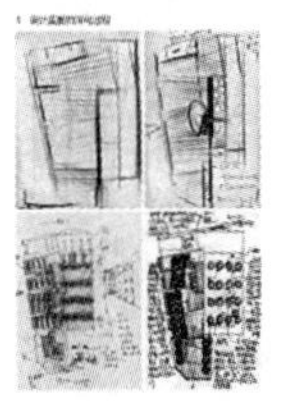
图1 设计蓝图的深化过程

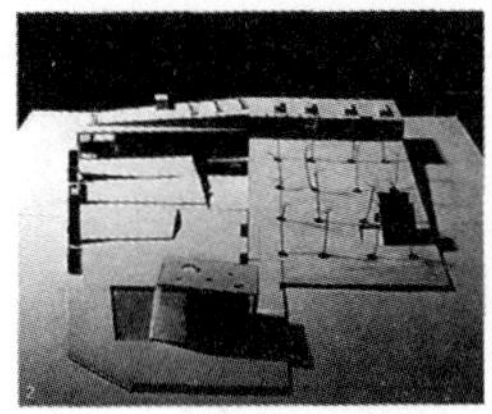
图2 模型

图3 建成效果

想主义的感情色彩，希冀将园林中步移景异的空间感受带入都市生活之中；同时还以一种精品的意识和严谨的态度保障作品的高完成度③。

三、建成后的观察：从使用到改造

图4从一个整体的层面记录了该建筑在2006年落成之后的实际使用状况。以下笔者按照时间顺序，从试图结合理论来剖析这种变化背后的本质因素。

1．日常生活

从模型和实景的对照中可以清晰地看出，广场的建成环境显然不像工作模型所表达的那样抽象和纯粹，因而建筑在落成投入使用后就遇到了日常生活中各种不定因素的影响[6]。正如前文理论概述部分所言，日常生活的复杂性是规划决策者和建筑师所无法预计的。原本其乐融融的广场歌舞却因带来的噪音污染被《南方都市报》等媒体作为负面新闻曝光，并揭露有人在此占地收费；原本开放的广场是供市民闲暇活动的空间，却成为流浪汉驻留和丢弃杂物的场所，便溺难以控制；座椅被野蛮地损坏，清水混凝土墙面被粗暴地贴上小广告，屡禁不止。令人诧异的是，广场建成近一年（相关的批评出现于2007年10月），在专业媒体和大众媒体中却出现了完全迥异的描述：在专业媒体中，建筑师多褒以一种实验性的探索精神来表达其在城市更新方面的能动性和创造力；大众媒体却对这个建筑的维护和管理提出了尖锐的批评和质疑。

2．艺术生存

另一方面则是艺术生存的问题。由于创意产业本身属于低盈利行业，因而罗湖老区相对较低的消费能力致使艺术场所的生存举步维艰。2007年5月之后，除了作为第三、四届深圳文博会的分会场之外，建筑几近荒废。尽管罗湖区政府采取了一系列措施，用活动和事件来推动艺术与场地的融合，但诸多建筑问题仍旧难以克服，如摆摊人员对建筑的侵占，难以治理的噪音、垃圾、涂鸦等环境问题。不仅很多高档的展览无法进驻，甚至连建筑内部的安全问题都难以保障。运营者也因为建筑的现状和环境的复杂而对项目本身产生质疑④，透过日常生活与艺术生存问题的对立现象，可以探究出广场运营问题的症结所在：罗湖地区开放空间（尤其是非商业公共空间和室外空间）的匮乏，导致这块适合普通市民活动的场地成为高密度区域户外活动的首选，而便利的交通、阴凉的环境（广场三面被高层建筑环抱）也极大吸引了人的活动。

建成方为建筑生命的开始。人们在城市生活中，努力开拓和争取自己需要的空间，利用身体占据空间，同时创造了能配合自己生活的社会空间[7]。人的活动即一种本能反应，像一把双刃剑，既能给城市和空间带来活力，也能给空间带来难以预计的转向（图5）。

3．公共性的争夺

与前两个问题相比，公共性的消失与重现从一个侧面说明城市环境对建筑的巨大影响。由于建筑维护本身的压力，在建筑落成两年多之后，承包方不得不以金属围墙将广场部分围住，建筑入口也被花池和栏杆草率封住。2009年闪隽艺术中心投资200多万元，重新修缮场地，并成为政府委托的管理者，力图让公共艺术广场有所作为。由于布展的需要，业主也在建筑室内外布置了相当数量的安防设施，但随意的设备安装和布线影响了建筑整体的品质。其后业主重新委托都市实践事务所进行项目升级，涉及整修广场围墙和出入口设计、维修室内报告厅漏水等问题。2012年4月笔者出于参与项目的原因，也对建筑内部进行了考察：尽管内部空间依然完好，但原有的开放性已被完全打破，整个广场被栏杆围住，成为高密度居住空间中的一处“飞地”，在现场还可以发现试图翻越围栏进入内部玩耍的学生（图6）。

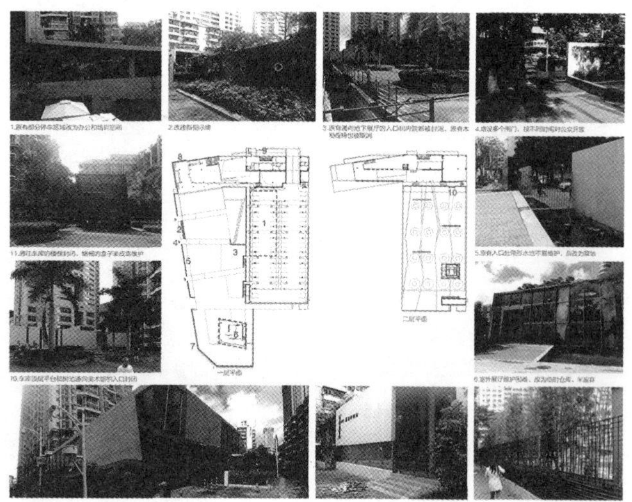

图4 建筑实际使用状况分析

图5 艺术事件与生活事件

图6 2014年4月广场考察

但市民对于公共空间的需求最终让建筑的公共性得以适度保存。笔者2013年后两次造访此处，看到市民又重新使用广场。管理者重新设置的出入口、启用时间段管制、增加保安管理等方式也缓解了周边居民生活对场地的压力。笔者通过调查使用广场的人群发现，来参观艺术展览和休闲健身的人是完全不同类属的。由此可见，美术馆需求的私密、静逾与休闲广场的公共、开放，在高密度且流动人口较多的环境里很难真正通过设计本身整合在一起。

4. 升级与再生

2012年罗湖文化公园接手该项目，并组织了一系列美术展览，在此基础上，"罗湖创意文化广场"升级为"罗湖美术馆"，并进行新一轮的改造。为加强自身定位，改造项目中撤离了原有的部分活动展板，并对展厅的展板、流线和灯光进行新一轮的设计。改造完成后，展厅面积达到3300m^2。但笔者经现场考察却并未发现其有本质改变。在南极路主要建筑沿街面，重新整修的外立面和增建的标识改进了建筑的形象。而广场内部，处于基底南面的室外部分都处于闲置状态，部分穿孔板生锈，外墙老化，建筑成为临时堆放杂物的仓库，另有部分广场死角和地下展厅难以更新和维护。

项目名称的更换也说明了建筑本身从设计、建成到使用的十余年过程中所发生的变迁。从立项和立意的角度，项目原冠名为"罗湖公共艺术广场"意在表达其对市民的开放性；而建成后的实际运作中，被冠以"罗湖创意文化广场"来表达其对自身定位的诉求和对"创意产业"的追逐；之后被改造为"罗湖美术馆"则意味着原本展示功能的回归。

"公共""艺术"和"广场"概念的消失、重现和联系，也成为项目建成后种种现象的注脚。

四、反思与启示

对建筑建成后问题的探讨，同样能在历史上找到落脚点。雅马萨奇设计的圣路易斯城低收入群体的高层住宅在建成之初受到褒奖，但最终被炸毁，这表明社会维度因素对于建成后建筑的影响可以上升为决定性的。前文关于日常生活理论的引入，便为我们理解这种场地的复杂性提供了一个新的角度。建筑不可能从鲜活的现实中抽离出来讨论抽象的空间、材料等要素，而应当能够还原为与生活相接的媒介。回到中国当下的实践，有相当数量的建筑在快速建造中完成，因而对未来的业主、客户和使用者缺乏清晰的判断而致使项目走向未知[8]。在本案中，建筑师、业主都已为项目的良好运作付出努力，虽有诸多变迁，但罗湖公共艺术广场仍然不失为一个关于日常生活和公共空间的积极实验。

随着未来城市化节奏的逐步减缓，建筑建成后的问题会日益尖锐。一旦没有资本的快速卷入和项目的循环更迭，对现存城市环境和建筑使用问题的思考就必须更为深入。我们不再需要快速地把一个个好项目落地，而是需要思考如何让好项目持续生存，并持久地在社会层面发挥作用。从生活中来，到生活中去，建筑师及关涉建筑活动的多方都应当对场地和环境做深入的研究和真实的判断，慢而有序地把涉及项目的各项工作予以落实，把设计和实施的全过程从一种感性、抽象与个人经验的过程下放为一个日常、互动和真实的活动。此外新的设计出发点也给我们提供一些解答，如以结构为策略的设计，摒弃建筑类型的方法，可以解决功能临时变换带来的冲突，而以轻结构和预制装配的方法，可以给频繁拆建的工程提供可持续、低能耗的出路。

（原载《新建筑》2015年04期）

图片来源：

图1—3由都市实践事务所提供；其余图片由作者整理绘制或拍摄。

注释：

① 该项目参与了2003年法国蓬皮杜建筑艺术展，并在西班牙著名建筑杂志a+t上刊出，是较早出现的具有争议的中国实验性建筑作品之一。

② 都市实践事务所在深圳南山区华侨城东部工业区完成的创意文化园（OCT—LOFT）改造与本案相比，由于区位和定位的差异，要相对成功和成熟很多。

③ 笔者实习期间曾参与该广场的改建过程，随主设计师孟岩访问过基地。他说项目团队在施工期间，无数次往返工地，以保证当时并不成熟的清水混凝土的施工。此外建筑师对于细节的处理也非常到位，如把建筑立面的落水管藏于柱子的截面内，以保证施工质量。

④ 具体的运营问题和相关责任人的访谈，参见：中国文化创意产业网的报导，http://yuanqu.ccitimes.com/ index.php?m=yp&c=com_index&a=show&modelid =12&catid=48&id=896&userid=181&page=1。

参考文献：

[1] Lefebvre H. The Production of Space[M]. Oxford：Blackwell，1991.

[2] 塞托M D.日常生活实践（1.实践的艺术）[M].方琳琳，黄春柳译.南京：南京大学出版社，2009.

[3] 郭恩慈编.香港空间制造[M].香港：Crabs Company Ltd，1998.

[4] 刘晓都，孟岩，王辉.都市填空作为一种城市策略的都市造园计划[J]. 时代建筑，2007（1）：22—31.

[5] 都市实践事务所.深圳市公共艺术广场，中国[J].世界建筑，2007(8)：28—37.

[6] 孟岩，姚冬梅.深圳公共艺术广场—都市造园系列之二 [J].时代建筑，2002（1）：65—69.

[7] 包亚明编.现代性与空间的生产上海：上海教育出版社，2003.

[8] 王衍.从"异端"到"异化"——深圳城市化进程中的社会条件和60后建筑师实践状况[J].时代建筑，2013（1）：28—37.

作者简介：

张轶伟，香港中文大学建筑学院。

公共艺术与场所精神——《学子记忆》创作浅谈

魏鑫

摘　要：随着近年来轨道交通空间中艺术品的发展，针对公共艺术和轨道交通空间场所关系的探索已经十分必要，这是轨道交通空间艺术品中界定浮雕、壁画等传统艺术形式与公共艺术之间区别的关键所在。在北京地铁十五号线二期清华东路站公共艺术品《学子记忆》的创作中，将公共生活空间和公共艺术创作理念结合在一起，旨在凝聚区域人文共识，从历史、文化、社区、人群等角度探索当地的文脉特色，获得该公共艺术创作的在地素材，研究场所精神同地域文脉的同音共律，从而促进了公众对该地域的认同，最终使得作品深入公众记忆的情感核心。

关键词：公共艺术；场所精神；文脉；在地性；文化认同

时至今曰，公共艺术已从纯粹意识形态的纪念和宣传转向对空间艺术、地区文化及艺术形式语言的探索，强调公共艺术创作对环境整体的关注与对话。从本质属性来看，公共艺术是研究空间、公众关系的综合性艺术与设计手段，公共艺术家应用艺术与设计手段在公共场合表达自己对环境的情感意识，得到公众的情感共鸣，从而引起公众对审美的想象。所以，公共艺术的表达实际上是对在地文化态度与精神的综合表达，是一种在空间中对整个环境精神的解读。

一、场所精神与区域认同

我们如何来定义环境精神呢？正如诺伯舒兹在其场所现象论述中所说："环境最具体的说法是场所，一个由物质的本质、形态、质感及颜色的具体现象组成的有清晰特性的整体，这些物的总和决定了一种'环境特性'即场所的本质。"由此，我们不难理解公共艺术对其所在环境精神的解读，在某种层面上探讨了公共艺术与场所精神的关系。

"场所是一种人化的空间，它的物质特性和精神特性被认同后，就折射出场所精神"，任何具体的空间之所以被人所知，都是由于它具体的物质特性和抽象的精神特性结合而形成的场所精神——而场所精神就是诺伯舒兹建筑现象学的核心。其建筑现象学中一般以"建筑"来定义和表现人为场所的具体化，因此我们不难理解建筑的作用就是使场所成为具体直观的空间。也就是说，运用各种结构方法和材料把一个空间与外部自然环境分隔开，其目的就是形成一个具体的功能性的人为场所①。当我们的社会生产力发展到一定水平以后，公众不再满足于快速、单调、冷漠的功能空间，而是希望建造一个更具特性的场所。因此，基本的空间造型已被"特性"赋予了更多情感上的意义，它不仅是一个具体的"这里"，更是人们生活中所有故事和回忆产生的场所。于是，人们自然而然与之建立了某种深刻的联系，即这个场所能够带给我们安定的感觉，或者是我们对这一场所的认同感。如果一位建筑师能运用建筑语言巧妙融合人造环境和自然环境，使这个场所表现出其应有的场所精神并为人们所认同，那么这就是一个成功的建筑，而这个场所也将具有持久的生命力②。

公共艺术作品与建筑异曲同工，不仅要受到环境的启示，更重要的是和环境达成真正的统一，即作品来源于环境。具体的环境产生具体的作品，具体的作品吸收所在环境的特殊意义，从而获得一种独立的精神气场③。换言之，公共艺术家在场所特性里找到了灵感，将日常生活的现象诠释为属于环境的艺术。因此不难理解，轨道交通空间作为公共艺术家创作的"自然环境"，公共艺术品通过艺术形式表现将地上人文环境同地下"自然环境"融合起来，使地下轨道交通空间表现出场所精神并被公众认同，那这就是一个成功的轨道交通空间中的公共艺术作品，也使得这个场所具备了真正意义上的场所精神。

公共艺术创作的形式是多样的，除了新兴的艺术手段之外，也包含了传统的艺术手法，比如雕塑、壁画等。传统艺术形式和公共艺术的区别不仅仅在互动性上，"互动"是一个形式，它可以运用在很多艺术形式中，但好的公共艺术其核心是作品深入公众记忆的情感核心，它甚至在形式上是简单的、传统的、自由的。"海安路艺术造街计划"是一项历时十年的公共艺术计划，集结了台湾地区及国际上众多不同领域的艺术家，涵括了景观、绘画、涂鸦、摄影、露天演出等多种艺术样式。其计划的意义，不仅是通过公共艺术行为给原本早已破败不堪的街道注入新的能量，恢复了该区域的经济活力，为中正海安商圈带来新生机，而且通过十年的改造与积淀，为当地居民打造了一片广阔的艺术化公共生活空间，一种轻松的生活美学与艺术消费空间。更重要的是，实施过程中与民众的反复互动交流，唤醒了民众对于过往时日、生活习性、风土人情等的点滴记忆，在实现民众区域文化认同的同时，也有效推动了民众对于公共艺术的认知，从而最大程度地发挥了公共艺术介入城市、激活空间、服务民众的功效，使街区具备了其特有的场所精神。

相较之，《学子记忆》在精神表达上是唤起离校学子对于过往课堂、集体生活、校园风景等的点滴记忆，同时引发在校学子的共鸣，将单调冷漠的功能性公共空间注入了莘莘学子的正能量，带着一种生活美和记忆美，实现了作品在地性、互动性、生长性和延展性的统一，找到了地域文化的认同。

二、公共艺术应该凸显场所精神

场所具体结构并不是固定而永久的状态，环境会因发展而改变，这种改变有时甚至非常剧烈，但是这并不意味着场所精神一定会消失。"稳定的精神"是人类生活的必要条件，保护和保存场所精神意味着将公众的精神记忆经由人的行为保存于新的介质里[④]，而公共艺术可以作为有效的行为方式对场所精神加以诠释。

首先，公共艺术需契合场所精神，与区域特性形成互动，"公共艺术"是公共＋大众＋艺术，公众参与的艺术行为，为公众服务的艺术介质，是站在公共的角度上营造空间、激活空间。公共艺术在地性理念的介入，使公共空间的场所特质被充分发掘，场所精神得到升华。公共艺术带领大众融入该地区民众生活的历史主线，增强了路过性人群对于该场域的了解，唤起了本地区人们的精神共鸣。

其次，特定的场所精神也是公共艺术创作的重要思维触发点。通过对在地性人文故事的收集整理与分析、对空间尺度的感受与研究，寻找能体现出该地域人文精神的文脉线索，运用艺术创作手段进行创作，通过公共艺术介质保护和保存公众对该地域的认同，即该区域的场所精神得以延续。

最后，当作品呈现于公众面前时，体验性与参与性往往是最引人注目的。公共艺术的创作可以是一个无限循环，它只有开始，并不一定有结束。每一次公众的体验，每一次公众的参与，都是公共艺术的创作过程，场所精神通过公共艺术传达给公众。与此同时，公众继承并创造着新的场所精神，这是场所精神赋予公共艺术的特殊意义，也是公共艺术对场所精神的再次诠释。

三、《学子记忆》的创作探索与表现

如海德格尔所论述的："在物质越来越容易得到满足的现代社会，我们却越来越焦虑和浮躁，我们的痛苦是无处安放自己的身心。"那么根在哪里？世界上的每一个城市都有它自己的历史记忆，每个人的根都在令他感到亲切的、无法取代的时间和空间里。《学子记忆》从本质上讲，就是一次"寻根"之旅，把个人的记忆放大为集体的、时代的和地区的，个人记忆被放置到历史的中心，讲述个人记忆与历史记忆的共通性。"寻根"记忆因此成为站在不同年代交界线上的历史主线，也就是说，当个人记忆和历史记忆在同一历史主线时，所在区域的文脉是被公众认同的。

无论60后、70后还是80后，说起十年寒窗，都会在心中激起无数涟漪。几乎每个人的学子记忆中，都有响着车铃声的林阴路、教室里朗朗的读书声、球场上挥汗如雨的身影、电话那头的乡愁与牵挂、书桌上堆积的书本和青春懵懂的爱情。《学子记忆》选取了16个最具代表性的场景或情境，用特殊的透视和照明手法，在墙面的"窗口"中进行展示和还原。

北京地铁15号线清华东路站的创作过程并非一帆风顺。虽然在初期，项目业主单位、专家评审及创作团队，针对该站点打造地下历史博物馆，体现地域教育、科技、人文正能量的设计理念达成共识，但创作过程却相对坎坷。清华东站的公共艺术作品根据其辐射区位（靠近学院路与清华东路）优势，最初将主题锁定在"新中国第一"这个概念上，因为在这片地区诞生了诸多新中国第一的研究成果，而这些"新中国第一"正是国家正能量的一种体现。但论证中发现，这些成就存在于相对集中的某些高校，还有分配不均、难以取证等问题。在反思中，我们试图寻找使设计合理化的理由，于是创作理念以该站点辐射范围内的高校所取得的"新中国第一"为出发点，选取8所高校创作。但是这一理念在实地调研过程中，仍遇到各高校态度不一，某些专业院校的成就无法视觉化表现，素材资源分配不均等问题。如何寻找到这一站点的合理的人文素材呢？答案就是在我们一次次调研的过程中发现的，曾经作为高校学子的我们共同拥有的、没有校际区别的、属于这一区域所有学子的深深记忆。最终，清华东路站的公共艺术作品选择“学子记忆”作为表现的主题，不仅因为这一站在地理位置上临近多所高校，更因为在当代社会，几乎所有人都有着类似的求学经历和身为学子的青葱记忆。在某种程度上，附近的这些知名学府，承载的也是每一个学子，乃至国家和民族的梦想和希望。选择学子记忆进行演绎，将最大限度地激发欣赏者的共鸣，触动珍藏于内心的美好记忆。

同时《学子记忆》的互动性也是地铁公共艺术作品中的一个亮点，公众可以通过扫描作品旁的二维码，关注学子记忆公众互动平台，输入相应“窗口”的数字编号，听到关于作品表现场景的情境对话和录音。并且，可以通过日后的运营组织新的公共艺术活动或计划，向公众或周边学子征集他们各自关于作品表现场景的感受和录音，并在特定的时间或条件下在公众平台上发布，促使新的学子记忆与文化事件生成，从而通过艺术实体和线上公众平台的延展，以最合理简化的形式诠释轨道交通公共艺术的创作理念。轨道交通空间有着集中的人流，每天都会有成千上万的人从这里经过，当公众看到了可以让他们回忆起自己的那段青葱岁月的公共艺术品时，内心将产生何等的共鸣，此时个人记忆就像一个个点不断地向历史的主线靠拢。聚集多了，线就变成了面。因而空间场所被赋予公众认同，加之线上公众平台的延展，场所精神以最合理简化的形式被《学子记忆》所表达。

结语

随着地铁公共艺术的发展，越来越多的地铁艺术品已不拘泥于传统的浮雕壁画，形式多样、现代意味浓厚的作品开始出现在地铁空间。更有一些艺术家开始大胆地尝试运用交互手段来丰富和延展艺术品的生命力，运用网络等虚拟空间形成与观众的互动与延展，使地铁公共艺术作品成为可以带走阅读和玩味的新型媒介。而这其中的关键在于围绕并服务于区域的城市文化脉络，在把握在地场所精神解读的前提下，以公共艺术计划的形式来推进公共艺术品的设计，从而实现公共艺术在地性、互动性、生长性和延展性的统一。

在公共艺术创作中应充分把握空间的特定属性，借由公共艺术的表达，创作出具有在地性的、与场所精神紧密结合的、带有交互性质的公共艺术作品，强化公众置身于公共空间的在场感，让公众与城市之间、公众与文脉之间、公众与公众之间发生切实的关联，使得公众自觉地、直观地享受艺术之美所带来的审美愉悦与心灵休憩，从而引导公众进入一种与公共艺术息息相关的新型生活形态。

基金项目：本文系国家社科基金艺术学青年项目“中国公共艺术发展史研究”（项目编号：15CG158）阶段性研究成果。本文的写作得到了中央美院中国公共艺术研究中心和武定宇的大力支持，在此表示感谢！

（原载《装饰》2015 年 11 期）

注释：

① 杨宁：《诺伯格·舒尔兹的建筑现象学》，西安建筑科技大学，2006，第36页。
② 宣炜：《场所精神与建筑的归根复命：王澍作品之现象学解读》，学海出版社，北京，2012，第234页。
③ 王中：《公共艺术概论》（再版），北京大学出版社，2014，第282页。
④ [挪威]Christian Norberg — Schulz：《场所精神迈向建筑现象学》，施植明译，华中科技大学出版社，武汉，2010，第18页。

作者简介：

魏鑫，中央美术学院中国公共艺术研究中心。

紫辰院：北京清代府邸设计文化的新诠释

刘佳

紫辰院是由北京嘉源京大房地产开发公司设计建造的住宅项目，位于北京西四环南段，西邻西四环交通动脉，北接五棵松商业圈，东靠丽泽商业圈，南依总部基地。紫辰院的设计依据来源于清代皇亲国戚的王府府邸、王府花园的规制，以及文武百官的官吏宅邸、宅园的形制，从中汲取具有代表性、典型性的设计元素，经过设计师的精心提炼、升华为现代设计符号，并将其运用于紫辰院的建筑、室内、园林设计之中，使之在现代风格的基础上充分体现中国传统文化的精髓。紫辰院的设计理念是中国经典传统文化与现代设计语言的有机结合，它既有中国传统文化精髓的渗透，又散发出浓郁的现代气息。紫辰院社区居住的群体是以面向且服务于社会精英阶层为主，满足他们对住宅区域在品质、品格和品位等方面的设计诉求。本文从紫辰院的设计理念、建筑设计、室内设计、园林设计等四方面诠释它所富有的府邸文化内涵和设计价值。

一、紫辰院的设计理念

紫辰院社区包括建筑与园林两大部分，整体布局参照北京清代府邸院落规制，以紫辰院“社区正门——二门——单元大门——入户门门”相当于“四进制”的规制设计。地理位置、自然环境优越，有三座城市公园环绕，而且社区内还附带花园，花园参照北京清代恭亲王府花园——“翠锦园”设计建造而成。该项目已引入北京名校进驻，具备“文教商娱融为一体”的资源优势。更重要的是，它体现了经典传统文化与现代设计语言相结合的设计理念；面向当代中国社会结构中的高收入者阶层——社会精英阶层。

1．“府邸文化”是紫辰院设计文化的价值取向

按照清朝“分封而不赐土”的规定，根据封王之后的爵位等级，皇亲国戚就会在京城拥有一定规模的府邸，因此，王府与府一般是建在北京城的。紫辰院“府邸”设计文化，其“府”的含义，是指北京清代亲王、郡王、世子、贝勒等贵族的“王府、府及其花园”的设计风格；其“邸”的含义，则是指北京清代大臣的“宅邸及其宅园”之意，因此，紫辰院“府邸”设计文化，是指紫辰院的设计根源、取自于北京现存的清代皇族府邸和大臣宅邸的设计规制、品质精华，如恭亲王府、纪晓岚宅邸等。紫辰院设计文化价值主要借鉴、传承了清代府邸的高等级的建筑规制、经典的传统文化内涵、精湛的传统技艺等，以及由此渗透出来的中国传统哲学思想和道德规范。

2．“天人合一”是紫辰院花园设计追求的中国传统哲学思想

“虽由人作，宛如天开”是明朝造园家计成《园冶》中的经典语句，是指园林虽由园林设计师、工匠创造而成，但表现出来的是一种自然风景之美。设计思想决定了中国园林的总体特征，折射了中国古代哲学中“天人合一”的思想。“天人合一”是中国园林设计所遵循的基本原则，紫辰院花园设计遵循这一基本原则，注重人与自然的和谐关系。紫辰院不仅是社会精英阶层人员生活的地方，也是精神寄托的地方，花园给他们带来的是精神慰藉和生活乐趣。

计成《园冶》提到的某些经典设计，在紫辰院花园设计中有所体现，比如，“闹处寻幽”“池上理山”“安亭得景”“堤湾宜柳”“寸石生情”等在紫辰院花园都有一一对应的范例。依据恭王府翠锦园的景观设计，紫辰院专门规划设计了“紫辰八景”。其中，独乐峰体现了《园冶》中的“置石”设计原则：“峰石一块者，相形何状，选合峰纹石，令匠笋眼为座，理宜上大下小，立之可观。”[①]流杯亭，反映《园冶》中“亭者，停也。人所停集也”的景观设计。“月洞门”与“漏窗”的设计，既有门的实际用途和独立的艺术特征，同时也体现了“框景”的造园手法，兼备着景观的装饰作用。“曲径通幽”是一处极好的采用“障景”造园手法的景观设计。紫辰院花园呈现的中国古代园林常用的借景、障景、点景、框景、对景、移景几种造园手法，均立足于表现“天人合一”的哲学思想。

3．“新现代主义”是紫辰院追求的设计艺术风格

“新现代主义”是20世纪80年代源于美国且迅速风靡全球的一种设计思潮与风格，主张对“现代主义”重新研究和发展。在20世纪后期，除了对后现代主义探索外，还有一些设计师仍然坚持现代主义的原则，在按照现代主义的基本语汇进行建筑、室内设计的同时，更加注重对新形式、对象征意义的追求。因此，新现代主义具有现代主义严谨的功能与理性特点，同时又具有个人风格与象征含义。紫辰院项目

就是以此为前提，采用的是所谓的“新中式”设计方式，注重对中华民族传统经典艺术形式的选用、提炼，一方面使传统艺术世代传承，另一方面让设计更富有象征性、历史意义且不失现代感。比如，紫辰院社区正门是参照王府“头宫门”（府门）的形制，取之中国传统上的高等级、高层次的文化价值内涵，并赋予现代意义上的新形式设计语言，是“新现代”意义上的完美演绎。

紫辰院设计理念，是将府邸文化的价值取向、天人合一的哲学诉求与新现代主义风格表现的恰当融合，并充分演绎了传统与现代完美结合的特质。鉴于此，紫辰院的居住与服务对象基本上是当代中国社会的较高消费阶层——社会精英阶层。

4．“精英阶层”是紫辰院面向的主要社会群体

当代中国有十大社会阶层，又可分为高收入者阶层、中高收入者阶层、中等收入者阶层、中低收入者、低收入者阶层五个社会经济地位等级。其中，高收入、中高收入者阶层属于社会精英阶层，他们对住宅的选择更加注重住宅的品质高端、选材昂贵、文化内涵、设计经典，并带有相应的设计符号价值，体现一种高端、高品质的生活方式。而紫辰院的设计理念恰好适合了社会精英阶层的这种品位要求，在建筑、园林设计上充分体现设计文化和艺术价值。比如，紫辰院建筑布局是遵循“中为尊，东为贵”的规制，而紫辰院的“楼王”是建在中轴线上，以显尊贵。在建筑与室内设计上选用了“如意纹”“蝙蝠纹”“牡丹纹”“回纹”“云纹”等吉祥图案，以示富贵。不仅如此，紫辰院为住户提供了配套服务设施，包括方塘水榭·月台，可以作为茶室，也可以作为欣赏音乐、戏剧的场所设计；地下健身房和花园太极场馆，为住户提供了强身健体的公共设施设计；以恭王府翠锦园的“蔬圃”为蓝本设计的“耕读园”带给住户的是感受四季变化、体验种植与收获的快乐，等等，诸多修身养性的“服务设计”将会满足紫辰院住户的健康、养生和娱乐的需求。

二、紫辰院的建筑设计

建筑设计是指对建筑物的结构、空间、造型、功能和设备等方面进行的综合设计。建筑设计具有“实用、坚固和美观”三要素，是指建筑设计要遵循建筑的功能、物质技术条件和建筑形象三方面统一的设计原则。紫辰院建筑群包括四座南北通透17层的楼房，建筑空间结构以“品”字形布局，“楼王”坐落在中轴线上，社区西部还有四栋别墅，南部则是两栋联排。建筑群的北部是紫辰院花园的主要部分，其中花园的一部分环绕“楼王”。这样的整体布局虽然来自清代王府府邸，有所不同的是，紫辰院有规制也有相对的自由，更加符合人与自然和谐共处的“天人合一”的设计思想，也更加符合现代人的居住需求。

1．“中为尊”是紫辰院的建筑布局设计

中国传统建筑布局设计是以“中为尊，东为贵”的格局，尤其是在宫廷、王府的建筑群中表现极为突出，体现了严格的社会等级制度。按照中国古代建筑的组织规律，以“间”为单位构成单座建筑，再以单座建筑组成“四合院”，若干四合院组成建筑群。就王府府邸建筑分布而言，分中、东、西三路，以中轴线为尊，东、西两侧对称布局，主要建筑布置在中轴线上，次要建筑则是在东、西两侧对称布局。

紫辰院建筑群包括四座南北通透17层的楼房（2–6＃体仁阁、2–7＃承义阁、2–8＃崇礼阁），建筑空间结构以“品”字形布局，“楼王”坐落在中轴线上，其他则分布在东、西两路；社区西部还有四栋别墅（云栖馆、林语馆、松涛馆、枫林馆），南部则是两栋联排（行健阁、势坤阁）。如此布局来自王府建筑规制，但又有自由的空间秩序。因此，紫辰院的建筑布局，有规制的内涵，寓意高贵、等级和品质；也有相对自由的意识，寓意自然、和谐和亲近，体现儒家和道家的中国传统哲学理念，适合当代人，尤其是层次较高的社会群体居住。

2．“王府府门”是紫辰院社区正门设计的参照

按照清朝规制，王府府门可分为五间三启亲王府门和三间一启郡王府门，屋顶的式样没有明确的限制，一般采用硬山式，歇山式使用的较少，前后皆出檐。亲王府上覆绿色琉璃瓦，郡王府只能用灰色筒瓦，屋脊上立吻兽。王府府门是屋宇式大门，结构较为复杂，由门扇、门框、门枕石、门芯板、门簪、门钉等多个组件构成。门板漆成朱红色，并装铁制、表面鎏金的金色门钉。门钉数量多寡说明府主人的等级高低。按照清代规定：亲王府大门门钉为纵九横七，共六十三个；郡王府和亲王世子府的大门是纵九横五，共四十五个。王府大门的门头和戗檐用精美的砖雕图案装饰，文官雕饰大象、多宝阁和梅兰竹；武馆雕饰海马、狮子等图案。

紫辰院社区正门以北京现存大清王府规制为依据，坐北朝南，采用的是三间一启的郡王府府门的规制，参照王府府门的屋宇式、灰色瓦、屋脊立吻兽和“朱漆”色彩，门扇选用了古代钱币图案的镂空纹饰，用紫红色的铜板制成，以此取代了原有的木质材料，且饰以“门钉”，从而成为蕴含着古代富贵且具现代形式的“正门”设计。其设计含义，一方面，以示紫辰院所具有的“府邸”的尊贵；另一方面，对清代王府府门构件进行了高度的提炼与升华，使之更加适合当代人的审美需求。门扇上钱币纹饰的数量也是根据府门门钉数量演变而来的。紫辰院社区正门上槛位置还设置了四根门簪，门簪为六角形，以金边勾勒，富有装饰意味，而“门簪”指的是“户对”，因此也有象征身份等级符合“门当户对”的含义。

图1 紫辰院·正门及影壁

再就是，紫辰院社区正门门前设计了一处精美的“影壁”（见图1）。影壁是一段独立的墙体，有内影壁与外影壁之分。内影壁设置在大门的里面，其功能是遮挡视线，不让人一眼看到院内而保持相对的安静与私密。设在大门外且与大门正对面的称为外影壁，它有标明大门的位置和避让的功能。一般来说，清代无狮子院的王府的大门前，必定会设置一座外影壁墙。外影壁墙从下至上分为壁座、壁身和壁顶三部分：壁座为台基形，由青砖或条石砌成，常采用须弥座形式或须弥座变式。壁身是用对缝砖砌成光滑平整的影壁心，可用植物花卉、各种兽纹、吉词颂言、山川风景等题材装饰。壁顶往往采用建筑屋顶的做法，可以选用歇山式、悬山式、硬山式、卷棚式等，顶上多铺灰色筒瓦，脊端坐吻兽。根据府主的爵位、建筑群规模，设计影壁的宽窄、高低和装饰纹样，但基本上都是彰显府主的身份等级，且体现吉祥富贵、长寿幸福、趋吉避邪的含义。紫辰院社区正门的正对面设置了一座“影壁”，并与院门有机结合彰显紫辰院住户的地位尊贵和文化涵养。紫辰院院门前的影壁设计是大清王府府门外影壁设计的变式，其形式豪华、现代且富历史感，尤其是壁身是用“紫辰院”三个字体做装饰的，可以说它是带有品级、地标式意味的影壁。

“垂花门”是中国古代建筑中不可或缺、极富装饰性的建筑形式，门簪、砖雕、木雕、石刻、彩画等装饰手段在垂花门均有采用。之所以称为“垂花”，主要是指门檐下两边对称垂落着一对含苞待放的“花蕾”，是一对精雕细作的五彩莲花柱头，称为“垂莲柱”。垂花门在传统住宅、府邸、宫殿、园林等建筑群中都有独特地位，作为宅院二门、内宅宅门、园中之园入口，有内宅与外院的空间屏障功能，也有吉祥平安的寓意，更标志了主人较高的社会经济地位。紫辰院按照传统建筑规制在第一进院与第二进院之间设置了一处垂花门，虽然，它缺少了砖雕、石刻、彩画等装饰，但垂花门的基本形制、垂莲柱、木雕等犹然而存，它是一座由传统垂花门式样演绎而来且极富现代感的垂花门（二道门）（见图2）。进入二道门后也就走进了紫辰院业主专属的内院，此门也成为紫辰院独具魅力的建筑与景观。

图2 紫辰院·二道门

3．“吉祥图案”是紫辰院建筑构件及其细节设计选用的纹饰

紫辰院建筑形制以住宅建筑原则为出发点，强调功能合理、形式寓意和历史文化的渗透，基本上是按照新现代主义风格特色设计建造而成的。在建筑构件及其细节设计上，运用了经典传统纹样做装饰，参照王府府邸建筑的彩画、砖雕、门窗等采用的装饰图案，应用在建筑门、窗等建筑构件与细节上，包括回纹、牡丹纹、卷云纹、蝙蝠纹、祥云纹等，或单独使用，或组合使用。这些装饰纹样，题材虽然变化多样，但都含有寓意吉祥之意，比如蝙蝠与卷云纹的组合，就含有“福运绵绵”之意；回纹与环纹的组合，意味着“长盛不衰”；石榴和缠枝莲的组合，寓意“子孙连绵”；祥云、蝙蝠、“卍”字与绶带的组合，预示“福运绵绵，万福万寿”的涵义。

紫辰院住宅建筑单元门的四周装饰是采用的中国古代建筑上的“砖雕”装饰手法，并对牡丹、如意等装饰图案加以提炼，使其风格趋于图案的装饰化特征，造型艺术生动、活泼、简练，使之更适合住宅建筑上使用。比如：单元门两侧的牡丹纹和如意纹的选用符合当代人的审美需求和美好寓意。“牡丹，花之富贵者也”，是我国特有的木本名贵花卉，素有“国色天香”“花中之王”的美称。在中国传统文化中，牡丹雍容华贵，端庄富丽，成为富贵吉祥、繁荣兴旺的象征；牡丹也是美的化身，纯洁爱情的象征，具有文化象征意义，并形成牡丹文化的基本内涵。因此，在古典园林和宅院里多有种植，也会被提炼成装饰图案，运用在建筑构件上。如意纹也是一种寓意吉祥、美满的纹饰，造型优美、意义深远，代表着吉祥、称心、如意的愿景。紫辰院住宅建筑细节上，选用的牡丹、如意纹饰更加贴切紫辰院的设计理念。此外，在紫辰院住宅建筑上，回纹和四方连续图案也被广泛使用。屋脊处回纹和雨篷处连续方圆图案寓意着住户幸福延绵不断、万福万寿之意。再如，运动会所的门窗槅心花纹装饰之“三交六椀”，其“六”同“禄”，寓意富贵吉祥、招财进宝，也象征正统，寓意天地之交而生万物，而由此衍生出的正六角形与不规则六角形图案“龟背锦”的运用，则寓意着丰衣足食和家财万贯。

紫辰院住宅建筑上各种传统装饰图案与高大宽敞的建筑门窗设计的完美结合，彰显出新中式住宅建筑的传统与现代、中西方文化的融合，且映射出非同一般的豪华世家风范。

三、紫辰院住宅建筑室内与陈设设计

室内设计是指对建筑内部空间进行设计。通过对室内空间的组织调整、装修装饰、布置美化，精心构成的最适合生存的空间。室内设计主要包括空间、装修、陈设和物理环境四方面内容。室内空间设计，即对建筑提供的室内空间进行组织调整，形成所需的空间结构。要求设计师用比例、尺度、虚实等美学法则处理人们对空间的感受、空间的过渡、空间的流通与封闭。室内装修设计，即对空间围护实体的界面，如墙面、地面、天花、台阶、门窗等进行设计处理。按照美的法则处理建筑构件的材料质地、造型、色彩、样式、纹理、图案、工艺等问题，同时注重室内空间的意境氛围。室内陈设设计，即对室内空间的陈设物品，如家具、设施、艺术品、灯具、绿化等进行设计处理。协调与室内空间、装修的关系，达到和谐、美观、简洁、合理、适用等目的。

紫辰院住宅建筑室内设计与建筑设计相适应，其风格富有新现代主义风格的“新中式”意味。整体布局参照北京清代府邸院落规制，以“社区正门——二门——单元门——入户门”，相当于“四进制”的规制设计。室内是按照“入户门——玄关——客厅——卧室”的“四进制”规制设计而成，体现等级、品质与尊贵。紫辰院住宅建筑室内与陈设是以中国传统文化与现代设计语言相结合为宗旨，努力将具有现代设计形式的吉祥图案、结构简洁且寓意深刻的家居、追求自然和崇尚孝道文化的意识运用在大堂、户型、室内硬装与软装设计上，营造出高品质居住型的人文生态环境。

1．“五蝠捧寿”烘托大堂吉祥气氛

大堂空间以简洁、明快与经典传统图案相结合，具有新现代主义风格特色，彰显尊贵。较高且简洁的墙面与精致的沙发、小几的搭配，从尺度上形成了鲜明对比、井然有序、主次分明，从而映射出世家风范。主题艺术品的布设与中式实木仿铜花格的相得益彰，体现了空间的文雅、大气以及对中国文化的融合与传承，创造出新府邸文化氛围，使住户在具有现代形式感且具中国传统文化精神的氛围中，体验文化的真谛。比如地面采用的是演化了的“如意纹”来点缀、装饰。“如意纹”是一种吉祥寓意纹样，形式美含义深，寓意吉祥、称心、如意的美好愿景。电梯门面的装饰图案则是传统“五蝠捧寿”图案的演化（见图3）。五福在《书经·洪范》有：“一日寿、二日富、三日康宁、四日修好德、五日考终命。”其中，“寿”为五福之首，电梯门面的五只蝙蝠面向中心的寿字图案，有祝福长寿之意，也有福运拱寿、吉祥祝福之意。此外，紫辰院室内设计多处使用了云纹。云是天的象征，寓意着高升和吉祥，常见于门帘架的雕刻纹饰中，用以填充装饰空间，刻画主题，对主题形象起到烘托作用。云纹的形式主要表现为圆形和方形。圆形云纹表现为圆弧形，具有自由变化的形式和柔美灵活的美感，常作为衬托物体形象的背景。方形云纹表现为直线或正方的线形，具有很强的规律性和韵律感，常用来装饰物体或图像的边沿。

图3 紫辰院·电梯门图案

2．“孝为先”是紫辰院户型设计遵循的宗旨

紫辰院住宅户型共有多种类型（见图4），其设计仍然来自京城四合院建筑与室内的格局，以“入户门——玄关——客厅——主卧”四进制规制设计而成，映射府邸、官宅的空间布局理念。从紫辰院样板间空间布局上看，其整体布局讲究“礼制”“百善孝为先”的理念，长幼有别，秩序井然；在动静分区上，遵循传统的“前堂后寝”制度，以中轴线明确划分起居活动区域与卧室区域。前者以起居生活、会客为主，后者则以休憩、修身养性为核心。家庭成员包括中国传统式的祖孙三代共同居住的“大家庭”，呈现尊老爱幼、幸福和谐的家庭环境。内堂门设计采取全部通体落地，敞亮、豁达，体现尊贵感。

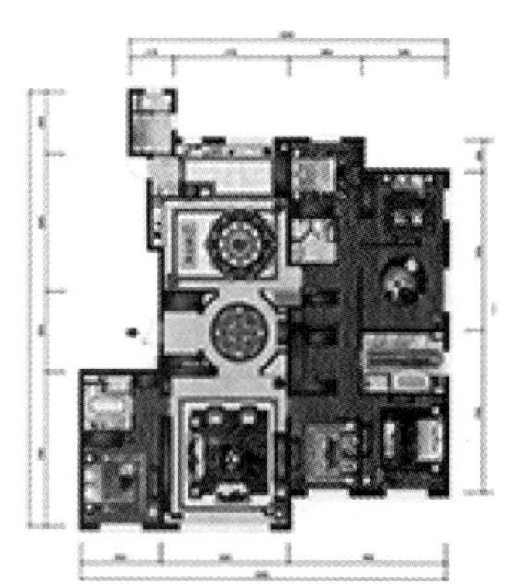

图4 紫辰院·户型图之一

长辈卧室以“安逸”“适老性”设计为理念，映射出“百善孝为先”的设计理念。老人卧室电视背景墙的壁纸选用的是米色牡丹暗花图案，寓意富贵、美好、幸福的生活，而米

黄色调，给老年人安静、温馨和舒适的氛围和感受。老人房位于南向，虽然与子女同住，方便子女照顾，但又通过分隔设计获得相对独立的居室空间，互不打扰。老人房摆放书桌，满足老人习练书画、读书阅报等精神文化生活；起夜灯、泡脚池、浴室等人性化设计为老人提供方便、舒适的生活品质；阳台上下水系统的设计可以使老人在有限的空间里养花弄草，陶冶性情而促进身心健康。

3．“豪华”是紫辰院室内硬装设计的追求

室内设计是对建筑内部空间功能与审美关系的合理化装饰设计，依据装饰材料、装饰内容和装饰艺术等方面分为硬装和软装两部分。硬装是指是对建筑内部空间按照设计需求，对天花、墙面、地面和分割空间的实体、半实体的再次处理。软装设计是指针对生活空间舒适、温馨、品位的合理化设计，包括对家具、布艺、灯饰、饰品、画品、花品、日用品、收藏品的设计，满足住户对室内设计功能与精神相结合的需求。室内的硬、软装设计关系密切，在设计风格、艺术语言等方面上应保持相对的和谐统一。紫辰院住宅建筑室内硬装设计仍然遵循传统文化与现代设计语言相结合的设计原则，在材料选用、装饰图案和色彩选择上突出紫辰院设计理念。

以玄关、餐厅和浴室的设计为例。玄关设计突出“玉”的材质的使用，以及香槟色、金色的豪华色彩。圆形天花使用香槟色、金箔漆，配置一盏环形水晶吊灯，与圆形玛瑙玉石形成呼应关系。玉，美石也，素有仁、德之道，设计师选用玛瑙、玉石，体现户主生活的品位与品质，凸显他们的文化底蕴和精神内涵。餐厅的硬装设计，其墙面壁纸图案选择了中国传统建筑窗棂常用的古树纹图案的，地面则是万字纹演化创作的石材拼花，四扇屏风是由玫瑰金线条勾勒出的工字窗格，透过光线，夹丝玻璃带来的绸缎丝线般的光影若隐若现、细腻奢华。浴室设计的豪华体现在墙面上，以深色石材框套配以精致的镜箱造型，镜箱边框用金属包边，内嵌贝母片，四边以万字纹图案装饰。打开镜柜门，内部活动隔板巧妙排列，并将洗漱用品等有序收纳其中，美观与实用统一。双台盆洗手柜台面以弧形收边，柜门同样用镶嵌的贝母片装饰，再加上回形纹演变的定制金属拉手和弧形倒角木饰面柜体，均流露出新中式的设计理念。尤其是主人浴室更显奢华，地面与墙面均以浅灰色石材作陪衬，地面镶嵌以富有机理感的麒麟玉石，麒麟寓意祥瑞，在古中国府邸建筑中常用来装饰门庭、家宅影壁墙、屋脊、柱础、抱鼓石等，又因麒麟玉石纹理丰富多姿，宛如一只麒麟活跃其中，以此达到象征地位尊贵的目的。

4．“六艺”是紫辰院室内软装设计贯穿的主题

软装设计是指针对生活空间的舒适、温馨、品位的合理化设计，满足住户的功能与精神的需求，包括对家具、布艺、灯饰、饰品、画品、花品、日用品、收藏品的设计。紫辰院住宅室内环境以清幽怡人、空间通融为宜，软装从“全家族住宅”设计理念为出发点，按照家庭成员的年龄、性别、爱好，以及文化、工作背景，以“六艺”为主题贯穿室内软装设计，满足每个家庭成员的精神需求。

以2–8＃楼A–1户型为例，此户型适合老、中、幼三代同住的五口人之家的居住环境，其设计突出祖孙三代对传统文化的浓厚兴趣所带来的文化气息。设计主题围绕礼、乐、射、御、书、数的“六艺”主题的贯穿空间，表达一种浓厚的传统文化意境，表现出“夫儒者以六艺为法”的家族传承精神。“六艺”从中国周朝开始，便是贵族教育体系中必备的六种技能，在《周礼·保氏》就有“养国子以道，乃教之六艺”。紫辰院住宅建筑室内设计以“通五经贯六艺”为主线，展现精英社会阶层的文化修养和传承经典文化的志趣。以下就玄关、客厅、餐厅厨房、卧室等室内软装设计做简要分析。

玄关，指居室入口的一个区域，是住宅室内与室外之间的一个过渡、缓冲空间。紫辰院2–8＃楼A–1户型的玄关设计充满文化意境。进入户门，首先映入眼帘的简约大气的一个“和”字书法造型墙雕（见图5），其字体苍劲流畅，似乎书写着这个家庭深厚的文化底蕴，也是六艺“礼”数之表现，同时寓意着家庭和睦、和气致祥、家和万事兴。与此相配的

图5 紫辰院·玄关墙雕

精美饰品、雕塑，其细致、华贵的手工技艺凸显紫辰院府邸文化的尊贵品味。为方便更换室内外服饰与鞋，在玄关空间范围内设有衣帽间，男衣帽间服饰以简约、舒适为主，并搭配包袋、手表、领结等饰品；女衣帽间服装则以新中式设计元素为主，与其精致配饰共同彰显女主人对中国传统文化的喜爱。

客厅是主人接待客人的空间，也是一家人常常聚在一起交流的地方。紫辰院2–8＃楼A–1户型的客厅设计，展现客厅追求“新中式”的端庄、沉稳和大气的设计风格。手绘山水风格的墙纸富有气势磅礴之势，富含“九宫”意义的博古架（见图6）展示家族式的收藏喜好和文化品位，同时，博古架造型设计富含六艺中“数”，即古代九宫纵横排列之数的规律，从中体现中国传统文化。新中式风格的茶几上摆放

图6 紫辰院·博古架

着精致中式茶具，在搭配古朴飘的太湖石，茶艺且惬意。抱枕选用暖色布料，以橙色点缀、烘托室内色彩，又与窗边悬挂着的鸟笼、绿色植物相呼应，在这样的生活环境里，其乐融融。

厨房与餐厅是家人做饭与共餐的空间（见图7）。紫辰院2-8#楼A-1户型的厨房与餐厅设计，彰显饮食文化和生活方式。依据家人有东西方饮食文化融合的现象，特别设计了中式厨房与西式厨房两部分。中式厨房以中式点心为主题，以蒸笼、炖盅作为配饰，体现主人对传统的爱好；而西式厨房摆放的酒器、碗碟，显示出家人之间的交流、互动和关爱。餐厅餐台上摆放精致的套装餐具，宴请亲朋好友。侧面墙上悬挂一幅油画，又以中式插花艺术烘托餐厅的意境，彰显住户精致生活和艺术品位。以饮食之“乐”、宴会之“乐”体现传统六艺中的“乐”，展现出家庭的礼仪修养与文化涵养。

卧室（见图8）是休息的空间，带有相应的私密性。紫辰院2-8#楼A-1户型的卧室设计又分主人房、长辈房、女儿房和多功能四个房间。就主人房来说，其床品以中式扣件和带有东方元素的布纹图案为设计灵感，用橙色作点缀；挂画是选用中国传统书画，在贝壳纸装饰的墙面上衬托出“中国山水”之美，营造华而不俗的典雅空间。老人房的色调追求舒适、安逸的感觉。女儿房则以快乐活泼以显朝气蓬勃、积极向上的精神，房间营造中西方文化融合的氛围。同时，

图7 紫辰院·餐厅设计

图8 紫辰院·卧室设计

还有“六艺”中的“御”（驾驭），即骑术，显示对马术运动的爱好。此外，还有品鉴室、禅室和多功能房。品鉴室是以品鉴收藏为主题而设置的空间。禅室则是禅修“礼”也，寻求心灵净化、慰藉，也是一种静态的礼仪。多功能房是专门为孩子准备的绘画室或琴房，习练中国书法、绘画、音乐，当然也可以学习西方绘画、音乐，从而表达“六艺”文化之精髓。

目前，我们在紫辰院样板间内，可以看到室内家居设计的基本理念，也就是遵循紫辰院设计理念，以明清家具为原型设计而演绎的新中式风格的木质家具，包括条案、扶手椅、博古架等，它们造型古朴，端庄典雅，烘托了紫辰院富含清代府邸的文化气质。

四、紫辰院的园林设计

园林设计是对建筑外部空间进行的环境设计，巧妙利用环境中的自然要素与人工要素，创造出融合于自然、源于自然而又胜于自然的室外环境。中国古典园林设计受古代中国儒、道两家“天人合一”“物我合一”自然思想观念的影响，设计上表现为“集居住、休息和游览欣赏双重目的为一体，因地制宜，掘池造山，布置建筑、花、木，并利用自然环境，组织借景，构成赋予自然情趣的自然风景式园林设计”。紫辰院崇尚自然、追求意境的园林设计是以北京清代王府花园为范本，在注重古代园林精神同时，强调园林自身与自然界物质的转化。通过园林设计与规划，建立一个健康、生态的自然系统与传承经典的文化社区之间密切结合的和谐空间，并以此为背景，营造自然与文化并举的可持续发展的生态环境。鉴于此，紫辰院花园的设计呈现以下特点：

1.“王府风格”是紫辰院园林设计的主要依据

一般认为，中国古代园林设计可以分为皇家园林和私家园林两种类型，均注重自然美，强调曲折多变，崇尚意境。中国园林设计可以追溯到商朝时期，明清时期达到了设计高峰。就清代北京的王府来说，大多附带花园，而王府花园设计既有皇家园林的“风范”，又有私家园林的“自由”；既不完全属于皇家园林，也不完全属于私家园林，可以说它是中国古代园林设计的王府风格。目前，较多资料记载的有恭亲王府的萃锦园、醇亲王府北府的渌水园、惇亲王府的清华园（小五爷园）、郑亲王府的惠园、礼亲王府的乐家花园、果亲王府的自得园等。但是，现存比较完整的有恭亲王府的萃锦园、醇亲王府北府的渌水园和　亲王府的清华园，其中恭亲王府的萃锦园和如今作为宋庆龄故居的醇亲王府北府渌水园对外开放，供游人观赏游览，而惇亲王府的清华园则是现今清华大学的一部分。

中国古代园林追求自然境界，倡导“虽由人作，宛如天

开”，而自然界的基本元素离不开水、石和植物，而清代北京王府花园的理水、叠山与植物配置的园林设计十分讲究，既有遵循中国古代园林设计理论而与一般园林共同之处；又有其独特的风格，彰显皇家风范。关于园林“水”的引进、水池的设计，以及山石的选择和寓意均带有皇室贵族、政治权力和生活富足等方面的表达。紫辰院花园的造景技艺，从布局、选景、理水、叠山、植物配置、花园建筑与装饰等方面，遵循王府花园设计的风格、特征且从中选取精彩景观和寓意设计而成。比如：花园整体布局分较为自由流畅的中、东、西三路；青石砌成的水池以“蝠池”形铺嵌在紫辰院北部的土地上，象征幸福、吉祥如意；花园植物的配置，不仅有王府常种植的紫藤、国槐等，还有移植来的千年古槐，镇宅护院；紫辰院花园景观的命名依据、参照了恭王府翠锦园的景观；等等，诸多理水、叠山与植物配置的园林设计足以彰显紫辰院王府风格的气派。

2．“幸福”是紫辰院花园水池设计的寓意

“水”在园林设计中承担着举足轻重的角色，没有水的园林几乎没有。北京的清代王府花园的设计当然也离不开对“水”的设计，比如，恭亲王府翠锦园的方塘、蝠池、滴翠岩水池；惇亲王府清华园的水木清华荷花池、近春园荷塘等水景的设计十分精彩巧妙。因此，中国古代园林设计中“引水构池”是必不可少的，将水引入园内，与砌成的各种自然有机形态相结合，形成池、潭、沼、塘、滩等不同的水域景观，体现园林追求自然的趣味，因此，设计形式多样的水池便成为园林中“水”的载体。北京的清代王府园林中水池平面的设计，有规则的，但多数都是不规则的。设计师往往根据自然界里各种水边形式、野趣，通过堆叠土岸和石岸勾画、约束出规则、不规则或某种形态的平面。恭王府翠锦园的“蝠池”就是由石岸勾勒出一只蝙蝠形的轮廓，如果俯视观看，人们会清晰而明确地看到一只朝南向的蝙蝠正呈展翅飞翔的姿态，似乎“镶嵌”在地面上。“蝠”与“福”同音，对“蝙蝠”形的选择，体现出清代王府主人祈求幸福生活的美好愿望。

紫辰院在园林的水系规划中，其宽阔地带形成的水池设计是根据恭王府翠锦园“蝠池”，用青石堆砌勾勒而生成的“蝙蝠”形的轮廓，如果俯视且纵观全景，被识别为“镶嵌”在紫辰院内的“蝠池”。它被营造出了 4200m^2 的朗阔水面，最窄处也达 4m，形成约 800m 水系景观带。整个水系蜿蜒的流水自西向东流淌，盘活整个园林。水系景观带周边种植了五角枫、元宝枫、白皮松、云杉、法桐、国槐、银杏、蒙古栎、栾树、榆叶梅、红枫、绦柳、山杏、紫叶李等名贵树木，甚至有几百年、上千年的古树。寓意紫辰院住户生活的吉祥如意、幸福美满、生生不息。如此设计，不仅使得紫辰院花园拥有江南园林的灵动、婉约之美，而且寓意深刻、美好，也不失王府园林的风格特征。

3．“生态”是紫辰院花园置石的理念

中国古代园林设计离不开置石，一般以单块石头，陈设在园林的庭院之中。明朝造园家计成在《园冶》中是这样说的：“峰石一块者，相形何状，选合峰纹石，令匠笋眼为座，理宜上大下小，立之可观。”[②]这种置石多采用太湖石，或者有太湖石“瘦、漏、透、皱”特征的石头。石头造型俊俏为“瘦”；石头上有自然的空洞称之“漏”；空洞与空洞形成的孔道形成“透”；石头表面纹理丰富而天然谓之“皱”。穿过恭王府花园中路西洋门之后，有一单块约 5 米高的太湖石矗立，它就是“独乐峰”。独乐峰，遵循了明代造园家计成关于“置石”的园林设计理论。据说，这块太湖石在和珅宅邸时期就有了，恭亲王奕䜣入住后起名为“独乐峰”。站在峰下，抬头仰望独乐峰，可以看到“乐峰”二字，而“独”字却刻在峰的顶端。这样做有什么涵义吗？关于“独”字内置，有两种说法，一是讽刺慈禧的独断专行。奕䜣作为一位皇室子孙，有志报国却不被重用，这个“独”字体现了奕䜣对“官场”的无奈与绝望；二是恭亲王“独善其身”的境况的解读，暗示了恭亲王政治生涯的波澜起伏，是他复杂心情的一种表达形式。另外，中国古代园林最典型、最独特的造景手法就是假山。假山，是对自然山川细致观察后的摹写与再造，它也是中国园林从概念到形象有别于外国园林体系的重要的设计理念。一般而言，假山可以分为土山、石山，或土石结合山等类型，石山分为湖石山和黄石山两种。像恭王府翠锦园中的滴翠岩是属于石山中的湖石山。假山与池畔组合成为“池山”景观。把这种山与水互相依存、互相映照的池山排为园林中第一的景致，主要指的是水。用土堆筑不能表现的，就用石来点砌，由沿岸的山石与池畔的假山叠成一气的，就成为池山。越过安善堂则是园内最为壮观的一组“池上理山”景象——水池、秘云洞、福字碑、滴翠岩。明代造园家计成在《园冶》中说：“池上理山，园中第一胜也。若大若小，更有妙境。”[③]从滴翠岩岩下东、西有两条曲折小径，可以到达滴翠岩的顶部，两条小径尽头的石壁里各藏着一口大水缸，缸底带孔，缸水顺着小孔渐渐下渗，日久石壁间便有青苔生成，也就有了“空翠欲滴”之景。妙境之处，除了滴翠岩还有秘云洞，洞内藏有康熙御笔“福字碑”。从中国古代园林设计上看，恭王府花园里的这组景观设计是“池上理山”最好的范例；从中国传统文化寓意上讲，康熙御笔“福字碑”是这组景观的“亮点”，是花园具有“万福之园”万福里的第一万个福字，可誉为“福照全园”，成为恭王府“三绝一宝”之说中的一宝。

紫辰院花园的“置石”（见图 9）与“池上理山”（见图 10）的理念，是在追求审美的基础上，寻求由此而来的调节生态环境的功能。首先，“置石”理念体现在注重自然天成的

意境。甄选北方皇家园林御用山石房山石大量布园，置于水系周围，带有宛若天成之感觉；选择有“天下第一石”美誉的“灵璧石”，其石集质、声、形、色为一体，是公认的赏石瑰宝，并在中国石文化中享有重要地位；将两块泰山石分别置于紫辰院正门入口及西南一隅，以求镇宅护院、庇佑子孙。其次，“池上理山”理念体现在调节院区的温湿度，紫辰院花园“池上理山”设计，依照恭王府滴翠岩“空翠欲滴”之景色，并采用现代科技手段，设计了喷雾造景系统，这样一来，不仅景观优美，还可以增加紫辰院院内湿度、调节温度，确保院内的湿度指数，降低PM2.5，以缓解北京地区干燥多雾霾的气候环境。可以说，它是审美与功能的完美结合。

4.“古树盘根”是紫辰院花园植物配置的亮点

“梧阴匝地，槐阴当庭；插柳沿堤，栽梅绕屋；结茅竹里，浚一派之长源；障锦山屏，列千寻之耸翠，虽由人作，宛如天开。”④这是明代造园家计成在《园冶》中关于园林设计中“植物配置”的基本原则，对梧桐树、槐树、柳树、梅花、竹子等树木的最佳适宜种植位置做了恰当的论述。在北京王府园林植物选择中，为适合北方环境气候条件，选择种植梧、槐、柳、竹、柏等植物的居多。

紫辰院在植物配置的选择上，着重参考了北京现存的王府园林，花草树木种类繁多，且全园树木全部采用“成树移植”的手法。树木树龄全部在10年以上，八成树木树龄又达20年以上，树木胸径可达20cm以上。其中，灌木类全部为培育5年后移植入园；还有原生元宝枫、蒙古栎等高档树种，采用“成树全冠移植”，因此，紫辰院花园的观赏性树木成本造价极高。此外，紫辰院组织专家团队，从全国选取四五百年树龄以上的名贵古树树种，包括紫藤、黄莲、木瓜、皂角、国槐等品种，其中有一棵树龄高达1300年的“唐槐”，成为紫辰院的镇宅护院之宝。

图9 紫辰院花园·置石设计

图10 紫辰院花园·池上理山

就紫藤来说，是清代北京王府花园植物花卉栽培的重要选择。在恭王府府邸与花园就种植了多株紫藤萝，其中府邸东路多福轩的紫藤最长寿，至今已有二百多年仍然茂盛和美丽；花园东路月洞门旁和牡丹院里各有一株。据说，每当紫藤花盛开的时候，王府的人就会用竹剪剪下藤萝花，将花瓣洗净后，加上白糖和食用油调和成藤萝花馅，然后将馅包入用食用油和好的面里，蒸或烤制美味可口、芬芳清冽的藤萝花糕、藤萝花饼。紫辰院花园的紫藤树更加有趣味，这是一棵“藤抱连”，也就是紫藤环抱黄连的生长状态，树龄达500年，紫藤直径约50cm，黄连木胸径50cm，长如游龙的古藤，攀缠于一棵黄连古树上，颇具独特情怀。

5.“经典”王府花园建筑是紫辰院花园建筑设计的参照

北京清代王府花园的建筑一般包括了堂、厅、轩、斋、楼、馆、房、屋等，园主人可以用来居住、接待客人，有的可以作为书房，甚至作为戏楼来使用，比如恭王府花园里的安善堂、蝠厅和大戏楼是花园建筑经典。此外，还有园林建筑常见的形式——廊、亭、桥、谢、台等，它们是园林建筑中常见的从一般建筑中离析出来且加以典型化的形式，功能更多的是与园林特征相结合的园林景观，比如恭王府的爬山游廊、流杯亭、渡鹤桥、邀月台等。再就是，园林中院落设计也别具一格，比如恭王府翠锦园有以植物命名的竹子院、牡丹院、芭蕉院等。

堂是园林中不可缺少的建筑主体。“古者之堂，自半已前，虚之为堂。堂者，当也。谓当正向阳之屋，以取堂堂高显之意。”⑤恭王府花园建筑布局体现着一般园林建筑的虚实、主次关系，突出主要建筑，次要建筑作为陪衬，构成整体。一般而言，突出厅堂，廊亭为辅。正堂坐北朝南，向阳采光，这是中国古代建筑最根本的设计原则之一。恭王府花园中路的最后一座主体建筑是“蝠厅”，又名“云林书屋”，位于绿天小隐的北面。蝠厅有正厅五间，俯瞰呈蝙蝠展翅状态，因此称为“蝠厅”。这种平面呈蝙蝠形状的建筑多见于清末皇家园林设计中，仍然离不开“祈福”。“蝠厅”是王府主人居住和读书的地方，“蝠厅”周围环境是叠石成峰，居然青嶂，石松亭亭翠盖，瘦石相倚如屏，且苍茫入画。堂、亭、阳光花房、九曲桥等在紫辰院花园建筑规划中陆续实施，“合院”则是紫辰院花园里的一处幽静的院落。

廊是由古代房屋的檐下部分，由庑发展而成的。“廊者，庑出一步也，宜曲宜长则胜。”[⑥]“庑出一步”主要是满足遮风挡雨、防日晒功能的檐廊，处于主体建筑的附属地位。园林中的廊，早已从檐廊的附属地位演变成园林主景，而且种类很多，包括游廊、回廊、直廊、曲廊、水廊、长廊等各种形式的“廊”。游廊又有“抄手游廊”之称，之所以如此称谓，是因为游廊是连接建筑和院落的纽带，而且无论阴雨天，还是艳阳天，都不必撑伞就可以轻松地穿行于院落间。雨天抄手且不挨淋，只有在“抄手游廊”里才能实现，还可以悠闲自在且从容地观赏雨中景色。在廊内漫步，“一步一景，景随步移”的感受颇深。被喻为“平步青云梯”的爬山游廊实际上是缓斜坡，但是“步步升高”的爬山游廊确实能够给人提供在不同高度观看花园景观的空间位置。因此，廊既有道路之功能，为游人提供“行”的方便，又是独立的建筑艺术形式，满足了游人审美的需求。就恭王府花园而言，除了花园中路通向邀月台的“爬山游廊”之外，方塘水榭东侧的“长廊”堪称园中胜景。紫辰院花园“廊”的设计并不多，但它却是园林建筑中的经典设计，有连接建筑、划分空间的功能，是组成景区的重要手段，也是园中重要景观设计。漫步长廊，面对社区建筑，观赏社区花园各景，确实有“一步一景、步步为景、步移景异”的感受。

亭，一般专指有屋顶而四周没有墙体封护的“点景”建筑。明朝造园家计成在《园冶》言：“亭者，停也。人所停集也。”[⑦]点景，强调景物的意境且恰当将景物点缀出来的景观设计。中国古代园林设计一般用山石、亭子点景，希望达到画龙点睛的效果。亭的式样很多，既可以停坐休息；又可领略周围的景色。“安亭得景，莳花笑以春风。”[⑧]醇亲王府花园水的引进是经过皇帝赏赐的，花园里里的“恩波亭”就是为感谢皇恩特意修建的，并以“恩赐分玉河水入宅”而闻名。恭亲王府花园有两座亭子，一是花园东路的流杯亭；二是花园西路的妙香亭。就流杯亭来说，它以拥有“曲水流觞”而著名。流杯亭是一座八角形、攒尖顶的亭子。“曲水，古皆凿石槽，上置石龙头喷水者，斯费工类俗，何不以理涧法，上理石泉，口如瀑布，亦可流畅，似得天然之趣。”[⑨]流杯亭是利用亭后假山中的井水引流，设计“曲水流觞”，水道弯弯曲曲，正看似“寿”字；侧看似“水”字。曲水流觞源于东晋书法家王羲之《兰亭集序》中的情景：“此地有崇山峻岭，茂林修竹，又有清流激湍，映带左右，引以为流觞曲水，列坐其次，虽无丝竹管弦之盛，一觞一咏，亦足以畅叙幽情。”类似的点景在乾隆花园、圆明园中也有。紫辰院花园以此为借鉴设计建

图11 紫辰院花园·流杯亭

造了“流杯亭”（见图11），其亭借“曲水流觞”之意，祈福社区居民幸福安康；还有在耕读园旁边修建的“耕读亭”“耕读园”是以恭王府翠锦园的“蓺蔬圃”为蓝本设计的，其目的是带给紫辰院的住户在节假日里体验四季变化、耕种收获的快乐，而耕读亭为居民在体验之余吟诗、赏景的场所，也是园区内重要的景观。

“榭者，借也。借景而成者也。或水边，或花畔，制亦随态。”[⑩]水榭，一种建在水边、水中的凌水亭阁。站在水榭里，可以欣赏四周的美景。恭王府花园西路方塘中有一水榭，载滢诗里称它为“诗画舫”，在诗画舫里可以观赏花园西路的每一处景观。紫辰院花园水榭被用作茶室，其功能是供业主品茶、观景、欣赏书画、戏友切磋等社交娱乐休闲场地，水榭屋顶采用“歇山顶”建筑规制仅此皇宫配置，尽显尊贵。其窗式设计取自一种被称为“步步锦”的样式，称“步步锦窗”。它是清朝建筑中较为流行的窗式，是以排列有序的长、短木条，预示着“步步高升”的前程美景，再加上水榭采用的是“歇山顶”建筑规制，就更加适合紫辰院府邸文化的设计理念。

“楼阁前出一步而敞者，俱为台。”[⑪]恭亲王府花园中路有一处邀月台，是滴翠岩之上绿天小隐的“前出一步而敞者”，从两侧的爬山游廊可以到达，攀秘云洞两侧的石级也可以盘旋而上。邀月台宽敞、舒展，四周有雕花的汉白玉栏杆，还摆放着一组汉白玉的石桌石凳。邀月台是全园的最高点，站在台上，园内的景观尽收眼底。通往邀月台的爬山游廊也是这组景观的重要组成部分。此外，台还可以作为“戏台”之用。在惇亲王奕誴的清华园水木清华北面有水月台。乾隆朝档案称此处为“镜烟斋北戏台”，它是作为戏台演唱昆曲堂会之用的。据记载，康熙皇帝六十大寿时，就是在这里演出昆曲为康熙皇帝祝寿。而紫辰院花园的水榭是与台为一体的设计（见图12），品茶赏戏，作为休闲、娱乐之用。

紫辰院花园设计遵循中国古代园林的造园手法，借鉴北京清代王府花园设计经典，汇集多种景观设计，规划中的“紫辰八景”，即竹风探幽、翠谷听风、映潭掬水、山峦叠翠、涵

图12 紫辰院花园·水榭

碧幽居、绿屿观荷、嬉影真趣、耕读渔樵将成为紫辰院花园景观设计的经典。另外，我们从紫辰院的信息、休息、照明（见图13）、公共卫生等公共环境设施的各类设计中体会到，紫辰院的公共活动空间必备设施的设计与其整体规划、风格特征融为一体，形成了完整且统一的紫辰院社区新中式的府邸形象，诠释中国精神，闪耀独特魅力。

图13 紫辰院花园·灯具设计

紫辰院不仅为住户提供优质的人居环境，还在文化事业上有明确的规划设计，尤其是在书画、音乐、棋艺和戏曲方面，将艺术欣赏、艺术学习与艺术展演密切结合起来。在书画方面，成立紫辰院书画院，为紫辰院的居民提供书画交流的良好条件。同时，邀请书画家授课，为居民提供学习书画的机会。在地下运动会所设立一处艺术长廊将定期举办书画艺术展，给予书画爱好者展示才华的平台和空间。另外，将汇集书法家，为社区楹联牌匾的设计提供墨宝，以此提升紫辰社区的文化氛围。在音乐方面，与中国爱乐乐团合作，实现高雅艺术进社区的愿望；成立紫辰爱乐乐团，邀请业主参加，定期举办演出、现场授课等活动。以丝竹乐作为园区的背景音乐，烘托紫辰花园的意境。在地下空的规划设计里，将设立琴房、音乐教室，组织音乐辅导班，为紫辰住户提供学习音乐、欣赏音乐的条件。在棋艺方面，在水榭茶室、景观区域、凉亭内均可以摆放棋盘。成立紫辰棋类社团，组织棋类爱好者切磋交流，组织对弈赛事等活动。在戏曲方面，成立紫辰京剧社，关爱老年人精神生活需求，丰富老年人的文化生活。

（本文图片资料由紫辰院提供）

注释：

① （明）计成原著，陈植注释：《园冶注释》，中国建筑工业出版社1988年版，第216页。
② （明）计成原著，陈植注释：《园冶注释》，中国建筑工业出版社1988年版，第216页。
③ （明）计成原著，陈植注释：《园冶注释》，中国建筑工业出版社1988年版，第212页。
④ （明）计成原著，陈植注释：《园冶注释》，中国建筑工业出版社1988年版，第51页。
⑤ （明）计成原著，陈植注释：《园冶注释》，中国建筑工业出版社1988年版，第83页。
⑥ （明）计成原著，陈植注释：《园冶注释》，中国建筑工业出版社1988年版，第91页。
⑦ （明）计成原著，陈植注释：《园冶注释》，中国建筑工业出版社1988年版，第88页。
⑧ （明）计成原著，陈植注释：《园冶注释》，中国建筑工业出版社1988年版，第60页。
⑨ （明）计成原著，陈植注释：《园冶注释》，中国建筑工业出版社1988年版，第220页。
⑩ （明）计成原著，陈植注释：《园冶注释》，中国建筑工业出版社1988年版，第89页。
⑪ （明）计成原著，陈植注释：《园冶注释》，中国建筑工业出版社1988年版，第87页。

参考文献：

[1] （明）计成原著，陈植注释：《园冶注释》，中国建筑工业出版社1988年版。
[2] 金寄水等：《王府生活实录》，中国青年出版社1998年版。
[3] 周汝昌：《芳园筑向帝城西——恭王府与红楼梦》，漓江出版社2007年版。
[4] 文安：《大清王府》，中国文史出版社2004年版。
[5] 刘佳著，李宏伟绘：《王府“画”语》，文化艺术出版社2013年版。
[6] 张艾、侯芳编著：《恭王府》，中国戏剧出版社2009年版。
[7] 恭王府管理中心：《清代王府及王府文化——国际学术研讨会论文集》，文化艺术出版社2006年版。

作者简介：

刘佳，中国艺术研究院美术研究所研究员，设计艺术学博士。

“环境艺术设计”的自身问题在于如何走向学术自觉

王晓华

摘　要：本文通过对中国“环境艺术设计”从概念形成、专业建立、学科发展到面临的问题进行综合分析和论述。认为，“环境艺术”在本土文化的特质下有着自身的解读和表述，“环境艺术”与“设计”是“学”与“术”的统一。在生态文明的语境下，中国的“环境艺术设计”应该走学术自觉的道路。

关键词：环境艺术；环境艺术设计；环境设计；学术自觉

一、从装饰艺术到环境艺术的觉悟

论及“环境艺术”，就得从最基本的环境概念说起。广义的环境是指人之外部一切事物的客观存在，包括自然、人文两大要素。抽象地讲，环境观属于人的世界观范畴；具体地说，环境是指人所处的场所。其实，最接近环境本质的认知莫过于中国传统文化中的有机世界观，无论是充满巫术色彩的风水风俗，还是具有潜在生态文明意识的风水学说。在中国传统文化的世界观里，环境是一种全息状态下生命万物共生的能量场，一种人神互动的精神世界。然而，作为“环境艺术设计”学科专业，在中国却走过了一种从“装饰艺术”表象到“环境艺术设计”本质逐渐觉悟的过程；作为一种特殊的文化现象，它不得不与中国近代和现代所发生的社会突变、文化转型等一系列原因，以及“环境艺术”开拓者们个人的艺术修养、实践经历和学术主张相联系，一开始就带有浓厚的民族文化情节。

鸦片战争爆发，世界列强的“船坚炮利”迅速使中国沦入半殖民地半封的近代社会，也使中国人在文化心态上发生了剧变。一方面，一批有志向的封建贵族和地主阶级改革派，本着“师夷长技以制夷”的爱国思想和“中学为体、西学为用”的学术主张，妄想从技术层面图存图强，发起了骚动一时的洋务运动；另一方面，激进的知识分子提倡民主与科学、反对专制与愚昧、提倡大众新文化等，掀起了轰轰烈烈的五四运动，企图通过学习西方发达的近代文明以达到民族文化自觉之目的。在西方文明的强势下，中国的传统建筑文化体系受到前所未有的挑战，也使一些富有民族自尊心的建筑设计师陷入了一种学习西方先进文化与保持民族文化气节的纠结之中。他们一方面采用西方近代的建筑技术、材料和功能模式，另一方面却想保持一种中国传统建筑文化的特征，最终形成了“中西合璧”式的折中主义建筑形式。这种从视觉表象上维持民族文化特征的方式一直持续到新中国建立以后，甚至延续到改革开放的初期。

建国初，中国经过两个五年计划的努力，国民经济有了较大恢复。为了树立国家新形象，体现社会主义建设新成果，庆祝建国十周年，中央政府举全国之力筹建以人民大会堂为代表的“十大建筑工程”。这次重大的建筑活动首次聘请了美术家和装饰艺术专家，配合中国本土建筑师完成了建筑装饰、室内装饰、家具设计、艺术品陈设，以及门头、檐口等主要建筑部位的装饰设计制作，成为一次宝贵的，将工艺美术运用于建筑室内外装饰的实践机遇。也“践行”了如《包豪斯宣言》里所讲的，艺术与技术相统一，建筑是艺术创造的终极归宿的设计理念。为适应新中国政治形象和精神面貌的需要，并遵照周总理指示，中央工艺美术学院于 1957 年成立了室内装饰系。在当时形势下，建立室内设计系可以通过整体设计取得协调统一的装饰艺术效果，客观上起到了整合和发挥中央工艺美术学院的家具设计、装饰艺术、染织美术、陶瓷美术等相关专业的作用。

20 世纪 70 年代人类文明发展与生态环境之间的危机收到普遍关注，联合国于 1972 年 6 月在斯德哥尔摩召开了人类环境大会，并通过了《人类环境宣言》。宣言呼吁各国政府和人民为维护和改善人类环境，造福全体人民，造福后代而共同努力。中国政府为此做出了积极响应，并成立了各级环境保护机构，同时也为中国设计艺术学科的发展提出了新命题。其实，自然环境与人类文明之间的危机早已引起各门学科的关注，环境现象学、环境物理学、环境伦理学等从不同视野，以环境为问题的学说已相继出现，客观上促进了各门学科的文化转向和综合性发展。此时，建筑学界已经开始关注建筑与整体环境之间构成的场所精神创造，并将建筑和外部环境视为一种完整的艺术品。在此背景下，中央工艺美术学院奚小彭先生在 1982 年讲授《公共建筑室内装修设计》的课程时明确提出：“要用发展的眼光看，我主张从现在起我们的这个专业就应该着手准备向环境艺术这方向发展。”但是，奚先生对室内设计专业所进行的这种开拓性认识和重新定位，在概念上还存在着许多不确定因素，尚未从单纯的视觉艺术中觉醒。

二、“环境艺术”与“设计”是学与术的统一

20世纪60年代，兴起于美国，风靡于西方发达工业社会的后现代主义文化思潮迅速向世界各地蔓延，并影响到改革开放后不久的中国，尤其是80年代中期出现的以后现代主义为特征的'85美术运动，象征着中国当代艺术的诞生和文化意识的转型。后现代主义文化属于信息化条件下，以商业文化为标志，以适应大众消休闲为目的的消费文化。后现代主义文化语境下的后现代主义艺术作品不仅作用于人的视觉，而且作用于人的听觉、触觉，甚至于嗅觉。形成了后现代主义突破传统审美范畴、消解生活与艺术之间的界限、敌视个性和风格、倡导艺术平民化、广泛运用大众传媒等特征，产生了与环境内容密切相关的观念性装置艺术、大地艺术、行为艺术等表现艺术或艺术流派，甚至包括美国出现的“百分比”城市公共艺术品。在某种程度上，后现代主义艺术的一些审美主张和表现形式对于从事生活环境的空间艺术创造起到了极大的借鉴和启发作用。

直到1975年，“环境艺术”作为后现代主义文化背景下的一种思想只有在美国“八卷环境艺术丛书”里，由主编多伯提出了一种粗略的概念。即“环境艺术也被称为环境设计。环境艺术作为一种艺术，它比建筑艺术更巨大，比城市规划更广泛，比工程更富有感情，这是一个重实效的艺术。环境艺术实践与人影响环境的能力，赋予环境视觉次序的努力，以及提高环境质量和装饰水平的能力是密切相关的。”不难看出，这种定义的背后是对各门学科研究环境问题成果的推广和应用。比如：环境物理学是通过研究声、光、热等建筑环境物理要素作用于人的听觉、视觉、触觉时的生理反应，进而探索如何采用技术措施以观照人的生理需要；而建筑心理学是将心理学研究导入建筑环境设计，从使用者的知觉感受出发来研究建筑空间对于人的心理作用。又如，环境美学则是以人类对生存环境的审美要求为议题，研究环境美感对人类生理及心理所产生的作用。由此可见，当时的“环境艺术”是以构建人类理想生存环境为议题提出的，而人类生活环境的复杂性也从根本上决定了“环境艺术”跨学科，综合性的基本特征。

在此期间，西方一系列的环境思想和学科被中国一些前卫的报纸和杂志逐渐引入国内。比如，胡凡正的《环境心理学与环境行为研究》在《世界建筑》发表；作为宣传'85美术运动主阵地的《中国美术报》为“环境艺术”思潮开辟了热论专版，并将“环境艺术”看作是最能广泛接触民众的一门艺术，一种大众化的艺术；顾孟潮先生的“未来是生态建筑学时代”观点，首次将生态建筑学的概念引入国内学者的视野等。但是，“环境艺术”与生态环境之间如何产生实质上的联系，尚未形成任何建树。值得一提的是，钱学森先生1984年发表的《园林艺术是我国创立的独特艺术部门》一文引人深思。一方面，钱老在国际环境思潮背景下竖起了中国园林艺术的旗帜；另一方面，钱老从中国传统园林艺术的文化特质和环境意识中得以启发，认为园林艺术不能被看作是一般的城市绿化，更不是建筑的附属物，而是一种内涵更加丰富、意义更为宽广的“整体环境”概念。从本质上讲，钱老对中国传统园林艺术的认识有了质的飞跃，并开始运用中国传统的人文智慧来思考中国城市环境的质量问题。

1986年，刚从日本留学归来，时任中央工艺美术学院室内设计系主任的张绮曼教授（我的导师）前瞻性地将这一时期一直徘徊在研讨和热议中的“环境艺术”思潮转化为“环境艺术设计”，并向教育部提交了建立中国环境艺术设计专业的申请，成为我国环境艺术设计学科的创建者和学术带头人。张先生是中央工艺美术学院第三届建筑装饰专业的学生，当时从事教学的都是新中国第一代工艺美术大师，他们大多数虽曾留学法国、美国和日本，但却立足于中国传统文化和民间艺术研究的学术方向。张先生最宝贵的经历应该是她跟随这些大师们参与了建国初期的“十大工程”，他们将代表民族文化和民间艺术精华的装饰艺术、传统家具和陈设艺术设计实践于建筑装修设计。所以，张先生常教导自己的学生要挖掘民族文化资源，解决中国实际问题。尤其是她提出的“为中国而设计”和“为农民而设计”理念，集中体现了立足本土这一鲜明的学术立场。

张先生将“环境艺术”发展为“环境艺术设计”的最大意义在于，她明确了“环境艺术”的发展归宿和学术价值的指向，特别是与生态文明的时代命题有了切入点。这一定义的确立应归因于她在建筑设计院工作时期发现的中国建筑设计领域存在的环境问题，也得益于她作为中国首批公派留学日本学习艺术设计期间，对日本建筑空间文化的观察和感悟。所以，是她最先将中国室内空间设计的环境意识延伸到户外。客观地讲，张先生是中国“环境艺术”发展的集大成者，在学术脉络上起到了承上启下的作用。因为，只有通过“物化

设计”才能使一种处于宽泛性意识和学术思潮中的“环境艺术”理念产生社会价值，使之逐渐形成为一种实践性的学科结构，并从创造动机上与其他关注环境问题的后现代主义表现艺术及流派有了本质上的区别，回应了多伯所讲的“一个重实效的艺术”概念。而且，只有在设计的实践中才能不断提升对“环境艺术”的理解，发展和完善自身的理论体系和学术价值，实现认识事物逻辑的完整性。即，达到“学”与“术”的统一。

三、“环境艺术设计”的自身问题在于学术上的自觉

1987年，教育部批准了关于建立“环境艺术设计”专业的申请，此时恰逢中国经济大发展和旅游业大开发时的良机。强大的市场需求使国内各大美术学院闻风而起，纷纷设立环境艺术设计系或专业。甚至出现了许多院校有条件上，没有条件创造条件也要上的局面。发展至今，我国已开设“环境艺术设计”专业的院校约有1800所，从事设计的专业人员多达百万之众，这种状况在世界学科发展史上堪称为一种奇迹。在学科建设方面，两年一度的“为中国而设计”全国环境艺术设计作品大展和论坛，以及一年一度的《环境艺术设计年鉴》涌现出大批的优秀设计作品和理论研究成果。张先生在2003年又提出了“绿色、多元、创新”的口号，特别是2010年第四届“为中国而设计——为西部农民而设计”的生土建筑改造公益项目产生了广泛的社会反响。在社会效应方面，由“环境艺术设计”发展而带动起来的施工从业大军、家具设计、陈设艺术品，以及材料研发、生产、运输、销售和服务业等产生了无法估量的社会效益，已经成为中国国民经济发展体系中的一项支柱产业。特别是经过近三十年的发展，“环境艺术设计”观念已经渗透到有关环境设计的各个领域，已经成为一种大众共识的文化符号。仅此一点，“环境艺术设计”应该独立发展成为一门学科。

然而，正当中国的“环境艺术设计”专业蓬勃发展之季，教育部2012年的学科大调整，戏剧性地将“环境艺术设计”从学科目录中抹去，却在一个新的二级学科的栏目中塞进一个陌生而恍惚的“环境设计”名称，使那些为“环境艺术设计”辛勤耕耘几十年的学术群体和成千上万个正准备为之安身立命的莘莘学子们一下子没了归属，甚至伤害到他们的自尊。特别是那些艺术类出身的师生们，等于失去了社会身份的认同。令人费解的是，一些以“环艺”为生的“环艺人”不但不为之痛心疾首，反而随声附和。但在他们的辩解中，只见得一些让人一头雾水的文字组合游戏，却不见什么令人耳目一新的学术观念。在这些混沌状的非议中，问题主要集中在“环境艺术设计”中的“艺术”有着“装饰、装修”的出身背景。有人甚至将“环艺设计”发展中出现的一些问题简单粗暴地归咎于“艺术”作祟，“艺术”被沦落为一张张哗众取宠的效果图。而且认为，“艺术”的存在使中国的“环境设计”与国际同类学科名称无法进行严丝合缝的字面匹配，阻碍了在学术上与国际接轨和交流。更可笑的是，甚至有人运用文字考古的方法，从古希腊的词意中去考证一个数千年后在中国出现的新兴事物，在此尚且不论该人是否懂得古希腊语。试问，如果古希腊语中找不到“针灸”一词，难道世界上就不该出现“针灸学”吗？这种风气的背后就是因为缺乏文化自信和自觉，或是处于一种急迫的功利思想。

诚然，中国的“环境艺术”概念形成之初偏重于视觉艺术的表现，对民族文化的理解也侧重于风格和形式，对于“环境艺术设计”的认知更多的是从空间形式上进行艺术创作，在学术上没有构建起系统而严谨的理论坐标。其次，从事实践的群体来自不同的专业和层次，甚至出自不同的目的。当“环艺设计”专业要迎合中国特色的市场经济运转模式时，又受到社会风气和经济利益的裹挟，使设计师个体的环境理念和设计原则严重丢失，损害了“环艺设计”的“艺术”形象。此外，火爆的市场使“环艺设计”成为市场机制下的“宠儿”，进而导致各大院校形成“土法上马”，一哄而上和盲目扩招的风气，造成了设计师后备力量在数量与质量上严重失衡。但是去掉“艺术”，回到人们环境意识觉醒初期的那种混沌状的宽泛意识——“环境设计”，既解决不了实际问题，反而成为一种倒退，如同辛亥革命时期突兀出现的辫子兵复辟。就设计学本身而言，它的发展也是一种定义不断调整，内涵不断扩充的过程。比如，第一次工业革命时期出现的工艺美术运动是针对机器大生产所造成的非人性产品；第二次工业革命时期包豪斯提出了艺术与技术相统一的原则，让设计艺术融入工业化进程；而第三次工业革命又使设计艺术面临可持续发展，回归自然和人性关怀的人文命题。

任何一门学科的建立均是针对某一问题的存在而提出的，所以“环境艺术设计”面对的直接问题应该是如何提高人们生活环境的质量。但人类的生活环境不仅属于自然环境，也属于社会环境，它既是物质的，又是精神的。所以，“环境艺术设计”学科既要研究人与自然、人与社会之间的关系，也需研究人类自身的属性，以及能够实现这一目标的物化手段，即工程技术。因此，它不属于任何一种单一学科的范畴，开放性和跨学科是

它唯一的途径，也是21世纪学科发展的一大趋势。中国的"环境艺术设计"从最初的空间界面装饰、宽泛的"环境艺术"概念、系统的理论梳理到大致的"环境艺术设计"学科架构，同样走着与其他各门学科成长相类似的认知过程。况且，任何一门新型学科的确立都需要一个被评价和认定的过程。对于它的评价，一是看它是否提高了人们的生活质量，体现了社会发展的需要；二是在文化转型的背景下是否符合可持续发展原则，产生了社会效应。所以，对于"环艺设计"的学科定位和理论框架审定，应该考量它在解决问题过程中的出发点和方法论，以及方法论所具备的知识结构。对于学科名称的认定不能简单地从字面意义上进行无休止地纠缠，去颠覆一个已经被社会广泛认同的文化概念。

人类文明从工业型向生态型转变，说明无节制的人类技术文明已经成为造成生态危机的一大根源，它的未来必须遵循生态文明价值的管控。环境伦理学家罗尔斯顿认为，内在性是人类存在的最大价值，人类对于自然界中的生命共同体却极少有价值产生，甚至只有破坏性，而本质上的原生态环境无需人类的任何干预。所以，"环境设计"丢弃了人的内在价值，延续了工业文明的工具理性。更何况"环境"一词一般是相对于某个主体，在不同主体的语场中词义的指代会发生转变，并容易与环境卫生、环境科学、环境工程等相混淆。从环境物理学角度来审视，人类的生存环境是由无数种量度构成，物理量度尚且可以采用技术手段予以补偿，而人性对广义的环境需求更在乎精神层面的满足，需要通过一定的视觉要素和空间形态对人的知觉进行全方位刺激才能达到心理量度的平衡。从生态文明对文化多样性的要求出发，没有民族性的场所精神就谈不上真正的文化多样，这些恰恰是美术院校最大的优势和潜力。从国际接轨的前提来分析，我们只有立足挖掘民族文化资源，首先解决本土问题，才能以自身概念构建起原创性的学术观点和理论体系，才能有资格与国际进行交流或参与智慧共享。一定程度讲，交流是一种知识话语权的对话，否则就成为一种纯粹的依附或盲从。正如屠呦呦的课题组那样，他们通过挖掘中国历代医籍、本草和民间药方资源，按照现代医药研究技术和生产标准提炼生产出造福全人类的青蒿素药物，赢得全世界的尊重。

四、结论

"环境艺术设计"面对的直接问题是如何提高人们的生活环境质量，而环境中的物质元素和人的生理量度是中性的，唯有人的精神诉求和心理量度是丰富多彩的。所以，技术理性应服务于"环境艺术设计"的总需要，可持续发展观是"环境艺术设计"行为的基本准则，它贯穿于整个设计行为的总过程。其次，"环境艺术设计"实践在物质文明和精神文明建设中所产生的社会意义和对生态环境的巨大影响，完全有理由上升为一门自主发展的学科。其三，面对如何提高人类生存环境质量的共同问题，所谓的学术国际接轨应该是一种殊途同归时所产生的智慧火花，不同文化精神下的多样思维。所以，对于"环境艺术设计"的定义，应该有本土文化特质性的解读和表述，并以此创建起自身原创性的概念、观点和理论系统，最终走向学术上的自觉和自立。

作者简介：
王晓华，西安美术学院环艺系。

海外掠影

原创的误读

（阿根廷）佛罗伦西亚·罗德里格斯　汪天艾（译）　路璐（校）

摘　要："原创的误读"企图反思阿根廷现代性，并面向理解这个国家当代建筑所需要的全新叙事。拉丁美洲的现代性作为后殖民主义的首次理性建构，在历史与批评中获得了其合法性。毫无疑问，这一过程不仅意味着剧烈的文化转型，而且在全球文化发生巨变的那些时刻，地方化的生产更显示出其原创性，而且目标明确。转型期的声色各异旨在建构一个理念场，不仅与自身的历史对话，同时也与整个国际语境交流。今天，建筑话语的生产似乎退到形式表达的背后。但是，我们仍可发现一些有价值且极具地方独特性的实践方向。其作品可以理解为各种强大的现代性的延续，或某种结构的诗学，一些早期粗野主义表达被精致化以后的手法主义，学派学科状态的变化调整，或是一种与新技术的关联。质的转变，谨慎而微妙，塑造了阿根廷当代建筑传承与断裂的特质，这一切都与生活的方式以及对当下的阅读密不可分。

关键词：原真性；杂志；现代性；争论；气候；驯化；后后现代

当孩子们开始运用理智，即开始胡言乱语时，妈妈们总是对他们说：我的孩子，不要说谎，那是丑陋的……（关于虚假的初级美学概念）

——安东尼奥·维拉尔（Antonio Vilar）

一

1943年，阿根廷现代派先锋安东尼奥·维拉尔为期刊《我们的建筑》（Nuestra Arquitectura）撰写了一篇文章，题为"关于马德普拉塔（Mar del Plara）的度假别墅"。文章的开头十分古怪，是作者给编辑的一个忠告："我的朋友斯科特：您邀我写一篇关于马德普拉塔地区建筑的文章；但是如果您刊登了这些照片，就会让我显得自相矛盾……"这期杂志还发表了很多不同的住宅项目，一些是度假别墅，还有一些是在布宜诺斯艾利斯，从中我们可以发现，想要强行归纳统一这个国家的现代建筑语言是多么困难。

共存于那个时代的有"实用技术"的狂热代表，也有投身最新潮流却几乎对材料漠然无知的建筑师，"极度虚荣谄媚，坏品位蔓延"……就像密斯·凡·德·罗（Mies van der Rohe）故意没有发表的那些房子，或者是这场深刻转型的当事人们实践的早期项目。居住观念发生了显著的变化，整个社会也在逐步地适应。在最初的那些年里，建筑师的实践显示出过渡时期的特征，妥协"在所难免，因为客户们早已习惯了通过更加合法的折中主义风格去传播那些坚固的象征价值。

20世纪最初几十年，那些被出版物媒介所认可的阿根廷建筑作品都表明在以下两者间的协调与平衡是十分必要的：一方面是更加传统的建筑，或者是加利福尼亚别墅式的大众品位；另一方面是在现代文化的大背景下，从一开始就用当地固有元素进行构建的现代性。只需看看那些活跃的建筑事务所的实践便可以明白，他们能够建造有明确现代风格的公共建筑或者出租办公楼，但却无法用同样的逻辑在私人别墅上进行试验。当然还有另外一些例子，尽管以美学构思为主，但还是得以让人领会了其在平面与空间组织上所坚持的理性。然而像电影"源泉"（The Fountainhead）中霍华德·洛克（Howard Roark）那样为了尊严而承受痛苦的悲剧却并不常见，建筑师自我否定那些与既定标准不符的作品，陷入公众的审判与禁锢中，仿佛被绑在了通俗美学和大众观念的十字架上。

这方面的争论在20世纪30年代十分盛行，恰逢大量杂志的出现在某种程度上有效地促进了新思想的扩散。写作者们的激情构成狂热而紧张的强力，去引导原本完全相悖的文化潮流。亚历山大·维拉索罗（Alejandro Virasoro）在给《建筑杂志》（Revista de Arquitectura）撰写的《艺术进步中的磕绊与困境》（Tropiezosy dificultades al progreso de la artes）一文中说："毫无疑问，建筑的不幸就在于建筑师们非但不抵制和反抗那些低俗而保守的风气，反而对其谄媚有加。这种怯懦纵容设计师们去复制那些最不合时宜的风格，混杂的形式最后导致一团糟。"

在同一篇文章中，这位建筑师特别提及装饰艺术，质疑和嘲讽对老古董的复制，并宣称阿根廷人对模仿一种离自己如此遥远的传统秉持着如此大的热忱简直是不可理喻，他坚信对于我们自身的历史，唯一需要传承的就是"展现作为一个独特而强大的种族生生不息的尊严"。

原真性的理念，确实构成了建筑的某种本质，"不多也不少"，得益于新技术的推动，这一概念频繁在杂志文章中被提及，如理论的明星在学科错综复杂的谱系中脱颖而出，确认了一种被改良的、本土化的现代宣言。

二

理念与思想被结集成书或是被纳入学院的教程，甚至被注入设计和建筑物的构成中。但是，在这些发生之前，它们首先及时地出现在期刊杂志上。而这也正是期刊的重要意义所在，从历史的角度看，这都得益于其编辑出版的节奏和文本的长度，其本身的形式和语言让更为流畅的辩论和交流成为可能。于是，这些媒介仿佛构建起传播与批评的空间，其广阔的维度更是再现了我们的文化建设，几乎与整个变革的进程同步。

特别是18世纪以来，数种欧洲期刊已经开始刊文讨论美学、社会与文化，让那些新思想在成为正典或常识之前获得了广泛的传播。在19世纪末20世纪初，这些文本主要以法语为主，伴以德语和英语，将当时的一些现代性理念引入美洲大陆。它们包括《今日建筑》(L´Architecture d´aujourd´hui)、莫朗斯(Albert Morance)的艺术期刊以及《现代设计》(Moderne Bauformen)。

在布宜诺斯艾利斯，有前文提及的《建筑杂志》和《我们的建筑》，前者是由建筑师中央联合会（Sociedad Central de Arquitectos）于20世纪初创办，后者由沃特·希尔顿·斯科特（Walter Hylton Scott）于1929年创办。还有南半球小组（Grupo Austral）为数不多的出版物，以及20世纪走在最前面的多学科综合杂志《新视角》(Nueva Vision)，它们如同设定好的发动机一般运行，记录了意识形态和美学的重大变革。甚至可以说它们中的一些本身就具备宣言般的价值，作为知识的传播和宣传工具被使用。

此外还要说明的是，20世纪上半叶西班牙语出版工业的发展并不稳定。正如费德里科·德安布罗西斯（Federico Deambrosis）和哈维尔·马丁内斯－冈萨雷斯（Javier Martinez-Gonzalez）在文章"跳房子：20世纪50、60年代西班牙语建筑期刊出版的重建记事（Rayuelas: Fragmentos para una reconstruccion de la editorial especializada de arquitectura en la lengua castellana durante los anos 50 y 60）"中所写，在1930年前后，西班牙终于摆脱了法国的垄断，但1936年的内战还是打断了本国出版业的发展。根据两位作者的说法，这正是阿根廷出版业崛起的重要基点，至1940年阿根廷已经成为西班牙语世界最大的出版国家。

在同一篇文章中，作者还汇编了现代建筑历史编纂的重要文本被翻译和出版的时间年表。其中在阿根廷最具影响力的出版物包括：1954年布鲁诺·赛维（Bruno Zevi）的《现代建筑史》(Historia de la arquitectura moderna)；1958年尼古拉斯·佩夫斯纳（Nikolaus Pevsner）的《现代设计的先驱者：从威廉·莫里斯到瓦尔特·格罗皮乌斯》(Pioneros del diseno moderno: de William Morris a Walter Gropius)；以及1959年沃特·柯特·贝伦特（Walter Curt Behrendt）所著《现代建筑：本质、问题与形式》(Arquitectura Moderna Su naturaleza, sus problemas y formas)。也就是说，不仅在原版与西班牙语译本之间存在着出版的时间间隔，而且在20世纪40年代之前，还没有任何现代经典书丛被翻译成我们的语言，进入南半球读者的视野。

于是，在之前几十年的杂志中所使用的数据及相关情况就突显了一种拉普拉塔河流域（Rioplatense）自身所特有的现代性脉络，而且大洋两岸许多代表人物的往返旅行以及杂志中呈现的激烈争论都为其提供了支持。于是20世纪20、30年代的出版物可以被视为对一个纯粹地方性讨论空间的确认，尽管其主要的对抗还是在白盒子的首倡者与痴迷于欧洲经典建筑的折中主义者之间展开。然而通过更为激进的执业实践者对变革的肯定，我们在这些对抗与争论中发现了政治、社会和文化的意图。

在1926年的《建筑杂志》中，可以看到亚历山大·维拉索罗与阿尔贝托·科尼·莫利纳（Alberto Coni Molina）之间白热化的争论，该争论发生在传统建筑中装饰的使用所暗示的美学意义与当代建筑作品中关于新形式的理念之间。维拉索罗在上面提及的那篇文章中推广一种有建筑专制企图的理念，这意味着"每个建筑师在其艺术实践领域中都有自由思考的主权"。

而在该杂志随后的六月号里，莫利纳撰文回应，阐明以下观点："阁下失去了对形式的判断，爱上新形式，反而厌恶那些仅仅装点了其内部架构的装饰细部，但正如先师们一再强调的，这些架构原本是您避而不视的。（我如此热爱这被紧塑出来的‘曼妙线条’，这都应归功于这身性感的衣裙！）”。

1931年至1932年间，《我们的建筑》陆续刊登了阿尔贝托·普雷毕斯（Alberto Prebisch）的“建筑设计－城市规划（Arquitectura–Urbanismo）”、安东尼奥·维拉尔的“当代建筑（Arquitectura contemporanea）”、瓦迪米罗·阿科斯塔（Vladimiro Acosta）的“新建筑（Nueva Arquitectura）”等一批文章，遂成为当代的学科价值被加以推广。“古典”与创新之间的争论一直在持续，总体而言是基于勒·柯布西耶（Le Corbusier）的思想。

20世纪上半叶受邀来到我们国家的现代建筑师们所做的讲演，也在这些杂志中找到了最便捷的传播途径。勒·柯布西耶的讲话作为号外发表在他到访后的数期刊物中。1929年10月17日在高精科学学院（Facultad de Ciencias Exactas），这是他的第八次演讲，其中谈到了上文中提及的争论：“诸位正面对着巨大的问题，必须迅速做出反应，摒除偏见，在时代精神的鼓舞下各位是可以做出一些好作品的……但放眼望去，在美国或是在你们中间也一样，维尼奥拉（Vignola）就是上帝，太可笑了！你们的城市中毫无原创性可言，随处安插古怪的栏杆柱，盲目地遵从那些建筑准则……但这是什么准则？谁的准则？这又是谁的建筑？而且想想看，四个世纪的混乱失序之后，建筑世界的机器搁浅了！”。

佩雷（Auguste Perret）的演讲也是这样的例子，1936年9月刊登于《建筑杂志》。还有理查德·诺伊特拉（Richard Neutra）的文本，而其作品在美国反复被发表，仿佛唯有通过它们的一再出现才能让人们学到东西。

在关于布宜诺斯艾利斯的奢华出租屋、个人住宅和办公楼等的众多出版物中，就有创办于1933年的《当代建筑沙龙》（Salones de Arquitectura Contemporanea），它将例如“周末”等外国习惯融入我们的生活风尚中，还有随之而来的美学标准，以及对新材料的推广（比如实现大尺寸开窗的双层玻璃），同时探讨更新大众学习计划的必要性，新建筑的概念也得到充分的说明。其中瓦迪米罗·阿科斯塔的文章因其数量、连续性和分析深度脱颖而出。

在这场对原真性和时代本真的探寻中，收获了落实地方现代性的实质经验以及20世纪阿根廷建筑的理论基础。对一种意识形态与美学现代主义的认同也许可以理解为首个地方性传统，其当下并不呈现单一的现实，也不再现观念的单向迁徙。阿根廷或者说拉普拉塔河流域的现代主义基于各种国际潮流的交融和发展中的地方文化，还有折中主义倾向与历史主义复辟的阴霾。维拉索罗会说：“我欣慰地看到，我的思想不是‘孤儿’，在这个世界上它们并非无处安放。”

三

另一方面，在更广泛的脉络中，从19世纪一直持续到20世纪上半叶，被我们称之为拉丁美洲现代化进程的驯化，恰恰伴随着在西方之外以欧洲为基础的这一整套体制的危机与衰落。早期的殖民地可以被视为是现代的，刚刚抵达这片大陆的人便这么想，因为他们的认知尚未摆脱几个世纪以来规范其思想的那些条件，而这一传统早已是陈词滥调。但是，这也可以被理解为整个转变进程的一部分，来自远方的体制书写者以为面对的是一张白纸，实则不然。在文化渊源的叠加与范式的混杂中生发出我们的那些特质。

很显然不可能以西方现代性的没落为前提来思考当代世界究竟代表了什么。从至少四十多年前开始，理论家、哲学家、社会学家、批评家乃至整个知识学术界笔耕不辍，撰文著述以获得一个对当下相对明晰的概括。他们中的大部分都认同一种断裂的概念以及秩序的终结，即六个世纪以来建构的“世界图景”的终结。

我们历历在目的晚近过去和综合思想体系面临的危机，以及它们能包括的一切都搅在一起，而拉丁美洲有机会从它的文化遗产中获益，在模糊、离散和差异中去试验各种模式，它们关联着我们全面的当下以及对其所认定的无形准则的信仰。勒·柯布西耶几乎在百年前就已经这样宣告！如果我们去分解现代范式直至将其消解从而不必去对抗或继承，那么会发生什么？如果我们严肃看待那些坚固事物消散后所剩下的东西，又会如何？或是如果我们把那些坚固的事物想成是其他事物而回避任何预设，如果存在不同的方式让我们建立学科准则或是与社会沟通承担公民责任？如果我们以另一种方式建造，构建生态系统……

如此看来，我们这片大陆上许多新建筑都展现出某些倍受推崇的趋势，它们有能力面对这个当下，尽管它似乎与空间和文化的联系变得更加微妙，同时，这些建筑师也倾向推动更加开放的项目。比如哥伦比亚的Plan B建筑事务所（Plan B）和智利的基本建筑团队（Elemental）的一些项目，或者是巴西的住宅项目和贫民窟改造等。

在世界的这一端，最近一个世纪以来从另一端持续的“搬运”值得反思，我们的国家消化不良，成长阶段的经济动荡也无法避免，而这正是因为整套政治体制的规则往往偏离了我们对自身的认同，置我们于矛盾、艰难和一再挫败的处境中。吸取这样的经验我们就会发现，那些我们并没有积极参与其制定的规范和准则同时也是我们大学教育的基础，由一端生搬至另一端，直到其中含义消失殆尽。而也就是在这同一个“搬运”的过程中，出现了不容忽视的“反历史”倾向，或者至少是重新自我诠释的可能性。

最近几十年，消费主义、房地产泡沫和国际金融变本加厉，设计光鲜亮丽的房子只是为了拍照，却不宜居；而这些对照也出现在世界的另一些地方，有那么一些人几乎是在编织一张"抵抗"的网，他们想方设法不让自己落入历史的漩涡，同时致力于巩固身份认同。而这一身份认同的基础并非拉丁热情的漫画脚本或我们地缘政治的局限性，而是文化多样性的平衡，对决策的审慎，富有建设性的现实，以及不失思想敏锐性的相关尝试，对当下处境的理性面对和投身知识建构的意志。

于是争论的背景变得清晰明朗：一方面我们把自己变成某种全新的现代人，带着征服二元绝对真理的狂热；另一方面我们摆脱线性历史的禁锢，不以任何通过添加前缀就把我们与这个时代捆绑在一起的方式谈论现在。在取消了所有预设的意义之后，出现了一个无以复加又空无一词的绝对，于是我们不得不去对抗这虚空，无限、以及同样虚无的人类自身。

这种我们当时理解的拉丁美洲现代性承受了持续的内部争论，而这些争论的话语则编织出一个虚假的辩证关系：一边是通过创新、实验和技术发展来追逐高质量建筑的可能性，但却只能在当下达到曾经的世界高度；另一边是地方的和民俗的，假设其贫穷和弱势，为了自我保护而对所有陌生的或使其感到不适的事物进行妖魔化。

就这样，在某些方面形成了完全虚妄的观念，比如所有使用廉价材料的建造都有概念性的价值，或者所有造价高昂的建筑都是龌龊而不负责任的。但几乎无需澄清这里面巨大的理论缺陷以及在学院中所造成的危险。

最近几十年，在评论界的舞台上也出现了对电视剧桥段的忠实演绎，这些电视剧深刻影响了包括我们在内的整个世界：富人（住在豪宅里，谈论无趣的话题，占有权力，迷恋权力，邪恶，惯于撒谎和玩弄伎俩）；与之相对的是穷人（通常的角色设定是一位几乎被忽视的女仆，却仍保持着野性的高贵，与另一边的人不可避免地疯狂相爱）。而复杂性（已被评论家所取消）将体现在结局上：因为女主角，卑鄙的富家公子找回渴望已久的纯洁，走上救赎之路，而贫家女也收获了来自金钱和资产阶级的所有欢愉，但却保持了其初心。

四

比这些被还原的现实走得更远，一套批评体系可以生成在此语境下的评价标准，即去理解每一个项目所应许的独特承诺，再通过理论化的归纳去认知它们的差异与本质。而当我们谈论承诺时，我们谈论的是一种共谋，一种项目与学科不同层面之间的共谋，其中包括纯粹的技术层面、材料层面，美学与再现的层面、知觉层面、生态学层面、社会与文化层面以及全方位定义这一丰富学科的诸要素，也正是它们，允许我们去思考可能的新世界。

另一方面，论及阿根廷当代建筑，就不可能不参考和关注那些造成社会与经济危机的突发事件，比如 2001 年的那次。整个金融的发展趋势以五至十年为周期大起大落，这无疑构成了那些年建筑师思考与实践的大背景。而在海量投资涌入的时期，又出现了自我管理的危机以及浮夸的冒进。于是，阿根廷建筑师已经习惯了这样一个时好时坏的执业环境，而这同时就需要一个更为扎实的职业训练，作为一个设计者，同时也是策划者，懂得法规和预算，还有项目的施工管理，同时如果可能还要推进一些研究项目，等等。

在最近几十年阿根廷城市中发生的重大转变，验证了上述实践所获得的成果，而这无疑得益于大量的个人储蓄用户在中小型住宅建设上的私人投资。这一情况在费尔南多·迪亚斯（Fernando Diez）的“拉丁美洲的渗透策略（Lnfiltration Tactics in Latin America）”一文中有所论述，之后在 2012 年威尼斯双年展中埃利亚斯·莱德斯（Elias Redstone）策划了名为"信托"的展览，此展后来又在英国皇家建筑师协会（Royal Institute of British Architecture）展出。这种实践模式，整合了建筑法规的方方面面，实事求是地勾勒出我们建筑的轮廓。

总是各种不同的因素推动着事物的发展，对其理论化显得多余。这种态度的变化符合库哈斯（Rem Koolhaas）在《癫狂的纽约（Delirious New York）》中对曼哈顿所做的追溯性阐释。也就是说，通过一再的试错以及大量的实验去建构城市和文化，在转变中摒弃一成不变的意识。在“对结构与服务的思考（Speculations on Structures and Services）”一文中，库哈斯也把这种表现定义为面对城市生态要求的一种近乎是达尔文主义式的适从：“建筑发生了转变，不再执迷于形式的生成，取而代之的是对条件的创造，对内容的生产，一种技术媒介的叙事书写。”

这方面的案例包括埃斯特班和塔内博（Estudio Esteban Tannembaum）的苏格莱 4444 住宅（Sucre 4444）；阿达莫·费登（Adamo Faiden）的东方 33 号住宅（33 Orientales）与九月十一号住宅（11 de Septiembre）；西尔维纳·卡拉·帕兰特拉（Silvina Carla Parantella）和霍金·桑切斯·戈麦斯（Joaquin Sanchez Gomez）的 R2B1 住宅；佛洛伦西亚·劳斯（Florencia Rausch）、布鲁诺·埃梅尔（Bruno Emmer）、芭芭拉·莫亚诺·加西图阿（Barbara Moyano Gacitua）与 RDR 事务所合作的双院公寓（Dos Patios）；安娜·拉斯科韦斯基（Ana Rascovsky）、伊莲娜·荷塞莱维奇（Irene Joselevich）和比利·库特拉伊奇（Billy Gutraich）的维莱拉（Vilela）或安孔公寓（Anc6n）；还有

太多的作品。在提及的案例中，可以看到对美学、技术和城市的诉求，总结了一种与返璞归真的生活方式相关的集体价值，非常关注室外即开放的公共空间，显示出一种强大的功能主义和当代价值。

这些案例中都有着某种恒定的表达，总是使用混凝土、砖、金属和玻璃，或是一再强调和重新诠释拉丁美洲典型的起居空间——阳台。这些阳台的平面可以是三角形、方形、长条形，立面的呈现也十分自由，在城市生活的集体想象中再现了作为个体的微小片断，同时也作为时代特征的符号影响了城市的轮廓。这也许是克洛林多·特斯塔（Clorindo Testa）在其集合住宅建筑中留给我们最有意义的遗产。罗德里格斯·佩尼亚街（Rodriguez Pena）和卡斯泰克斯街（Castex）上的住宅楼，错落布置着阳台或露台，有些甚至容纳着游泳池，显然挑战了类型学的极限。

在这方面的探索，最有意思的作品之一是最近建成的位于危地马拉街（Guatemala）上的公寓楼（图14–图16），由克鲁塞拉斯和欧康诺尔（Clusllasy O' Connor）、柯耶（Sebastian Colle）、坎波隆基（Alberto Campolonghi）、卡布雷拉和皮埃雷迪（Cabreray Pieretti）共同完成。限定院子的悬臂构成是介于建筑和周围环境之间的一层隔膜，同时视线却从其间隙穿过，竖向延伸的公共空间与各层水平的使用空间交错。此外，尽管从外面看上去其平面布局有些单一，但其内部却包含了不同类型和大小各异的公寓，暗示了一种积木般堆叠的构成。

这一设计也突出了阿根廷建筑谱系中另一个典型的固有特质，即气候控制在设计方法中的绝对地位，同时也就抑制了任何美学上的参照。在上述提及的大部分项目中，诸如根据光线开窗，控制建筑朝向、利用对流通风等决策都一再被使用，于是呈现出一种始终是可持续性的建筑，但这并非建筑师们所追求的目标，而是被看作与环境的固有关系。我们可以说，气候条件的类型成就了这一特质。

以这样的气候为出发点，项目在架空的地面层和屋顶露台出现了一些变化。首先，原本默认设置为停车场的地面层，在任务书的配合下被还给了景观花园。同样在屋顶，除了绿色植被以外更是容纳了水池，无疑丰富了生活的色彩。

五

回顾关于20世纪上半叶"复数现代性"的思考以及随后在城市和建筑生产中的影响，有必要看看汤姆·沃尔夫（Tom Wolfe）在《谁惧怕凶狠的包豪斯？（Quien teme al bauhaus feroz?）》一书中阐述的激进思想。这位记者完全站在经典文学和封闭学科的边缘，从历史的角度尖锐地指出现代主义运动是如何使建筑师的品位与公众的趣味分道扬镳。这种美学–意识形态的趋势在一些美国人的圈子里被视为一种粗暴的强行施加，缺乏耐心的驯化，而且作为一场全新的运动，也缺乏一个极具象征价值的历史与这片大陆的未来相匹配。

除了沃尔夫所针对的现代派先锋们在北美的登陆，可以确定在拉普拉塔河流域的建筑中也存在着接受和适应那些新建筑时的不同倾向和矛盾。比如在布宜诺斯艾利斯，每每造访那些气派的现代建筑，无论是出租办公楼或是别墅公寓，都会发现其内部的饰面木板和各种"风格"的家具，建筑原本设定的生活模式便被彻底否定了。时至今日，那些古典主义的"风格"空间仍备受推崇，以至于历史主义拼贴的建筑再次涌现，以服务于高速发展的房地产开发。

这种两难困境在整个20世纪催生出很多不同的发展方向，有些至今还在延续。如我们之前指出的，一些人全盘接受现代价值，与过往决裂，这一态度在那些十分高产的先锋派文化圈里十分普遍。如今这一派人也更新了其对现代建筑的不同理解方面，现代语言被转化为一种"风格"，违背了其初衷，尽管在美学上可能有所收获，但却显得十分乏味。类比于音乐，就像是"轻音乐"或"电梯音乐"相对于爵士乐……而在拉丁美洲则充斥着这种类型的建筑。

但还是有一些建筑师拥护现代价值，通过朴素和纯粹的材料、探索某种原真性，追求一种纯粹而舒适的空间品质。我们可以称这一群体为新现代派，毕竟他们的作品仍与当下有着实在的联系，体现在诸如平面布局、结构研究和城市组织方式等方面。我们前文介绍的不少住宅作品都可以从这个角度去理解。需要指出的是这种归类与所谓的"风格"相去甚远，它代表的是一种设计倾向和思想。

另外还有少数一些阿根廷建筑师，其自由的表达和实验指向某种手法主义。比如埃里尔·亚库波维奇（Ariel Jacubovich）的作品，可以看作是对恩里克·米拉莱斯（Enric Miralles）或克洛林多·特斯塔的继承与发展。曲线、扭折的运用，原创以及一定程度上肆意的形式操作塑造了一种充满激情的独特建筑。

还有罗萨里奥（Rosario）地区的一些实践，比如拉斐尔·伊格莱西亚斯（Rafael Iglesias）的作品，痴迷于结构，虚空与材料的诗意表达；或尼古拉斯·坎波多尼克（Nicolas Campod6nico）的作品，其形式研究臻于极致，通过对微小细节的推敲完成自我建构。

上述各种分支都是以一种过去的统一话语为起点，为了在对它们的分析中不偏倚和混淆，必须将其他的发展路径也考虑进来，如后后现代派。"后后–"的叠字意味着某种解除或是逃逸，摆脱在各种现代性之间的摇摆不定。也就是说在世界的另外一些地方，发现另一种发展与繁衍是可能的，那些离散、熵、杂交或综合的状态都对应于其对当代世界的再现。我们可以看看这方面的独特实践。

同样是在罗萨里奥，迭戈·阿拉伊加达（Diego Arraigada）的作品尤为突出，他把一种全球化的艺术状态与例如砖砌构造等当地传统结合起来，其最近建成的“砖房”（图17–图20）就是这样的作品。建筑师用一整套特殊的设计去推进项目的进程，包括建造方式以及表达再现，甚至每块砖的砌筑方式都被纳入制图。在这一作品中，建筑师对新技术不设限，用其创造新的语汇来言说传统。

还有一些实践以社会主义伦理观和面对现实问题的实用主义为出发点，回避美学或是艺术家姿态。古斯塔沃·迭戈兹（Gustavo Dieguez）和卢卡斯·吉拉尔迪（Lucas Gilardi）组成的A77（图21–26），以及马克思·佐尔克维尔（Max Zolkwer）负责的事务所Pop Arq（图27–29），两组建筑师有着各自的语言，但都秉持着“美观、实用、经济”的观念，同时不放弃对空间品质的追求，探索潜在意义，推广社区理念。他们的共同点还包括对可回收材料和低成本材料的使用，而且实践的规模也都呈现出很大的幅度，从实用的物件、装置到建筑，他们在苛刻的条件下自由的形式探索也很突出。此外，A77的建筑师们都有着参与社区工作的丰富经验。

卢西奥·莫里尼（Lucio Morini）和GGMPU事务所合作的实践（图30–36），作为建筑奇观也许更贴近时代。通过具有实验、创新和先锋价值的标志性建筑，建筑师们在科尔多瓦（C6rdoba）实现了城市的市场化战略。其中几何化的设计与当地建造技术的相互适应值得关注。

阿尔里克·加林德斯（Alric Galindez）团队的作品（图37–40）也十分突出，其中很多是位于巴塔哥尼亚（Patagonia）的住宅。建筑师赋予每一个项目以独特的叙事，每一次都去尝试建筑与景观的新关系，实验新的材料和形式。他们在形式操作上的大量工作虽然没能带动某种潮流，但是却代表了我们之前提及的那种杂交，这些作品综合了现代的空间性、文化的折中主义以及在阿根廷所谓的“理念建筑”。后者在20世纪70年代至90年代的大学及某些建筑师圈子里风行一时（甚至今天还有建筑师依循此道），实际上只不过是法国的布扎传统与现代功能主义和图像学的一种奇怪交叉。

结论

总之，在对典范和准则的吸收和转化中浮现出崭新的思想。任何的理解与诠释都包含着误读，但也正是误读为原创提供了空间。阿根廷当代建筑中最好的作品，忠于南方的历史更指向南方，呈现为一种丰富的交融，对伦理、技术、美学的特别关照以及对一个可能的新世界的强烈向往。也许，面对时常走人自身模式死胡同的全球化，“拉丁美洲制造”的当代价值正在于此。

是时候更新“东张”或“西望”的惯性思维了。今天的“东”和“西”都呈现为一种复数的状态，再也不依附于其地理位置或是经济实力。在“后后–”这般对历史的折叠中，我们拉丁美洲人一次又一次呼唤着新的秩序，诉求着对其他观念形式的诠释，企图超越那些陈规戒律。

（原载于《建筑师》2015年06期）

作者简介

（阿根廷）佛罗伦西亚·罗德里格斯，巴勒莫大学建筑学院副教授，PLOT杂志主编；

译者：（中）汪天艾，西班牙马德里自治大学（UAM)西班牙语文学博士在读；

校者：（中）路璐，西班牙马德里理工大学建筑学院（ETSAM)本科在读（Plan96）。

不同文化之间的建筑

Wolf Guenter Thiel

邻近河流，我们才能看到鱼，邻近山脉，我们才能听到鸟的歌声。

世界上三分之一的二氧化碳大气污染是由建筑物所产生的。为了减少这种排放，以应对全球气候变暖的挑战，建筑师们正在为解决可持续发展和生态保护问题而努力。他们在高效节能建筑方面和科学家，研究人员，工业企业以及客户等合作。由此，他们必须采用新现代主义的态度，利用高效率的技术解决方案，还有使用因地制宜的战略。

Peter Ruge是一位德国建筑师，其事务所总部设在柏林。他也在德国德绍建筑研究院教学可持续设计课程。他在可持续建筑领域有着丰富的专业知识，体现在其多个建筑作品获得了德国国家可持续建筑认证。他的建筑尊重当地人文条件，体现出他的核心价值观就是人类发展和个人福祉。现代化是一个跨文化，跨宗教，跨政治的理念，这就需要去适应当地的传统和行为。这意味着现代的建筑技术都是服务于不断更新的文化传统和态度。通过这个，他的建筑可以称为他对文化的理解，对文化的一种表达。

建筑师要理解当地文化是一个复杂的过程，从城市发展，社会分层，语言沟通，支配形式以及自然环境等方面。对他来说，一栋大楼不是一个孤立的个体，而是一个可以与周围环境适应并共享资源的机制。这样一来，建筑不仅可以更智能，也可以和自然构成一种和谐的关系。

2010年杭州会议中心的外立面设计就是一个很好的例子，杭州是浙江省的省会。"浙江省以盛产茶叶而著称，为了表达该地域特性，建筑的外观设计主要是叠加了茶的种植路径和种植网的轮廓。(Peter Ruge)" 建筑看起来像被多层的编织物所覆盖，并赋予它以一种真实的建筑形态。从远处看，建筑外观就像一个刚性体，但是当走近时就会发现水平的和竖直的结构网格。该建筑与杭州的整体环境融合一体，成为杭州的人文景观的一部分。

Ruge认为他的工作是将两种文化结合。文化的差异不是要点，而在两者之间，或与解构主义理论所说的那样："延异"。雅克·德里达用这个词来表达多种特点主宰产品的文本意义。我们的话语文字和标志及其含义是根据他们所在的背景而改变的。他用的是解构主义的工具，来建立一个新的现代式建筑。在此，我们理解新现代主义作为一个可持续发展的概念，是健康，环境，社会和经济的有机结合。

即将在2015年竣工的杭州新天地工厂，是曾经的工业遗迹成为当代建筑的一个有力的例子。Ruge重组了整个建筑群，并保留了工业时代留下的建筑上的亮点。它显示了当今先进的生产行业是多么的不同于其历史的建筑。钢铁生产炉就像一个时间见证者，将遥远的过去链接到高科技的今天。他们不像是工业历史的终结，而是一个不久前的遗留。他们看起来就像从一个蒸汽时代的小说或电影诗意的隐喻。在今天超速发展的中国，现代工业时期已经看起来古老，但比起实际的时间跨度，他们并没有离得像看起来那么久远。

另一个2013年中国海南博鳌乐城总体规划项目，也就是一富有远见的想法。这是一个将新现代主义和超现代主两方面完美结合的典范。生态、健康和福祉是共生共存的关系。今天建筑的要求是要有预见未来的能力。该设计以五个环为基础，体现的是人的五官和五种感知。主要解决的问题是健康、交流、休憩和交通。因此，这样的五环设计就是为了平衡这些系统，创造一个和谐的环境，在每个岛屿区之间和整个城市里推动能量流动。建筑师的可持续城市设计想法起到了显着减少能源消耗和建筑占有量的目的。整个城市是二氧化碳零排放，有利于80%的可再生能源的生产，且提供了一个完全集成的交通系统。所有私人化石燃料车辆将留在城市外。可持续能源的使用和健康的核心理念的想法是共生共存的。

Peter Ruge是过去20年建筑和城市规划的发展理念和态度转变的见证者。在这些巨大的发展里，建筑和城市规划的的愿景发生了改变。今天，生态和可持续的解决方案才是建筑设计和城市规划的重点。节约能源和减少碳排放，同时通过建筑和景观的融合达到健康和福祉才是建筑的目的。将环保理念延伸到设计的各个方面。他们对于创造可持续城市环境是至关重要的。

生态民居建筑是通过理解当地传统区域，保护栖息地的一种建筑类型。它鼓励利用当地的食品，水，建材和清洁能源资源。它要求建筑与自然环境相结合。它通过保护和发展所有资源和生活空间，建立起自然和建筑环境之间的和谐关系，同时也满足了人们的生理和心理需求。这样以可持续发展为目标，着力实现人与自然之间的和谐。民居建筑是一种与区域融合的建筑，是当地居民传统文化的反映。民居建筑也是基于对生态的理解，具有某些特性，如在形式和在建筑物的结构上，经济地使用天然有机材料，融合和适应自然。每一种文化都有其前现代的解决方案。能将那些文化的复兴和高科技解决方案结合一起吗？可以满足全球气候变化和不断增长的需求吗？

近十年，Ruge 已经在中国实现了数个建筑设计和城市规划，实现和促进了可持续发展的愿景。中国文化是他的建筑设计的重要驱动力。可持续发展不仅是建立在效率和节约自然资源。它还是建立在地方和区域特点上的。这些原则需要尊重当地气候或构造的特殊性和他们的建设者，居民及本地需求。

2014 年的“被动屋布鲁克”就是一个绝佳的例子。Ruge 作为一个建筑师与客户合作，并鼓励他们要了解设计和开发，将其作为一个对话的过程；一个建筑师，客户和工业或技术解决合作伙伴之间的对话。他这样做的目的是为了使自己的作品更融合当地的文化和生活。在这个项目中，建筑师的目的是将被动式房屋作为一个在温暖、潮湿的气候下的节能试点项目。他的建筑师们在详细设计阶段，优化了项目很多的节能部分。而这些想法都体现在了外立面设计中。此外立面指的是中国园林护栏的典型防护结构即用于保护草丛的细竹元素。这还是一个典型的高科技建筑，它更是因地制宜的范例。该建筑清楚的展现其适应当地的能力，同时也展现了建筑为人为建的哲学理念。因此，可持续发展不是一个单独的术语，而是在最终设计中适应了当地文化和哲学的态度，结合当地居民背景的新设计理念，使用高新科技，节约自然资源，融合当地自然、气候和健康的最佳途径之一。“被动式房屋布鲁克”是一个非常好的例子。

当然，该方法不能仅依靠技术支持单独作为解决方案，还必须尊重当地和地区的文化特性。其中包括已经历了数千年的精神和哲学态度，他们依然是文化，是建筑的最可持续的动力。“作为建筑师，我们不是只关心建筑。以我们的理解，一个好的建筑，应该是可以应对人类不断变化的需求，文化和生活方式的建筑。(Peter Ruge)”

（原载于《世界建筑导报》2015 年 02 期）

作者简介：

Wolf Guenter Thie是一位在柏林生活和工作的文化研究员。他的主要领域是比较文化研究、历史的重建和文学环境的建设研究。他在北京、佛罗伦萨、维也纳和哥本哈根做了长期而持续的研究。他也不定期在各学校和机构举行讲座，如在德绍、德累斯顿、米兰、维也纳、波兹南、华沙和香港等。他的研究成果刊登在各种学术期刊、国际Flash Art和当代艺术杂志。

全球视野下的郊区治理

罗杰·凯尔，皮埃尔·哈梅尔　沈洁译

摘　要：已有大量文献对区域治理这一问题进行了探讨。对移民政策、住房、基础设施、交通设施和开发过程的研究，都帮助我们认识区域治理的过程。然而，鲜有文献关注郊区治理的问题，特别是那些决定和影响着郊区空间和郊区日常生活的规划、设计、政治和经济等各方面的公共和私有过程、参与者和参与机构。同时、回顾现有文献可以发现，准确定义郊区治理并描述其是如何实施并非易事。不同地域、不同语言对郊区的描述使发现郊区治理模式相同或相异之处十分困难。但是这仍然是一个必须的研究课题。特别是边缘城市化现象已在世界范围内蔓延，这一课题也需通过全球范围的比较研究展开。因此，本文旨在制订一个框架，并在此基础上对郊区化的普遍性及其全球化过程中的具体形式形成一个基本的认识。诚然，对郊区生活的不同描述代表了城市空间分散的各种特殊形式。但是，不同形式的郊区却都意味着，我们正在迈向一个完全城市化的全球社会。

关键词：郊区化；郊区主义；治理；全球郊区

一、导言：郊区治理机制的理论框架

目前，已有大量文献对城市区域的治理情况进行了深入研究。移民政策、住房、基础设施、交通以及城市发展进程都构成了城市治理的一部分。无论是城市政体理论（Urban Regime Theory）、增长联盟（Growth Coalitions）、规制理论（Regulation Theory）、新区域主义（New Regionalism）、区域科学（Regional Science），还是城市社会运动向区域尺度升级，都是供我们理解城市区域如何规划、建立和在各种政治张力下发展的理论资源（Boudreau et al.,2006；Keil et al.，即将出版）。然而，郊区治理这一议题很少受到重视，尤其是其中决定并影响郊区空间的规划、设计、政治和经济状况及日常行为的一系列公共与私有过程及参与主体和机构。当然，不同学者和城（郊）区评论家已经对郊区空间调控和郊区化进程进行了探索（Young,2015）。但是，明确针对治理的讨论却很少（也有例外，参见 Phelps et al.，2010；Phelps & Wood,2011；Young & Keil,2014；Addie & Keil,2015）。目前已发表的文献表明，很难对郊区治理及其实施给出准确的定义和解释。不同地域和使用不同语言的地区在描述郊区时所用的不同词汇也让探索郊区管理模式的异同变得十分困难。但这一研究仍然很有必要（Harris & Vorms，即将出版）。特别是鉴于城市边缘地区的城市化现象在全球越来越普遍，这一研究必须在全球范围内运用比较研究的方法进行（Hamel &Keil，2015）。

因此，本文旨在为郊区治理制定一个框架，解释郊区化的普遍趋势，并聚焦于郊区化在全球范围内发展的具体表现形式。诚然，不同地区描述郊区生活的关键词不尽相同，并确实代表了分散城市空间的各种具体形式。但这些形式的背后都是城市化和郊区化的过程，或者说是列斐伏尔（2003[1970]）所提出的促成完全城市化社会的“城市革命”（Urban Revolution）。列斐伏尔在50年前提出的这一概念是个着眼于未来、非常有挑战性的假设。当时包括中国和印度在内的世界人口大国的城市化率很低，而在城市化程度最高的欧洲和北美地区，也仍未实现“城市社会”。一代人之后，这一情况才有所改变。中国和印度正在经历飞速的城市化发展，非洲亦是如此。新自由资本主义的全球化进一步加剧了城市空间在全球尺度上的普遍化和分散化。正如列斐伏尔提出的观点，日常生活的方方面面和城市“空间”也正因此发生着巨变。此外，从某种意义上来说，不仅世界上已有超过一半的人口在城市环境中居住，列斐伏尔所预言的完全城市化甚至也对城市以外的人口和区域产生着影响。城市社会在世界范围内塑造着不同的功能景观，服务于并且连接着全球每一个角落的城市和乡镇（Brenner,2014）。

然而，城市化进程的形式却各不相同。列斐伏尔（2003）曾提到内聚型和外扩型两种城市增长形式，二者分别会导致城市的中心化和扩大化，但是，无论是人们从城市边缘迁往城市，还是首次由农村迁往城市区域，城市边缘地区都会呈现特别明显的发展趋势。后一种迁移是跨国移民的鲜明特征，但也包括某些国家内部人口持续从农村向城市迁移的情况（Harris，2010；Saunders，2010）。非均衡发展、资本积累、人口迁移和农业转型等动力因素，一起推动着城市区域空间内各种形式的城市边缘开发。然而，这一发展进程的普遍性不应掩盖郊区化过程和郊区生活的特殊性。不同郊区空间的形式和内容都与其发展路径密切相关，反映了不同的政治、经济、文化和环境的发展史。此外，影响郊区化特征和日常生活形态的社会史和生态史由权力、不平等和边缘化所推动；正是这些结构性的力量对郊区增长和衰退的发展轨迹发挥着深远的影响。

可以肯定的是，郊区化是一个全球化的现象（Hams，2010；Keil，2013）。但对于引导边缘城市化发展的治理力量，还缺乏全面的研究。治理问题须考察普遍存在的城市区域分散发展的具体形式。对郊区化和随之产生的日常生活形态的治理展开研究，即识别塑造和影响郊区产生和郊区生活的动力机制。治理既包含促进郊区化的政治过程，也包含对郊区增长（和衰退）效应的评价。它既可以解读为广义的尺度政治（Politics of Scale）的一部分，也指存在于社会经济动态中的无形政治。对郊区治理的研究围绕如下问题展开讨论：在不同城市区域中，影响和塑造郊区化的普遍和特殊的力量分别是什么？

从广义上来说，全球视野下的郊区治理包含两个核心方面。一是关于郊区化过程和形式在不同的历史和地理背景下有何不同。但同时，在全球化日益深入的城市化世界里，不同地区的郊区化又往往通过相似的实践方式得以推进，例如行政兼并（Cox，2010；Kennedy，2007；Zhang & Wu，2006），或是采用那些倡导分散发展．公共选择和私人房屋所有权的规划模型（Langley，2009；Marcuse，2009）。因此，郊区治理的第二个方面就是研究郊区化过程的共同点，无论郊区化是发生在东欧．美国．南非还是其他国家和地区。郊区治理既讨论城市边缘地区发展的共同模式，也识别其中的不同模式。因此，研究要关注整个发展管理过程中的不同参与者、方法、关系和制度，这些统称为郊区治理机制。

我们也须注意，目前，郊区治理机制正越来越多地在城市区域（city-region）的尺度和空间范围内发生（Addie & Keil，2015；Keil et al.，即将出版）。事实上，政府目前面临的须调控的诸多问题，越来越多地发生在大都市区尺度上，包括社会空间隔离·安全·环境·健康·教育及可持续发展。大都市区不仅是观察政府与市民社会关系重构的主要空间，也是新自由主义社会变革直接影响的主要领域（Jouve，2005）。因此，从政治经济学角度来看，与大都市相关的新领域现在正变为实行新资本主义规制和再现资本主义矛盾的空间。各利益相关者也须就相关问题在这一尺度上重新达成妥协与合作（Baraize & Negrier，2001）。然而，大都市区尺度上制度性领域和功能性领域之间存在不一致性，相互之间长久以来的矛盾仍然存在（Phelps et al.2010：378；Savini，2012a b；Boudreau et al.2006；Boudreau et al.2007；Le Gales，2003；Phelps & Wood，2011；Phelps et al.，2010；Young & Keil，2014）。

郊区开发可主要分为三种形式，即自发式（Self-Led）、政府主导（State-Led）和私人主导（Private-Led）的郊区化（Ekers et al.2015）。这三种形式并不是有目的地按阶段发展的，而是在不同的历史时期和空间背景下，郊区扩张可能由某一种形式主导。自发式的城市边缘增长是偶然发生的，往往没有详细的发展规划。其开发规模有个人开发、住宅开发、商业开发以及大片的非正规住房建设等多种形式。因此，这种类型的郊区发展往往碎片化，发展水平参差不齐，调控管理程度低。基础设施发展趋于停滞，连通性差，以格雷厄姆和马文（2001）所称的“碎片城市化”（Splintered Urbanism）为特征。相反，政府主导的郊区化是政府机构采取的集中式的、有计划的、并由政府机构直接参与的开发。这一郊区化形式通过目的明确的建设推进，无论住宅、工业或商业开发，通常都是经过详细设计分区和规划后开始实施的。基础设施互联互通则是用于引导和调控发展进程的抓手。由市场和私人主导的发展往往与分权与放松控制有关，但政府仍在土地使用、劳动力和环境政策，以及司法和立法框架方面起着推动作用。这种类型的郊区化虽然也是以商业、住宅和工业开发的形式为主，但却是通过政治和社会排斥实现的。随着新空间的蓬勃发展和其他空间的衰退，开发成为了完全以盈利为目的的行为，且进一步导致非均衡发展。尽管这三种不同形式实际上都会受到不同历史和地理条件的特定制约，但它们代表了郊区化的“理想类型”，展现了郊区开发的具体形式和进程。与将郊区发展按阶段分为扩张和衰退的方式相比，区分自发式、政府主导和以市场或私人主导的发展能够避免盲目推崇欧美经验，并有利于揭示不同地方可比的、却又各具有特点的郊区化发展过程。

在所有形式中，郊区发展是由不同但同时又互补的治理模式主导的，即政府·资本积累（Capital Accumulation）和私人威权（Private Authoritarianism）（Ekersetal.，2015）。各种政府形式在郊区化进程中发挥着作用。同时，值得注意的是，不应把政府作为单一体看待，而应该看到政府的不同尺度，并且把政府视作以制度形式集中社会冲突的场所，无论社会冲突多么短暂。强调资本在塑造郊区生活中的作用，使我们认识到包括产业外迁和金融化在内的一系列力量是如何定义郊区化进程与郊区主义的。资本力量与政府权力密不可分，理解政府必须考虑资本的作用，反之亦然。如果说政府和资本的关系是理解郊区化及其在不同背景下的表现形式的关键，那么近期发生的金融危机和政治危机正体现了当前地方经济发展所面临着两大挑战：第一，随着经济全球化而来的外部资金流人的压力；第二，政府在社会经济再分配中责任的不断弱化（Mongin，2008）。私人威权的治理模式与近期的郊区发展趋势和形态有着相当紧密的联系。门禁社区的出现正是这一治理模式的集中体现。门禁社区的治理术（Governmentality），将社会空间分异强化为更具强制性的排斥和隔离现象。

我们在此提出这三种模式作为探讨郊区化治理和日益多样化的郊区生活方式的概念框架。由于各自的进程、目标和结果互不相容，这些模式之间会产生矛盾。最重要的是，城市新兴郊区出现各式郊区生活方式的动力机制与郊区化进程的治理术背道而驰（Foucault，2003），尽管后者创造了前者且对其有影响。

虽然现代郊区最初出现在 19 世纪的英国，但通常认为，在同其他案例作比较时（Fishman，1987），美国在这方面的经历代表了郊区化的经典案例。纽约州莱维敦镇（Levittown）的郊区空间常常被看作是郊区化的理想版本。20 世纪 40 年代，美国莱维敦一项由开发商主导的大规模开发项目，以合理适中的价格向美国工薪阶层和中产阶层出售独户住宅，并推销相应的生活方式，莱维敦因此而成为郊区化的范式。随后这一形式在全美范围内迅速被复制，形成了在 20 世纪后半段受人赞赏也被人诟病的典型美国郊区。现在超过一半的美国人生活在这类或其他形式的郊区。这一经典形式的主导地位表现在绝大多数郊区研究文献集中于对该类郊区的研究。此类文献大部分来源于美国，并树立了一般研究中郊区的常见形象（Harris，2010）。然而，众多郊区研究的文献表明，多样化是常态而不是特例。也就是说，莱维敦不过是郊区化的其中一种形式。对后社会主义国家（Hirt，2007；Hirt & Petrovic，2011），中国（Feng，Zhou &Wu，2008；Zhang & Wu，2006），印度（Dupont，2007；Kennedy，2007），非洲（Davis，2006）甚至欧洲和北美人口密度较大或郊区化不典型的地区（Fishman，1987；Freund，2007）的郊区发展的研究，都充分证明了这一点。从郊区化治理的角度来看，阿娜亚·罗伊（2009，2015）提出要研究全球范围内的各种治理形式，不是将其作为美国经验的衍生品，而是将包括美国在内所有地区的城市区域中不断发展的郊区化过程作为研究核心。况且，即使是传统意义上与英美郊区相关的郊区建筑形式，如单层小屋（Bungalow）、别墅（Villa）和游廊（Veranda），均发源于印度和地中海地区，只是殖民时期移植到了英美（King，2004）。罗伊和金都用自己的方式解释了超越北美和欧洲郊区发展经验的必要性，启发我们对全球不同形式的郊区化进行研究。

二、在全球范围内比较郊区治理

从治理的角度能更好地理解全球范围内郊区化新出现的多样性。从历史的视角来看，区域治理是不断发展的城市化进程的必然结果。在列斐伏尔看来，这一现象随着在全球范围内城市的延伸—扩张（Lefebvre，2003[1970]）所塑造的“城市社会”而产生。列斐伏尔指出目前城市理论对城市中心性的强调，本身具有自相矛盾的地方（Ronneberger，2015）。因此，对于城市的研究，应超越行政和政治范畴，而根据其社会潜力做出调整。

随着传统商业和／或工业城市向外扩张，新的环、层和路段不断增加，逐渐出现了区域级的政府以及各种促进区域发展的机构。一些情况下，例如加拿大多伦多市这一著名的案例中，大都市区尺度机构的成立原是期望城市从中心到外围发展，但实际上郊区往往会自发出现高密度的中心和各类分散的基础设施，打乱原先的发展设想。因此，不同于早期从一个中心向外发展的郊区化模式，现在多中心和无中心的郊区化或城市化模式成为了主流。这在洛杉矶最为典型，但也普遍出现在世界很多区域。如今，不论是经典的芝加哥模型还是与之相反的洛杉矶模型都很难用以描述今天的城市发展。在所谓的“全球城市化”（Planetary Urbanization）时代，更复杂、更难以预料的区域城市化（Regional Urbanization）形式已经出现（Brenner & Schmid，2014）。

我们的研究旨在探讨这些新的郊区在区域扩张的治理实施中所起到的作用。我们采用了比较分析的研究方法。例如，在研究加拿大和欧洲（Keil，Hamel，Boudreau & Kipfer，即将出版）的一系列经验时，我们不仅进行了实证研究，而且进行了概念思考和讨论。这一尝试，如詹尼弗·罗宾逊的建议所言，在对城市研究文献的讨论中引入案例研究，并展现出“对全球经验更具批判性的研读”，有助于推广“理论化的新思路”（Robinson，2014：65）。这将有助于更好地理解郊区治理在城市区域是如何展开的，以及郊区治理如何一方面受当地情况影响，另一方面受全球性的社会、经济和城市发展趋势影响。为凸显城市重组（Urban Recomposition）的多样性（Guay & Hamel，2013），我们从以下四个角度来考察郊区治理：（1）郊区治理参与主体之间合作与冲突的情况。这包括为应对来自上下级压力的公务分配中，各级政府管辖地域的安排（Piattoni，2010）。（2）对郊区治理在不同尺度所采取的制度形式进行评价：国家政府的性质事实上由多尺度的治理所决定。从郊区化进程“不再主要集中于任何单一、自我封闭的地理范围中”（Brenner，2004：47）出发，我们着眼于更具体的社会、经济和政治关系的领域化（Territorialisation）。（3）评价郊区治理的政治成效：考察各社会和政治参与主体提出的策略时的初衷，以及这些策略的实施对于各利益团体和公众利益两方面的影响。研究避免将“治理”的定义局限于“符合行政效率和合理性的理想理念”（Harvey，2009：71）。（4）评估郊区治理对公民社会参与主体在城市区域规划方面的影响：关注公民社会参与主体参加和影响关于郊区未来的决策过程的能力。就此而言，可应用苏珊·范斯坦（2010）为理解公平城市而提出的标准（再分配、尊重多样化和更高程度的民主）。

同时，我们的研究对基于郊区的区域治理模式进行类型学分析，并命名随之出现的制度安排：与郊区生活方式有关的几个政府层级之间的关系如何？在郊区治理方面，参与主体和机构之间合作与冲突是如何产生并发展的？谁在处理这些问题上起领导作用？哪些价值观和利益受到威胁？郊区发展的管理能到何种程度，如何实施？谁又该为此负责？

最后，正如阿娜亚·罗伊（2015）所说，我们认为“郊区边缘的政治就是政治社会的政治”。通过郊区治理，中心与边缘、正规与非正规．政府与市场的矛盾得以再平衡。在这个意义上，我们一开始的意图就是通过城市和区域比较研究，建立一种普遍的“对空间、社会和政府的稳定分类的批判”（Ananya Roy，2015）。

通过研究，我们在两个重要方面构建了治理模式（Hamel & Keil，2015）：首先，探讨了郊区是如何规划和设计的，又是如何通过自发．政府主导和私人主导的开发，构想和实现的。我们进一步提出通过政府、资本和新兴威权治理三种相互交错的模式来理解治理。其次，研究将治理应用于郊区生活（郊区主义）和后郊区化的研究中，从而超越了仅对郊区和郊区化最初的出现进行考察，对21世纪郊区和城市生活的治理术具有广泛的意义。

从很多方面来说，郊区化这一术语和现象及其衍生词——郊区主义和郊区——大多与分散城市化（decentralized urbanization）的历史直接相关。分散城市化是以自由资本主义民主与产权中心地位为理想的典型发展形式。如普遍认识的那样，自城市扩张的现代主义时期，受到英国及其周边欧洲国家城市发展的影响（Phelps & Vento，2015），郊区化就开始在前英国殖民地、美国、加拿大和澳大利亚的移民社会（Settler Societies）中出现。因此，可作以下两个假设。第一，在这些国家中，在郊区边缘拥有一套独立式住宅的愿望并不仅仅是虚幻的想象（这似乎也是20世纪很多国家的情况，包括大部分人口居住在公寓里的国家），而是可以实现的。甚至在某些时期、某些地区，大部分的住房都是在当时城镇边缘还未开发的土地上建造的单户住宅。当财产所有制的中心地位与某些体制和文化情况同时出现，在特定环境中的郊区生活方式便流行起来。一系列结构变化由此产生，包括政治形式（碎片化），经济结构（福特主义规模经济下产生的批量生产和消费的良性循环），由中央政府承保并由低一级政府管理的金融体制（面向独户住宅产权所有者的按揭制度），一种倾向于居住在亲近自然的环境中（田园牧歌式的理想家庭生活通常更容易出现在定居社会中）的文化心态，以及对资源（能源、水和土地）无穷无尽的乐观信念。

第二，盎格鲁－撒克逊最典型的郊区理想出现在了美国（Nijman & Clery，2015；Peck，2015）。20世纪，人们印象中典型的郊区形式和生活方式在美国发展得比其他地方更为突出。直到今日，郊区一词仍能引发人们回想到20世纪五六十年代美国电视连续剧的场景。虽然全球郊区主义的研究项目①是要超越美国在郊区化、郊区主义和郊区性中的主导地位，但美国的案例是研究的最佳且必要的起点，这是因为既有文献对这些案例引用最多，或者说仅仅对这些案例有所研究。对加拿大（Keil et al.，2015）和澳大利亚Johnson，2015）的研究提供了盎格鲁一撒克逊经验中很重要的例子，纠正了人们之前的刻板印象，为从不同的郊区化中发现其中有意义的相互联系提供了重要的经验。

在盎格鲁一撒克逊移民社会的郊区治理这一理想案例之外，有必要对在其他国家，如东西欧．拉丁美洲等所发现的不同案例进行研究。世界范围内的这些案例与早期的工业时代的城市化和郊区化，已有显著不同。通过城市规划的理论与实践，这些案例多多少少都与盎格鲁撒克逊案例开展了直接“对话”。举例来说，英国绿带和花园城市的构想对这些规划理念的产生地英国以外的其他地区也产生了影响。《雅典宪章》定义了20世纪30年代以来的功能区划以及随后的现代规划理想，其时代意义既体现于城市规划的普遍理念中，也体现于具体的建成环境和治理形式中。近来西欧福利国家（及加拿大）大力推动的高密度郊区化与二战以后东欧出现的边缘住宅区，有着类似的目的、过程和结果。过去几十年间，尽管差异显著，但西欧和东欧在郊区化方面有着很多共同之处（Phelps & Vento，2015；Hnt & Kovachev2015）。现在，收缩成为了东欧城市周边地带（郊区）城市治理的主要特点，这一点值得研究（Kabisch & Rink，2015）。但我们不只是在欧洲漫长的历史发展中，看到原始的和新兴的郊区开发类型。在拉丁美洲，可以观察到城市郊区化另一类有趣．独特的传统——私人威权治理模式。这一传统在欧洲福利国家或许并不存在，但近年来已成为拉美城市郊区治理的主要形式（Heinrichs & Nuissl，2015）。

在非洲（Bloch，2015）、印度（Gurnrani & Kose，2015）和中国（Wu & Shen，2015）正在出现的郊区化模型，不能被理解为盎格鲁一撒克逊郊区的“标准化”（Normativity），而应被理解为内生的、独立的边缘城市化形式，并即将成为世界范围内最有活力、数量上最引人注目的城市聚居点产生形式。虽然这些郊区被称之为“正在出现”（Emerging），但它们并不是全新的，而是数千年城市化的各种形式的继承。但是，它们又是“新出现的”（Emergent），因为郊区正在作为城市化的新形式，以空前的速度发展。这里所说的新出现，并不仅仅是现有（无论是典型还是另类）郊区化和治理形式上的增加，而是一种全新的城市化模式，这一模式拒绝简单的分类和归类，尤其是不从属于现有的西方解读模式。因此，非洲、中国和印度的郊区治理模式，展现了地球上一个完全城市化的社会里正在出现的生活新形式。在这个社会里，被我们称之为“城市的”（urban）生活存在于扩张中的广阔郊区，这些郊区以或低或高的密度、正规和非正规、自发、政府主导或私人主导的方式蔓延于由城市构成的区域之中。

所以，我们能够从全球范围内的整体考察中了解到什么呢？回到互相竞争又共谋的三种郊区治理模式上，我们可以得出结论，即在不同程度上，这三种模式都存在于我们涉及的不同案例中。政府通常通过经济激励直接干预（例如规划或提供基础设施）、政策调控和服务，允许和限制特定类型的郊区开发。在那些通常被认为由政府塑造城市的国家，尤其是西欧国家和加拿大，政府在各个尺度上依然是重要的参与主体。政府主导郊区化最显著的当然是在中国，中国的地方政府企业主义在郊区土地的开发中起着越来越大的作用。然而，除了政府的主导作用，城市扩张过程中也存在着资本积累和私人威权治理的各种形式。在一定程度上，传统的盎格鲁一撒克逊郊区的发展，包括美国、英国、澳大利亚和加拿大等国家，仍将与市场的兴衰密切相关。甚至在 2008 年金融危机之后，通过郊区开发实现资本积累（几乎）有增无减。我们所说的“几乎”特别包括在新城市主义和可持续发展导向包装下的郊区化形式。这些形式鼓励紧凑、高密度的城市结构与形态，在过去的 20 年间，逐渐替代了过去庸俗和浪费的扩张。现在，在世界范围内，如印度、中国、非洲、拉丁美洲和东欧，都出现了类似盎格鲁－撒克逊市场驱动的郊区增长机器。在这些地方，许多的资本积累策略都以美国式城市的蔓延扩张为基础。而与此同时，希腊、爱尔兰、葡萄牙和西班牙等西欧国家却仍然未从由于类似策略（即 20 世纪 90 年代末至 21 世纪初期城市边缘地区兴起的投机性过度开发）所导致的经济创伤中恢复。

郊区治理的新兴进程有哪些？在亟待实现的区域治理（Keil et al.，即将出版）和郊区政体的自治倾向之间，存在着持续的矛盾。郊区政体不仅倾向于独立在核心城市之外，而且彼此之间，以及与区域尺度的政府和机构之间也很难相互妥协与合作。在世界的边缘地区，碎片化（fragmentation）、政治惯例（political idiosyncrasy）和制度个体主义（institutional individualism）仍在许多新郊区盛行。因此，在很多地方，郊区化和后郊区化过程呈现正规与非正规、制度与自发、政府、市场和私人治理相混合的特点。新的政治利益则围绕创新的土地利用实践，创新的（通常过度矫饰或从其他原型衍生而来的）建造形式，社会、空间和服务的严重不平等，以及政治潜力才刚刚开始显现的新的城郊之间的模糊地带而形成。

郊区治理的新兴议题是什么？住房和工作很重要，尤其是在发展中国家，郊区化仍然源于从农村到城市的大规模迁移。移动基础设施、中小学和税收仍然是郊区政治的首要事项。环境、经济（尤其是商业）发展和社区安全一直以来都是重要问题。此外，郊区收缩和贫困、后郊区的中间特性（in-betweenness）以及日益显现的多样化已经成为当下郊区治理的主要议题。非正规的郊区开发——不论是非法聚居点，还是企业边缘城市和科技园——仍然是区域化过程的重要部分，亟待更加包容的郊区治理形式。然而，在世界的许多地方，为了在人们认为已经失控的城市边缘保持秩序，非正规性持续遭遇地方政权强有力的干预。这一矛盾背后存在着新的抗争需求，使人联想起为了“城市的权利”（right to the city），或“参与、赋权及责任”（Gurnrani & Kose，2015）而斗争。这一矛盾也是解读后殖民郊区政治新意义的主要领域。正如罗伊（Roy，2015）所说的那样，后殖民郊区政治重新定义了政治社会，而“郊区边缘成为了重塑财产、权力和公共利益的关键地点”。

郊区治理中有新的参与主体出现吗？任何地方的郊区治理都与金融制度的发展和可持续性紧密相关，不论此处的金融制度是指储蓄贷款机构、常规银行信贷或是抵押贷款，情况都是如此。在非洲、印度、中国以及东欧国家，抵押信贷市场发展的目的在于完成土地金融化和建设融资的任务。在郊区化过程中，资本市场的一套做法已为全世界普遍采用，而制度创新和私人企业行为是这一做法的重要部分。此外，我们过去认为，郊区治理根植于城市增长的政治经济逻辑中。增长联盟、增长机器、城市政体虽然多集中于发达国家的中心城市，但也规范并促进了传统城市以外地区的郊区治理。最近，这一情况已经扩张到了城市区域中非城市非郊区的中间地带（Young & Keil，2014；Dear &Dahman，2011）。这具有非常深远的意义，即我们看到，在世界范围内，新的参与者正在城市郊区蓬勃发展的“郊区族裔区”和“移民城市”（Saunders，2010）中出现。

在不同的情况下，国家主导的郊区治理可能带来更多的空间公正（Soja，2010），也可能导致严重的不平等现象（Hulchanski，2010）。资本积累仍然是第二种郊区治理模式。房地产资本和增长型市政府以一种激进的方式，共同推动着住宅开发向城市区域的边缘拓展（Logan & Molotch，1987）。全球性公司通常能设法在离郊区基础设施近的地方开设总部、后勤部门和分工厂。这些基础设施表面上，或者说带有欺骗性地出售给当地选民和纳税人，声称是主要为他们的利益服务。在构建郊区空间和投资其基础设施方面，大学、学院和学校理事会扮演着重要的角色（Addie，Keil，Olds，2014）。资本和政府所扮演的角色紧密相关。在郊区发展和郊区治理上，私人开发资本和开发者发挥着重要的作用。第三种郊区治理模式是私人威权治理。与民主化（与政府行为相对）发展趋势相距甚远，现有的治理往往通过威权的方式实现，甚至是强制性的手段或者与政治的公共领域完全绝缘。

我们可以将郊区治理的三种模式看作互相兼容的领域。以这三种模式为基础，产生了郊区治理术的不同工具和技术。值得注意的是，政府和房地产业通常以共生互利的方式推进郊区化。这种作为自我推进的治理形式反过来又催生了对郊区生活不同模式的预期。最近，郊区时不时摆脱其开放、无拘束地接近自然这一形象，给人一种营地的外观和感觉：封闭隔离，围起了围栏，坚固安全。

三、结论

作为给我们的城市化所贴的标签，"城市世纪"（Urban Age）事实上是由大都市边缘地区的扩张所定义的（Keil，2013）。在世界上的很多地方，这将意味着农村人口在主要大城市郊区实现初步城市化。无可争议的是，中国（其政府计划至少再为2.5亿农民在巨型城市的郊区建立聚居点）、印度和非洲，正以前所未有的乡城移民现象引领着这一趋势。这不仅会永远改变这些国家和大陆，而且将进一步平衡发达国家与不发达国家、西方与东方之间的人口、经济和实力。同样令人惊叹的是，这些首次成为城市人的移民将居住在那些已建立的、但正在快速改变的后郊区，这些后郊区在新自由主义、全球化、弹性积累体制的影响下正在发生彻底的改革。虽然不发达国家的城市仍在扩大规模，亟需基本的公共服务、基础设施和制度创新，但这些城市已经在自我发展，希望其城区、国际化的商业区和成熟社区立刻得到关注。郊区化的初级阶段和后郊区现实之间的巨大差异已经消失。这些空间的治理仍然是21世纪的主要任务之一。

（原载于《国际城市规划》2015年06期）

注释

① 此处指的是"全球郊区主义大型合作研究项目：21世纪的管治、土地和基础设施"项目，该项目由加拿大社会科学和人文研究委员会赞助（2010—2017），详情可访问 www.yorku.ca/suburbs。

参考文献

[1] Addie J P, Keil R. Real Existing Regionalism: The Region Between Talk, Territory and Technology [J]. International Journal of Urban and Regional Research, 2015, 39, (2): 407—417. doi: 10.1111/1468-2427.12179.

[2] Addie Jean-Paul D, Roger Keil, Kris Olds. Beyond Town and Gown: Universities, Territoriality and the Mobilization of New Urban Structures in Canada [J]. Territory, Politics, Governance, 2015, 3(1): 27—50. doi: 10.1080/21622671. 2014.924875.

[3] Baraize F, Negrier E. L' invention politique de l' agglomeration, Paris: L'Harmattan, 2001.

[4] Bloch R. Africa' s New Suburbs [M] // Hamel P, and Keil R, eds. Suburban Governance: A Global View. Toronto: University of Toronto Press, 2015.

[5] Boudreau J A, Hamel P, Jouve B, Keil R. Comparing Metropolitan Governance: The Cases of Montreal and Toronto[J]. Progress in Planning, 2006, 66(1): 7—59.

[6] Boudreau J A, Hamel P, Jouve B, Keil R. New State Spaces in Canada: Metropolitanization in Montreal and Toronto Compared [J]. Urban Geography, 2007, 28(1): 30—53.

[7] Brenner N. New State Spaces. Urban Governance and the Rescaling of Statehood [M]. Oxford: Oxford University Press, 2004.

[8] Brenner N, Schmid C. The Urban Age in Question [J]. International Journal of Urban and Regional Research, 2014, 38(3): 731—755.

[9] Cox K. The Problem of Metropolitan Governance and the Politics of Scale [J]. Regional Studies, 2010, 44(2): 215—227.

[10] Davis M. Planet of Slums [M]. New York: Verso, 2006.

[11] Dear M, Dahmann N. Urban Politics and the Los Angeles School of Urbanism [M] // Judd D R, Simpson D, eds. The City Revisited: Urban Theory from Chicago, Los Angeles, New York. Minneapolis: University of Minnesota Press, 2011.

[12] Dupont V. Conflicting Stakes and Governance in the Peripheries of Large Indian Metropolises: An introduction [J]. Cities, 2007, 24(2): 89—94.

[13] Ekers M, Hamel P, Keil R. Governing Suburbia: Modalities and Mechanisms of Suburban Governance [J]. Regional Studies: The Journal of the Regional Studies Association, 2012, 46(3): 405—422.

[14] Fainstein S S. The Just City [M]. Ithaca: Cornell University Press, 2010.

[15] Feng J, Zhou Y, Wu F. New Trends of Suburbanization in Beijing Since 1990: From Government-led to Market-oriented [J]. Regional Studies, 2008, 42(1): 83—99.

[16] Fishman R. Bourgeois Utopias: The Rise and Fall of Suburbia [M]. New York: Basic Books, 1987.

[17] Freund D M P. Colored Property: State Policy and White Racial Politics in Suburban America [M]. Chicago: University of Chicago Press, 2007.

[18] Foucault M. Society Must be Defended: Lectures at the College de France, 1975—1976[M]. New York: Picador, 2003.

[19] Graham, Stephen, Simon Marvin. Splintering Urbanism [M]. London: Routledge, 2001.

[20] Guay L, Hamel P. Villes contemporaines et recompositions sociopolitiques. Presentation [J]. Sociologie et societes, 2013, 45-2: 5—17.

[21] Gururani, Kose. Shifting Terrains: Questions of Governance in India' s Cities and their Peripheries [M] // Hamel Pand Keil R, eds. Suburban Governance: A Global View. Toronto: University of Toronto Press, 2015.

[22] Hamel P, Keil R, eds. Suburban Governance: A Global View [M]. Toronto: University of Toronto Press, 2015.

[23] Harris R. Meaningful Types in a World of Suburbs [J]. Suburbanization

in Global Society (Research in Urban Sociology), 2010, 10: 15—47.

[24] Harris R, Vorms B ,eds. What' s in a Name? Talking about ' Suburbs' [M]. Toronto: University of Toronto Press, forthcoming.

[25] Harvey D. Cosmopolitanism and the Geographies of Freedom [M]. Chichester: Columbia University Press, 2009.

[26] Heinrichs D, Nuissl H. Suburbanization in Latin America: Towards New Authoritarian Modes of Governance at the Urban Margin [M] // Hamel P, Keil R, eds. Suburban Governance: A Global View. Toronto: University of Toronto Press, 2015.

[27] Hirt S. Suburbanizing Sofia: Characteristics of Post—socialist Peri—urban Change [J]. Urban Geography, 2007, 28(8): 755—780.

[28] Hirt S, Petrovic M. The Belgrade Wall: The Proliferation of Gated Housing in the Serbian Capital After Socialism [J]. International Journal of Urban and Regional Research, 2011, 35(4): 753—757.

[29] Hirt S, Kovachev A. Suburbia in Three Acts: The East European Story [M] // Hamel P, Keil R, eds. Suburban Governance: A Global View. Toronto: University of Toronto Press, 2015.

[30] Hulchanski D. The Three Cities Within Toronto: Income Polarization Among Toronto' s neighborhoods, 1970—2005. University of Toronto Centre for Urban and Community Studies, 2010.

[31] Jouve. La democratie en metropoles: Gouvernance, participation et citoyennete [J]. Revue frangaise de science politique, 2005, 55(2): 317—337.

[32] Johnson L. Governing Suburban Australia [M] // Hamel P, Keil R, eds. Suburban Governance: A Global View. Toronto: University of Toronto Press, 2015.

[33] Kabisch S, Rink D. Governing Shrinkage of Large Housing Estates at the Fringe the East—German Experience of Restructuring the State—Led Suburbanization[M] // Hamel P, Keil R, eds. Suburban Governance: A Global View. Toronto: University of Toronto Press, 2015: 198—215

[34] Keil R. Suburban Constellations: Land, Governance and Infrastructure in the 21st Century [M]. Berlin: Jovis, 2013.

[35] Keil R, Hamel, P Boudreau J A. Kipfer S, eds. Governing Cities Through Regions: Canadian and European Perspectives [M]. Waterloo: Wilfrid Laurier University Press, forthcoming.

[36] Keil R, Hamel P, Chou, Williams. Modalities of Suburban Governance in Canada [M] // Hamel P, Keil R, eds. Suburban Governance: A Global View. Toronto: University of Toronto Press, 2015: 80—109.

[37] Kennedy L. Regional Industrial Policies Driving Peri—urban Dynamics in Hyderabad, India [J]. Cities, 2007, 24(2): 95—109.

[38] King A. Spaces of Global Culture: Architecture, Urbanism, Identity [M]. New York: Routledge, 2004.

[39] Langley P. Debt, Discipline, and Government: Foreclosure and Forbearance in the Subprime Mortgage Crisis [J]. Environment and Planning A, 2009, 41(6): 1404—1419.

[40] Lefebvre H. The Urban Revolution [M]. Minneapolis: University of Minneapolis, 1970, 2003.

[41] Le Gales P. Le retour des villes europeennes: Societes urbaines, mondialisation, gouvernement, gouvernance. Paris: Presses de Sciences Po, 2003.

[42] Logan J, Molotch H. Urban Futures: The Political Economy of Place [M]. Toronto: University of Toronto Press, 1987.

[43] Marcuse P. A Critical Approach to the Subprime Mortgage Crisis in the United States: Rethinking the Public Sector in Housing [J]. City & Community, 2009, 8(3): 351—356.

[44] Mongin O. Le local, l' etat et la politique urbaine. Esprit, fevrier, 2008: 56—59.

[45] Nijman J, Clery T. The United States: Suburban Imaginaries and Metropolitan Realities [M] // Hamel P, Keil R, eds. Suburban Governance: A Global View. Toronto: University of Toronto Press, 2015.

[46] Peck, Jamie. Chicago—School Suburbanism [M] // Hamel Pierre, Keil Roger, eds. Suburban Governance: A Global View. Toronto: University of Toronto Press, 2015: 130—152.

[47] Phelps N, Wood A. The New Post—suburban Politics? [J]. Urban Studies, 2011, 48(12): 2591—2610.

[48] Phelps N, Wood A, Valler D. A Post—suburban World? An Outline of a Research Agenda [J]. Environment and Planning A, 2010, 42(2): 366—383.

[49] Phelps N, Vento A. Suburban Governance in Western Europe [M] // Hamel Pierre, Keil Roger, eds. Suburban Governance: A Global View. Toronto: University of Toronto Press, 2015: 155—176.

[50] Piattoni. The Theory of Multi—level Governance. Conceptual, Empirical, and Normative Challenges [M]. Oxford: Oxford University Press, 2010.

[51] Robinson J. New Geographies of Theorizing the Urban: Putting Comparison to Work For Global Urban Studies [M] // Parnell S, Oldfield, eds. Handbook for Cities of the Global South. London: Sage, 2014: 57—70.

[52] Ronneberger K. Henri Lefebvre und die Frage der Zentralitat. Derive 60, 2015.

[53] Roy A. The 21st—century Metropolis: New Geographies of Theory [J]. Regional Studies, 2009, 43(6): 819—830.

[54] Roy A. Governing the Postcolonial Suburbs [M] // Hamel P, Keil R, eds. Suburban Governance: A Global View. Toronto: University of Toronto Press, 2015: 337—347.

[55] Saunders D. Arrival City. The Final Migration and Our Next World. Toronto: Alfred A Knopf, 2010.

[56] Savini F. What Happens to the Urban Periphery? The Political Tensions of Postindustrial Redevelopment in Milan [J]. Urban Affairs Review, 2012a. doi: 10.1177/1078087413495809.

[57] Savini F. Who Makes the (New) Metropolis? Cross—border Coalition and Urban Development in Paris [J]. Environment and Planning A, 2012, 44: 1875—1895. doi:10.1068/a44632.

[58] Soja E W. Seeking spatial justice [M]. Minneapolis and London: University of Minnesota Press, 2010.

[59] Wu F, Shen J. Suburban Development and Governance in China [M] // Hamel Pierre, Keil Roger, eds. Suburban Governance: A Global View. Toronto: University of Toronto Press, 2015.

[60] Young R. A Note on Governance [M] // Hamel Pierre, Keil Roger, eds. Suburban Governance: A Global View. Toronto: University of Toronto Press, 2015.

[61] Young D, Keil R. Locating the Urban In—Between: Tracking the Urban Politics of Infrastructure in Toronto [J]. International Journal of Urban and Regional Research, 2014. doi:10.1111/1468—2427.12146.

[62] Zhang J, Wu F. China' s Changing Economic Governance: Administrative Annexation and the Reorganization of Local Governments in the Yangtze River Delta[J]. Regional Studies, 2006, 40(1): 3—21.

作者简介

罗杰·凯尔，加拿大约克大学环境研究学院，教授。

皮埃尔·哈梅尔，加拿大蒙特利尔大学社会学系，教授。

译者：沈洁，复旦大学社会发展与公共政策学院，讲师。

英格兰国家公园居民社区规划政策评述——以峰区国家公园为例

王应临

摘　要：英格兰国家公园是以保护人与自然共同作用形成的“第二自然”为目标而设立的保护区。国家公园内有大量居住在乡村与城镇的居民社区。上述情况与中国的风景名胜区和自然保护区相似，对于中国在建设国家公园体系过程中合理处理居民问题存在积极的借鉴意义。系统介绍了英格兰国家公园规划体系，以及国家公园居民社区与英格兰历史遗产保护体系、景观特征评估体系的关系，均以峰区国家公园为例进行说明。随后详细介绍了峰区国家公园居民社区规划政策。最后针对当前中国风景区居民社区现状，指出应当进行居民社区评价并有针对性的制定规划政策等建议。

关键词：风景园林；国家公园；居民社区；英格兰；风景名胜区

作为人类聚居历史悠久的国家，英格兰在保护乡村、农田、牧场等文化景观方面积累了很多经验，国家公园（National Park）、杰出美景地（AONBs）等面积较大的保护区往往包含大量优美的乡村景观，以利于景观保护和给公众提供游憩机会。自1949年立法设立国家公园以来，英格兰陆续设立了9处国家公园，也形成了较为实用的公园管理体系。国家公园内存在大量居民社区①，促进社区可持续的经济社会发展是国家公园管理的基本目标之一[1]。同时，国家公园一方面作为英格兰重要的文化景观保护区，另一方面又分布有大量的历史遗址和历史建筑，资源的敏感性不可避免的限制了在居民社区内开展发展建设项目。发展与保护的矛盾成为国家公园内居民社区的首要问题，针对国家公园内的居民社区有众多的规划与政策文件，本文将试图对这些文件进行梳理，尝试对其解决策略进行总结。

1　英格兰空间规划体系改革和国家公规划体系

英格兰的空间规划体系随着国家政治、经济和社会条件的变化而不断调整，最近一次大的调整以2009年以来陆续颁布的《国家规划政策框架》（NPPF：National Planning Policy Framework）和《地方主义法案》（Localism Act 2011）等重要政策文件为标志，以应对英格兰国民经济衰退的现实状况。此次改革对英格兰原有法定规划体系进行了结构调整，精简了自上而下的指导，加强了地方规划当局的力量。具体表现在由“国家－区域－地方”三级规划到“国家－地方”二级规划的转变，同时原有的“地方发展框架（LDF：Local Development Framework）②”被“地方发展规划”（LDP：Local Development Plan）和“邻里规划”（Neighborhood Plan）替代，更重视地方自主性。另外，通过精简规划审批制度，削弱了规划对发展的控制[2]。在英格兰，国家公园管理局属于地方规划当局，负责组织编制国家公园范围内的地方发展规划文件并进行规划审批。此外，国家公园管理局还需要编制《国家公园管理规划（NPMP）》，为国家公园的未来发展提出愿景，为地方发展规划提出目标。可以说，国家公园的地方发展规划是《国家公园管理规划》在空间上的表达。

根据《国家规划政策框架》，在此次规划体系改革中，地方规划当局应重新审视过去的规划政策，不能仅仅因为他们在《政策框架》之前颁布就宣布失效，而应考虑在满足《政策框架》要求的前提下进行适当修改或沿用。因此，尽管地方发展框架（LDF）的说法已经被取消，但当前英格兰大部分国家公园沿用了地方发展框架中的核心文件即核心战略（Core Strategy）。以峰区国家公园（Peak District NP）为例，目前其地方发展规划由两大部分组成。一是地方发展文件（DPDs），包括沿用的核心战略、陆续制定的邻里规划（Neighborhood Plan）、还有更早制定但还在沿用的地方规划（Local Plan）③。二是补充性规划文件（SPDs），包括一些更细的政策建议或设计导则。在未来随着原有规划文件规划期的结束，会依据改革后的空间规划体系制定新的规划文件。如峰区国家公园管理局目前正在计划编制新的“发展管理政策（DEVELOPMENT MANAGEMENT POLICIES）”，预计2016年10月启用，届时将完全取代地方规划文件[3]。

2　英格兰历史遗产保护体系与国家公园居民社区

英格兰的历史遗产是与以国家公园、杰出美景地为主的风景遗产并列的保护地管理体系，在法律依据和国家管理机构上都相对独立④，但在空间分布和规划保障方面存在交叉。

在空间分布上，国家公园内存在大量的历史遗产保护区，如表 1 所示，国家公园内含有众多编录古迹和（历史建筑）保护区。此外还有历史保护建筑（Listing Buildings）、注册历史公园和花园（Registered Historic Parks and Gardens）、古战场等[4]。其中与居民社区关系最为密切的是(历史建筑)保护区，其保护级别相对较低，一般由地方政府负责划定和保护。

表1 英格兰国家公园相关统计数据一览表

国家公园	设立时间	居民人口	编录古迹⑤	（历史建筑）保护区⑥	面积 (km^2)	居民密度 (人 /km^2)
达特穆尔国家公园 (Dartmoor)⑦	1951	34 000	1 208	23	953	36
埃克斯穆尔国家公园 (Exmoor)	1954	10 600	208	16	694	15
湖区国家公园 (Lake District)	1951	40 800	200 以上	23	2292	18
新森林国家公园 (New Forest)	2005	34 922	214	19	570	61
诺森伯兰郡国家公园 (Northumberland)	1956	2 200	196⑧	1⑨	1048	2
北约克摩尔国家公园 (North York Moors)	1952	23 380	846	42	1434	16
峰区国家公园 (Peak District)	1951	37 905	469	109	1437	26
南唐斯丘陵国家公园 (South Downs)	2010	120 000	741	165	1624	74
约克郡山谷国家公园 (Yorkshire Dales)	1954	19 654	203	37	1769	11

在规划控制方面，与国家公园不同，上述几类历史遗产保护区都不设独立的地方规划当局，而直接由辖区地方政府负责。对国家公园内的历史遗产保护区来说，国家公园管理局需担负起制定规划政策和审批规划申请的职责。因此，公园管理局通过对历史遗产进行特征评估，评估结果作为政策制定和规划审批的依据，以确保历史遗产的重要特征不在项目开发的过程中遗失。下面具体以与国家居民社区关系最密切的（历史建筑）保护区评价为例进行说明。

（历史建筑）保护区是指通常由当地政府划定的，具有历史价值的特殊建筑或历史纪念地，需要保护或提升其特征或外观。保护区的独特性由建筑、材料、空间、树木、街道平面、历史和经济背景等多个因素决定。划定保护区能避免损坏或不合适的改变上述珍贵的特征（Planning (Listed Buildings and Conservation Areas) Act 1990）。当地政府负责定期审查保护区状况，准备、发布和批准（历史建筑）保护区评价报告。

伦敦经济学院曾经做过一项有关（历史建筑）保护区价值的研究，人们乐于居住在保护区，保护区内的房地产价格更高，且有更大的升值潜力，即使在调整了区位等影响房价的其他因素的前提下⑩。英国遗产署（English Heritage）发布的保护区指南是评价工作的基础⑪[5]。任何在保护区内居住或经营的个人或集体，当进行房产变更（如房屋覆盖、增加窗户、安装卫星天线和太阳能板、铺设道路或建设墙体）、拔除或修建树木、拆除房屋时，都需提前向地方政府提交申请，获批方可执行。通过政府财政拨款来进行相关的保护修复。

英格兰国家公园内一般有多个（历史建筑）保护区，如峰区国家公园内有 109 处，大部分为传统建筑，也有历史公园和花园，如莱姆（Lyme）公园，还有工业地，如卡莱斯布鲁克（Cress brook）磨坊。一般（历史建筑）保护区位于居民社区范围内，如果某社区的历史建筑或街区较多，则会将整个社区划定为保护区。例如峰区国家公园的卡斯尔顿（Casdeton）村就被完整划定为（历史建筑）保护区。国家公园内的保护区往往拥有更优越的自然环境，卡斯尔顿(Casdeton)保护区除了拥有重要的历史遗迹和规划构造之外，其位置介于峰区国家公园北部的黑峰区（Dark Peak）的砂岩地带与南部的白峰（White Peak）区的石灰岩地带之间，村庄自身位于希望山谷（Hope Valley）的页岩带，三面环山。在保护区的大部分建筑或者建筑之间均能看到周边的山峰，周边山岳为保护区建筑提供了大的背景，这种映衬凸显出村庄建筑的小巧尺度关系（图 1–2）[6]。另外一个特殊性在于村庄

图1 卡斯尔顿镇周围山峰背景

图2 卡斯尔顿镇内的山峰视野

承载了国家公园游客中心的功能。这些特点在峰区国家公园管理局编制的（历史建筑）保护区评价中进行了描述，并将维护空间和街道景观、优化现代化发展作为规划建议。

3 英格兰景观特征评估与国家公园居民社区

英格兰景观特征评估（LCA）是用来鉴别和描述景观特征（Landscape Character）的重要工具。景观特征是持续发生在特定类型景观中、明确的并受到承认的要素形式，是使某一个场地与众不同，并具有特定场地感受的因素[7]。该工具最初是英国乡村事务局（Countryside Agency）用来应对不断变化的乡村景观而提出的，根据地质、地形、土壤、植物、土地利用、场地形式以及人类建筑等要素进行景观特征分类，场地尺度通常较大，即使是最小尺度比例尺也在1:10000左右[⑫]。目前在英国境内广泛使用。而国家公园包含大面积的乡村景观，因而均需进行景观特征评估。

景观特征评估对国家公园规划体系具有重要意义。以峰区国家公园为例，景观特征评价是地方发展规划——核心战略的重要依据。景观特征评估与上文的（历史建筑）保护区评价都用来指导国家公园内开发项目的选址。另一方面，景观特征评价报告以及由此制定的行动计划（Action Plan）也直接用来指导规划审批。

景观特征评估的尺度较大，对国家公园的居民社区来说，主要关注其与更大范围景观区的关系，往往不把居民社区作为特征分区的依据。当在居民社区进行开发申请之前，需要查阅文件确定该社区位于哪个景观特征区域，根据特征区的景观特征、景观发展历程、景观资源敏感性、景观战略等确立该开发项目能否在居民社区开展。

英格兰峰区国家公园的LCA在进行景观特征分区时并未将聚落差异作为依据，在更进一步的景观特征分类中则考虑了人类活动造成的景观差异，这部分内容较多涉及居民社区，以及居民生产生活方式带来的影响。峰区国家公园共分为8个景观特征区，这8个区域又进一步划分出20个景观特征类型区域。以白峰景观特征区为例，区域内包括“石灰岩村庄农田”“石灰岩高原牧场”“石灰岩山地与荒坡”“石灰岩河谷”4个景观特征类型。前2个类型有较多人类活动，而居民社区全部位于“石灰岩村庄农田”区内。该区是小规模的农业聚居景观，主要特征为由石墙分害怀断重复的窄条带区域内的石灰岩村庄（图3）。景观特征评估首先论述其关键特征：一处缓波状高原；由石灰岩干石墙围合的田园牧场；源自中世纪开放区域的重复条带牧场模式；分散的边界树木和围绕建筑的树木组团；不连续的石灰岩村庄和石头住所组群；矿井遗迹及相关铅矿业遗存；局部的人工蓄水池。然后分地质与

图3 峰区国家公园石灰岩村庄农田区典型景观模式

地形、土壤和植被、乔木覆盖、土地利用、围墙、聚落与建筑、交通与使用权等几个方面进行特征论述。最后，制定针对该景观特征区的“总体战略”“变化的问题”和“景观指导方针”。

总体战略是保护与管理特有价值的历史聚居和农业景观特征，寻找机会提升偏远地区的荒野特征和生物多样性。针对聚居农业景观提出要有可持续的土地管理系统，针对居民社区提出要有活跃的社区网络来维持传统建筑和聚落。然后针对4个景观特征类型分别提出总体战略，其中，“石灰岩村庄农田区”要重点保护历史的围墙排布模式、向心式的聚落布局和传统建筑群体与环境，并采用可持续农田系统恢复田园农场的生物多样性。

变化的问题中分别从保护问题、气候变化问题、人口、住房与就业问题、旅游和游憩问题、农林业、煤矿与资源、能源与基础设施等方面进行论述。与居民社区密切相关的是：当地居民对新住房和商业开发的需求与当前有限的开发机遇之间存在矛盾，优越的自然环境导致居民社区内房价较高，可支付性房屋短缺。当前将现有传统建筑转化为住房的规划申请日益增加，这一趋势会加重停车、灯光等压力，影响景观遗产保护。山地自行车、山地驾驶或使用机动越野车等运动形式带来较大游憩压力。道路安全问题较大，大量的汽车带来道路、墙体和边缘损坏，引起历史特征消失，停车压力增加。

景观指导原则从保护、管理和规划三个方面提出一些原则性方针。针对“石灰岩村庄农田区”还是强调对历史景观格局、聚落布局、历史干石墙和历史田野谷仓进行保护，同时要管理低密度的机动车道路网络，以维持场地特征和地方可达性[8]。

总之，景观特征评估与（历史建筑）保护区评价类似，从价值角度对国家公园居民社区在更大景观尺度上需要保护的要素进行了确定。

4 英格兰峰区国家公园居民社区规划政策

基于历史遗产评价和景观特征评估两个工具，国家公园价值的重要要素和格局均得到了明确，从而为在国家公园中进行不可避免的开发活动提供了基准线。在此基础上，针对有可能影响上述要素或格局的开发活动，编制不同的设计指南作为空间规划的重要支撑文件，同时利用规划审批保证上述基准线不被突破。另一方面，为满足当地居民有关住房、商业开发和交通等不断发展的需求，制定相应的社会经济政策，以缓解国家公园居民社区保护与发展之间的矛盾。

因此，英格兰国家公园居民社区的规划政策是在价值评估的基础上制定的，是国家公园规划体系的重要组成部分。按照上文介绍的英格兰峰区国家公园规划体系，针对与居民社区密切相关的规划内容进行说明，主要包括作为发展规划文件的核心战略和若干补充性规划文件。

4.1 核心战略发展规划文件（DPDs）

峰区国家公园的核心战略于 2011 年 10 月开始实施，是国家公园管理规划在空间上的表达和落实[⑬]，实现核心战略空间目标的规划期限为 2026 年。核心战略包括 9 个主要战略：主要空间政策（GSP）、发展战略（DS）、景观与保护（L）、游憩与旅游（RT）、气候变化与可持续建筑（CC）、住房、商店和社区设施（HC）、支持经济发展（E）、矿物（M）、可达性、旅行和交通（T）以及每条战略之下的分战略，其中，主要空间政策是核心战略的基础，为其他战略确立了空间上的框架。下面就与国家公园居民社区密切相关的战略进行论述。

这些战略的共同目标是营建具有活力和可持续性的居民社区。涉及居民社区的住房、设施与服务、商店和专业服务等方面。

住房战略明确规定在国家公园的何种环境下可以建设新住房，尤其是可支付性住房。新住房的供给强调满足当地永久居民改善生活质量的需求，以及重要产业从业者的合理住房需求，不强调满足开放市场的需求[⑭]。新住房的选址也不会写在发展规划里面。新住房首先考虑老建筑的重新利用。

鼓励提供能够改善居民社区条件的设施与服务，鼓励改变现有传统建筑用途来提供场地，鼓励不同服务和设施场地的共用与混合使用。

在城镇和村庄的商店服务必须位于主要空间政策指定的中心商店区域，并具有恰当规模以满足当地社区需求。在乡村区域可以接受农场商店经营，售卖当地农场种植、生产和处理的商品。其他零售业必须控制在小规模并尽量利用原有传统建筑，禁止在乡村开敞区域使用孤立的现存或新建建筑进行售卖[9]。

由此可见，核心战略为居民社区的可持续发展活动提供了出口与路径，但总体来说还是采用限制的口吻，将发展活动控制在一定的规模形式和尺度之内。除了核心战略，未来会针对具体居民社区编制邻里规划和村庄规划，这些文件将更有针对性和建设性的规定建设发展要点，也属于发展规划文件的范畴。

4.2 补充性规划文件（SPDs）

战略规划等发展规划文件不能单独作为国家公园规划审批的依据，还需大量补充性规划文件支撑，依照规划内容大致分为设计指南和社会经济政策两大类，详见表 2。

设计指南类文件以历史遗产评价和景观特征评估为基础，为居民社区内的建设开发活动提供设计指引。以其中较为重要的“峰区设计指南”为例，除了介绍公园区域的设计传统，需要保护和限制的设计地段之外，最重要的是考虑新设计趋势如何在峰区国家公园中运用的问题。讨论新旧设计如何协调，强调在细部形式和材料方面利用新设计理念，以满足当前居民日常生活的需求。细部形式包括门廊、车库和温室设计、商店前立面、窗户、门、建筑颜色和装饰细节的要求等。材料包括墙体材料、屋顶材料、新材料运用等[10]。

在峰区国家公园居民社区内，一方面保留当地传统特色，另一方面强调新材料、新工艺、新使用需求和新设计理念影响下的合理设计演变。这一思路与我国传统文物保护不同，由于社区是当地居民日常生活的场所，属于不断发展的物质空间，因此需要在保护的同时兼顾合理的发展。

表2 峰区国家公园补充性规划文件一览表

文件名称	类型	主要内容
店面设计技术指南（2014）Technical Design guidance for Shop fronts	设计指南	确立在国家公园内设置好商店立面的方法，包含设计、标识和灯光等方面。
改建与加建技术设计指南（2014）Technical Design guidance for Alterations and Extensions	设计指南	制定两部分指南，一是改建的方法，处理门窗、雨水棚、天窗、停车场以及非传统房屋的改进。二是加建的方法，寻找一个一般的设计方法，与原有建筑相协调，另外分别讨论门厅、车库和温室。
气候变化与可持续建筑（2013）Climate Change and Sustainable Building	社会经济政策	在所有新开发中鼓励高标准的可持续，针对可再生、低碳、水处理和雨洪管理技术给出指南。
峰区设计指南（2007）Peak District Design Guide	设计指南	为新发展制定设计原则，鼓励能够反映峰区建筑传统的高质量现代设计。
邦索尔村庄设计声明（2003）Bonsall village design statement	设计指南	由邦索尔村庄团体编制的村庄设计声明要点。
洛士利山谷设计声明（2004）Loxley Valley design statement	设计指南	由洛士利山谷设计团体编制的设计声明要点。
峰区国家公园可支付性住房需求战略（2003）Meeting the local need for affordable housing in the Peak District National Park	社会经济政策	澄清地方规划政策，寻找满足可支付性住房需求的政策。
农业发展战略（2003）Agricultural development	社会经济政策	制定适合未来农业发展方式的相关指南，特别考虑了新的农业建筑。

社会经济政策的目的是确保社区内居民不因国家公园的保护而丧失发展机会，同时为居民参与公园管理提供平台⑮。峰区国家公园比较重视居民住房和农业发展问题。

上文已经提到，住房问题在核心战略里也被重点讨论，主要关注新住房供给。在支撑性文件里则关注如何将房屋价格控制在可负担的价格范围内。给能够提供可支付性住房的组织与个人搭建平台，通过与公园管理局签订合约，确保房屋价格或租金稳定，同时公园内的景观特征和价值不被破坏[11]。住房价格上涨在我国风景区内也普遍存在，但解决政策缺失，随着旅游发展，风景区内的房屋价格和其他物价持续上涨，风景区社区居民生活压力不断提升。

由于国家公园的总体管理目标以保护为主，公园内的农户面临持续的生产压力。面对当前大部分农户的单一农业增收途径，农业发展战略鼓励更广泛和可持续的农业发展，以平衡环境与商业利益。鼓励从单一的粮食生产用途向多用途产业转化。如将传统石制谷仓转化为露营仓，起到建筑保护、为徒步者提供住处、为农民提供收入、提供就业机会的作用。再如在农宅开展农业假期酒店和家庭旅社业务；在农场内设置自炊村舍、小型露营和旅行车停车处；允许印有国家公园产品标签的当地农产品售卖；组建手工业和农业活动小组；利用闲置建筑设立办公室或清洁轻工业服务等。

多渠道、广泛的农业活动并不意味着牺牲国家公园的景观特征和重要价值，因此该战略还对农业开发项目实施严格的规划许可制度，所有新农场建筑均需要提交规划申请，其他变动则需向公园管理局提交有关区位和设计依据的情况报告书，得到许可才能实施⑯。重点考查：有在不足 $1hm^2$ 的单独地块进行开发的情况；建构筑物或工程的基地面积超过 $465m^2$，或位于过去两年新建构筑物或工程的 90m 范围内；建构筑物或工程高度超过 12m，若在机场 3km 范围内则超过 3m；开发应距离主干道或重要道路 25m 范围内；开发涉及的高度、宽度或位置存在变动；如果建构筑物或挖掘工程位于受保护建筑的 400m 范围内，或仅用于家畜住宿、存储泥浆和污水。在非农用地或半自然土地上的建设变更均要进行环境影响评价。此外，农业建设除了遵守设计指南之外，还提出应避免出现建筑设计标准化，需要更高水平的设计，鼓励建筑师或风景园林师的参与。这在我国风景区内的社区开发项目中也是需要提倡的[12]。

5 小结

与我国风景区类似，英格兰国家公园内居民社区的核心问题也是保护与社区自身发展之间的矛盾。在解决策略方面，英格兰有很多经验值得我国借鉴。

首先英格兰国家公园针对居民社区进行了全面的评价工作，从不同角度将多个尺度的信息加以综合，明确居民社区的核心景观特征和不同景观特征的重要程度，这为制定相应的引导类和控制类规划政策提供了依据，也直接用于指导居民社区内的规划审批，从根本上为实现社区可持续发展提供保证。

我国风景区缺乏与社区相关的评价，仅在风景资源评价中能够找到具有风景资源价值的那部分社区及其要素，如古建筑和古村落等。主要为建筑和街区尺度，采用专家评价法，考察社区作为严格保护对象的那部分价值。与英格兰相比，在评价内容、评价方式、评价结论和结论的使用方面都缺乏广泛性和层次性，因而需要考虑补充这方面内容。

第二，英格兰国家公园的社区规划政策并未因保护而剥夺居民发展和提升生活水平的权利，而是制定具有灵活性和针对性的规划政策实现保护与发展双目标：在景观特征和价值需要严格保护的区域对社区发展进行较大的限制，在资源保护并不敏感的区域鼓励居民合理的生产和生活水平的提升。将社区居民看作是国家公园景观特征和价值的组成部分，重点解决其在住房、设施与服务、就业方面的问题。具体的工程建设和开发项目通过规划审批来控制，针对不同的项目进行具体讨论，并鼓励建筑师和风景园林师的参与，从而避免了规划政策“一刀切”的弊端。

我国风景区内的社区往往存在两种极端的情况：处于旅游发展有利地段的社区过度重视旅游开发，导致重要景观价值的遗失；而处于旅游发展不利地位的偏远社区则由于风景区保护的发展限制，居民生活水平不但得不到提升，还会面临失业、搬迁的生活打击，有时候也导致重要景观价值的遗失。这一方面是由于缺乏全面的社区评价工作，对于社区的价值了解不全面；另一方面是由于规划政策缺乏针对性和灵活性。在我国众多风景区的居民社会调控规划中，多将社区分为搬迁型、缩小型、控制型和聚居型 4 种[13]，将聚居型社区作为风景区旅游服务基地，对其他社区制定严格的控制发展政策。上述“一刀切”的规划政策，造成了社区发展与风景区保护的矛盾持续激化，以及同类社区发展同质化的问题。对于社区的建设风貌，我国风景区一般制定统一的风貌控制政策，缺乏针对个体的、细致的设计导则。对社区住房、设施服务和农业产业发展的政策较为缺乏或不够深入。综上，我国风景区有必要制定更为细致和有针对性的风景区社区规划政策，对社区发展的态度从“全面的限制”向“有条件、分情况的疏导”进行转化。

（原载《风景园林》2015 年 11 期）

注释：

① 英国国家公园内居民人口平均密度为27人/km2，具体公园数据详见表1。

② 地方发展框架并非法定术语，而更像一个包含若干地方发展文件的文件夹，这些文件构成了地方的空间规划战略，详见参考文献[3]。

③ 地方规划 (Local Plan)是英格兰在2004年规划体系改革之前采用的一类规划文件，由于部分文件仍然对国家公园非常有意义，国家公园管理局申请了政策沿用。

④ 编录古迹 (Scheduled Ancient Monuments)。

⑤ 负责历史遗产保护的中央政府部门主要为文化传媒及体育部（DCMS），由英格兰历史署 (Historic England)负责具体执行，而负责国家公园保护的中央政府部门为环境(Defra)，由英格兰自然署(Natural England)负责具体执行。

⑥ （历史建筑）保护区 (Conservation Areas)。

⑦ 达特穆尔国家公园的相关数据采集时间为2009年，其 他国家公园的相关数据采集时间为2014年10月。

⑧ 196处编录古迹中还包括1处世界遗产。

⑨ 1处（历史建筑）保护区之外还包括3处国家保护区 (National Conservation Areas)。

⑩ 资料来源：http://historicengland.org.uk/listing/what-is- designation/local/conservation-areas/，采集时间 2015 年 9月30日。

⑪ 文件名为“理解场所：（历史建筑）保护地的划定、评估和管理 (Understanding Place: Conservation Area Designation, Appraisal and Management)”，详见参考文献[5]。从2015年4月起，原负责历史遗产保护的机构——英国遗产署分为两个部门，历史遗产保护工作由新的机构“历史英格兰 (Historic England)”负责，相应的文件署名将会进行修改，但主要内容不会发生改变。

⑫ 有关英国景观特征评估，国内已有相应文章发表，这里仅针对其在国家公园的运用进行简要论述。

⑬ 峰区国家公园管理规划的规划年限为5年，在核心战略采纳期，公园管理规划将面临修改与更新，通过两个文件的结合实现公园空间愿景和战略的稳定性与时效性。

⑭ 这是鉴于当前居民社区内不断增长的第二套住房和度假住房需求的状况，目的是充分保障当地居民需求。

⑮ 该类政策能够辅助居民提交一份高质量的规划申请书；为居民与规划官员间的讨论提供便利；确保居民的规划提议能取得满意效果。

⑯ 不要求规划申请的开发项目仍然要将项目的区位、设计和外观提交公园管理局，确认是否需要事先批准。管理局有28天的时间进行决策，任何建筑工程要在获得批准或者28天公示期后才能开始施工。

⑰ 图表资料来源：表1资料翻译整理自：http://www. nationalparks.gov.uk/learningabout/whatisanationalpark/ factsandfigures，资料收集时间为2015/08/28；表2资料 翻译整理自：PEAK DISTRICT NATIONAL PARK AUTHORITY LOCAL DEVELOPMENT SCHEME March 2015-March 2018 [EB/OL].(2015-10-08).http://www.peakdistrict.gov.uk/ planning/how-we-work/policies-and-guides/supporting-documents.2011:21-22.图1和图2资料来源：PEAK DISTRICT NATIONAL PARK AUTHORITY. Castleton Conservation Area appraisal [EB/OL].(2012-11-08) [2014-02-23].www.peakdistrict.gov.uk.2012:1.图 3 资料来源：PEAK DISTRICT NATIONAL PARK AUTHORITY. Peak District National Park Landscape Strategy and Action Plan (2009- 2019) [R]. 2009: 24.

参考文献：

[1]王应临，杨锐，埃卡特.兰格.英国国家公园管理体系评述[J].中国园林,2013,(9):11-19.

[2徐瑾，顾朝林.英格兰城市规划体系改革新动态[J].国际城市规划，2015,(3):78-83.

[3] PEAK DISTRICT NATIONAL PARK AUTHORITY.LOCAL DEVELOPMENT SCHEME March 2015-March 2018 [EB/OL].(2015-10-08).http://www.peakdistrict.gov.uk/ planning/how-we-work/policies-and-guides/supporting- documents.2011.

[4] 邓卫，林广思.英格兰湖区国家公园历史遗产保护及游人中心公园规划政策编制[J].国际城市规划,2014,(6):87- 92.

[5] ENGLISH HERITAGE. Understanding Place: Conservation Area Designation, Appraisal and Management [EB/OL]. (2012-12-13) [2014-02-23]. www.english-heritage.org.uk.

[6] PEAK DISTRICT NATIONAL PARK AUTHORITY. Castleton Conservation Area appraisal [EB/OL].(2012-11-08) [2014-02-23].www.peakdistrict.gov.uk.

[7] Carys Swanwick.英国景观特征评估[J].世界建筑. 2006,(7):23-27.

[8] PEAK DISTRICT NATIONAL PARK AUTHORITY. Peak District National Park Landscape Strategy and Action Plan (2009-2019) [R].

[9] ENGLISH HERITAGE.2012.Core Strategy Development Plan Document [EB/OL]. (2011-10) [2014-02-23].www. english-heritage.org.uk.

[10] PEAK DISTRICT NATIONAL PARK AUTHORITY. Design Guide [EB/OL]. (2012-11-08) [2014-02-23].www. peakdistrict.gov.uk.

[11] PEAK DISTRICT NATIONAL PARK AUTHORITY. Supplementary Planning Guidance: Meeting the Local Need for Affordable Housing in the Peak District National Park [EB/OL].(2012-11-30) [2014-02-23].www.peakdistrict. org.

[12] PEAK DISTRICT NATIONAL PARK AUTHORITY Supplementary Planning Guidance Agricultural Developments in the Peak District National Park [EB/OL]. (2014-01-25) [2014-02-23].www.peakdistrict.org.

[13] GB 50298-1999.风景名胜区规划规范及条文说明[S]. 北京：中国建筑工业出版社.1999.

建筑艺术论文摘要

安提诺里酿酒厂

【作者】李翔宁

【摘要】安提诺里是一个从文艺复兴时期就开始葡萄酒酿造的家族，世代居住在佛罗伦萨市中心安提诺里广场的安提诺里宫直至今天。通常一座商业的酿酒厂建筑很难被密斯奖青睐，这座建筑之所以能入围，多少得益于它对佛罗伦萨郊区当地酿酒业复兴所做的贡献，它已经突破酿酒工业而成为葡萄酒文化体验的中心。

原载《建筑学报》2015年12期

亚洲视野下的中国建筑研究

【作者】赖德霖

【摘要】中国是东亚最大和历史最为悠久的国家，它对亚洲建筑有何贡献和影响？中国又与多个国家接壤，历史上还通过丝绸之路和远洋航行与南亚和西亚有着密切联系，这些联系对中国建筑的发展起到什么作用？亚洲建筑的历史和经验对中国建筑现代化的意义何在？中国与亚洲其他国家的现代化探索如何补充了西方工业化国家的实践并成为世界建筑史的独特篇章？文章提倡在亚洲视野下进行中国建筑研究，认为这不仅关系到理解中国建筑的过去，而且关系到它发展的未来。

原载《建筑学报》2015年11期

中国古代园林

【作者】傅熹年

【摘要】中国园林经两千余年发展，逐渐形成擅长人工构景、建筑物在其中占较大比重、具有丰富文化内涵等特点，取得突出成就，在世界上独树一帜。

原载《美术大观》2015年03期

南京阳山碑材巨型尺度的历史研究

【作者】陈薇　孙晓倩

【摘要】青龙山位于南京市东南15km，自古以来盛产石灰石，而阳山是青龙山东北方向的余脉，石质坚硬，色泽纯青。明永乐三年（1405）秋，明成祖朱棣欲为其父朱元璋孝陵建碑，下令在阳山开采巨型尺度碑材，工程历时约9个月，但最终弃用，目前尚保留完整遗址。从阳山保留至今的碑材雏形看，碑座、碑身和碑额基本尺度成型，部分仍与山体相连。据此，不仅可以计算出碑的整体规模，而且可以推测出碑材开采时的基本步骤和加工能力。文章结合文献和实地考察，以阳山碑材为研究对象，试图分析明初对于石材加工的超凡魄力和统筹能力，也藉此探讨明初南京在官式建筑中运用石材的技术能力和艺术成就，揭示大型石材在明初京城大量使用的历史背景和意义。

原载《时代建筑》2015年06期

东亚建筑的技术源流与样式谱系

【作者】张十庆

【摘要】东亚建筑大系历史上东亚建筑的发展，因与中国建筑的密切关联而呈现出独特的面貌。东亚诸国间的交往可追溯至远古时期，尤其是自南北朝以来中国佛教在东亚的传播，犹如一根文化纽带，将东亚诸国联成一体。在中国建筑文化传播与影响的基础上，形成了多样一体的东亚建筑文化圈。源于中国的木构建筑成为东亚共享的建筑技术体系，东亚古代建筑的发展表现出多样性和一体化的特色。

原载《美术大观》2015年07期

“大壮”与“适形”——中国古代建筑思想探微

【作者】王贵祥

【摘要】中国古代建筑艺术思想，涵盖广博而深密，其中《易传》中“大壮”思想和秦代以来就被反复提起的建筑的“适形”论思想具有重要的意义。两者各有自己立论的依据，看起来似乎大相径庭，其实，正可体现一个事物两个方面的对立和统一。二者的有机结合，相反相成，对于中国古代建筑艺术，长期以来发挥着纲领性的作用。对于这样两个范畴中所隐含的古代建筑艺术思想的探讨，或许对于我们理解中国古代建筑及其艺术有一定的助益。

原载《美术大观》2015年10期

上海当代艺术博物馆

【作者】章明　张姿

【摘要】正作为2010年上海世博会后续利用与开发的重点项目，上海当代艺术博物馆由世博会城市未来馆改扩建而成，而城市未来馆的前身则是建成于1985年的上海南市发电厂主厂房及烟囱。经历了全方位改造后的原南市电厂已经蜕变为功能完善、空间整合、动线清晰的充满人文气息与艺术魅力的城市公共文化平台。它以一种历史叙事的方式结束了其辉煌的工业时代的使命。将其变成一个触手可及的艺术馆，一个公平分享艺术感受的精神家园，更是一个充满人文关怀的城市公共生活平台。

原载《世界建筑》 2015年03期

许村艺术乡建的中国现场

【作者】渠岩　王长百

【摘要】文章记录和梳理了许村的艺术乡建计划，并在此基础上探讨了中国乡村在当代社会巨变中所经历的冲击和震荡，借此思考中国乡村未来发展的对策与出路，试图寻找中华民族丢失的灵魂与信仰。近代中国知识分子在民国时期发展的乡村建设理论与实践，为今天中国提供了有价值的历史经验。

原载《时代建筑》 2015年03期

从中国哲学美学看传统园林艺术思想

【作者】李莎

【摘要】哲学作为时代的精神，影响并引领各艺术领域。中国传统园林艺术在3000年的发展历程中，时代哲学美学作为艺术思想背后的总舵手，间接和直接地关照于园林发展的各个阶段，不断推涌出新的园林艺术形态。从哲学美学的角度出发，讨论不同历史时期的哲学美学特征对传统园林艺术的阶段性影响和传统园林艺术形态变革的必然性，提炼中国写意山水园的文化根基，并提出园林艺术在现代实践过程中，只有经过新一轮的成熟哲学美学洗礼与修正，才能真正实现继承文脉传统与现代观念的平衡。

原载《中国园林》 2015年11期

为老年人的建筑：在伦理与美学之间

【作者】张利

【摘要】刚刚公布的国家计划生育政策调整显然是针对一个事实——中国正在进人老龄化的社会。与老龄化社会的预期同时存在了一段时间的，是对“老年建筑”的普遍关注。在建筑界关于“老年建筑”的讨论（或争论）中，有两个问题非常引人注目：一、如何定义“老年建筑”；二、如何定位“老年建筑”的设计实践，或者说，如何在“老年建筑”中体现设计的价值。我们无意讨论不同定位之间孰优孰劣，而是相反，对于在为老年人所做的建筑实践中所展现出来的游走于伦理与美学之间的复杂图景充满好奇。

原载《世界建筑》2015年11期

乡村人居环境“活化”实践——以浙江安吉景坞村为例

【作者】王竹　钱振澜　贺勇　王静

【摘要】以浙江安吉景坞村为例介绍乡村人居环境“活化”的时代机遇、途径取向和建设思路；通过保护乡村人居环境3个层面的有机秩序，提升公共服务设施、景观节点与界面亲和力等，实现乡村对城市的消费引力，促进乡村经济社会永续发展。

原载《建筑学报》2015年09期

机器美学与现代建筑

【作者】汪江华

【摘要】机器美学的产生无疑与现代工业革命及资本主义商业文明有着深层的联系。国内对“机器美学”的研究多将其视为一种特定历史背景下的艺术思潮，进而逐渐形成一种个人英雄式的历史“言说”。而正是这种风格化的认识、记述式的研究和表面化的分析，进一步导致我国建筑创作长期停滞于一种形式模仿的状态。当下实现工业化依旧是中国现代化进程中艰巨的历史任务，因此深刻理解工业时代“机器”的美学精神，仍然具有非常重要的理论意义。

原载《新建筑》2015年02期

明清江南地区工巧传统成因分析

【作者】华亦雄

【摘要】论文以江南地区“精工巧作”技艺传统为研究对象，通过对现存相关典籍的研究以及技艺实例的分析，对这一传统的生成原因进行了探究，并得出了相关结论。

原载《古建园林技术》2015年04期

调和宜居性和可持续性：规划的概念与实践内涵

【作者】GOUGH M Z

【摘要】近几十年来，越来越多的人致力于社区的宜居与可持续发展。2009年，美国联邦政府宣布了住宅和城市发展部（(HUD）与环境保护署（EPA）、交通部（DOT）之间史无前例的跨机构合作，提供促进长期的可持续社区住宅、交通和环境的联邦投资。联邦可持续社区合作伙伴关系为社区提供了具有竞争力的资助，仅仅在2010年就下拨了1亿美金授予支持整合住宅、土地使用、交通以及经济和劳动力发展的区域规划工作。密西西比湾沿岸地区是第一批享受联邦政府通过特定宜居导则来实现长期可持续发展规划的跨机构合作的区域。同样，该地区也是第一批在联邦项目背景下调和宜居性和可持续性实践的区域。

原载《城市规划学刊》2015年05期

米兰世博会中国馆四题

【作者】李翔宁

【摘要】2015年5月1日米兰世博会正式开幕，这是2010年上海世博会之后，中国首次以独立自建馆的形式参加海外的世博会，由清华大学美术学院团队统筹设计，我的朋友陆轶辰和他的团队完成了建筑设计的部分，完成了园区内仅次于德国馆的第二大外国自建馆。记得三年前在纽约和陆轶辰长谈，曾在美国建筑师斯蒂文・霍尔事务所工作的他，和我聊起当代建筑文化的挑战，谈起中国青年一代建筑师的责任和对未来的看法，都让我记忆犹新。

原载《建筑创作》2015年05期

图绘欧洲：2015密斯・凡・德・罗奖解读

【作者】李翔宁

【摘要】密斯・凡・德・罗奖历史回顾始于1983年的密斯・凡・德・罗基金会（以下简称密斯基金会）是为了重建德国建筑师路德维希・密斯・凡・德・罗（Ludwig Mies van der Rohe，以下简称密斯）在1929年巴塞罗那博览会上设计建造的德国馆而成立的。德国馆重建完成以后，密斯基金会致力于繁荣当代建筑文化，设立了在欧洲影响力最大的密斯・凡・德・罗建筑奖（以下简称密斯奖）。不同于普利兹克奖等终身成就类型的奖项，密斯奖颁发给最近两年内建设完成的建筑单体。在过去的27年中，密斯将一直是欧洲当代杰出建筑最忠实的记录者和推动者。

原载《建筑创作》2015年12期

论造与绘“建筑学前沿：（手）工艺”第一年教学试验回顾

【作者】张永和　李翔宁　江嘉玮

【摘要】新设立的这门关于（手）工艺与建造的理论课程集中研讨（手）工艺对于建筑学的意义，从理论维度出发寻找建筑师的（手）工艺思考与实践的关联度。该课程的教学法以讲座与案例分析两种教学途径展开，讨论建筑学中一些经典话题比如制作与绘图，并在思“造物”与营“意匠”这两大维度上来把控教学。

原载《时代建筑》2015年03期

“构想我们的现代性：20世纪中国现代建筑历史研究的诸视角”会议综述

【作者】彭怒　王凯　王颖

【摘要】文章从“现代性的建构——政治、制度、话语”“中国现代建筑历史研究——谱系、时代、个案”“全球视野下的中国——全球、地方、身份”三个方面，全面回顾了第一届中国现代建筑历史与理论论坛“构想我们的现代性——20世纪中国现代建筑历史研究的诸视角”会议的主旨、发言内容和交流讨论的成果。

原载《时代建筑》2015年05期

郑州绿地海珀・兰轩项目的景观生态回归

【作者】潘志科　朱剑飞

【摘要】中国经历着经济的高速发展，社会结构发生巨大变化，但同时也面临环境恶劣、生态破坏的挑战。人们在物质生活的进步中，逐渐关注与自己息息相关的居住环境与服务环境，追求更理想的生活方式，以获得更有意义的精神满足。景观设计在环境、文化和社会问题的讨论中发挥参与、理解和分析的重要作用，并且积极地将生态、绿色、以人为本、可持续发展等理念运用到实践中。

原载《园林》2015年01期

苏州火车站站房，苏州，中国

【作者】崔愷　王群　李维纳

【摘要】苏州站是一座集铁路、城市轨道、城市道路交通换乘功能于一体的大型交通枢纽。它位于苏州市老城北侧的原火车站位置，采用高架站房形式，南北各设站房入口。旅客流向设计为上进下出形式，由商架层进站，自地下层出站。主站房地上2层，地下1层。苏州火车站的建筑设计结合苏州古城风貌，试图探索创作“苏而新”的建筑风格。建筑以菱形体为基本元素，形成赋有苏州地方特色的屋顶菱形空间网架体系。站房入口处屋面出檐深远，半室外的集散空间结合下沉广场、绿地园林，把建筑和自然景观相融合。

原载《世界建筑》2015年03期

装折肆态

【作者】董豫赣

【摘要】将“装折”视为“装修”的等效物，掩盖了园林装折有别于家宅装修的特殊性，将装折视作建筑与景物错综的空间转折法，则能装折出居景错综的四种——庇体、如画、入画、无尽的空间姿态。

原载《建筑师》2015年05期

一条坡道与建筑师的职业转身　记南京白云亭文化艺术中心

【作者】张彤

【摘要】作者在文章中指出，将一条废弃的机动车道改造成为令人难忘的阶梯状阅读空间，凌克戈与都设建筑师的改造实践为南京市鼓楼区提供了一个生机勃勃的文化艺术中心。此外，文章还介绍了他们面对存留建筑的立场和在保留结构中的创造性实践，为后城市化时代中国建筑师的职业工作提供了一个典型性样本。

原载《时代建筑》2015年06期

回应与自觉 大舍新作雅昌(上海)艺术中心的多维阅读

【作者】李彦伯

【摘要】文章介绍了大舍建筑设计事务所的作品雅昌(上海)艺术中心,作者主要从城市更新、建筑适应性再利用、建筑设计实践及建筑学本体反思这几个不同维度,对该作品进行解读。

原载《时代建筑》2015年03期

结构工程师——蓬皮杜艺术中心——建筑的文化想象

【作者】卢永毅 袁园 郑露荞

【摘要】在高技派建筑的设计实践中,结构工程师究竟扮演了怎样的角色?本文从结构工程师的视角重新阅读巴黎蓬皮杜艺术中心,以求更加清楚地认识建筑师的梦想是如何在工程师的实践智慧中得以实现;随后,本文还汇集了部分关于这个作品的文化解读和建筑评论,试图以此论证,结构工程师的设计往往蕴含着建筑师难以预料的艺术潜力,但结构技术的创新实践总是要由建筑的意愿所推动,并终将转化为繁荣文化的独特资源。

原载《建筑师》 2015年02期

龙氏家祠建筑概貌及其分析(上)——平面布局和构造概述与分析
龙氏家祠建筑概貌及其分析(下)——建筑装修与装饰艺术概述与分析

【作者】马琪 李坚

【摘要】龙氏家祠是民国时期云南省主席龙云为祭祖所建,是云南民国时期建筑艺术的杰出代表。该文在该研究已发表论文的基础上,对龙氏家祠建筑群的建筑装修、家具陈设、装饰艺术等方面进行了较为全面的概述和分析,让读者对龙氏家祠有一个相对清晰的认识,并以期为后续研究提供参考。

原载《华中建筑》 2015年09期、10期

AIDIA工作营韩屋改造之艺术魅力

【作者】林磊

【摘要】自2000年以来,亚洲室内设计学会联合会(AIDIA)每两年举办一次学生工作营,2013年在韩国首尔建国大学建筑学院举办的学生工作营是一次在东方背景下亚洲不同国家展示室内设计及建筑设计教育和各院校师生施展才华的盛宴。工作营通过对首尔具有传统地域特征的历史文化街区——北村韩屋的改造,探讨历史文化街区的保护与更新。学生通过实地调研,在体验韩国传统建筑的近人尺度和精美工艺及丰富的内外空间基础上,思考传统的承接与现代的结合,解决历史与现实、时间与空间的永续问题。该文介绍了工作营的三个案例,这三个案例分别从礼仪文化、传统符号和禅学思想等不同的角度在艺术设计领域进行思考和探索。

原载《华中建筑》 2015年08期

融合、演变——包头藏传佛教建筑汉藏合璧的艺术风格

【作者】刘明洋

【摘要】包头藏传佛教建筑与传统藏传佛教建筑相比存在较大的文化差异,集中表现在建筑风格上。这里既有传统藏式风格建筑,又有中原汉式建筑风格,还有将两种风格有机整合在一起独具浓郁地方特色的汉藏合璧的建筑风格,该文将包头保存相对完好的藏传佛教寺院的六座汉藏合璧建筑风格藏传佛教建筑作为研究对象,从建筑的平面形制与立面风格两方面探究其建筑风格。

原载《华中建筑》 2015年07期

以竞赛为契机,搭建建筑艺术和结构技术的桥梁

【作者】李海英

【摘要】 该文介绍北京市高校建筑结构设计联赛以及在竞赛设计辅导中的工作方法,结合大跨度建筑设计的特点,重点阐释在构思阶段、方案深入阶段以及模型阶段的辅导重点和设计重点;建筑、结构专业的同学高度合作,不仅加强了不同专业的自身理解,也提升了学生团队合作的工作能力。

原载《华中建筑》 2015年04期

胥江祖庙的壁画艺术探析

【作者】谢燕涛 程建军 王平

【摘要】胥江祖庙是岭南广府地区最具影响的三大古庙之一,现祖庙基本保持清光绪十四年重建时的总体格局,庙观古风依旧,每座庙宇均由山门、正殿与侧廊组成,合院式布局,砖木结构,硬山屋面,清水砖墙,麻石墙裙,是岭南广府地区小型祠庙建筑群的精品之作;其建筑与装饰艺术都是岭南建筑艺术的精品,该文通过文献整理、画幅尺度、构成探寻壁画营造的组织和策划、选题、位置安排的规律,及对画幅名款的辨识明确其画师,并通过赏析个人作品的艺术风格追溯绘画技术源流。

原载《华中建筑》 2015年03期

金溪明代牌坊建筑艺术初探

【作者】王炎松 商曼

【摘要】牌坊作为一种典型的纪念性建筑,是中国古代社会的一个缩影,它反映了当时文化、艺术、技术等的最高水平。金溪县位于赣东抚河中游,是临川文化的发源地之一,作为古村落的重要组成元素,其

遗留至今的明代牌坊建筑形象地展现了当地明代儒耕文化以及高超的建筑技艺。该文在实地考察、调研和相关文献查阅的基础上，从牌坊的历史背景、形态结构、雕饰内容和艺术风格等方面，分别对江西省金溪县现存的明代各个历史时期的牌坊建筑艺术进行了分析、归纳和总结。

原载《华中建筑》 2015年01期

南莲园池造景艺术及其启示

【作者】曾洪立

【摘要】南莲园池秉承传统建筑和造园艺术的精华，体现佛教园林景观的特色，以服务城市居民为目标，从客观环境的实际出发，因地制宜地处理园林各要素，并使各要素与现代化大都市的城市结构相协调，成为现代城市休闲绿地的典范。在具体规划设计方面上，采用有代表性的佛教园林元素和唐代建筑风格，因袭古法，博采东方园林的众长。虽然南莲园池在布局形式上仿照了古园，但古式新裁，创造了新的、和谐的空间尺度和比例关系。在施工建造方面，选材精细，建造工艺精湛。南莲园池是当代园林的代表作品之一。

原载《中国园林》 2015年12期

奇山秀水美天下——论绍兴石宕园林的代表作东湖的理景艺术

【作者】沈超然 刘晓明

【摘要】位于会稽山北麓的绍兴城，多孤丘石山。城市的发展推动了石山的开采，遗留的石宕不乏奇异的洞壑深潭之景，后人以此为园，终成越中名胜，是为绍兴石宕园林。绍兴石宕园林有着悠久的历史，独特的山水审美与理景艺术，而绍兴东湖作为其中的典型代表，尤为突出。故以东湖园林为例，探讨其理景艺术与中国传统山水绘画之间的诸多关联，体悟其为园的画卷叙事性，并配合层次化的游览路径，阐释其内部的空间形态与审美意趣。简言之，绍兴石宕园林的形成与发展基于绍兴人对石宕遗址的审美、尊重及保护，而绍兴东湖作为以石宕为园的佳例，在审美与理景方面有其完整性，故不妨以此为窗，去了解认识绍兴石宕园林。

原载《中国园林》 2015年07期

18世纪上半叶的俄罗斯规则式园林艺术

【作者】杜安

【摘要】18世纪上半叶，彼得大帝开启了俄罗斯园林的西化进程，实现了俄罗斯传统园林从强调实用功能向注重装饰性、娱乐性的转变。这一时期的俄罗斯规则式园林得到发展并获得了空前繁荣，诞生了夏花园、彼得宫、皇村园林系统等重要的园林艺术作品。从造园要素、空间布局和造园技巧3个层面系统分析了俄罗斯规则式园林的特点。

原载《中国园林》 2015年04期

杰基尔和她的花园艺术

【作者】罗莎蒙德·沃林格 尹豪

【摘要】罗莎蒙德·沃林格花园是杰基尔为查尔斯·霍尔姆设计的花园。在良好的社会经济和科技发展的背景下，杰基尔全身心地投入到园艺实践中，取得了巨大的成就。在园艺专家的帮助下，罗莎蒙德多方搜集和查阅文献资料，将花园中的栽植逐步恢复，再现了花园的原貌。花园分自然式和规则式2个部分，完美地展现了植物材料在各个季节中的美以及杰基尔伟大的花园设计艺术。

原载《中国园林》 2015年03期

建筑艺术书目

儒家思想与建筑文化100讲

作者：付远

出版社：中国建筑工业出版社

出版时间：2015

内容简介

本书主要介绍了在儒家礼制思想影响下，我国古今建筑的发展和特色，以及儒家思想对古代建筑营造制度与技术的影响。

中国徽州地区传统村落空间结构的演变

作者：倪琪 王玉

出版社：中国建筑工业出版社

出版时间：2015

内容简介

本书关注的是传统农村村落空间形态的演变与社会历史形态演变之间的关系。作者经过实地调研和踏勘，通过点状的历史发展片段对传统村落和民居进行客观的描述，用翔实的数据阐述了建筑空间结构与社会生活结构的关系。本书不仅仅站在建筑学和形态学的角度论述建筑问题，试图用更加宽泛的视角对建筑问题探究的研究方法来解读传统农村村落形成的动因以及演变的趋势。

文本情境中的结构观念

作者：沈伊瓦

出版社：中国建筑工业出版社

出版时间：2015

内容简介

本书是对当前国内外被广泛讨论的20世纪末期以来建构思潮的另一种反思。结构及其与建筑形式的关系是建构主义关注的重要对象之一，文本则是当下结构观念传播的主导媒介。探讨“结构”这个建筑设计领域中的核心问题，对于未经历过现代主义建筑洗礼的中国建筑设计实践是有益的补充。本书选择从结构观念的主观认知这一独特视角入手，解析认识结构的社会过程，以及其中作为思维媒介的文本发生作用的方式。借助独特视角反思现代学科体系背景下的建造观念，拓展建筑学对结构现象的理解，揭示其本来具有的社会性维度。全书分为三个部分：基本概念框架阐述、结构观念的文本简史以及三组典型结构观念的专题案例阐述。

光伏发电在城市环境中的应用——大规模项目中的经验教训

作者：[法]布吕诺·盖东 [荷]亨克·卡恩 [英]唐娜·芒罗

出版社：中国建筑工业出版社

出版时间： 2015

内容简介

把城市作为潜在的光伏电站这一概念，正在变得日益火热。但是到目前为止，关于在现有城市肌理、基础设施乃至民众的生活之上进行这类发展会有何种影响，还没有过大规模的研究学习。本书基于欧盟委员会和国际能源机构的广泛而深入的研究，是第一本恰如其分地阐述这一概念的书籍。内容着眼于在城市环境中制定光伏规划政策的影响，并对实施和发展过程进行了概述。

世界建筑艺术图典

作者：[美]欧内斯特·伯登

出版社：中国建筑工业出版社

出版时间：2015

内容简介

本书全面介绍了世界各地、各时期建筑的基本信息，包括流派、作品、人物以及相关理论、名词、术语等。 本书通过彩色照片的研究、分析，为读者提供了非常直观的教育体验，同时通过书面定义，为广大师生及一般读者提供技术信息。本书涵盖了40个建筑定义的类型，按英文A、B字母顺序排列。本书涉及专业类型以及细部设计，分别有：拱形、门、节点、线脚、屋顶、墙面、窗户等。

居住与环境——住宅建设的环境因素

作者：[日] 大内孝子

出版社：中国建筑工业出版社

出版时间： 2015

内容简介

本书从人工环境与自然环境的概念入手，结合一些代入具体数值的公式，在实际利用中通俗易懂地渐次展开话题，为具体应用提供重要参考。全书由包括前言在内的6章内容构成，作者在前言中强调了重新考虑能源的利用，纠正无视环境安全的构筑行为，建造可持续性住房的重要性，并指出从计划阶段就要着手研究自然能源的采集、利用。第1 章讲住房周围的环境，第2章讲住房的日照、日射，第3章介绍住房的自然照明与人工照明以及色彩计划，第4章讲的是住房与换气，第5章讲住房与热度，第6章讲住房与声音。 为了加深对本书内容的理解，作者还在各章的末尾附加了简单的练习题。这也是本书的一大特色。读者只需这一本书，就可以大体上掌握住宅与环境问题的基本事项，与以往的同类书籍相比，本书具有其独到的一面。 作者大内孝子是日本一级建筑师，建筑学专业的博士后，她的这部专著可以作为建筑专业的辅助学习教材，对于从事建筑设计和施工现场的建筑工程师、技术员可以起到获取专业知识的业务指导书的作用。本书将把读者引入更深的知识与智慧的海洋，为攻读建筑专业的学生，从事建筑设计的技术人员尽快融入今天这个“环境世纪”架设一座桥梁。

不同进程，共同遗产——2013西安建筑遗产保护国际会议论文集

作者：刘克成

出版社：中国建筑工业出版社

出版时间：2015

内容简介

与西方现代建筑不同，中国现代建筑的引进与发展，既与中国传统文化的抵抗、交融有关，又与中国特定的历史发展背景有关。在现代化与城市化快速推进的今天，对现代建筑遗产的保护成为中国社会反思现代性、反思现代化、进而为未来人居环境建设提供经验与教训的重要途径，在DOCOMOMO理念正式进入中国的背景下，2013西安建筑遗产保护国际大会的召开对推进我国现代建筑遗产保护事业将起到一定的作用，本文从国际现代建筑遗产保护工作新进展、现代主义东渐和现代建筑遗产的界定、现代建筑遗产保护的多元视角、不同进程共同遗产等几个方面进行了会议学术综述。

理性与浪漫的交织——中国建筑美学论文集

作者：王世仁

出版社：中国建筑工业出版社

出版时间：2015

内容简介

物质层面可变性最大，心理层面保守性最强，两者结合的层面最终表现为一个民族的一种文化现象，这在建筑上表现得尤其明显，本文集中《中国建筑文化的机体构成与运动》就试图对此作出说明。

美学是一门既古老又年轻的学科，它出现很早，到直到今天，许多基本概念、定义、甚至美学研究的对象还有争议，更違论建筑中的美学艺术学和美学的界限在哪里，也是不好区分的。建筑无疑是有美学的，同时也有艺术学研究的内容，应当怎样妥善处理两者的关系呢？这本集子中的前两篇，就是试图从一般的理论角度介绍建筑中的美学问题；其次的三篇则是从理论上探讨民族审美心进的。《民族形式再认识》被收入了王朝闻同志主编的《中国新文艺大系》的文艺理论三集中，那是从艺术学的角度评价中国建筑的，也可以算作是建筑美学的一个侧面。

保护文化传承的新农村建设

作者：杨豪中 李媛 杨思然

出版社：中国建筑工业出版社

出版时间：2015

内容简介

本书分为理论篇与模式篇两大部分，理论篇除了阐述研究源起，研究主题、对象与价值，国内外研究现状，主要研究内容、目标、框架，研究方法与评述之外，重点从五个方面论述了新农村建设与文化传承的理论关系。五个方面分别为：中国文化的农耕文明属性特征，中国乡村与中国文化的依存关系，城市建设中“千城一面”的国际、国内经验。当代背景下农村建设与文化传承的关系，新农村建设、乡村非物质文化遗存、传统村落建筑环境三者支持模式的理论观点、原则与方法。

模式篇主要从三个方面层层递进的论证和阐释了新农村建设、乡村非物质文化遗存、传统村落建筑环境三者共生的建设模式。三个方面分别为：新农村建设、乡村非物质文化遗存、传统村落建筑环境的基础性研究；新农村建设、乡村非物质文化遗存、传统村落建筑环境三者共生性建设模式研究，即保护石、改造式、新建式。

文化遗产保护知行录

作者：王世仁

出版社：中国建筑工业出版社

出版时间：2015

内容简介

这本文集分为两大部分，一是理念考量，二是实践例证，前者为“知”，后者为“行”。理念考量力求脚踏实地，不说谁都能说的空话、套话、片汤儿话；实践例证则重在其可行性、可操作性，不提供画饼充饥、空中楼阁的方案。

建筑写意——建筑师的创意

作者：[英] 史蒂夫·鲍克特

出版社：中国建筑工业出版社

出版时间：2015

内容简介

本书本书适合于所有对建筑感兴趣的读者，尤其适合于那些喜欢绘画、涂鸦和构想人类建成环境的读者。本书的篇章结构是围绕一系列设计绘图练习展开的，从有趣的教学练习和丰富的知识供给逐步深入到激发读者的灵感。所选取的建筑和景观不仅发挥着旨在创造崭新的建筑设计形式的催化剂的作用，而且同时也阐述了某些奠定“现代”建筑的理念。

超越的可能性 21世纪中国新建筑记录

作者：王明贤

出版社：中国建筑工业出版社

出版时间：2015

内容简介

该书系我社《筑海择贝》（原《中国建筑艺术丛书》）丛书中的一

卷，内容主要介绍自2000年至2012年以来，在中国大陆地区竣工的众多优秀建筑，并将这些作品作为细节化的个案研究，体现了当代建筑设计最新变化和潮流，并以此透视当代中国建筑设计的前沿状态和灵感源泉。

建筑与文化论集 第十四卷

作者：吴庆洲 张成龙

出版社：中国建筑工业出版社

出版时间：2015

内容简介

本书以当代中国建筑文化的复兴为主题，从如下几个角度对主题进行研究：（1）当代建筑文化的跨界研究（2）东北亚地区建筑文化探讨（3）后工业时代的建筑与文化（4）城镇化背景下的建筑文化（5）新建筑创作中的文化呈现，论文立意新颖，可读性强，具有较高的专业水平，能代表建筑文化领域最新的学术发展动向。

中外建筑史

作者：李之吉

出版社：中国建筑工业出版社

出版时间：2015

内容简介

本书从设计师的角度来观察和审视建筑的发展与变化，同时关注建筑结构、建筑技术、建筑材料以及自然条件和社会文化等因素在建筑发展中的影响及作用，在突出主流建筑的同时，也关注边缘建筑的发展。本书是目前国内唯一彩色版本的中外建筑史书籍，全书共分四篇：中国古代建筑史、中国近代建筑史、外国古代建筑史和外国近现代建筑史。

中国古代人居理念与建筑原则

作者：王贵祥

出版社：中国建筑工业出版社

出版时间：2015

内容简介

在2000多年前的公元前1世纪末，古罗马建筑师维特鲁威提出了“坚固、实用、美观”建筑三原则；在文艺复兴时期，阿尔伯蒂提出了建筑艺术美的“和谐”理念。本书希望揭示的是，与古罗马人一样，早在3000多年前的上古时期，中国人也提出了与建筑有关的三项基本原则：正德、利用、厚生。与文艺复兴时期的阿尔伯蒂将维特鲁威三原则，归结为“和谐”十分相似，中国古代建筑三原则的核心是：“惟和”。本书透过大量古代文献原典的史料发掘，从建筑理论与原则的视角，对中国人的建筑三原则及“惟和”理念，做了条分缕析的发掘、分析与阐释。本书还就古代中国人在城市规划思想、园林景观艺术、建筑审美意趣方面的种种观念与思想，以及与西方人平行存在的古代中国人的乌托邦理念，逐一进行了发掘、剖析与阐释。古代中国人对于建筑之外在性的“利用、厚生”，以及建筑营造者之内在性的“正德”方面的辩证思考。

匠人营国——中国古代建筑艺术史话

作者：王贵祥

出版社：中国建筑工业出版社

出版时间：2015

内容简介

本套丛书为国家重点图书。本书既是一本中国古代建筑的简史，也是一本有关现存中国历代最重要建筑遗存的中国古代建筑图书。书中所涉及的都是现存历代几乎最重要实例资料，包括各个不同历史时代见诸于历史的重要都城、宫殿、佛教寺塔、道教宫观，其中有许多重要的木构殿堂、楼阁，木构与砖构、石构佛塔，以及重要的孔庙、坛壝、民居等。此外，还有一些见于历史文献记载，但却已不存的重要历史建筑，如历史上曾经建造过的最高木塔北魏洛阳永宁寺塔、见于唐代文献记载的武则天明堂，元上都城内的正殿大安阁等等。因此，本书是了解中国古代建筑史的纲要性书籍，也是学习中国古代建筑史的一本较为浅显、简短、扼要的入门性书籍。

诗意栖居——中国民居艺术

作者：孙大章

出版社：中国建筑工业出版社

出版时间： 2015

内容简介

本套丛书为国家重点图书。本书分，上、下两篇。上篇以历史为线索，对中国民居产生的文化背景和发展历史进行了详细分析和论述；下篇从中国民居的类型为切入点，对单个民居的特色以及聚落关系等进行了分门别类的详细分析和论述。

承德避暑山庄

作者：傅清远

出版社：中国建筑工业出版社

出版时间： 2015

内容简介

本书以简要文字和大量精美图片，对承德避暑山庄建造历史、沿革、构园布局、三十六景等人文景观与自然景观均做了详细的介绍。

三峡库区人居环境建设发展研究——理论与实践

作者：赵万民

出版社：中国建筑工业出版社

出版时间：2015

内容简介

三峡工程是国家治理和开发长江的关键性骨干工程，在国家政治、经济和文化生活中有着巨大的战略价值和作用。它是世界上最大的水利枢纽工程，也带来了世界上前所未有的大规模移民迁建，因而三峡库区的人居环境建设问题就日显重要。赵万民教授领导的山地人居环境学术研究团队，长期跟踪三峡地区人口迁移的聚居问题，从区域、城镇、社区及建筑等不同空间层面，凝练区域人口分布与城镇化、聚居安全与居民点选址及用地布局、传统聚居模式与历史城镇有机更新等研究方向，创新三峡库区聚居过程的理论体系与实践工作，回应国家和地方的重大现实需求与发展趋势。

叠合与融通——近世中西合璧建筑艺术

作者：李海清 汪晓茜

出版社：中国建筑工业出版社

出版时间：2015

内容简介

本套丛书为国家重点图书。本书对近世中国建筑艺术视野下的“中西合璧”现象进行了详细的梳理和归纳，以“中国古典式样新建筑”“中国现代建筑”以及非专业的民间建筑为载体，对“中西合璧”建筑学理上的形成机制加以精确分类，对中国近现代时期相关建筑文化思潮加以全景扫描和个案评介介绍，并展望了“中西合璧”建筑的未来走向。

空间的回响 回响的空间——日常生活中的建筑思考

作者：[日]Atelier Bow-Wow

出版社：中国建筑工业出版社

出版时间：2015

内容简介

本书是关于空间观察和体验的书籍。作者通过各种日常生活的观察，来解读‘form of being’(physical environment)(存在的形式)和‘form of doing’(操作的形式)之间内在的联系。该书并不是一本纯理论书籍，它取材于日常生活的物品，诸如面具、玩具等，以此切入进行分析和观察，然后引入建筑领域的讨论，便于读者理解，同时又具有理论深度。

建筑理念——建筑理论导论

作者：[英]乔纳森·A·黑尔

出版社：中国建筑工业出版社

出版时间：2015

内容简介

本书是为了满足建筑学及相关专业学生，对当代建筑理论发展过程中出现的诸多争议的理解而出版的。本书条分缕析而深入浅出，可以作为课程指导或在建筑哲学学习中的辅助用书。当前建筑书籍汗牛塞屋、实例无数、争鸣万千，本书最早对现代建筑理论发展进行了系统梳理，试图填补日常建筑实践与学院派建筑理论批判之间的巨大空隙。本书从基本的建筑理论介绍，顾及了哲学、工程技术与建筑的解读，通过一系列主题结构篇章点明了当前建筑理论的主要立场。本书各章都探究了特定建筑理论及批判研究方向，通过一系列实例图文并茂地剖析其地位与意义，并给以文化和历史背景佐证。

本原设计

作者：孟建民

出版社：中国建筑工业出版社

出版时间：2015

内容简介

本书分为本原设计观、本原设计观的思想成形追溯、本原设计实践作品、本原设计相关对谈四个部分。从理论与实践两方面阐述了本原设计的设计理念与作品表现，并有本原设计与现代主义、当代文化、人的生活、城市发展、社会公平等多个方面的深入访谈。

建筑学：一种现代的视角

作者：[英]理查德·罗杰斯

出版社：中国建筑工业出版社

出版时间：2015

内容简介

本书建筑大师理查德·罗杰斯的经典理论作品，讲述了建筑历史的发展，以及建筑学的价值观。本书探讨了社会的发展对建筑的影响，而建筑本身，无论新旧，对城市的社会及文化变迁逐渐产生了更大的贡献。为了使本书图文并茂，作者使用了大量的工程案例，本书的内容涉及四个相互关联的主题：赞助与资本，现代主义，后现代主义和未来。

阅读建筑

作者：张钦楠

出版社：中国建筑工业出版社

出版时间：2015

内容简介

本书是作者另一本著作《阅读城市》的姐妹篇。与阅读城市的同时，当然也离不开阅读城市的“细胞”——建筑。然而，当阅读对象从“宏观”的“城市”转向“微观”的“建筑”时，作者发现其阅读方法也随之变化。因此，作者在《阅读建筑》中，通过对国内外古今二十几栋建筑，从微观角度探讨了建筑与文化的互动关系。

夏门古村

作者：薛林平 梁振昱 刘好华 杨小虎 刘婕

出版社：中国建筑工业出版社

出版时间：2015

内容简介

位于山西省中南部的夏门古村集中反映了明清两代堡寨式建筑群的特色，自然环境优美，建筑布局严谨，2012年被公布为首批中国传统村落。本书在深入考察古村历史与现状的基础上，结合现场测绘和摄影等多种方式，全面介绍了古村的历史文化、空间格局以及具体建筑等等，完成了时空层面的立体重构，展现了古村的魅力。

荆楚建筑风格研究

作者：尹维真

出版社：中国建筑工业出版社

出版时间：2015

内容简介

本书从根源出发，对荆楚文化进行深入探源挖掘，明确荆楚文化的定义与内涵，研究荆楚文化的载体，得出荆楚的文化特征。之后重点对荆楚派建筑风格进行寻根式挖掘，提炼出荆楚风格的建筑元素；然后从时间轴上出发，对湖北地域的建筑风格演变进行从古至今的系统梳理与研究，总结出荆楚风格的建筑特征；最后再对湖北民居与村镇风貌进行汇总研究，将散落在民间的荆楚风格汇聚一堂，补充完善研究成果，凝结出当代及今后城乡建设可供利用、借鉴的荆楚派建筑风格与表现方式。具体分为“荆楚建筑与荆楚文化”“荆楚建筑风格探源”“荆楚古代建筑研究”“荆楚近代建筑风格研究”“荆楚现代建筑风格研究”“荆楚民居建筑特色研究”“荆楚传统村镇风貌研究”七个专题。

帕拉第奥建筑四书

作者：[意] 安德烈亚·帕拉第奥

出版社：中国建筑工业出版社

出版时间：2015

内容简介

本丛书已列入2013年度国家出版基金项目，本书是“西方建筑理论经典文库”丛书中的一卷。《建筑四书》是关于西方古典主义建筑师所追求的目标的明晰著作，一部研究西方古典建筑的总结。本书概括讲述了帕拉第奥的建筑原理，为建造者提供了可行的建议。他在书中引用了他自己的许多设计以说明古罗马的设计原则。第一书关于材料、古典柱式和装饰的研究；第二书包括所作住宅设计图和古典建筑复原图，图中根据数学比例关系，标出尺寸；第三书包括桥梁设计、古代城市规划、古罗马长方形会堂；第四书是古罗马神庙的复原图。帕拉第奥承接了古代的维特鲁威，重新阐释了他的建筑规则。帕拉第奥有关比例方面的理论，在维特鲁威的基础上更显精妙完善，向人们解释了一系列复杂的、音乐性的和谐关系，不仅涉及某个房间的比例，还涉及空间序列中各个房间的比例。此外，他还在房间布置上坚持对称的原则，甚至发展了双轴对称的布局。

雪域宗山

作者：庄惟敏 张维

出版社：中国建筑工业出版社

出版时间：2015

内容简介

第一部分是接受委托和建筑策划。通过玉树地震、接受委托、藏区院落调研、藏区政府办公建筑调研、使用方和民俗专家座谈、建筑策划等章节，介绍了团队在设计前期分析和建筑策划进行的工作。第二部分是建筑设计和评审。包括构思的源点、方案设计和评审、方案的一波三折、初步设计、窗户和檐口、屋顶的推敲、施工图设计、开工仪式、施工进度、常驻工地、施工中还在进行的方案探讨等章节组成，介绍了团队在设计、评审和施工的过程。 第三部分是重点部位和专项设计。包括玻璃幕墙、州府入口广场、州府内院、州委内院等重点部位，以及室内装修设计、景观设计、装饰砌块、色彩调整、设计概算、无障碍设计、绿色建筑、夜景照明等专项设计工作。 第四部分是竣工验收和反思。包括竣工和验收、国际交流、建筑学教学科研和实践联动、使用后评价和反思等章节，以建筑全寿命周期视野来看待建筑竣工。

19世纪末——21世纪初的欧洲建筑

作者：[荷兰] 汉斯·伊贝林斯

出版社：中国建筑工业出版社

出版时间：2015

内容简介

《19世纪末—21世纪初的欧洲建筑》一书对现代欧洲建筑最重要的发展提供了一个概述。它是第一本大量关注中欧和东欧建筑的建筑史图书。本书配有大量的彩色照片。本书展示了20世纪在欧洲各地建筑是如何为社会服务的。相比世界上的其他地方，建筑在欧洲更多被用于形成和表现社会。本书揭示了在欧洲各地，建筑发展中的众多相似之处和联系。基于诸多跨国比较，本书提供了全新的有关现代建筑的欧洲视角。

洛吉耶论建筑

作者：[法]马克—安托万·洛吉耶

出版社：中国建筑工业出版社

出版时间：2015

内容简介

本书是18世纪艺术理论的重要文献，在西方建筑学的发展中有着重要的意义，是一部具有权威性的经典图书。 作者在书中陈述了他的基本建筑观，认为娇柔的洛可可风格已使18世纪的法国建筑走向倾颓，惟有重归建筑理论的正道才能使建筑成为法兰西民族不朽的象征。而他的途径就是"返璞归真"，回到建筑的本源——由树枝搭成的原屋，并以此作为自然而纯粹的建筑的理论基础。除了预示新古典主义到来的建筑理论之外，本书还以生动的语言讨论了人居环境科学、城市规划，甚至中式花园等内容。因此，它既是一部开拓时代的建筑理论专著，又是一本包罗万象的大众读物，直至今日仍具有重要的学术和社会影响。本书对于理解新古典主义美学，及其相对于启蒙运动的理性主义的发展也具有重要价值。

沙利文启蒙对话录

作者：[美] 路易斯·沙利文

出版社：中国建筑工业出版社

出版时间：2015

内容简介

路易斯·沙利文（Louis Sullivan，1856－1924年）是美国芝加哥学派的代表人物，是现代功能主义和新客观主义的先驱者，同时他的复杂而高度个性化的建筑理论包含了多种因素——美国先验主义、德国理想主义、斯韦登堡的见神论思想，以及巴黎美术学院的理性主义思想。在本书中，沙利文对"功能"的定义进行了重新阐释：功能是"人的思想和行为的应用，是他内在的力量，以及将这些精神的、道德的、物理的力量应用于其中的结果"。在沙利文看来，决定建筑形式的功能，是由自然的、社会的和知识的因素，即人类需求的总和所构成，建筑形式要表达人的功能与需求，而不是结构的规则。沙利文的功能概念是"浪漫主义的，彻头彻尾的美国式的"。

印度建筑的兼容与创新：孔雀王朝至莫卧尔王朝

作者：薛恩伦

出版社：中国建筑工业出版社

出版时间：2015

内容简介

印度的历史悠久，最早出现的印度河文明在时间上大致与古代两河流域文化、古埃及文化同时，印度古代建筑的发展在孔雀王朝的阿育王时代形成一个高峰，以桑吉大塔为代表的佛教建筑成为这个时期建筑的标志，印度古代建筑发展的另一个高潮是在莫卧儿王朝，莫卧儿王朝也是印度的最后一个王朝，莫卧儿时代的建筑是印度古代建筑最辉煌的时期，莫卧儿建筑是伊斯兰文化、波斯文化与印度本土文化融合的成果，法塔赫布尔·西格里王宫的兼容与创新成为印度古代建筑的典范。莫卧儿时代的拉杰普特建筑是印度古代建筑的另一个亮点，拉杰普特建筑具有浓厚的地域特色，对印度建筑的发展具有重要影响。本书作者两次访问印度，重点访问了印度北部的古代建筑，恒河以北是印度古代建筑最集中的地段，从阿育王时代开始，印度的建筑从木结构转向石结构，石结构坚固、耐久，有利于建筑保护。

冯纪忠百年诞辰研究文集

作者：赵冰 王明贤

出版社：中国建筑工业出版社

出版时间：2015

内容简介

本书是中国著名的建筑学家、建筑师和建筑教育家，中国现代建筑奠基人，中国城市规划专业和风景园林专业的创始人，同济大学教授冯纪忠（1915.3.19—2009.12.10）先生代表作品的研讨论文合集，书中包含了大量精彩照片。

维奥莱—勒—迪克建筑学讲义（上、下册）

作者：[法]尤金—埃曼努尔·维奥莱—勒—迪克

出版社：中国建筑工业出版社

出版时间：2015

内容简介

本丛书已列入2013年度国家出版基金项目，本书是"西方建筑理论经典文库"丛书中的一卷。尤金—埃曼努尔·维奥莱—勒—迪克（Eugè ne—Emmanuel Viollet—le—duc，1814—1879年），无论在现代建筑史上还是在建筑遗产保护史上都是一位非常重要的人物。本书是维奥莱—勒—迪克最重要的著作之一，是作者以在1857年作为巴黎美术学院的教授为打算开设的课程所写的讲义为主，又收录了他之后的一些文章而形成的。

设计中的建筑环境学 发现、营造生物气候设计

作者：[日] 日本建筑学会

出版社：中国建筑工业出版社

出版时间：2015

内容简介

本书所言"生物气候设计"，指"与当地自然相符，能够使地球的环境可持续发展，给人以愉悦舒适"的建筑设计。生物气候学

（Bioclimatic）是气候学和生态学的边缘学科，主要研究气候环境对生物的影响。例如，天气和气候对动植物和微生物的影响，对正常健康人的生理过程及其疾病的影响；房屋和城市小气候对人类健康的影响；历史气候条件对人类发展和分布的影响等。随着生态建筑的发展，生物气候学作为生态气候学（Ecoclimatology）的一个分支，因其对自然条件的关注而变得更加重要。本书所论述的生物气候设计（Bioclimatic Design）即运用生物气候学的方法，设计出较低能耗的建筑，应该是今后建筑发展的趋势。

西方现代艺术源流概览

作者：赵冠男

出版社：中国建筑工业出版社

出版时间：2015

内容简介

本书以一个建筑学人的视角对现代艺术的发生、流派间的关联性以及现代艺术的整体发展脉络进行了全面性阐释，并分别以“非学院的反叛性初探”“传统壁垒缺口的扩张”“新的艺术语汇的储备”“激烈的现代艺术革命”“对革命的遏制与回赴”“现代艺术革命的平息”“新的艺术探索中心”以及“概念及流派的爆发”为章节，以年表梳理和排列的方式，针对1863—2000年现代艺术的实践与发展进行了较为详尽的论述。并最终对1863—2000年现代艺术发展中作为“观念”而存在的主要探索方向进行了总结。

“有机”的秩序与“材料的本性”——弗兰克·劳埃德·赖特

作者：汤凤龙

出版社：中国建筑工业出版社

出版时间：2015

内容简介

本书是“西方现代主义建筑大师理论研究丛书——‘秩序与建造’”系列之一，按草原式住宅、混凝土块系列住宅、美国风住宅及赖特公共建筑的顺序对赖特毕生的建造秩序演绎进行全景式扫描，从而将赖特丰富而独特的建筑创造精髓呈现出来。

扬州民居营建技术

作者：梁宝富

出版社：中国建筑工业出版社

出版时间：2015

内容简介

本书为“中国民居营建技术丛书”中的一个分册，以图文并茂的形式，全面记录了扬州民居的建筑历史、建筑文化、建筑风格、建筑设计、建筑营建技术等。

中国古代城市规划、建筑群布局及建筑设计方法研究（上、下册）

作者：傅熹年

出版社：中国建筑工业出版社

出版时间：2015

内容简介

傅熹年先生通过对中国古代城市规划、建筑群布局及建筑设计方法的的系统研究，发现并向世人展示出“中国古代建筑确有一套规划设计原则、方法和艺术构图规律”。这些规律随着时代前进不断发展完善，正是由于有这些原则、方法和规律控制，中国古代建筑才能在不断发展、推陈出新的同时做到承前启后、一脉相承，保持这一独特建筑体系的独立性和延续性。

社会人文因素对中国古代建筑形成和发展的影响

作者：傅熹年

出版社：中国建筑工业出版社

出版时间：2015

内容简介

本书在翔实的建筑实物材料和文献记载的基础上，从古代哲学思想、伦理观念、礼法制度、文化传统、艺术倾向、生活习俗、宗教信仰甚至民间迷信等社会和人文诸方面因素对这个建筑体系的形成与发展的作用进行探讨，更全面地了解中国古代建筑的特点和形成过程及其发展规律，总结我国在这个领域的独特成就、历史经验及教训。

聚落

作者：王昀

出版社：中国建筑工业出版社

出版时间：2015

内容简介

聚落和人类的历史一样久远，在聚落中有人类对生活构想的最初形态，对建筑师来说，空间体验是建筑师的一个非常重要的思想来源。《聚落》一书中你会发现人在自然居住状态下的生存法则，发现那些根据人身体的韵律、节奏、感觉和内心情感决定的空间与尺度之间的关系。

象征与建筑

作者：刘晓光

出版社：中国建筑工业出版社

出版时间：2015

内容简介

本书以简要文字和大量精美图片，详尽宣传、介绍了丰富多彩的图案、纹饰、方位、颜色、形状、数字、动物、植物等在中国古建筑中的象征意义。

鱼缸

作者：马岩松

静谧与喧嚣

作者：李兴钢

应力

作者：李虎 黄文菁

起点与重力

作者：华黎

天堂与乐园

作者：董豫赣

出版社：中国建筑工业出版社

出版时间：2015

内容简介

此次“建筑界丛书第二辑”推介了6组最具代表性的中国新一代建筑师，分别为马岩松、李兴钢、李虎+黄文箐、华黎、董豫赣和张轲。其中，前5位建筑师的书稿已经出版。在从书中，建筑师们充分展现了他们超越建筑之外的文字功底和文化理念。在这里，建筑已不仅仅止于某种具体的“盖房子”过程，更是建筑家漫长的艺术领悟路径与心灵体验历程的直接折射。

颐和园

作者：王其亨

出版社：中国建筑工业出版社

出版时间：2015

内容简介

本书是针对颐和园的现有历史建筑进行详细测绘、整理的一本图集，是关于颐和园历史建筑保护与研究的第一手资料。

筑·美 02

作者：赵军

出版社：中国建筑工业出版社

出版时间：2015

内容简介

其为全国高等学校建筑学学科专业指导委员会建筑美术教学工作委员会、中国建筑学会建筑师分会建筑美术专业委员会与中国建筑工业出版社联合推出的一本年刊，本刊主要围绕建筑与环境设计专业中的美术基础教学、专业引申的相关艺术课程探讨、建筑及环境设计专业美术教师、建筑及相关专业设计师的艺术作品创作表现鉴赏等为核心内容。年刊栏目主要设置有大师平台、名家名作、教育论坛、匠心谈艺、艺术交流、艺术视角、筑美资讯等几个栏目。分别从不同的视角展现建筑美术国内外的发展交流和教学现状。

教堂建筑的秘密语言

作者：理查德·斯坦普， 萧萍 译

出版社：北京时代华文书局有限公司

出版时间：2015

内容简介

通过图文来让当代读者在参观教堂时能够理解基督教神圣建筑的布局、材料以及各种装饰的象征意义，从而更深领会这些建筑的庄严圣洁的氛围。本书共三卷。卷一分析建筑的结构特征，从外至内，从墙壁到天顶。卷二引导读者熟悉基督教的各个主题，辨识重要人物、场景、故事、动物、花卉以及绘画、雕刻、塑像中数字、字母和图案的运用。卷三解密历史，追踪风格的演变，从早期的巴西利卡式，到拜占庭式、罗曼式、哥特式等等，直至今日。

新城市规划艺术

作者：安德列斯·杜亚尼， 伊丽莎白·普拉特-兹贝克，罗伯特·阿尔米纳，杨至德译

出版社：华中科技大学出版社

出版时间：2015

内容简介

书中详细介绍分析了众多大师的经典规划实例，有的是经受了时间考验的先驱性项目，有的已经有好几个世纪的历史，同时，加入当代城市规划和城市设计领域优秀的实例，是一本难得的规划类图书宝典。

物化的理念：以诗论的文字谈论建筑

作者：[西] 阿尔伯托·坎波·巴埃萨

出版社：OSCAR RIERA OJEDA PUBLISHERS

出版时间：2015

内容简介

“物化的理念”，出自1988至1989学年间作者在马德里高等建筑学院开设的博士课程的名称。作者试图借此传达出这样的含义：建筑，在根本上它是一种理念，虽然这种理念的表达有赖于形式—建筑通过形式呈现于我们眼前，但是建筑高于这些形式，并超越它们。这种理念，通过与人—建筑之核心所在—密切相关的各种尺度来得以物化。因此，建筑可以说是一种被建造的理念。建筑的历史，不仅是形式的历史，其本质是一部被建造的理念的历史。形式会随着时间消亡，但理念得以留存、不朽。

何谓建筑:藤森照信的建筑思考

作者：藤森照信　景瑞琴译

出版社：上海人民美术出版社

出版时间：2015

内容简介

藤森照信根据自己对建筑的经验和理念，并通过与安藤忠雄、伊东丰雄、隈研吾、原广司等15位建筑师、建筑评论家之间的建筑问答，逐渐展开“何谓建筑”的思考。15位提问者皆为一时之选，问与答针锋相对，部分提问者甚至反被藤森质问，你来我往之间触及大师们建筑创作的原点。另外，本书中特别收录藤森建筑杰作、茶室“高过庵”从构思到完成4年间的完整草图。

纳西族乡土建筑建造范式

作者：潘曦

出版社:清华大学出版社

出版日期：2015

内容简介

本书基于实地调研和访谈而形成，主要对纳西族乡土建筑历史地理和建造过程进行研究。研究既无意构建庞大的理论框架，也不企图得到关于建筑的普遍真理，而是希望通过阐释与深描，记录纳西族乡土建筑的多样性面貌，展现当地乡土建造活动的图景，继而在连续的历史视野下认识一方乡土建筑的演变与发展。

产能——建筑和街区作为可再生能量来源

作者：M.Norbert Fisch，Thomas Wilken　[德]诺伯特·费什　[德]托马斯·威尔肯 著　祝洋瑜 译

出版社:清华大学出版社

出版日期：2015

内容简介

未来能源供应中能效及可再生能源利用担当着重要角色。达到产能标准的创新性建筑和街区设计可以产生年度能量结余或生命周期内能量结余，为实现既定目标做出重要的贡献。讨论建筑能耗时不仅要考虑采暖、制冷、通风、照明，还应当考虑个性化的用户设备能耗。这种全面的能源理念在建筑从能耗大户向产能基地的转变过程中至关重要。本书全面参考了建筑设计、能源规划以及建筑设备方面与产能标准相关的理念，展示了居住建筑、非居住建筑以及城市街区的实际案例，同时也展示了产能建筑标准在全球范围内的应用潜力，并针对中国不同气候区提出了相应解决方案。产能建筑的可实施性已经得到了证明，建筑作为发电站和储能器成为分散式能量供应系统的重要一环。

旅游空间北京城

作者：赵建彤

出版社:清华大学出版社

出版日期：2015

内容简介

本书是针对北京这样一座超大规模城市旅游空间现实问题的大胆探索，在跨学科研究平台上，通过不同尺度和层级的分析，梳理当代北京旅游空间的整体面貌和突出问题，并吸取国外其他城市经验，探讨了北京旅游空间的优化思路与发展前景，对于北京城市空间发展具有一定的现实意义。

理想城镇的探索——转型期苏南小城镇最新实践与理论透视

作者：刘晓平

出版社:清华大学出版社

出版日期：2015

内容简介

本书作者有着对苏南小城镇20年的持续观察和研究思考，针对21世纪初苏南小城镇规划最新实践开展调研。开篇通过回顾20世纪初的小城镇研究与实践，铺垫了苏南小城镇发展的脉络。接着在当代郊区发展理论和社会转型的视野中，结合案例分析总结了苏南小城镇的发展动力、规划设计、开发模式等方面的共性规律与经验，及时地总结了当下苏南小城镇规划的最新经验和问题，并对实践前沿问题提出探讨，形成本书的主要成果。苏南在小城镇规划建设领域的探索与实践，一直领先全国，这些先发经验和教训对新型城镇化目标下的我国小城镇规划与开发有重要借鉴价值。

湘西土家族建筑演变的适应性机制

作者：周婷

出版社:清华大学出版社

出版日期：2015

内容简介
本书引借达尔文的生物适应性理论，旨于从建筑生成和发展的动力机制上去认知建筑的适应性，主张以“人本位”让位于 “环境本位”，在本质上认识到环境的“源”，方能归其于 “本”。从地区性与民族性兼具的湘西土家族建筑切入，通过对其源起至今整个演变历程的长时段考察，本书得 出形成时期建筑的适应性凸显为自然环境的选择作用，成熟时期社会文化环境的性质决定建筑文化性的适应方向，而当下正在发生的种种变迁是由于极端复杂的经济技术环境选择作用凸显的结果。建筑的演变呈螺旋式的发展趋势。

国际城市雨洪管理与景观水文学术前沿——多维解读与解决策略

作者：刘海龙 杨锐 贾海峰 倪广恒 郑晓笛 胡洁 韩毅、孙媛 袁琳

出版社：清华大学出版社

出版日期：2015

内容简介
本书是基于清华大学在景观水文、绿色建筑、生态规划以及环境、水利方面的综合优势与研究积累，以“2015北京城市雨洪管理与景观水文国际研讨会”为契机，将国内外水文、水利、给排水、水环境等科学与工程应用研究与分析的前沿发展，与风景园林、城市规划、建筑设计研究与实践相结合，探讨在平衡城市自然 人工二元水循环、解决城市雨洪问题的同时，营造安全、健康、和谐、优美的人居环境的多学科融合策略。

瓜瓞延绵山海间 临海传统宗祠研究

作者 ：滕雪慧 著

出版社：文物出版社

出版日期：2015

内容简介
全国第三次文物普查中，临海市调查现存传统宗祠计80余座。这些宗祠散落于山间海滨，遍布各个乡镇，在乡村区域空间中占据了显著而突出的位置。这些宗祠建筑汇聚了当时当地讲究的工艺，华美的装饰，体现了乡里公共建筑的高水平，成为乡土建筑文化的代表。《瓜瓞绵延山海间 临海传统宗祠研究》细致梳理了临海现有宗祠遗存，从建筑文化与社会文化史的双重视角，对临海传统宗祠进行研究和阐释，力求深入探究宗祠的建筑风格、特征与内涵，复原其宗祠所反映的宗族社会全景。

茶胶寺修复工程研究报告

作者：许言

出版社：文物出版社

出版日期：2015

内容简介
主要是在整理、修订、归纳、汇总、完善工程项目的前期研究、方案设计、维修施工三个阶段的成果基础上编撰。全书分茶胶寺概况、建筑形制研究、保存现状调查与评估、修复工程设计、修复工程、建筑本体结构变形监测与预防、施工资料档案建设和总结八章。

传播学视阈下城市景观设计的传播管理

作者：韩凝玉 张哲

出版社：东南大学出版社

出版日期：2015

内容简介
本书以城市景观设计的传播过程和效果以及城市景观设计中的互动对话之传播管理构成上下篇。上篇从传播学视阈审视城市景观设计，搭建其传播要素，并对传播效果进行阐释，进而从互动理论中折射出城市景观设计的传播本质。下篇从宏观层面对城市景观设计团队所从事城市景观设计过程中凸显的互动对话以及传播层面的管理之必要性和重要性进行阐述，从跨学科角度整合城市景观设计中互动对话的传播管理策略，以期将其成果积极应用于城市景观设计的实践之中。

人文主义建筑艺术：一项关于审美趣味演变历史的研究

作者：杰弗里·斯科特 吴家琦译

出版社：东南大学出版社

出版时间：2015

内容简介
从各个方面把堆积在建筑艺术身上的那些污泥清洗干净，让建筑艺术的本质再次显露出来。

杭州风景城市的形成史：西湖与城市的形态关系演进过程研究

作者：傅舒兰

出版社：东南大学出版社

出版时间：2015

内容简介
本书以杭州为例，从探讨“自然风景与城市关系”的视角切入，围绕“杭州西湖”关系的发展变迁，对杭州现代风景城市形成的历史过程进行了系统的梳理。在此基础上，进一步围绕“根植于西湖风景名胜地的山水思想”与“近代之后移入发展的近代城市概念以及规划思想”这两者是如何相互作用、相互影响近代以来杭州城市发

展变迁这一问题进行了讨论，着重观察并解释了城市规划这门技术在城市演进过程中的作用。

空中读城

作者：李振宇

出版社：同济大学出版社

出版时间：2015

内容简介

本书根据建筑原理，通过空中摄影的方法，对国内外著名城市进行解读，强调城市的特点和个性。作者15年来用独有的方式记录和解读城市建筑，乘坐民航机，对北京，上海，广州等30多座国内城市和巴黎，伦敦，柏林，华盛顿，肯尼亚，伊斯坦布尔，首尔等50多座外国城市进行了拍摄，重在对城市肌理和城市意象的观察和发掘。

图解人类景观

作者：（英）杰里柯

出版社：同济大学出版社

出版时间：2015

内容简介

全书共分两部分：第一部分完整地介绍了从史前到17世纪末的人类代表景观。作者在纵览了28种人类文化现象后，先简短介绍没一种文化或文明的背景，再说明它们是如何以景观的语汇呈现，最后以一系列的图片证明。第二部分介绍了现代景观的演进。这是一部划时代的人类景观巨著，全书体现出作者对人类景观的深刻理解。

社区空间治理——2015年同济大学城市与社会国际论坛会议论文集

作者：周俭

出版社：同济大学出版社

出版时间：2015

内容简介

本书汇集了2015年同济大学城市与社会国际论坛17篇参会论文，以“社区·空间·治理”为主题，聚焦中外城市社区在发展演变、转型重构、制度机制等方面的经验与问题，内容涉及城市更新与社区发展、社区治理与社区参与、城市遗产与社区记忆、社会空间与身份认同四方面。

2015年中国建筑艺术大事记

2015年

1月5日	2014世界设计排名（WDR）揭晓，中国排名第7。
1月6日	由中国工程院土木、水利与建筑工程学部、中国建筑学会主办，东南大学建筑学院等单位共同承办的“文化自信引领建筑创新”学术研讨会暨《当代中国建筑设计现状与发展》、《中国当代建筑设计发展战略》新书发布会，在东南大学举办。
1月14日	张良皋教授辞世，享年92岁。
1月9日	中国城市规划学会乡村规划与建设学术委员会成立。
2月1日	《新建筑》第1期以专栏“乡 · 愁——现代中国”，探讨了田园文明的存续问题。
2月6日	由同济大学建筑与规划学院夏威夷大学东西方研究中心共同主办的“亚洲城市化与城市规划研讨会”，在夏威夷大学举行。
2月9日	由扎哈 · 哈迪德（Zaha Hadid）与巴黎机场集团建筑设计公司（ADPI）设计的北京大兴新机场方案公布。
2月11日	重庆云阳龙缸景区悬挑玻璃景观廊桥建成。该桥位于海拔1123m绝壁之巅，离地718m，悬挑支出长度为26.68m。采用无钢架支撑，被誉为世界第一悬挑玻璃景观廊桥。
2月24日	国务院决定，取消67项职业资格许可和认定事项，其中包括“室内设计师”“景观设计师”“建筑装饰设计师”“古建园林工程项目经理”“装饰（住宅）监理（师）”“建筑表现制作师”“中国古建营造师”“民族建筑设计师”“民族（古）建筑维护师”“民族（古）建筑修缮师”“装饰项目经理”“室内装饰监理师”。
2月	由云南省文物考古研究所主持的云南江川甘棠箐旧石器时代遗址发掘，确认为100多万年前的用火遗存。遗址中木制品的发现填补了该领域国内研究空白，也是目前世界上发现的时代最早的木制品。
3月16日	民国史研究学者黄飞鸿质疑南京为筹建“科举博物馆”，拆迁解放电影院、秦淮剧场等民国建筑，占用永和园等老字号原址。并认为，科举博物馆没必要建得太大。
3月20日	“阙里宾舍”施工图展览暨座谈会，在中国建筑设计研究院举办。
3月21–22日	中国建筑学会建筑教育评估分会2015年年会在天津大学召开，本年度的主题为“建筑教育评估与设计课教学”。
3月25日	由同济大学出版社“光明城”主办的“王大闳：华人建筑的现代性探索”讲座及沙龙，在北京建筑大学举行。
3月27日	“渐渐件件——伦佐 · 皮亚诺建筑工作室”展览，上海当代艺术博物馆开幕。
3月27–31日	中国建筑学会代表团访问香港建筑师学会。在港期间代表团出席了2015年香港建筑师学会两岸四地建筑设计论坛和大奖颁奖、英国皇家建筑师协会展览发布会等活动。
3月28日	香港建筑师学会主办的“2015年香港建筑师学会两岸四地建筑设计论坛及大奖”在香港JW万豪酒店举办。海口观澜湖华谊冯小刚电影公社1942街荣获商场/步行街类大奖。

3月31日	东南大学建筑学院郑炘团队的作品“空中庭院——常州青果巷历史文化街区城市设计”，荣获由Architectural Review杂志举办的2015年度AR MIPIM“未来建筑奖大奖”及“旧与新”类别单项优胜奖。该项评选竞赛。
4月9日	2014年度全国十大考古新发现揭晓。广东郁南磨刀山遗址与南江旧石器地点群、河南郑州东赵遗址、湖北枣阳郭家庙曾国墓地、云南祥云大波那墓地、浙江上虞禁山早期越窑遗址、西藏阿里故如甲木墓地和曲踏墓地、内蒙古正镶白旗伊和淖尔墓群、河南隋代回洛仓与黎阳仓粮食仓储遗址、北京延庆大庄科辽代矿冶遗址群、贵州遵义新蒲播州杨氏土司墓地十个项目入选。
4月18日	由WACA城市特色学术委员会主办的“走向可实施的城市设计”主题研讨会，在同济大学主办。
4月18日	由Archina建筑中国，Perkins+Will联合主办的“自然而然——上海自然博物馆建筑谈”主题研讨会，在同济大学举行。
4月21日	建筑新媒体联合会主办，ABBS建筑网、林业出版社联合承办的建筑新传媒大奖颁奖典礼在上海同济建筑设计研究院举行。
4月21日	由美国GP建筑设计有限公司设计，高445m的南宁华润中心大厦综合体开始施工。
5月8日	一颗国际编号为210232号的小行星正式命名为“张锦秋星”，命名仪式在陕西西安大明宫遗址公园举行。
5月11日	浙江东阳横店“圆明新园”部分建成并开园。该园2012年动工以来，因称按照北京圆明园的大小1:1原样重建备受争议。
5月12日	中国城市规划学会代表团赴乌兹别克首都塔什干，与乌兹别克建工学院进行交流。
5月24日	第四届“UIA–霍普杯2015国际大学生建筑设计竞赛”作品评审会在同济大学建筑与城市规划学院举行。
5月18日	《时代建筑》第3期以专栏“从乡村到乡土：当代中国的乡村建设”，探讨在高速城镇化背景下乡村建设问题。
5月30日	首届“壹江肆城”建筑院校青年学者论坛，在重庆大学建筑城规学院召开。该论坛由重庆大学建筑城规学院发起，同济大学建筑与城市规划学院、东南大学建筑学院、华中科技大学建筑与城市规划学院、重庆大学建筑城规学院四个学院共同主办。
5月30–31日	“东南建筑学人论坛”第一季活动，在东南大学建筑学院举办。
6月3日	东南大学“1977届之后的毕业生作业展”，王澍当年的作业成为关注的焦点。
6月4日	由英国皇家艺术学院的凯特·古德温（Kate Goodwin）策展，英国大使馆/总领事馆文化教育处主办的“新世纪英伦创造：走进赫斯维克工作室”东南亚巡展中国站，在北京中央美术学院美术馆揭幕。
6月6日	2015年城市规划专业六校（清华大学、同济大学、东南大学、天津大学、西安建筑科技

	大学、重庆大学）联合毕业设计终期答辩交流及成果展览活动，在重庆大学建筑城规学院举行。
6月22–24日	美国华盛顿举行的第七轮中美战略与经济对话中，中国国家级风景名胜区与美国国家公园合作成果纳入第七轮中美战略与经济对话成果清单。
6月26–28日	生态文明贵阳国际论坛2015年年会在贵阳市国际生态会议中心召开。本次会议在“走向生态文明新时代——新议程、新常态、新行动” 的主题下，设有国家公园体制建设分论坛。
6月27日	由中国城市规划学会主办的第2届城市规划“长安论坛”，在西安建筑科技大学建筑学院举办。
7月3日	住房城乡建设部、国土资源部和公安部联合发布《关于坚决制止异地迁建传统建筑和依法打击盗卖构件行为的紧急通知》。
7月4日	在德国波恩举行的第39届联合国教科文组织世界遗产委员会会议（世界遗产大会）上，中国土司遗址获准列入世界遗产名录，成为中国第48处世界遗产。
7月6日	张家港市基督教堂建筑设计方案征集结果揭晓，苏州六度设计研究院有限公司获优胜奖。
7月20日	三沙市建设规划专家委员会成立与聘任仪式，在海口市举行。
7月21日	北京建筑大学、天津城建大学、河北建筑工程学院合作签约仪式在京举行，京津冀建筑类高校协同创新联盟同时成立。
7月24日	当代建筑教育圆桌讨论会在同济大学建筑与城市规划学院召开。
7月25日	第二届国际建筑教育论坛在同济大学建筑与城市规划学院召开。该论坛再次以“开放与多元”为主题。
7月	《中国国家博物馆馆刊》刊出“周原遗址凤雏三号基址2014年发掘简报”，该遗址位于周原岐山凤雏村南,北距凤雏甲组基址和乙组基址约40m。平面呈“回”字形，四面为夯土台基,中间为长方形的庭院。基址总面积2810m^2。是周原迄今发现的规模最大的西周建筑基址。
8月6日	上海地区首届建筑工业化产业创新学术论坛上，发起成立了上海建筑工业化产业技术创新联盟。
8月13–14日	由中国科学技术协会学会主办的第四届山地城镇可持续发展专家论坛，在新疆伊宁召开，本次论坛主题为“一带一路战略与山地城镇交通规划建设”。
8月16日	由中国城市规划学会主办、中国城市规划学会青年工作委员会和《城市规划》杂志承办的“中规院杯”第8届中国城市规划学会青年论文奖（暨第十四届全国青年城市规划论文竞赛）揭晓。本届论文竞赛的主题为“新常态”语境下的城乡规划变革。参评的125篇论文中，评选出18篇论文获奖，其中一等奖1名、二等奖2名、三等奖5名及佳作奖10名。
8月19日	第三届“西部之光”大学生暑期规划设计竞赛评审揭晓。
8月20–24日	受联合国教科文组织世界遗产中心和IUCN委派，世界自然保护联盟（IUCN）专家布鲁

斯·杰弗里斯（Bruce Jerriffies）对湖北神农架世界自然遗产提名地进行了现场考察评估。住房城乡建设部城建司、中国联合国教科文组织全国委员会科学文化处、神农架林区人民政府有关人员一同参加了考察。

8月28–30日　由中国古迹遗址保护协会、中国文物保护技术协会和中国城市科学研究会历史文化名城委员会共同主办，以“建筑不老、遗产永恒”为主题的2015（上海）国际建筑遗产保护博览会，在上海展览中心举行。

9月1日　第八届中国威海国际建筑设计大奖赛和威海杯2015全国大学生建筑设计方案竞赛获奖名单公布。本次竞赛共收到来自10个国家和地区、138个建筑设计单位、127所高等院校的参赛作品。同济大学建筑设计研究院有限公司的“上海鞋钉厂改建项目”、中国建筑设计院有限公司的“德阳市奥林匹克后备人才学校”获得金奖。竞赛还评出银奖5项、铜奖10项、特别奖8项、优秀奖59项。

9月1日　上海天文馆（上海科技馆分馆）建设工程项目可行性研究报告获得上海市发改委批复。

9月9日　第14届住博会在京举办。

9月9日　由城市公共艺术研究中心主办的第14届住博会“城市公共艺术与人居环境展暨论坛”在京中国国际展览中心新馆举行。展场以“人居环境体验+艺术生活美学”为主题的全开放式的体验互动区形式呈现，成为本届住博会的亮点。

9月9日　中国建筑学会副理事长、建筑教育评估分会理事长朱文一一行，出席“2015华侨大学毕业生设计展览”开幕式。

9月10日　由同济大学出版社“光明城”和北京建筑大学共同主办的《乌有园》第一辑“绘画与园林”新书发布会暨论坛，在北京建筑大学举办。

9月18日　中国建筑大家科普讲堂第三站于广州举行。同时，作为中国建筑学会首批科普基地之一的“何镜堂院士工作室”，进行了揭牌仪式。

9月19–21日　2015中国城市规划年会在贵阳会展中心召开，本届年会主题为“新常态：传承与变革”。

9月21日　由广东省工程勘察设计行业协会主办的“原创力量：广东省2015年度优秀建筑设计研讨会”，在广州举办。

9月22日　北京新机场意见征求会确定了“海星”设计方案。

9月23日　2015北京国际设计周在北京大栅栏开幕。本次活动主题是“设计之都·智慧城市·产业融合”。

9月24日　作为2015北京国际设计周主题活动之一的“白塔寺再生计划”活动，在京举行。

9月25日　由上海市城市雕塑委员会主办的2015年上海城市空间艺术季揭幕。本次活动以“城市更新”为主题。主展览分别从“主题演绎：文献与议题”“回溯：历史的承袭与演进”“前瞻：新兴城市范式”“映射：城市／乡村两生记”，以及“互动：艺术介入公共空间”五个角度诠释该主题。展览还包括了密斯·凡·德罗奖25周年纪念展和上海特展。

9月29日　由南京大学建筑与城规学院“南京大学—剑桥大学建筑与城市研究中心”承办的“英国皇家建筑师学会主席奖学生作业展”开幕式，在南京大学举行。该展为首次在中国大陆主办。

10月9日 由中国城市规划学会主办、中国城市规划学会工程规划学术委员会、《城市规划》杂志承办的首届全国青年工程规划师论文竞赛揭晓，最终评选出15篇论文获奖，其中二等奖3名、三等奖5名、佳作奖7名（一等奖空缺）。

10月17日 “2014WA中国建筑奖”颁奖典礼，在清华大学王泽生报告厅举行。

10月10日 老旧小区更新和既有建筑改造研究院成立大会暨经济新常态与城市更新研讨会，在国家行政学院召开。

10月15–17日 由中国建筑学会、中华全球建筑学人交流协会主办的“第17届海峡两岸建筑学术交流会”在成都中国建筑西南设计研究院举行。

10月16日 作为《国际新景观》（INL）十周年系列活动第九站，日本建筑大师山口隆担任演讲嘉宾，在同济大学建筑演讲。

10月17日 由中国科学技术史学会建筑史专业委员会、中国建筑学会建筑史学分会、英国剑桥大学李约瑟研究所共同主办，湖南大学承办的“2015建筑历史研究与城乡建筑遗产保护国际研讨会”，在湖南大学召开。

10月23日 由中国佛教协会文化艺术委员会为指导单位，城市公共艺术研究中心主办、无锡灵山书院承办的第二届中国当代佛教艺术展（佛教造像暨雕塑艺术）开幕式，在无锡灵山梵宫举行。

10月28日 由哈尔滨工业大学建筑学院与大空间公共建筑研究所共同主办的“体育建筑研讨会”，在哈尔滨召开。

10月30–31日 由中国城市规划学会和华中科技大学共同主办的第六届“21世纪城市发展”国际会议，在武汉华中科技大学召开。本次的主题为“新型城乡，人本规划”。

10月30日 上海浦东新区启动建筑业专项改革，通过精简优化审批环节，压缩建设项目的核准时间。率先在自贸区内试点“建筑师负责制”。

10月31日 2015中国风景园林学会年会，在北京会议中心开幕。

10月31日 第二个世界城市日，上海等城市以“城市设计，共创宜居”为本年度主题，举办系列活动。

10月31日 由联合国人居署、中国建筑学会、上海世界城市日事务协调中心主办的“2015上海国际城市与建筑博览会”，在上海展览中心开幕。

11月1日 作为2015年世界城市日系列活动之一的“中意未来城市峰会”，在上海召开。

11月1–3日 由住房和城乡建设部、香港特别行政区政府发展局、宁夏回族自治区人民政府共同主办的“2015内地与香港建筑论坛 ”，在宁夏银川召开。

11月4–6日 2015年“世界建筑节”颁奖仪式在新加坡举行，由北京土人俞孔坚团队设计的“金华燕尾洲”获“最佳景观奖”。

11月6–8日 由全国高等学校建筑学学科专业指导委员会、昆明理工大学共同主办的“2015建筑教育国际学术研讨会”，在昆明召开。

11月8日	作为上海当代艺术博览馆系列建筑展之一的“反高潮的诗学——坂本一成对话妹岛和世”开幕。
11月12日	由中国建筑学会主办，门老爷科技有限公司承办的“当代建筑与‘门面建筑艺术’的实践与探索交流会”，在京举行。
11月14日	广州市勘探挖掘出五代南汉大型建筑基址，建筑面积达700多平方米。
11月19日	《建筑法》《建筑设计招投标管理办法》启动修改。
11月15日—12月15日	西汉海昏侯刘贺墓发掘与清理。
11月20日	“Methods”设计教学讨论会暨“概念思考和模型研究”作品展，在东南大学建筑学院召开与展出。
11月21–22日	作为中国工程院第219场中国科技论坛，“城镇规划建设与管理国际论坛暨展览”在京召开。
11月25日	由意大利对外贸易委员会与清华大学建筑设计研究院联合举办的“中意对话：建筑与设计”主题研讨会，在清华大学举行。
11月30日	第四届海峡两岸建筑院校学生交流工作坊在华南理工大学启动。
12月1日	上海环球金融中心2015年冬季特展“云里方圆：山口隆建筑展”揭幕。
12月3–4日	中国建筑学会2015工作会在京召开。
12月4日	2015 年深港城市/建筑双城双年展揭幕。本次双年展的主题为“城市原点”（Re-living the City），以重塑城市和家园，打造美好未来世界为主旨，倡导对建筑、城市的现状再利用、再思考和再想象。
12月5–6日	第一届中国空间句法学术研讨会在京举行。
12月7日	中国科学院2015年院士增选结果公布， 常青当选中国科学院院士。
12月7日	中国工程院2015年院士增选结果公布，孟建民、王建国当选中国工程院院士。
12月12日	由中国建筑学会主办的关于第四届“中联杯”大学生建筑设计国际竞赛获奖作品公示。
12月12–13日	《新建筑》 杂志社主办的2015新建筑论坛（秋季），以“乡建是一种‘转移’？”为主题， 在华中建筑科技大学召开。
12月13日	由吴良镛院士倡导的人居科学院在清华大学成立。人居科学院将作为研究国内外重大人居理论和实践问题的公益性学术交流平台。
12月19–20日	第十二届全国高等美术学院建筑与设计专业教学年会在杭州举行。
12月27日	“天作奖”国际大学生建筑设计竞赛颁奖典礼暨名师演讲会，在华南理工大学举行。
12月	江苏兴化、东台蒋庄遗址抢救性发掘结束，发掘出的良渚文化墓地一处，房址8座、灰坑110余座以及水井、灰沟等聚落遗存。为长江以北首次发现的良渚文化大型墓地。

中国艺术研究院建筑艺术研究所

中国艺术研究院是全国唯一一所集艺术科研、艺术教育和艺术创作为一体的国家级综合性学术机构。中国艺术研究院建筑艺术研究所是从事建筑艺术与建筑文化理论研究的专门科研机构，建筑艺术研究所原称建筑艺术研究室，组建于1988年7月，2001年8月机构调整改革改为现名。

建筑艺术研究所近年来侧重于以史论为主的基础理论建设工作，并关注创作现状，尤其侧重于从文化与艺术角度，研究中外建筑艺术创作的成就与规律；实行开门办所，从学术层面和设计实践两方面积极参与社会上建筑艺术、建筑规划等工作，多年来，建筑艺术研究所已完成多个建筑规划、设计项目，出版了多部重要著作。

目前，建筑艺术研究所除正在进行多项个人研究课题外，进行的集体项目有：承担国家科研项目“西部人文资源调查及数据库”“中国传统建筑营造技艺三维数据库”；编辑出版《中国建筑艺术年鉴》《中国世界文化遗产丛书》《中国传统营造技艺丛书》；由建筑艺术研究所申报的“中国传统木结构建筑营造技艺”被成功列入联合国教科文组织人类非物质文化遗产代表作名录，由建筑艺术研究所申报的“北京传统四合院营造技艺”被成功列入国家级非物质文化遗产代表作名录。

编　后

《中国建筑艺术年鉴》由中国艺术研究院建筑艺术研究所主编，并组织建筑界、城市规划界、艺术界、文化界等多方面专家共同编辑完成，是一本全面记载中国建筑艺术发展状况的综合性年刊。

《2015中国建筑艺术年鉴》客观记录了2015年度中国建筑艺术创作与研究的主要成果，系统反映了我国城市和建筑发展中的新成就、新问题、新趋势。主要栏目有:特载、优秀建筑作品、设计档案、建筑焦点、建筑艺术论文、海外掠影、建筑艺术论文摘要、建筑艺术书目和建筑艺术大事记等，为全面了解建筑界年度情况提供全方位的信息。

《2015中国建筑艺术年鉴》是我们编辑的第十部《中国建筑艺术年鉴》。有了前几部的经验，这本年鉴在组稿、确定入选作品或稿件等工作上，都在之前经验积累的基础上有了较大改进与提高。在编辑过程中，我们得到各位顾问和建筑学界的众多朋友给予的帮助和支持，这些都会推动我们努力将这本年鉴编成记录我国当代建筑艺术发展面貌的权威性年鉴。

《2015中国建筑艺术年鉴》各有关栏目的编辑工作，由中国艺术研究院建筑艺术研究所全体同仁与北京及国内外建筑界专家、学者共同完成。其中优秀建筑作品、设计档案栏目由孙江宁和辛塞波负责编辑；特载、建筑焦点、建筑艺术论文、海外掠影、建筑艺术论文摘要、建筑艺术书目、中国建筑艺术大事记栏目由程霏、黄续、赵迪和张欣负责编辑。

我们希望《2015中国建筑艺术年鉴》能反映出中国当代建筑艺术的发展历程，集学术性、史料性于一体，成为我国建筑艺术及建筑文化领域的权威性年度总结。由于时间、水平有限，又由于技术方面的原因，可能会出现一些有价值的图片未能全部刊登的情况，敬请作者谅解。

本书的出版得到多方单位的帮助与协作，不一一列举，在此一并致谢。

《中国建筑艺术年鉴》编辑部

2016年11月

项目策划：孙江宁　程　霏　黄　续　张　欣　赵　迪
责任编辑：廖佳平　张维维
书籍设计：北京三恒文化
责任技编：王增元

图书在版编目（CIP）数据

2015中国建筑艺术年鉴 / 中国艺术研究院建筑艺术研究所编．—桂林：广西师范大学出版社，2017.1
ISBN 978-7-5495-9526-6

Ⅰ．①2… Ⅱ．①中… Ⅲ．①建筑艺术－中国－2015－年鉴 Ⅳ．①TU-862

中国版本图书馆CIP数据核字（2017）第014587号

广西师范大学出版社出版发行
（广西桂林市中华路22号　邮政编码：541001
网址：http://www.bbtpress.com）
出版人：张艺兵
全国新华书店经销
北京艺堂印刷有限公司印刷
（北京市通州区台湖镇创业园路北京双益发食品公司院内　邮政编码：101116）
开本：889 mm ×1 194 mm　1/16
印张：31　　　字数：500千字
2017年1月第1版　　　2017年1月第1次印刷
定价：498.00元